实用服装工业设计丛书

女装工业款式图设计5000例

（上装篇）

陈桂林　著

中国纺织出版社

内 容 提 要

本书遵循女装设计的规律，紧紧围绕女装工业款式图的风格特点，通过大量时尚流行的女装款式详细阐述了工业女装的流行特点、风格分类、设计技法，并结合时下服饰流行趋势，从款式图绘制的美学原理、款式构成等方面讲述了服装款式图绘制的基本规律和方法。从生产实际出发，力求透析服装款式图绘制的实质。本书通过5000例女装工业款式设计实例，表现了最新服装款式设计理念与独特服装美感，诠释了服装流行趋势、形式美法则及服装款式构成等知识。

本书服装款式设计新颖、图片清晰、内容丰富、实践性强，是服装产品开发设计人员从业的必备工具书与速查手册。本书既可作为服装设计专业的实用性教材，也可作为服装院校、培训机构培养应用型、技能型人才的教学用书，还可作为服装设计从业者、爱好者的业务参考书。

图书在版编目（CIP）数据

女装工业款式图设计5000例. 上装篇 / 陈桂林著. --北京：中国纺织出版社，2015.9

（实用服装工业设计丛书）

ISBN 978-7-5180-1859-8

Ⅰ. ①女… Ⅱ. ①陈… Ⅲ. ①女服—服装设计—图集 Ⅳ. ①TS941.717-64

中国版本图书馆CIP数据核字（2015）第172280号

责任编辑：华长印　　责任校对：王花妮
责任设计：何　建　　责任印制：储志伟

中国纺织出版社出版发行
地址：北京市朝阳区百子湾东里A407号楼　邮政编码：100124
销售电话：010—67004422　传真：010—87155801
http：//www.c-textilep.com
E-mail：faxing@c-textilep.com
中国纺织出版社天猫旗舰店
官方微博 http：//weibo.com/2119887771
北京佳信达欣艺术印刷有限公司印刷　各地新华书店经销
2015年9月第1版第1次印刷
开本：889×1194　1/16　印张：19.75
字数：161千字　定价：39.80元

前言

服装款式图的表现是服装设计的一个重要环节，是服装设计师将脑海中的构想通过画笔或计算机再现成型的过程，也是设计语言充分表达的过程。服装款式图是着重以平面图形表现工艺细节的设计图稿。

工业化服装的批量生产流程很复杂，且工序也很烦杂，每一道工序的生产人员都必须根据所提供的样品及样图的要求进行操作，服装工业款式图在企业生产中起着样图和规范指导的作用。服装款式图是服装设计师意念构思的表达。服装设计师在进行服装设计创意时，都会根据实际的需要在大脑里构思出服装款式的特点，并将构思转化为现实，而服装款式图就是设计师在这个过程中最好的表达方式。

绘制服装款式图是服装企业进行产品开发的首要工作，也是服装设计师必备的专业技能，更是设计师与制板师、工艺师之间沟通服装产品开发设计的重要技术文件。本书注重实践，通过大量的服装工业款式图案例，来帮助读者在较短的时间内掌握服装款式图的表现要领和设计规律，对初学者和从事服装设计工作的人员有很好的指导意义。

本书不仅可以作为服装院校的参辅教材，也可以作为培训机构培养服装应用型、技能型人才的教学用书，还可以作为服装设计从业者、爱好者的业务参考书。

本书历经近三年构思和编写，希望呈现在读者面前的是一本专业、实用服装教材。由于编者水平所限，书中难免有不足之处，敬请广大读者和同行批评赐教，提出宝贵意见，以便于本书再版修订，在此不胜感激！

2015年5月

目录

工业用服装款式图基本概述

服装款式图包括服装成品的外形轮廓、内部衣缝结构及相关附件的形状与安置部位等多种因素。服装款式图是服装设计师向制板师、工艺师传递设计意图的重要沟通方式。因为服装款式图的绘制要为服装的下一步打板和制作提供重要的参考依据，所以服装款式图的绘制要有明确的规范要求。正确理解设计意图一般从品种名称、款式结构、外形轮廓、线的造型及用途、服装各部件的组合关系（尺寸和比例）五大方面进行考虑。

◆ 工业用服装款式图绘画入门

在工业化服装生产的过程中，服装款式图的作用远远大于服装效果图，但是服装款式图的绘制方法往往会被初学者和服装设计师所忽视，这样会对服装设计师与制板师、工艺师之间的交流和沟通造成很大的障碍，因此，画好服装款式图是正确传递设计意图的最佳途径。服装款式图的绘制要注意三个方面的因素。

1. **比例**

在服装款式图的绘制中，首先应注意服装造型和服装细节的比例关系，因为不同的服装种类有其不同的比例关系。

2. **对称**

服装的主体结构必然呈现出对称的结构，对称不仅是服装的造型特点和规律，而且符合形式美的法则，有助于提升服装款式的美感。

3. **线条**

在服装款式图的绘制过程中，一般是由线条绘制而成。因此我们在绘制的过程中要注意线条的准确和清晰，不可以模棱两可，如果画得不准确或画错线条，一定要用橡皮擦干净，绝对不可以保留，因为这样会造成服装制板师和工艺师的误解。

为了方便读者快速掌握服装款式图的绘制规律，现将裙子（图1–1）、裤子（图1–2）、衬衫（图1–3）、连衣裙（图1–4）、西装（图1–5）、大衣（图1–6）的款式图绘制过程分步骤依图片形式进行展现。

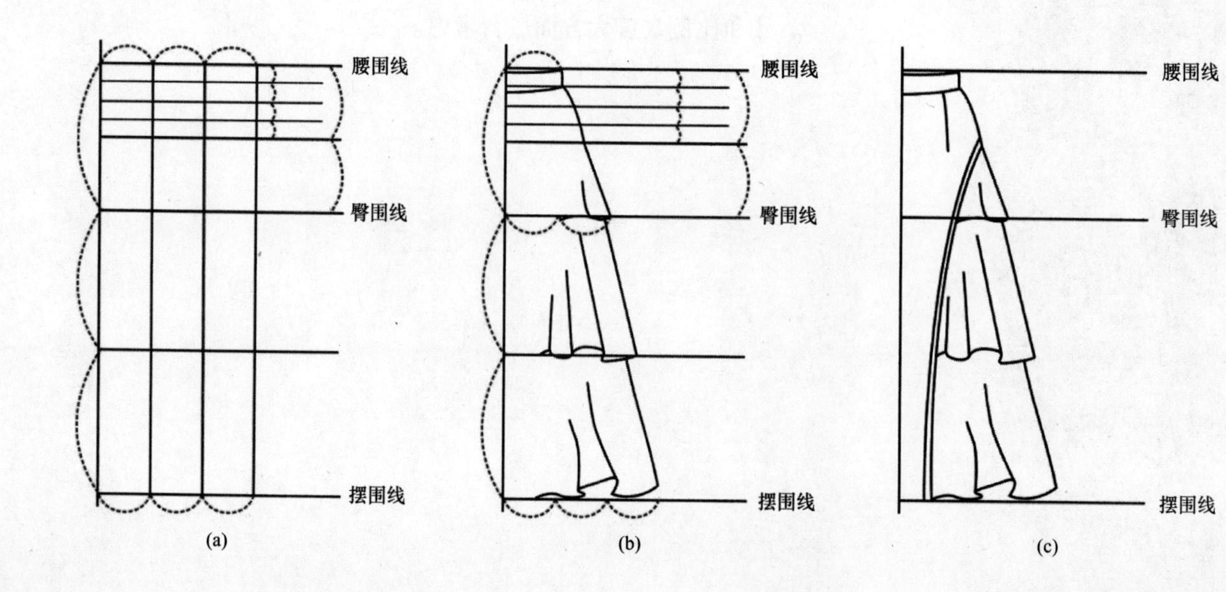

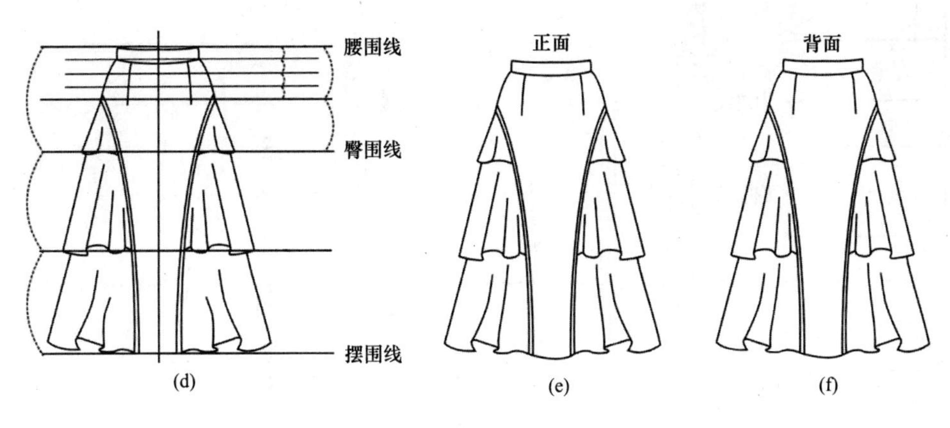

图1-1 裙子款式图绘制步骤

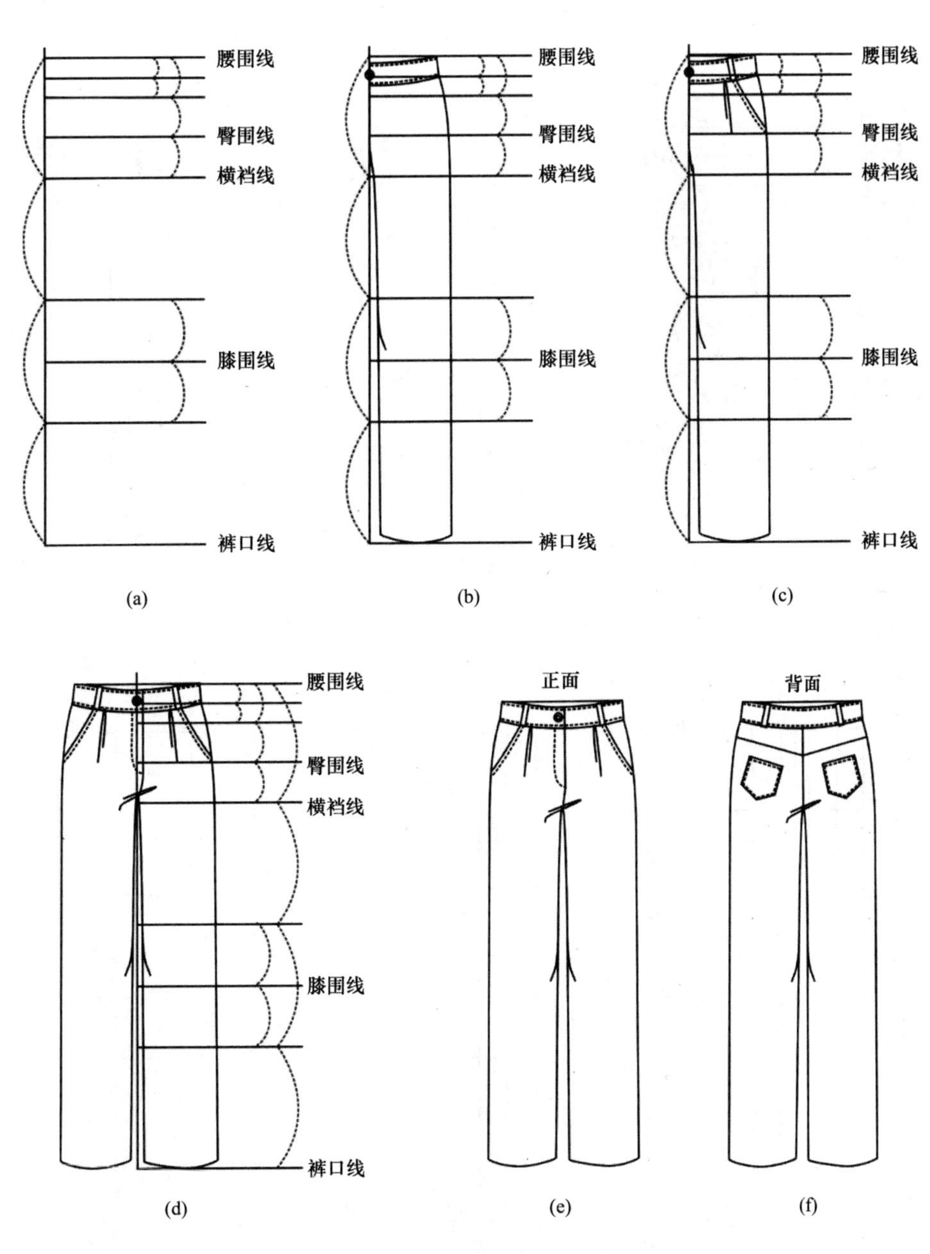

图1-2 裤子款式图绘制步骤

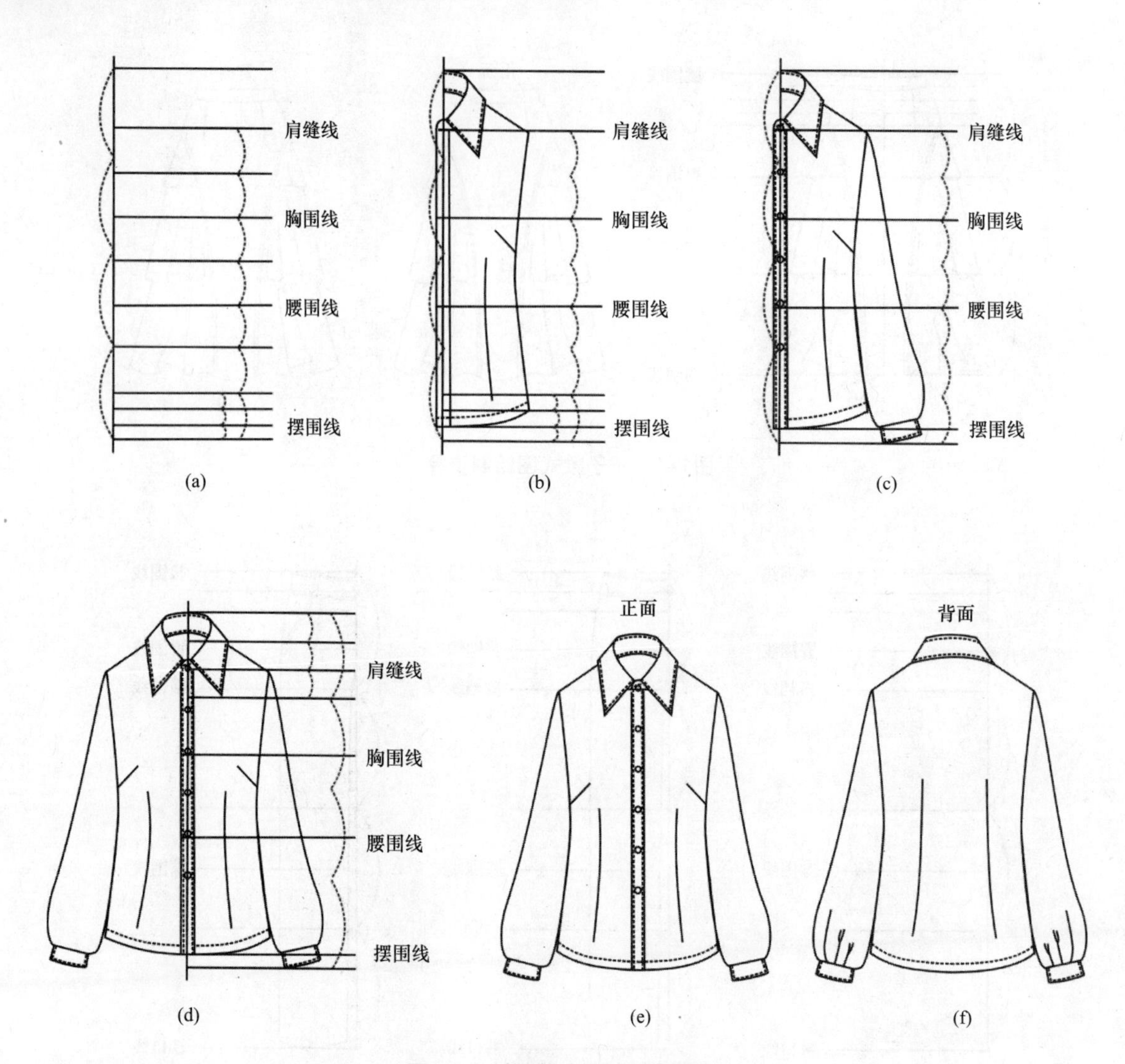

图1-3　衬衫款式图绘制步骤

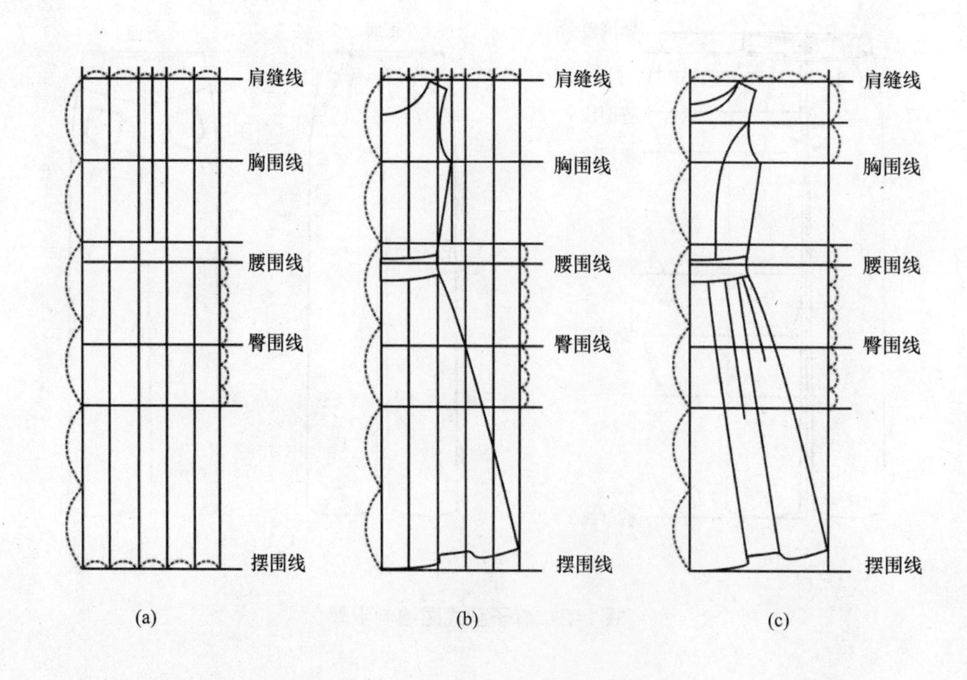

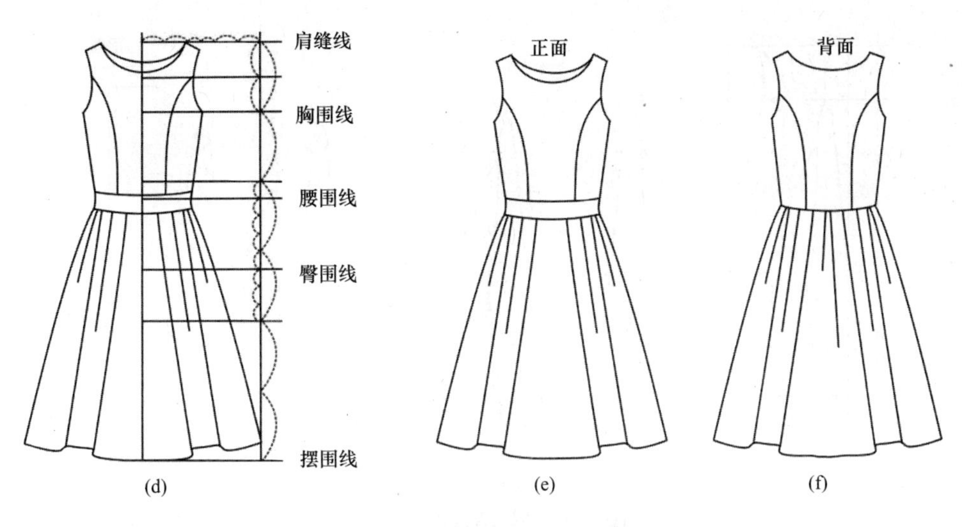

图1-4　连衣裙款式图绘制步骤

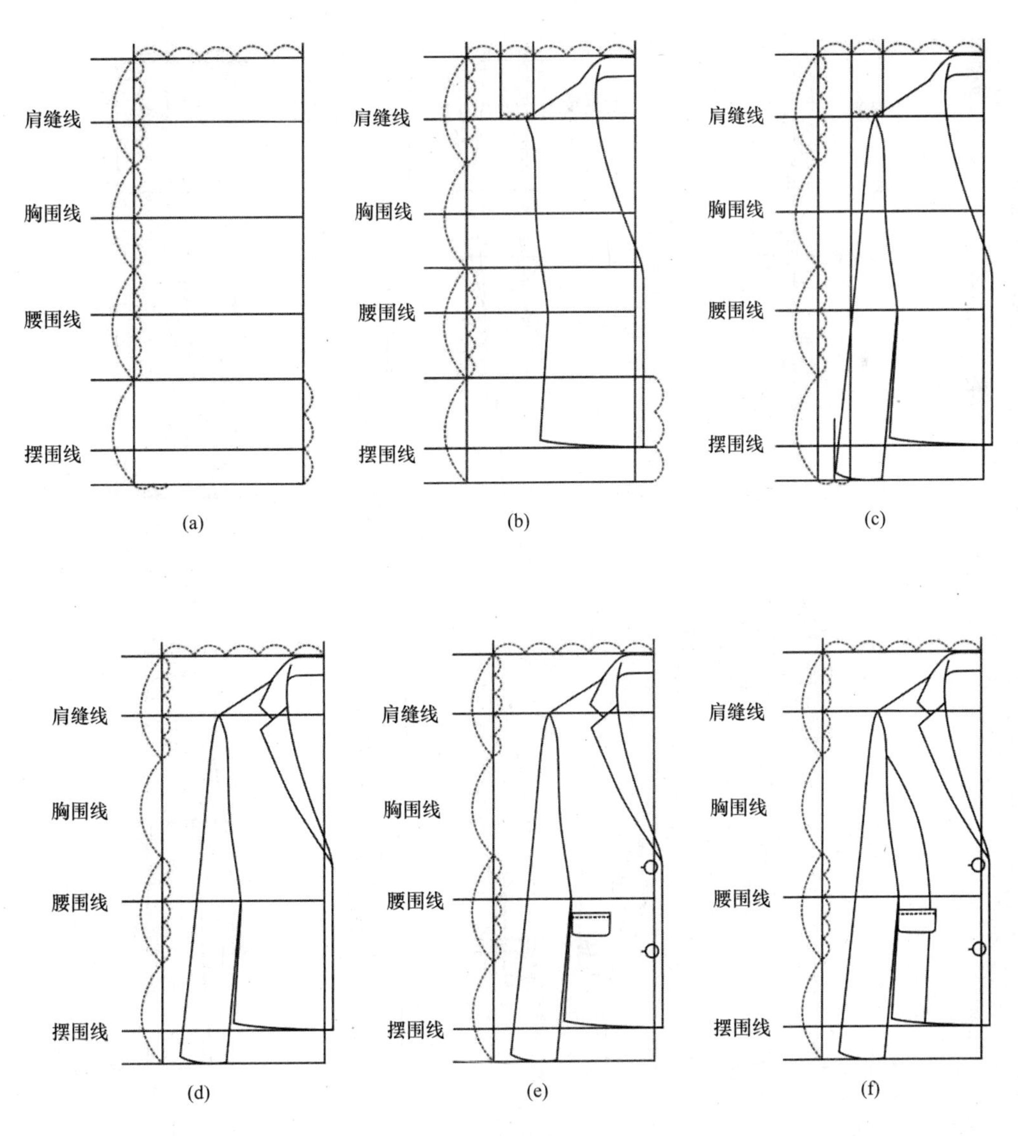

图1-5

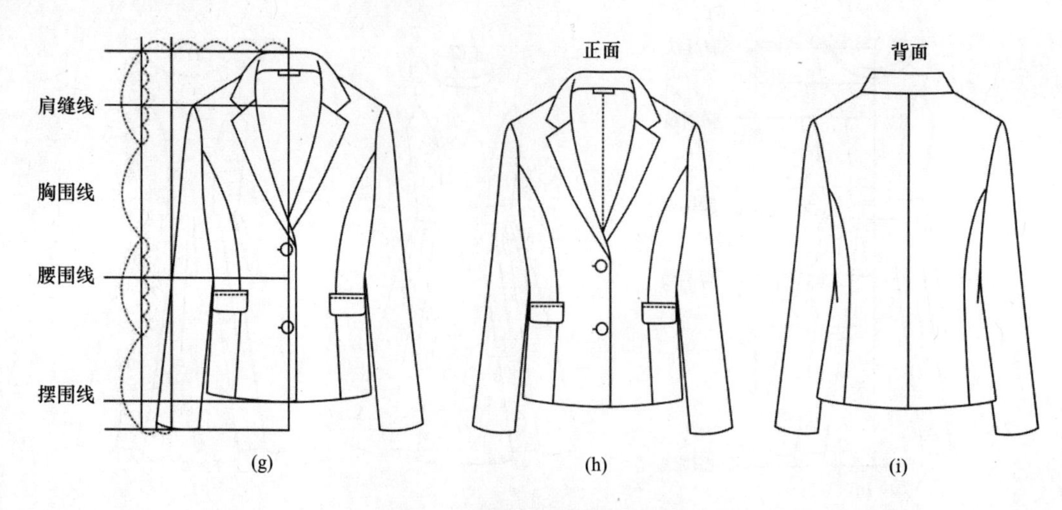

图1-5　西装款式图绘制步骤

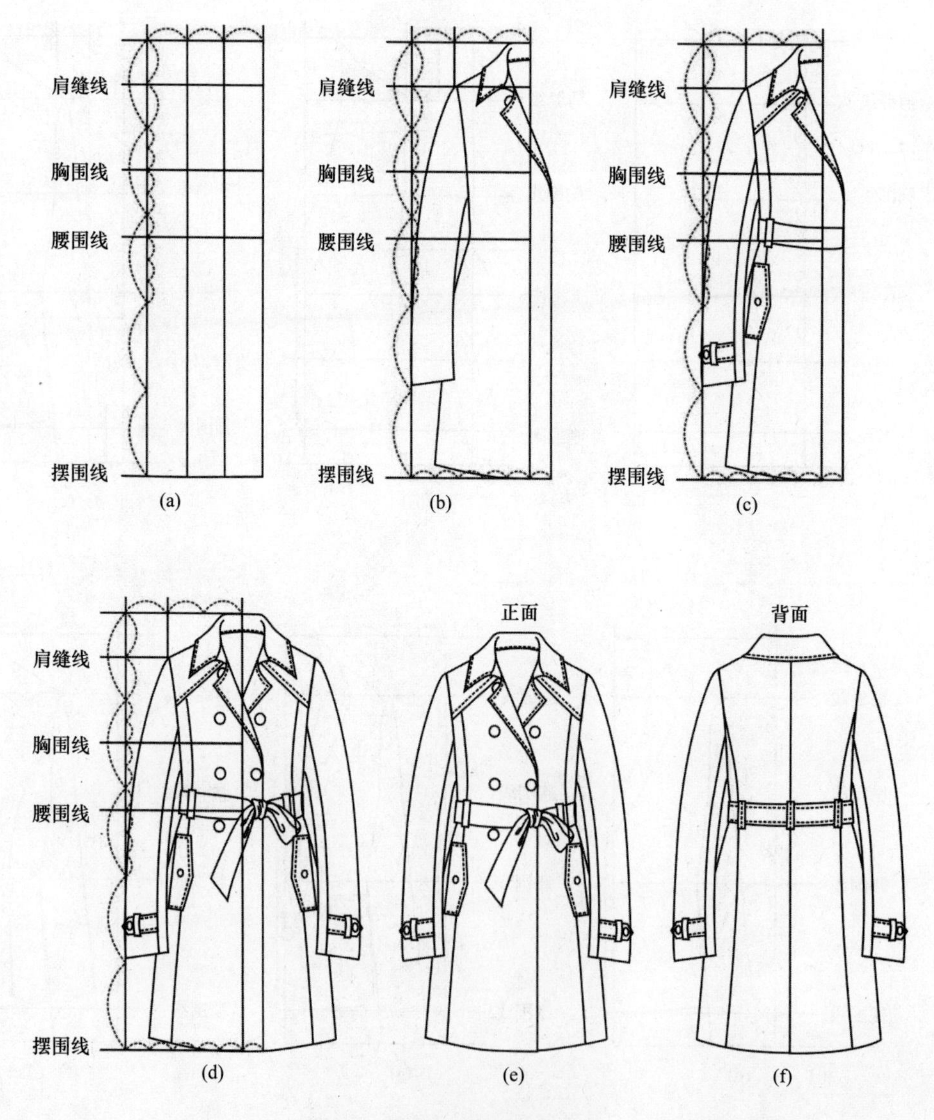

图1-6　大衣款式图绘制步骤

服装工艺制单

服装工艺制单是服装企业不可缺少的一个重要技术文件，它规定某一具体服装款式的工艺要求及技术指标，是服装生产及产品检验的重要依据。服装工艺制单是指根据服装款式或订单的要求、国家制定的服装产品标准、生产企业自身的实际生产状况，由技术部门确定某产品的生产工艺要求（如裁剪、缝制、整烫等）和工艺标准、关键部位的技术要求、辅料的选用等内容，制订服装生产工艺单（表1-1）和面/辅料用量明细表（表1-2）。服装工艺制单一般要配有服装款式图、服装规格尺寸表、工艺说明、工艺注意事项、面辅料使用情况等。此外，技术部门还应制订出缝纫工艺流程等有关技术文件，以保证生产有序进行，有据可依。

表1-1　服装生产工艺单

<table>
<tr><td colspan="12">深圳市××××时装有限公司——生产工艺单</td></tr>
<tr><td>设计师</td><td colspan="2"></td><td>制板师</td><td></td><td colspan="2">工艺师</td><td></td><td colspan="2">单位</td><td colspan="2">cm</td></tr>
<tr><td>款号</td><td colspan="2">C0000028</td><td>制单号</td><td>C0028</td><td colspan="2">款式</td><td>时装裙</td><td colspan="2">制单日期</td><td colspan="2">2012-05-06</td></tr>
<tr><td colspan="6">下单细数</td><td colspan="2">布样</td><td colspan="4">款式图</td></tr>
<tr><td>颜色</td><td>S</td><td>M</td><td>L</td><td>XL</td><td>合计</td><td colspan="2" rowspan="8">（略）</td><td colspan="4" rowspan="8">正面　背面</td></tr>
<tr><td>玫红色</td><td></td><td></td><td></td><td></td><td>700</td></tr>
<tr><td>绿色</td><td></td><td></td><td></td><td></td><td>500</td></tr>
<tr><td>黑色</td><td></td><td></td><td></td><td></td><td>600</td></tr>
<tr><td>蓝色</td><td></td><td></td><td></td><td></td><td>600</td></tr>
<tr><td>比例</td><td>1</td><td>3</td><td>4</td><td>4</td><td></td></tr>
<tr><td>合计</td><td colspan="4">请按以上比例分配</td><td>2400</td></tr>
<tr><td colspan="6"></td></tr>
<tr><td colspan="12">成衣尺寸表</td></tr>
<tr><td>部位</td><td>度量方法</td><td>S</td><td>M</td><td>L</td><td>XL</td><td>部位</td><td>度量方法</td><td>S</td><td>M</td><td>L</td><td>XL</td></tr>
<tr><td>裙长</td><td>腰头至摆围线</td><td>54</td><td>56</td><td>58</td><td>60</td><td>腰围</td><td>全围</td><td>66</td><td>70</td><td>74</td><td>78</td></tr>
<tr><td>臀围</td><td>全围</td><td>88</td><td>92</td><td>96</td><td>100</td><td>摆围</td><td>全围</td><td>94</td><td>98</td><td>102</td><td>104</td></tr>
<tr><td colspan="12">工艺要求</td></tr>
<tr><td colspan="2">裁床</td><td colspan="10">面料先缩水，松布后24小时开裁，避免边差、段差、布疵。大货测试面料缩率后按比例加放后方可铺料裁剪。倒插排料单件一个向</td></tr>
<tr><td colspan="2">粘衬部位（落朴位）</td><td colspan="10">腰头、后片装饰袋盖、粘衬。粘衬要牢固，勿渗胶</td></tr>
<tr><td colspan="2">用线</td><td colspan="10">明线用配色粗线，暗线用配色粗线。针距：12针/2.5cm</td></tr>
<tr><td colspan="2">缝份</td><td colspan="10">整件缝份按M码样衣缝份制作，拼缝顺直平服，所有明线线路不可过紧，要美观，压线要平服，不可起扭，线距宽窄要一致</td></tr>
</table>

续表

深圳市××××时装有限公司——生产工艺单	
工艺要求	
前片	1. 按照对位标记收好侧缝上的省，省尖不可起窝 2. 前片贴袋根据实样包烫好后，按照对位标记车好前片贴袋。不可外露缝份，完成袋口平服，左右贴袋位置对称 3. 前中缉明线，门襟根据实样缉明线 4. 门襟拉链左盖右，搭位0.6cm，装里襟一边拉链压子口线，装单门襟一边拉链车双线，门襟用拉链牌实样车单线，车线圆顺，不可起毛须，装好拉链平服，里襟盖过门襟贴，门里襟下边平车订位
后片	1. 后育克（后机头）缉明线，拼接后中左右育克拼缝要对齐 2. 后片装饰袋盖按实样底面做运反，按对点标记订装饰袋盖，袋盖一周缉明线，完成不可外露缝份 3. 后片装饰条要平服于后片上，不能有宽窄或起扭现象 4. 后片装饰条按纸样上标记打好气眼，气眼穿绳，并把绳子系成蝴蝶状
下摆	底边缉2cm宽单线，缉线圆顺，不可宽窄或起扭
腰头	1. 腰头按实样包烫，腰头在与裙片缝合时要控制好腰围尺寸 2. 按对位标记装好串带（耳仔），装腰一周缉线，底面缉线间距保持一致，装好后腰头要平服，不可有宽窄或起扭，两头不可有高低或有“戴帽”现象
整体要求	整件面不可驳线、跳针、污渍等，各部位尺寸跟工艺单尺寸表，里布内不可有杂物
商标吊牌	商标、尺码标、成份标车于后腰头下居中
锁订	1. 气眼×30（要牢固，位置要准） 2. 纽扣×6
后道	修净线毛，油污清理干净，大烫全件按面料性能活烫，要求平挺，小心不可起极光
包装	单件入一胶袋，按分码胶袋包装，不可错码
备注	具体工艺做法参照纸样及样衣，如做工及纸样有疑问，请及时与跟单员联系

表1-2　面/辅料用量明细表

深圳市××××时装有限公司——面/辅料用量明细表						
款式　时装裙	面料主要成分				款号	C0000028
名称	颜色搭配	规格（M #）	单位	单件用量	用法	款式图（正面）
面料	玫红色		米			
	绿色		米			
	黑色		米			
	蓝色		米			
衬布	白色		米			
拉链	配色		条	1	前中	
纽扣	黑色	$20^{\#}$	粒	1	腰头	
装钉纽扣	黑色	$20^{\#}$	粒	3	串带	款式图（背面）
	黑色	$20^{\#}$	粒	2	袋盖	
气眼	配色		套	30		
装饰绳	配色		条	2		
装饰纽扣			个	1		
尺码标			个	1		
成分标			个	1		
吊牌			套	1		

续表

<table>
<tr><td colspan="8">深圳市××××时装有限公司——面/辅料用量明细表</td></tr>
<tr><td>款式</td><td>时装裙</td><td colspan="2">面料主要成分</td><td colspan="2"></td><td>款号</td><td>C0000028</td></tr>
<tr><td colspan="2">包装胶袋</td><td></td><td>个</td><td>1</td><td></td><td colspan="2">辅料实物贴样处</td></tr>
<tr><td colspan="6">具体做法请参照纸样及样衣</td><td colspan="2" rowspan="6"></td></tr>
<tr><td colspan="2">大货颜色</td><td>下单总数</td><td colspan="3">用线方法</td></tr>
<tr><td colspan="2">绿色</td><td>700</td><td>面料色</td><td>面线</td><td>底线</td></tr>
<tr><td colspan="2">黑色</td><td>500</td><td></td><td></td><td></td></tr>
<tr><td colspan="2">玫红色</td><td>600</td><td></td><td></td><td></td></tr>
<tr><td colspan="2">蓝色</td><td>600</td><td></td><td></td><td></td></tr>
<tr><td colspan="2">备注</td><td colspan="6"></td></tr>
<tr><td colspan="2">设计部</td><td></td><td>技术部</td><td></td><td>样衣制作部</td><td colspan="2"></td></tr>
<tr><td colspan="2">材料管理部</td><td></td><td>生产部</td><td></td><td>制作日期</td><td colspan="2"></td></tr>
</table>

服装工艺制单是一项最重要、最基本的生产技术文件，它反映了产品工艺过程中的技术要求。建立合理的服装工艺制单，可使服装生产符合产品的规格设置和质量要求，合理利用原材料，降低成本，缩短产品设计和生产周期，提高生产效率和产品质量。

服装具有款式多样的特点，在流水作业中，需要根据不同的品种调整工序设置和生产设备。由于服装生产分工比较细，服装生产工人具备的技术具有专业性和单一性的特点。在服装企业中，一般流水线上的工人只掌握1～3道工序操作，技术全面的工人较少。因此，服装工艺制单合理地安排每一位工人的特长，发挥其专业作用，是指导服装生产的有力保障。

服装工业款式图也称服装款式图、服装式样图，充当工艺说明书的作用，大多数时候都配合服装效果图或者工艺说明书出现。服装款式图在表现上更注重服装的款式结构特征，如结构线、省道线、公主线、衣袋、领、袖等基本不可省略，基本采用正面、3/4侧面、正背面等呈现。也可省略人体图，仅绘制衣服的款式特征，或用文字提示制作的工艺要求、面料及辅料的要求等。服装款式图需要服装设计师清楚地表达服装设计款式的细节、面料、标准尺寸，以及工艺制作上的特殊要求或排料图、裁剪图等。

Part 2 上装款式设计

上装又称上衣，是指穿于人体上身的服装。一般由领、袖、衣身、袋等四个部件构成，并由此四部件的造型变化形成不同款式。上装包括衬衣、吊带衫、西装、马甲、夹克、大衣、T恤衫、卫衣、运动服等。

衬衣

衬衣是指贴身穿在里面的单衣，也称衬衫。衬衫的面料一般多用纯棉布、白府绸等，也有使用的确良、丝、纱和各类化纤制成的衬衫。样式有立领、大翻领、小翻领，女式也有圆领或无领的。一般来说，短袖的以秃领和圆领的居多，长袖的则以小翻领的居多。衬衣的款式图如下。

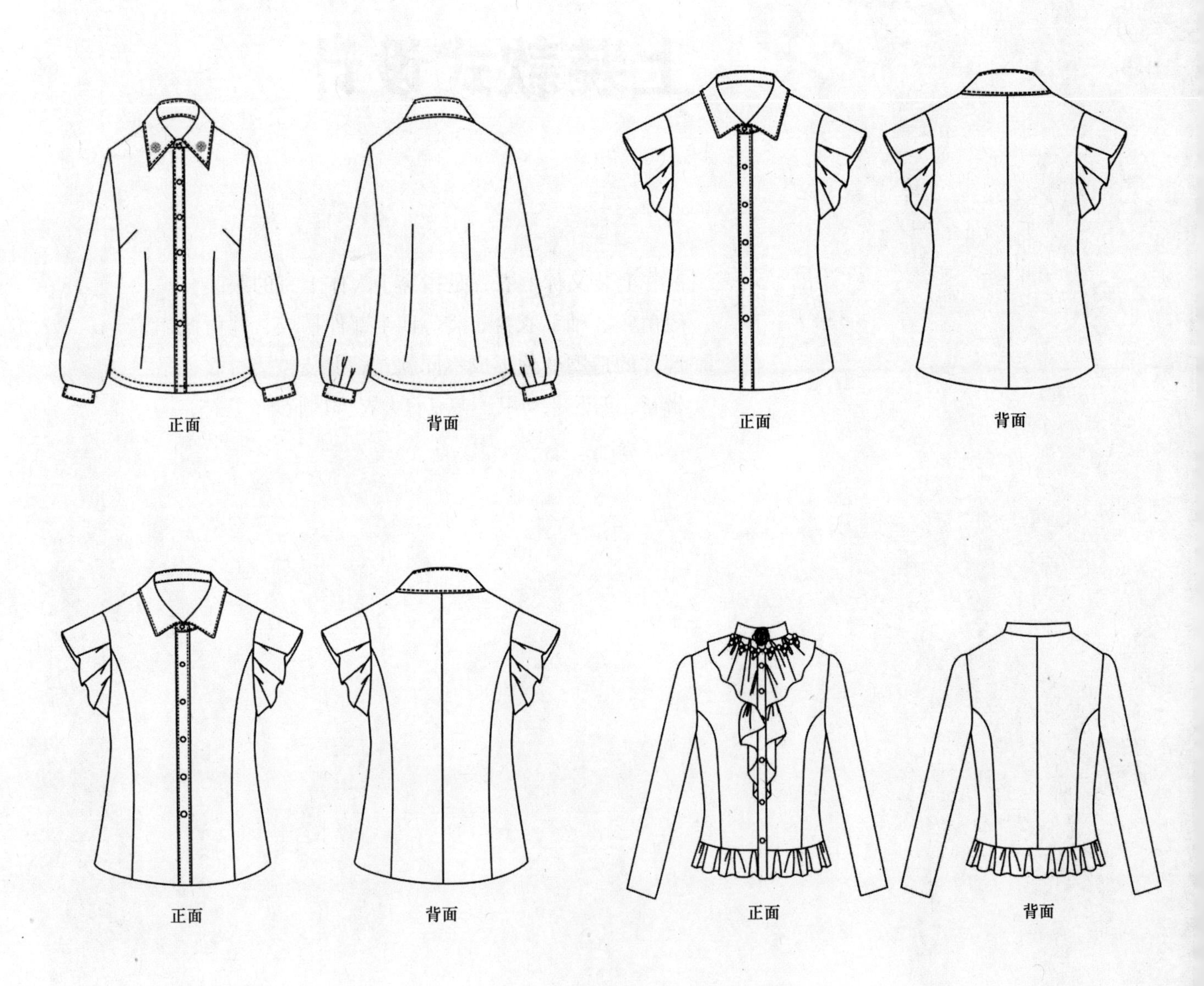

正面　　背面

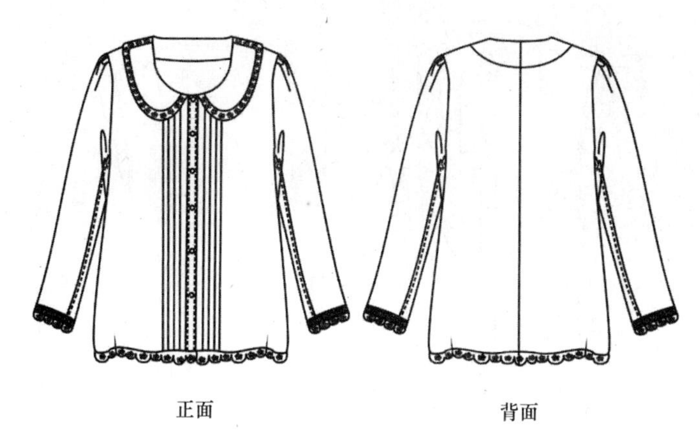

正面　　背面

正面　　背面

正面　　背面

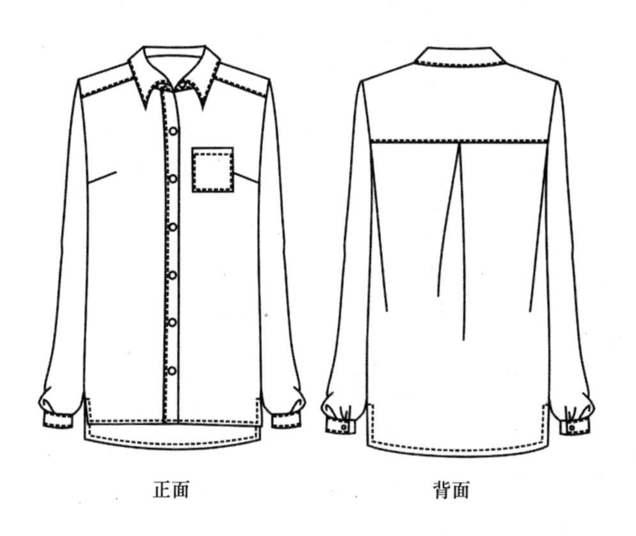

正面　　背面

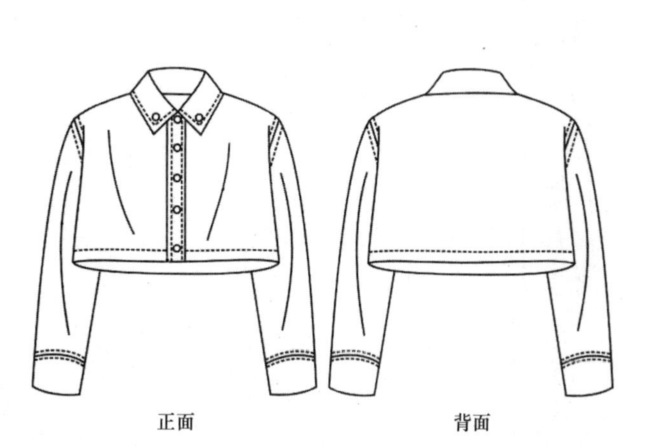

正面　　背面

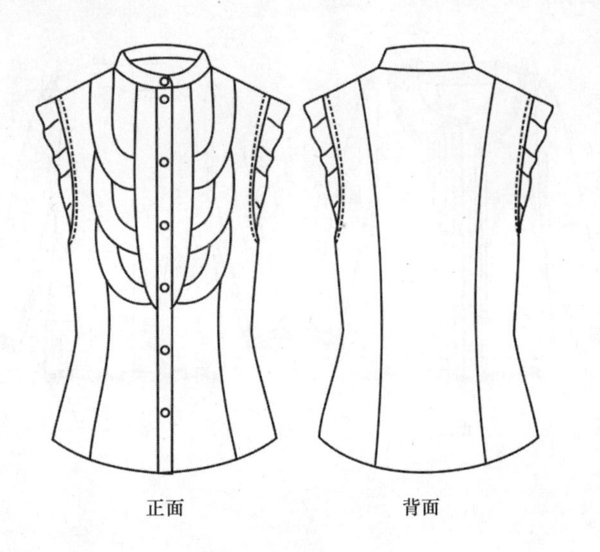
正面　背面

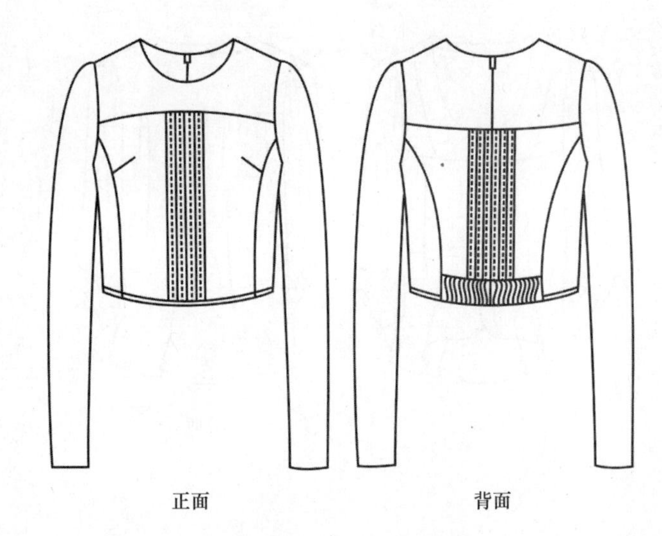
正面　背面

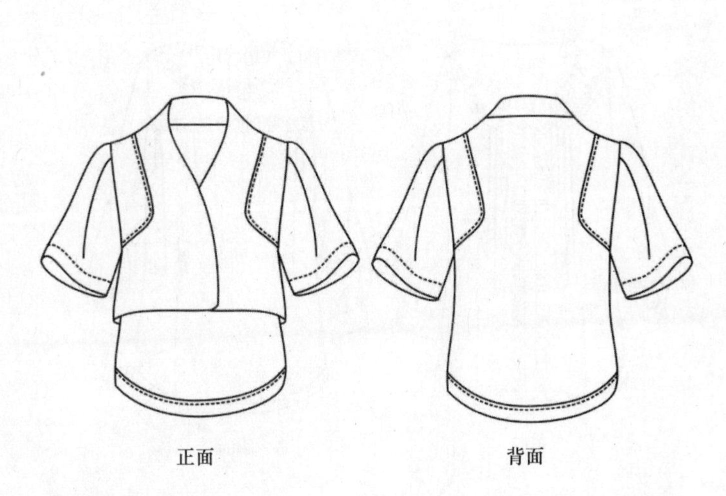
正面　背面

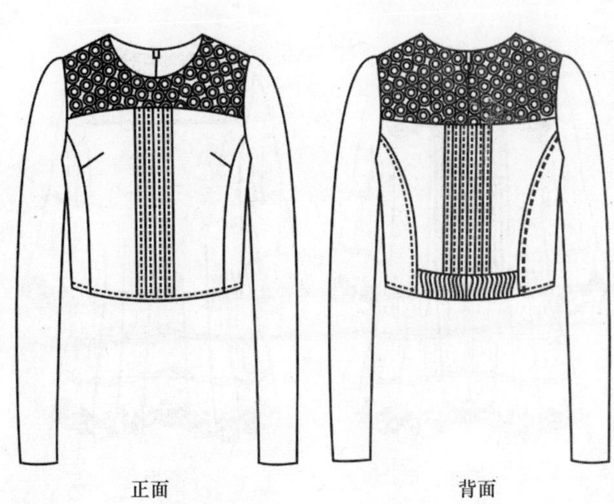
正面　背面

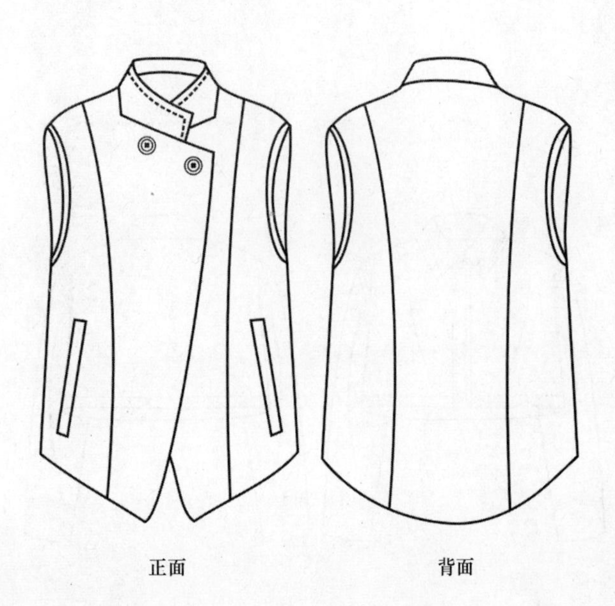
正面　背面

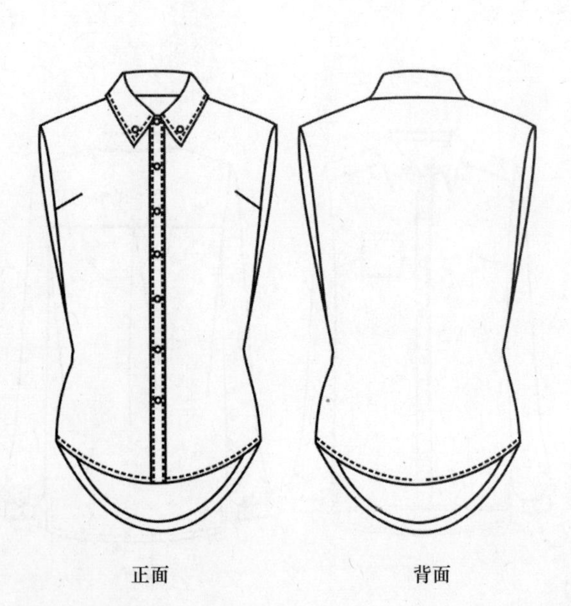
正面　背面

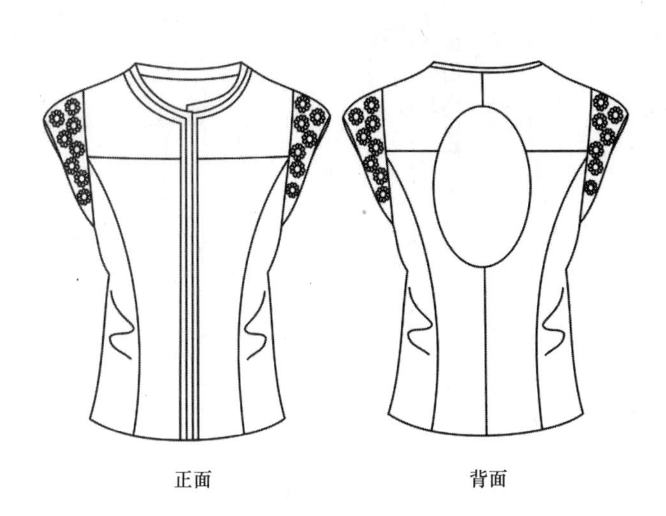

正面　　背面

正面　　背面

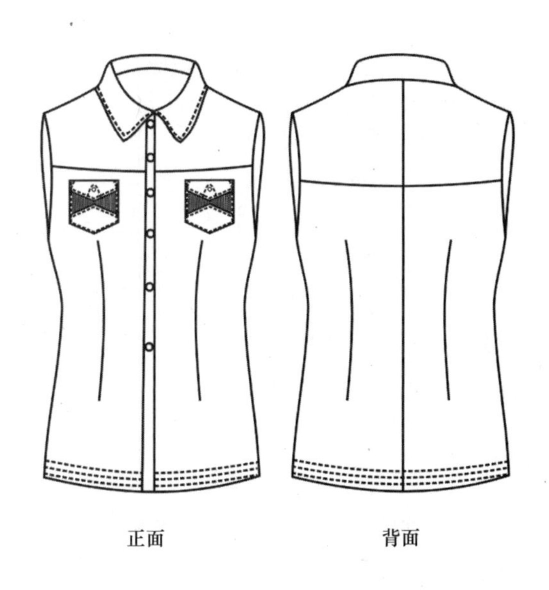

正面　　背面

正面　　背面

正面　　背面

正面　　背面

正面　背面　正面　背面

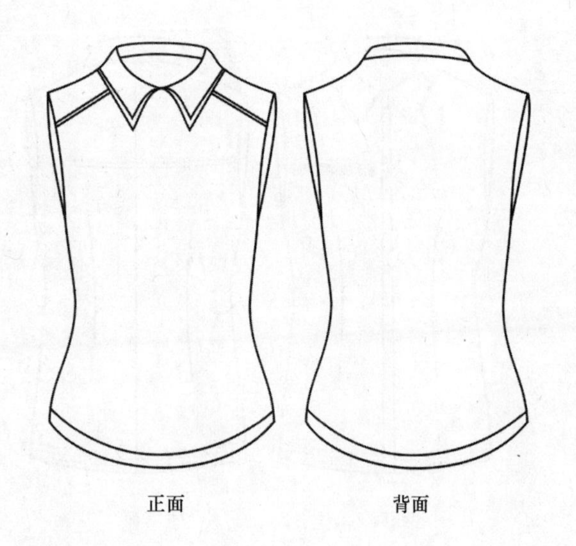

正面　背面

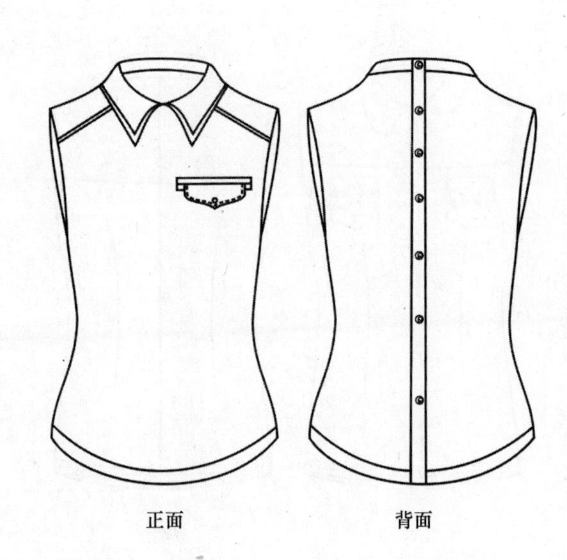

正面　背面

正面　背面

正面　背面

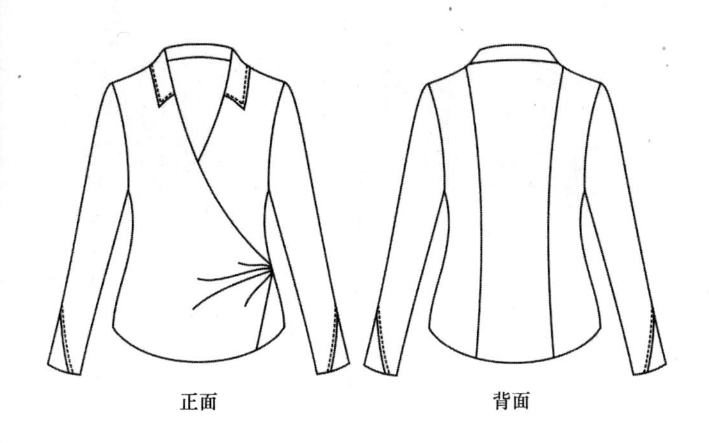
正面
背面

正面
背面

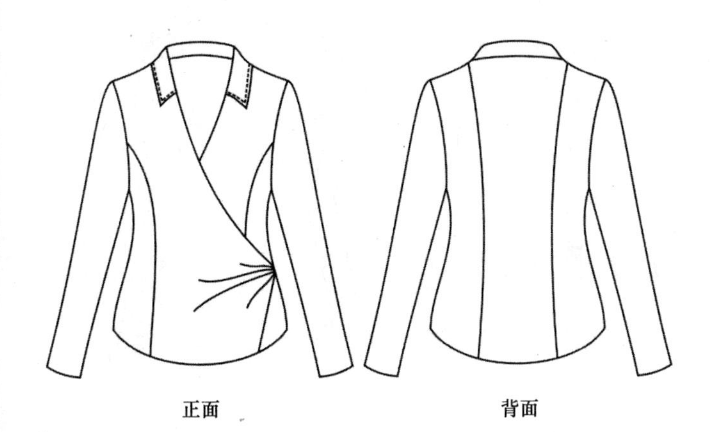
正面
背面

正面
背面

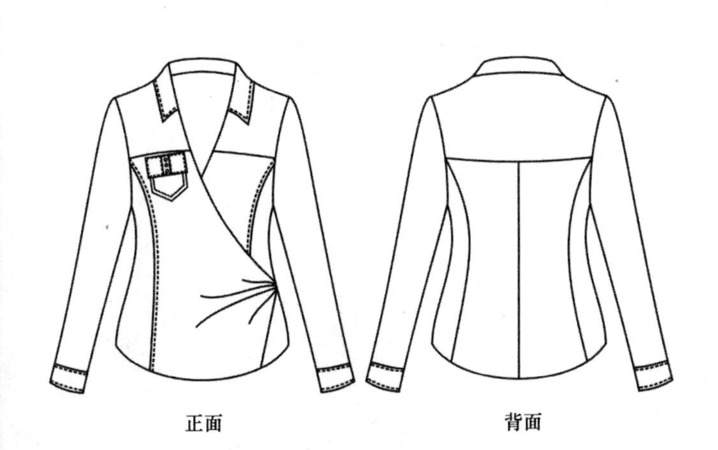
正面
背面

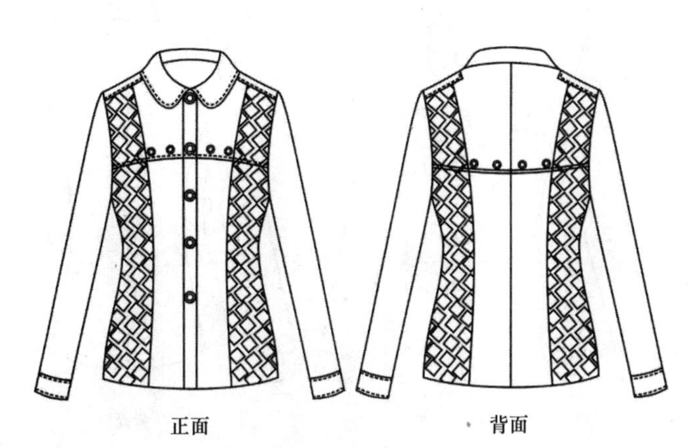
正面
背面

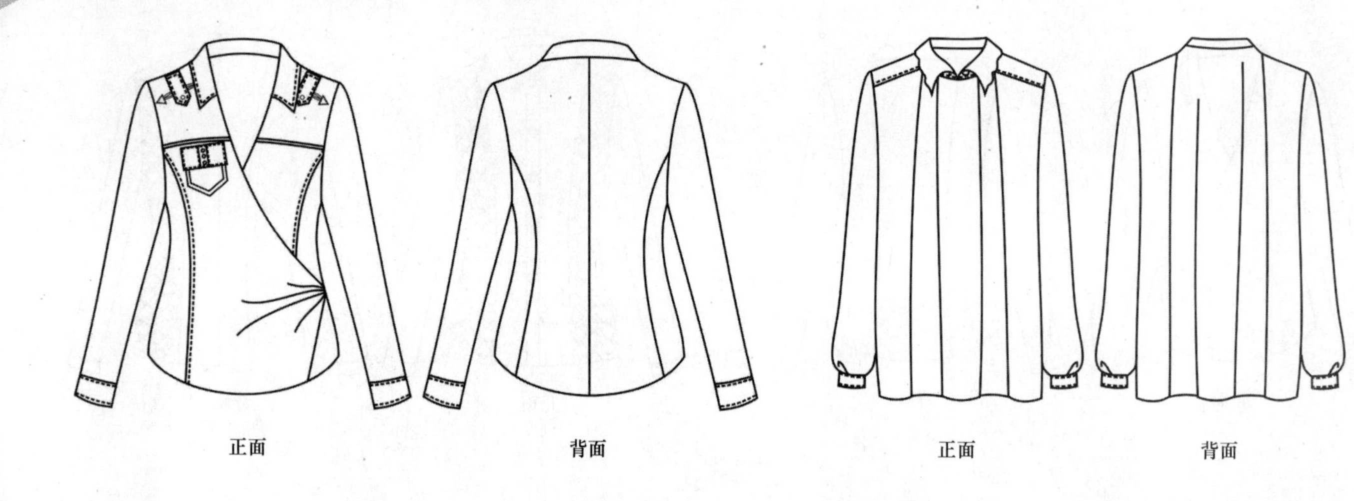
正面
背面
正面
背面

正面
背面
正面
背面

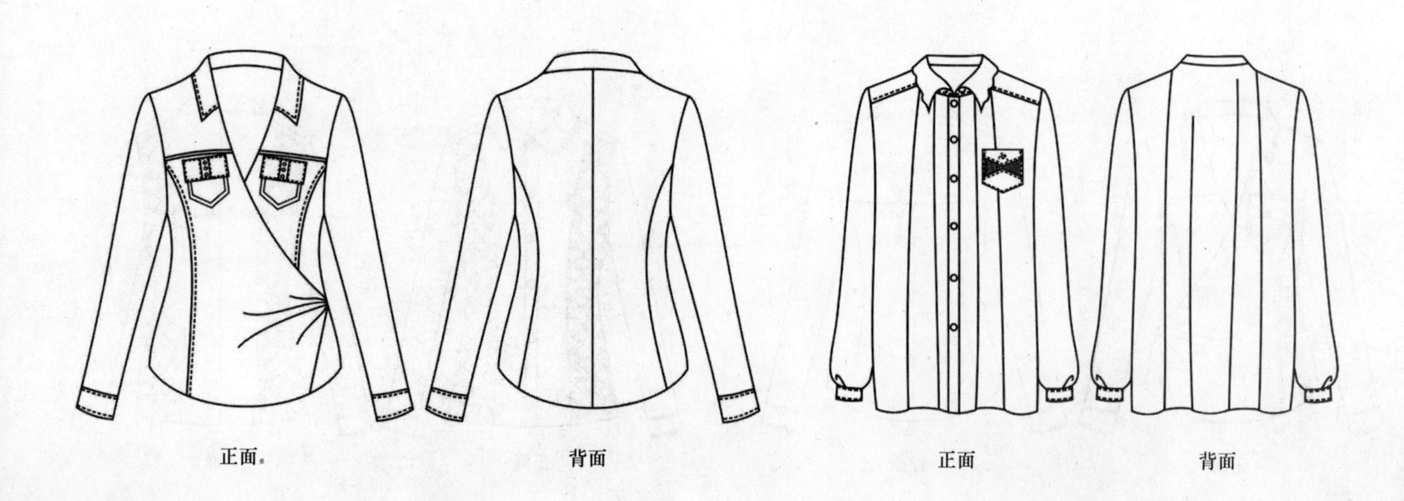
正面。
背面
正面
背面

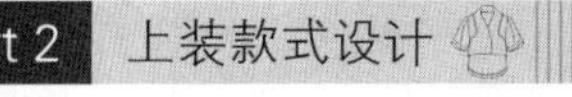

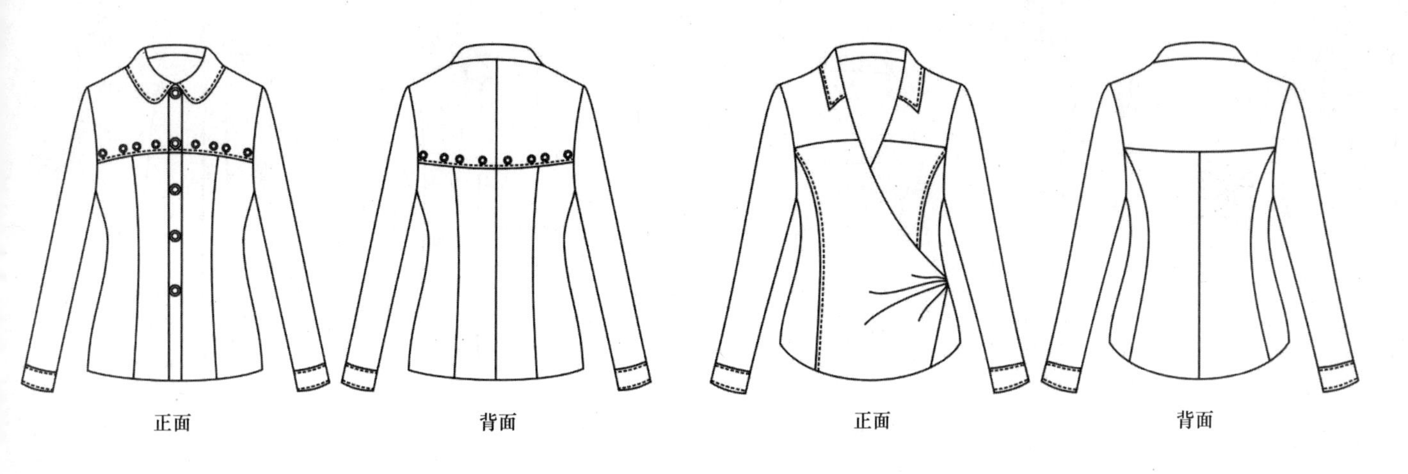

正面　背面　正面　背面

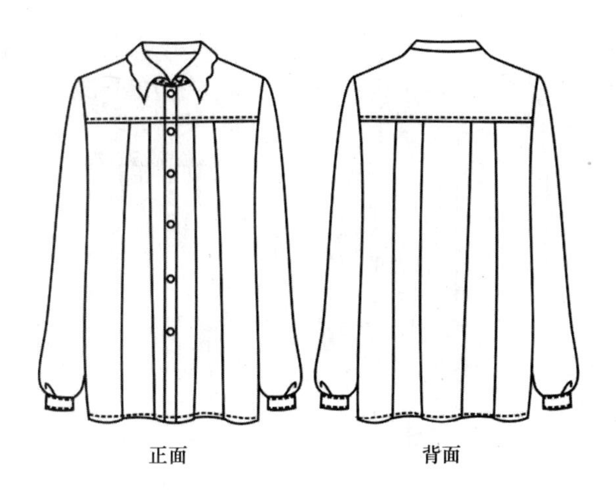

正面　背面

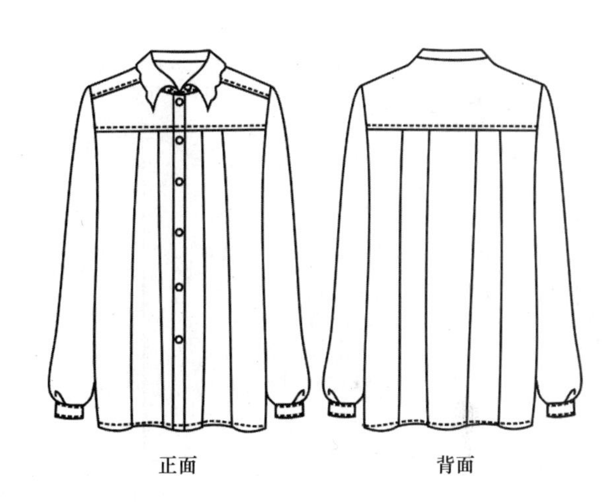

正面　背面

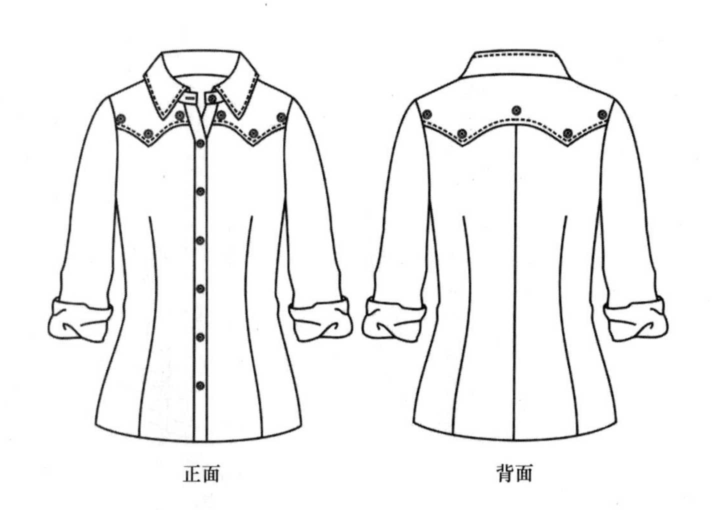

正面　背面

正面　背面

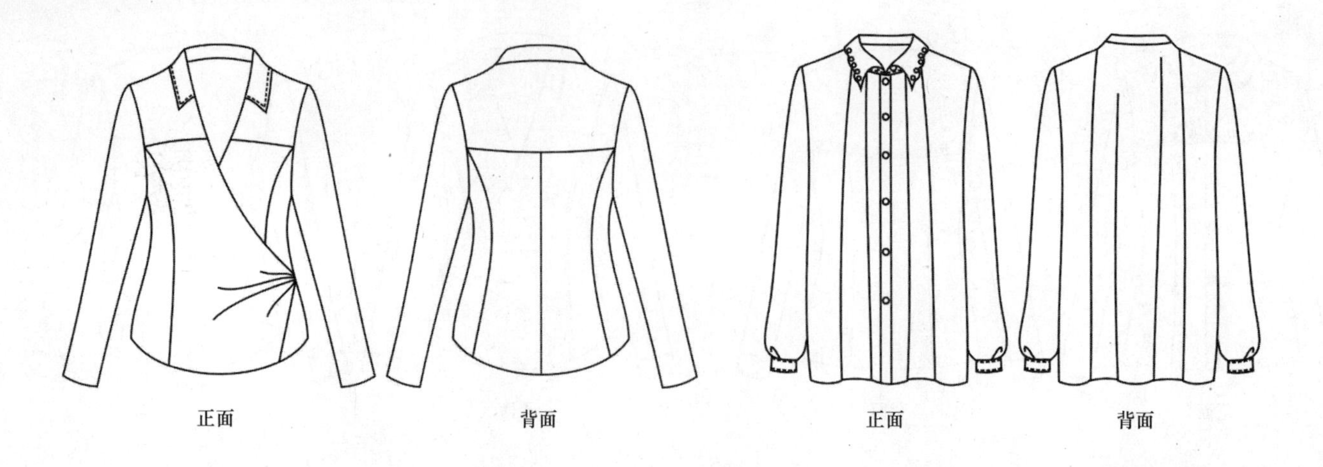
正面
背面
正面
背面

正面
背面
正面
背面

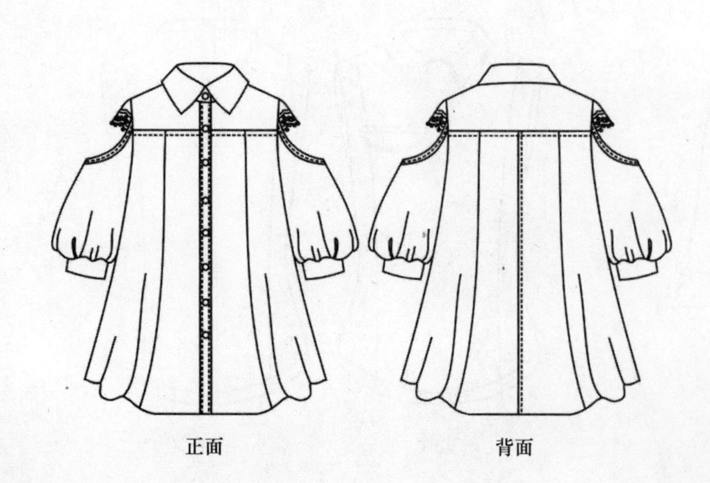
正面
背面

正面
背面

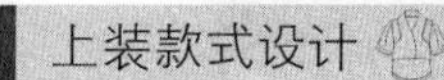

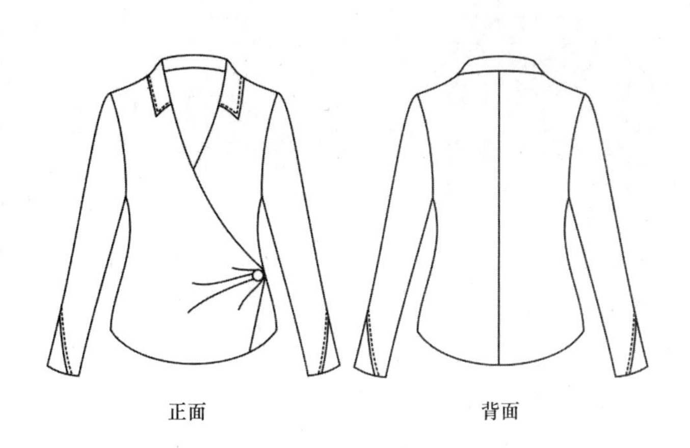

正面　　背面

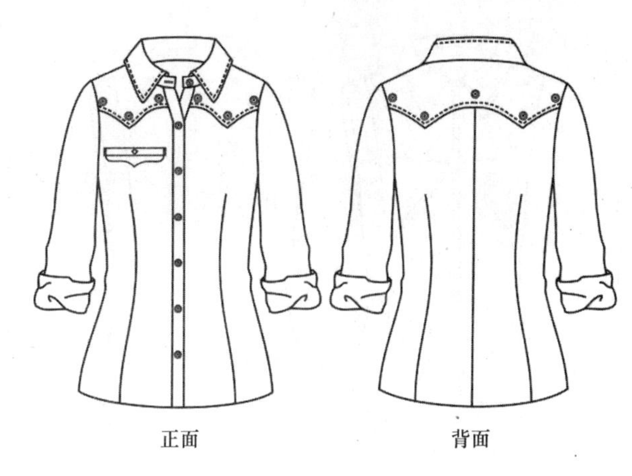

正面　　背面

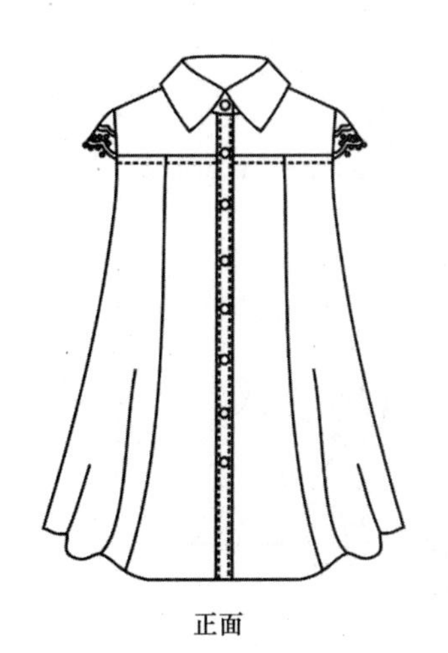

正面

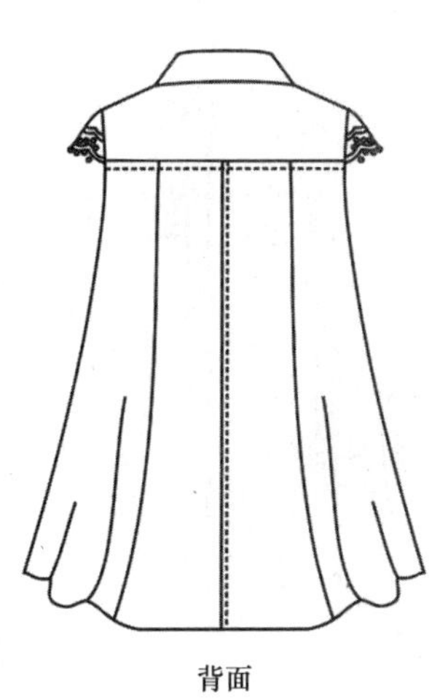

背面

正面　　背面

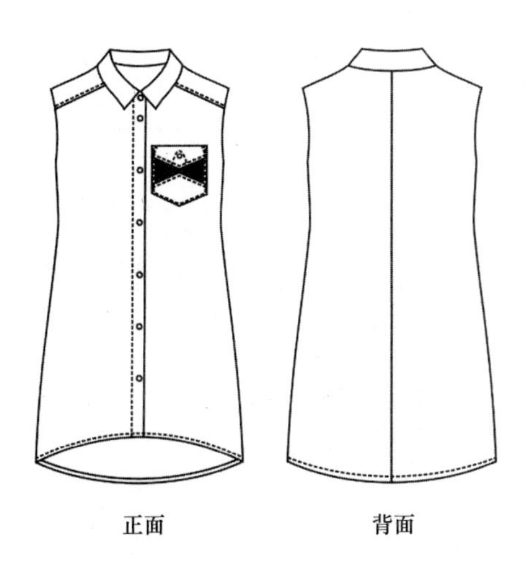

正面　　背面

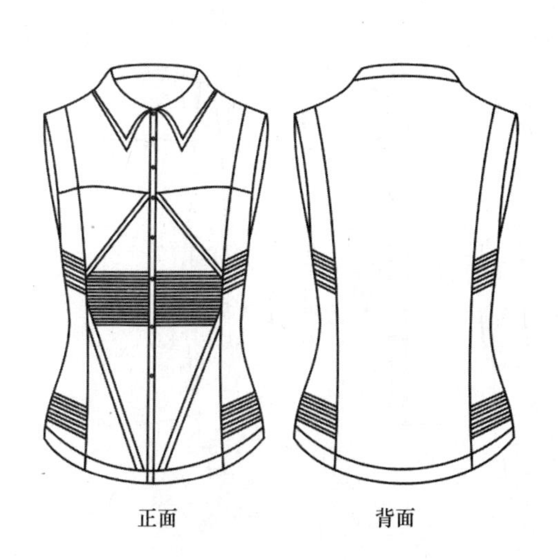

正面　　背面

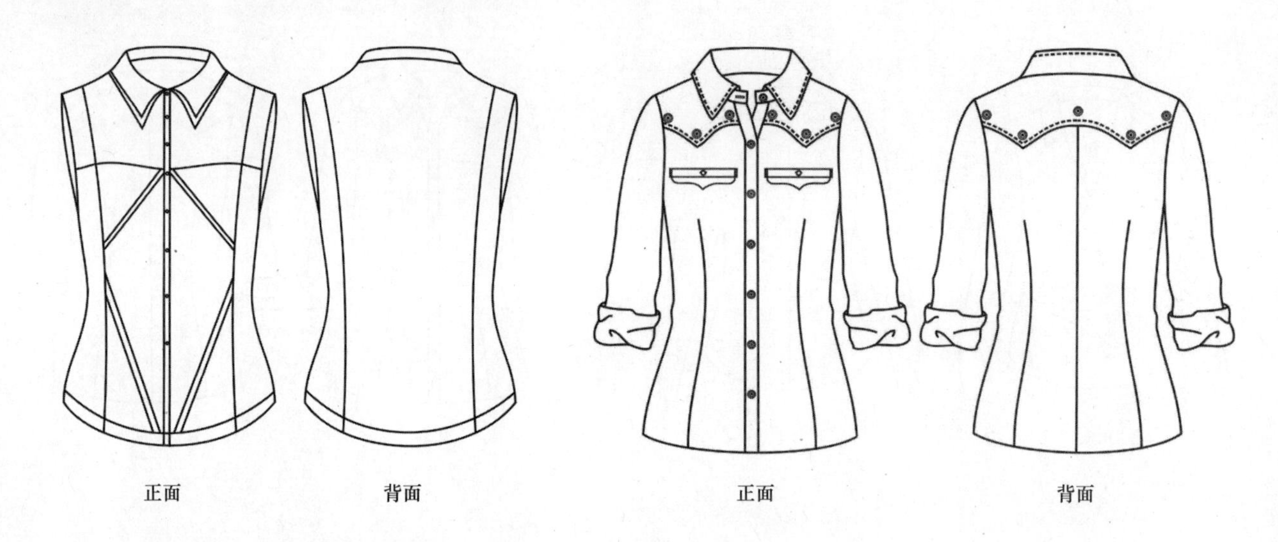

正面　背面　正面　背面

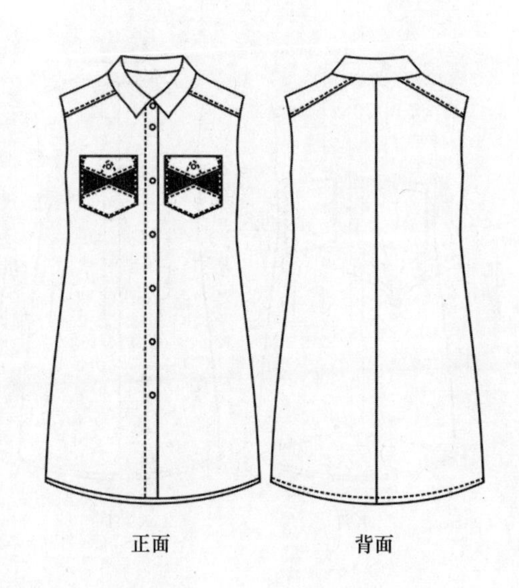

正面　背面

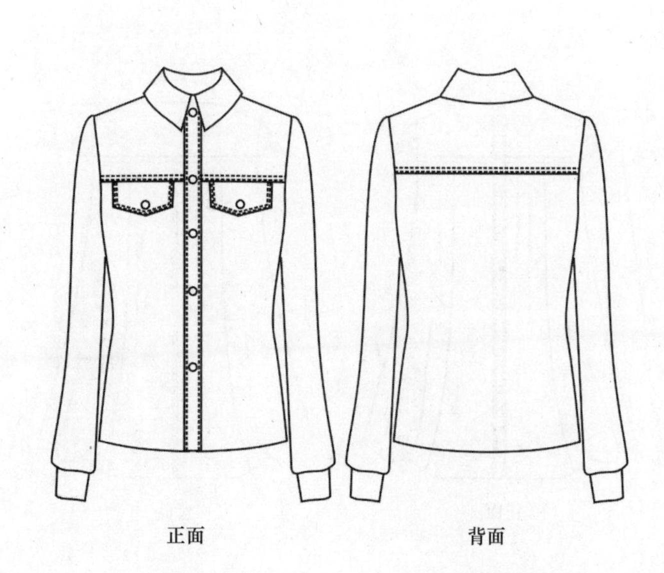

正面　背面

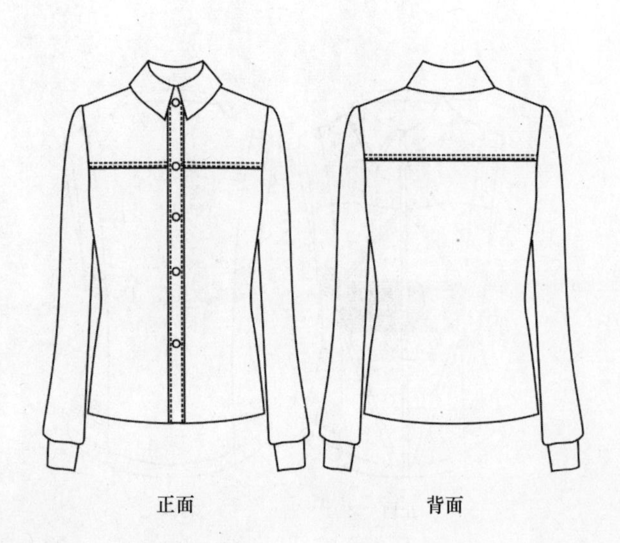

正面　背面

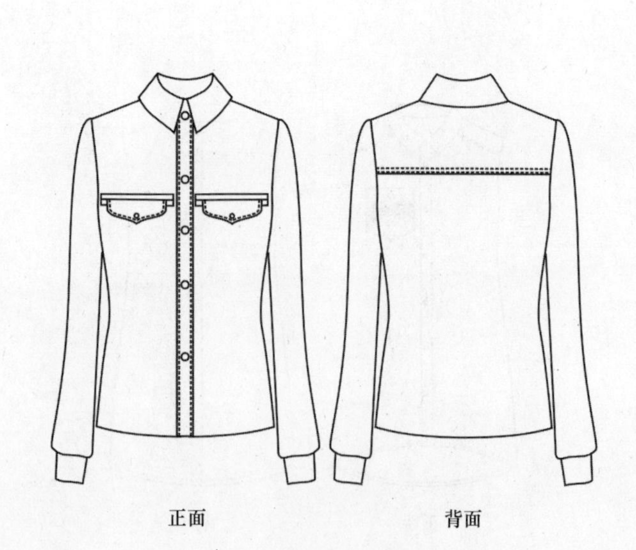

正面　背面

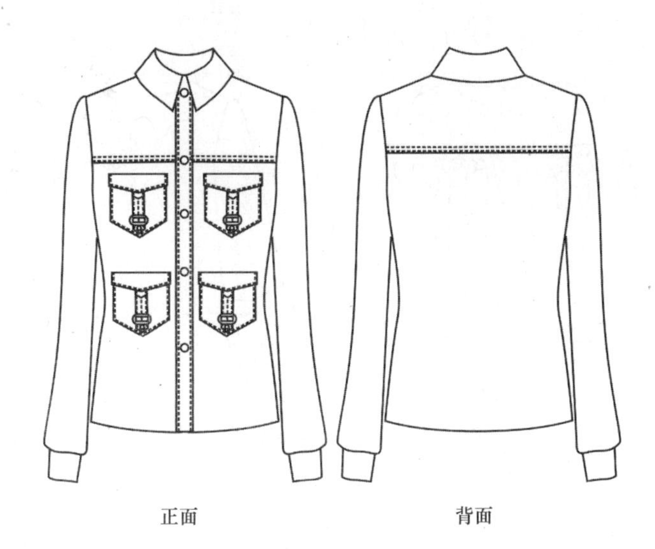
正面
背面

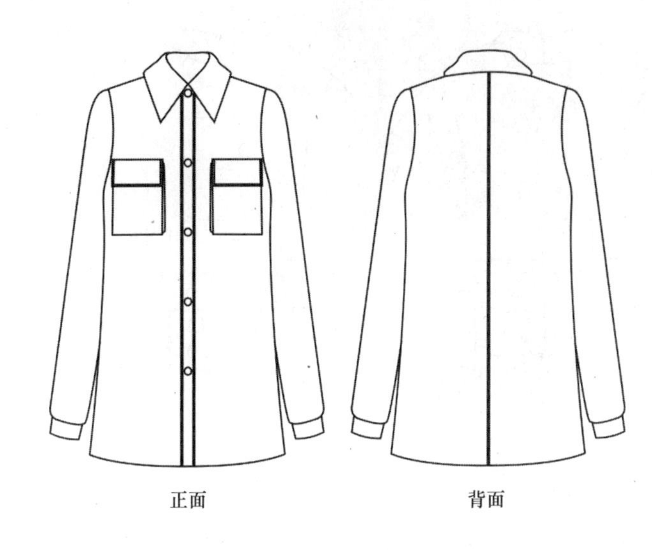
正面
背面

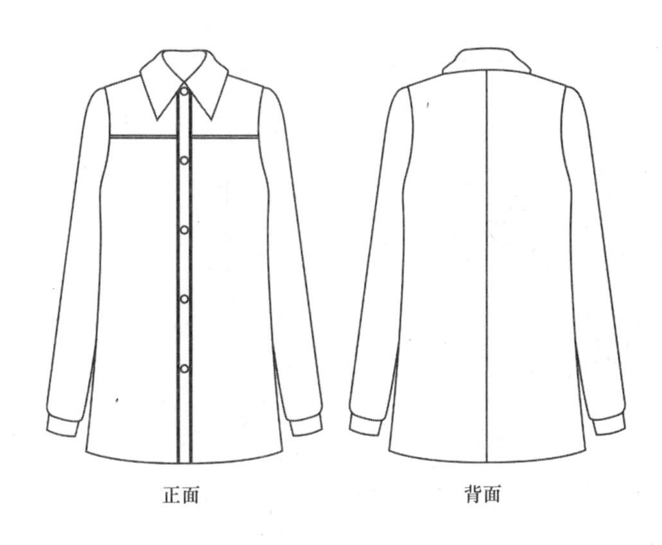
正面
背面

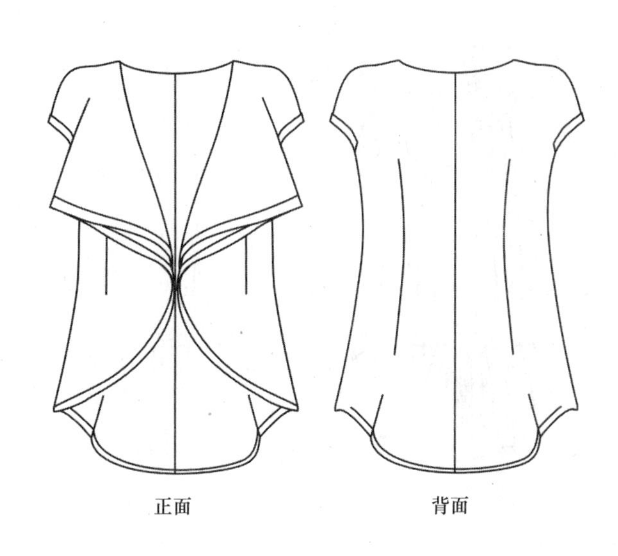
正面
背面

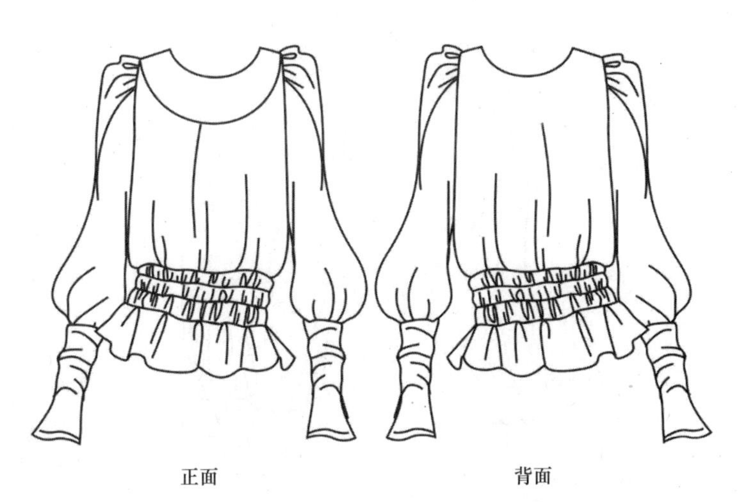
正面
背面

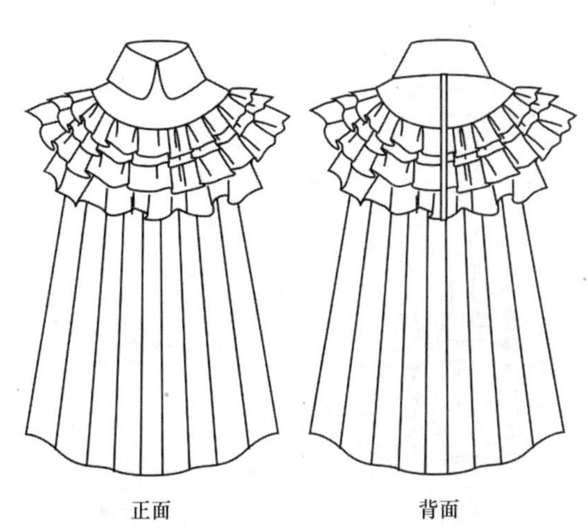
正面
背面

正面
背面
正面
背面

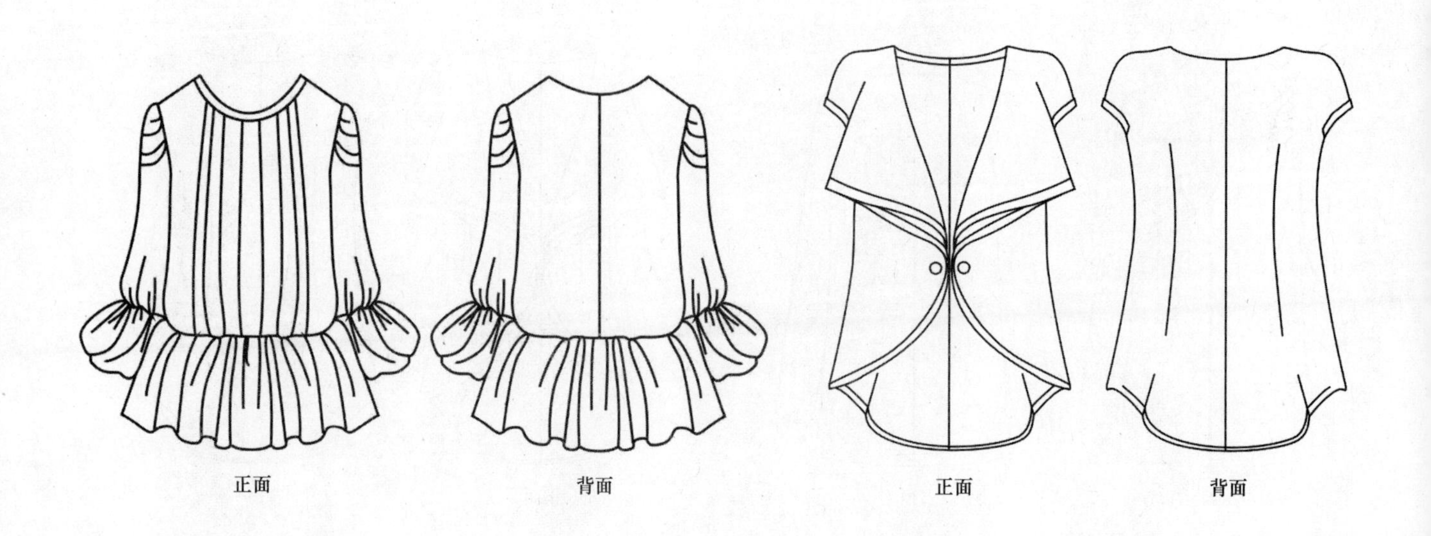
正面
背面
正面
背面

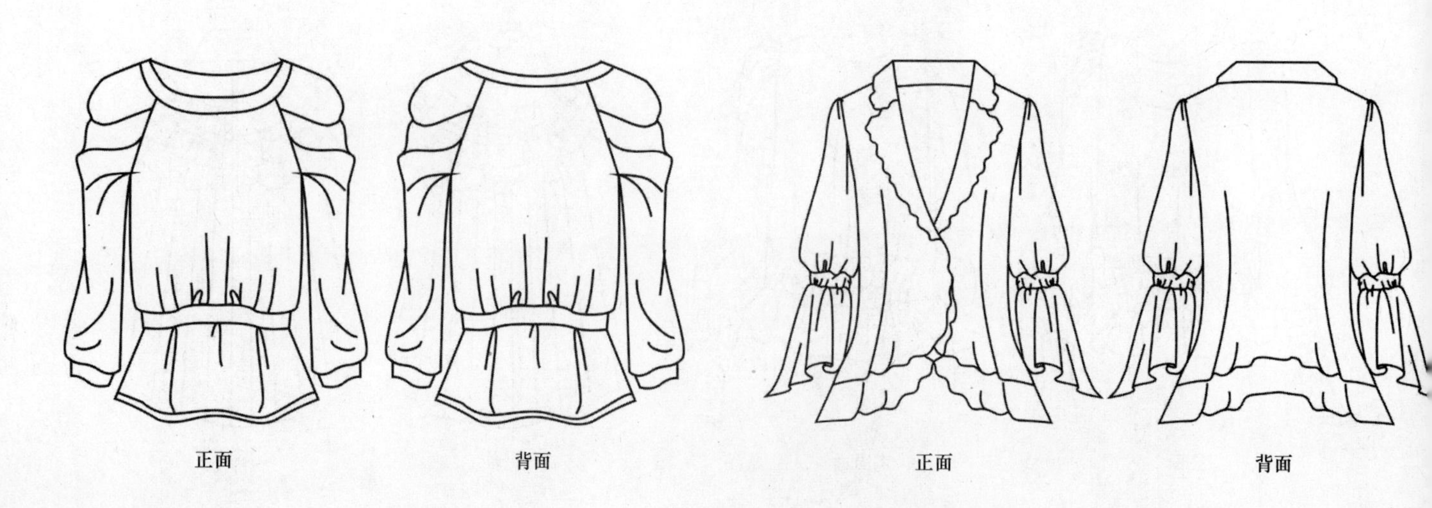
正面
背面
正面
背面

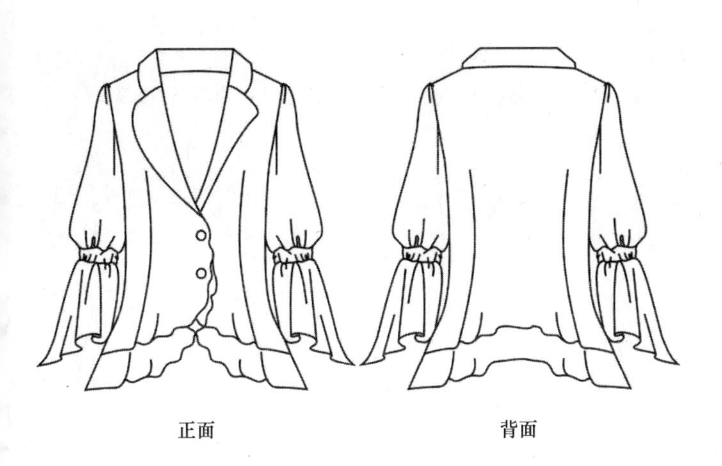

正面　　背面

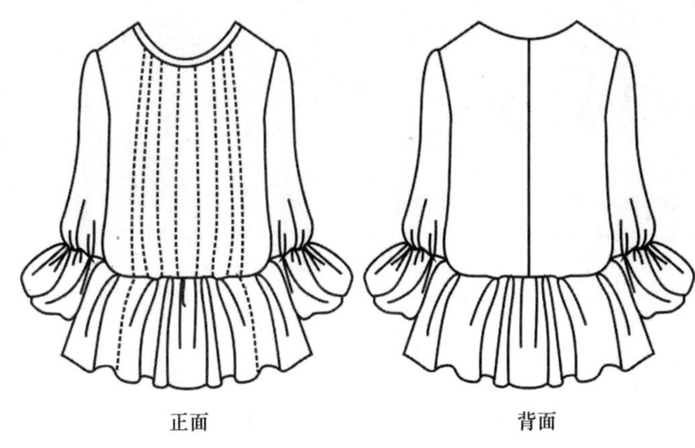

正面　　背面

正面　　背面

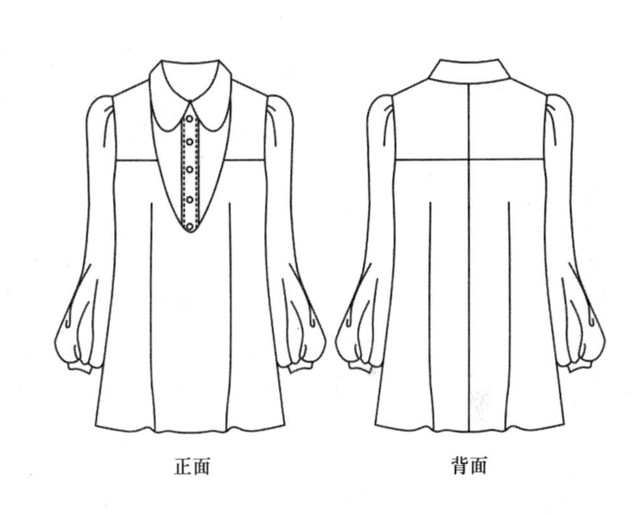

正面　　背面

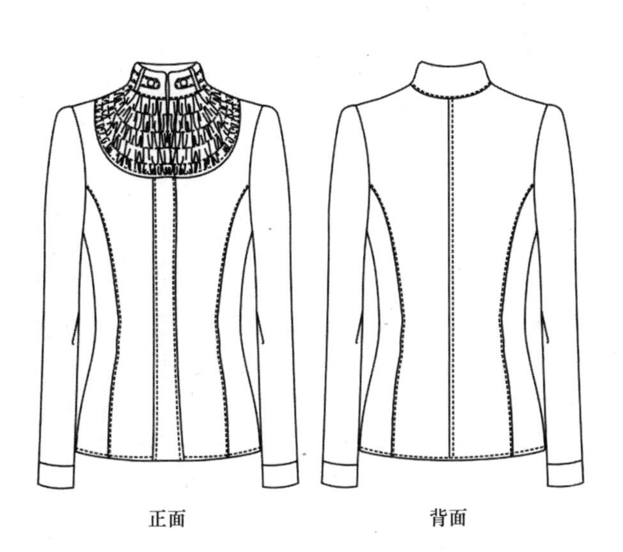

正面　　背面

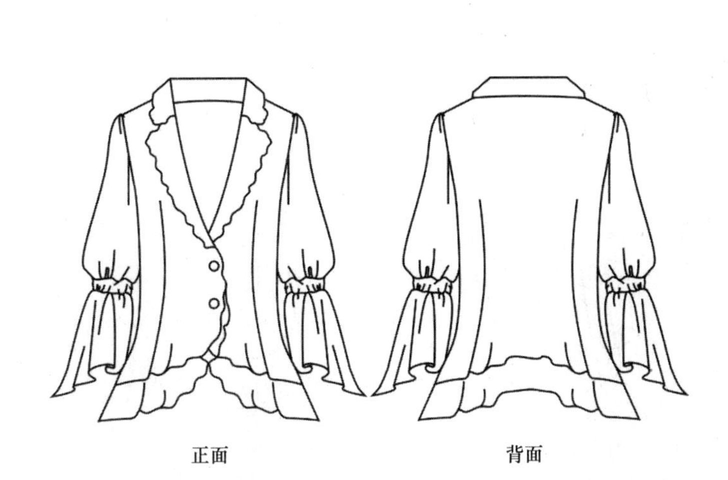

正面　　背面

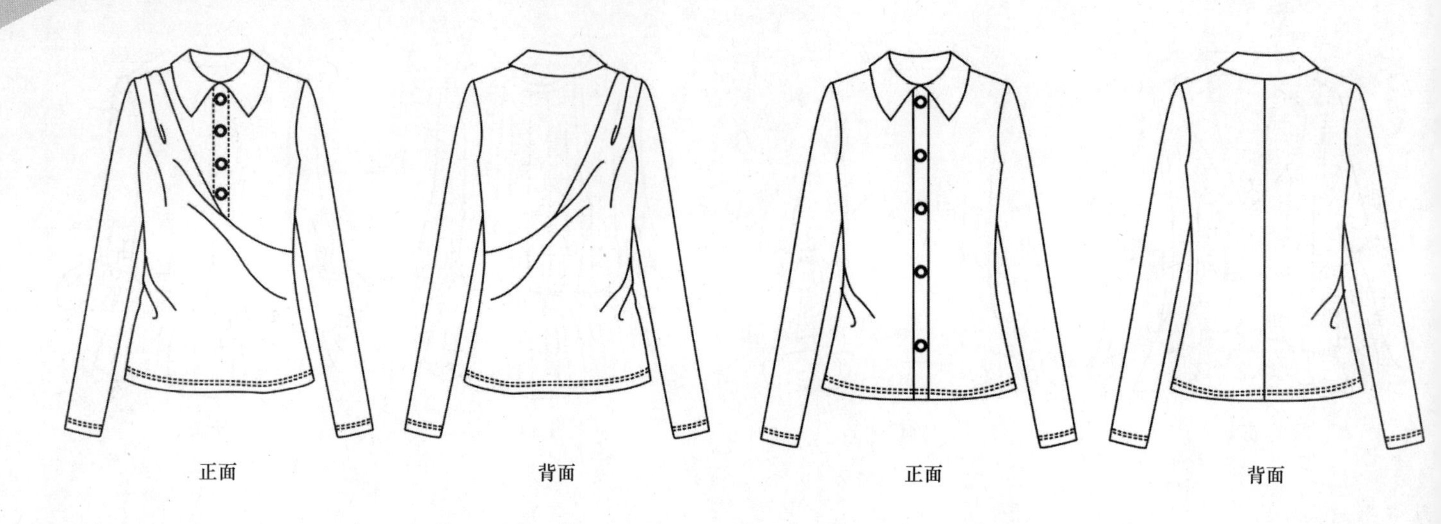
正面
背面
正面
背面

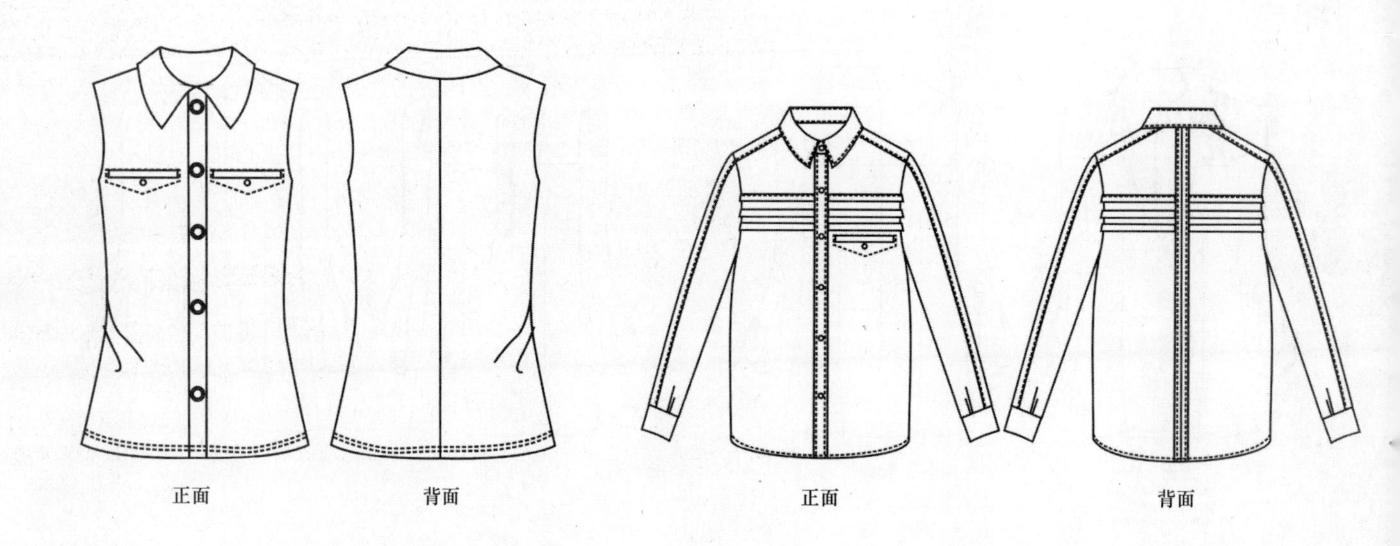
正面
背面
正面
背面

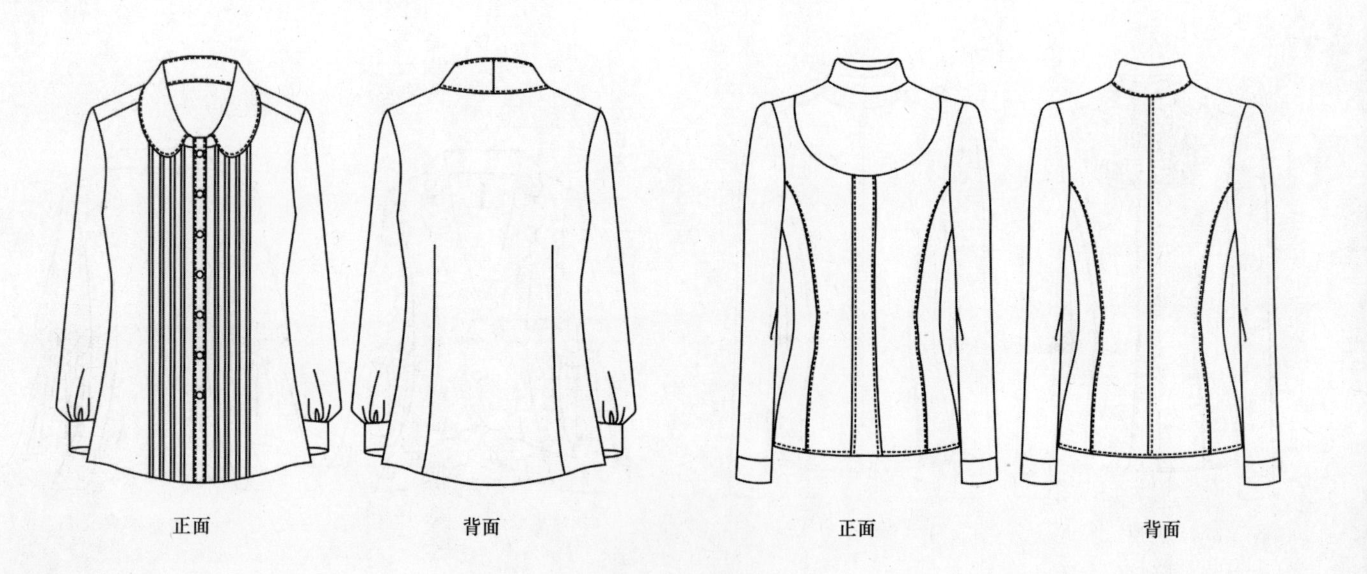
正面
背面
正面
背面

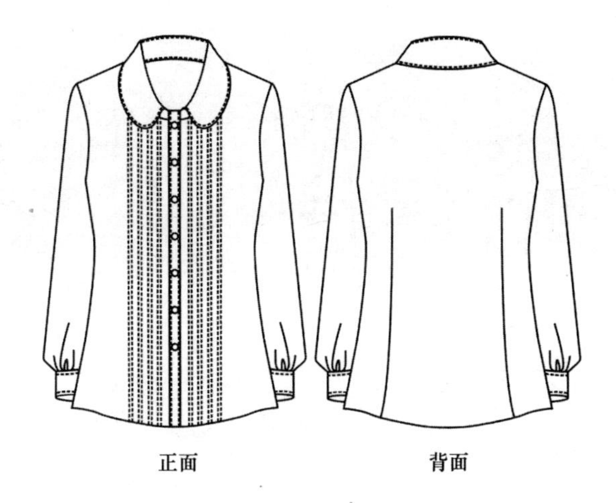

正面　　背面

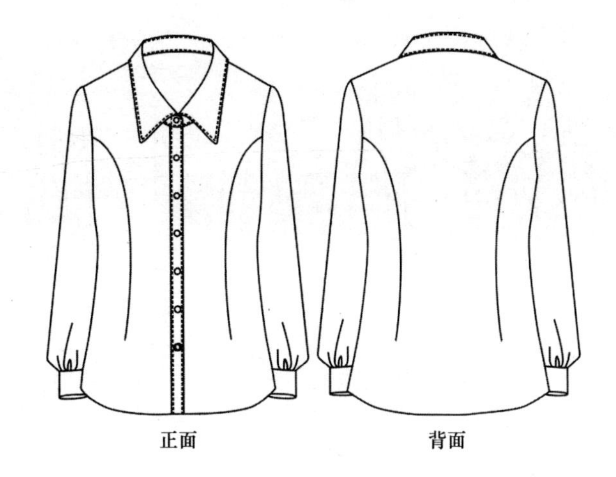

正面　　背面

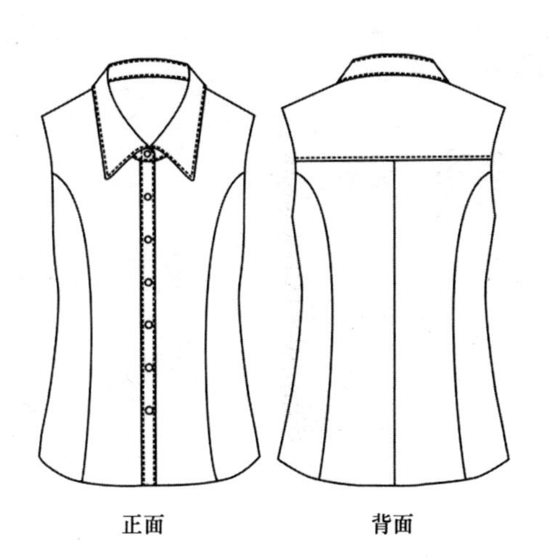

正面　　背面

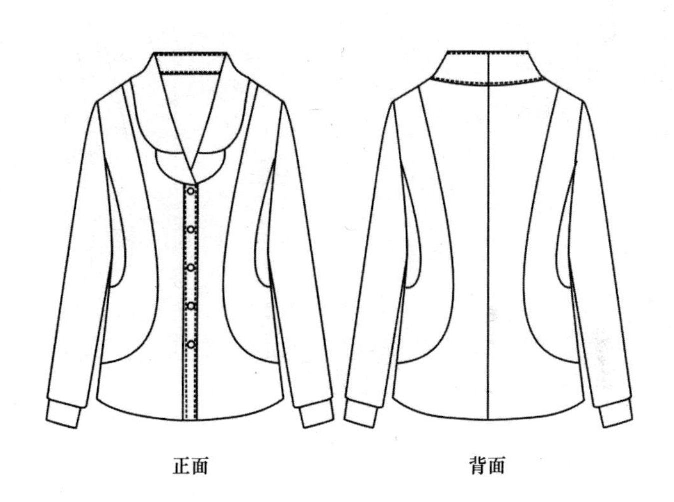

正面　　背面

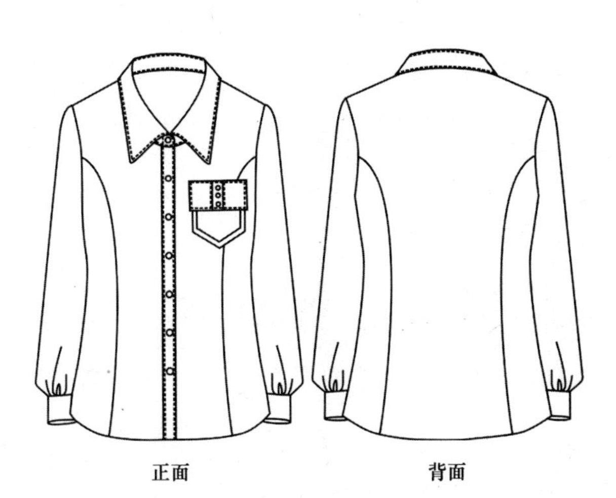

正面　　背面

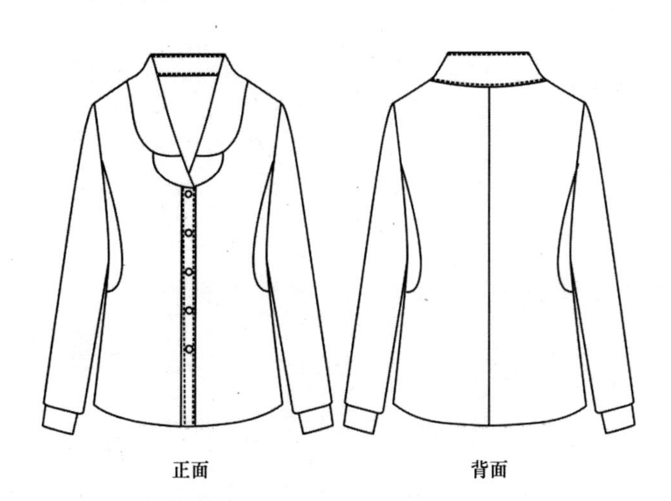

正面　　背面

正面
背面
正面
背面

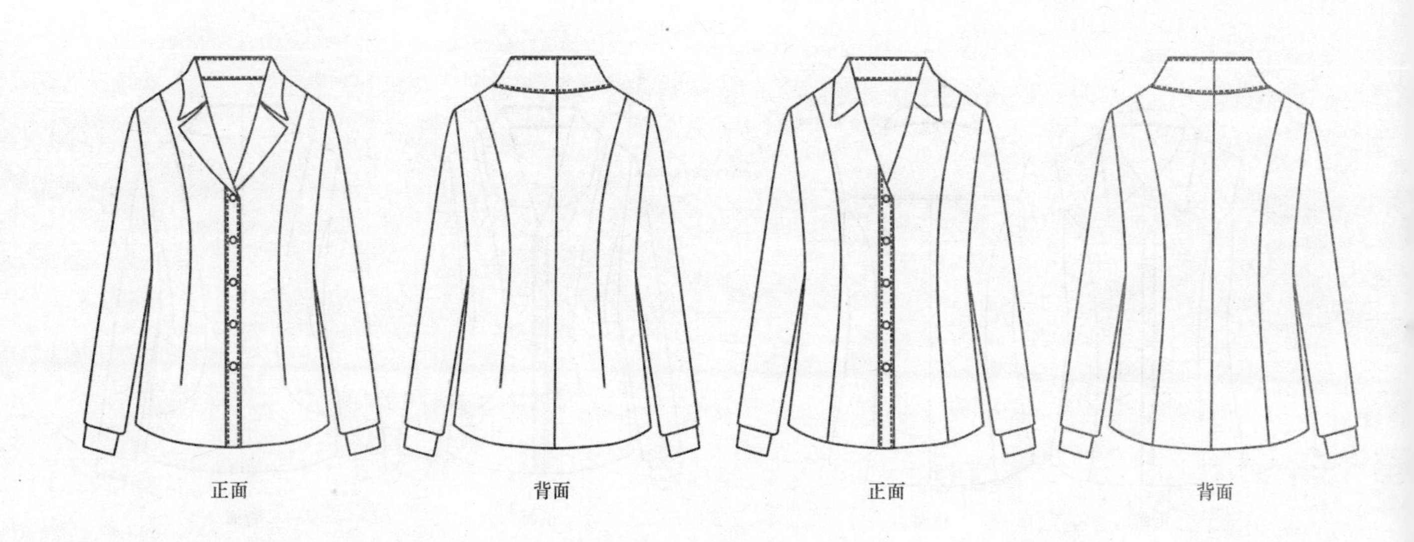
正面
背面
正面
背面

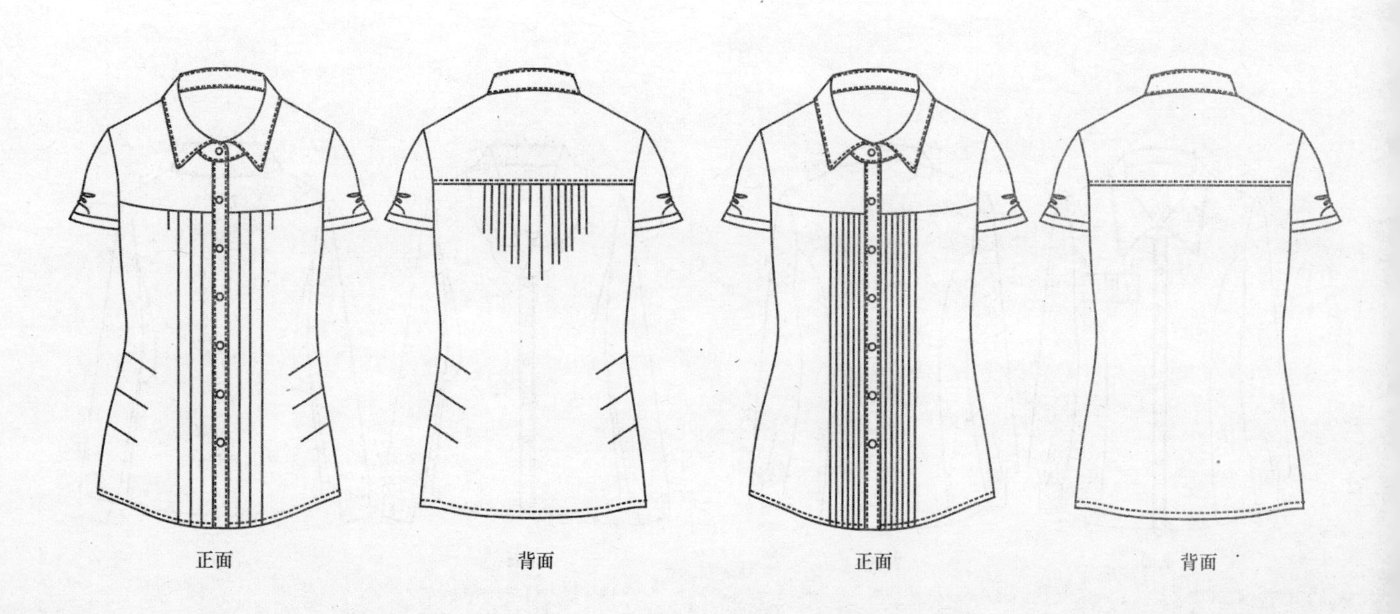
正面
背面
正面
背面

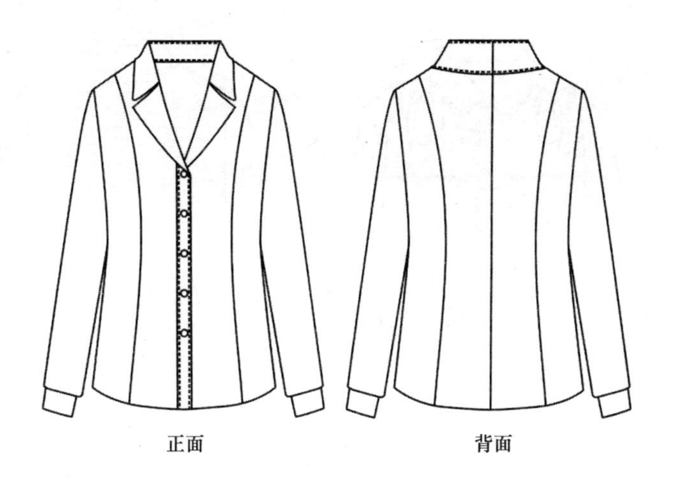

正面　　背面

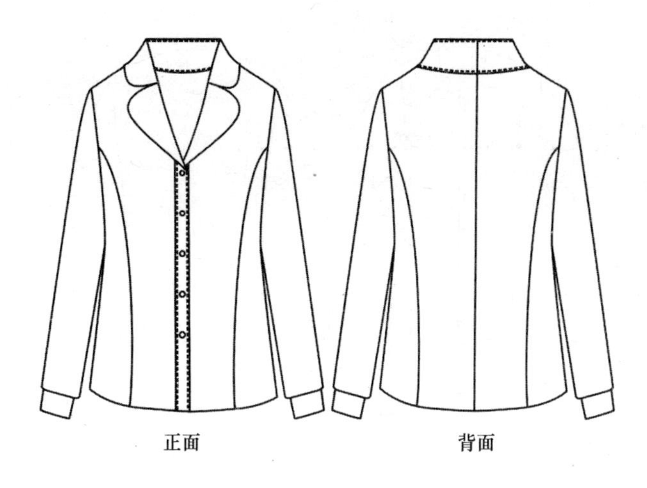

正面　　背面

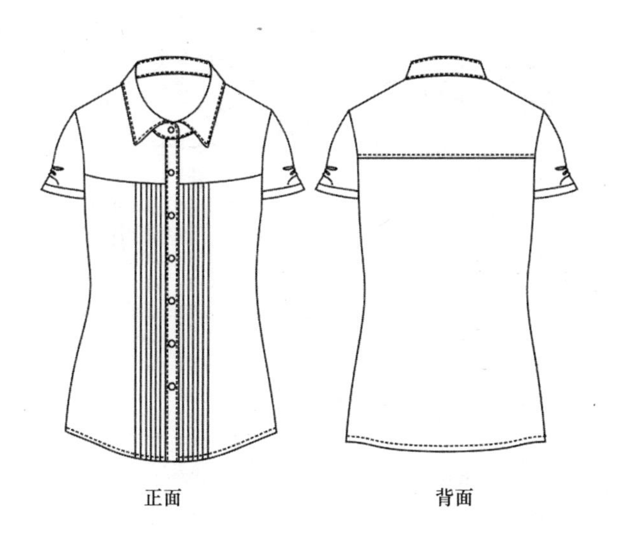

正面　　背面

正面　　背面

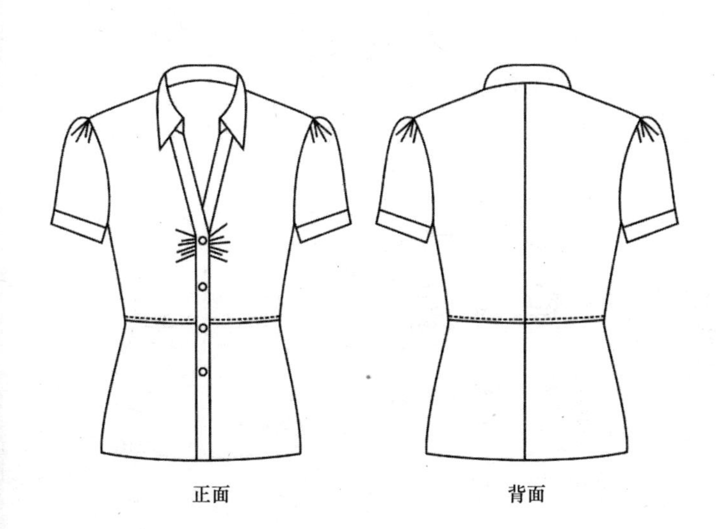

正面　　背面

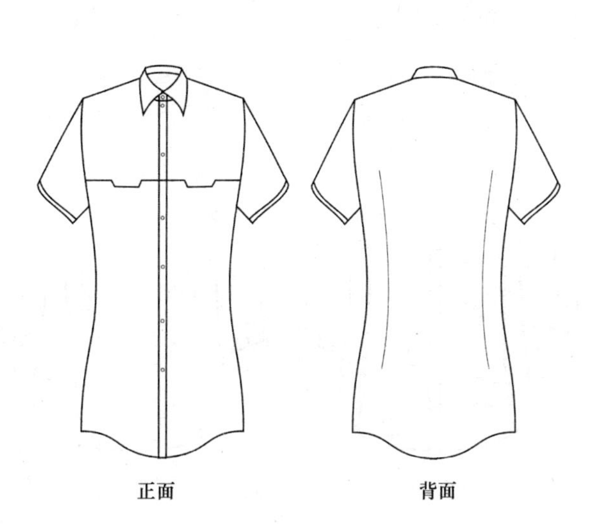

正面　　背面

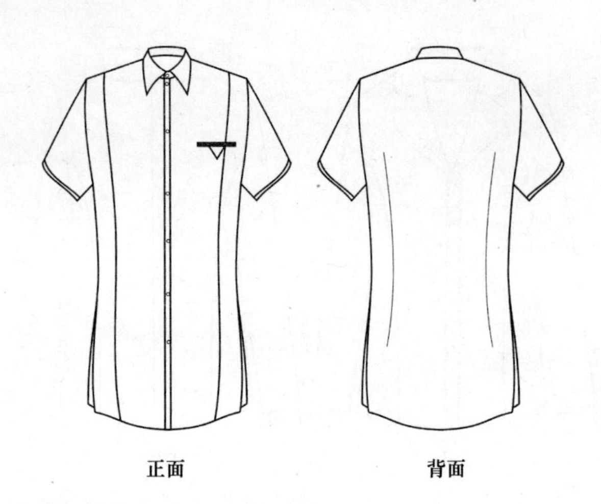

正面　背面

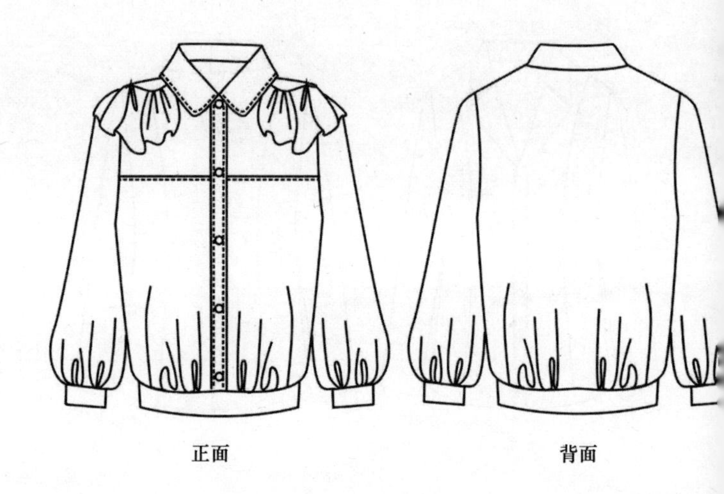

正面　背面

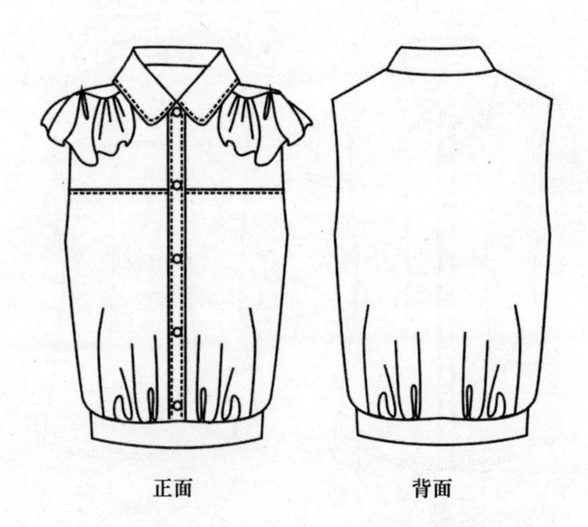

正面　背面

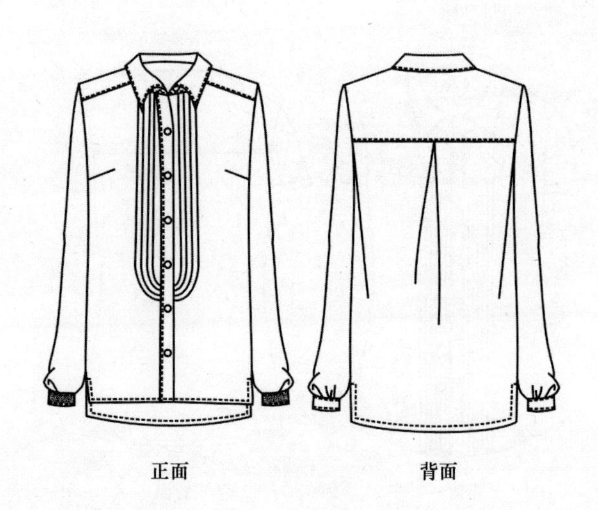

正面　背面

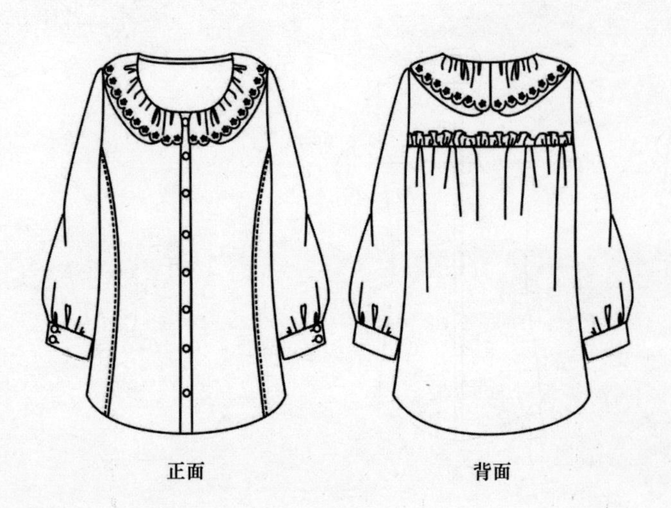

正面　背面

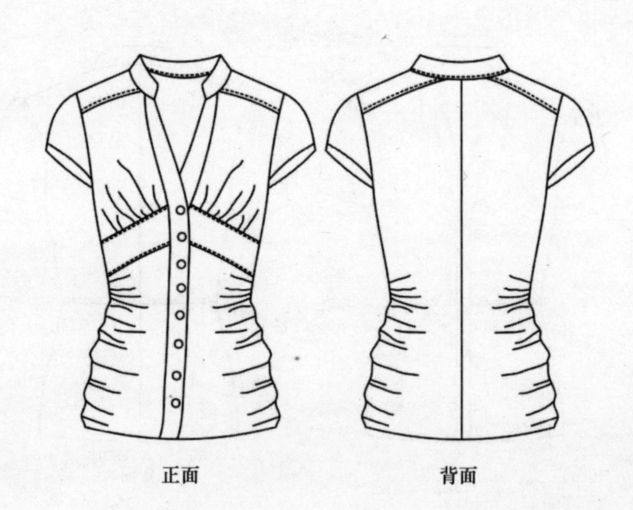

正面　背面

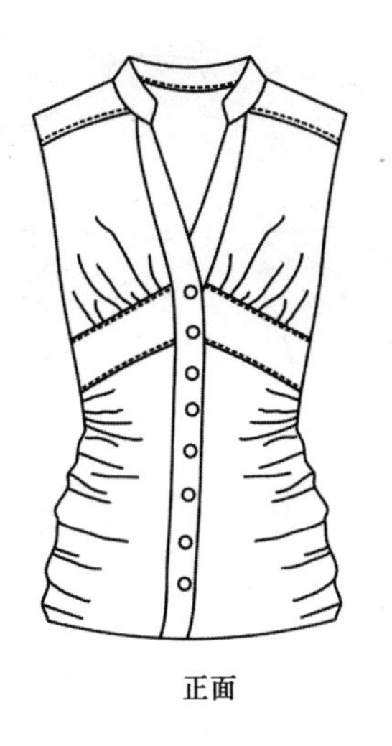

正面

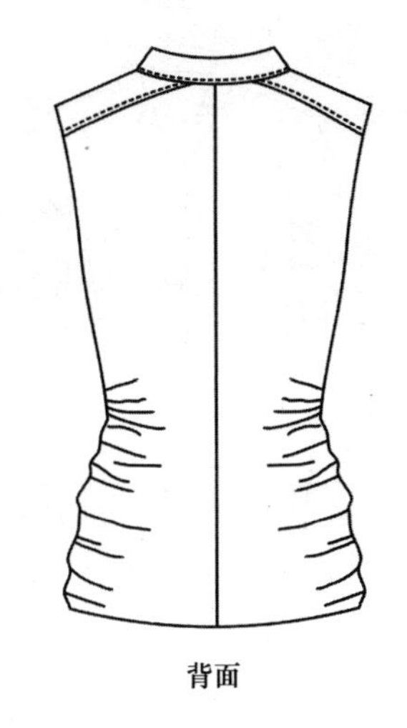

背面

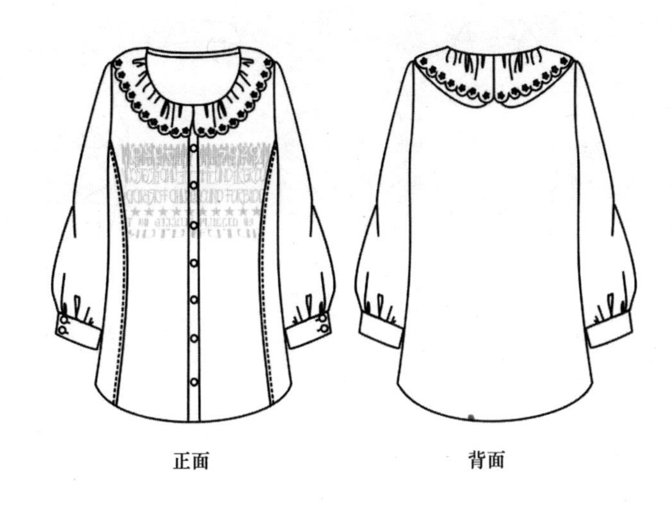

正面 背面

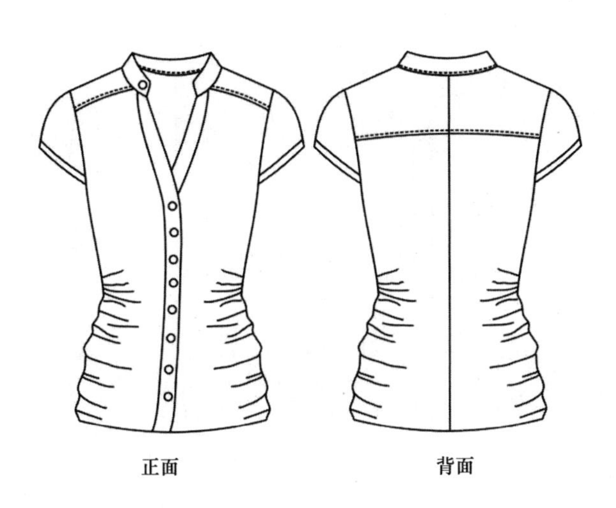

正面 背面

正面 背面

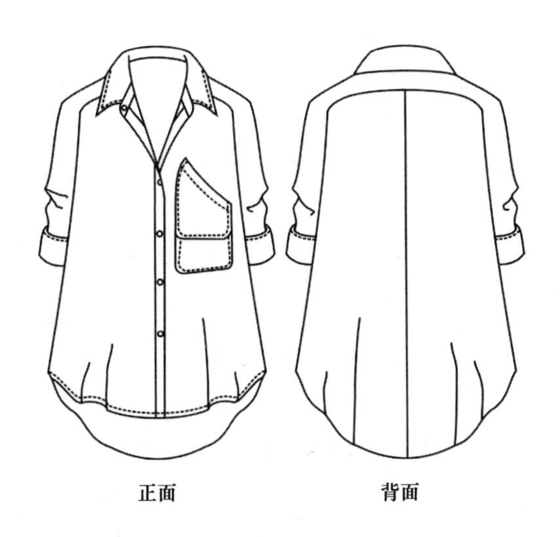

正面 背面

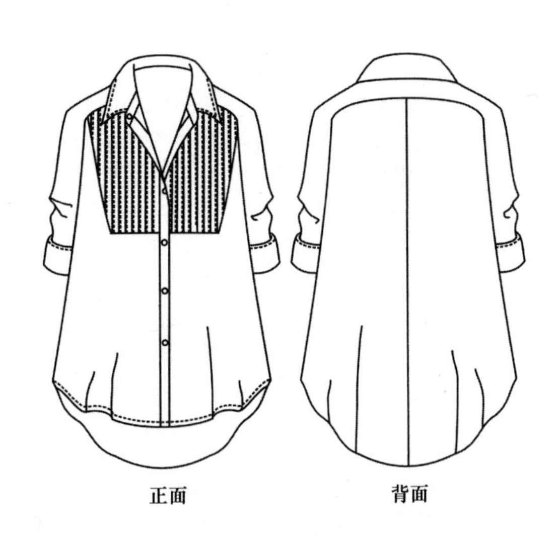

正面 背面

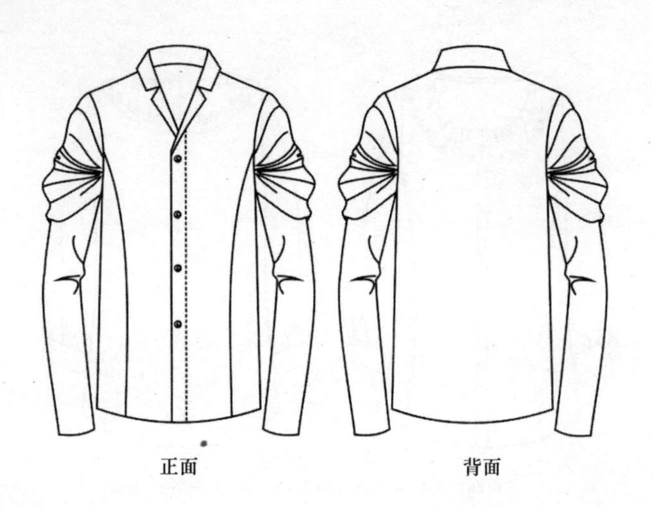

正面　　背面

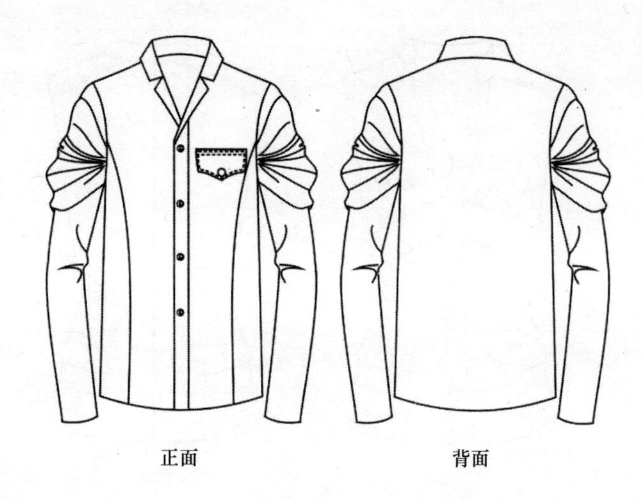

正面　　背面

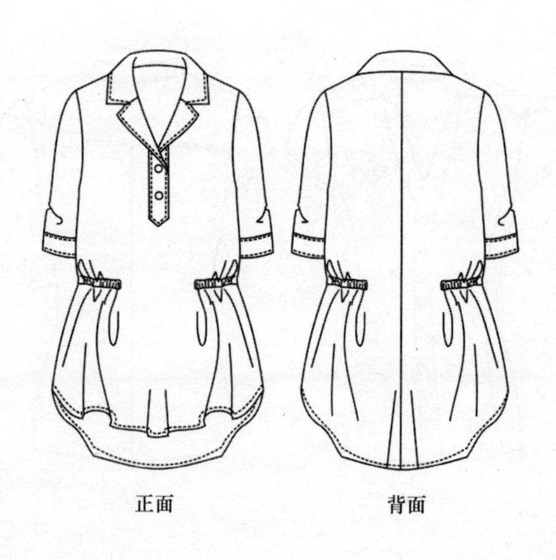

正面　　背面

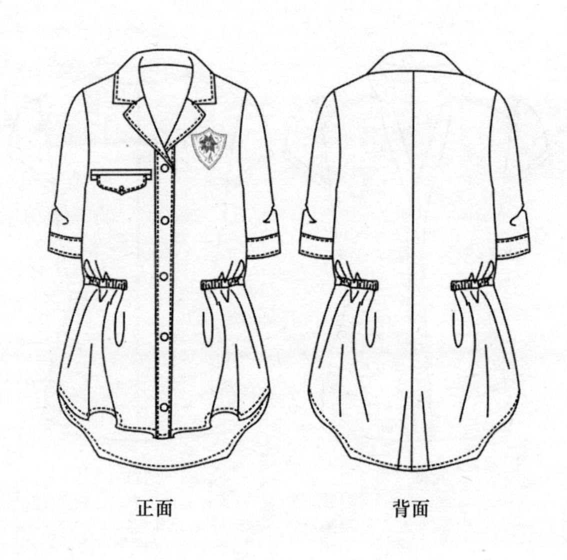

正面　　背面

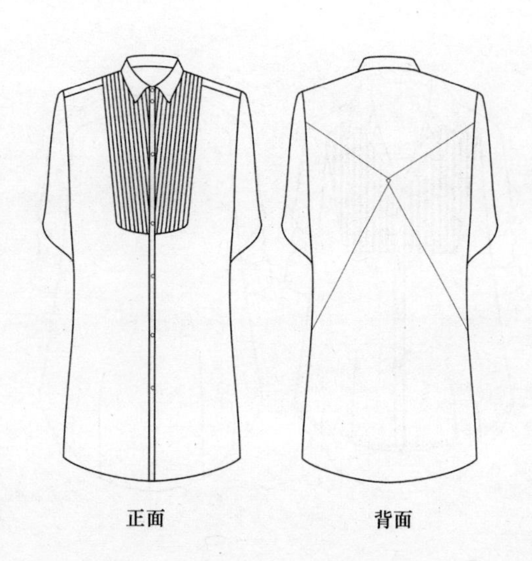

正面　　背面

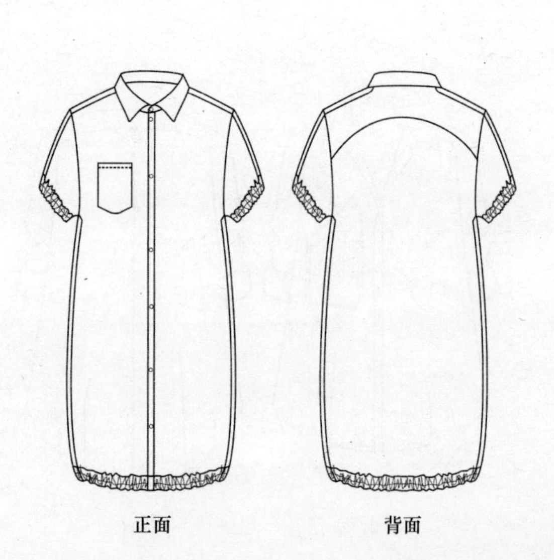

正面　　背面

正面
背面
正面
背面

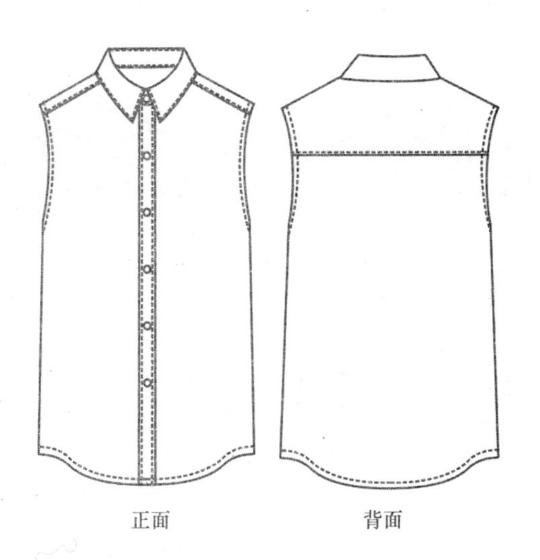
正面
背面

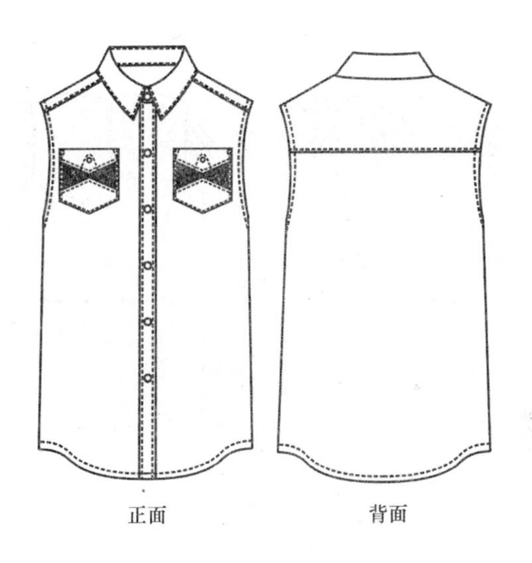
正面
背面

正面
背面

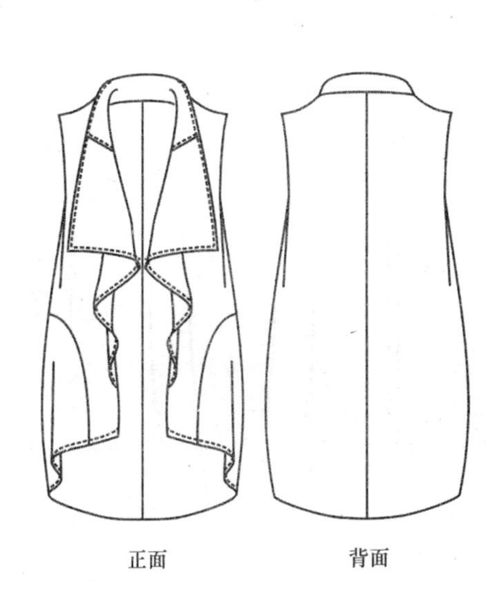
正面
背面

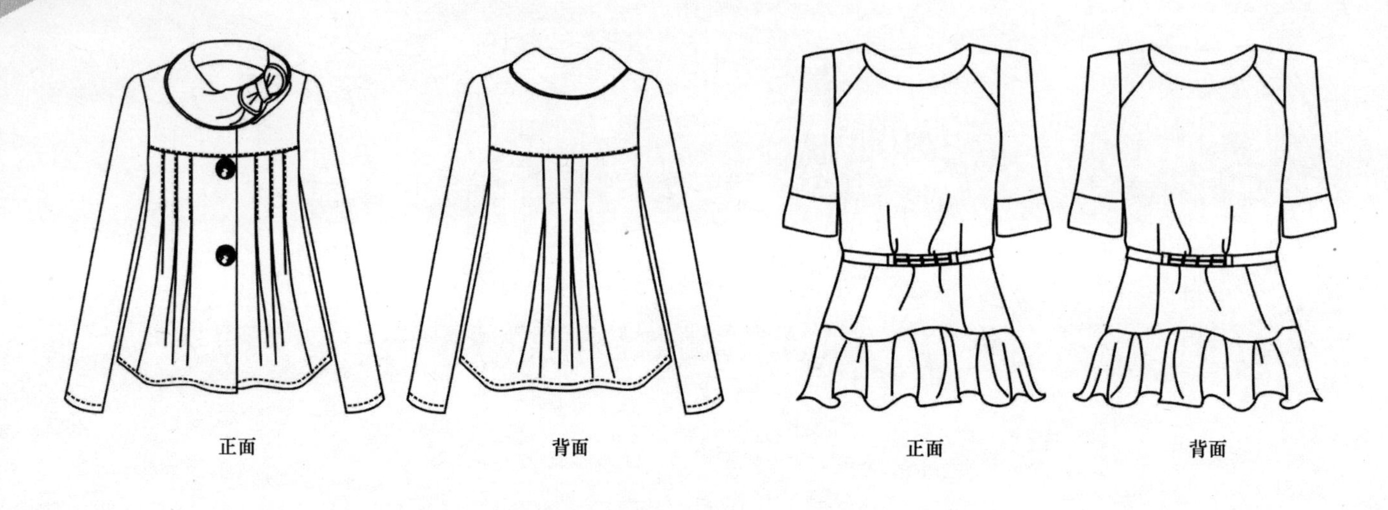

正面　　背面　　正面　　背面

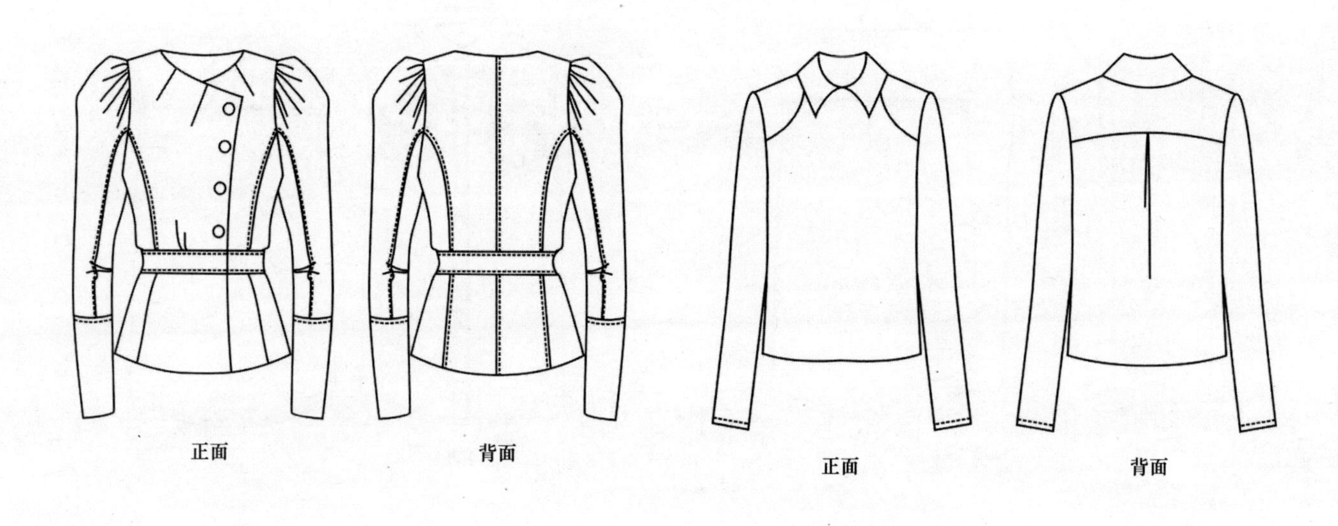

正面　　背面　　正面　　背面

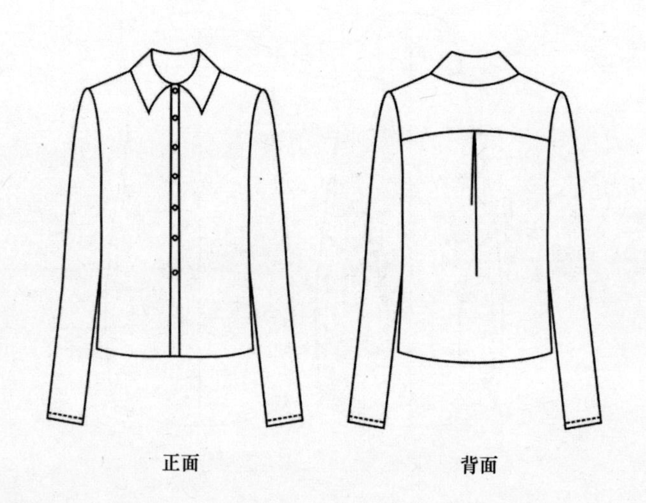

正面　　背面

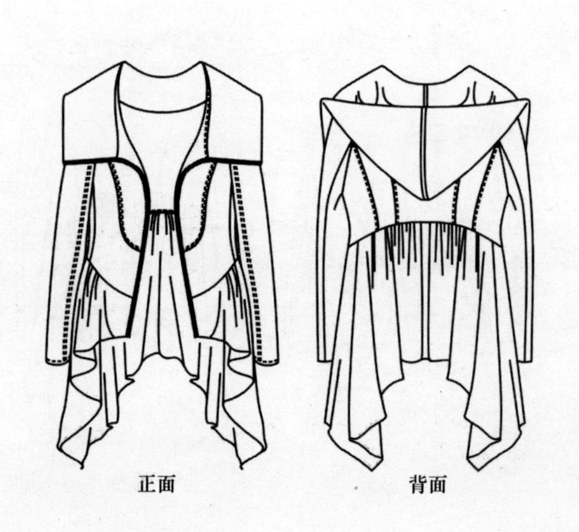

正面　　背面

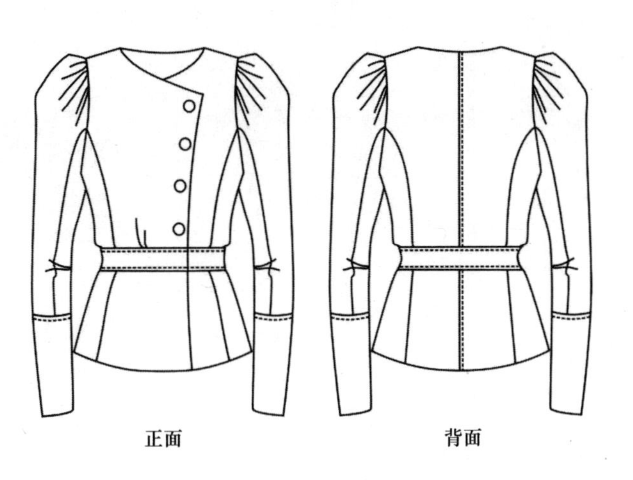

正面　　背面

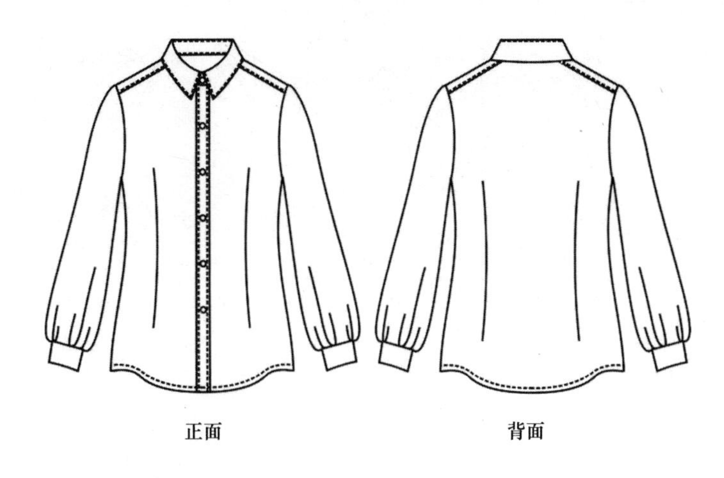

正面　　背面

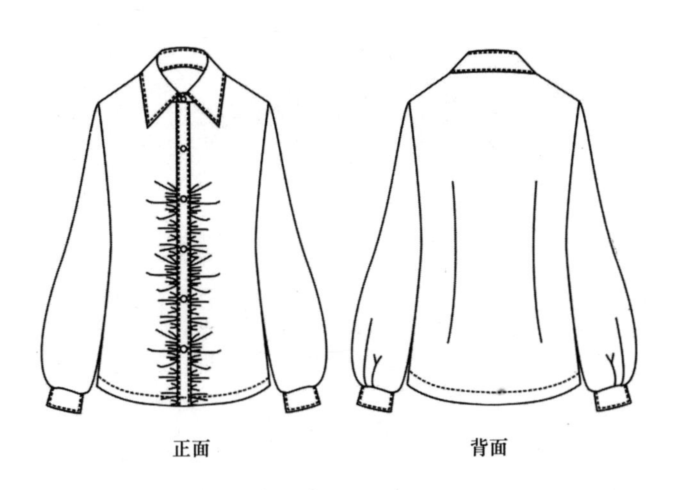

正面　　背面

正面　　背面

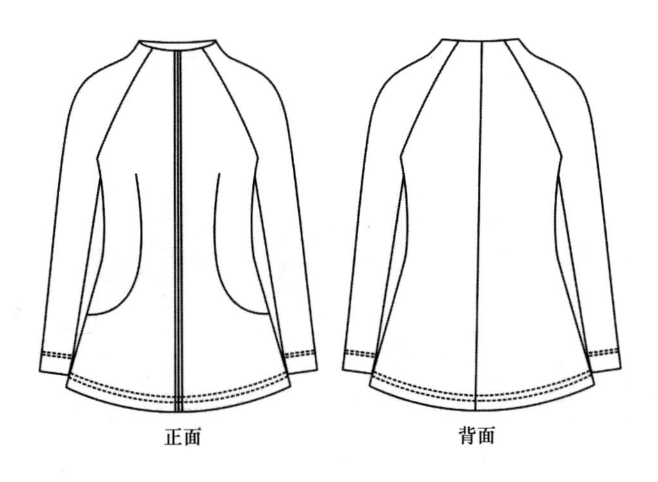

正面　　背面

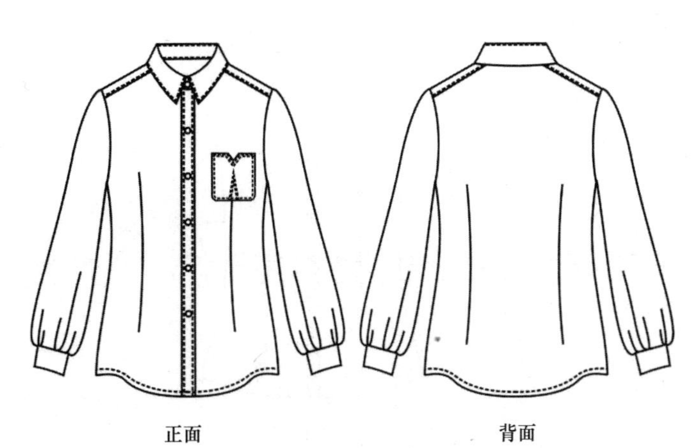

正面　　背面

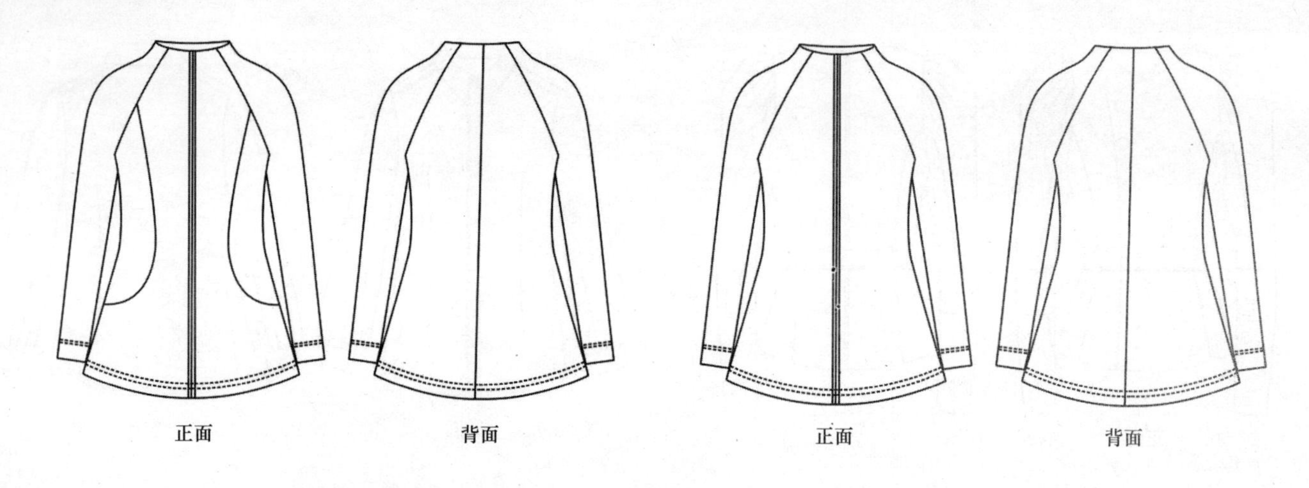

正面　背面　正面　背面

正面

背面

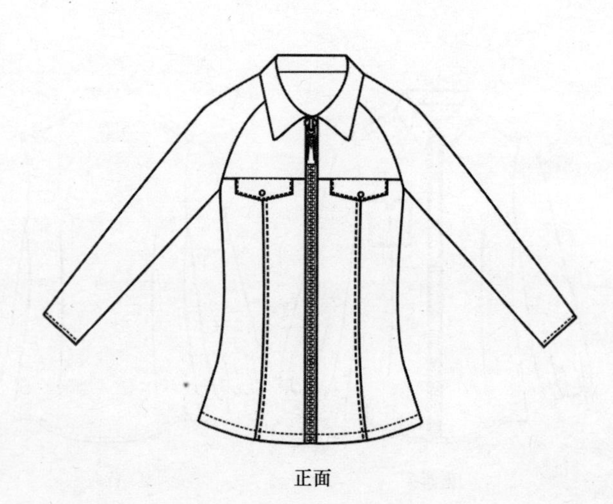

正面

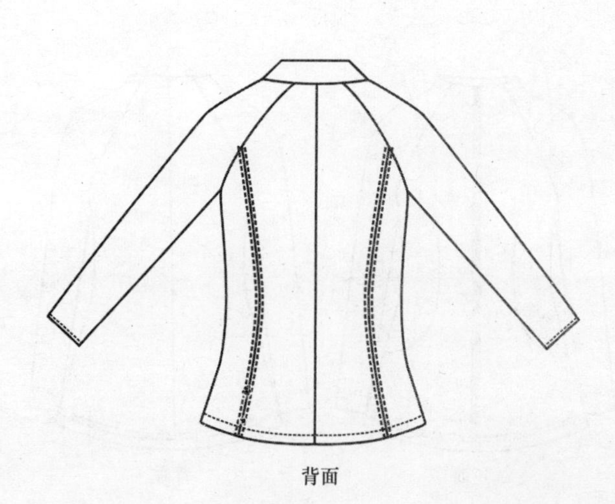

背面

正面

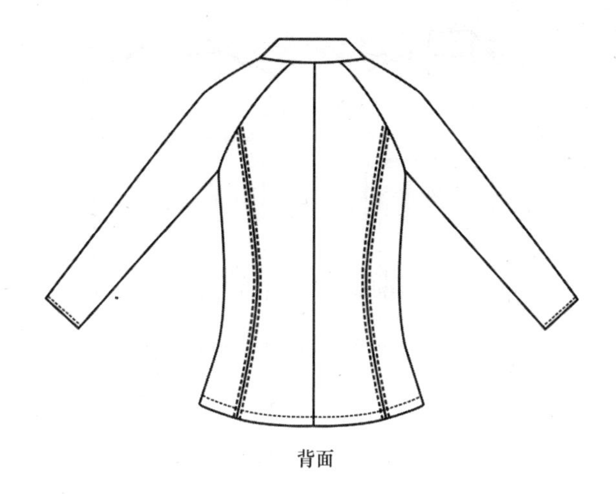

背面

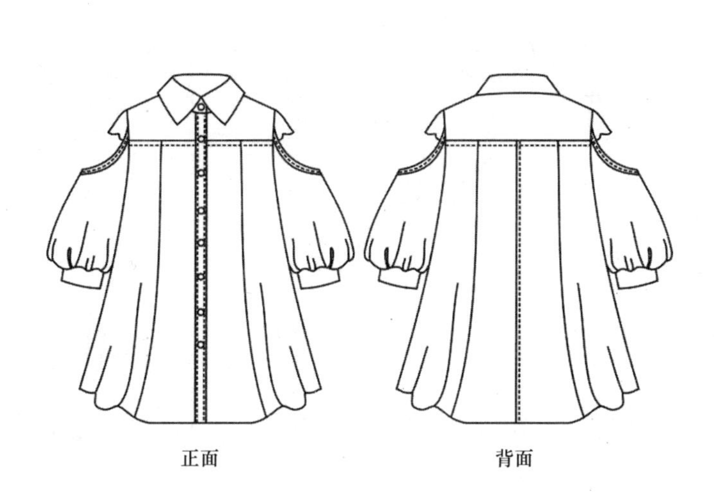

正面　背面

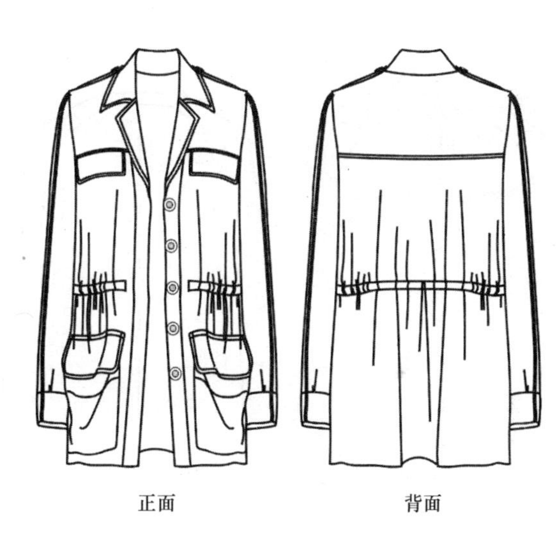

正面　背面

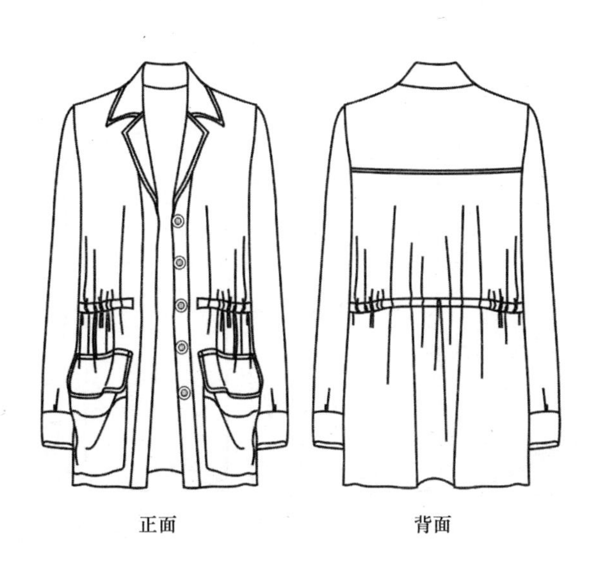

正面　背面

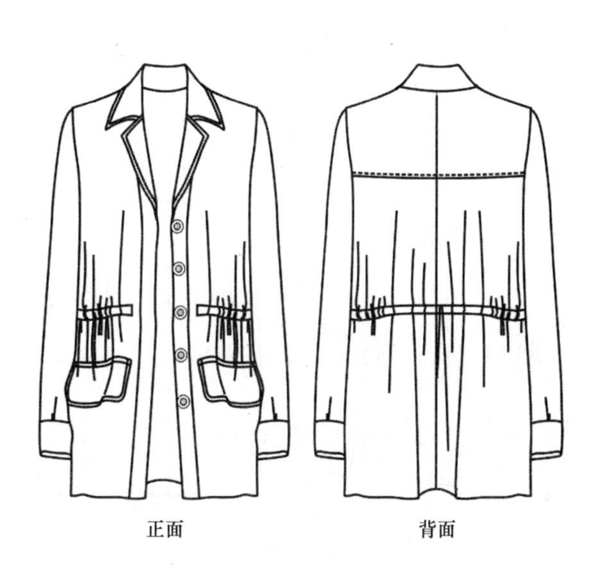

正面　背面

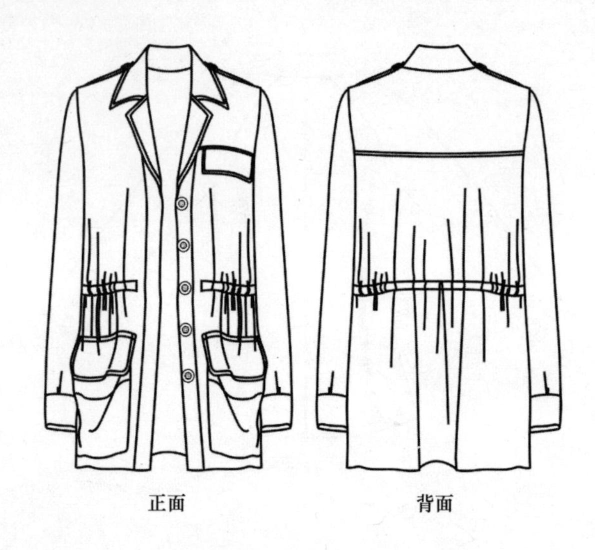
正面
背面

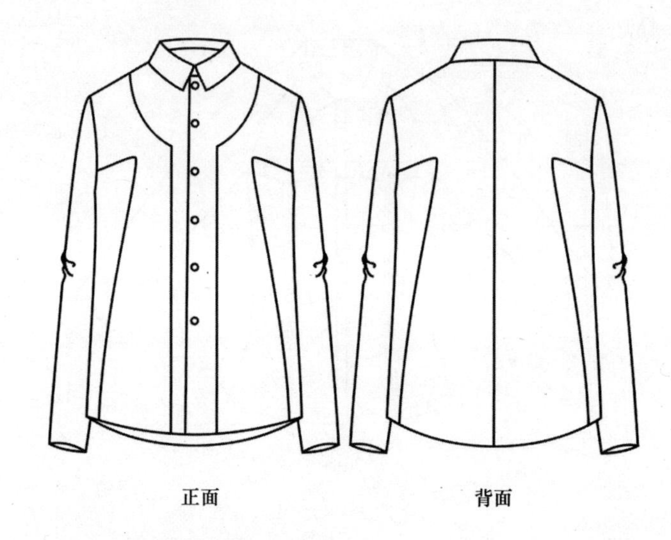
正面
背面

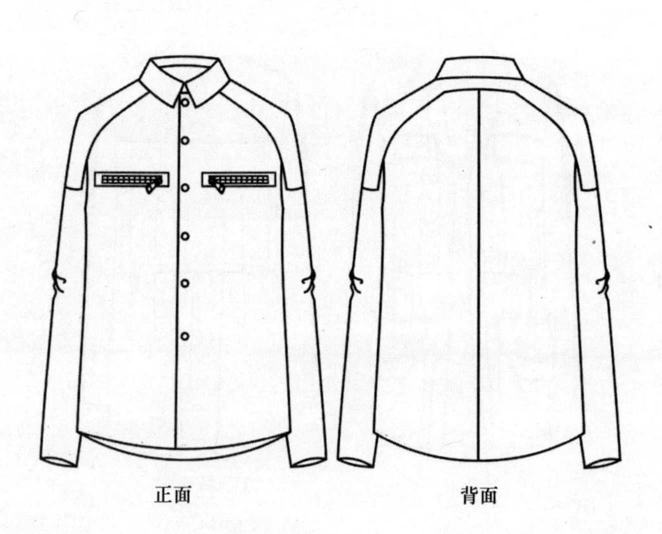
正面
背面

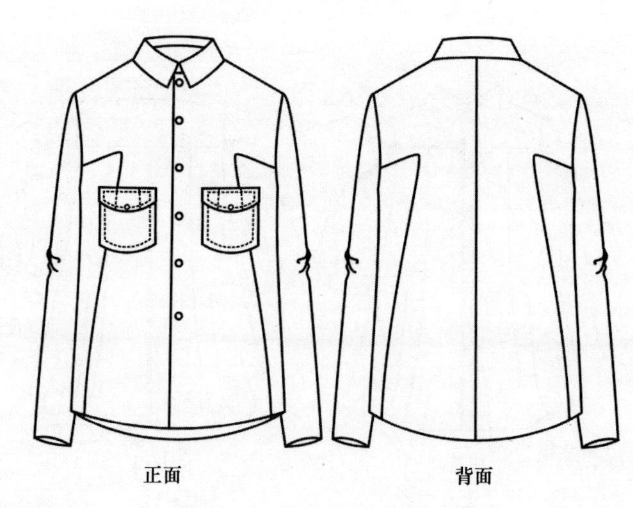
正面
背面

正面
背面

正面
背面

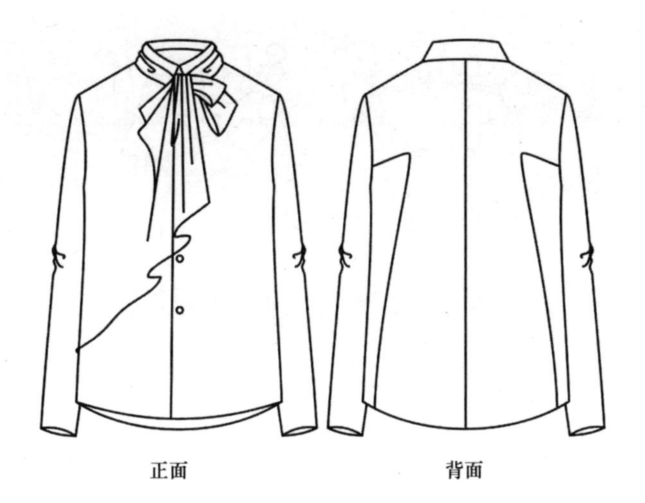
正面
背面

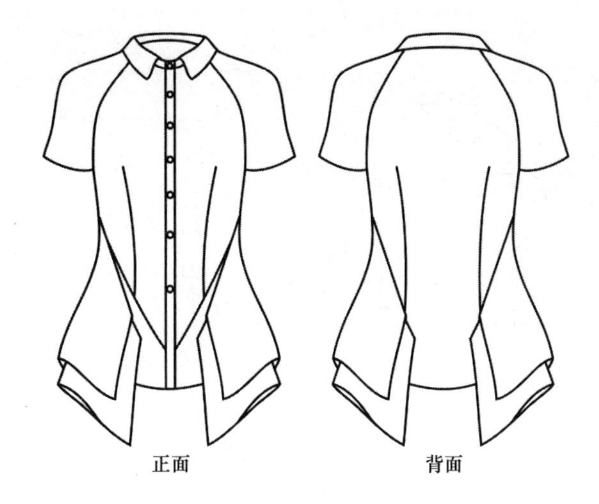
正面
背面

正面
背面

正面
背面

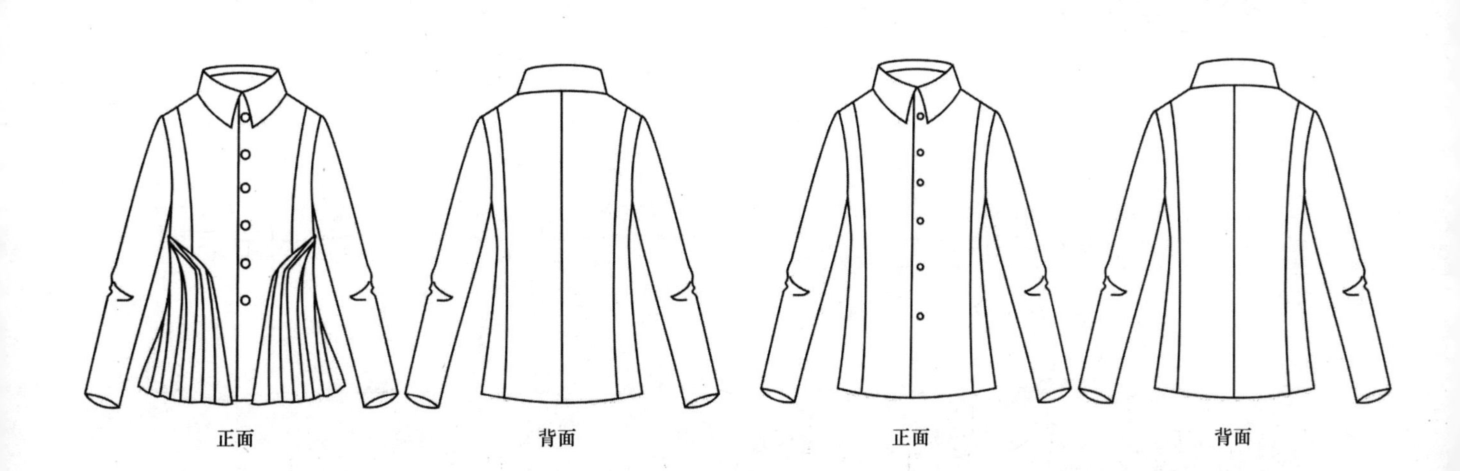
正面
背面
正面
背面

正面　　背面

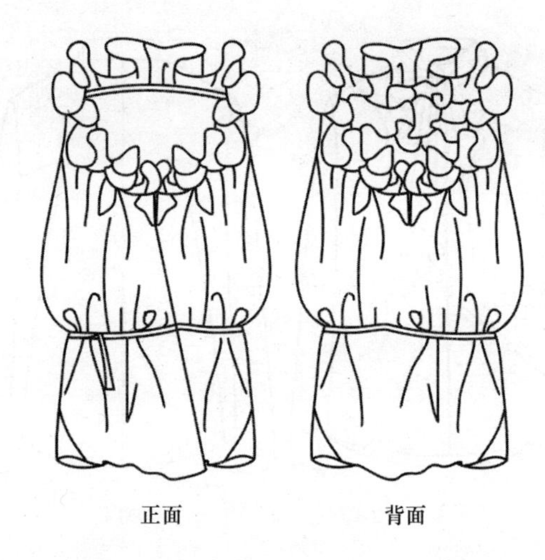

正面　　背面

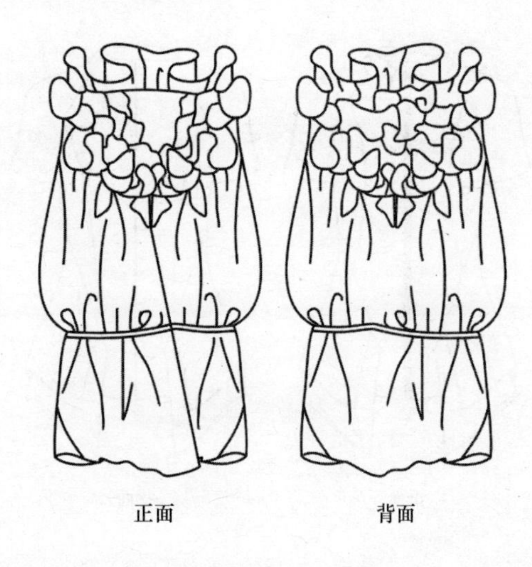

正面　　背面

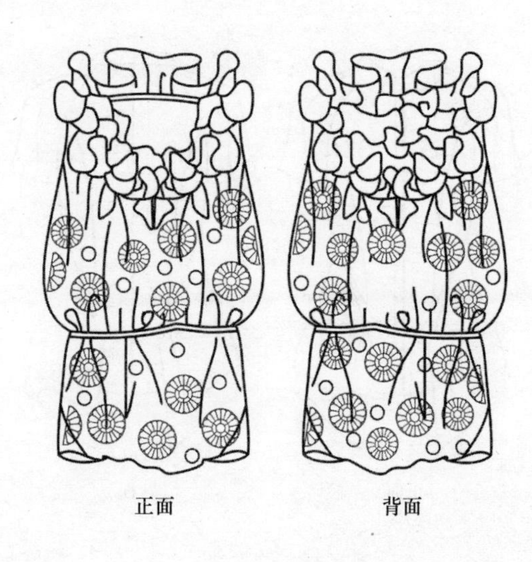

正面　　背面

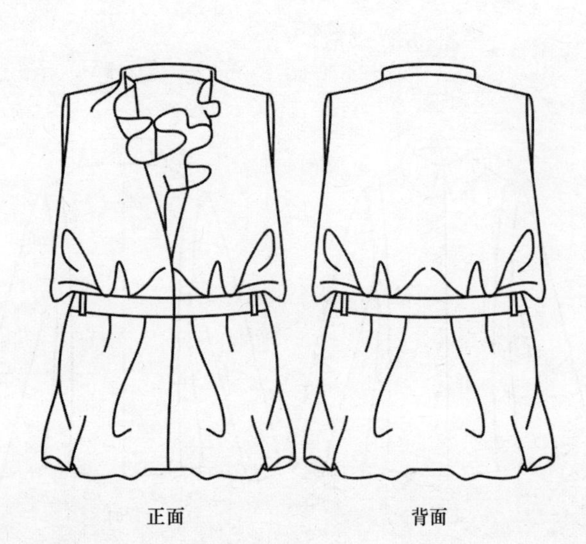

正面　　背面

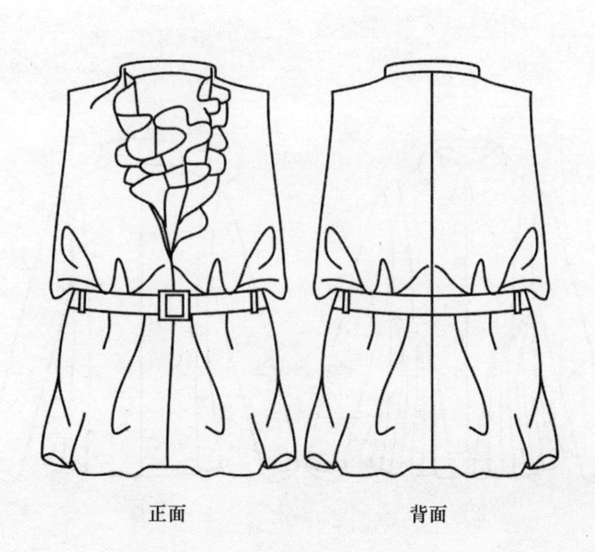

正面　　背面

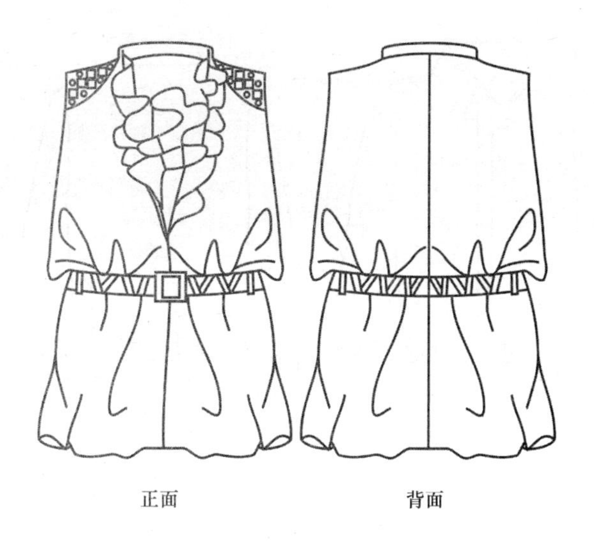
正面
背面

正面
背面

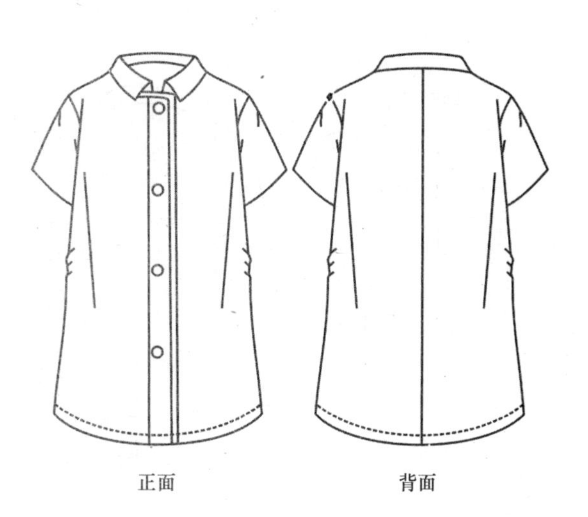
正面
背面

正面
背面

正面
背面

正面
背面

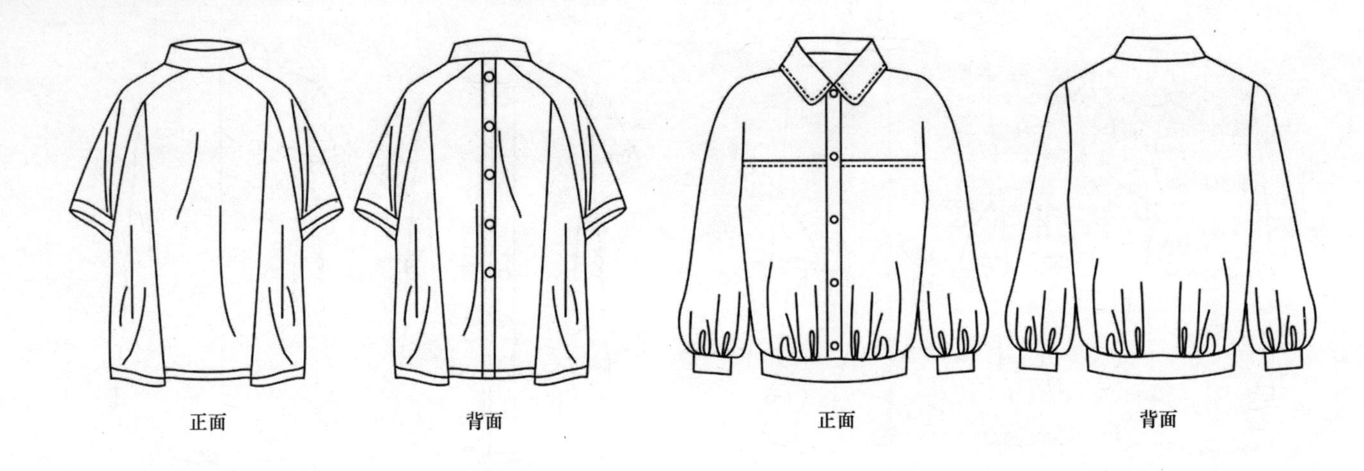
正面
背面
正面
背面

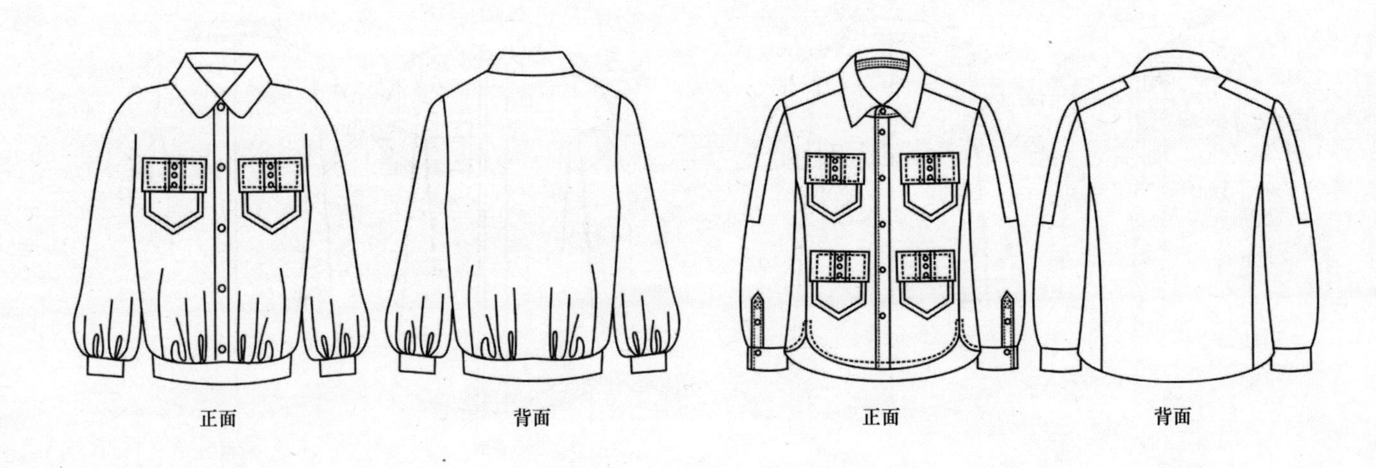
正面
背面
正面
背面

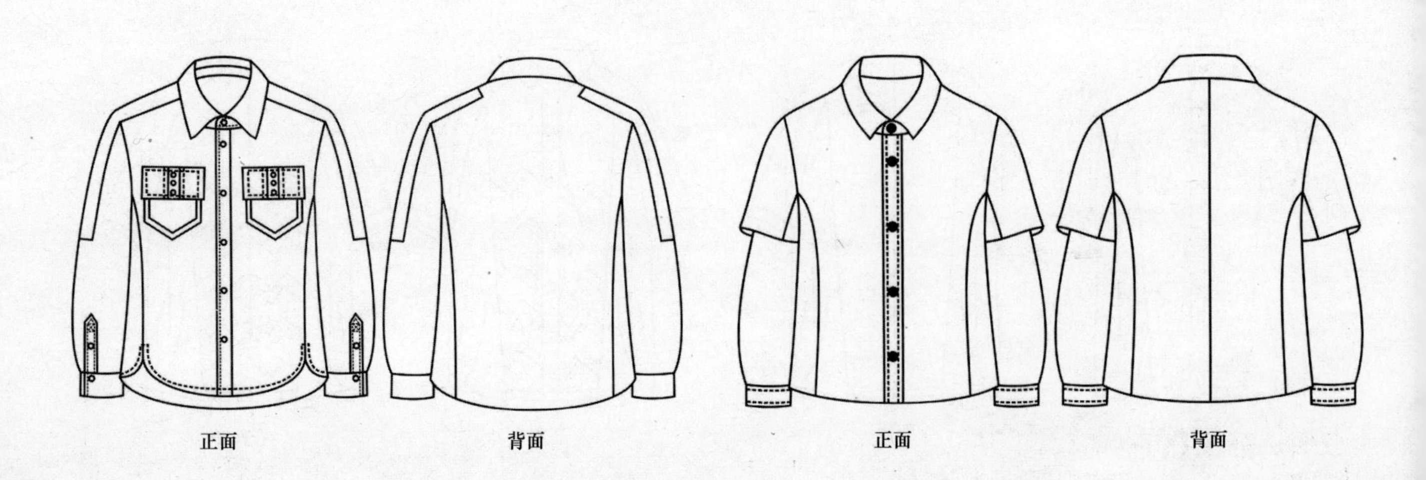
正面
背面
正面
背面

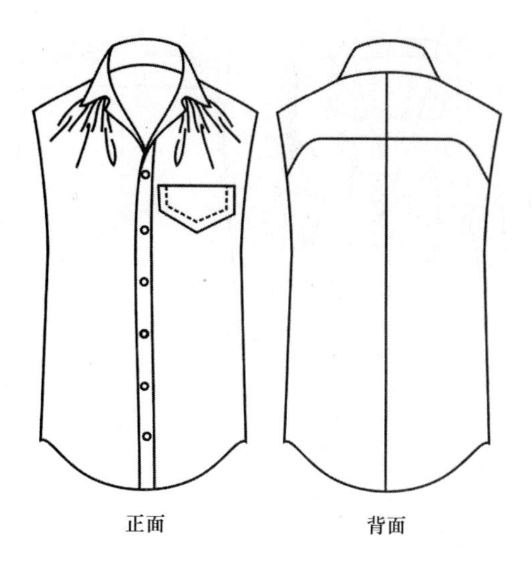
正面
背面

正面
背面

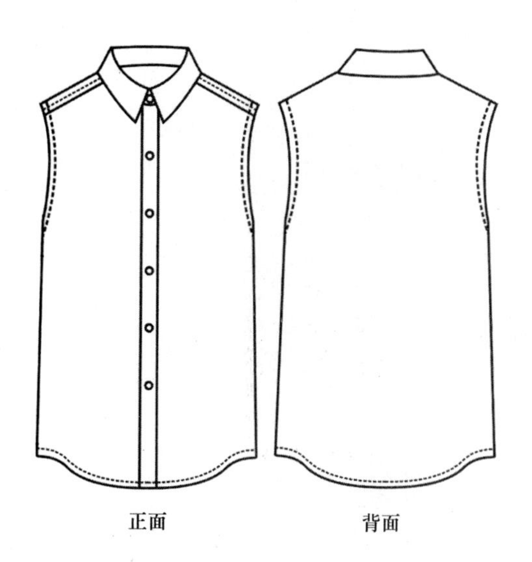
正面
背面

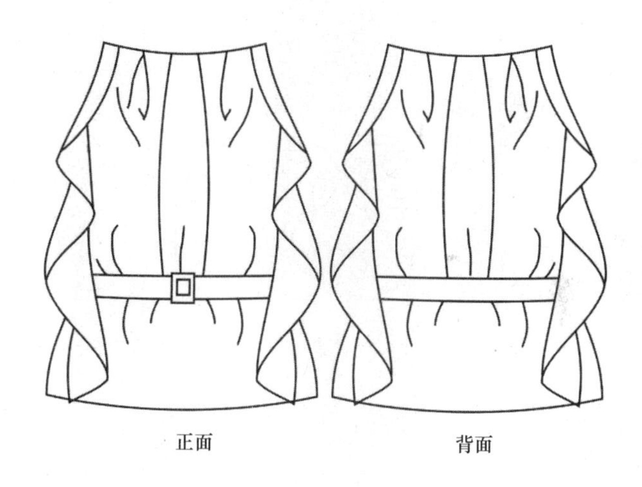
正面
背面

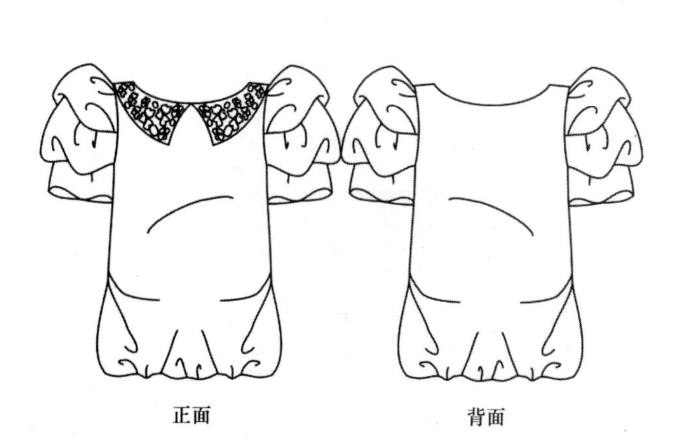
正面
背面

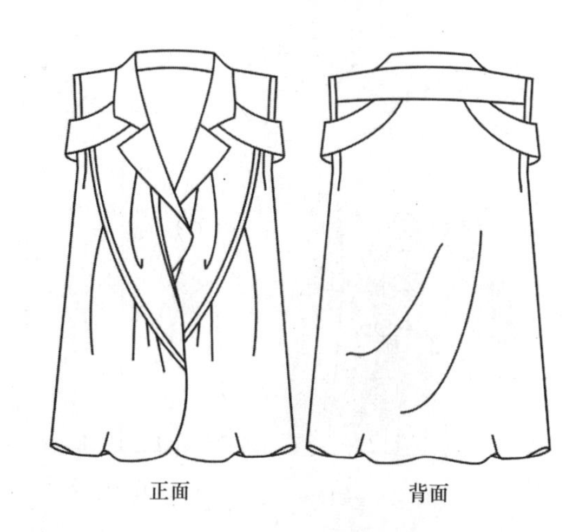
正面
背面

正面
背面

正面
背面

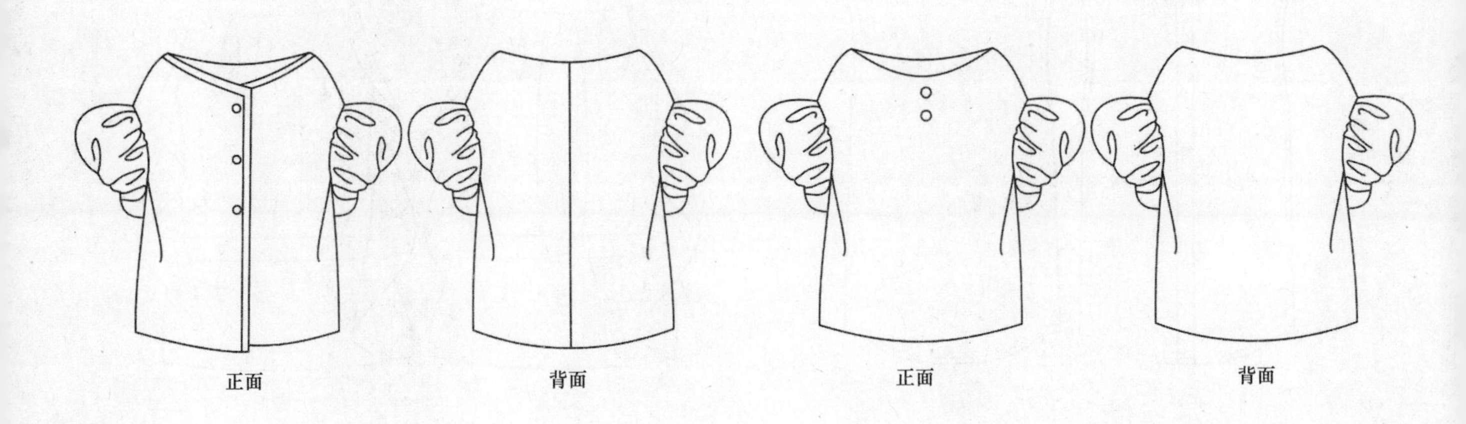
正面
背面
正面
背面

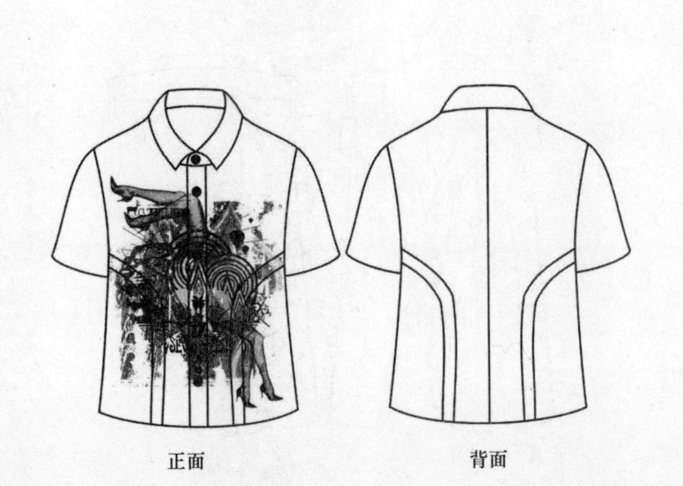
正面
背面

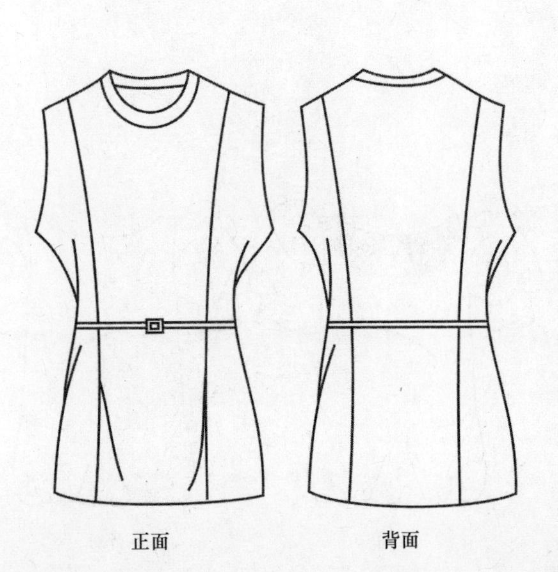
正面
背面

吊带衫

吊带衫就是吊带，也称吊带装，是女生必备服饰之一，通常穿着于夏季。吊带衫分两类：一类是吊带背心，另一类是吊带连衣裙。可爱性感的吊带衫能体现女性的活力。吊带衫以柔软飘逸的面料最为入时，有针织的，也有雪纺纱等各种半透明的面料。

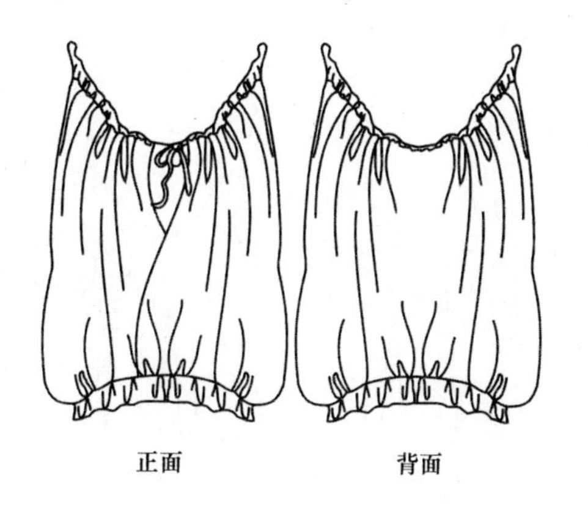

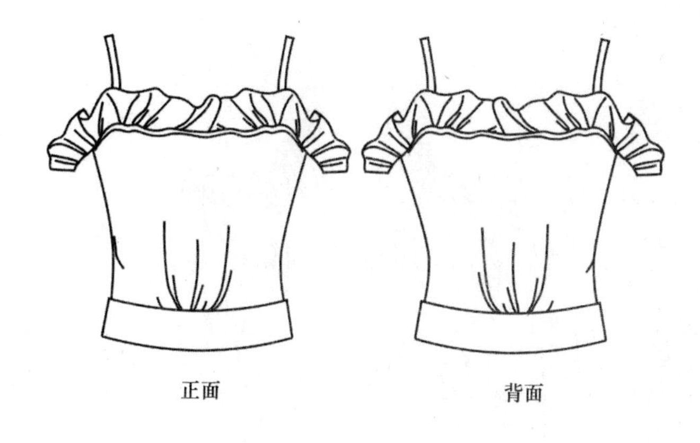

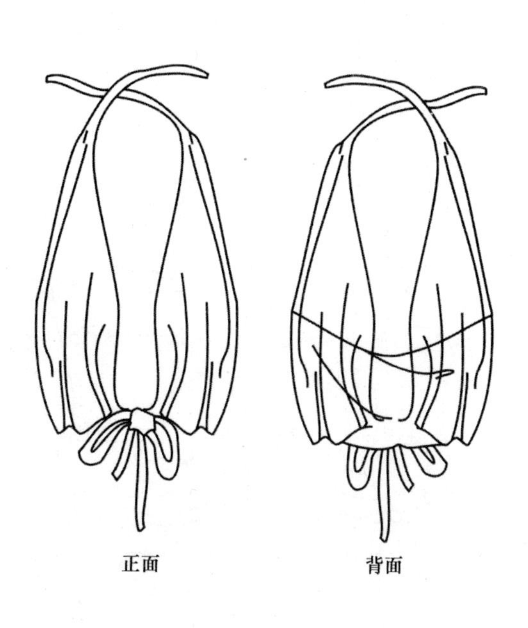

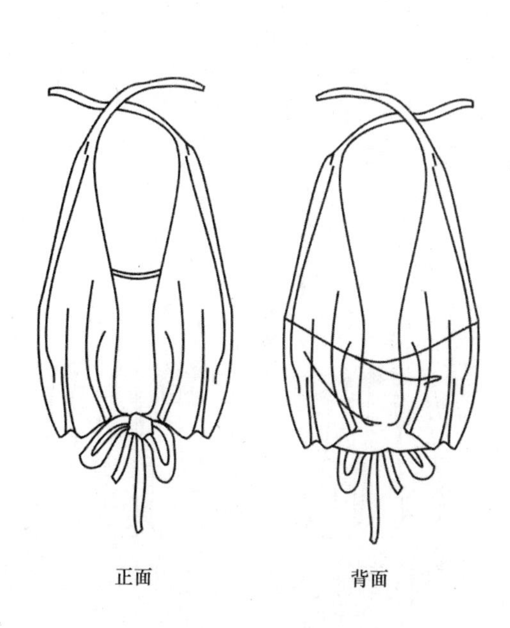

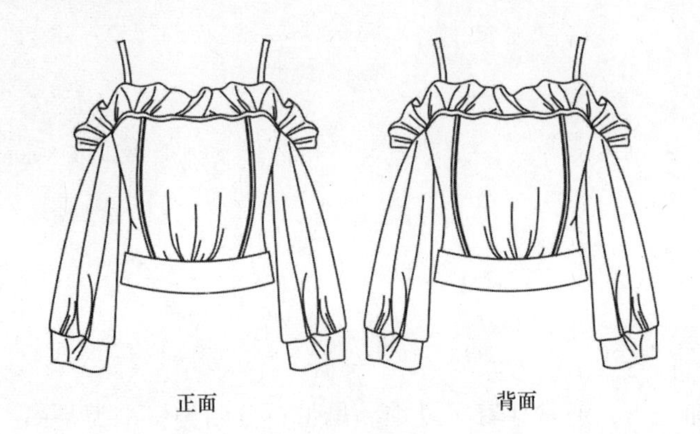
正面
背面

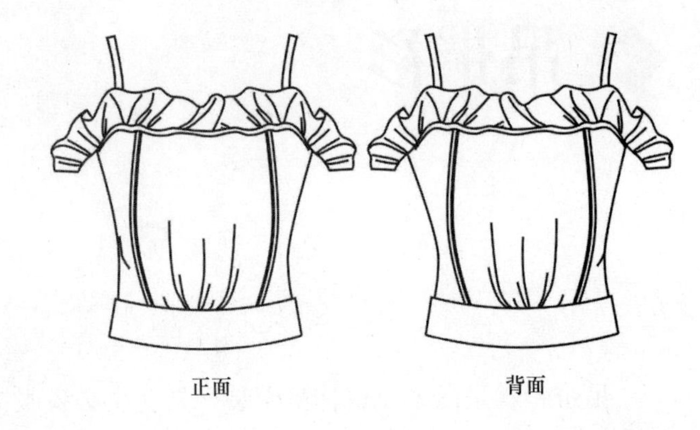
正面
背面

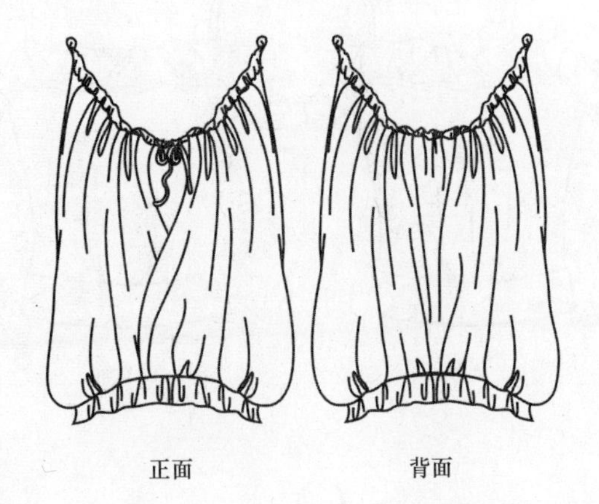
正面
背面

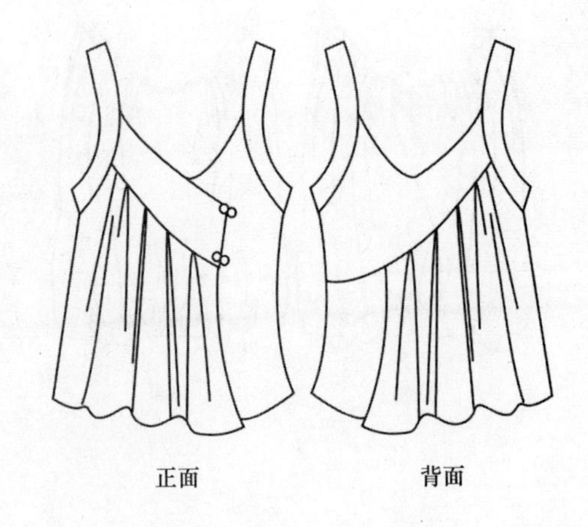
正面
背面

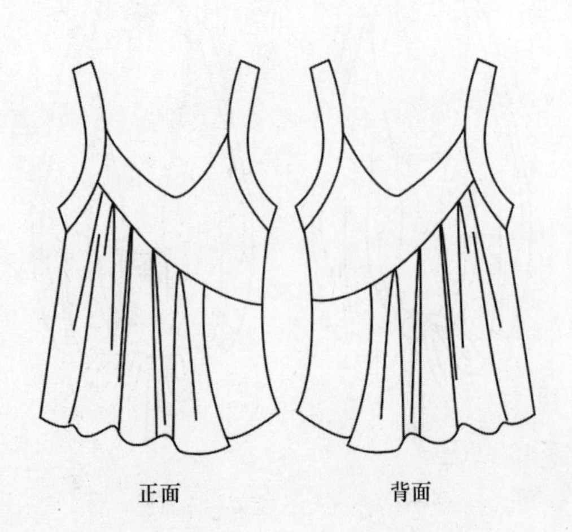
正面
背面

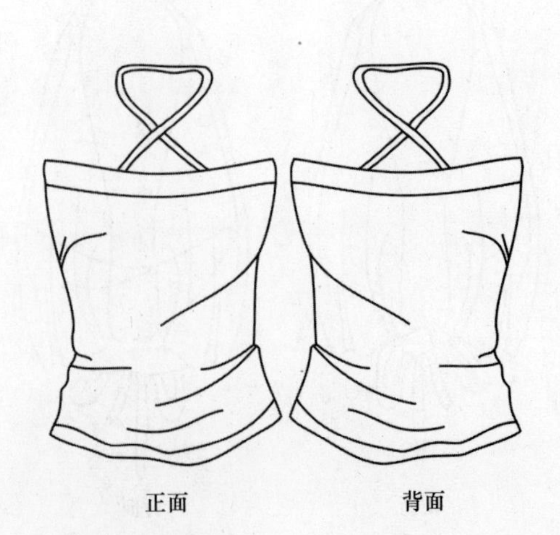
正面
背面

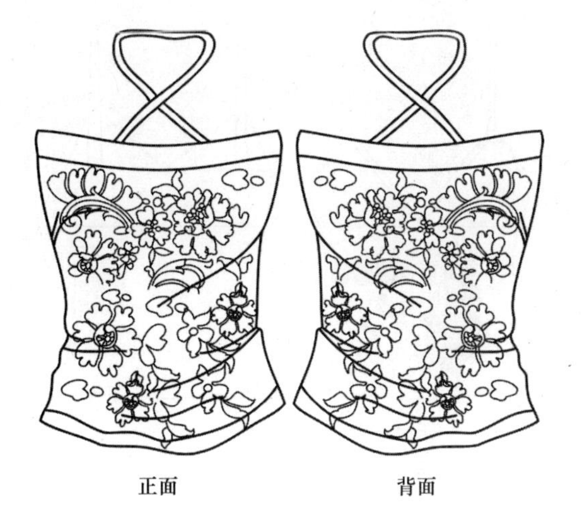

正面　　背面

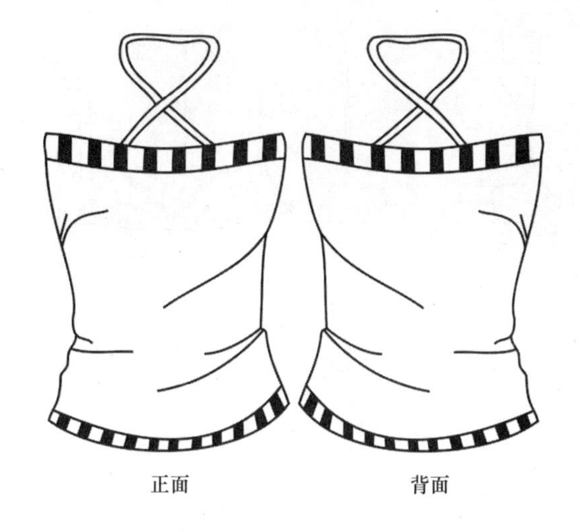

正面　　背面

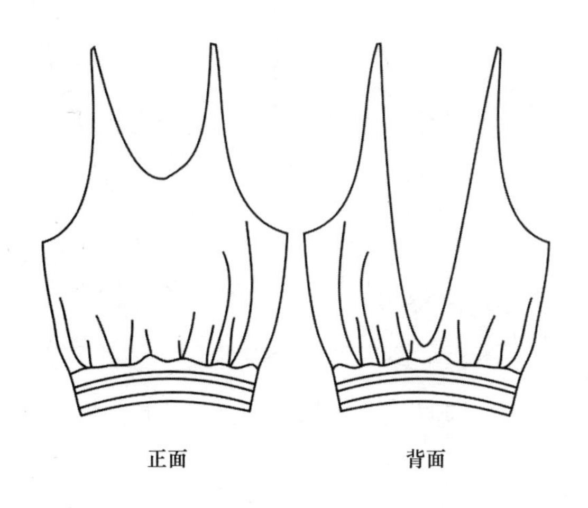

正面　　背面

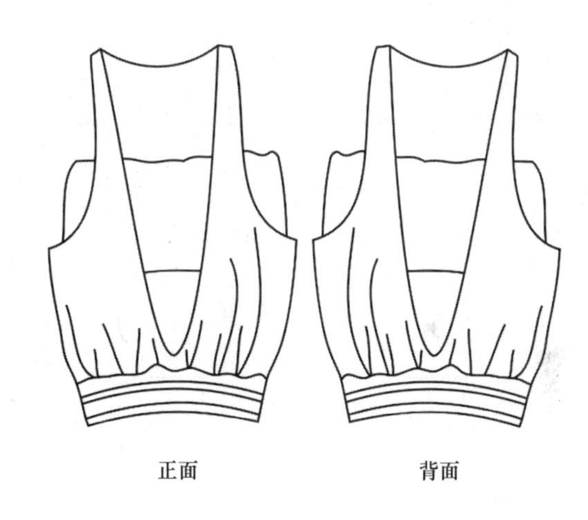

正面　　背面

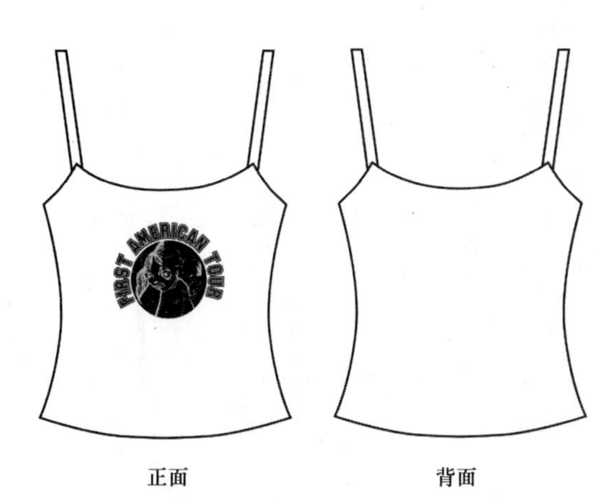

正面　　背面

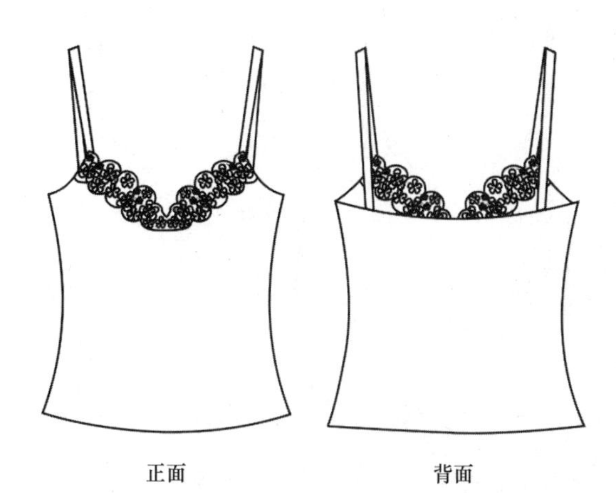

正面　　背面

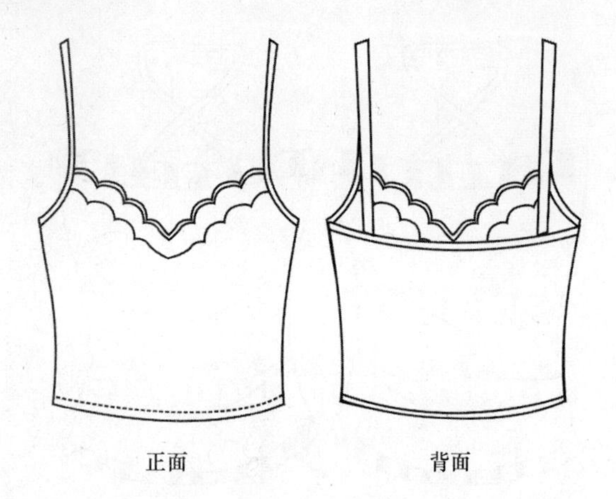

正面　背面

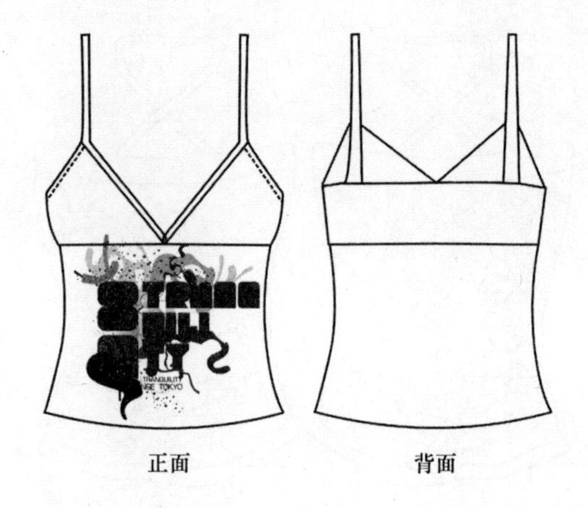

正面　背面

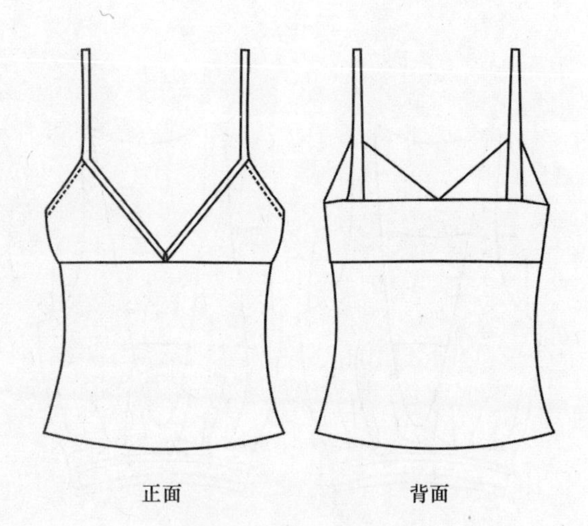

正面　背面

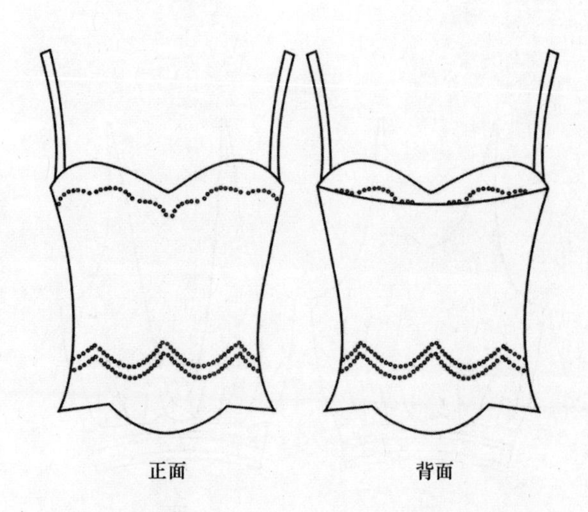

正面　背面

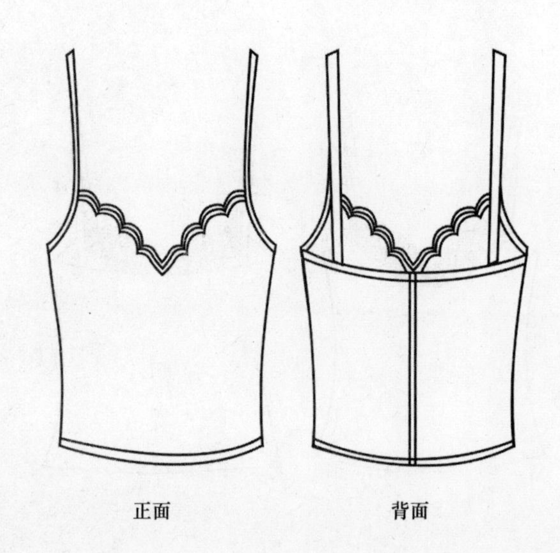

正面　背面

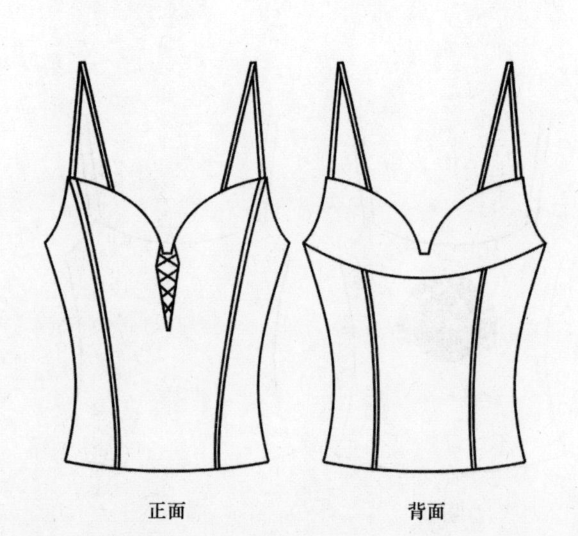

正面　背面

正面　　背面

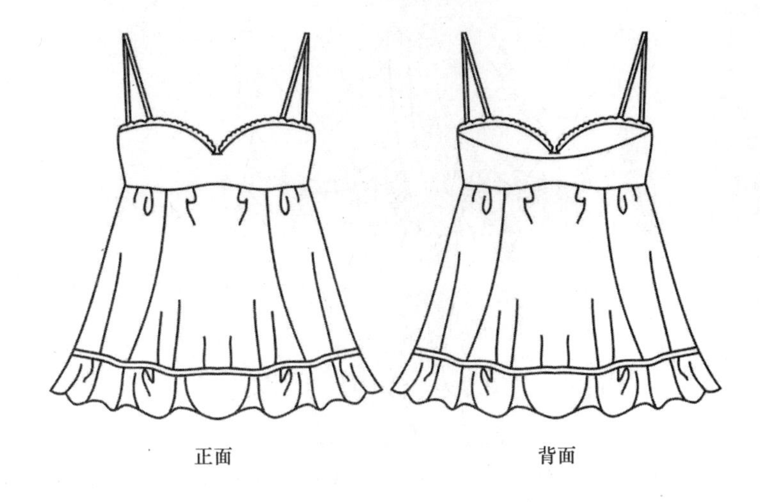

正面　　背面

正面　　背面

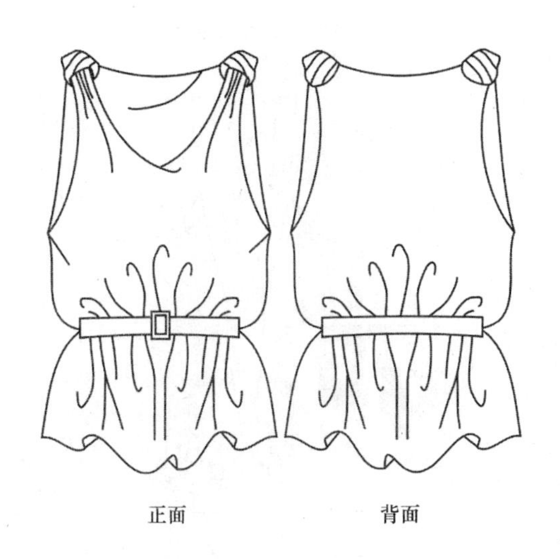

正面　　背面

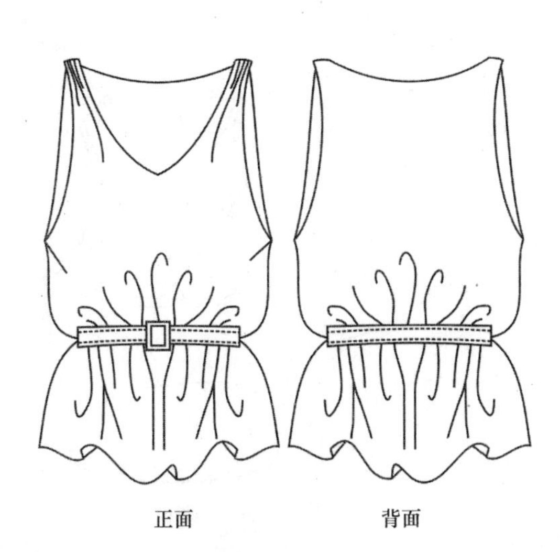

正面　　背面

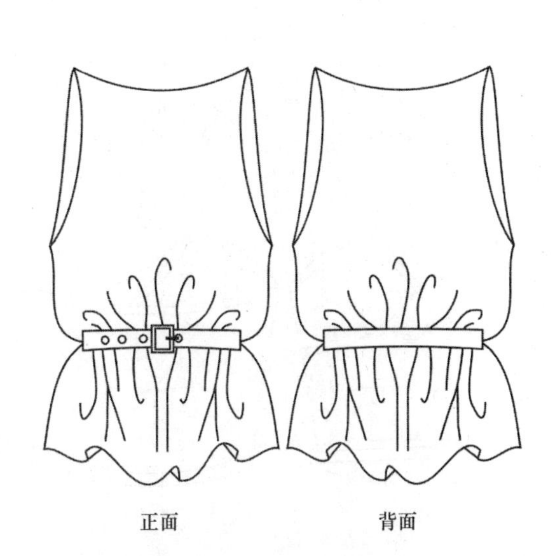

正面　　背面

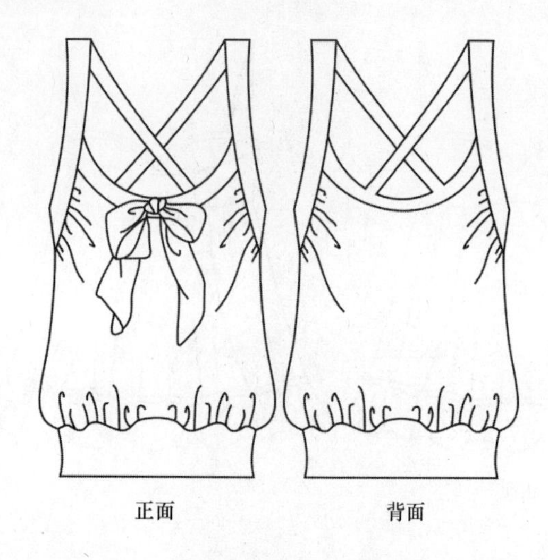

正面　背面

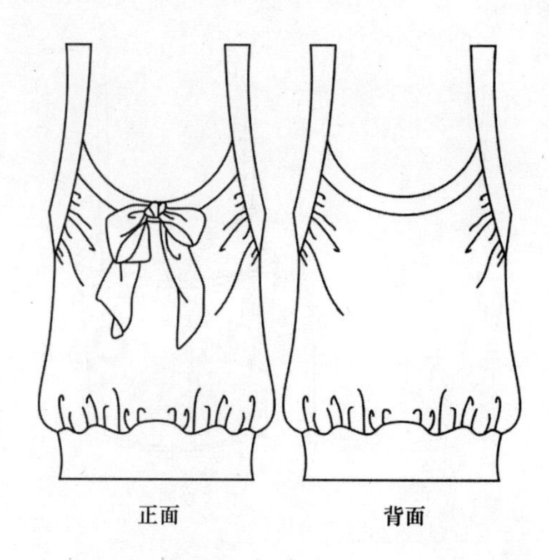

正面　背面

正面　背面

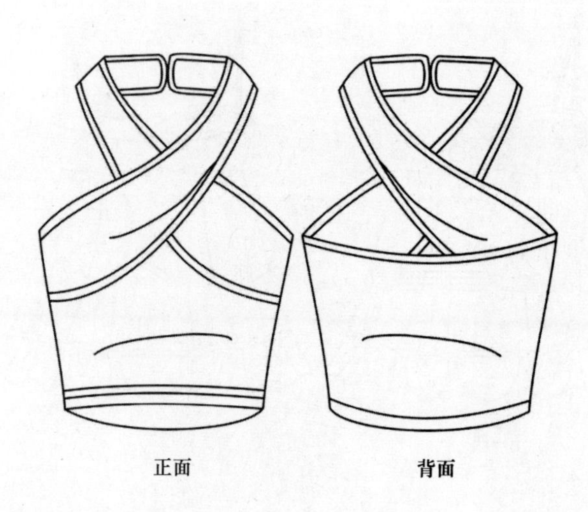

正面　背面

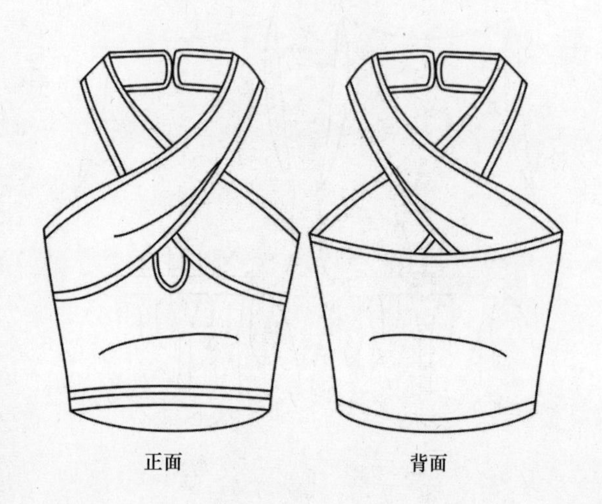

正面　背面

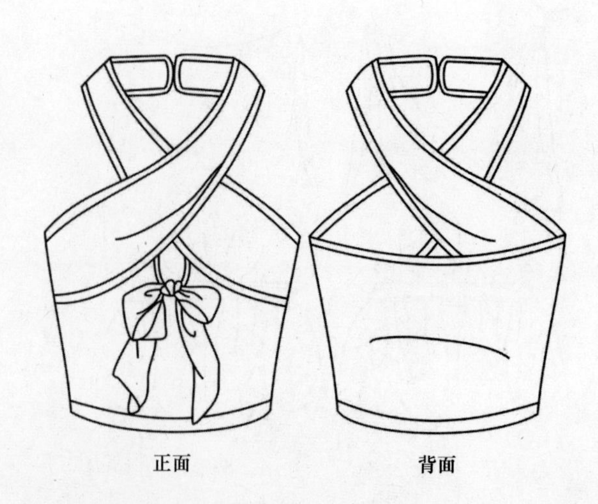

正面　背面

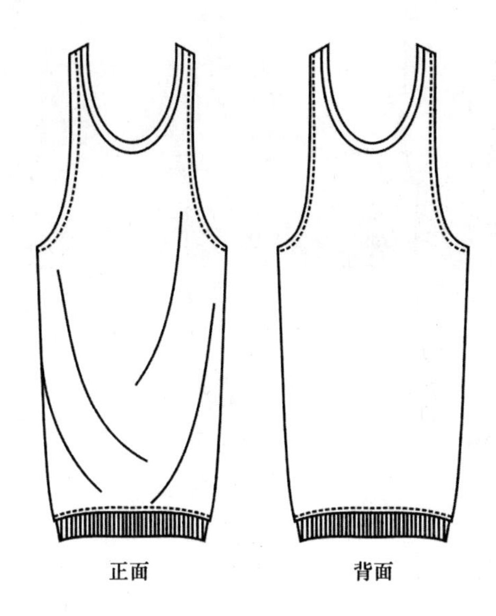

正面　背面

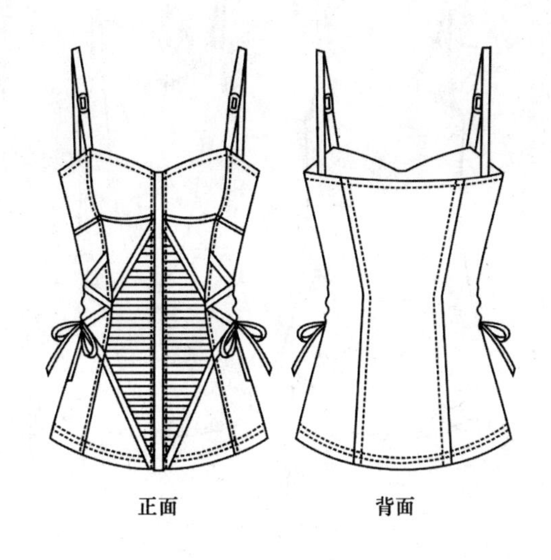

正面　背面

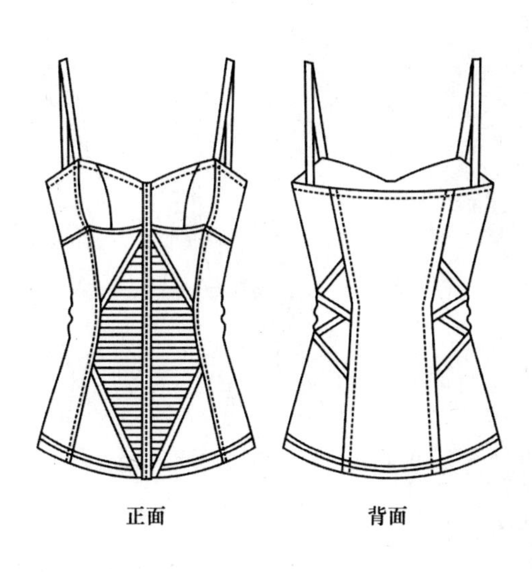

正面　背面

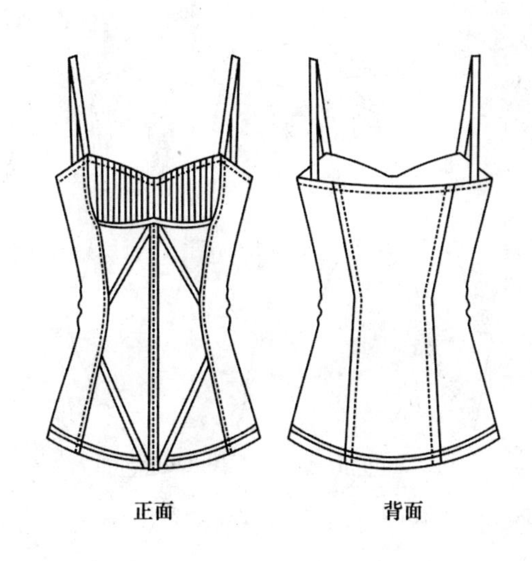

正面　背面

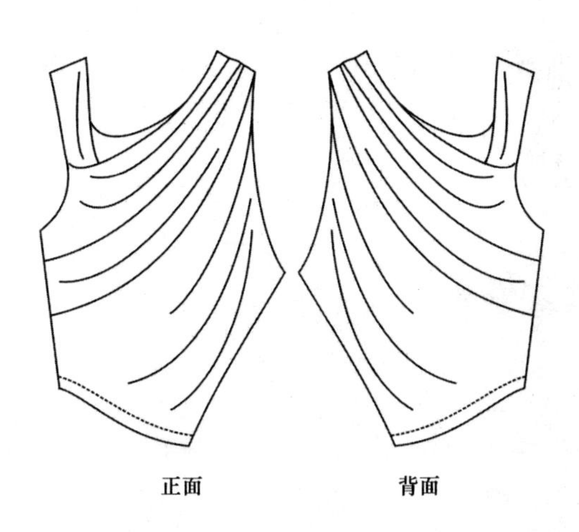

正面　背面

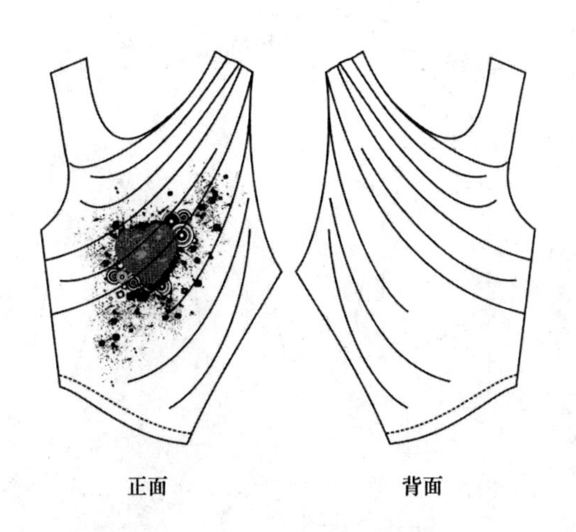

正面　背面

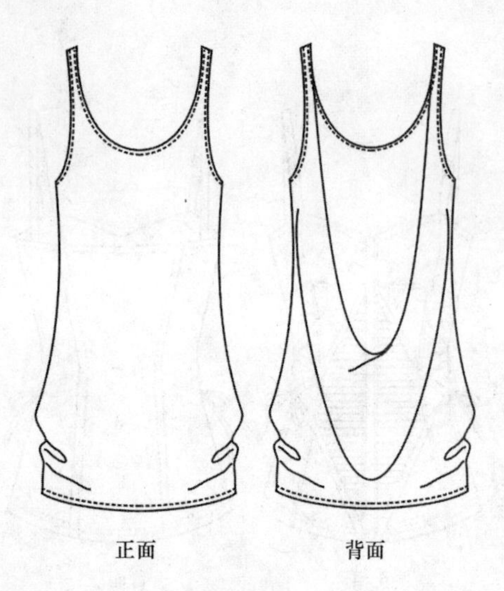
正面
背面

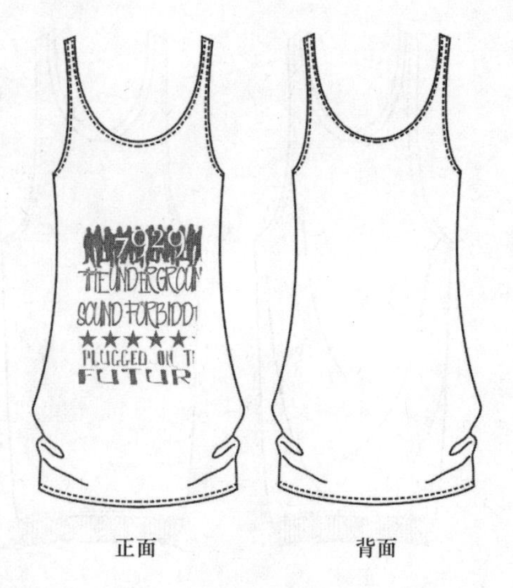
THE UNDERGROUN
SOUND FORBIDD
PLUGGED ON T
FUTUR
正面
背面

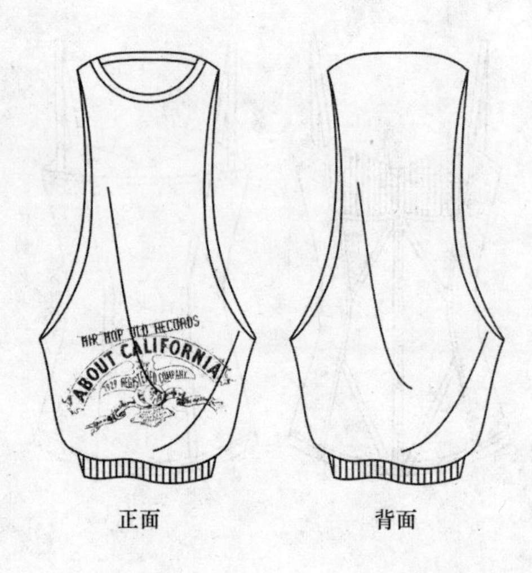
HIP HOP OLD RECORDS
ABOUT CALIFORNIA
正面
背面

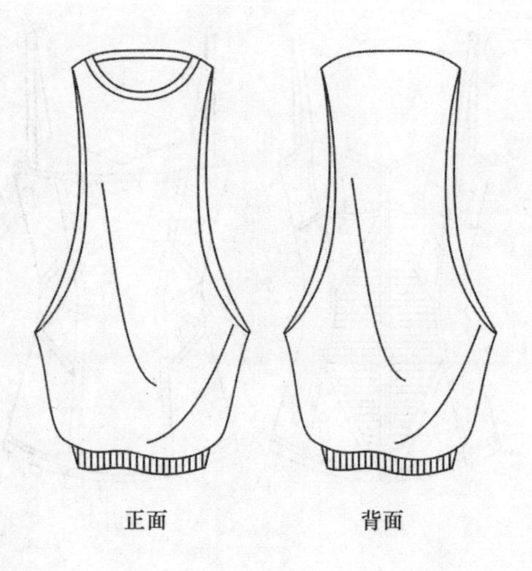
正面
背面

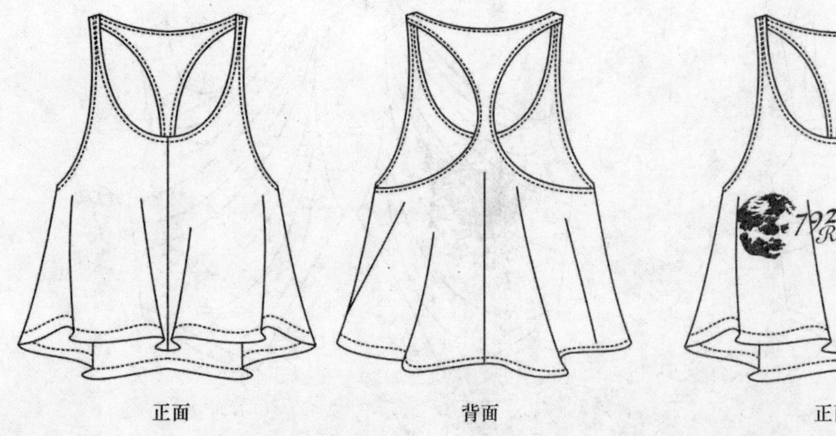
正面
背面

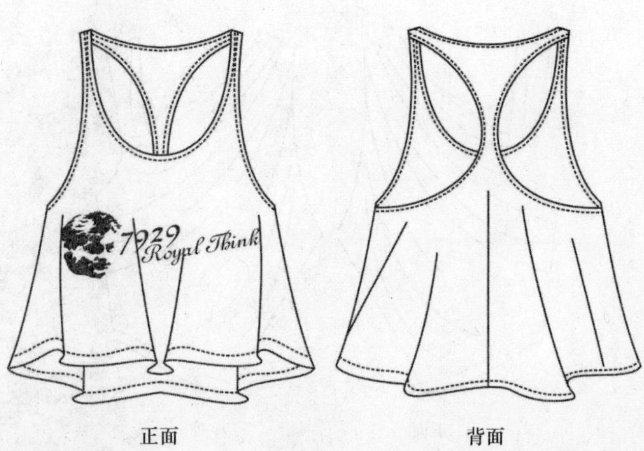
7929
Royal Think
正面
背面

正面　　背面

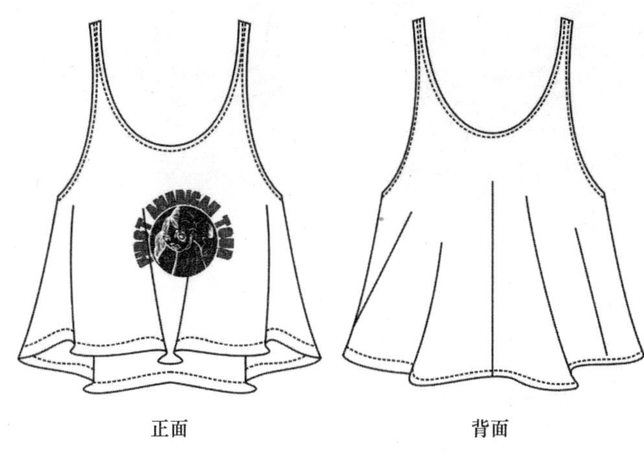

正面　　背面

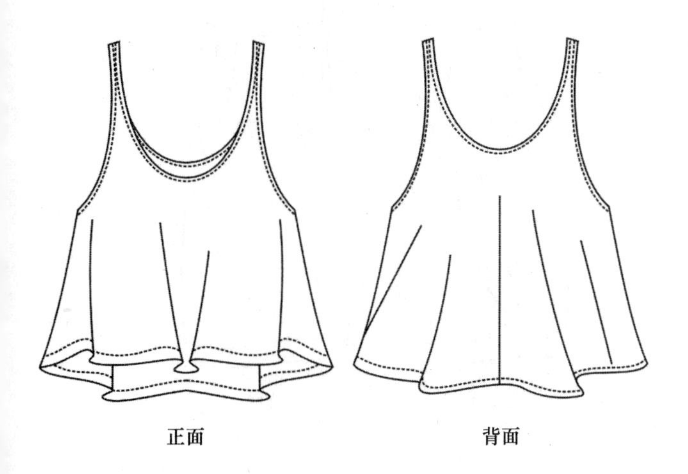

正面　　背面

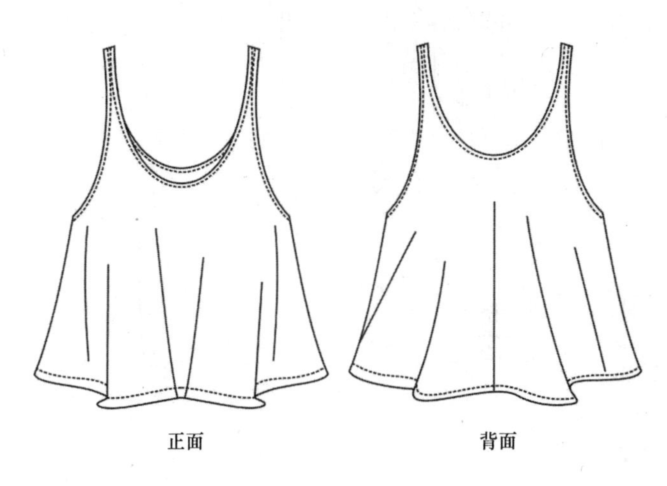

正面　　背面

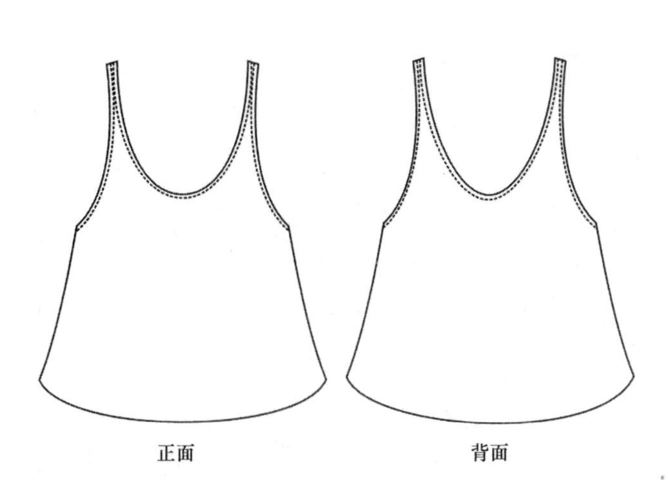

正面　　背面

正面　　背面

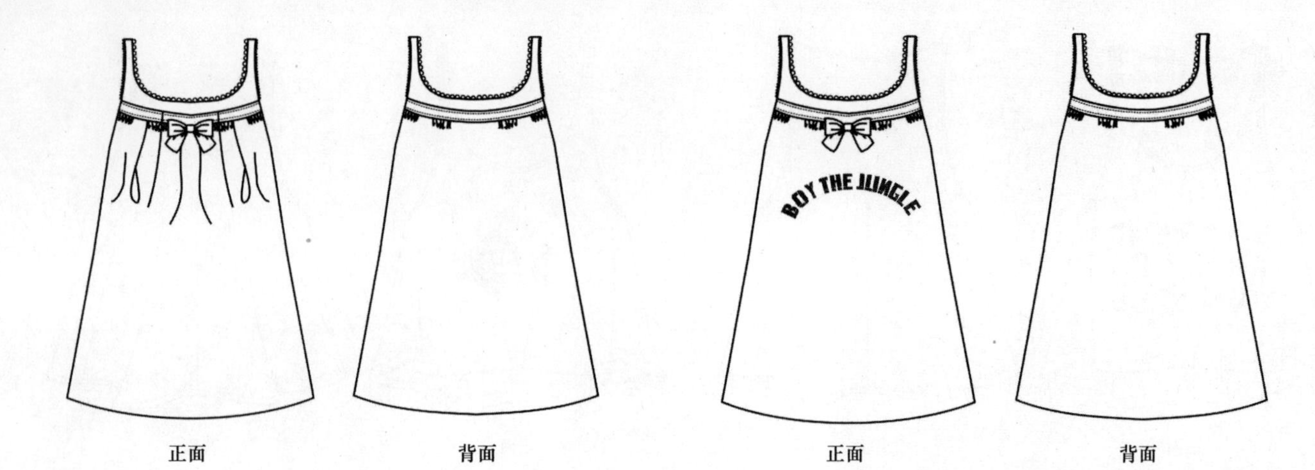

正面　　背面　　正面　　背面

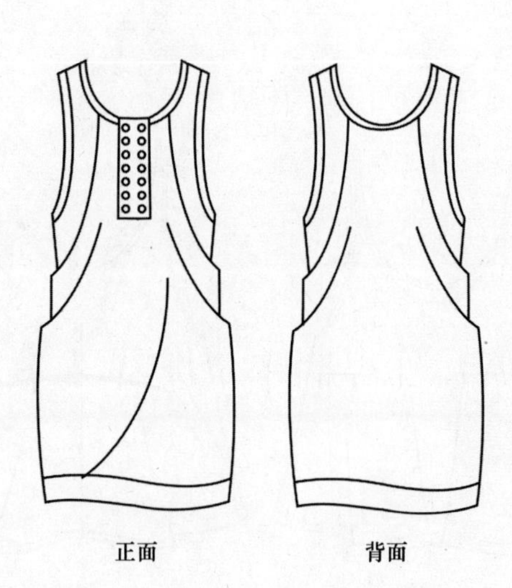

正面　　背面

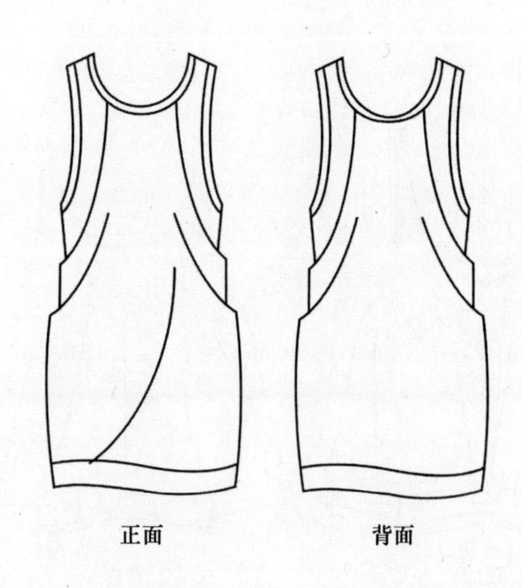

正面　　背面

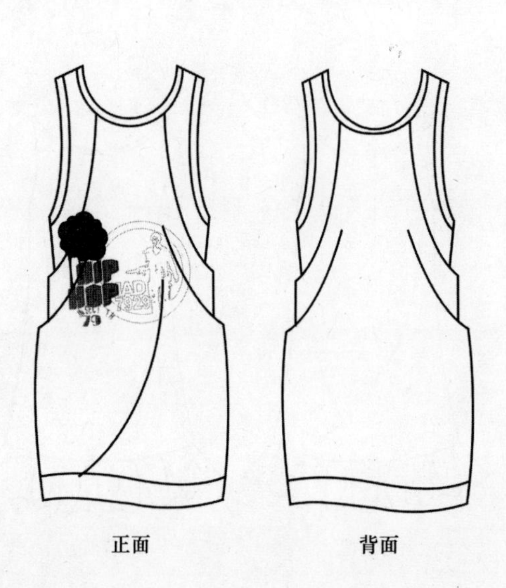

正面　　背面

西装

西装又称作“西服”“洋装”。在我国常把有翻领和驳头、三个衣兜、衣长在臀围线以下的上衣称作“西服”，这显然是我国人们对于来自西方的服装的称谓。西装广义是指西式服装，是相对于“中式服装”而言的欧系服装，狭义是指西式上装或西式套装。

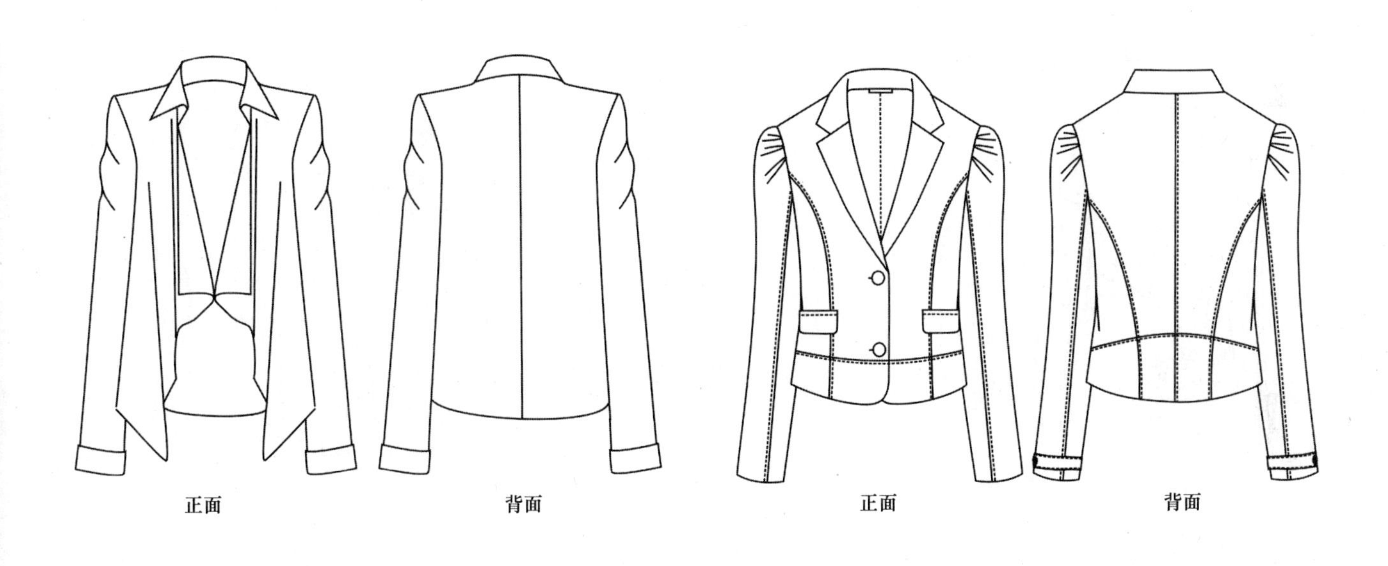

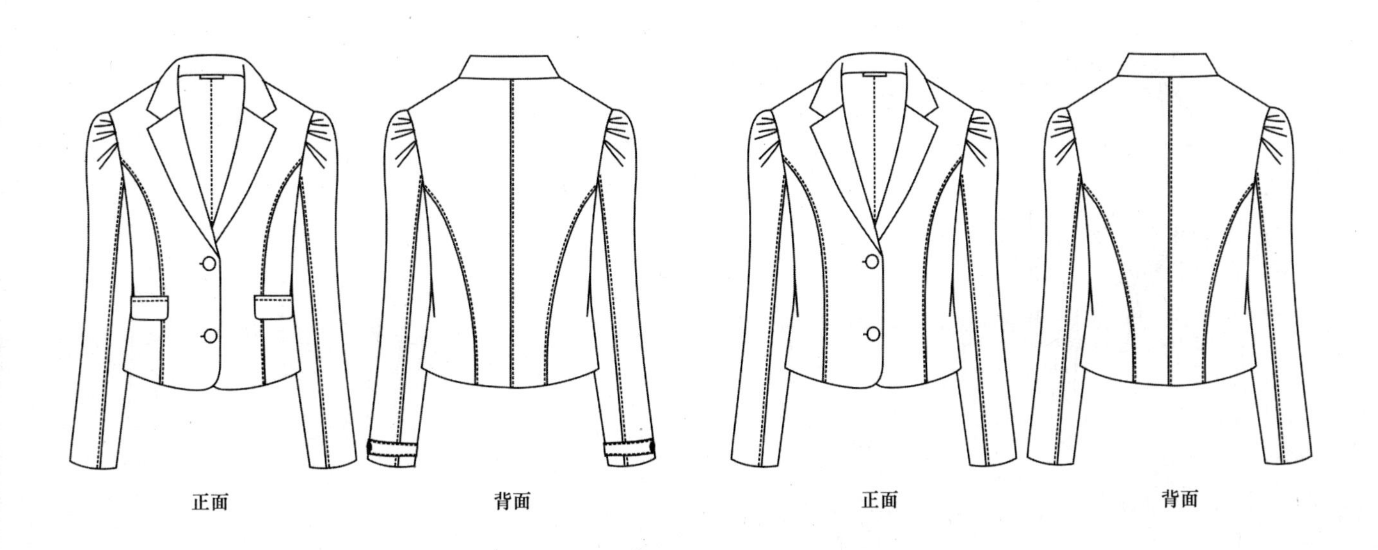

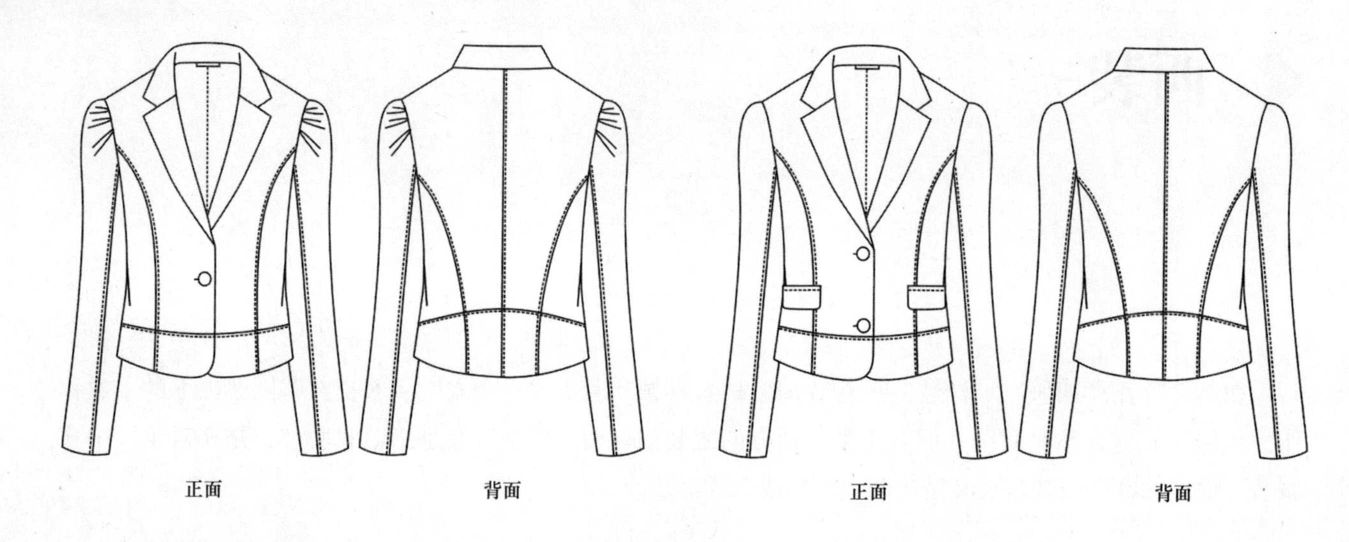
正面　背面　正面　背面

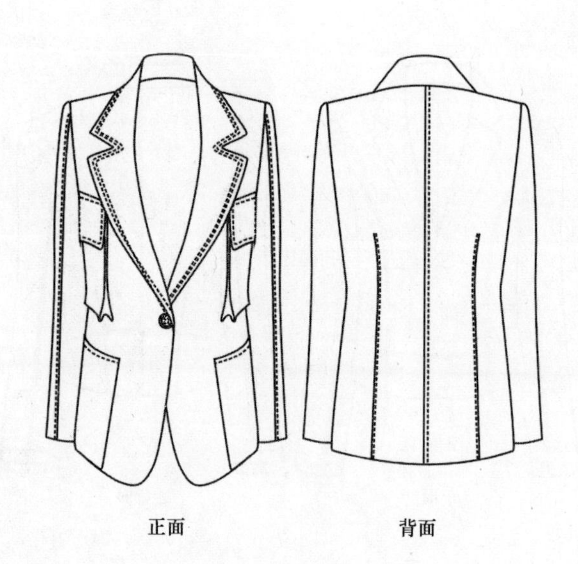
正面　背面

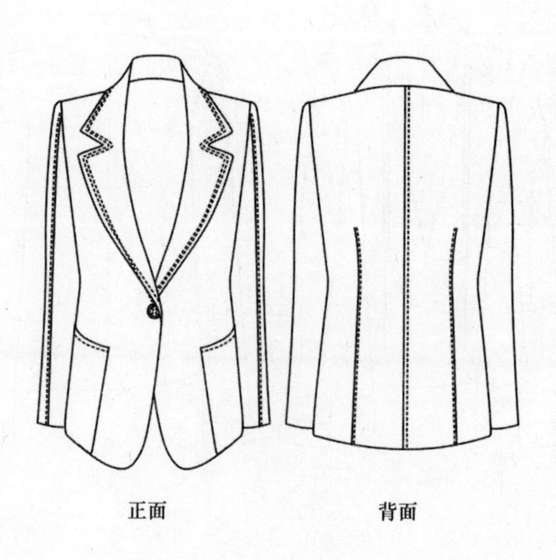
正面　背面

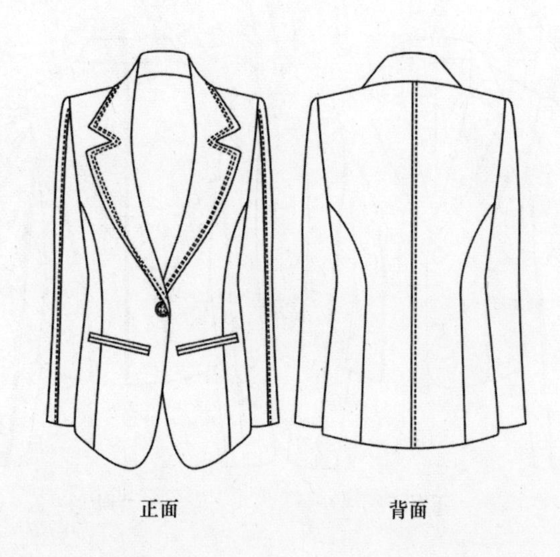
正面　背面

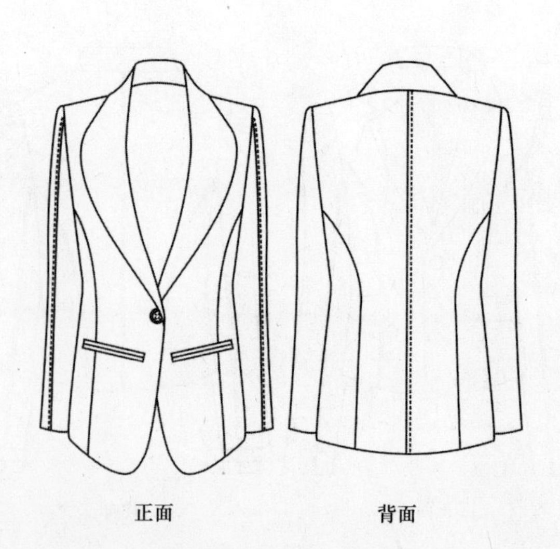
正面　背面

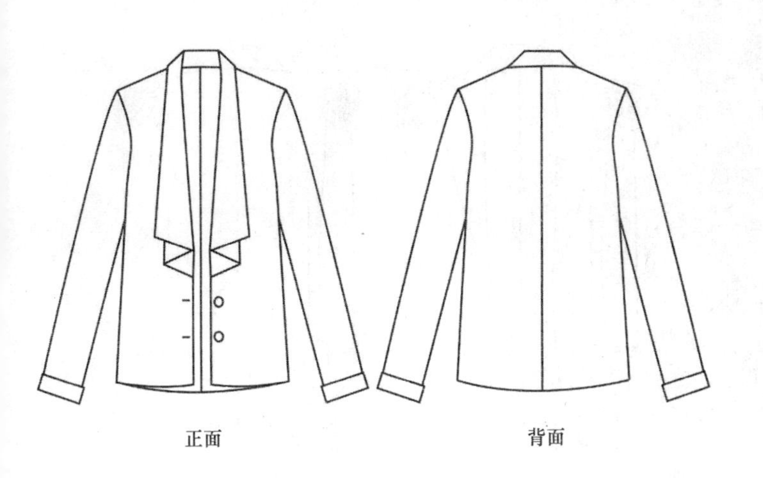

正面　背面

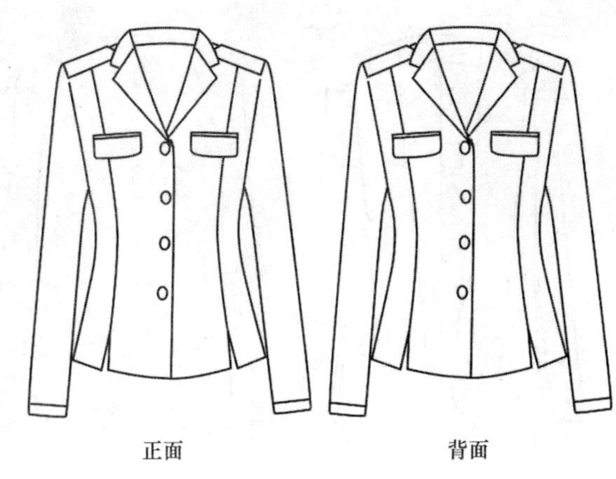

正面　背面

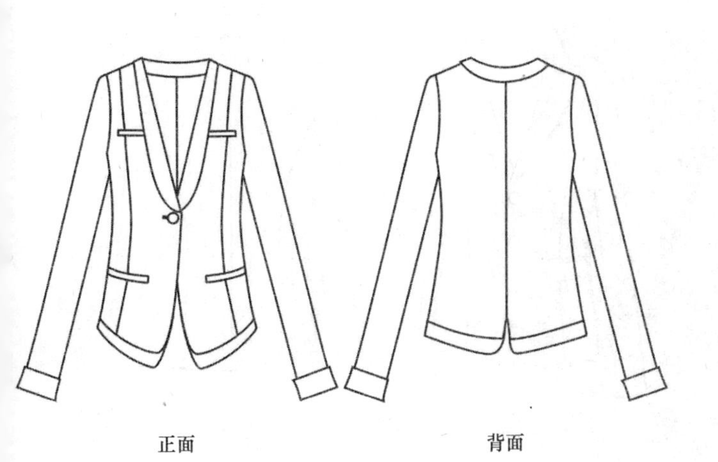

正面　背面

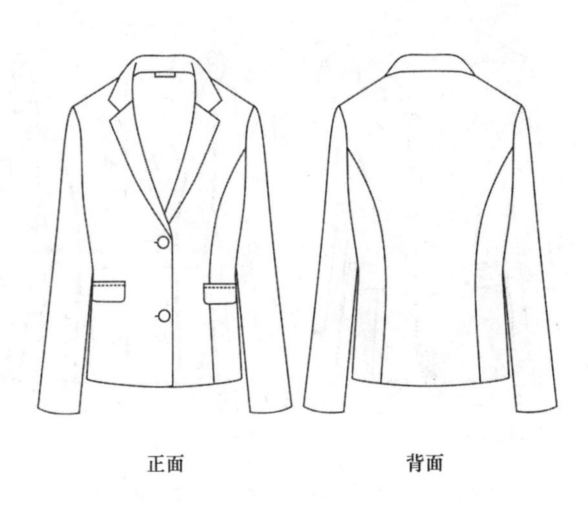

正面　背面

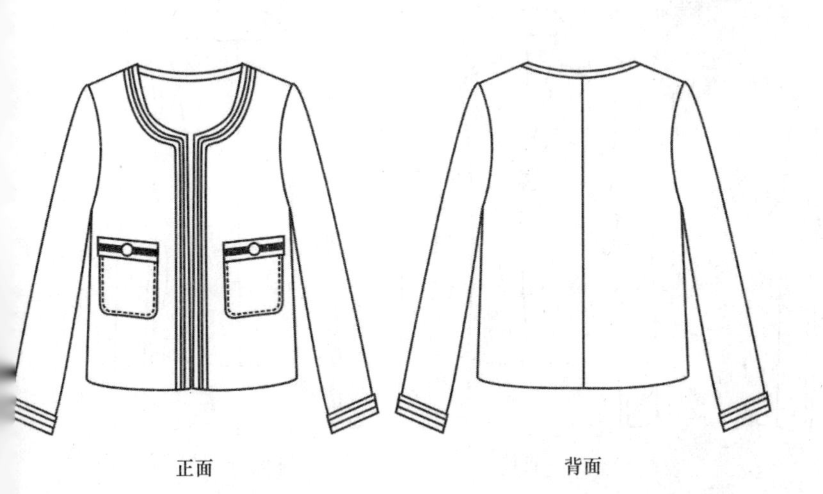

正面　背面

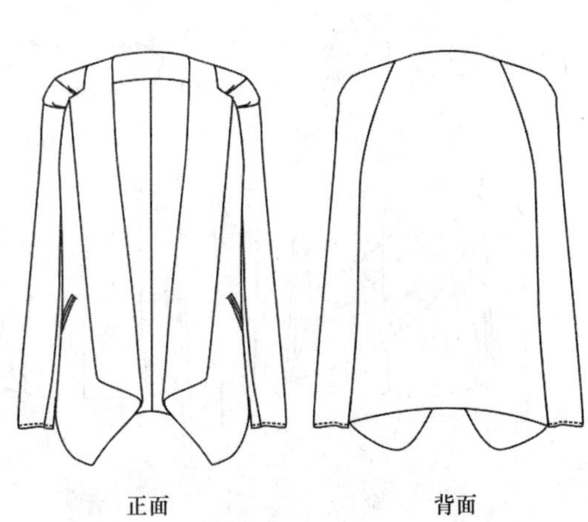

正面　背面

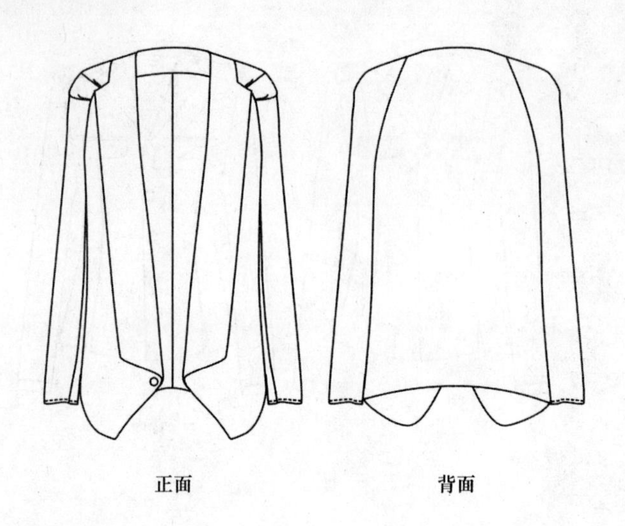
正面
背面

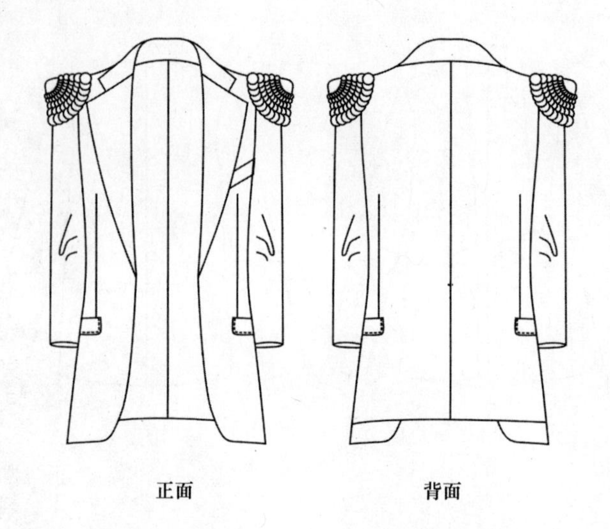
正面
背面

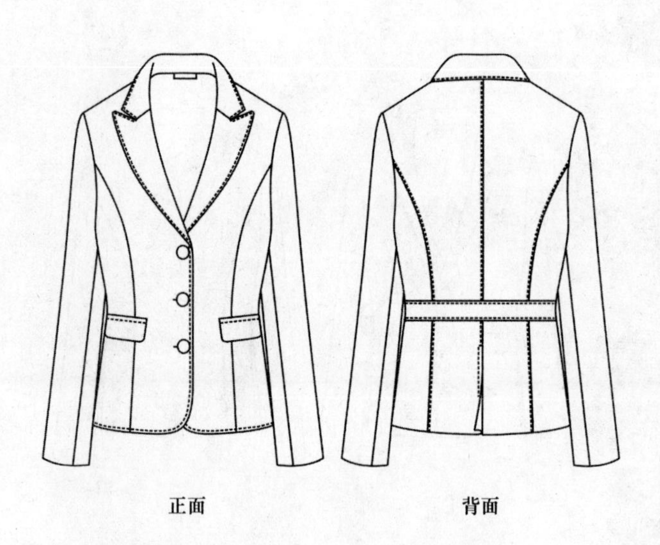
正面
背面

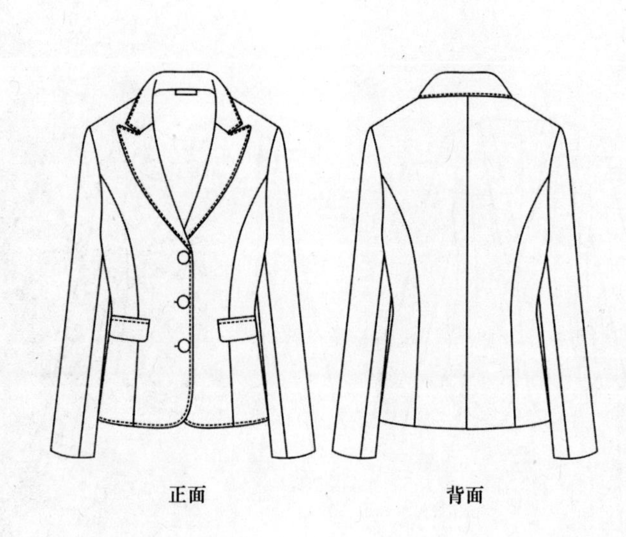
正面
背面

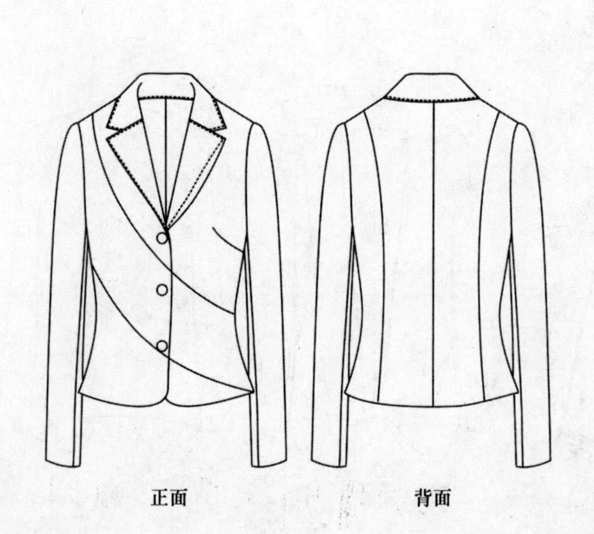
正面
背面

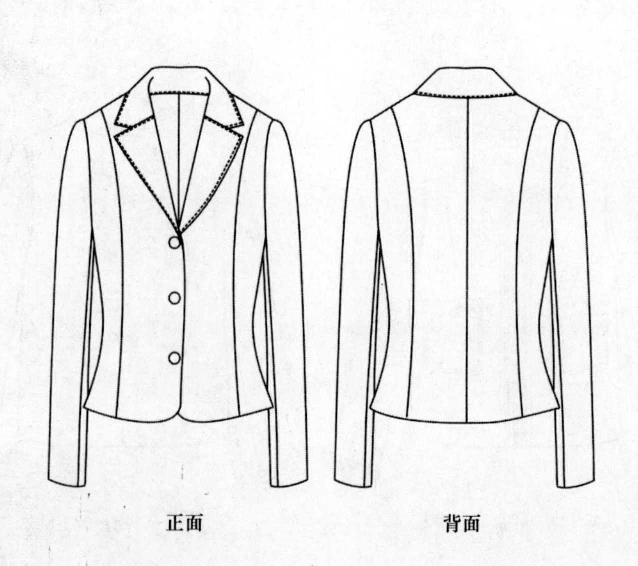
正面
背面

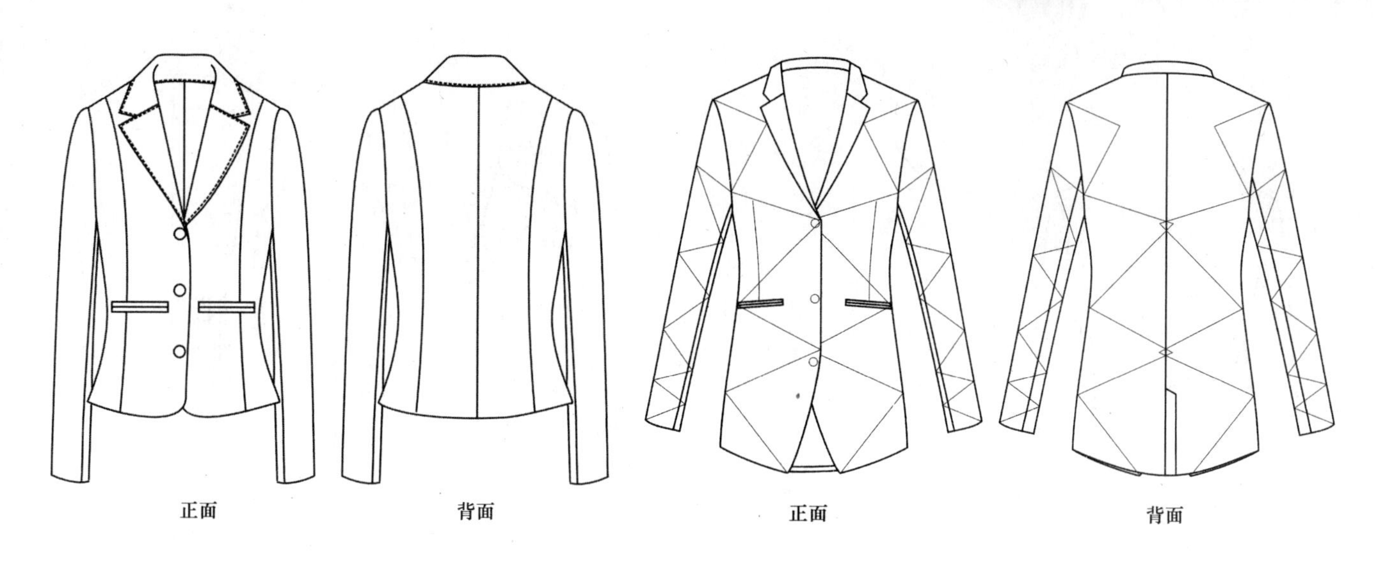

正面 背面 正面 背面

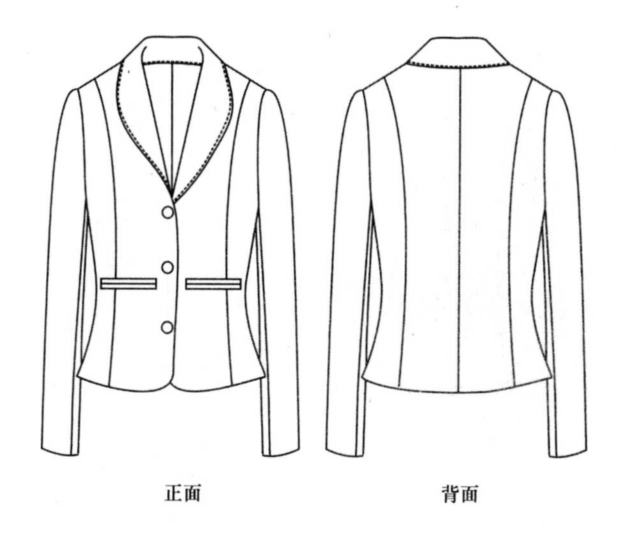

正面 背面

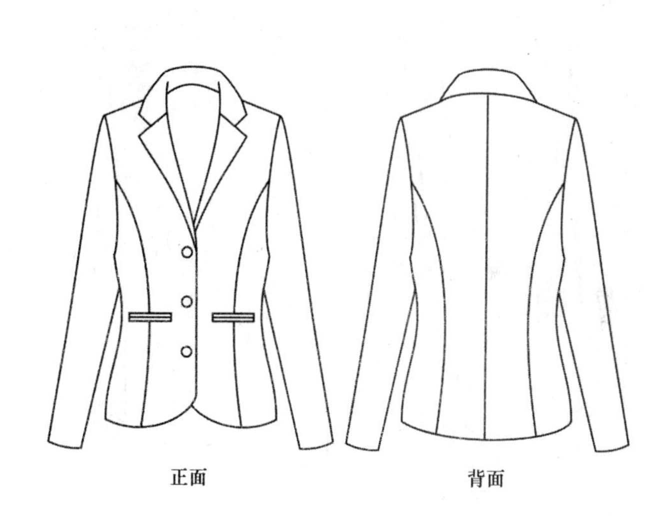

正面 背面

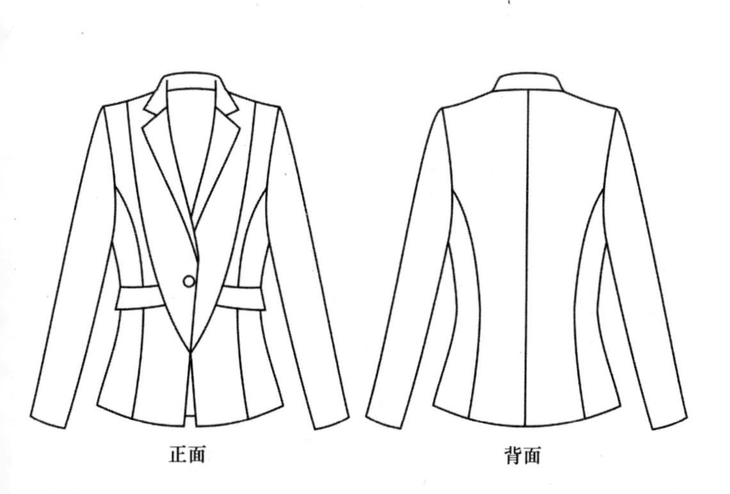

正面 背面

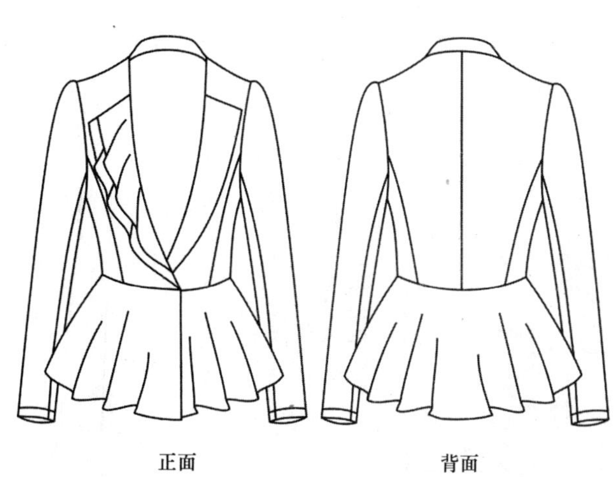

正面 背面

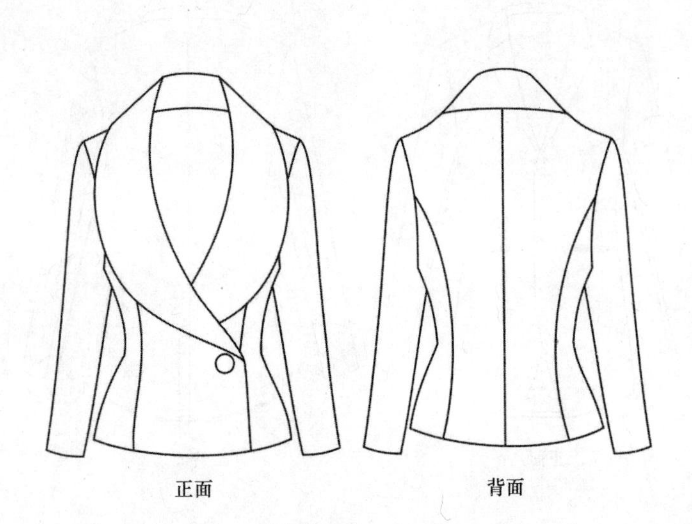
正面
背面

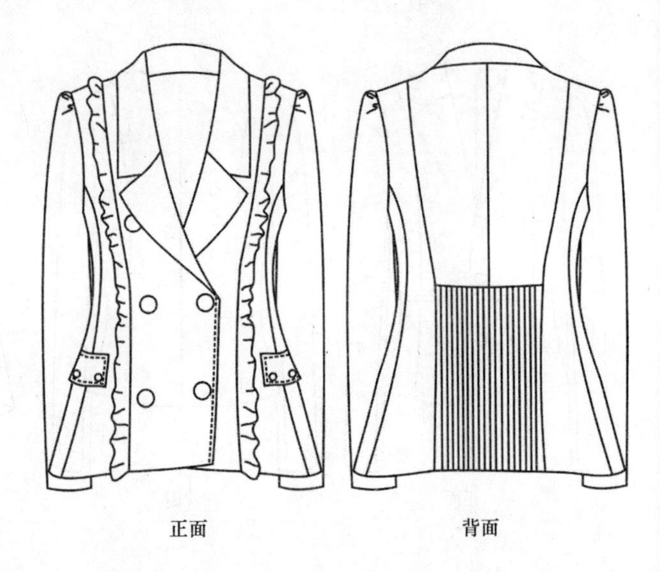
正面
背面

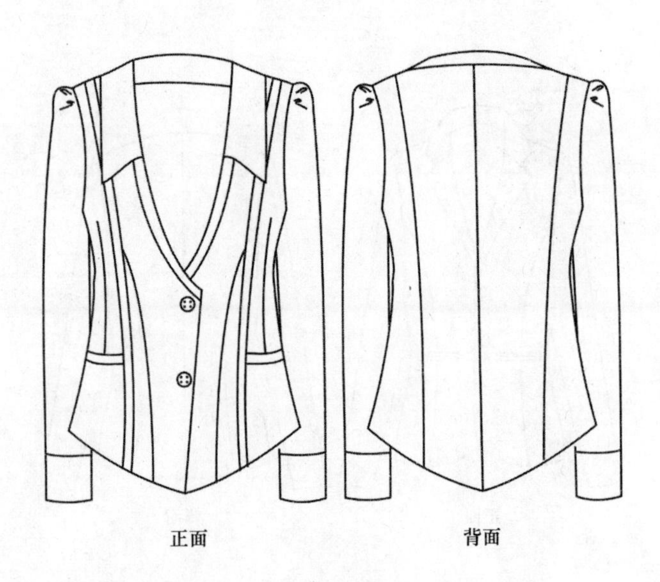
正面
背面

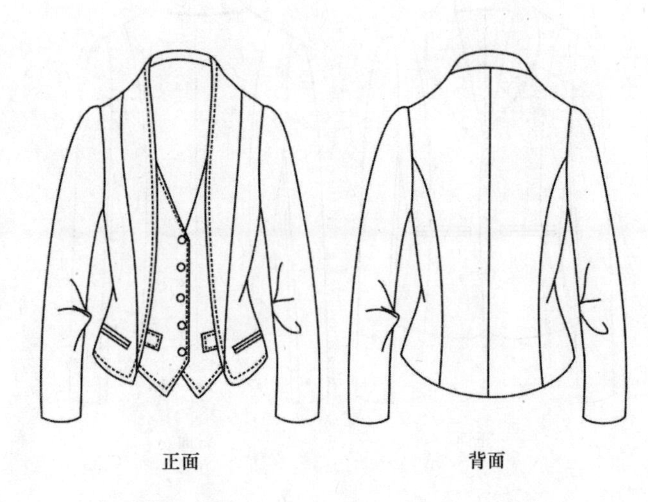
正面
背面

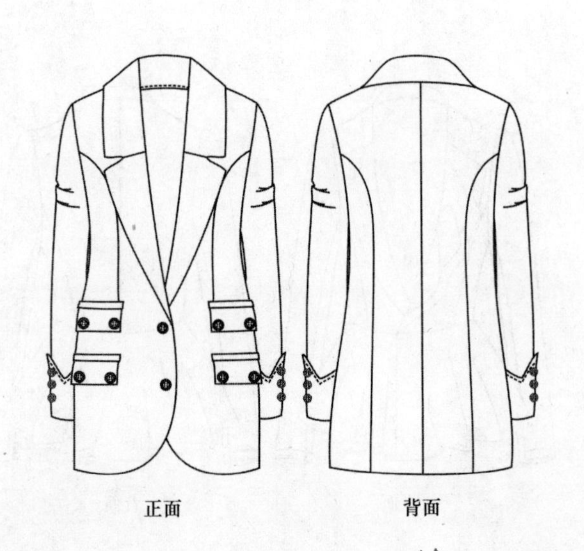
正面
背面

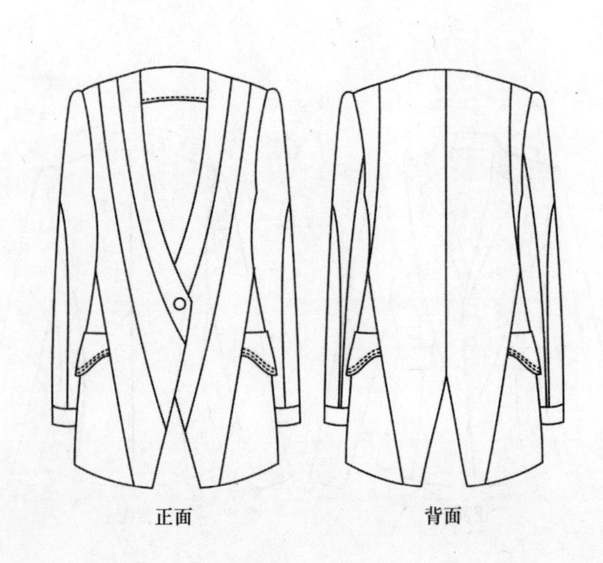
正面
背面

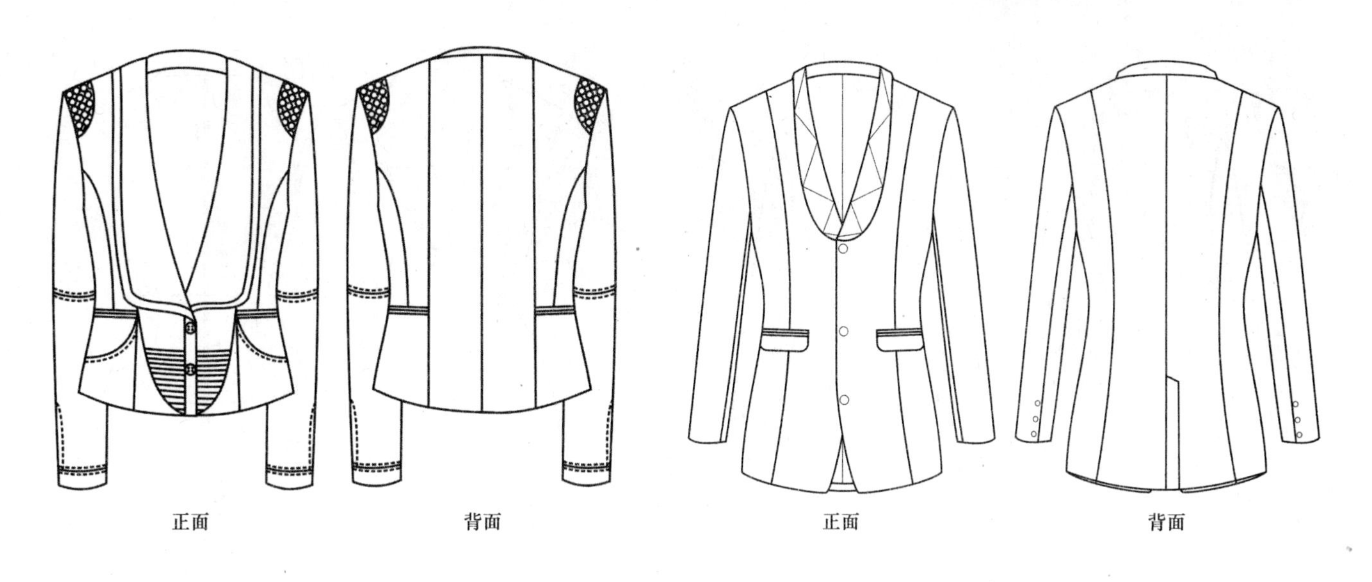

正面
背面
正面
背面

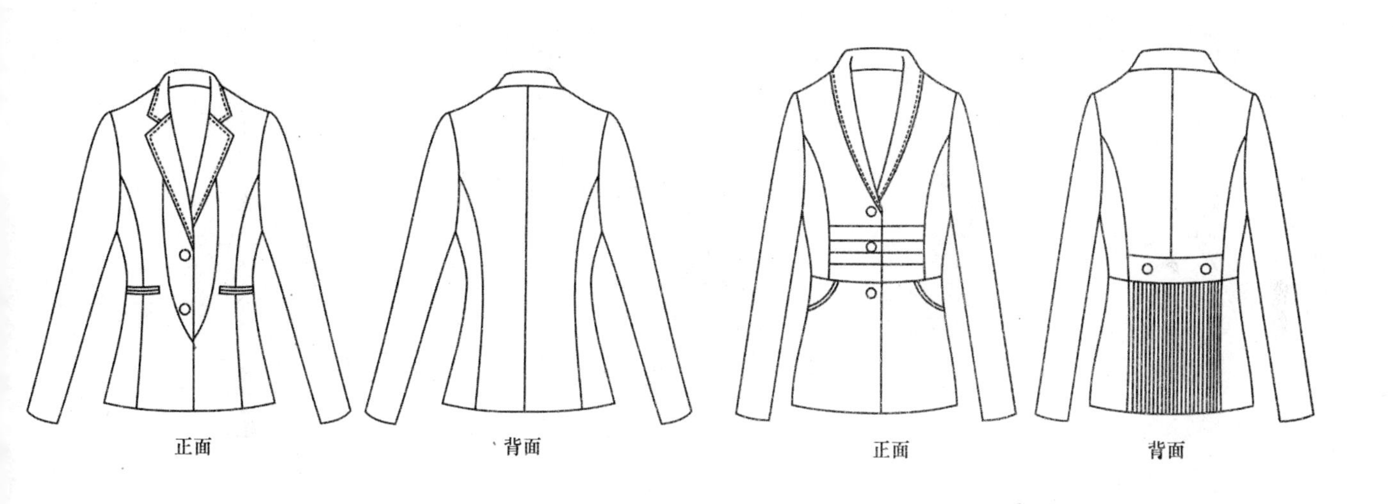

正面
背面
正面
背面

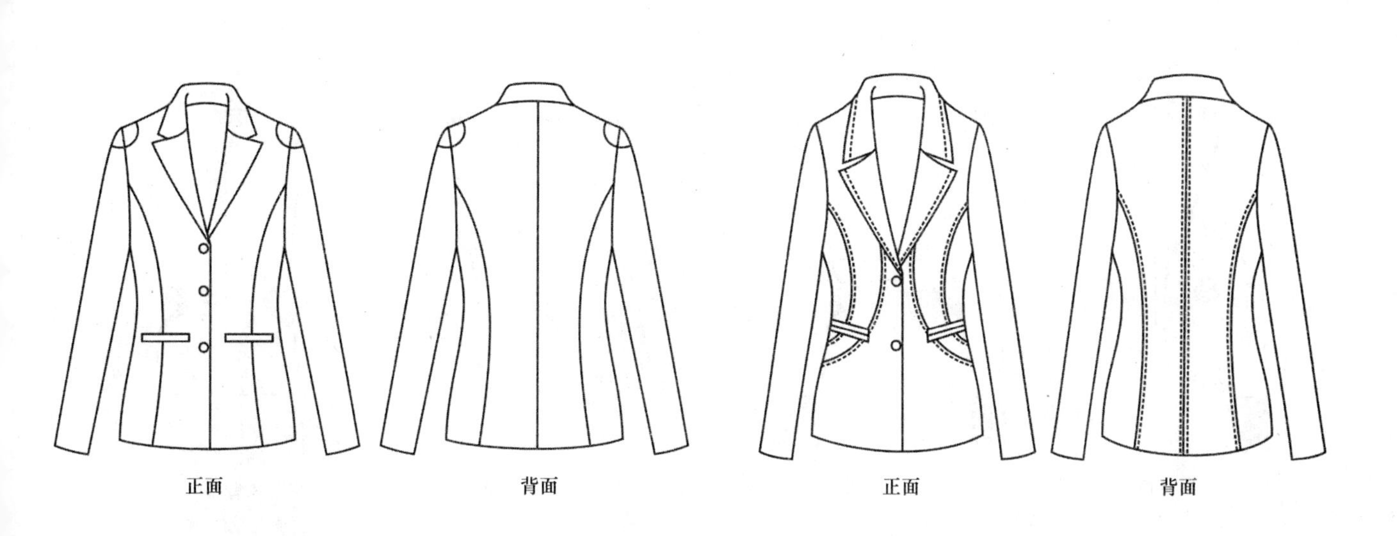

正面
背面
正面
背面

正面　　背面

正面　　背面

正面　　背面

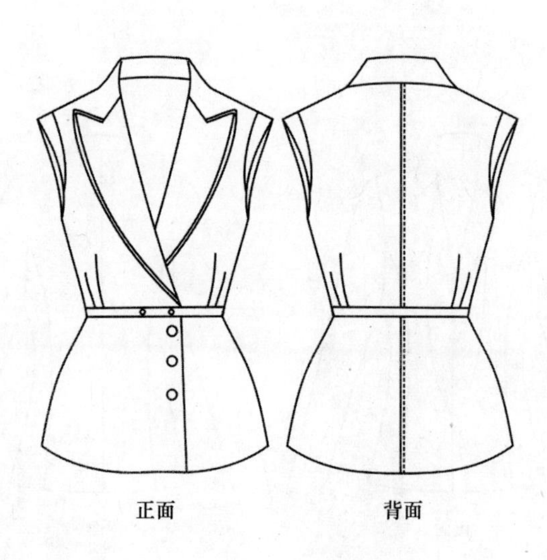

正面　　背面

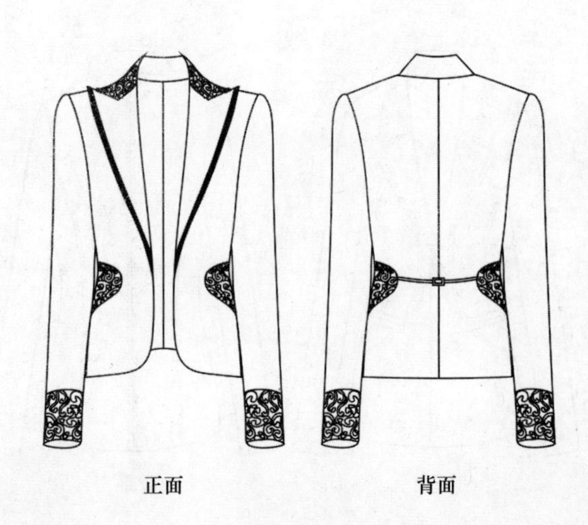

正面　　背面

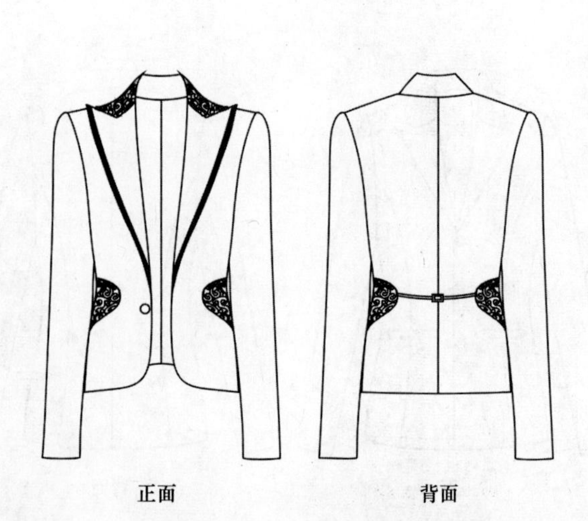

正面　　背面

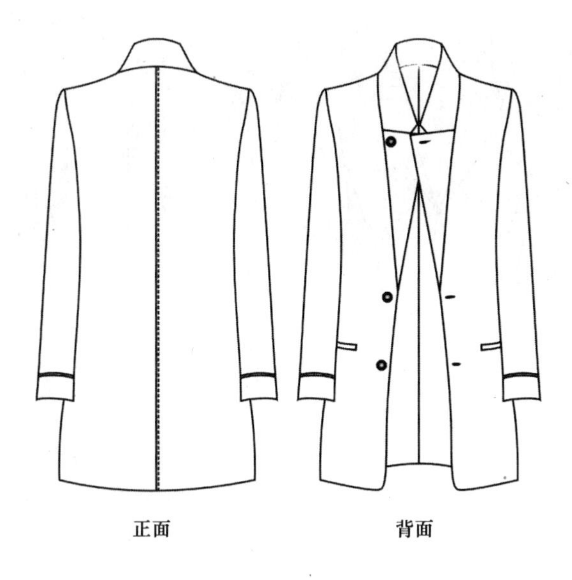

正面 背面

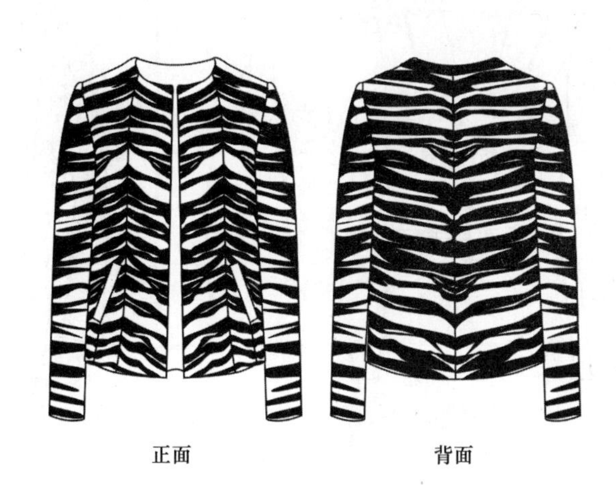

正面 背面

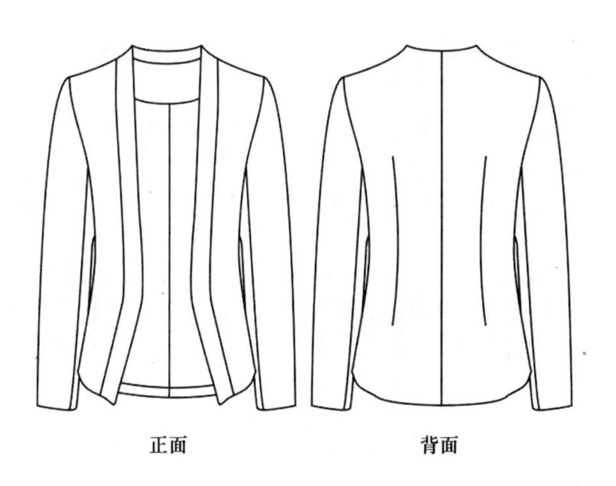

正面 背面

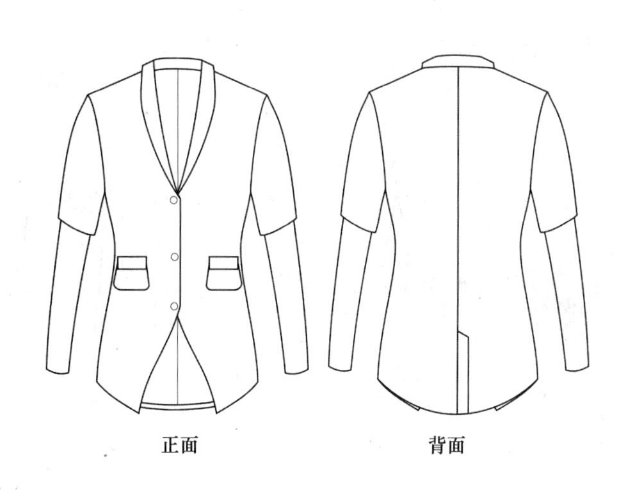

正面 背面

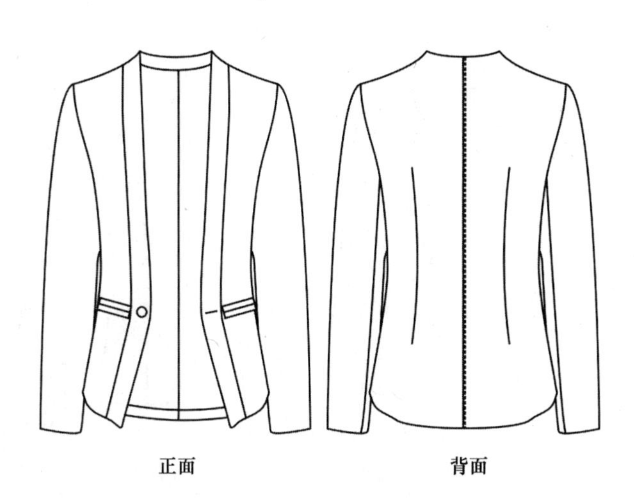

正面 背面

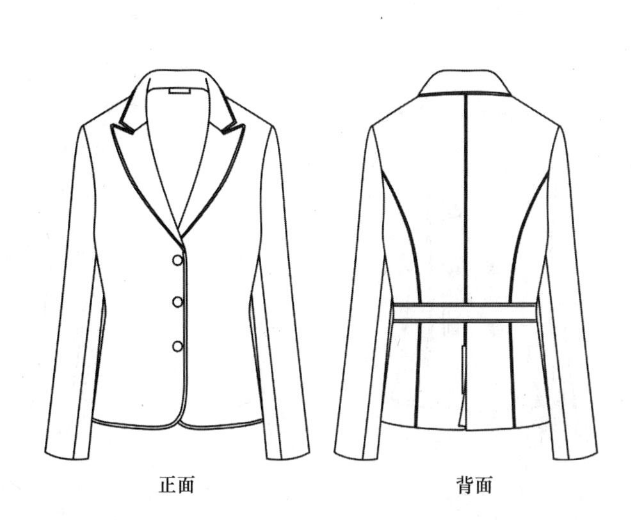

正面 背面

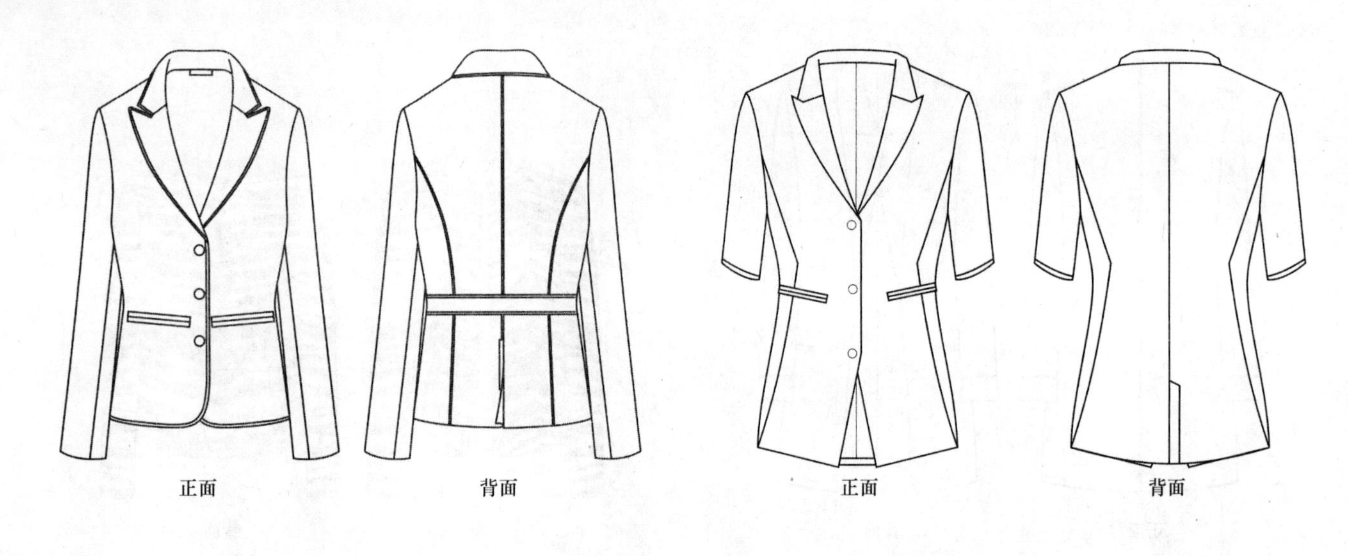
正面
背面
正面
背面

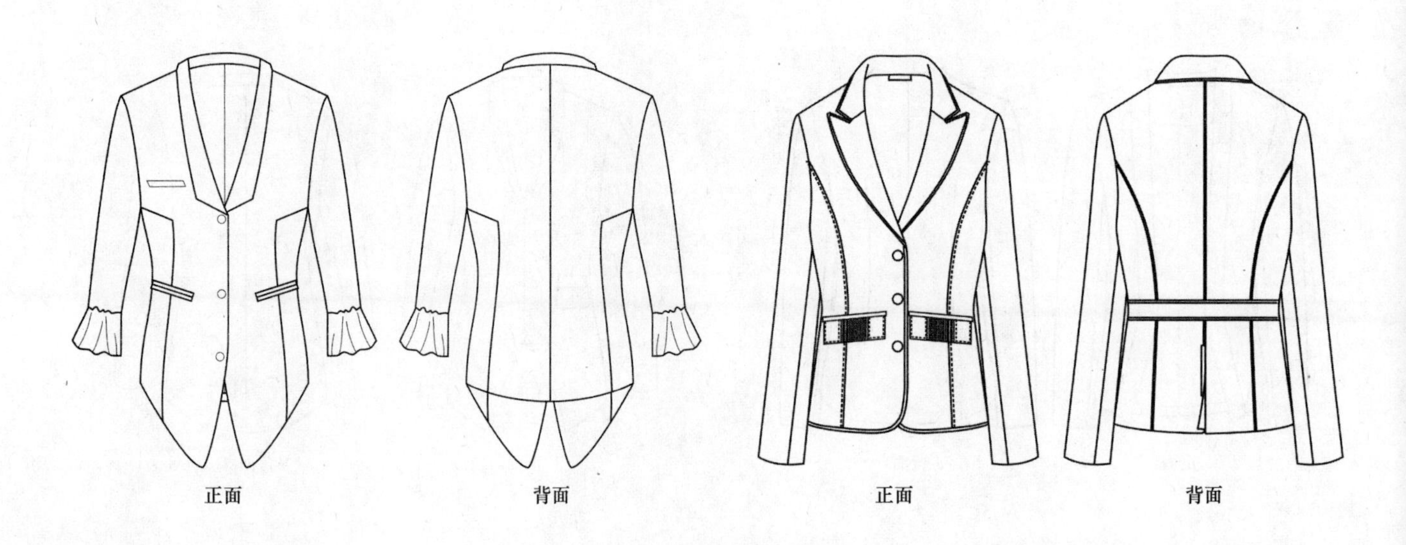
正面
背面
正面
背面

正面
背面
正面
背面

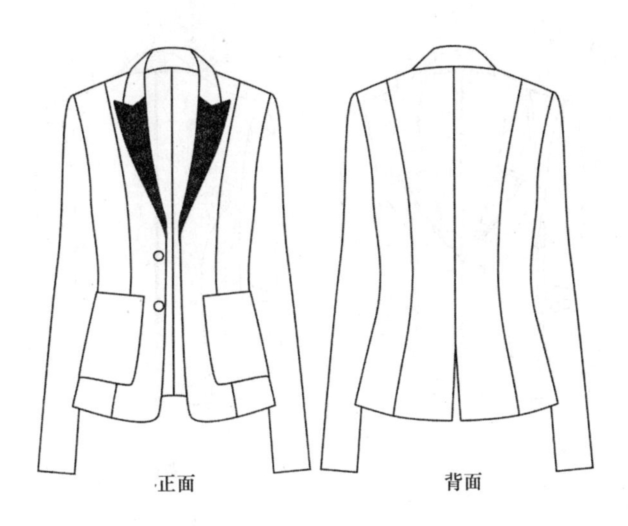

正面　背面

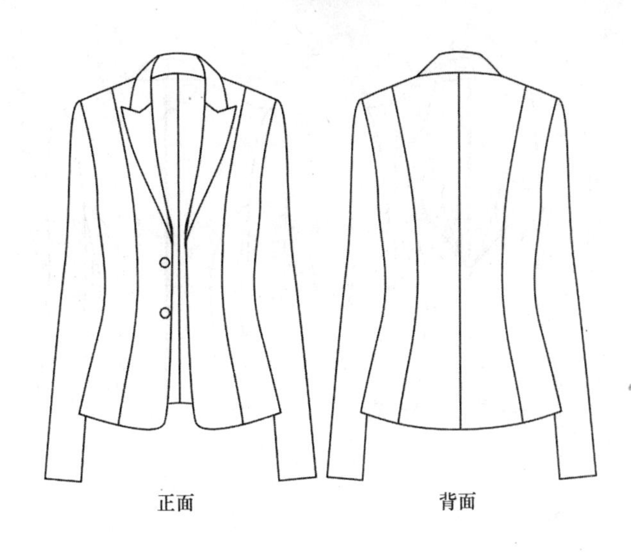

正面　背面

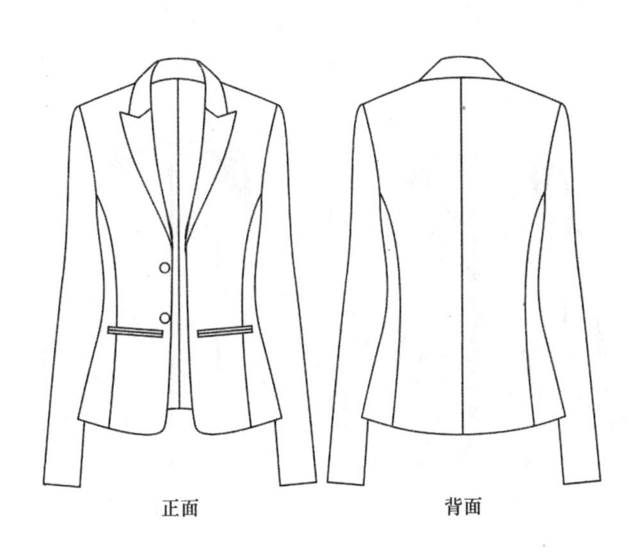

正面　背面

正面　背面

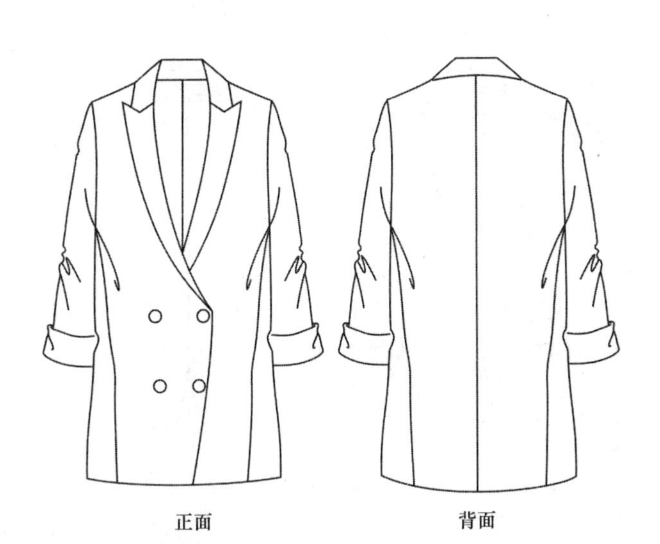

正面　背面

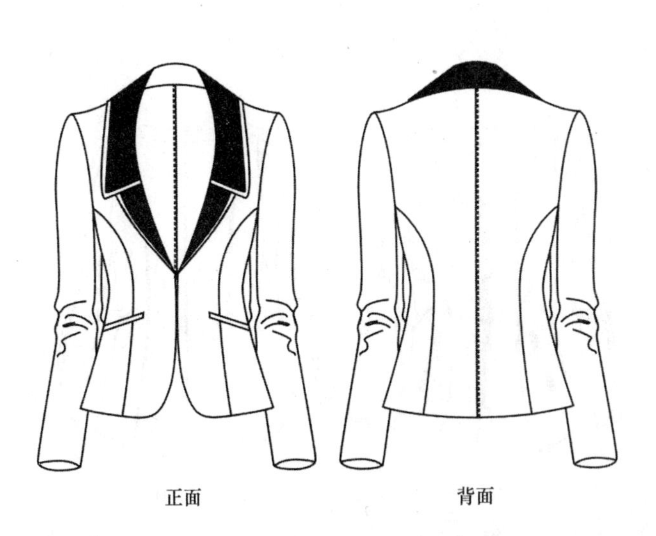

正面　背面

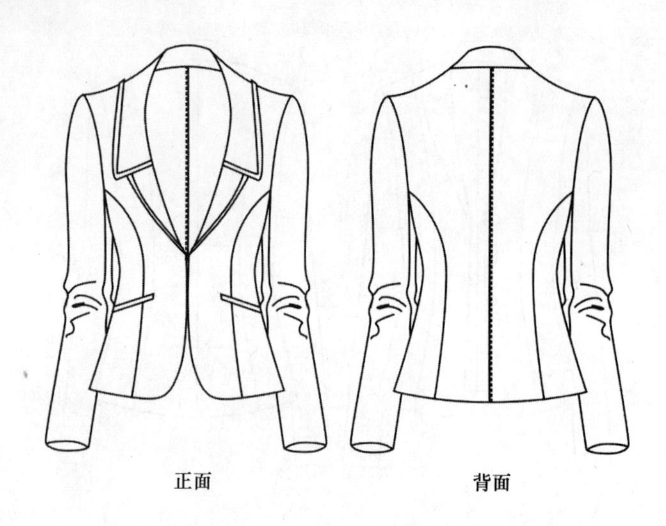

正面　背面

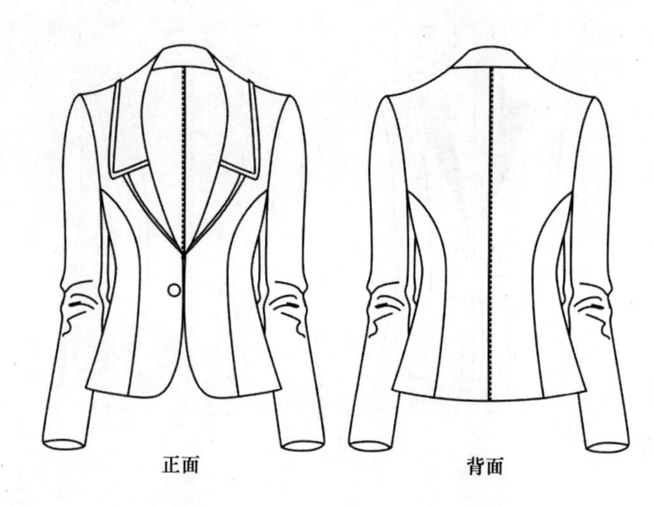

正面　背面

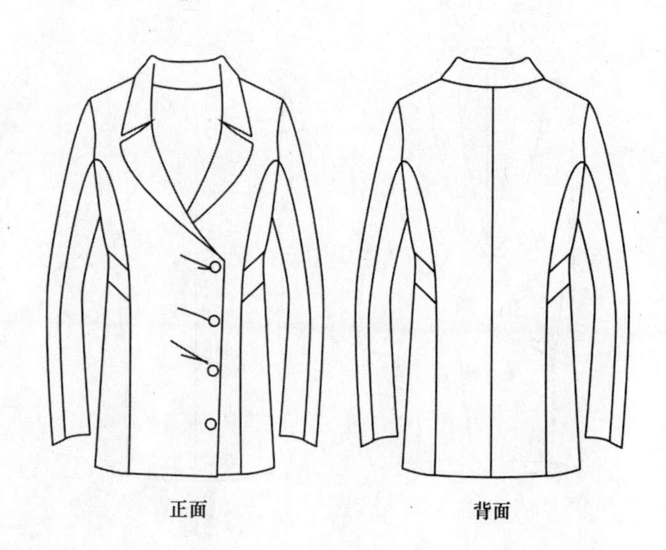

正面　背面

正面　背面

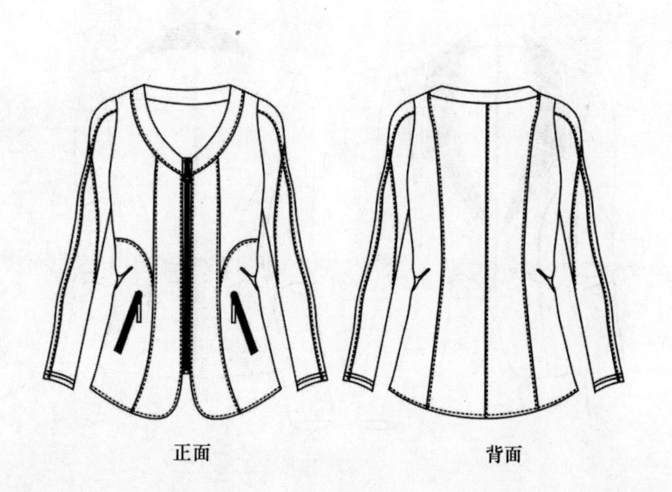

正面　背面

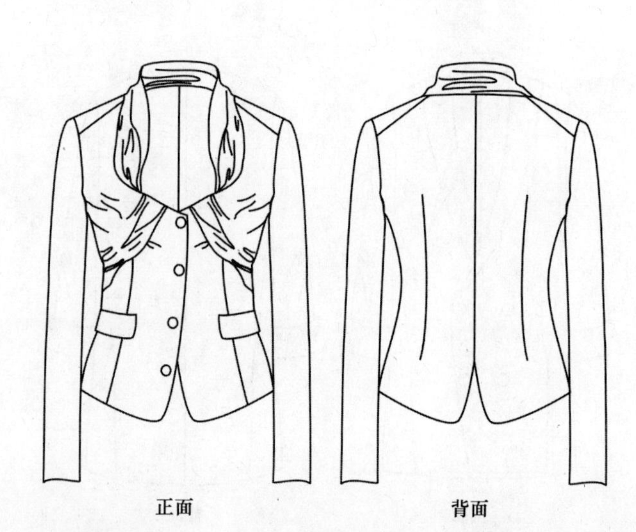

正面　背面

正面
背面
正面
背面
正面
背面
正面
背面
正面
背面
正面
背面

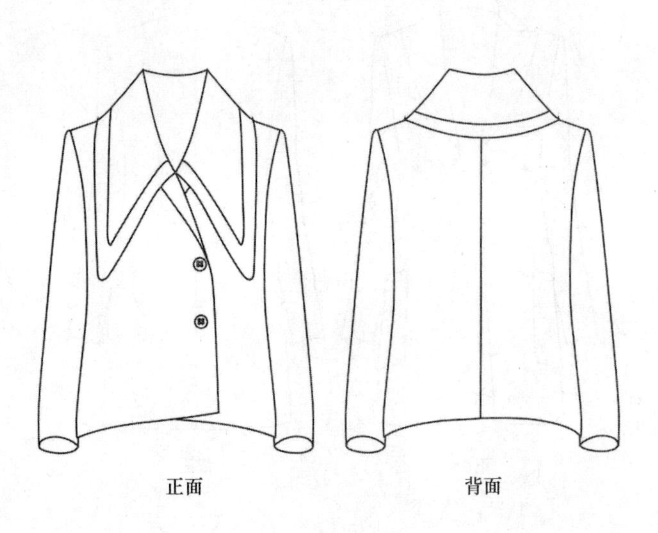
正面
背面

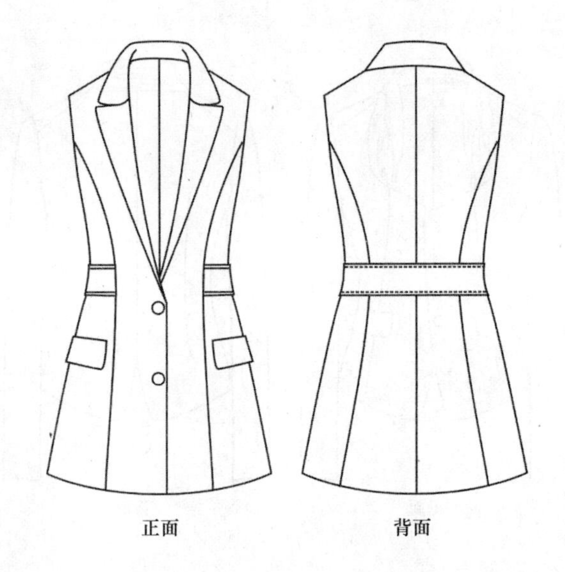
正面
背面

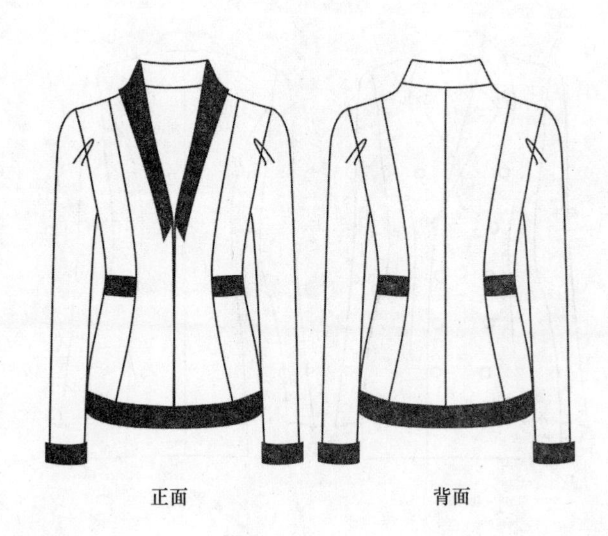
正面
背面

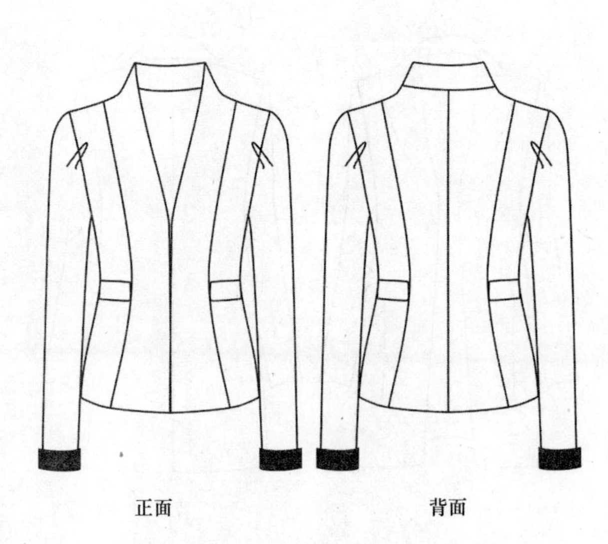
正面
背面

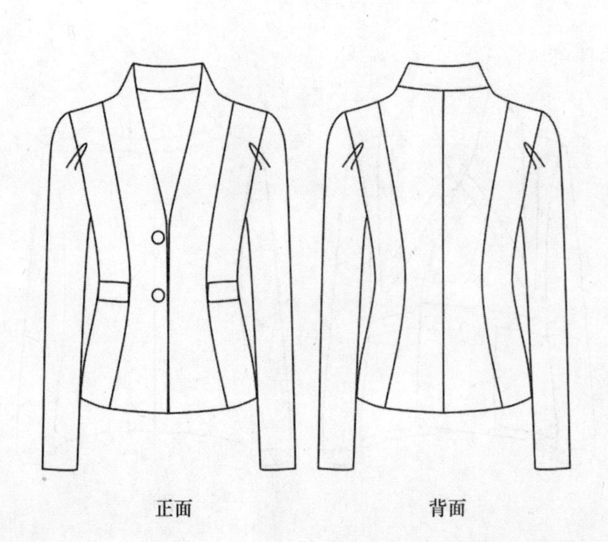
正面
背面

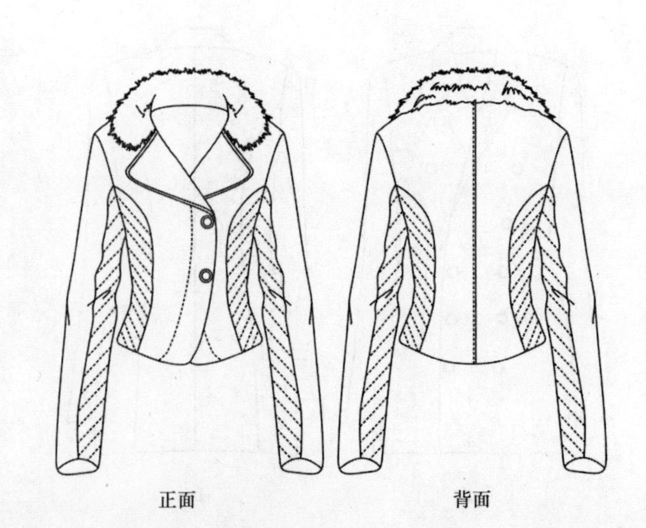
正面
背面

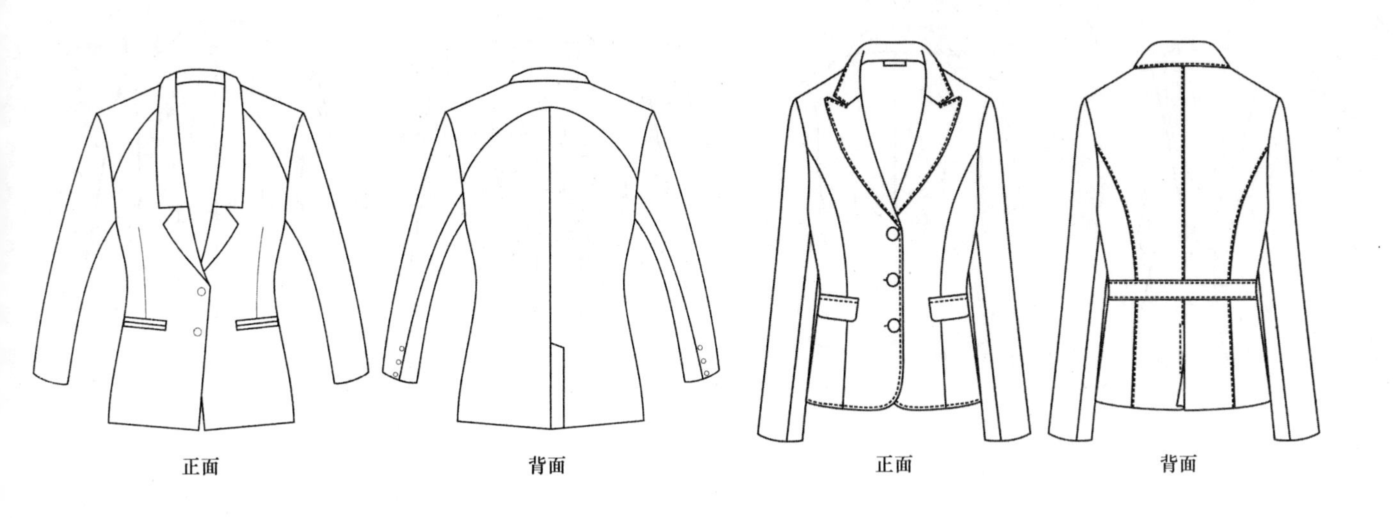
正面
背面
正面
背面

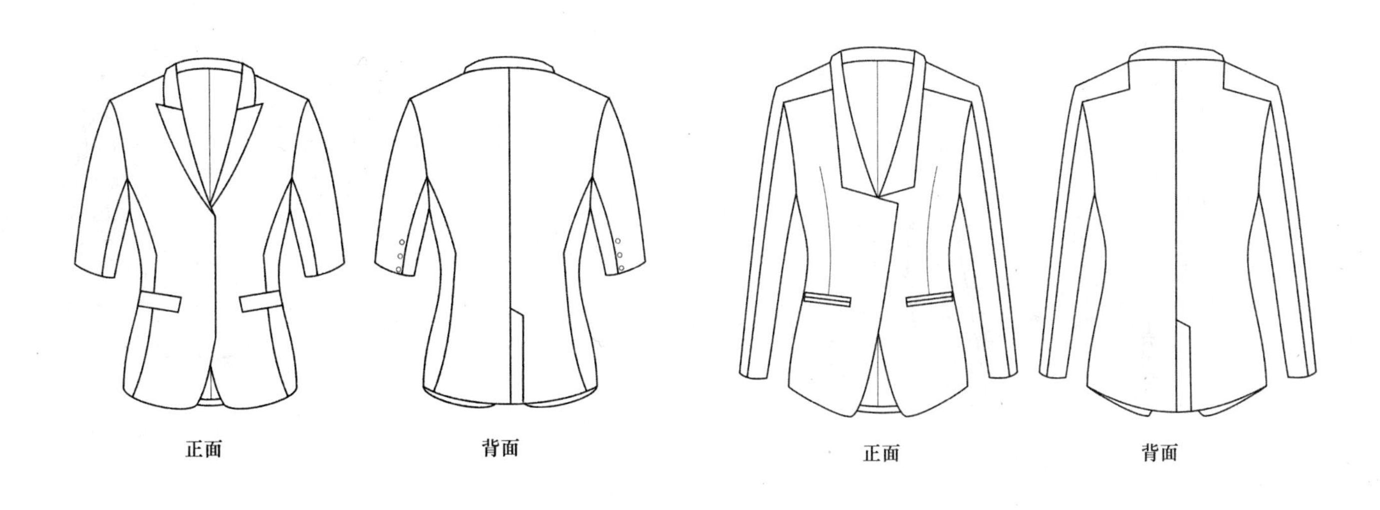
正面
背面
正面
背面

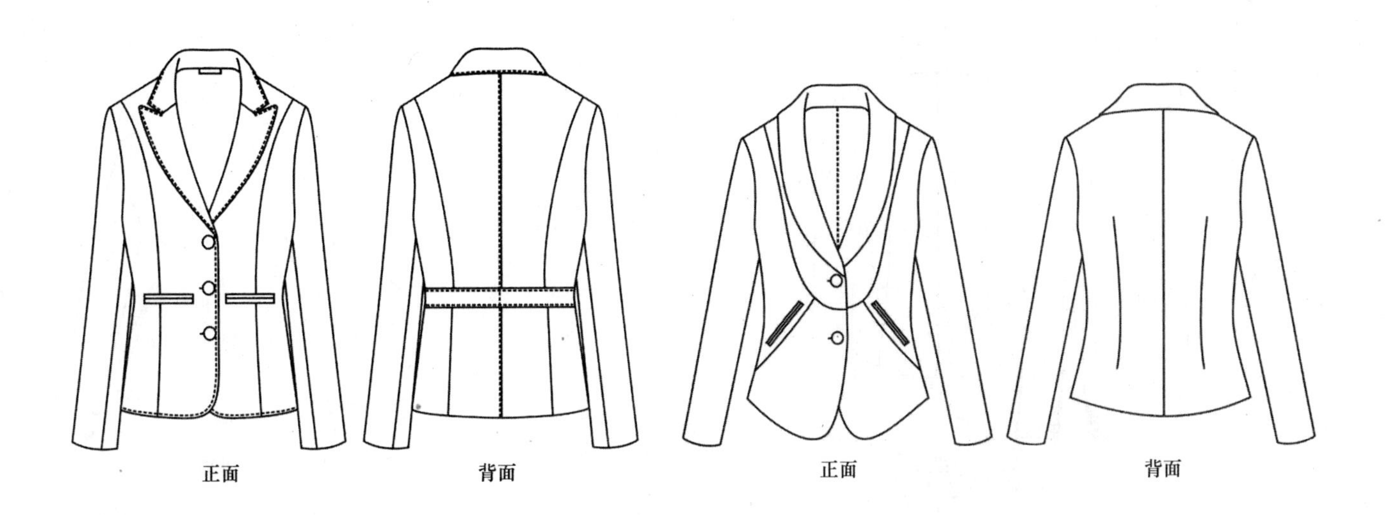
正面
背面
正面
背面

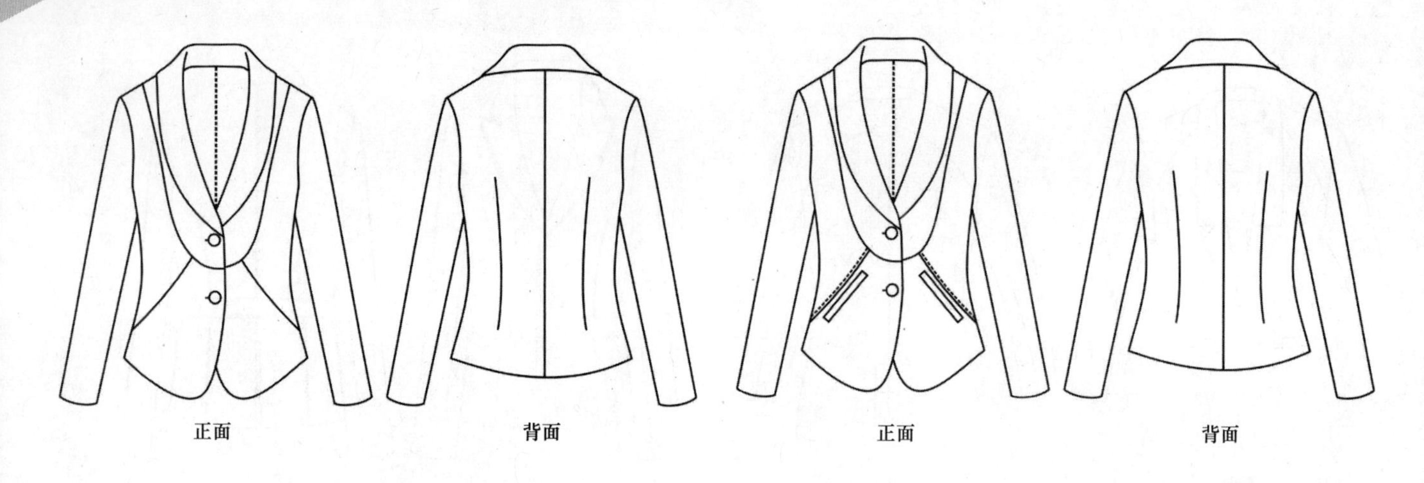
正面
背面
正面
背面

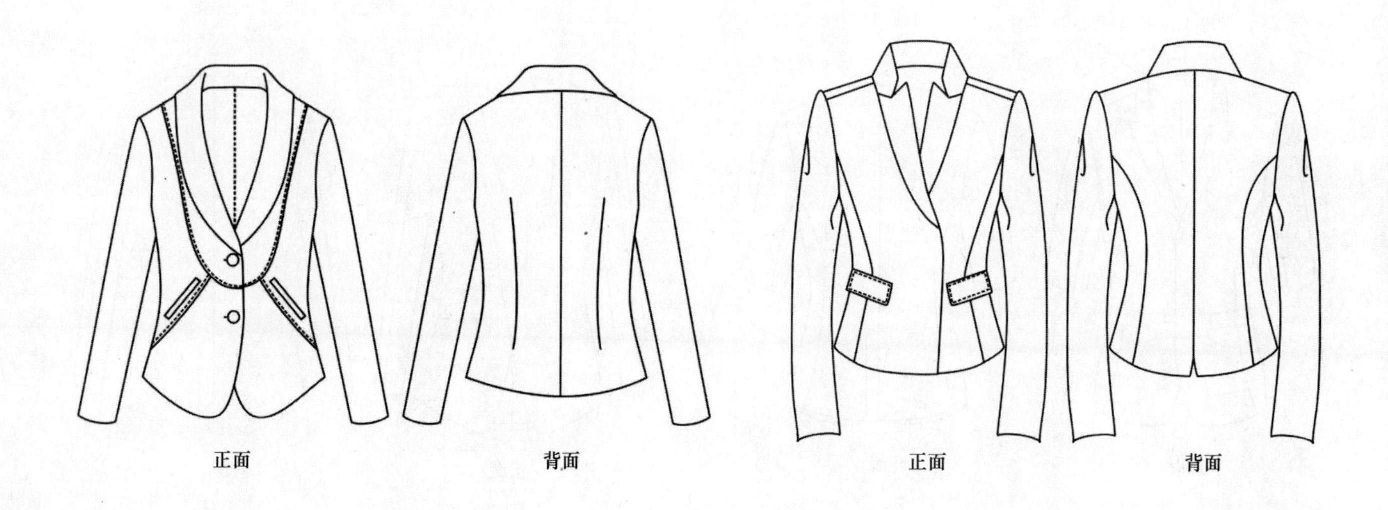
正面
背面
正面
背面

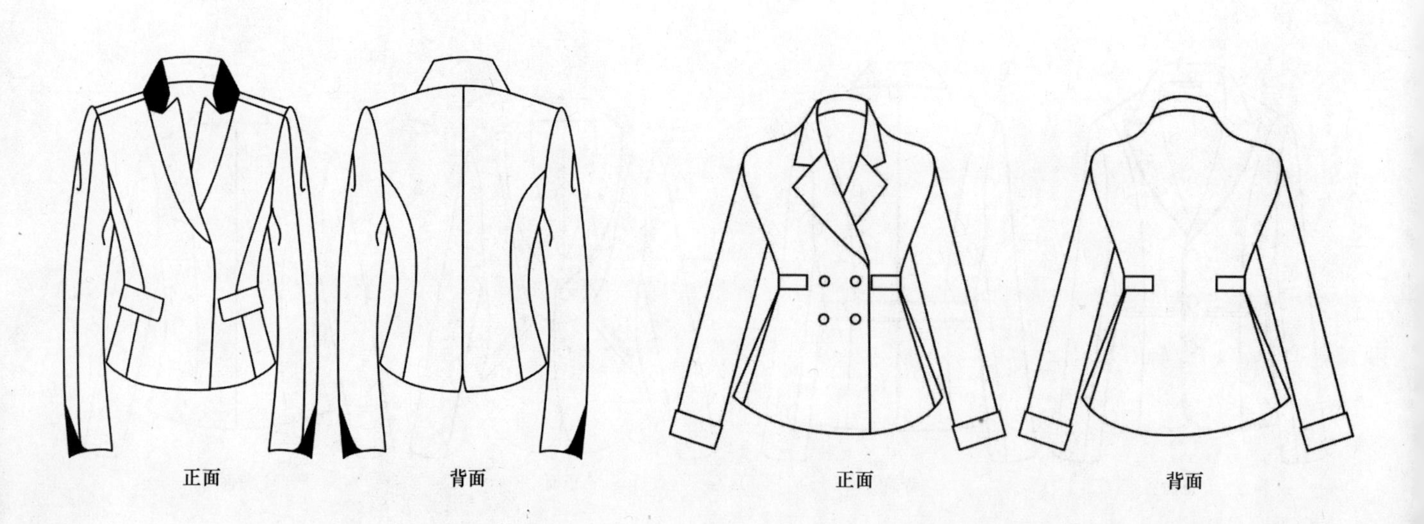
正面
背面
正面
背面

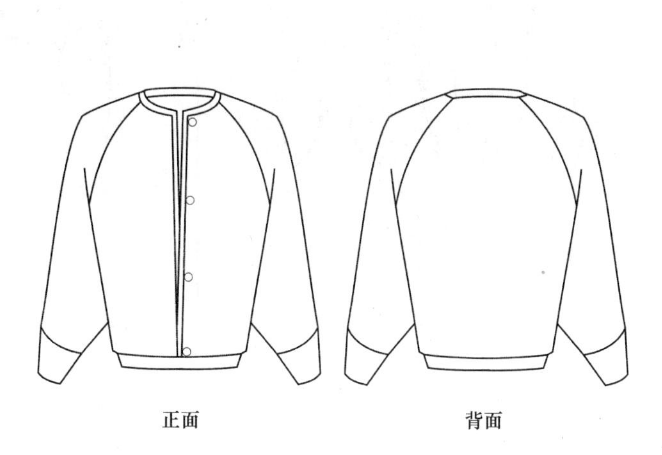

正面　背面

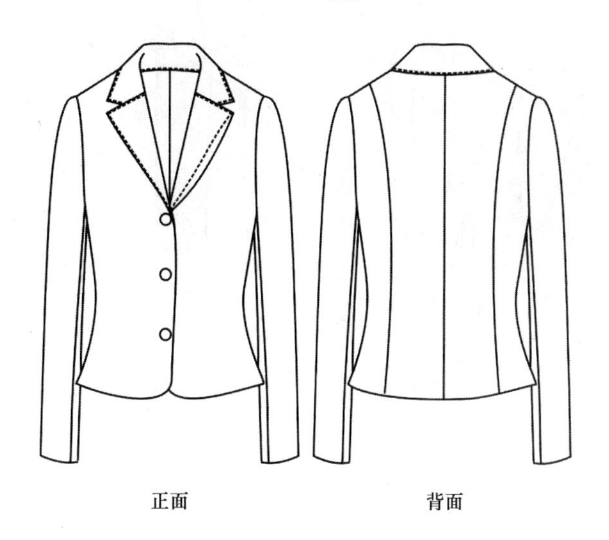

正面　背面

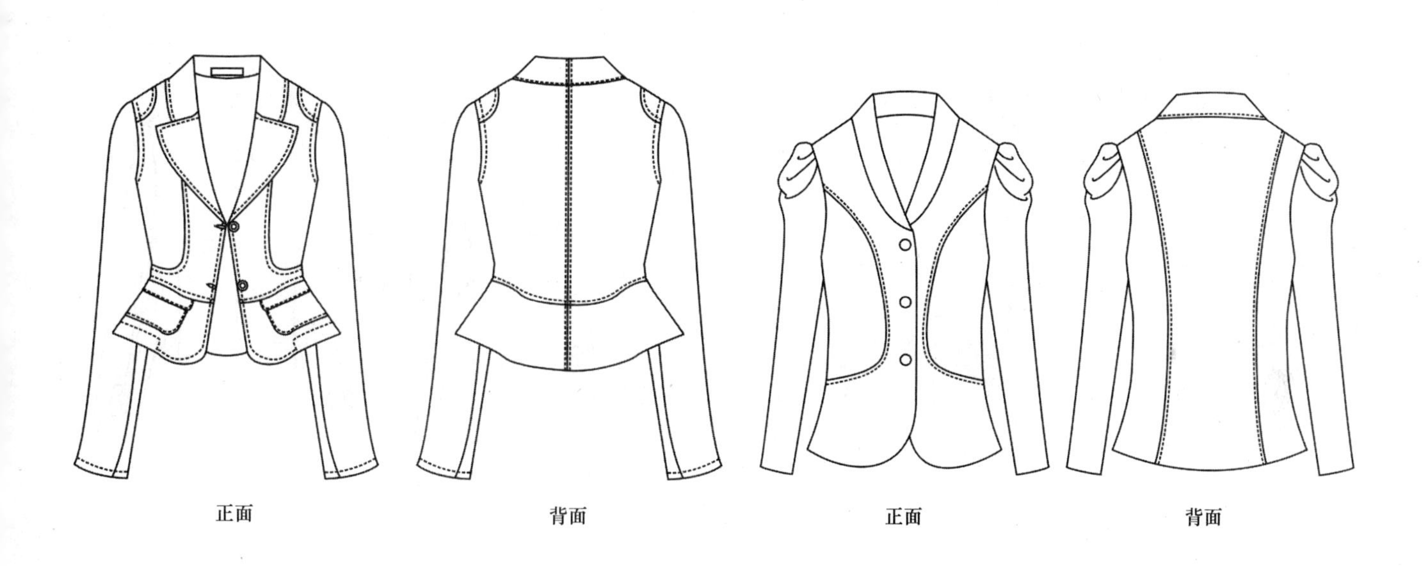

正面　背面　正面　背面

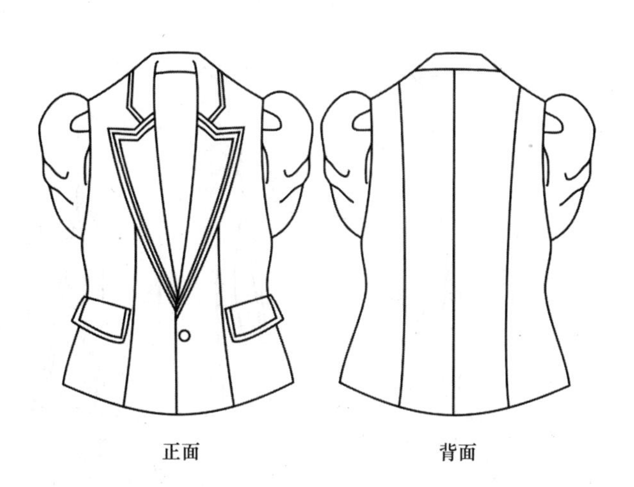

正面　背面

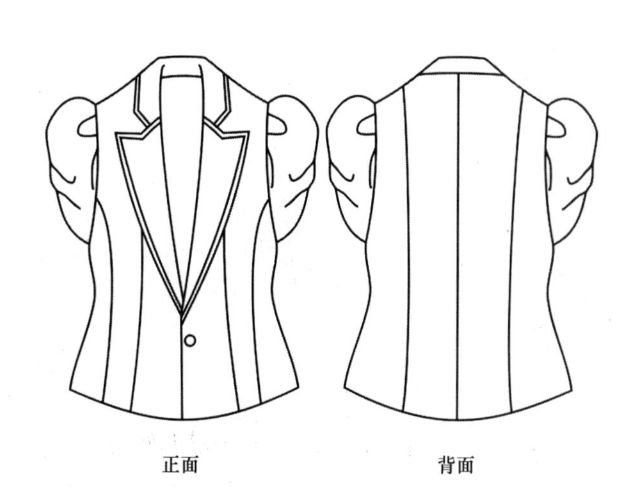

正面　背面

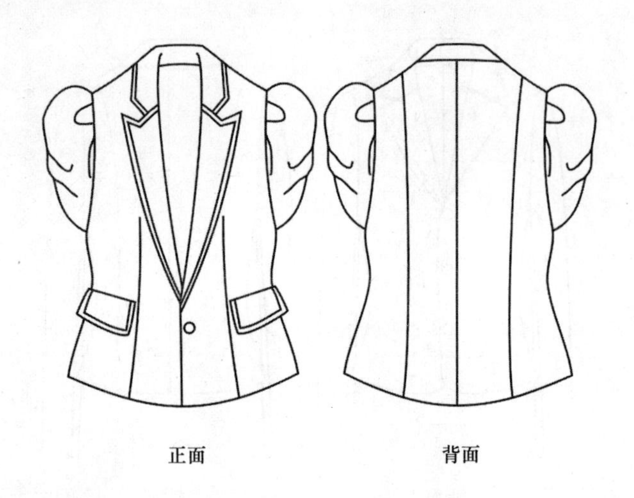
正面
背面

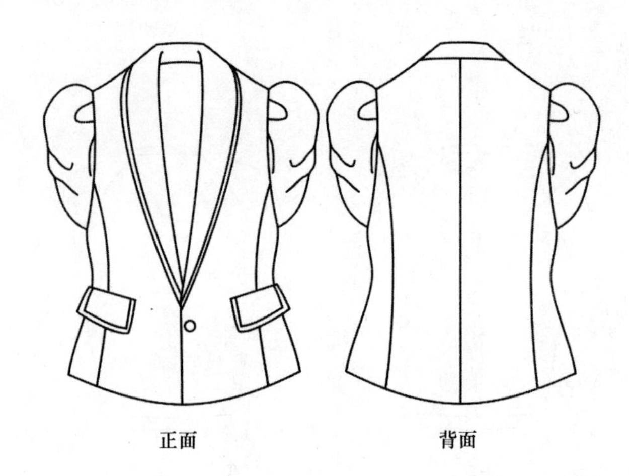
正面
背面

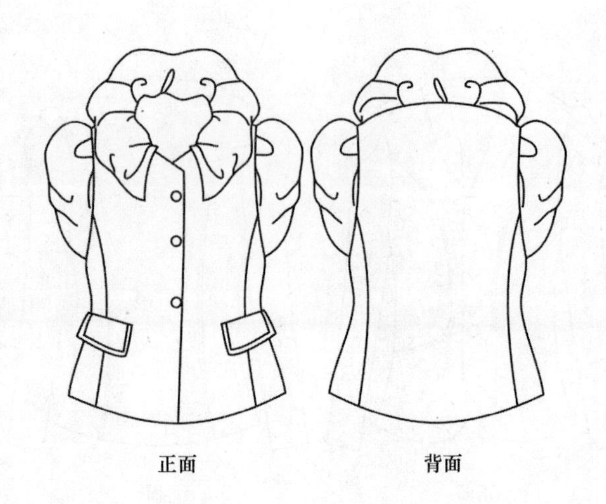
正面
背面

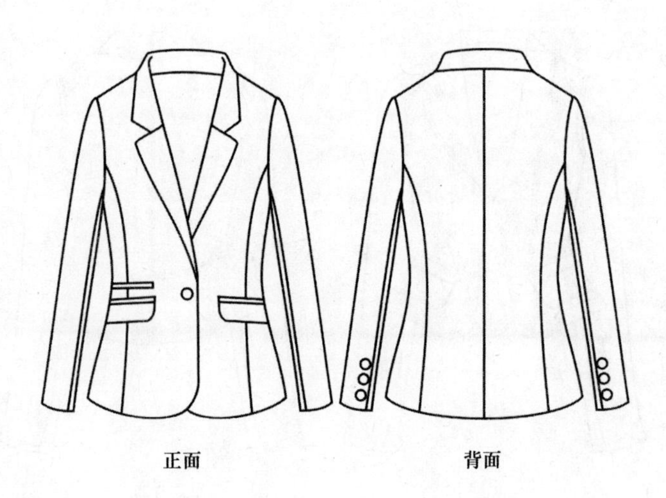
正面
背面

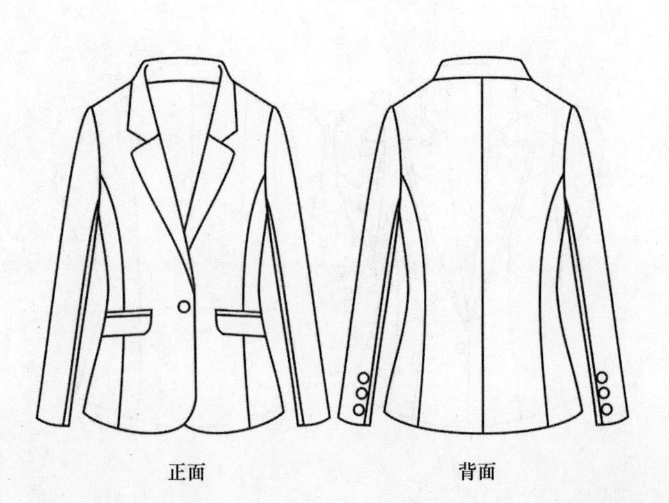
正面
背面

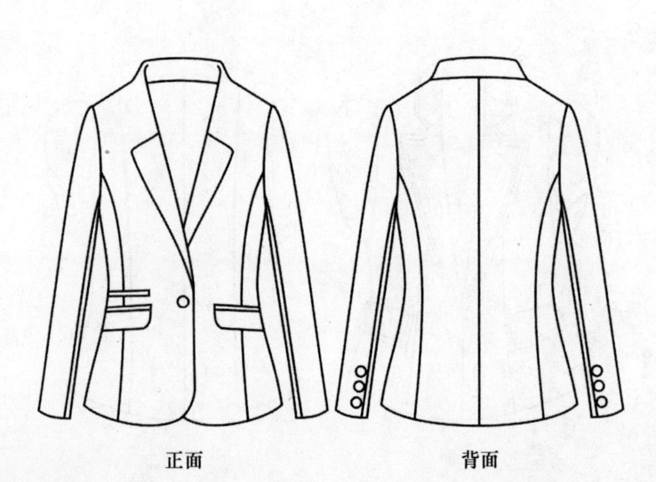
正面
背面

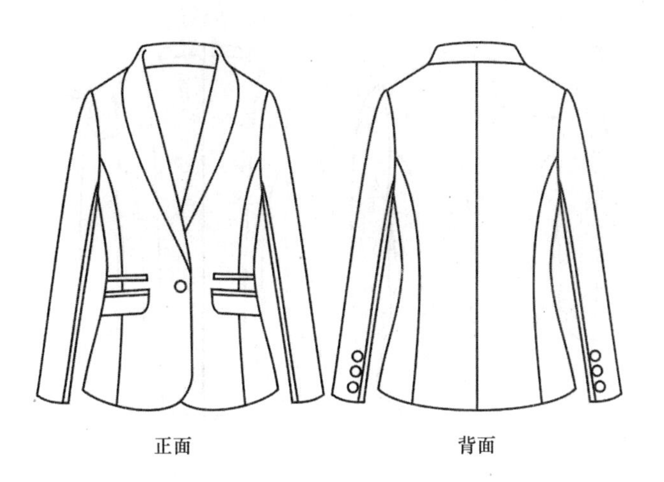

正面　背面

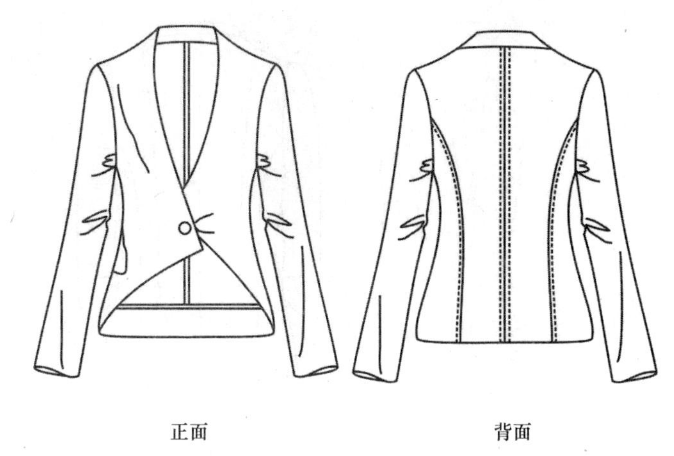

正面　背面

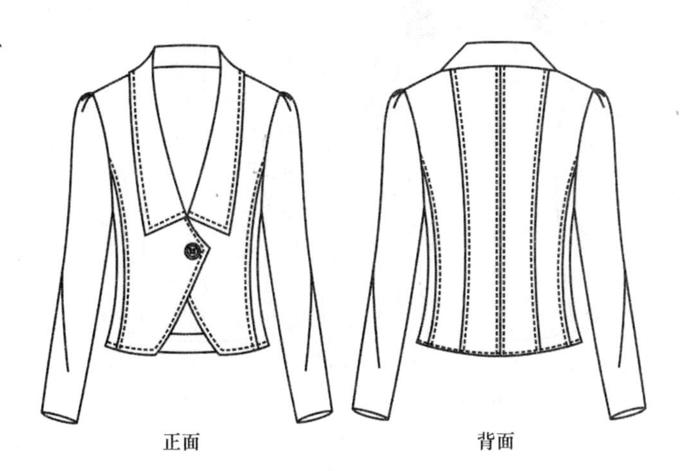

正面　背面

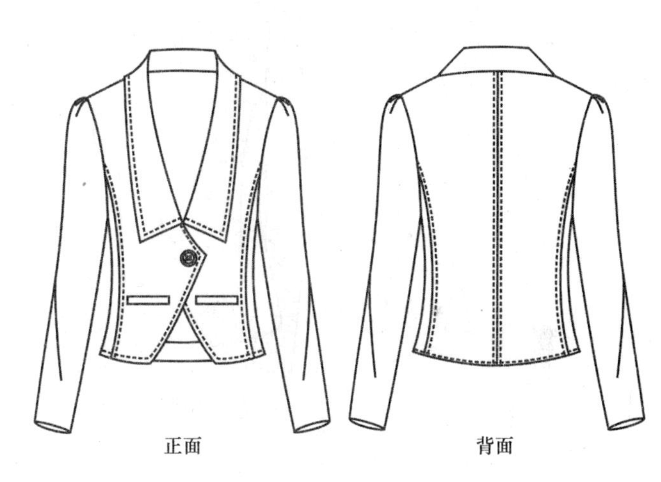

正面　背面

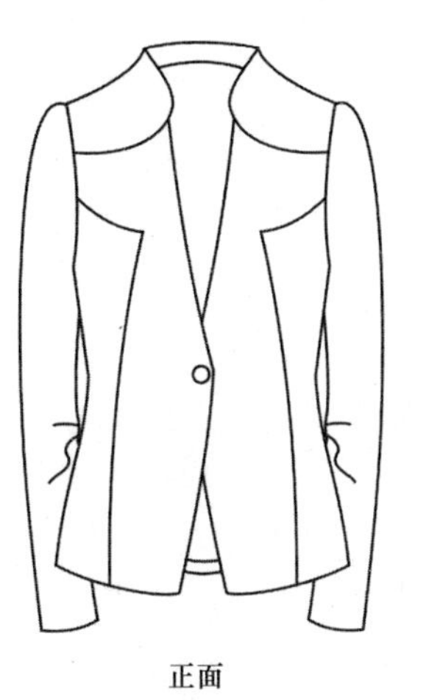

正面

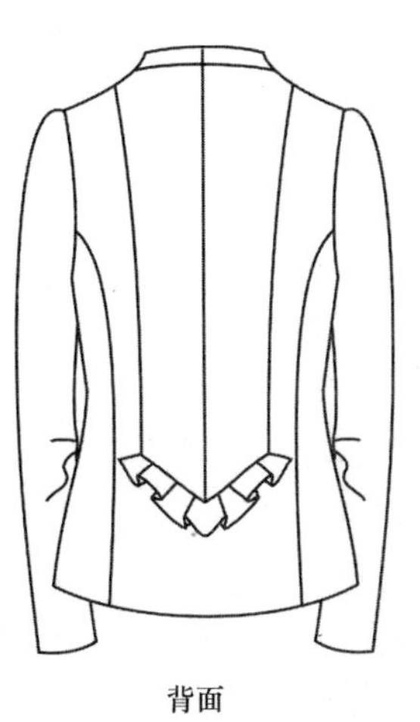

背面

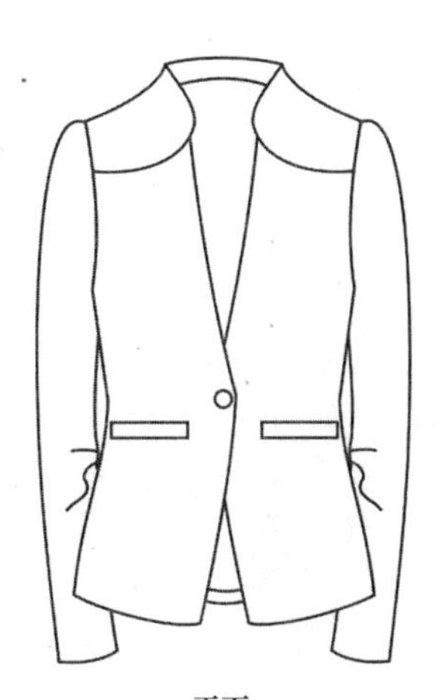

正面

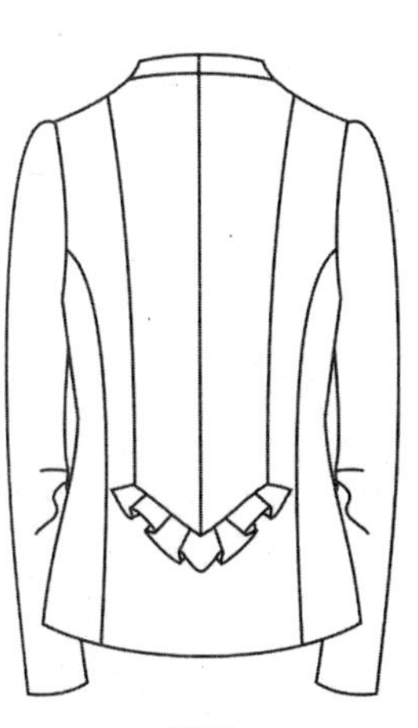

背面

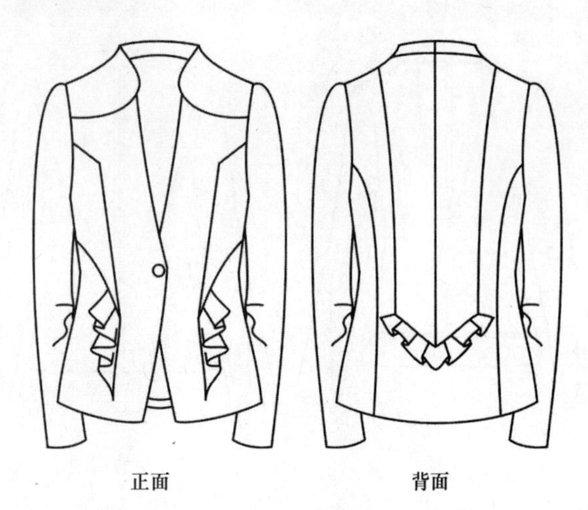
正面
背面

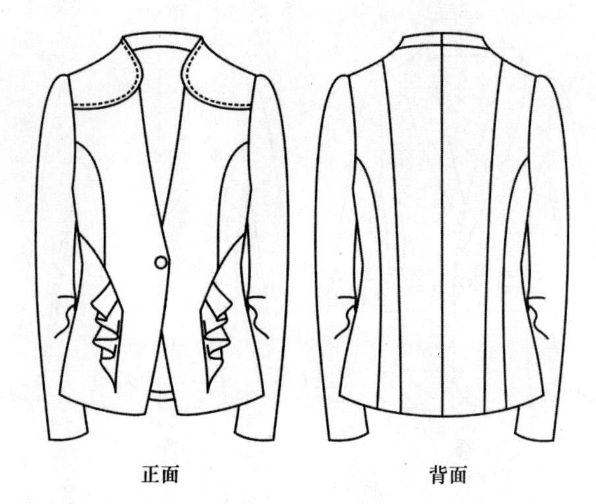
正面
背面

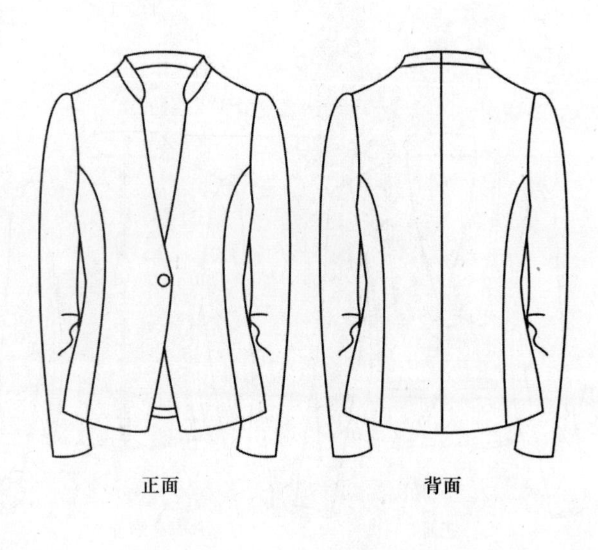
正面
背面

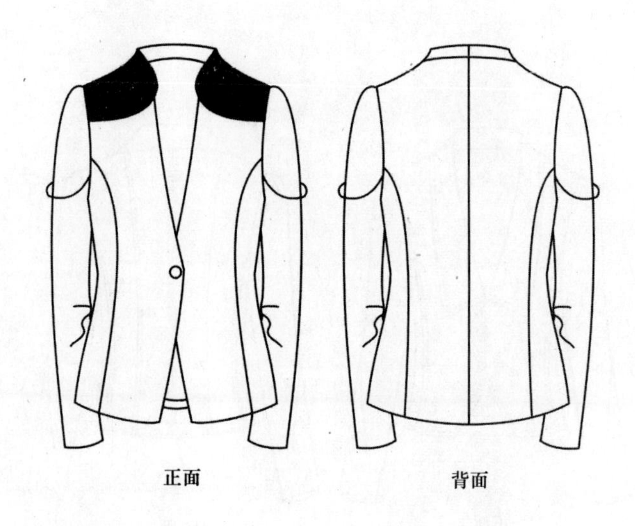
正面
背面

马甲

马甲通常指无衣袖的上衣，俗称“背心”“坎肩”。

正面　　背面

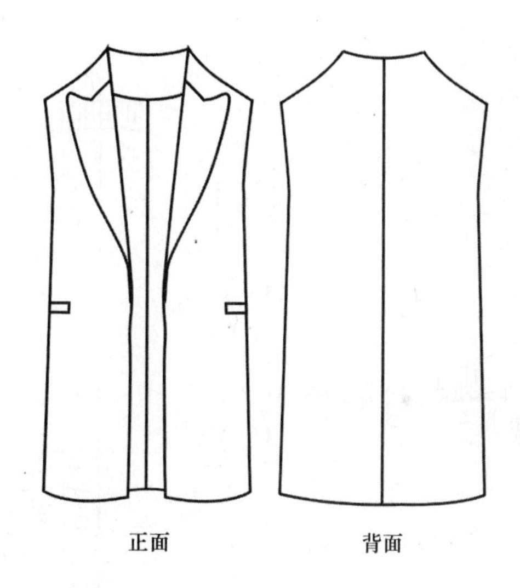

正面　　背面

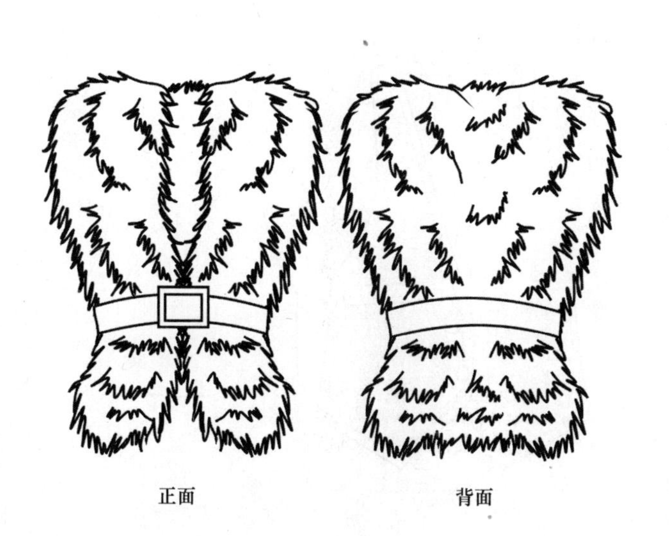

正面　　背面

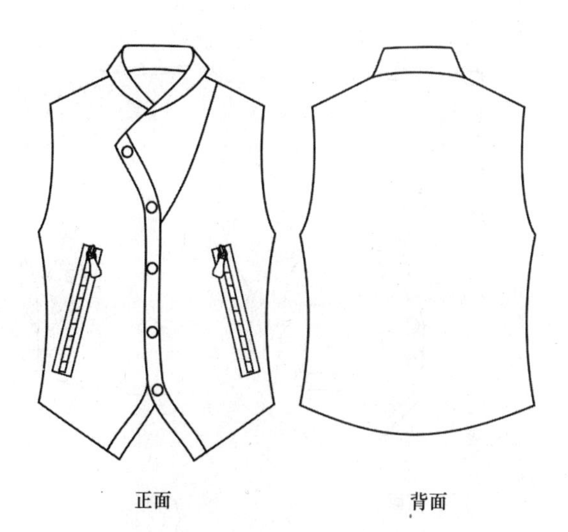

正面　　背面

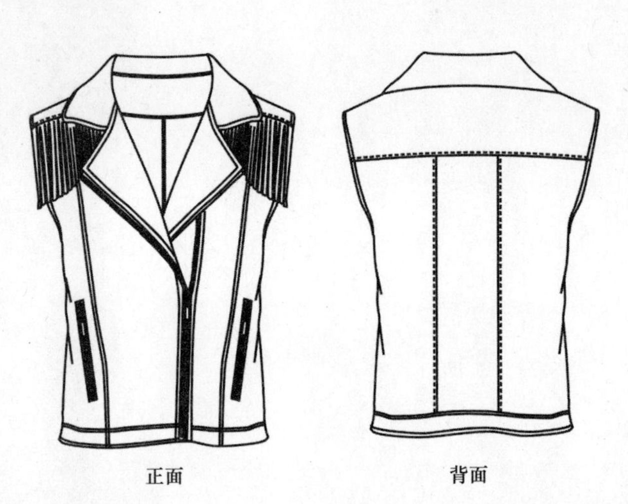
正面
背面

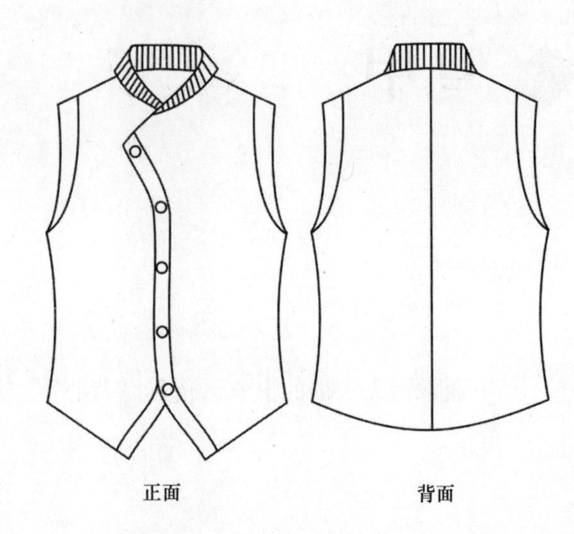
正面
背面

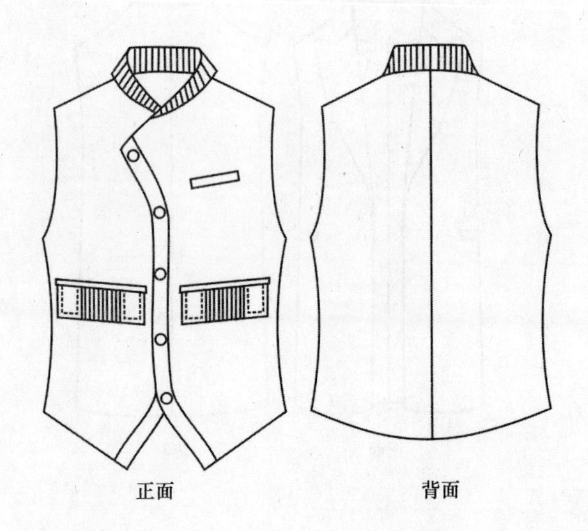
正面
背面

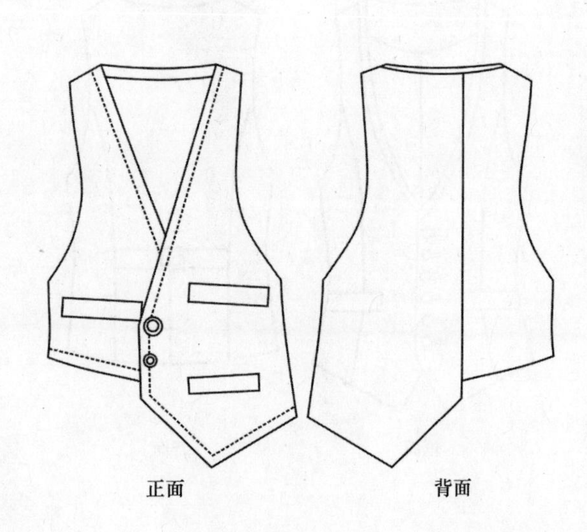
正面
背面

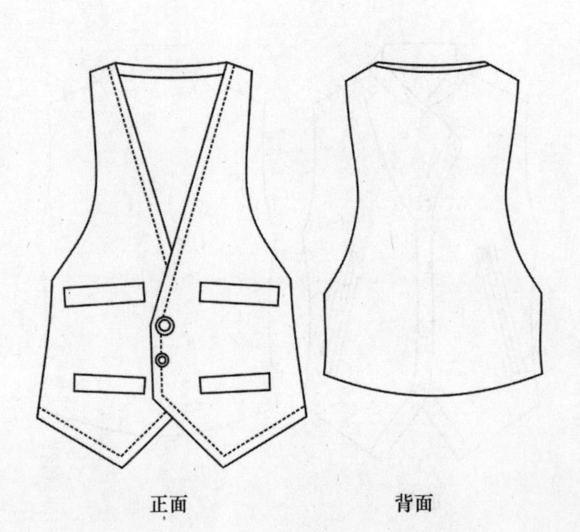
正面
背面

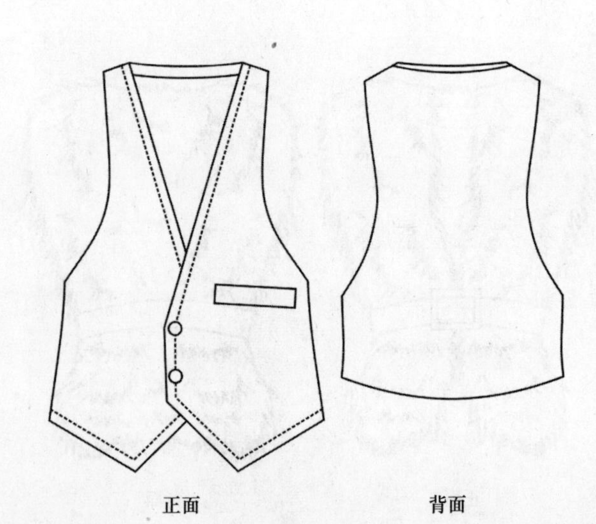
正面
背面

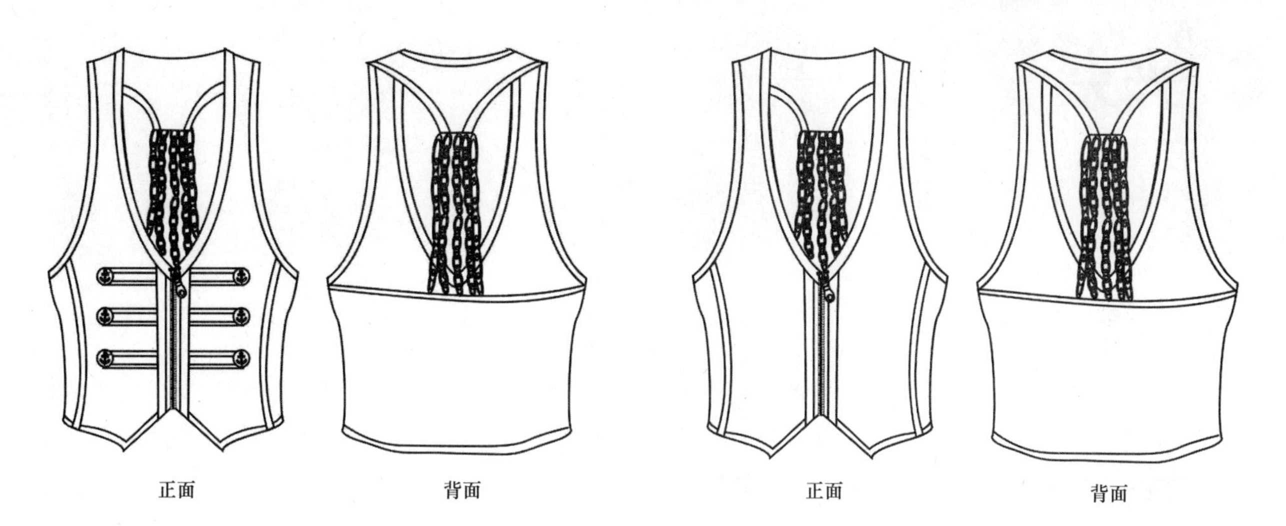
正面
背面
正面
背面

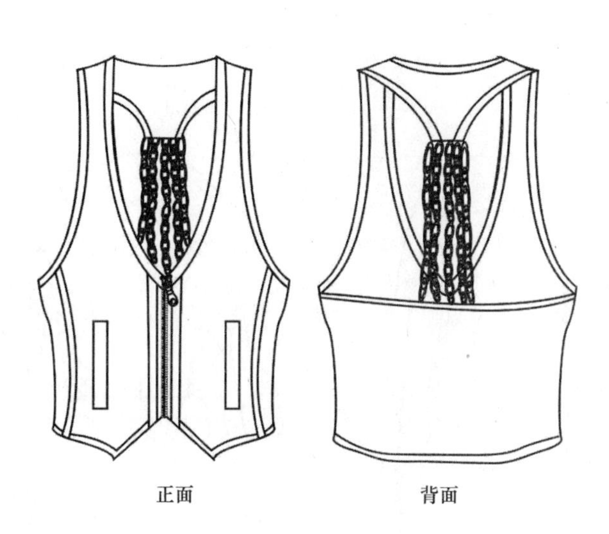
正面
背面

夹克

夹克是指衣长较短、胸围宽松、紧袖口克夫、紧下摆克夫式样的上衣。它是男女都能穿的短上衣的总称，多以翻领、对襟、暗扣或拉链呈现设计元素，便于工作和活动。夹克大致可归纳为三类：作为工作服的夹克；作为便装的夹克；作为礼服的夹克。

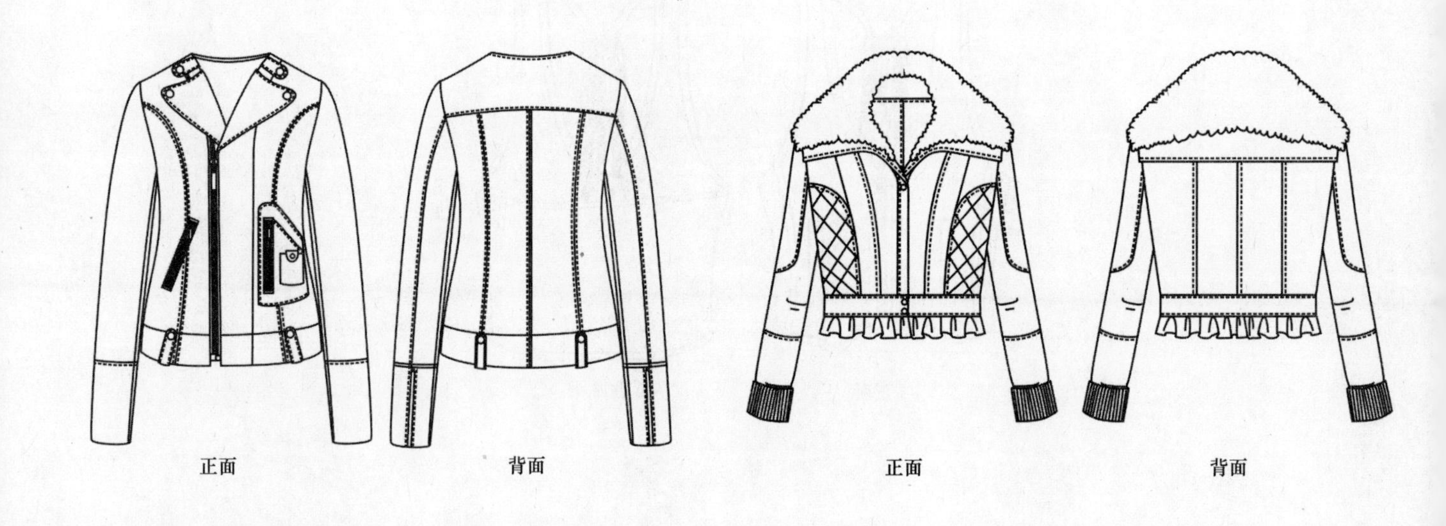

正面　背面　正面　背面

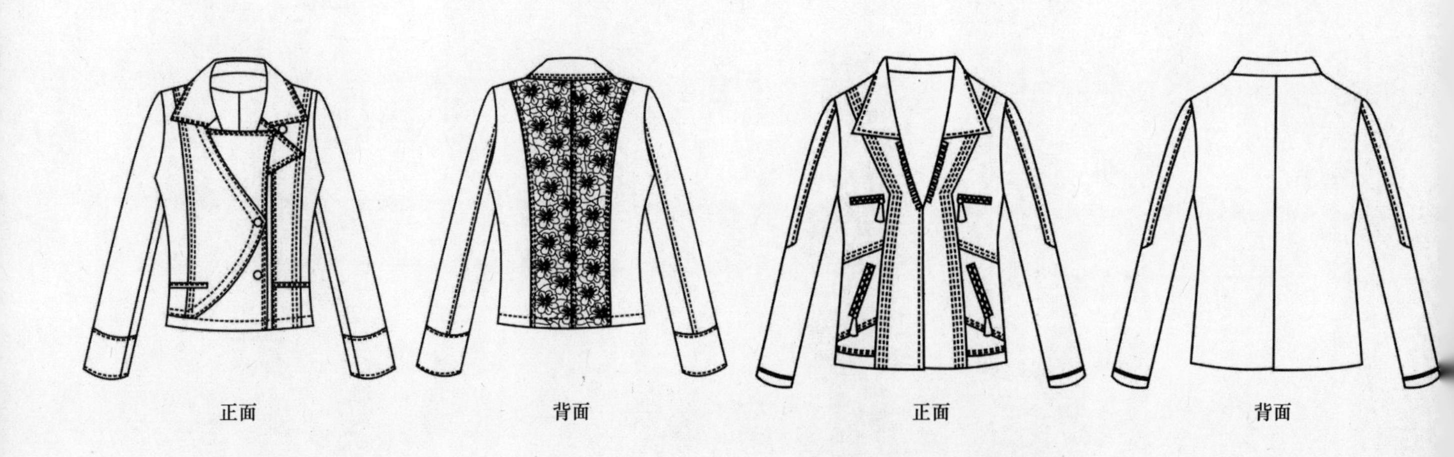

正面　背面　正面　背面

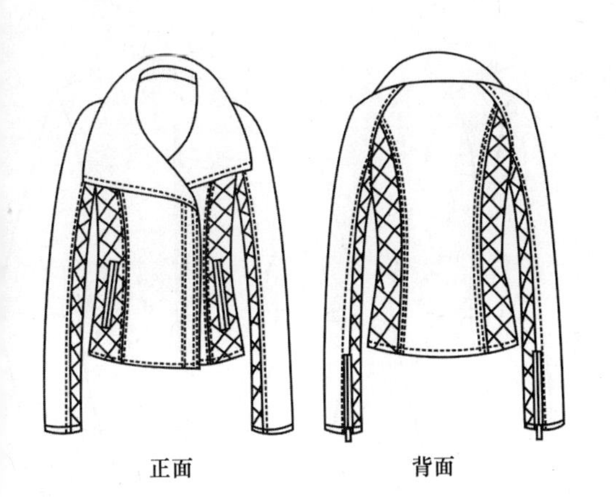
正面
背面

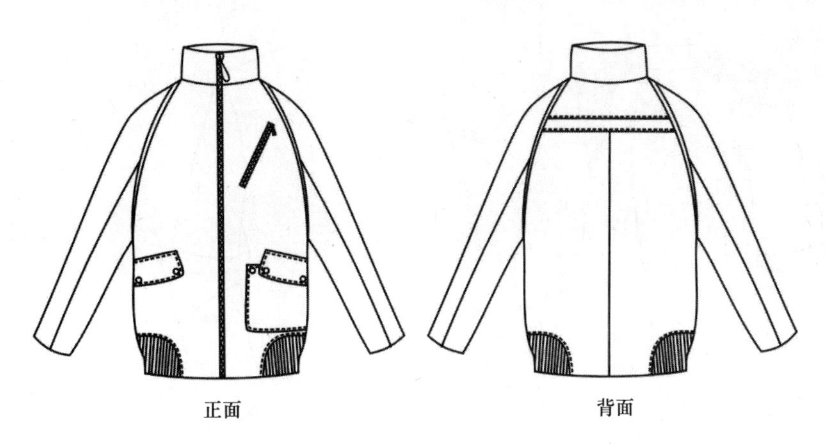
正面
背面

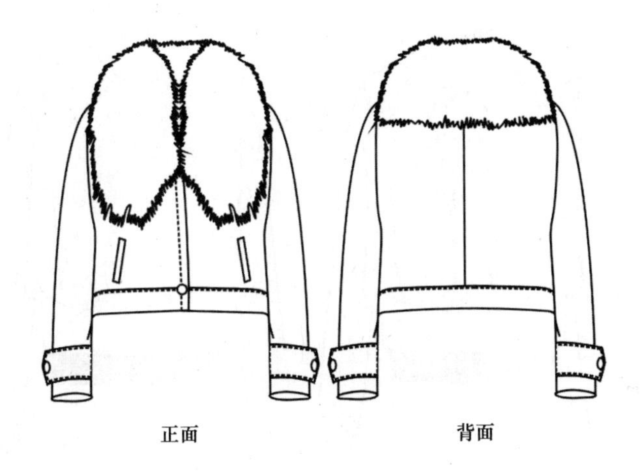
正面
背面

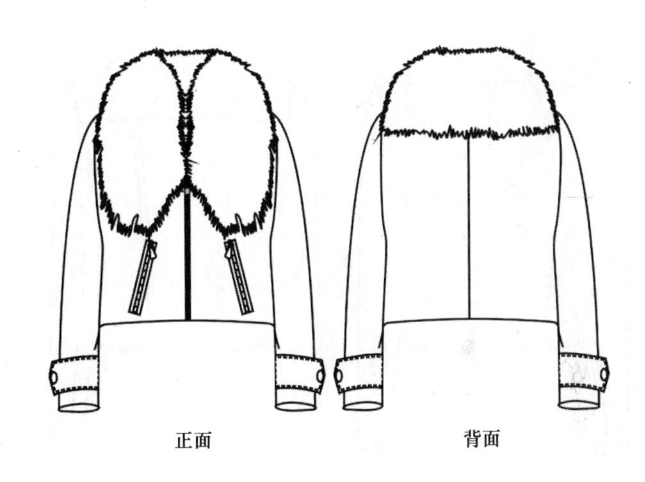
正面
背面

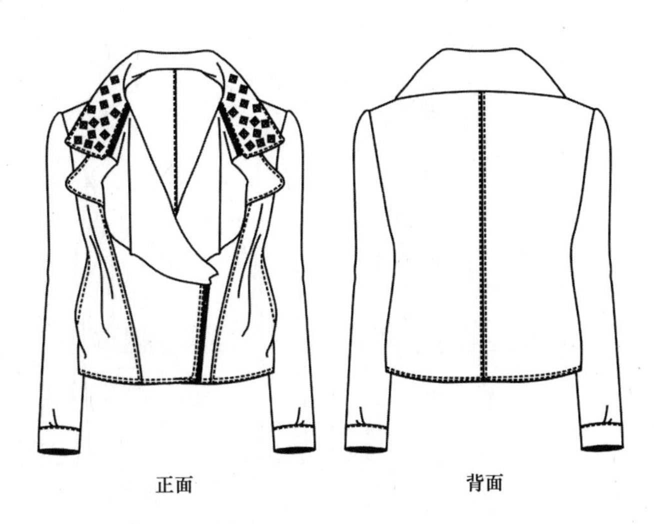
正面
背面

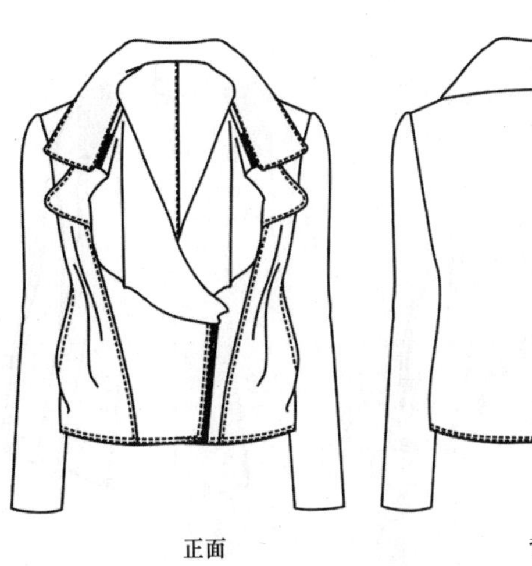
正面

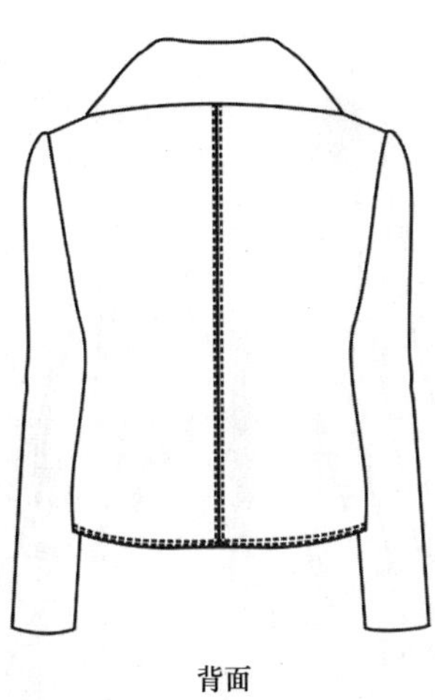
背面

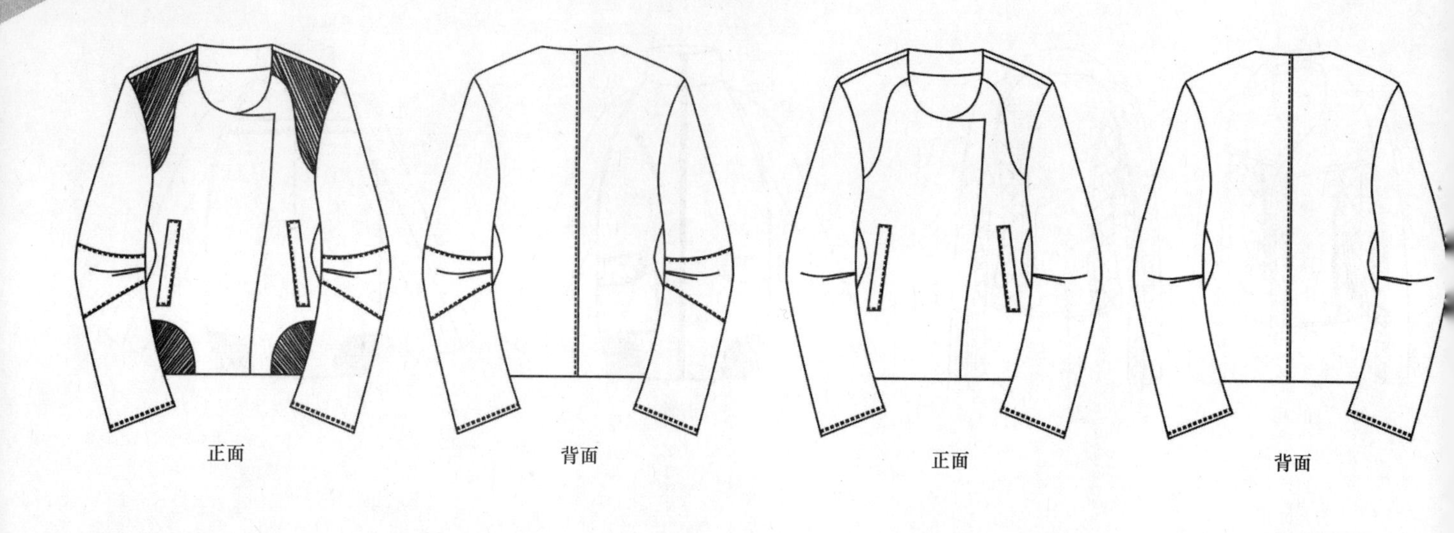
正面
背面
正面
背面

正面
背面
正面
背面

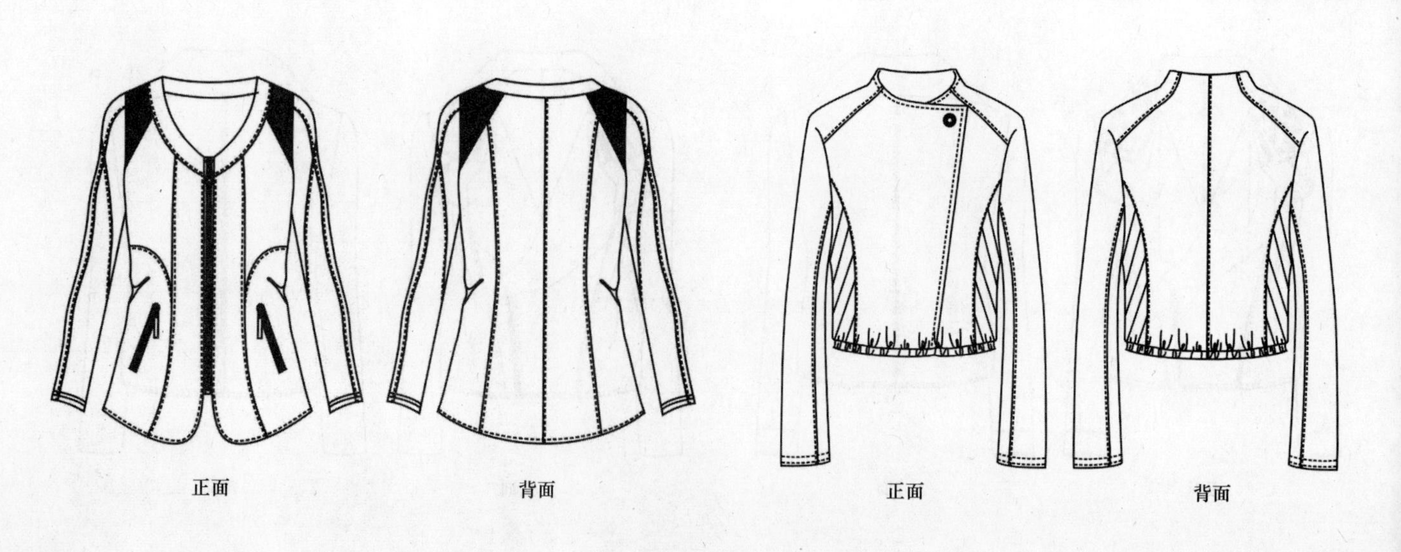
正面
背面
正面
背面

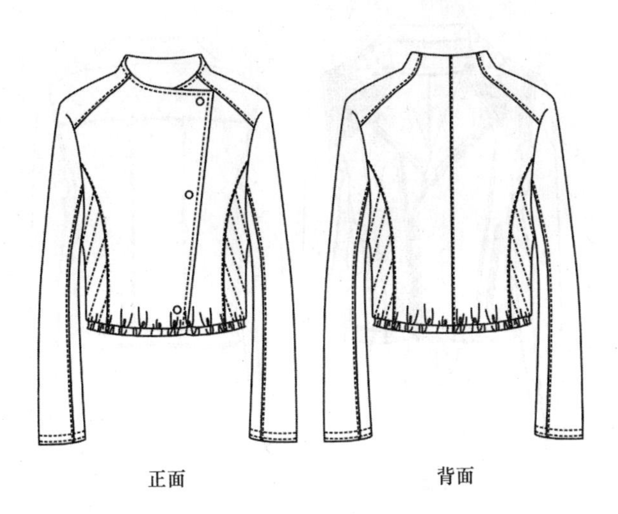

正面　　背面

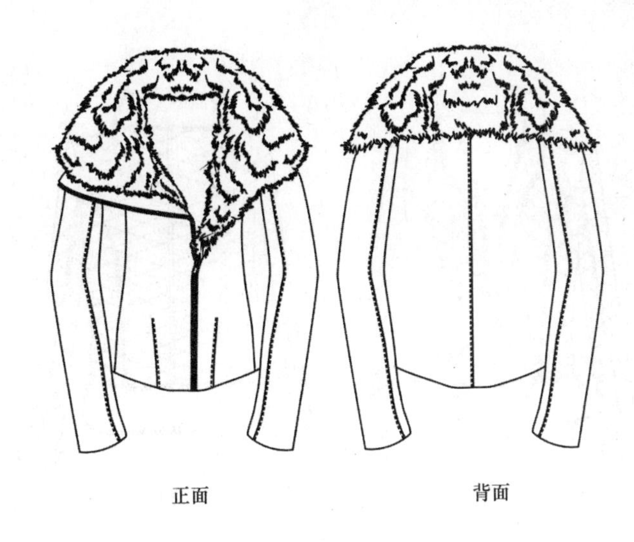

正面　　背面

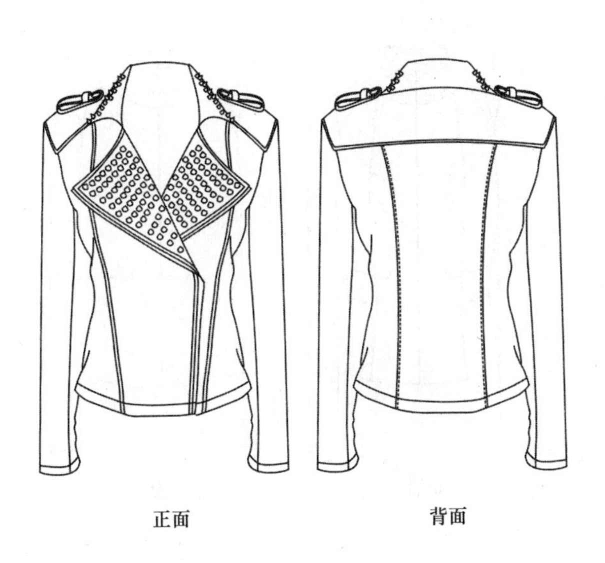

正面　　背面

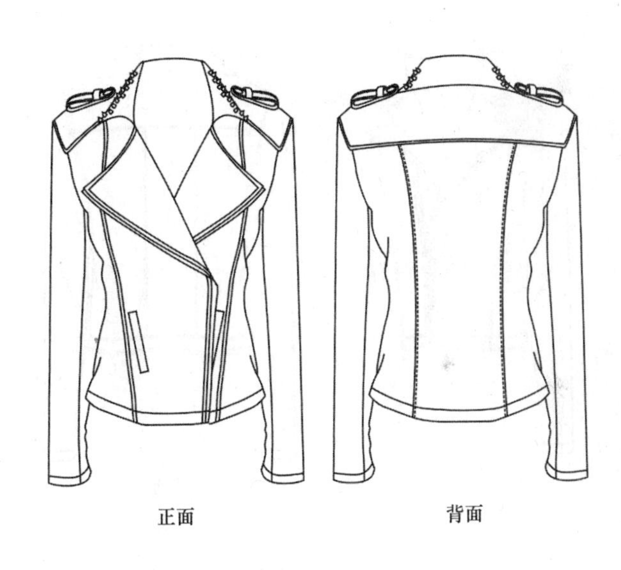

正面　　背面

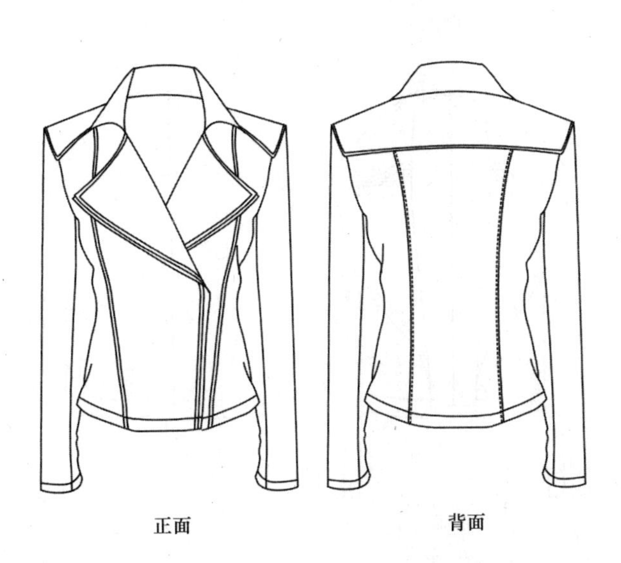

正面　　背面

正面　　背面

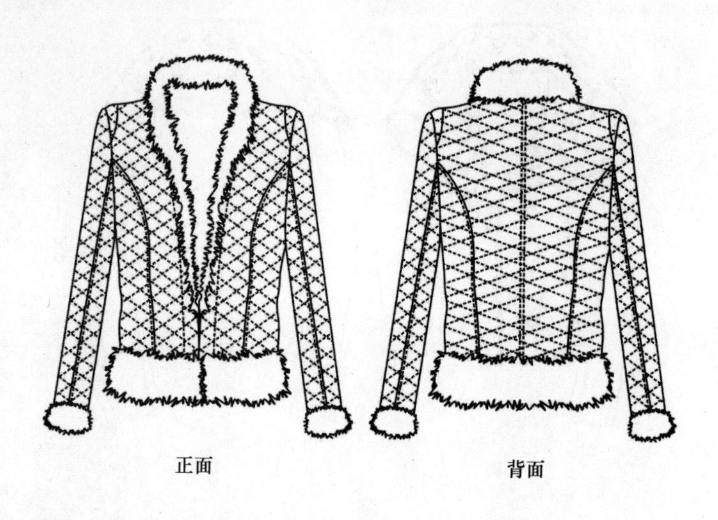

正面　　背面

正面　　背面

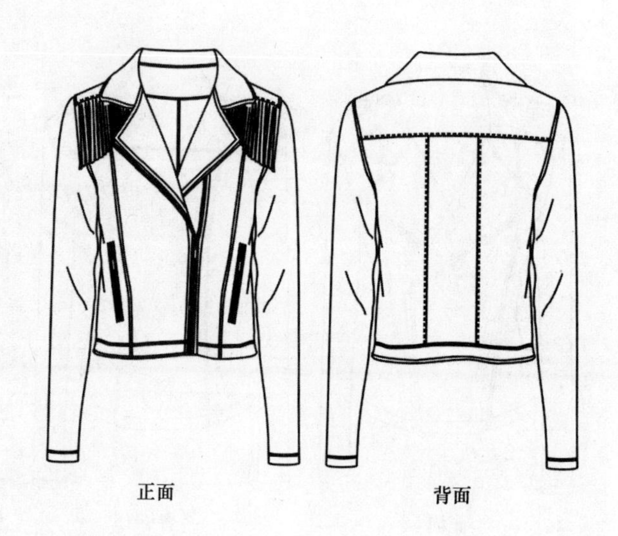

正面　　背面

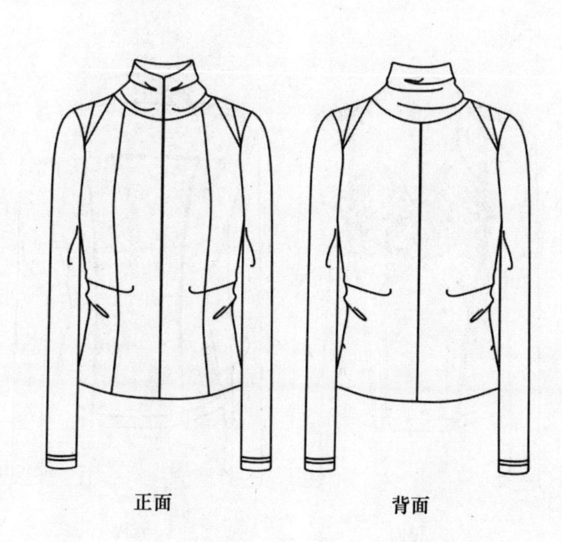

正面　　背面

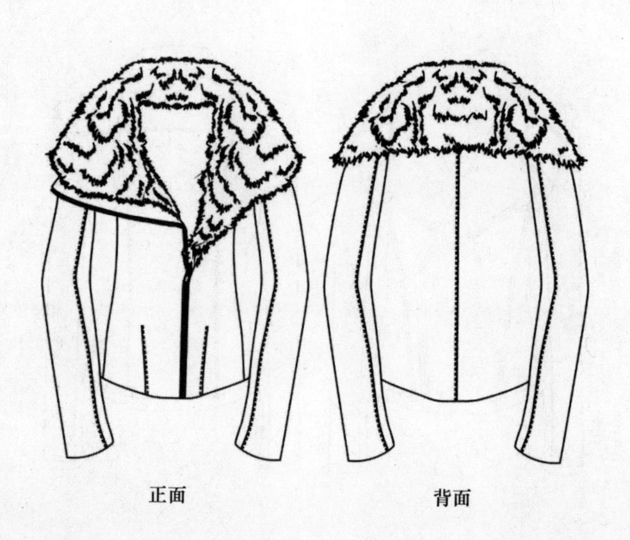

正面　　背面

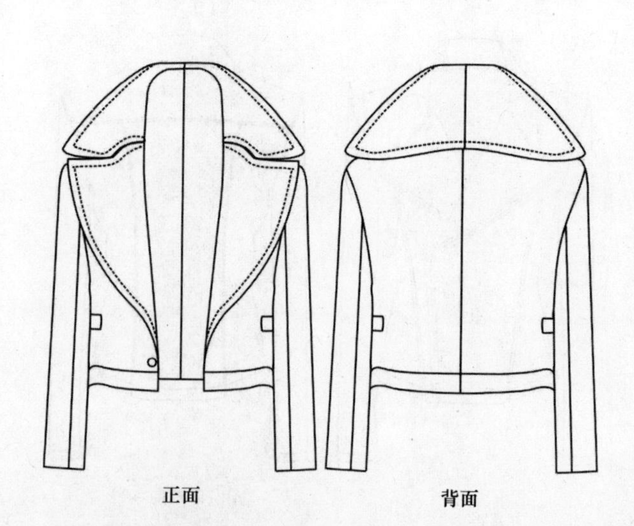

正面　　背面

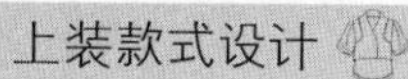

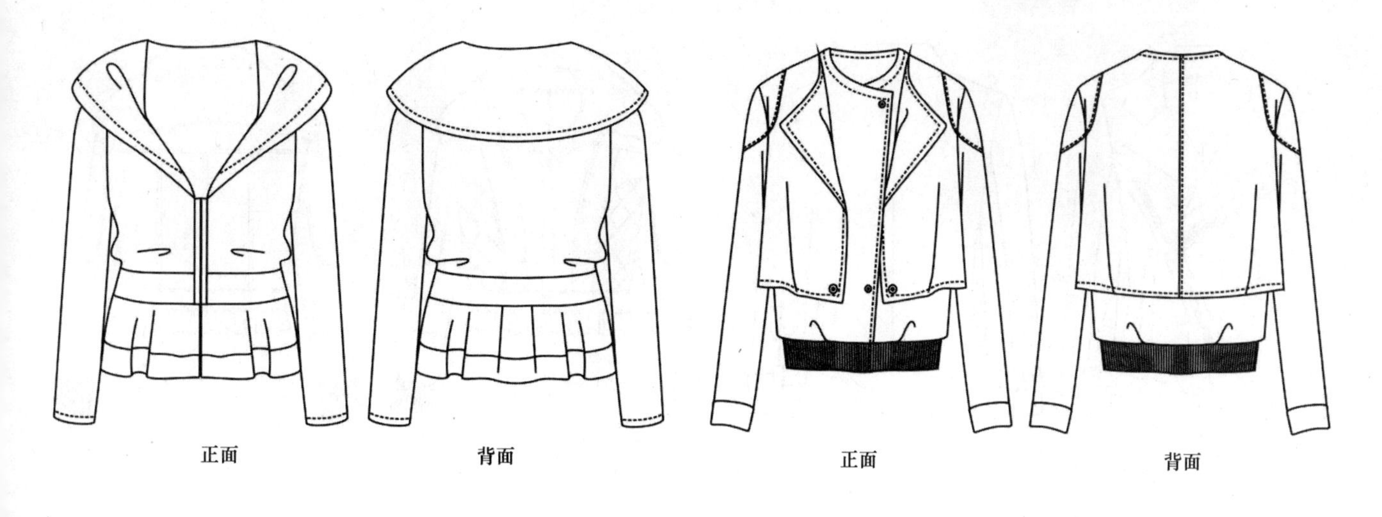
正面
背面
正面
背面

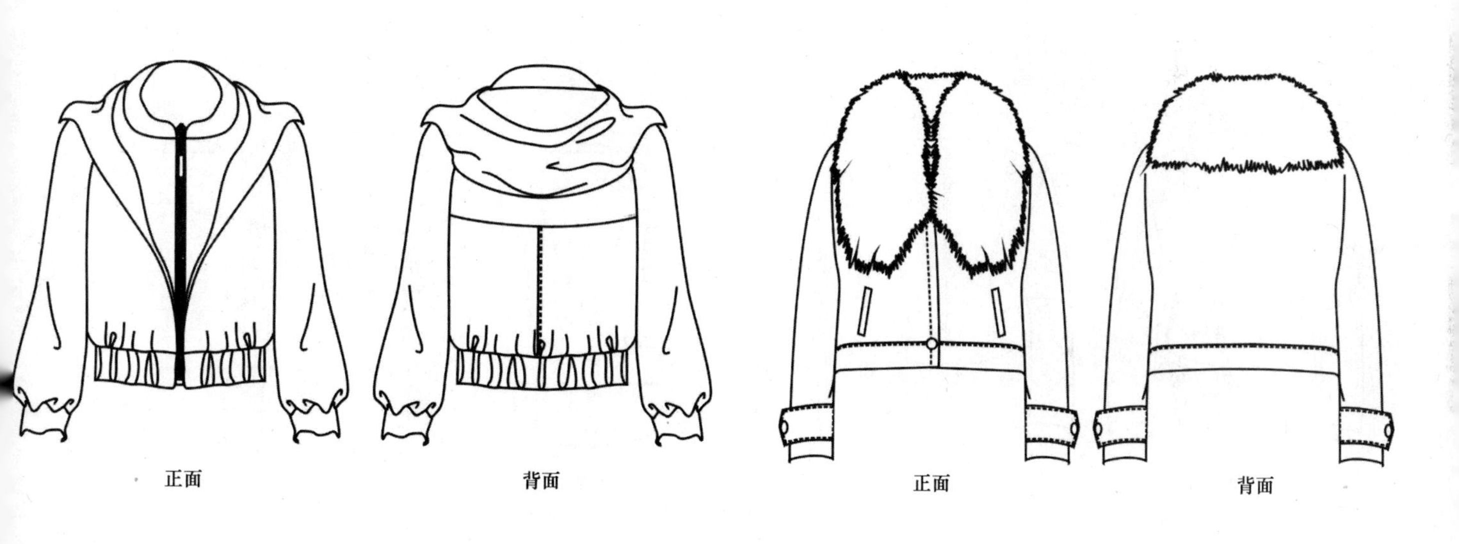
正面
背面
正面
背面

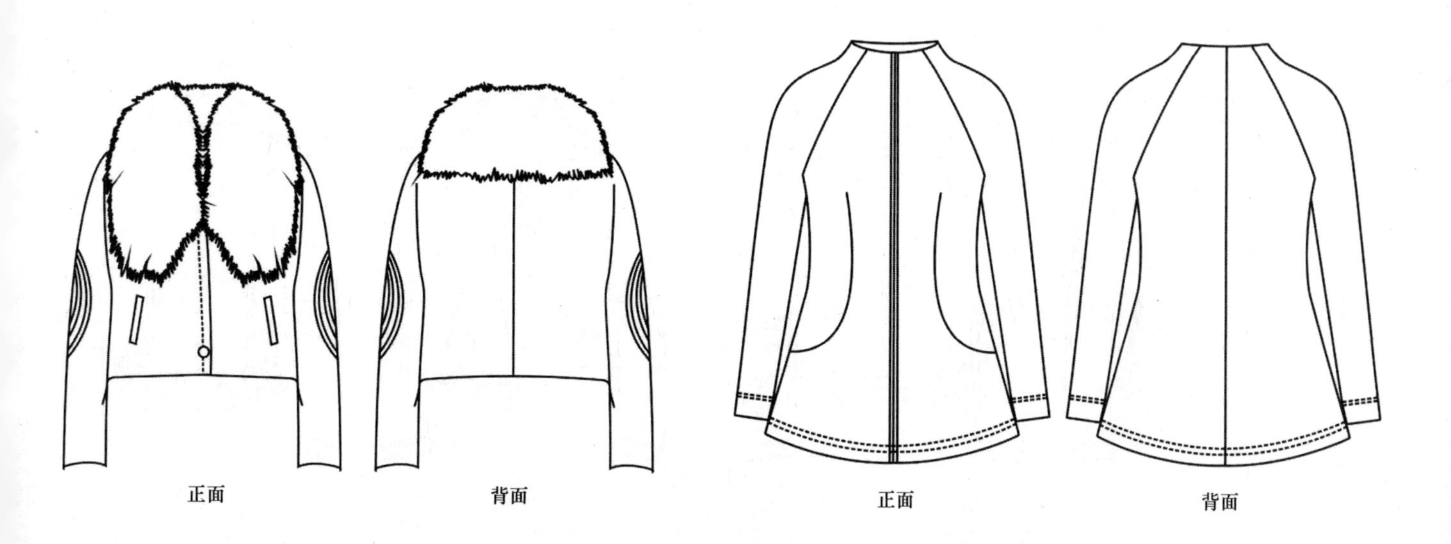
正面
背面
正面
背面

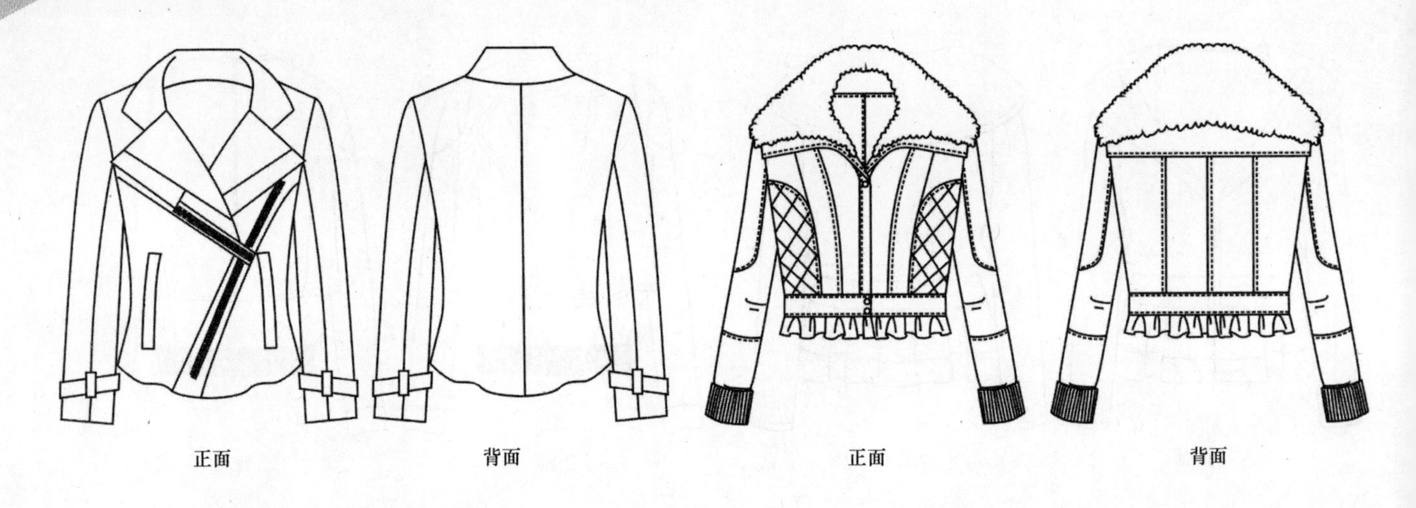
正面
背面
正面
背面

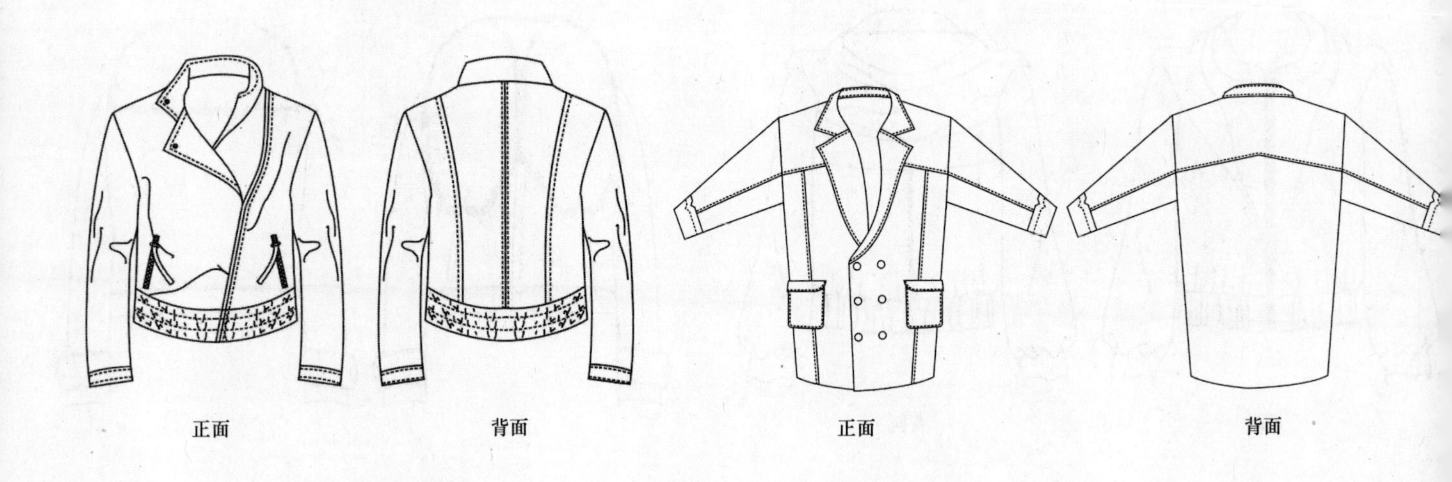
正面
背面
正面
背面

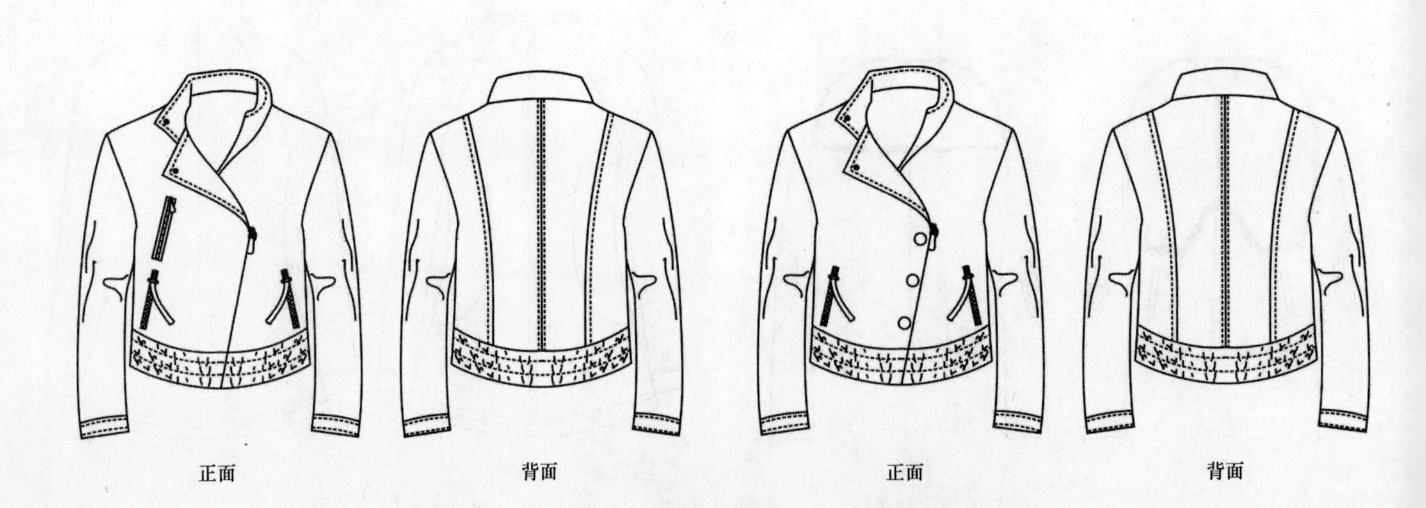
正面
背面
正面
背面

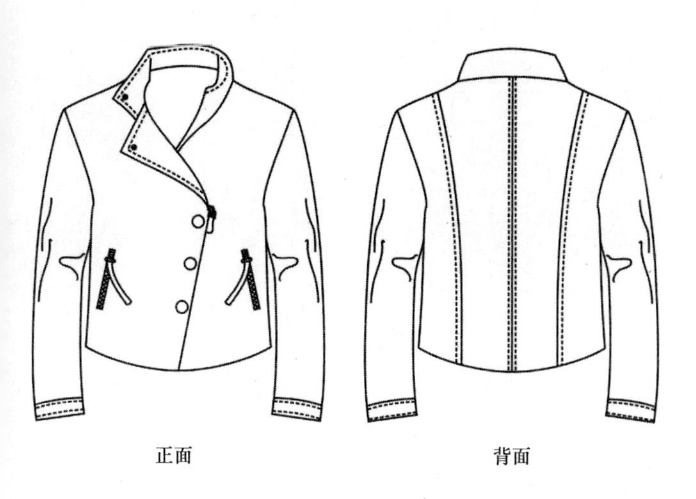
正面
背面

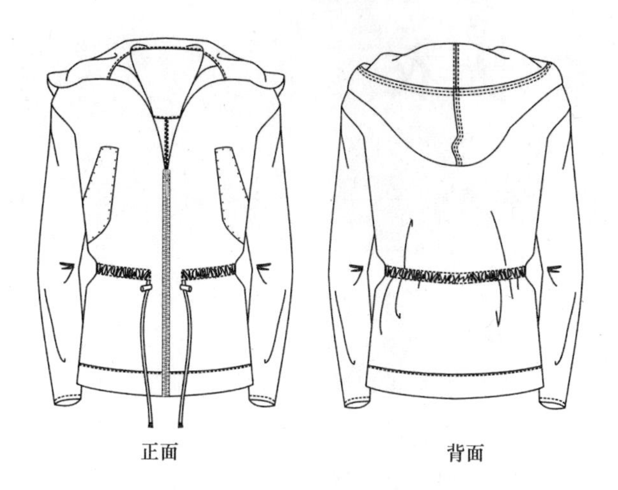
正面
背面

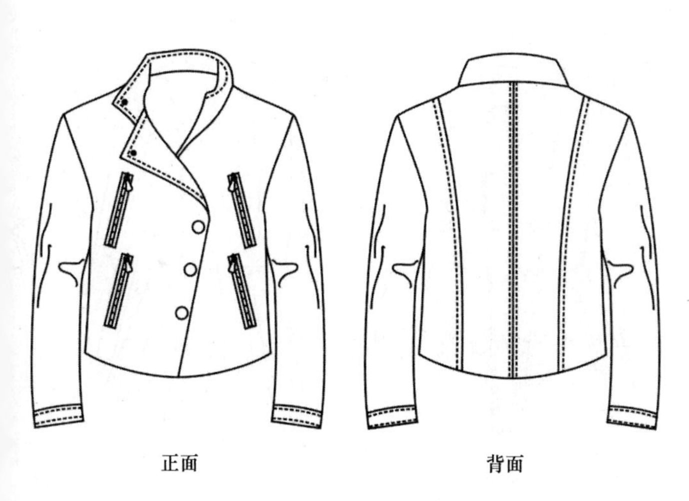
正面
背面

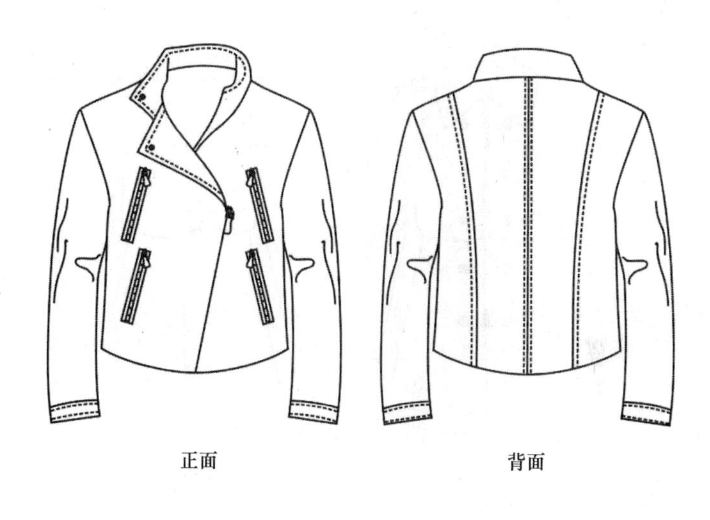
正面
背面

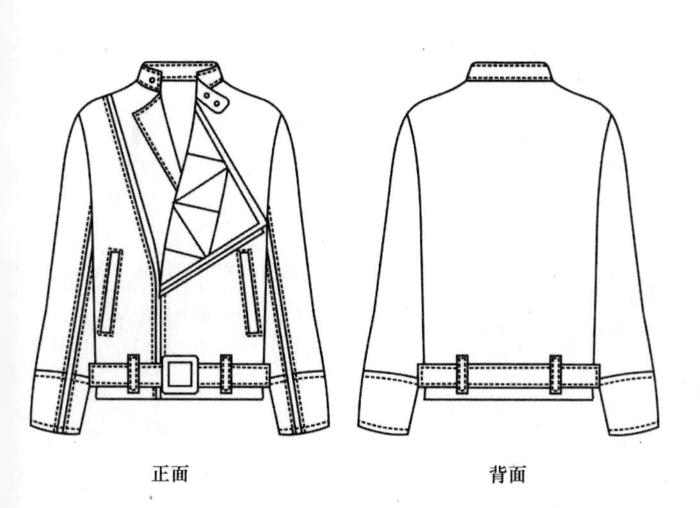
正面
背面

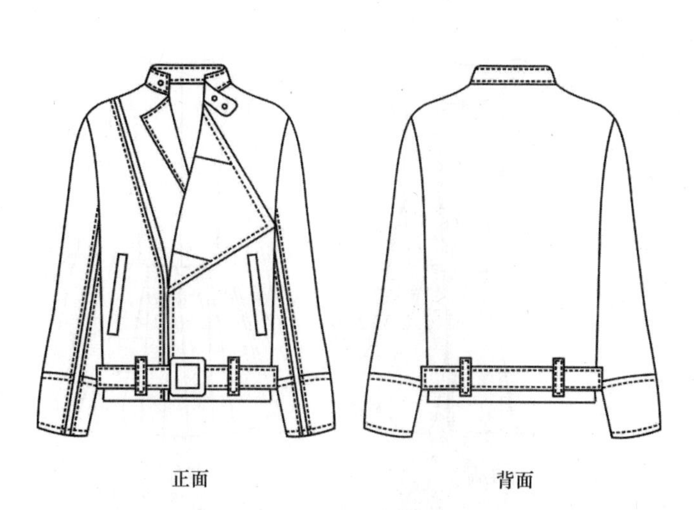
正面
背面

大衣

大衣是指衣长过臀的外穿防寒服装，广义上也包括风衣、雨衣。特征为衣长至膝盖略下，大翻领，收腰式，襟式有单排纽、双排纽。长度有长、中、短三种。按面料大体可分为：面料用皮革裁制的皮革大衣，用贡呢、马裤呢、巧克丁、华达呢等面料裁制的春秋大衣（又称夹大衣），在两层衣料中间絮以羽绒的羽绒大衣等。

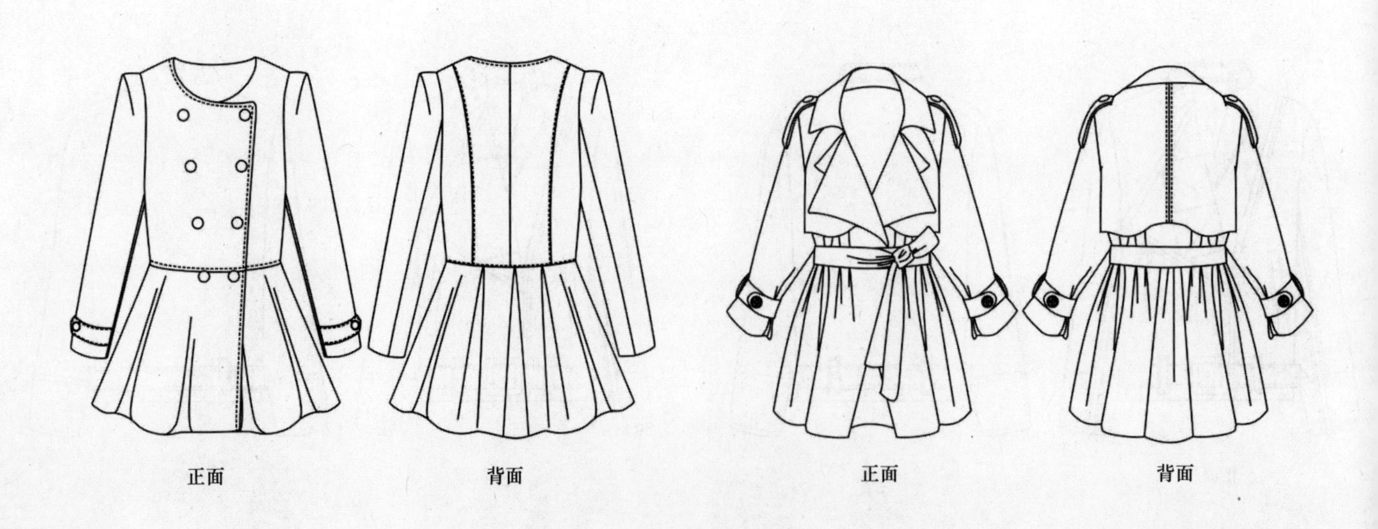

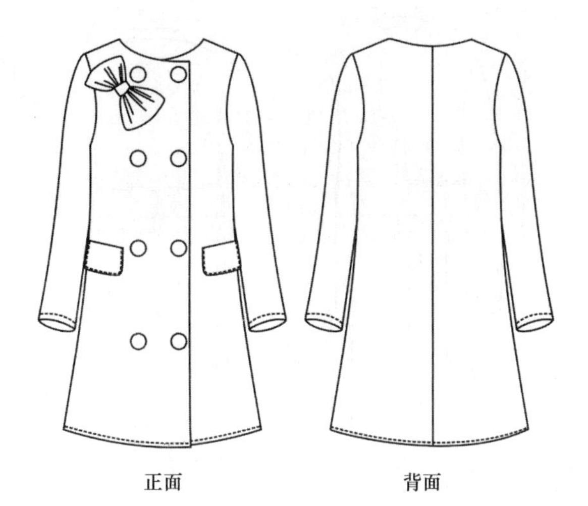
正面
背面

正面
背面

正面
背面

正面
背面

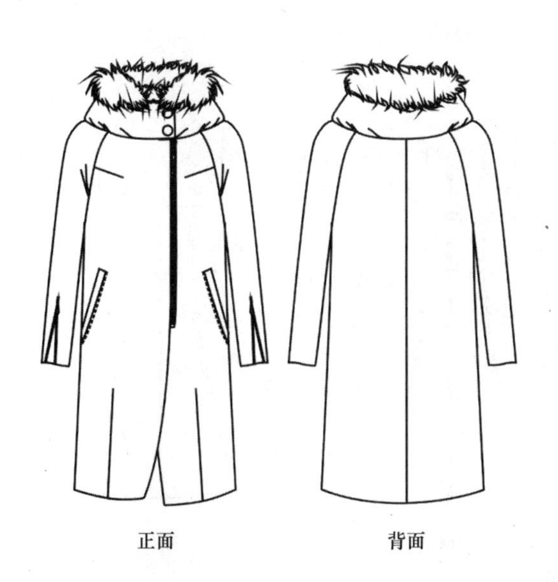
正面
背面

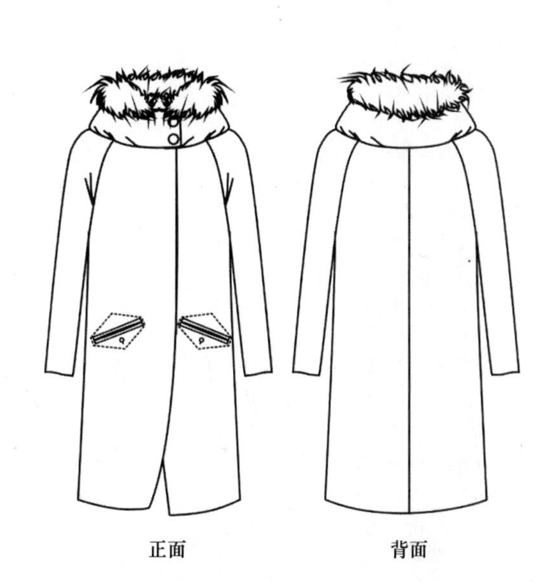
正面
背面

正面　　背面

正面　　背面

正面　　背面

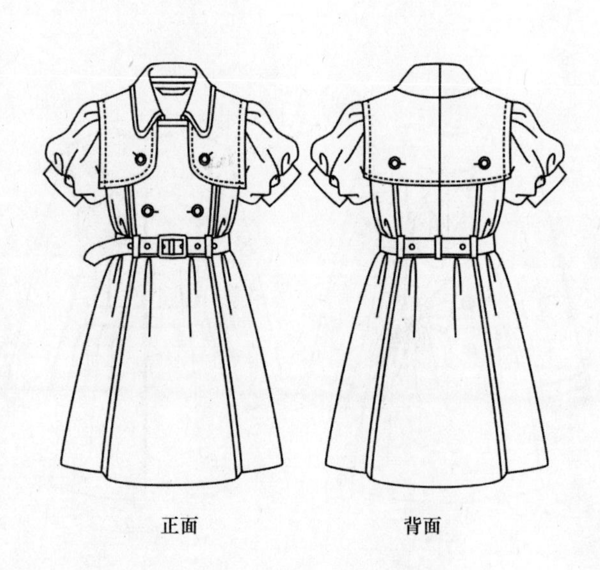

正面　　背面

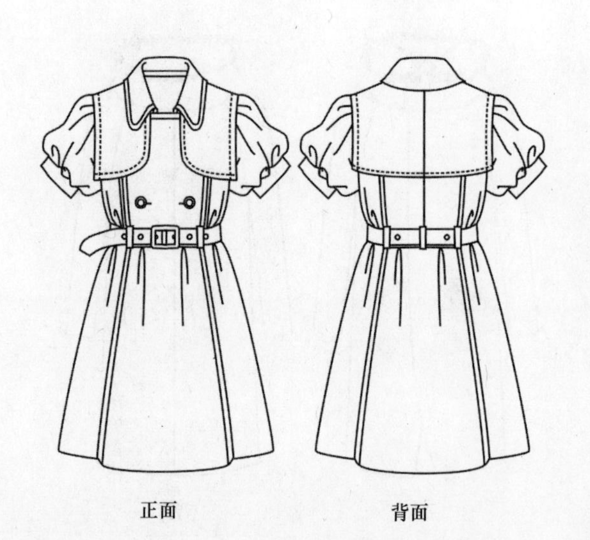

正面　　背面

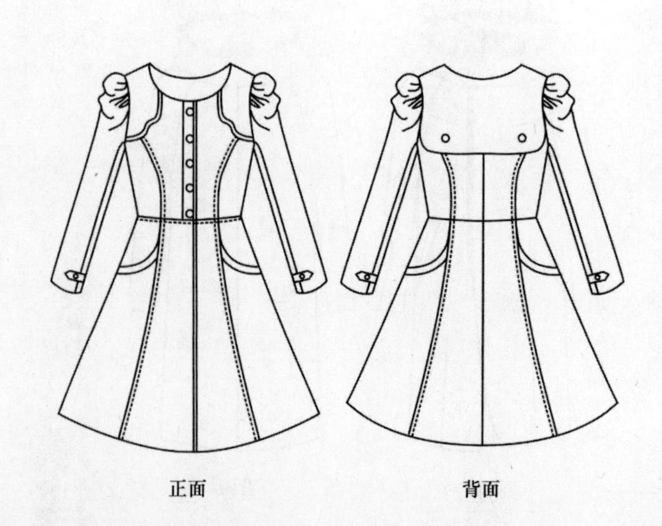

正面　　背面

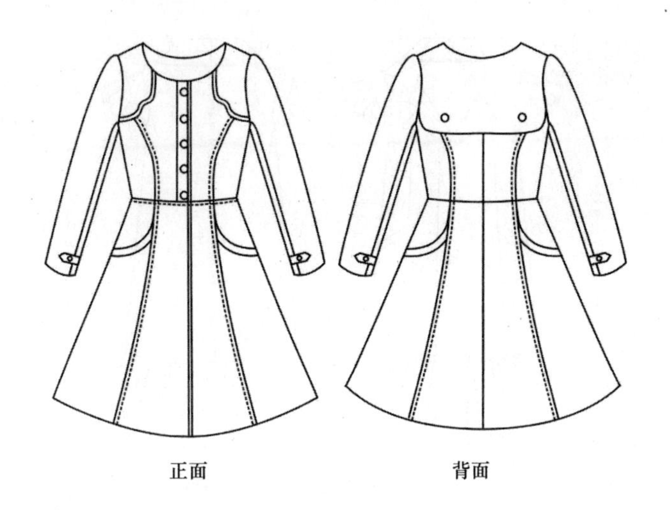

正面　　背面

正面　　背面

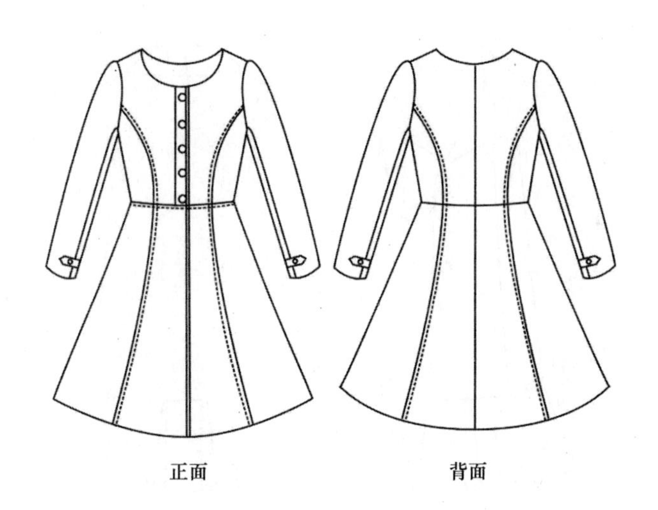

正面　　背面

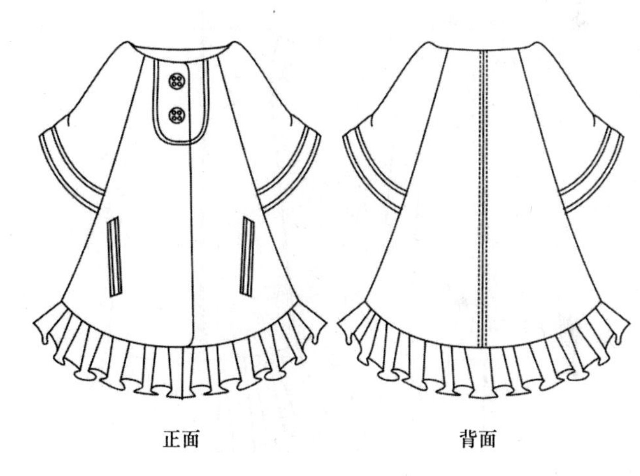

正面　　背面

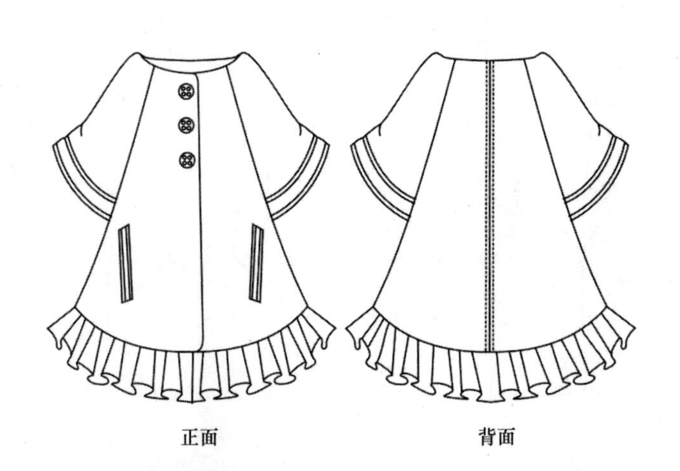

正面　　背面

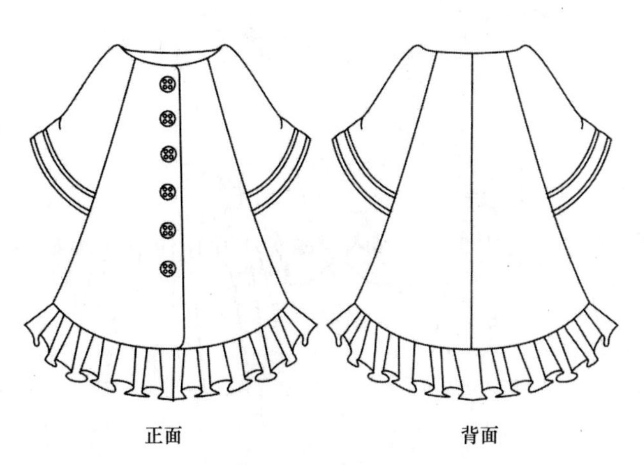

正面　　背面

正面
背面

正面
背面

正面
背面

正面
背面

正面
背面

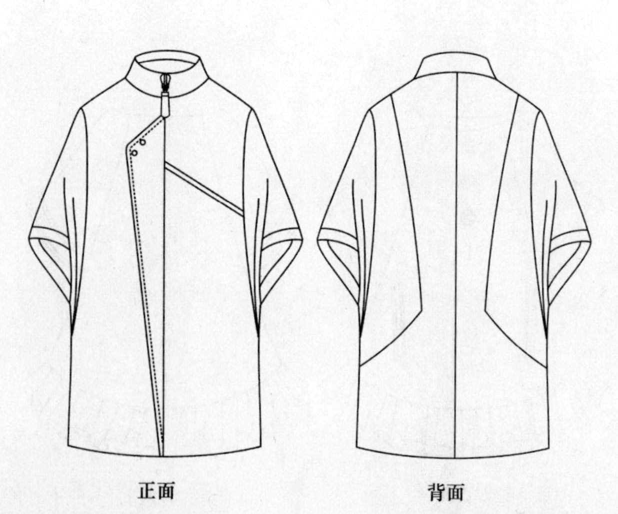
正面
背面

正面　　背面

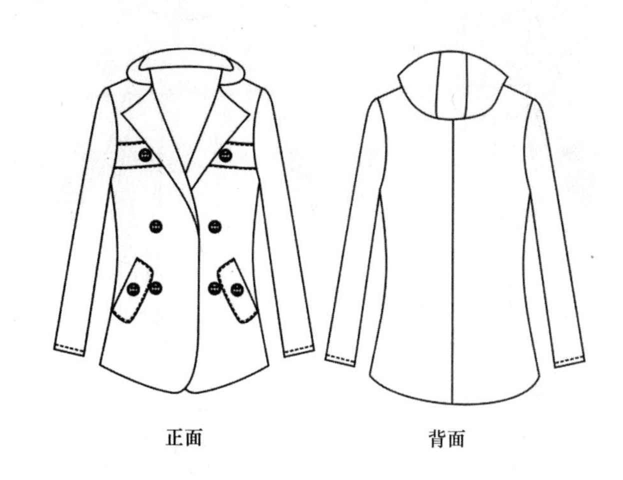

正面　　背面

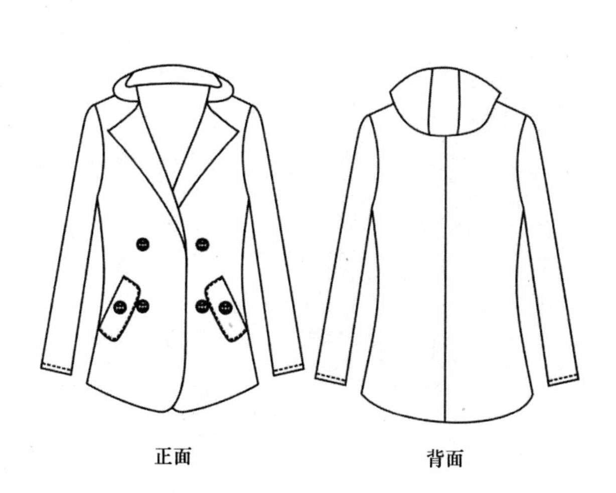

正面　　背面

正面　　背面

正面　　背面

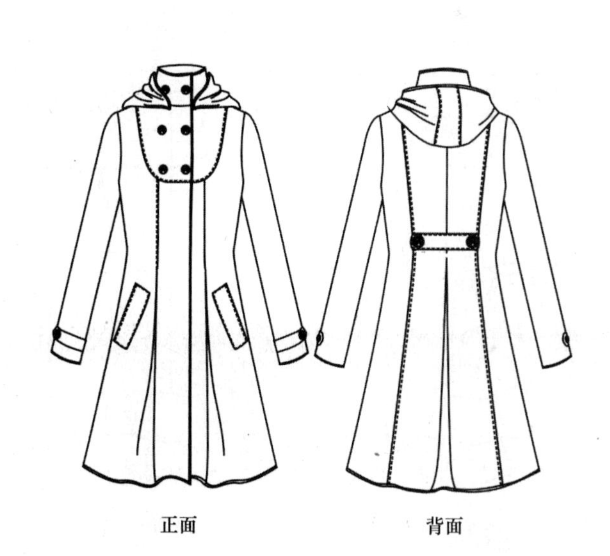

正面　　背面

正面
背面
正面
背面
正面
背面
正面
背面
正面
背面
正面
背面

正面
背面

正面
背面

正面
背面

正面
背面

正面
背面

正面
背面

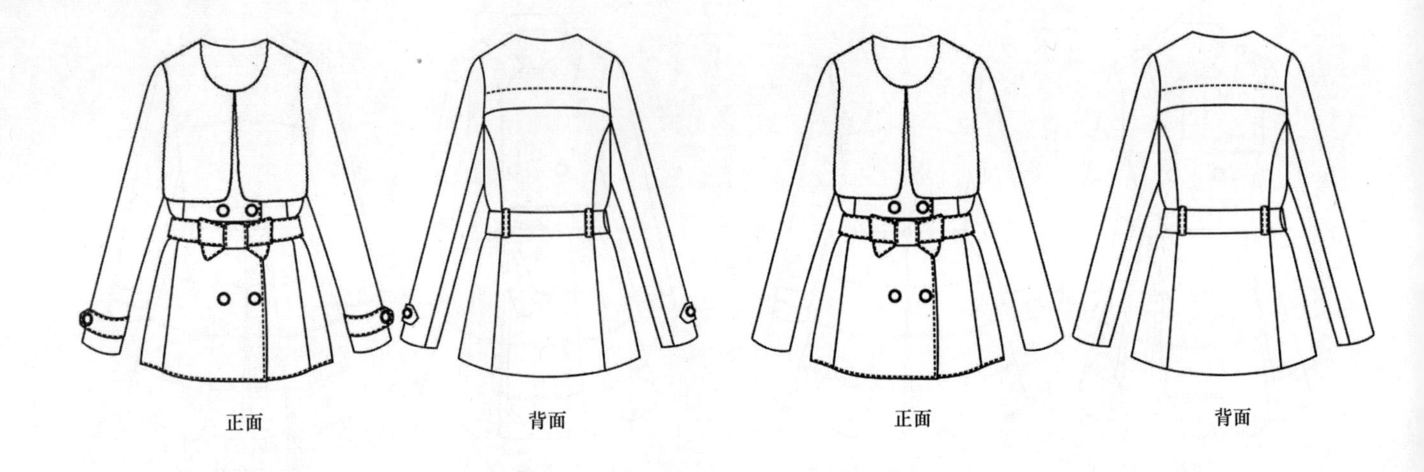

正面
背面
正面
背面

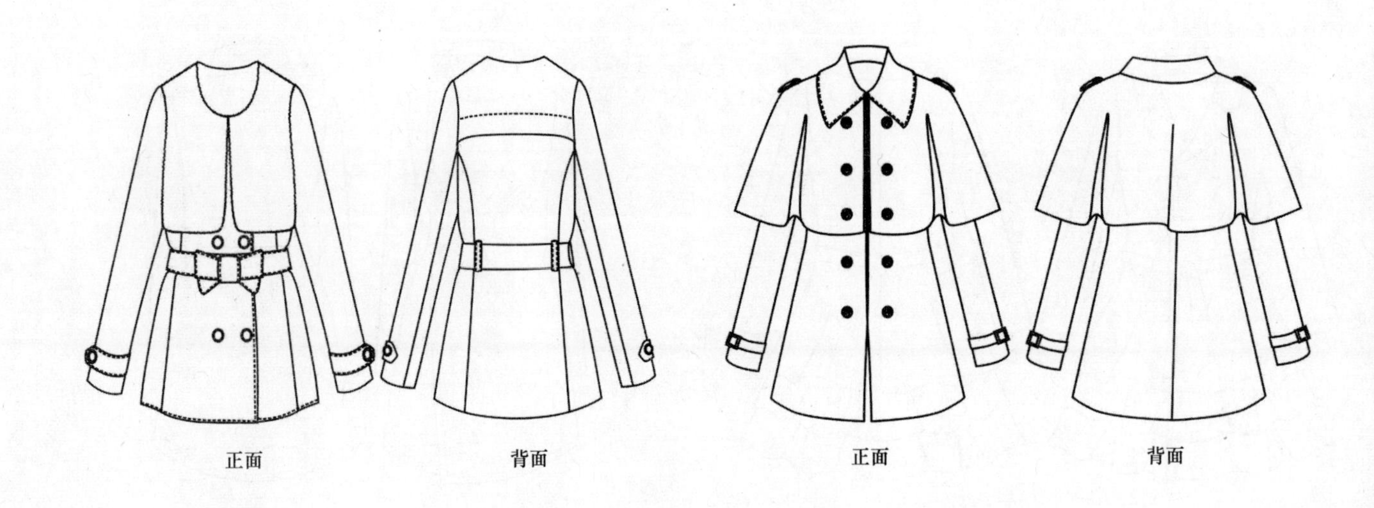

正面
背面
正面
背面

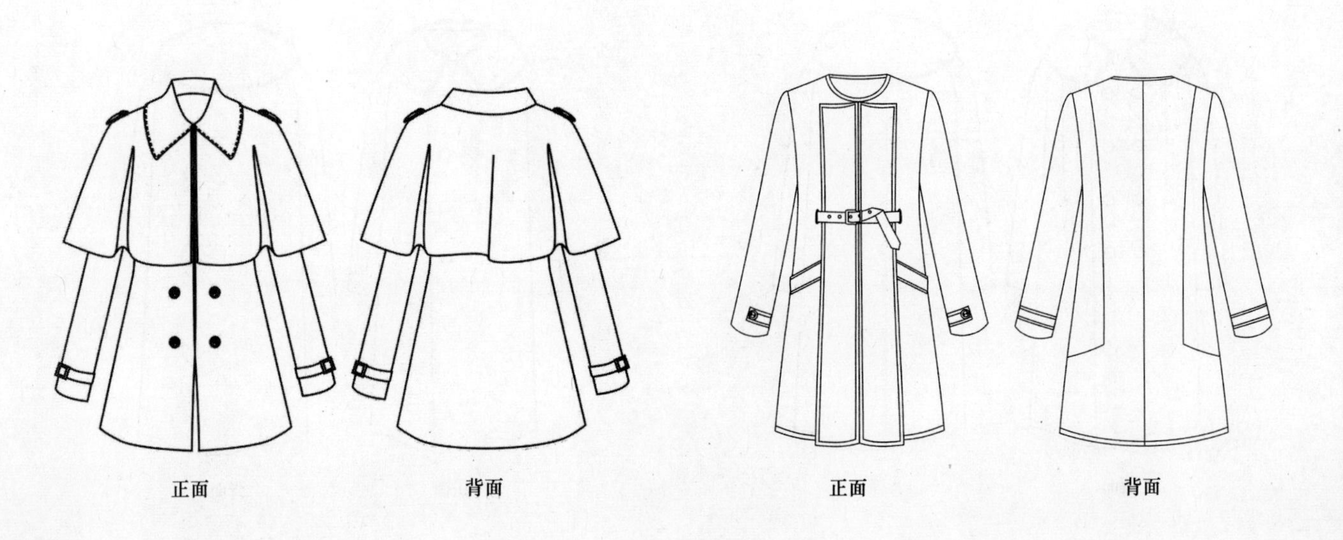

正面
背面
正面
背面

正面　　背面

正面　　背面

正面　　背面

正面　　背面

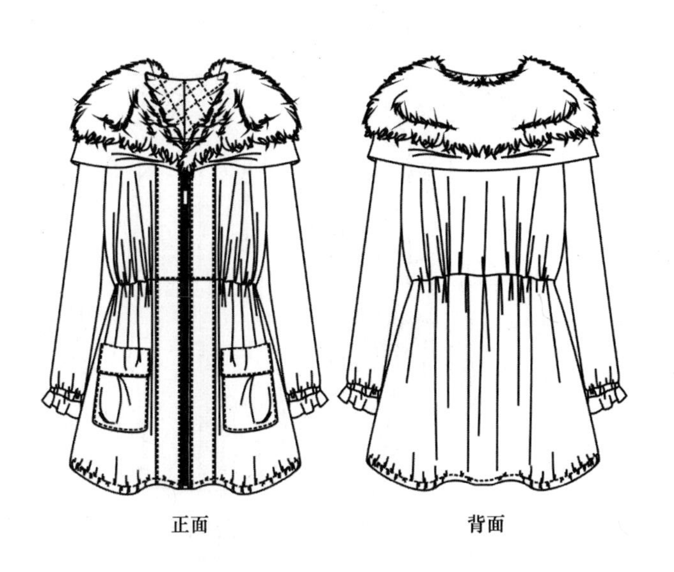

正面　　背面

正面　　背面

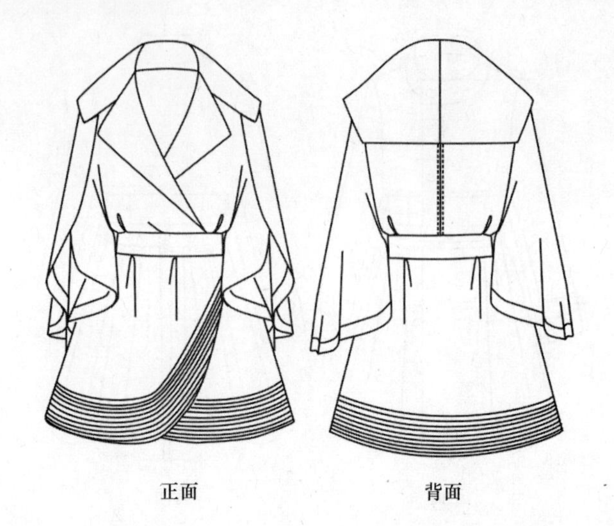
正面
背面

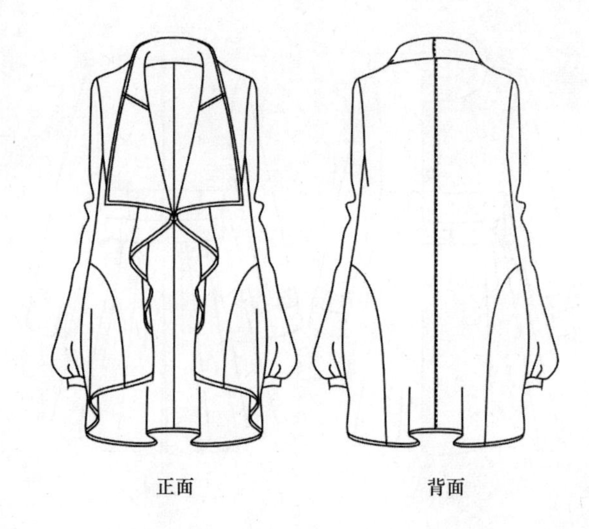
正面
背面

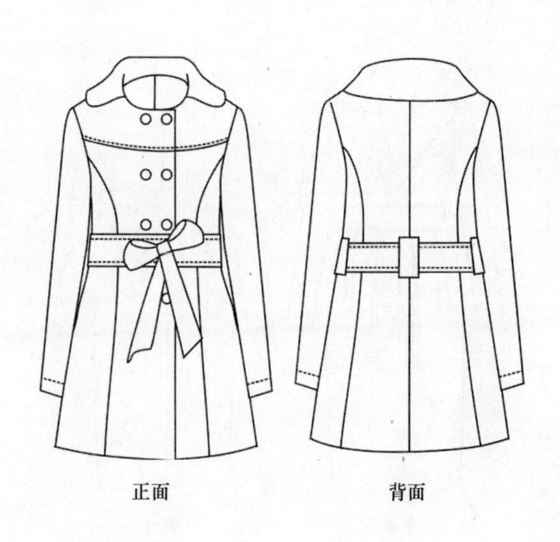
正面
背面

正面
背面

正面
背面

正面
背面

正面
背面

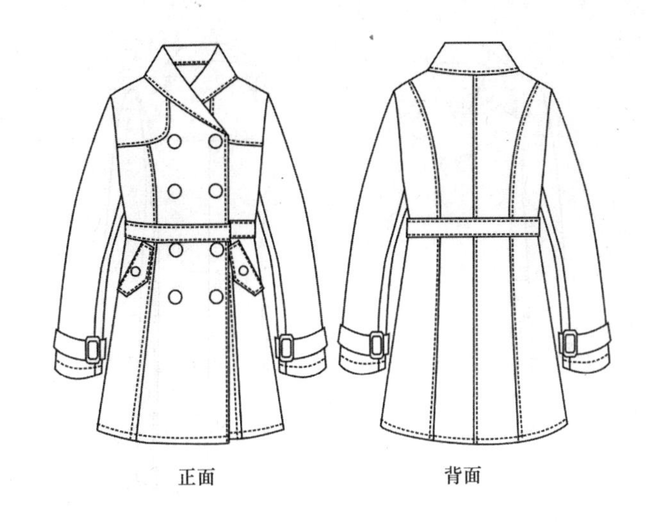
正面
背面

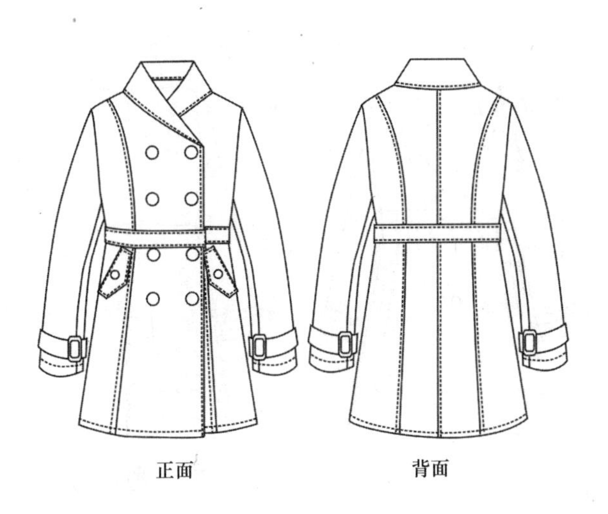
正面
背面

正面
背面

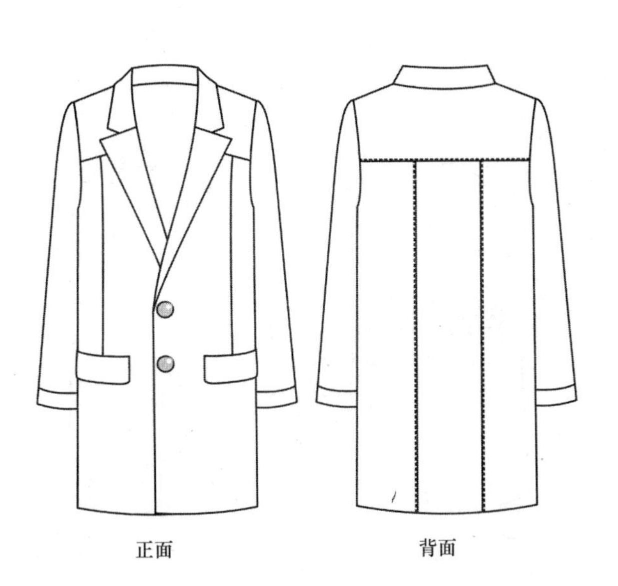
正面
背面

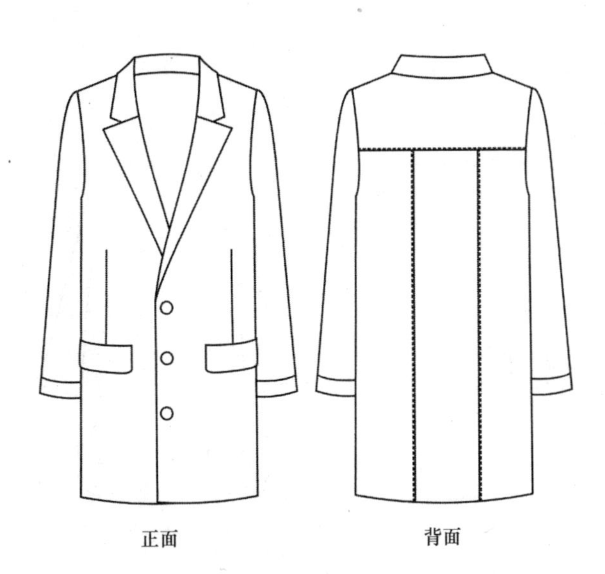
正面
背面

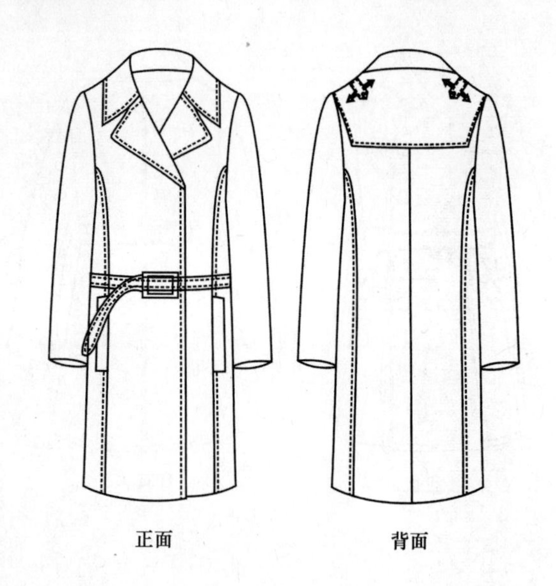

正面　背面

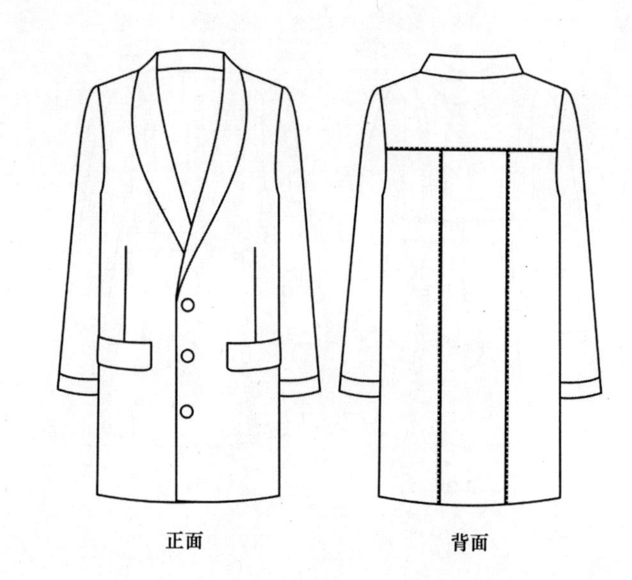

正面　背面

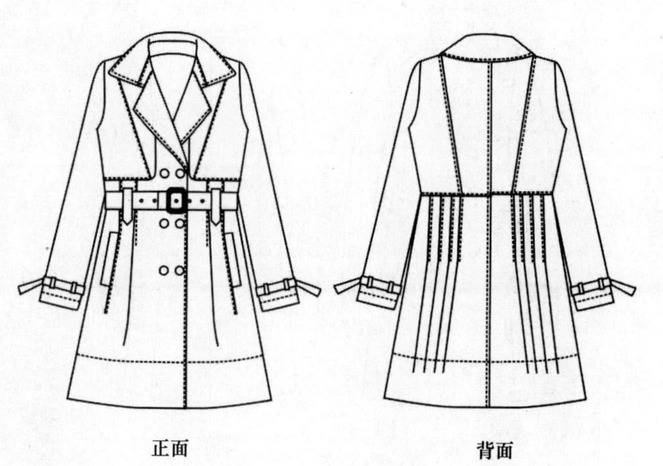

正面　背面

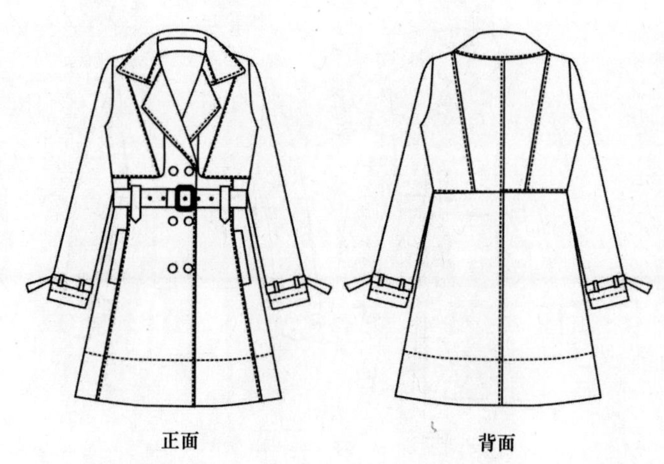

正面　背面

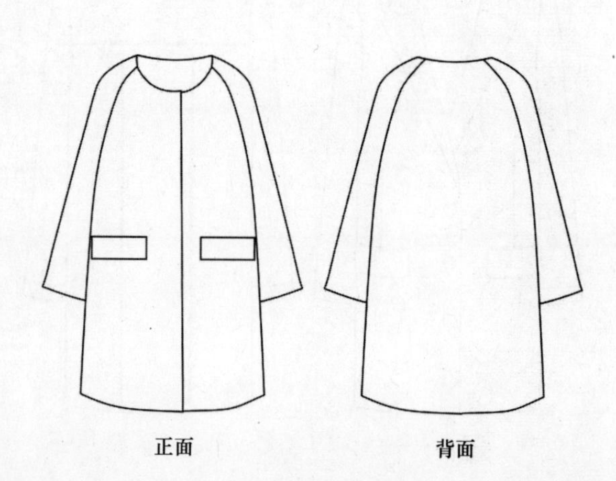

正面　背面

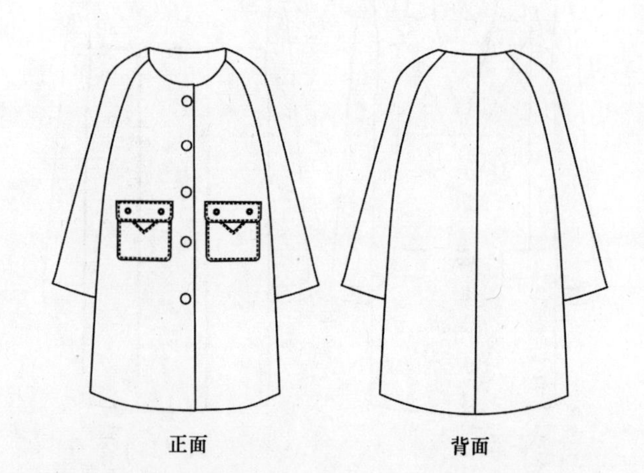

正面　背面

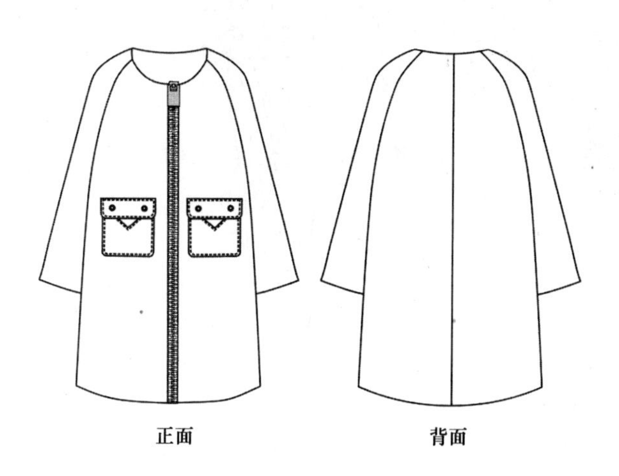

正面　　背面

正面　　背面

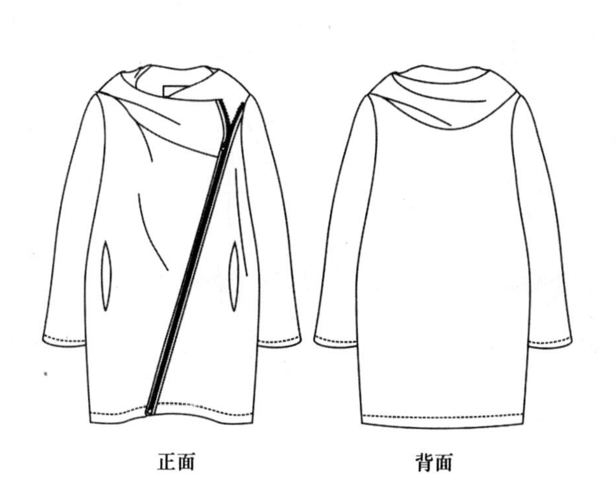

正面　　背面

正面　　背面

正面　　背面

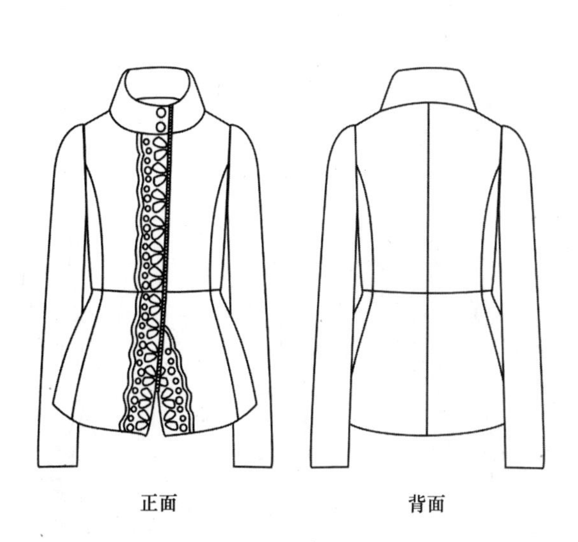

正面　　背面

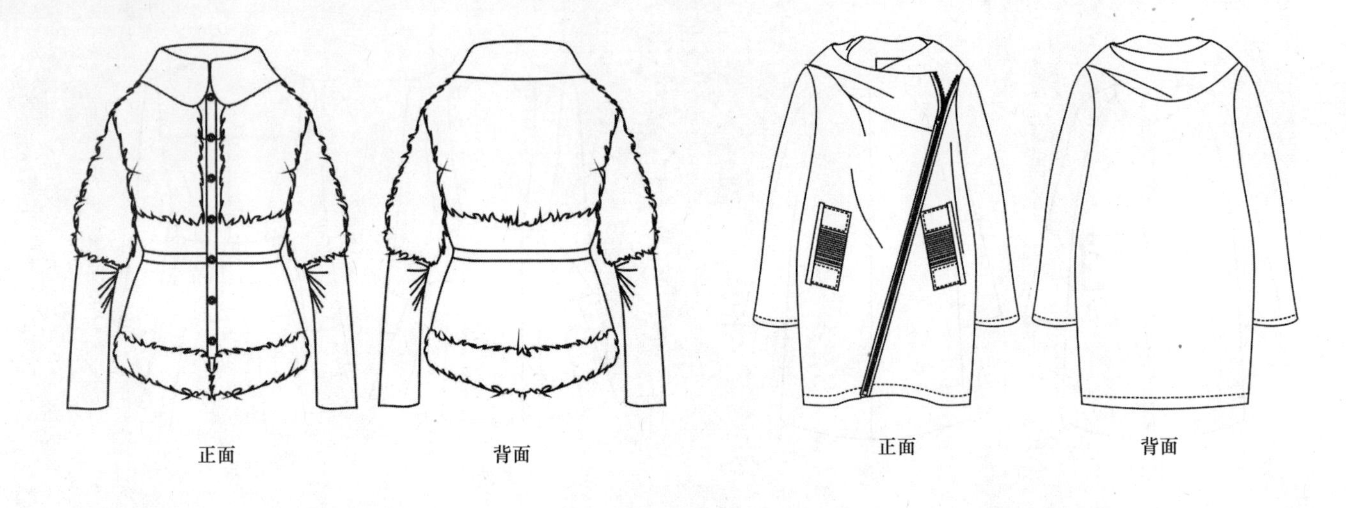

正面　　背面　　正面　　背面

正面　　背面

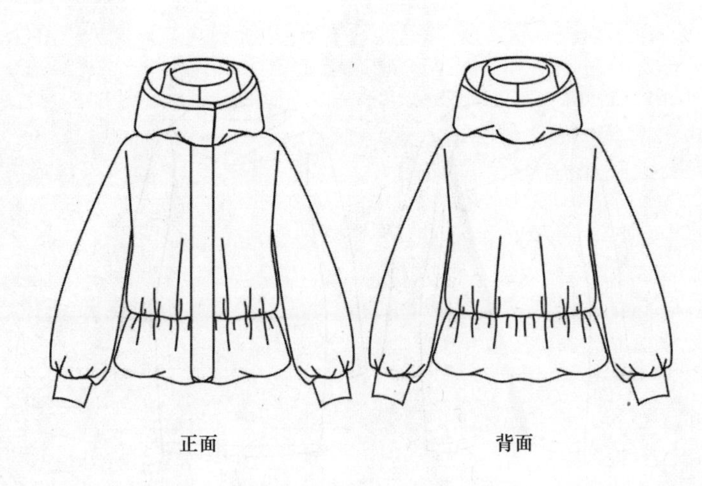

正面　　背面

正面　　背面

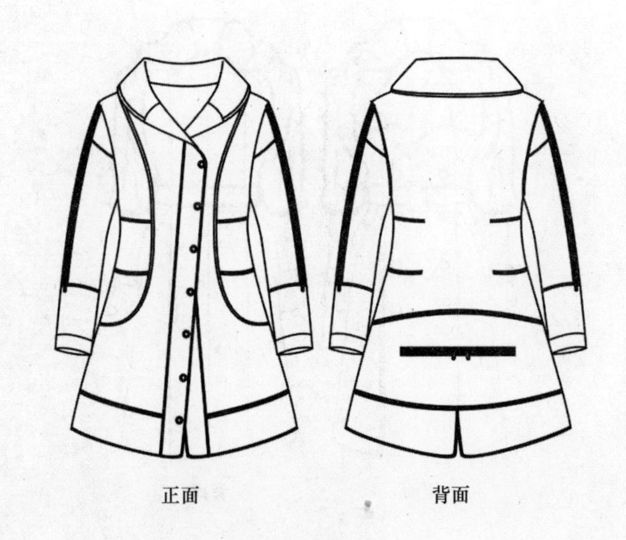

正面　　背面

正面　　背面

正面　　背面

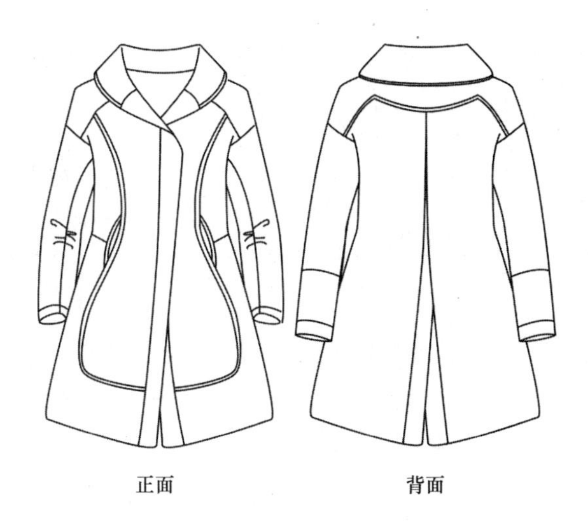

正面　　背面

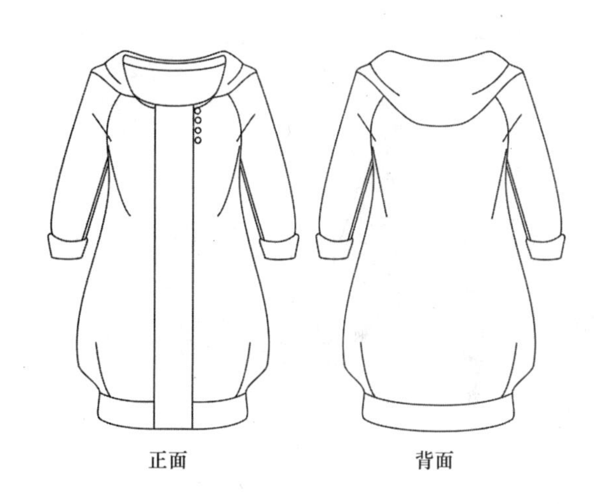

正面　　背面

正面　　背面

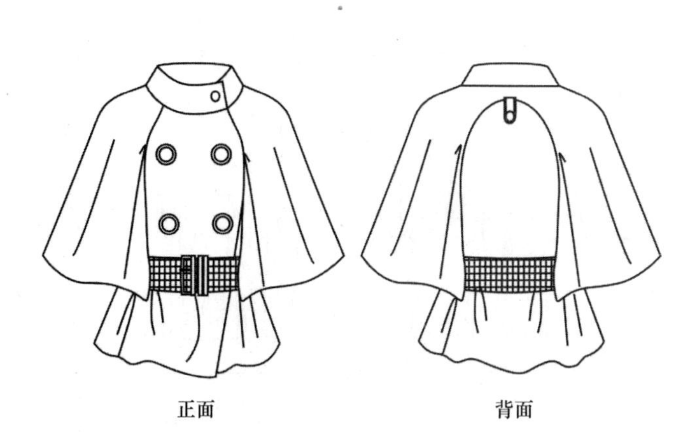

正面　　背面

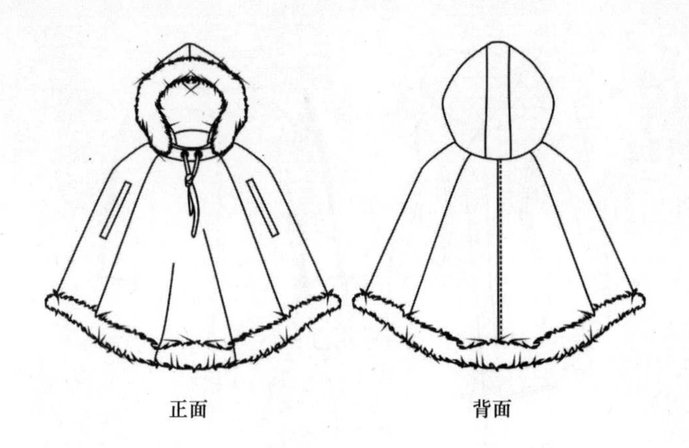

正面　　背面

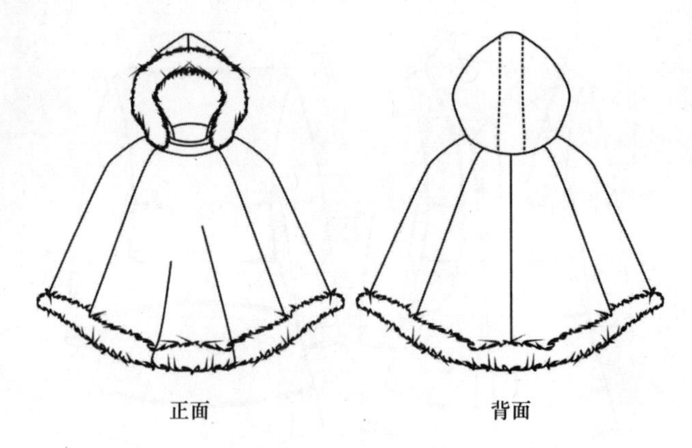

正面　　背面

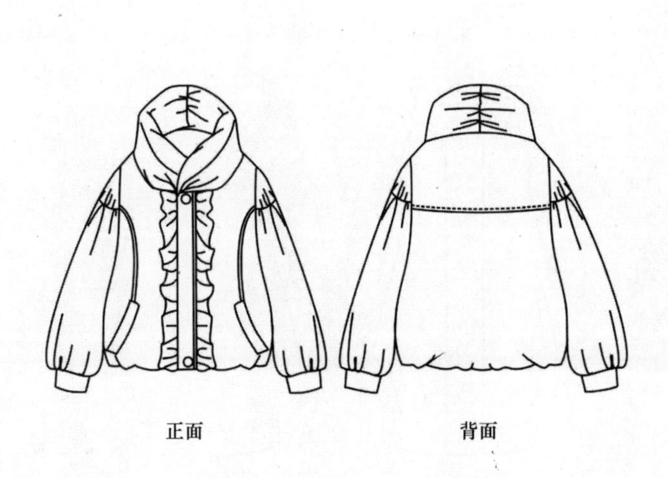

正面　　背面

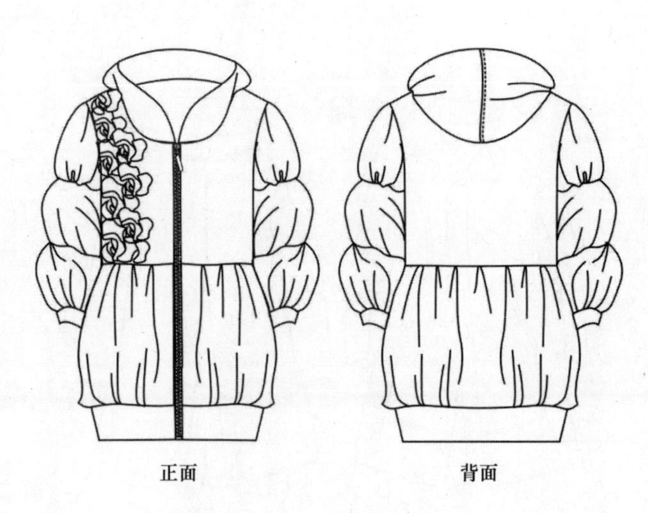

正面　　背面

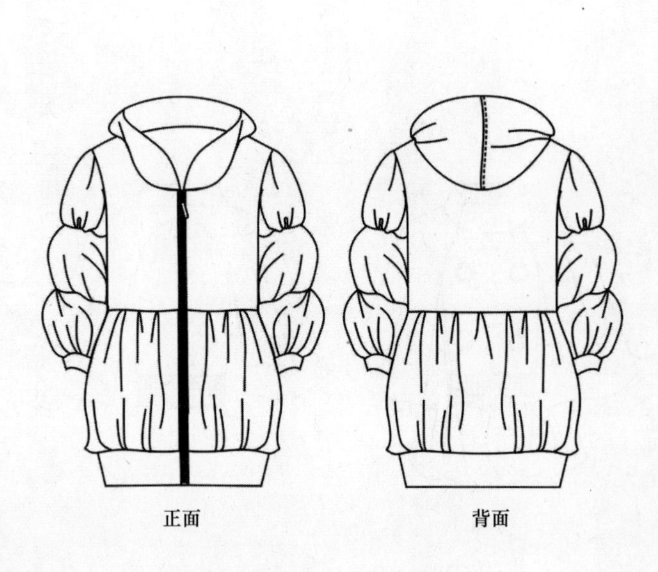

正面　　背面

正面　　背面

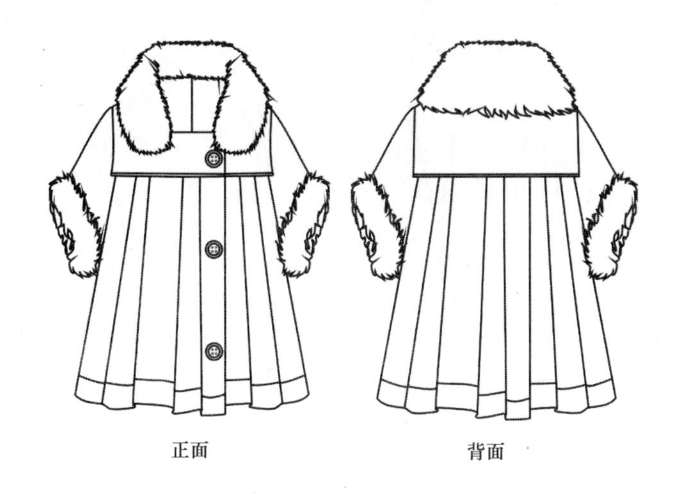

正面　　背面

正面　　背面

正面　　背面

正面　　背面

正面　　背面

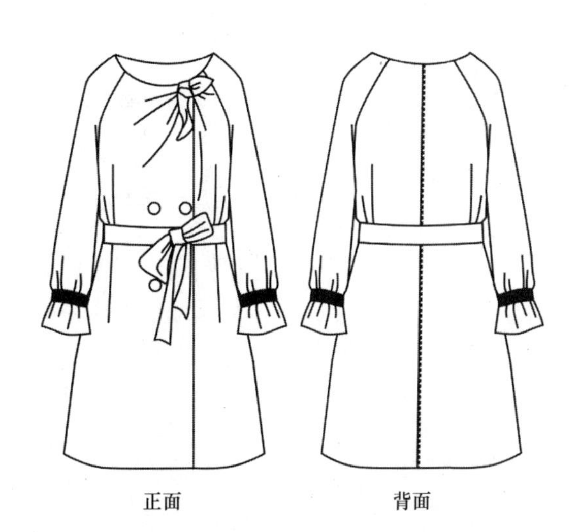

正面　　背面

正面
背面
正面
背面
正面
背面
正面
背面
正面
背面
正面
背面

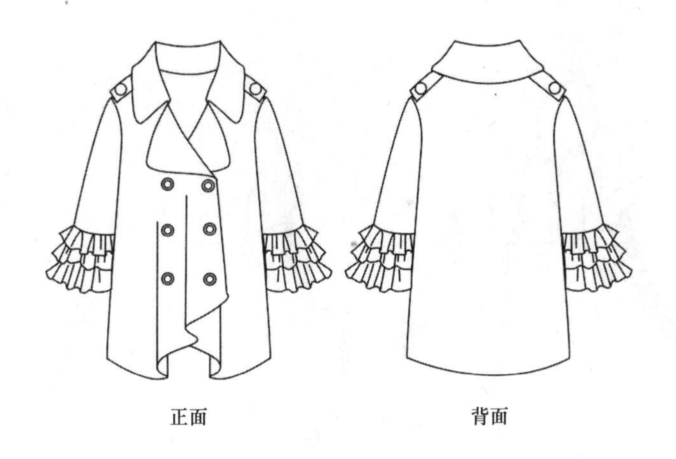
正面
背面

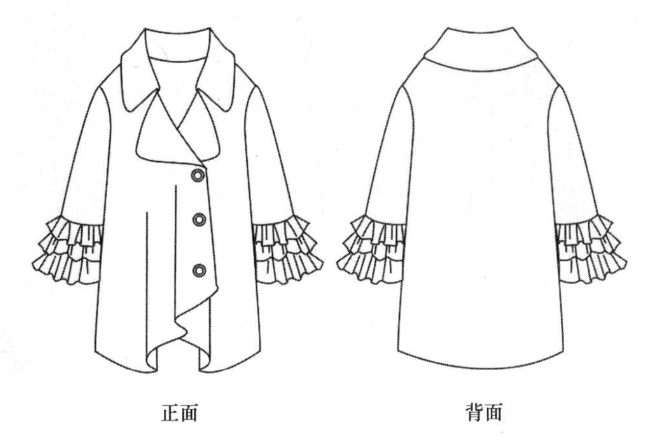
正面
背面

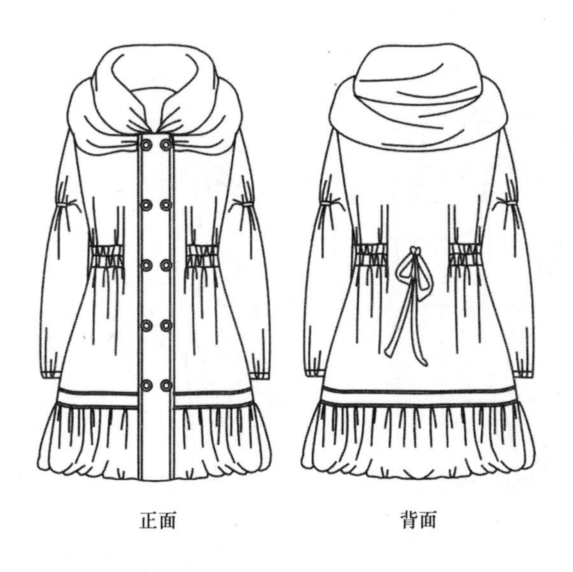
正面
背面

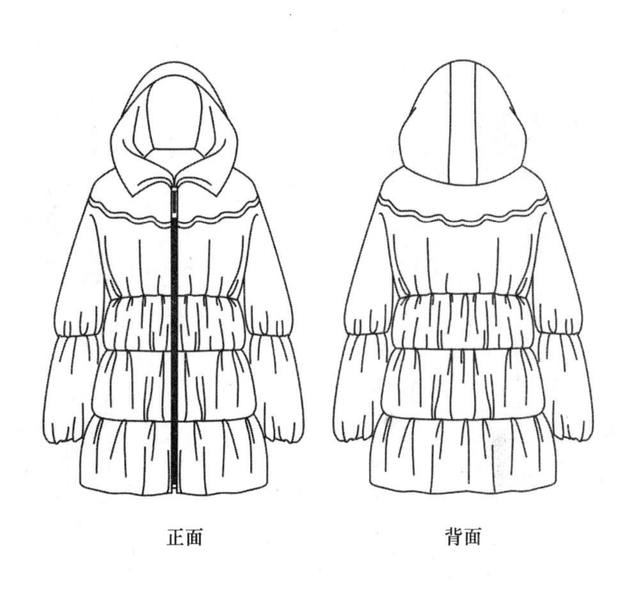
正面
背面

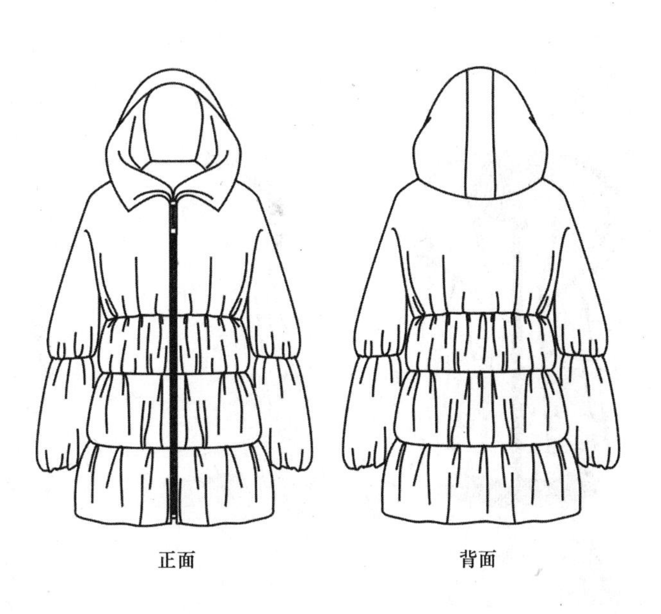
正面
背面

正面
背面

正面
背面
正面
背面
正面
背面
正面
背面
正面
背面
正面
背面

正面
背面
正面
背面
正面
背面
正面
背面
正面
背面
正面
背面

正面
背面
正面
背面
正面
背面
正面
背面
正面
背面
正面
背面

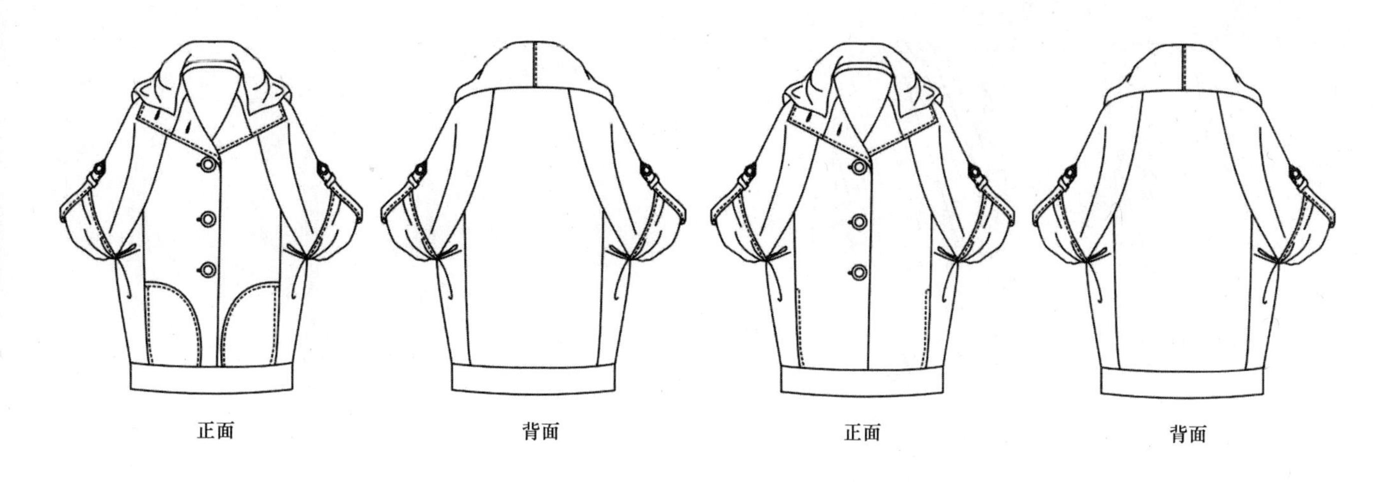
正面
背面
正面
背面

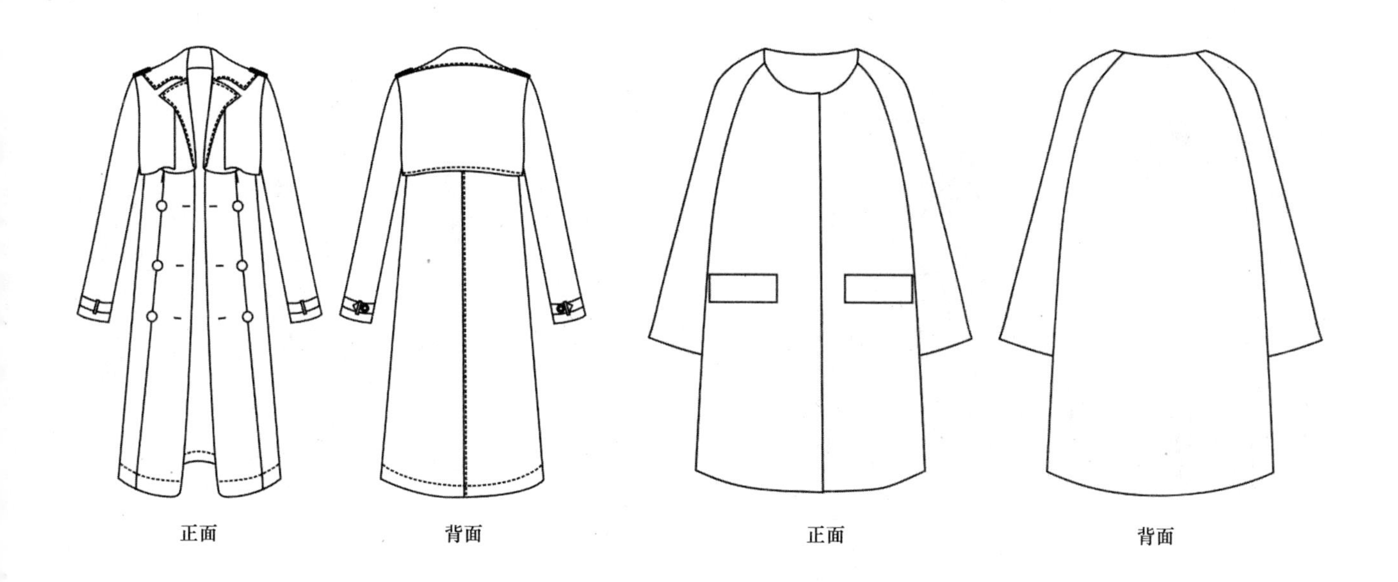
正面
背面
正面
背面

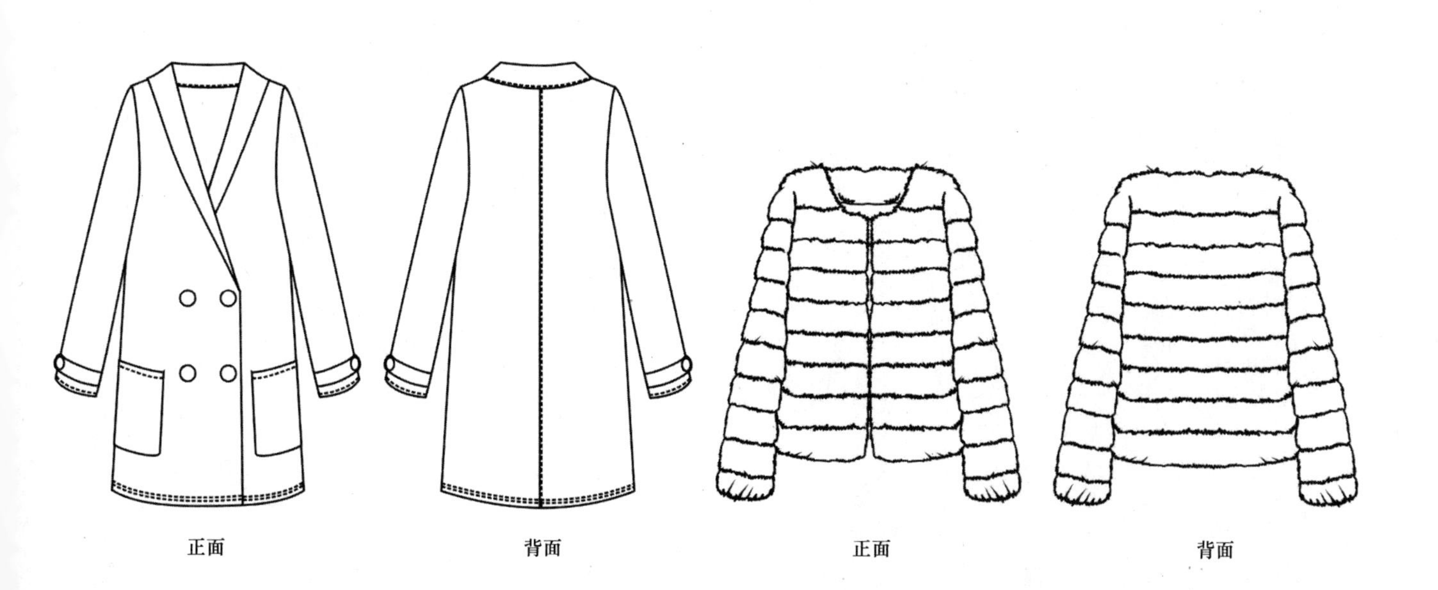
正面
背面
正面
背面

正面
背面
正面
背面
正面
背面
正面
背面
正面
背面
正面
背面

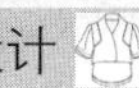

正面　　背面　　正面　　背面

正面
背面
正面
背面
正面
背面
正面
背面
正面
背面
正面
背面

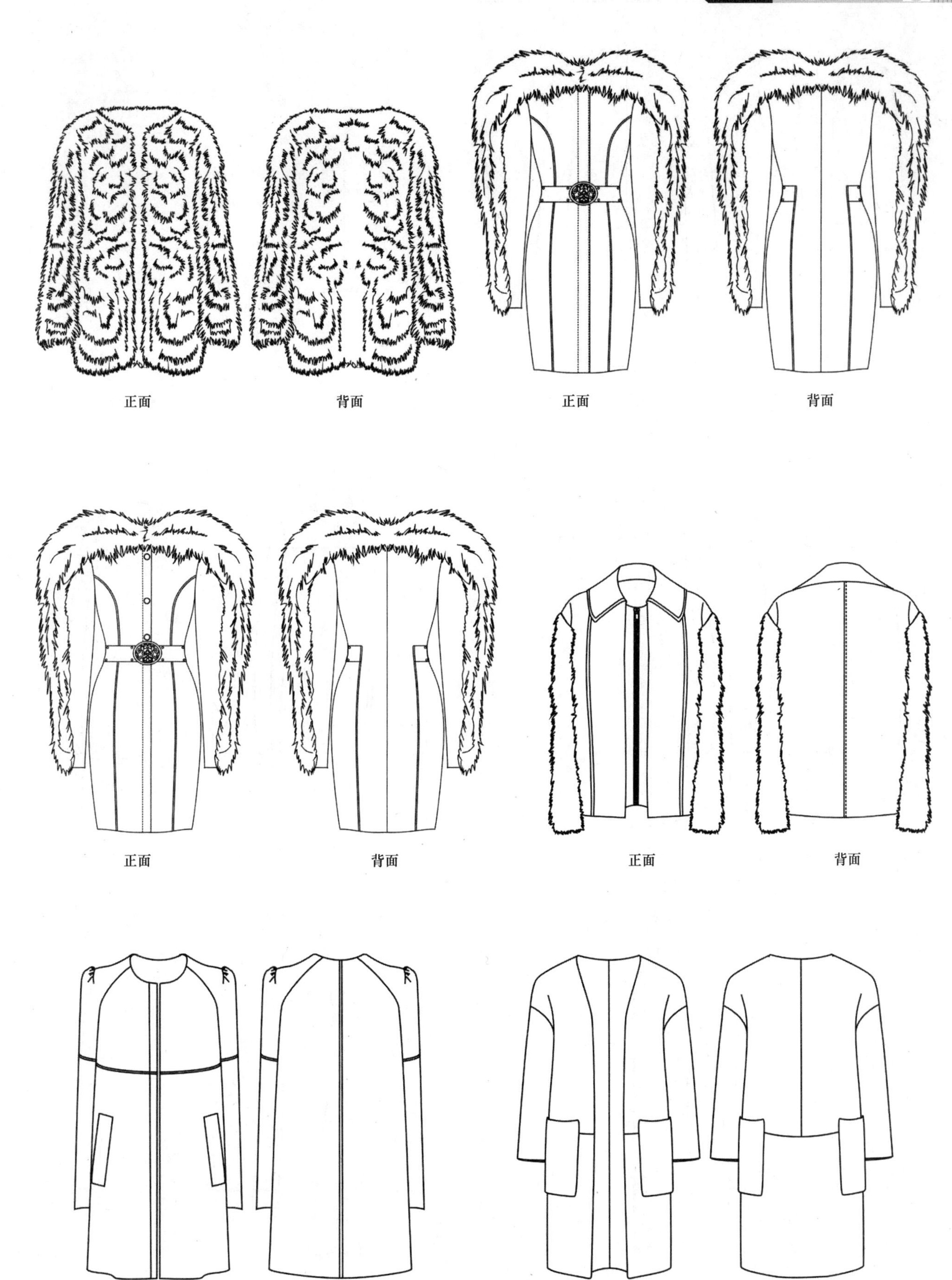
正面
背面
正面
背面
正面
背面
正面
背面
正面
背面
正面
背面

正面
背面
正面
背面
正面
背面
正面
背面
正面
背面
正面
背面

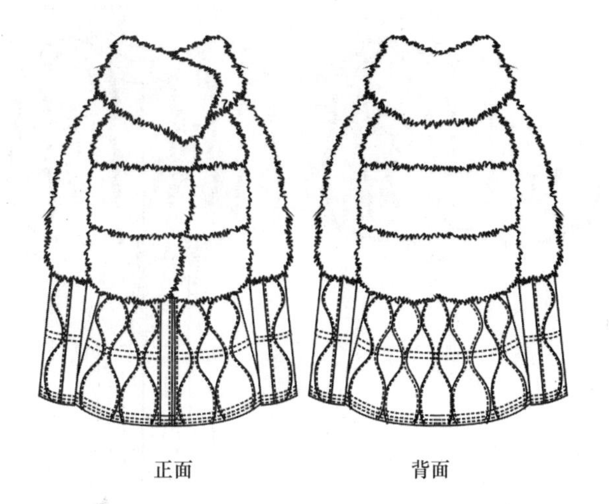

正面 背面

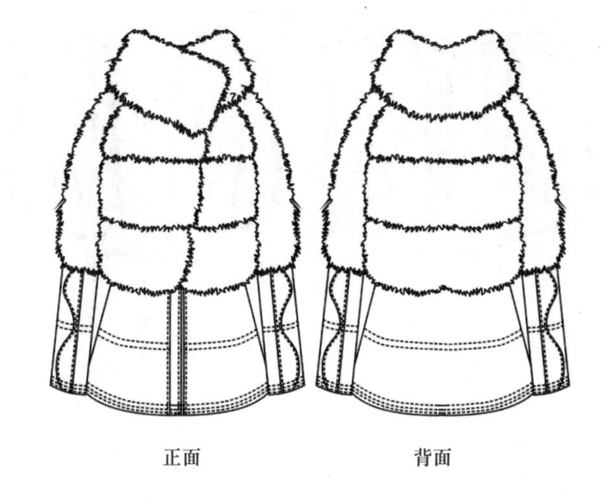

正面 背面

正面 背面

正面 背面

正面 背面

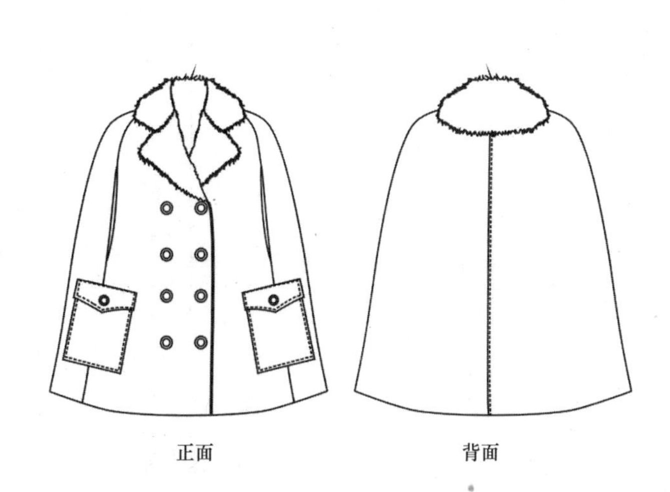

正面 背面

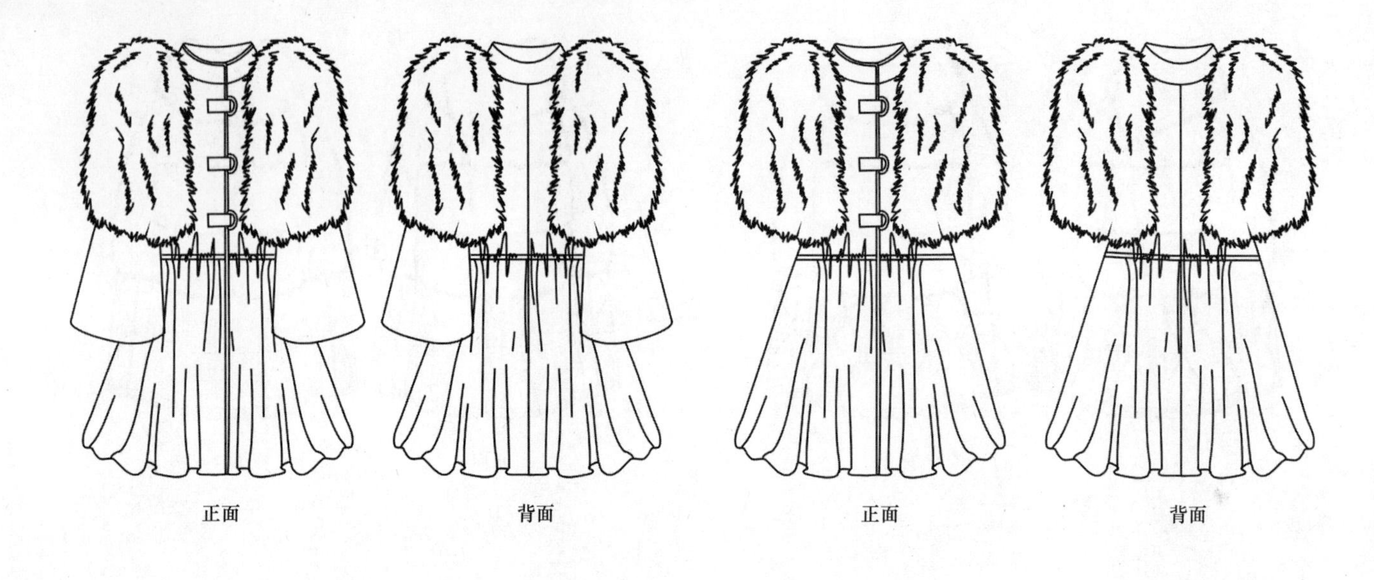
正面
背面
正面
背面

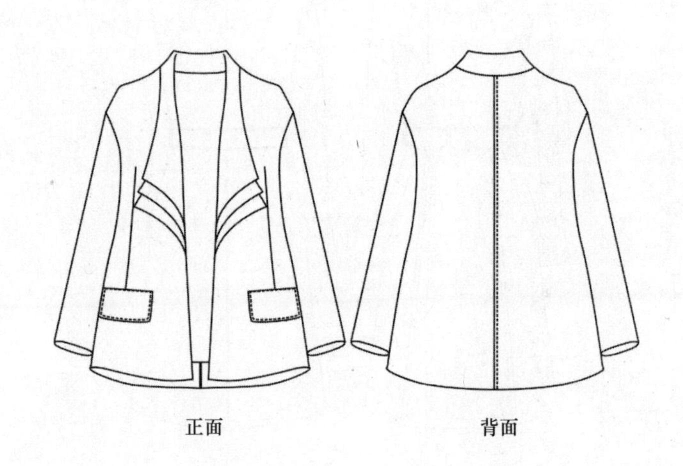
正面
背面

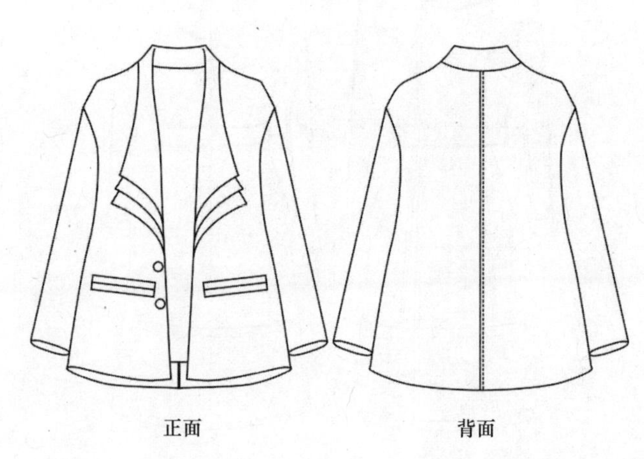
正面
背面

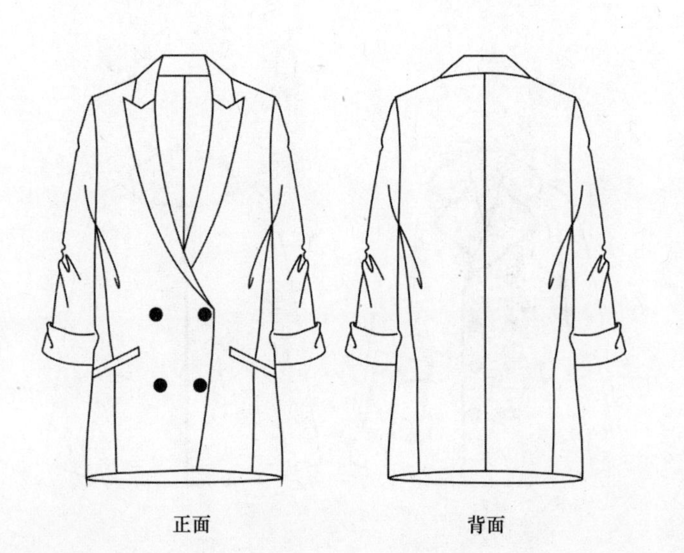
正面
背面

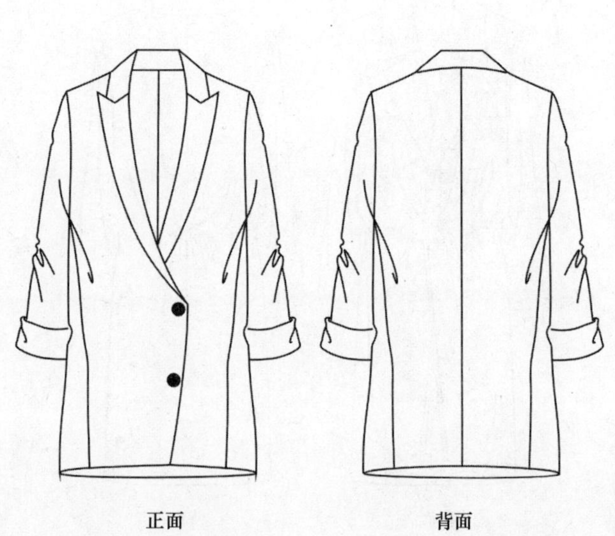
正面
背面

正面　　背面

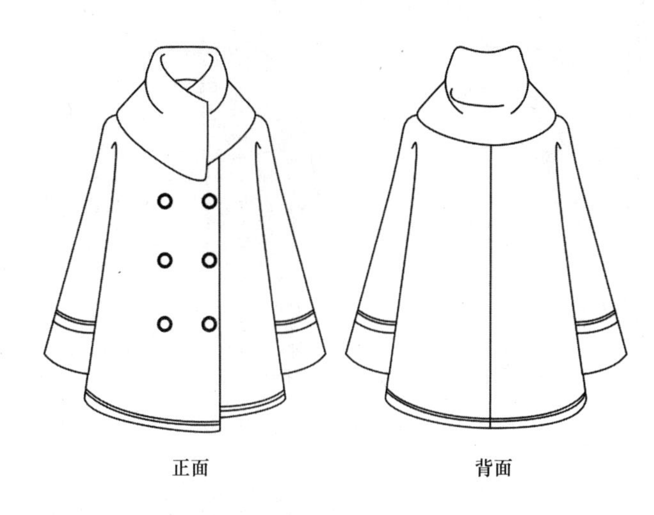

正面　　背面

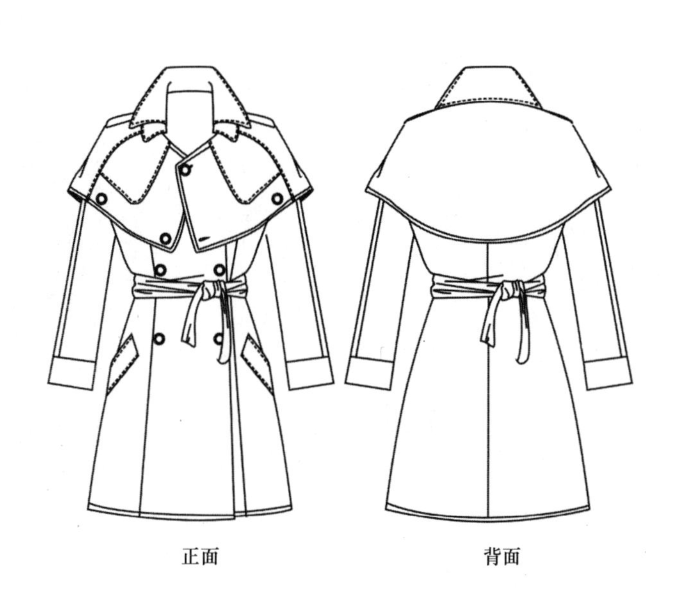

正面　　背面

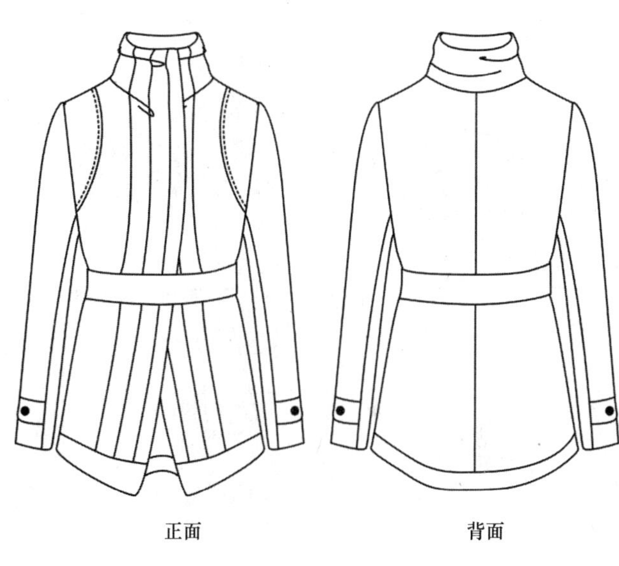

正面　　背面

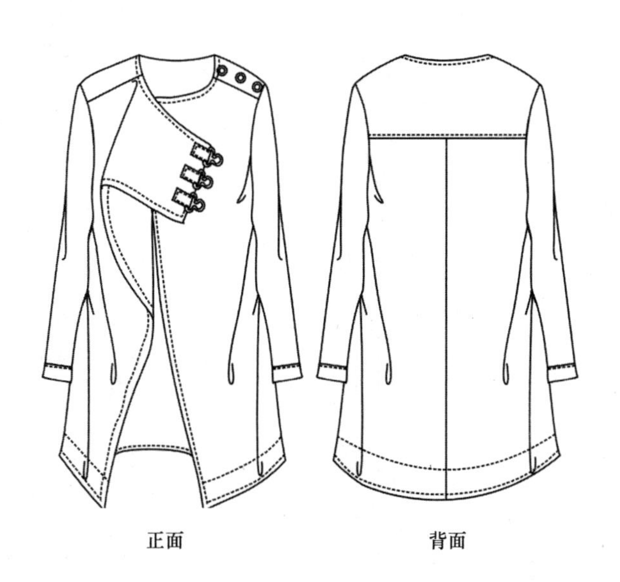

正面　　背面

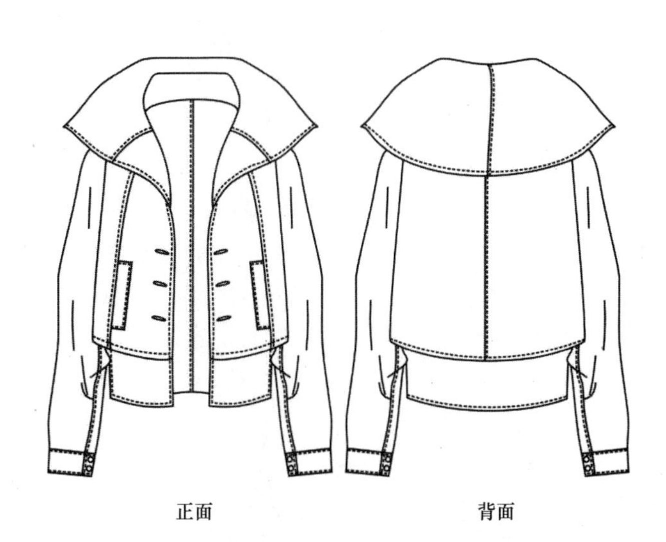

正面　　背面

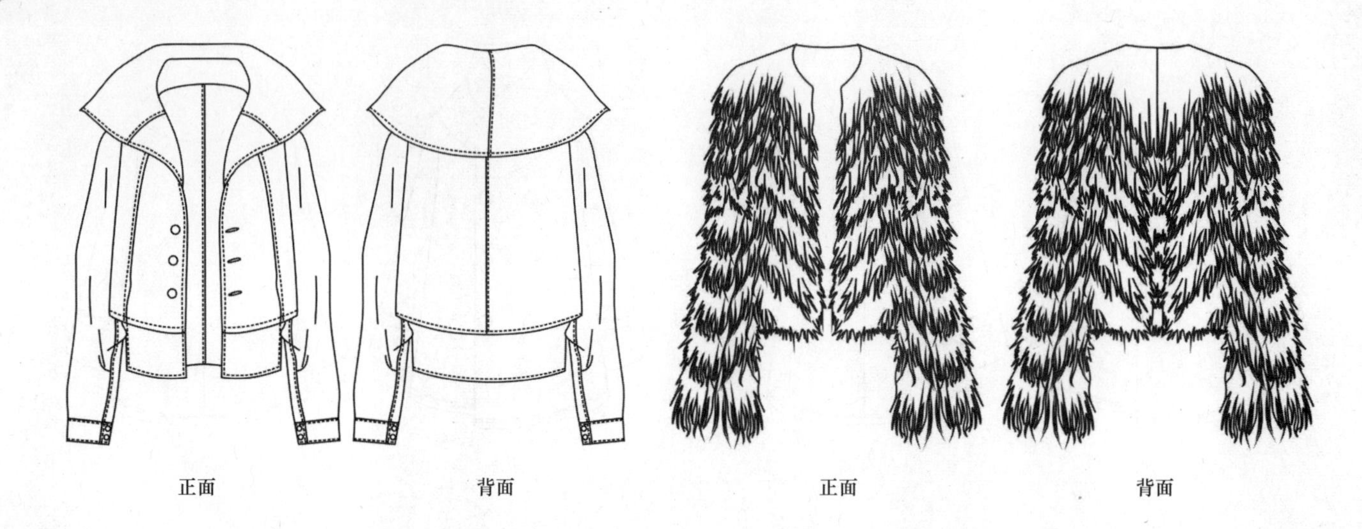
正面
背面
正面
背面

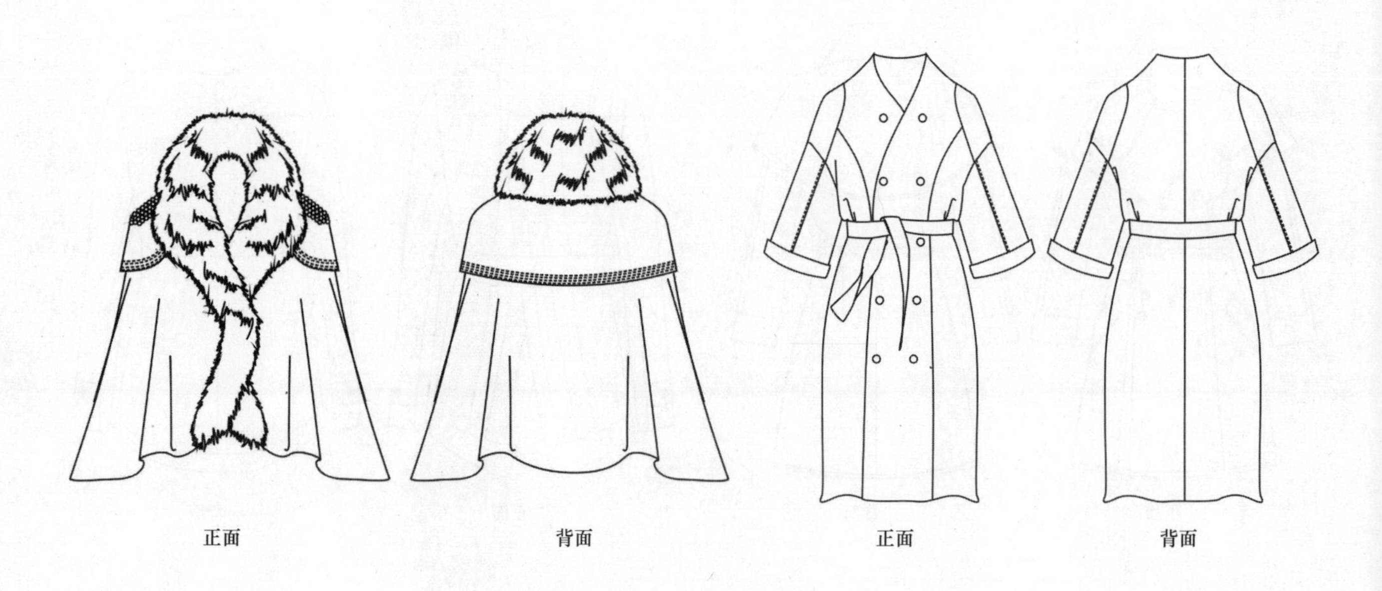
正面
背面
正面
背面

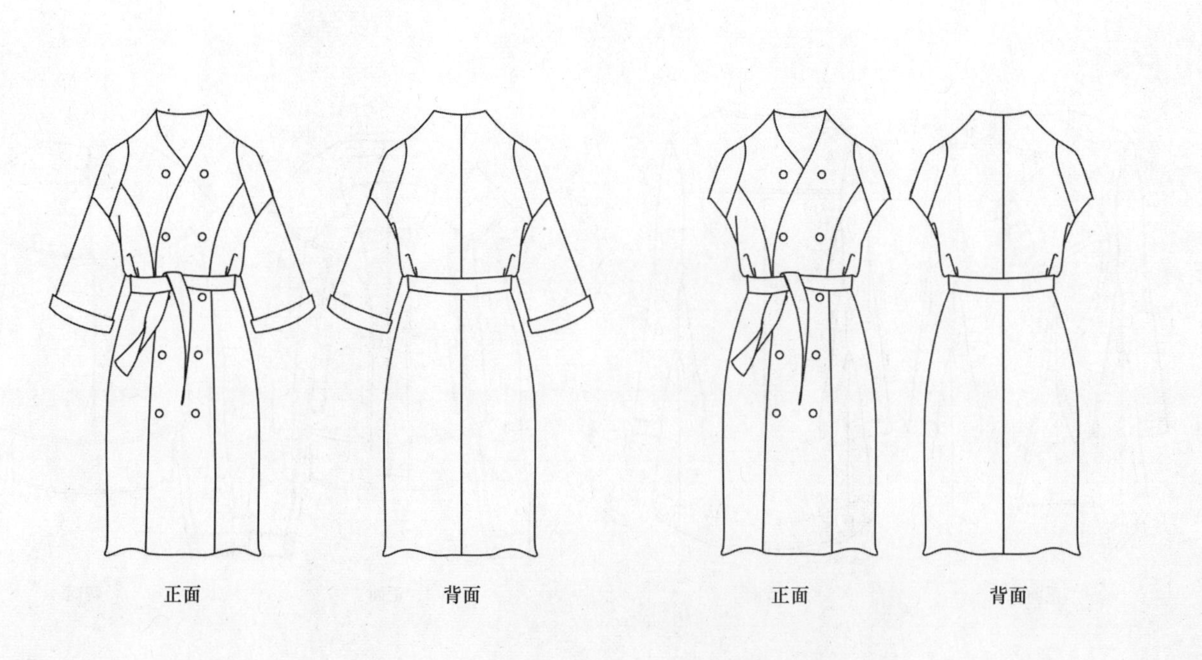
正面
背面
正面
背面

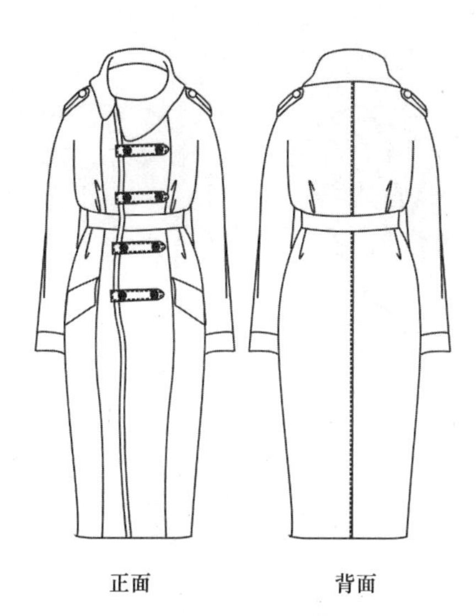

正面 背面

正面 背面

正面 背面

正面 背面

正面 背面

正面 背面

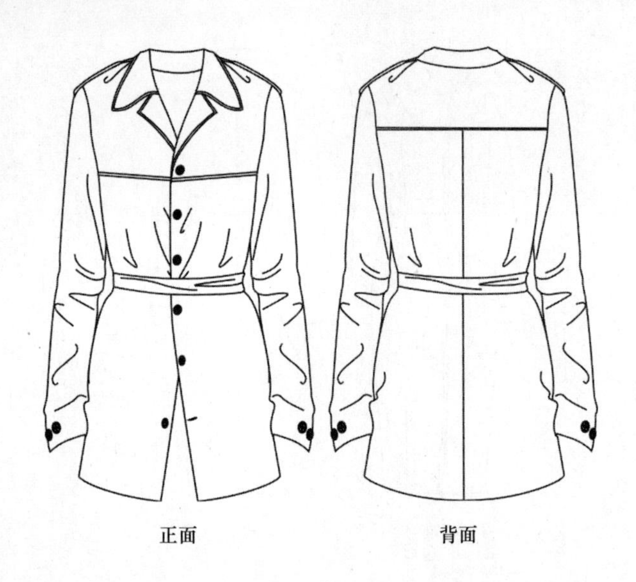
正面
背面

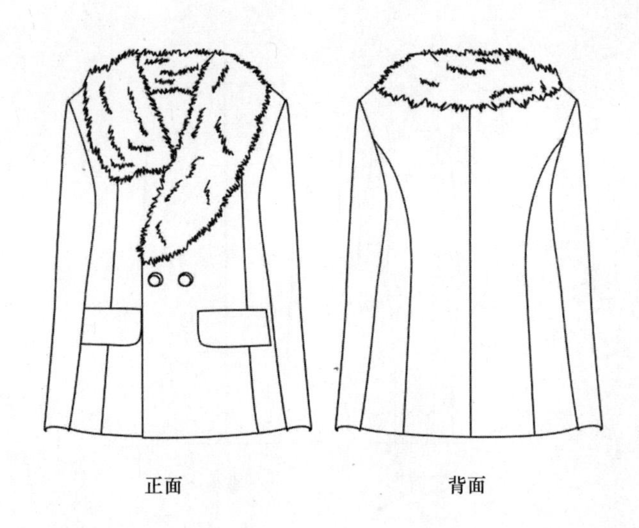
正面
背面

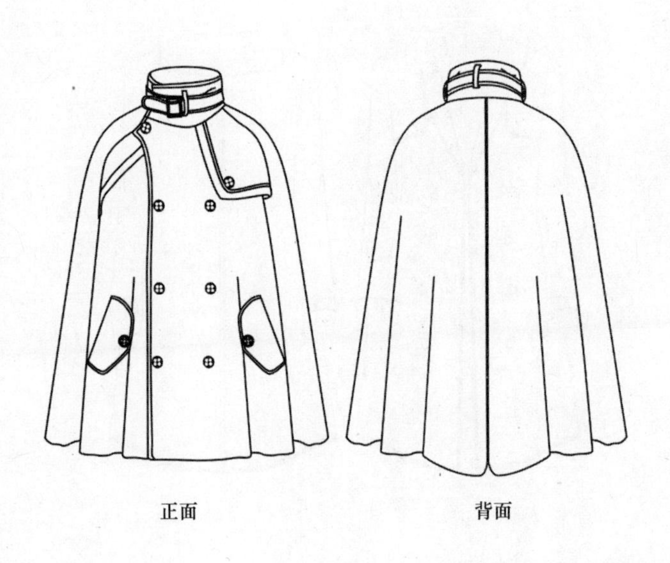
正面
背面

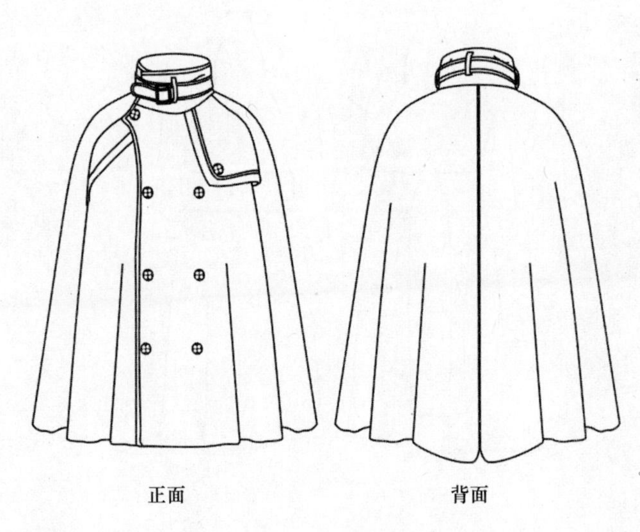
正面
背面

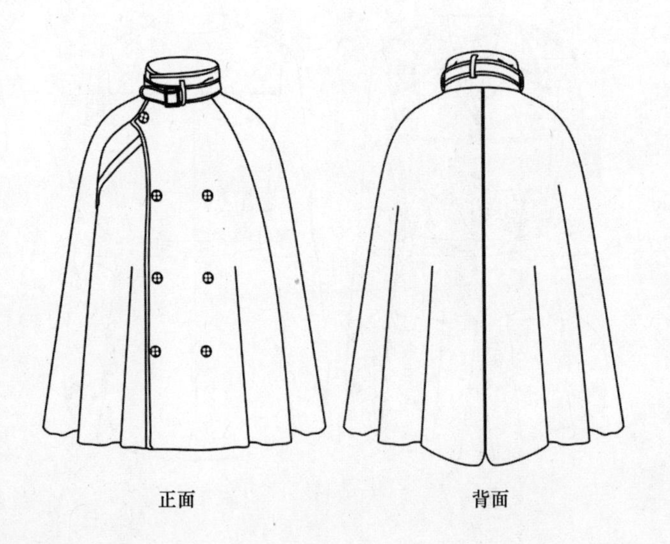
正面
背面

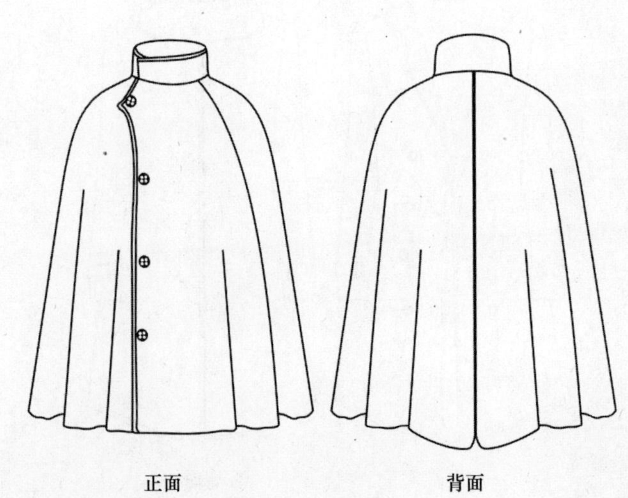
正面
背面

正面
背面
正面
背面
正面
背面
正面
背面
正面
背面
正面
背面

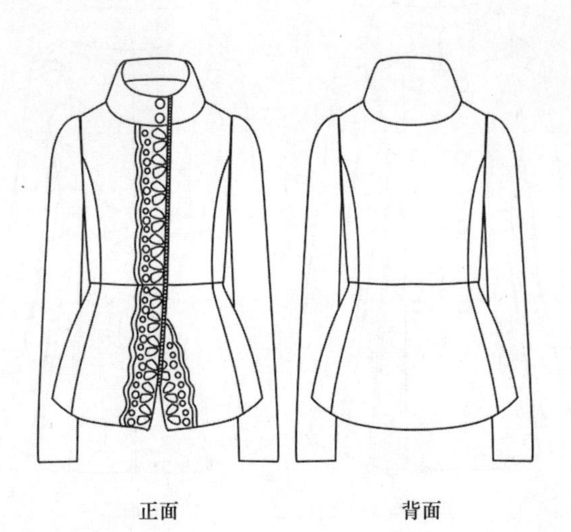
正面
背面

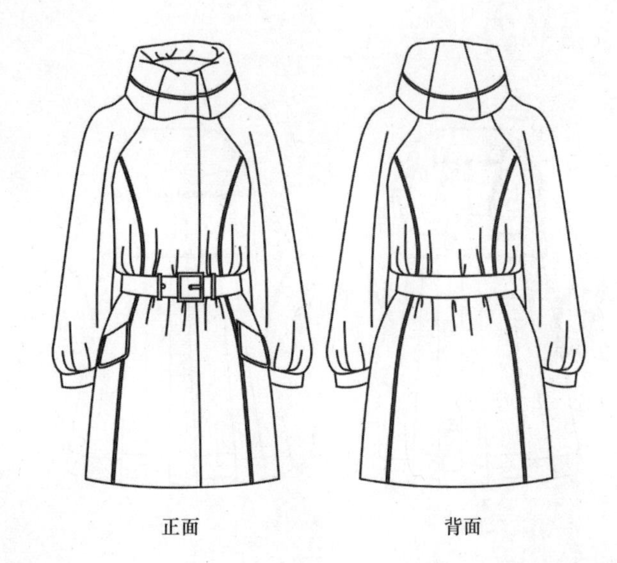
正面
背面

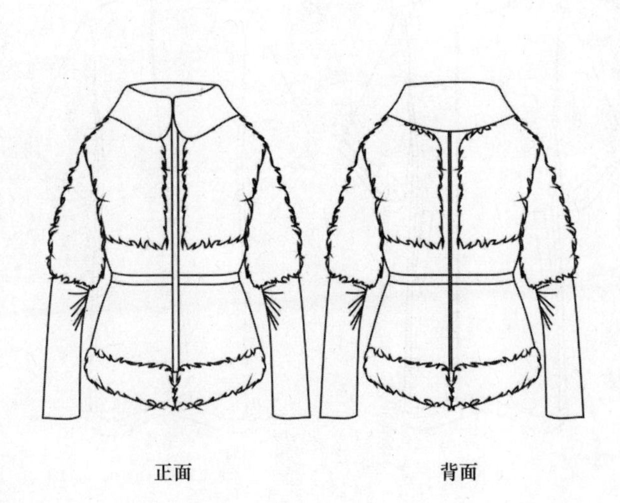
正面
背面

正面
背面

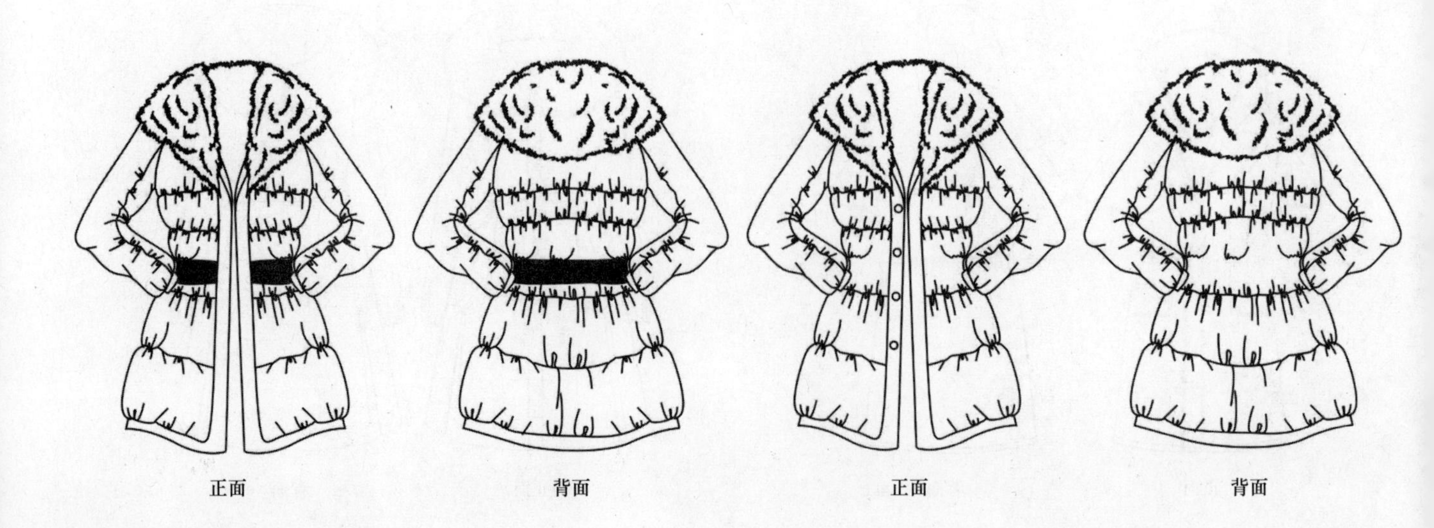
正面
背面
正面
背面

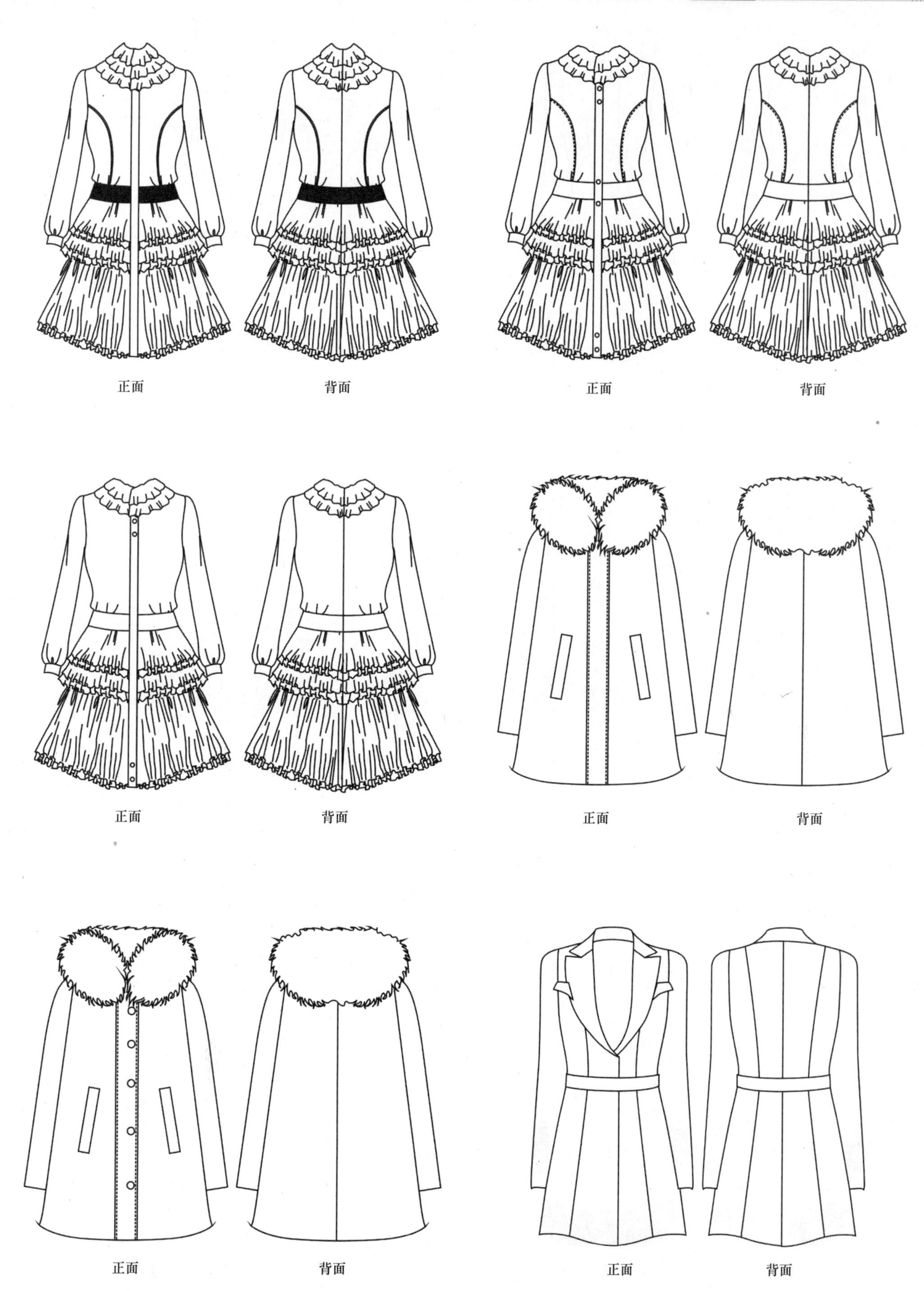
正面
背面
正面
背面
正面
背面
正面
背面
正面
背面
正面
背面

正面
背面

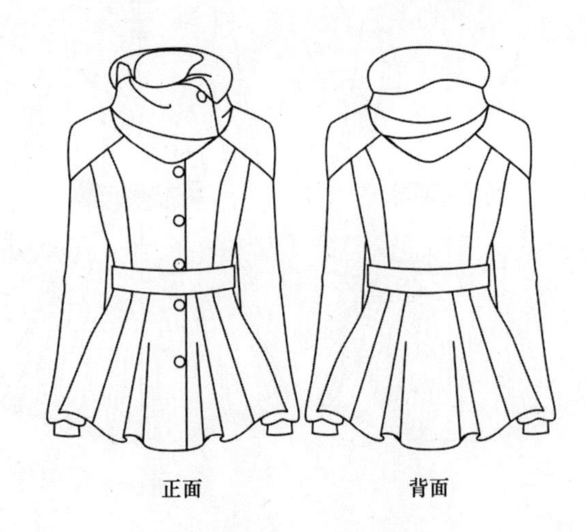
正面
背面

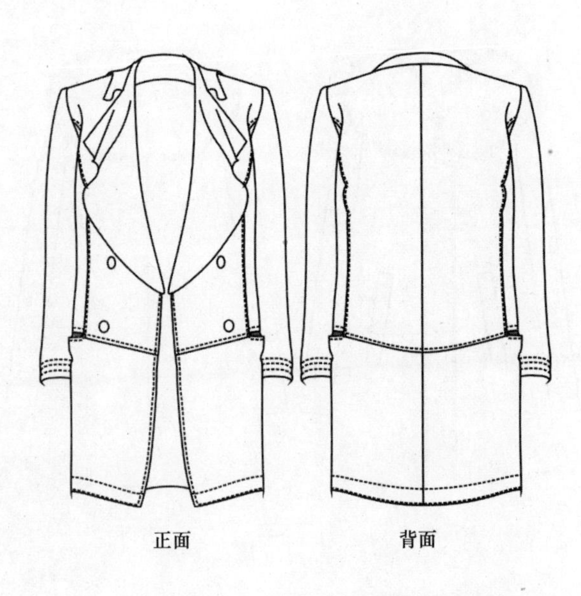
正面
背面

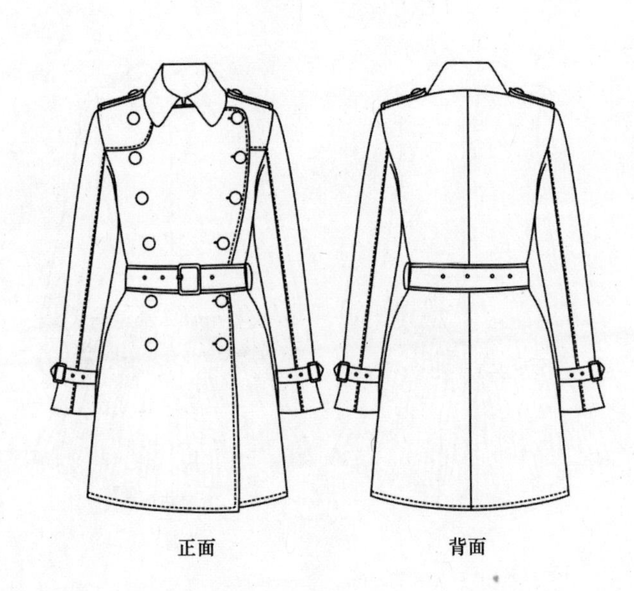
正面
背面

正面
背面

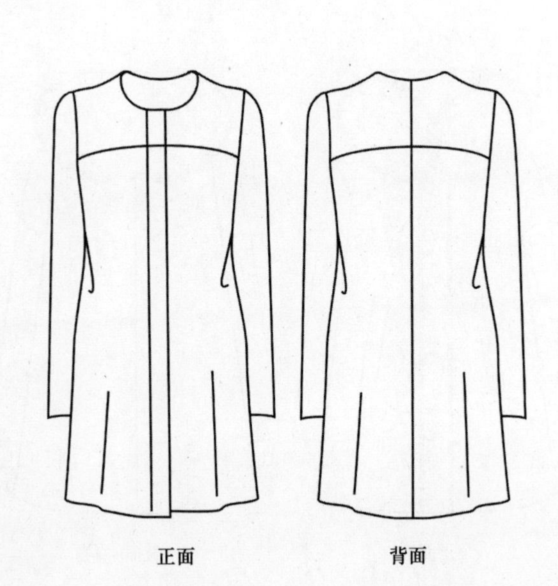
正面
背面

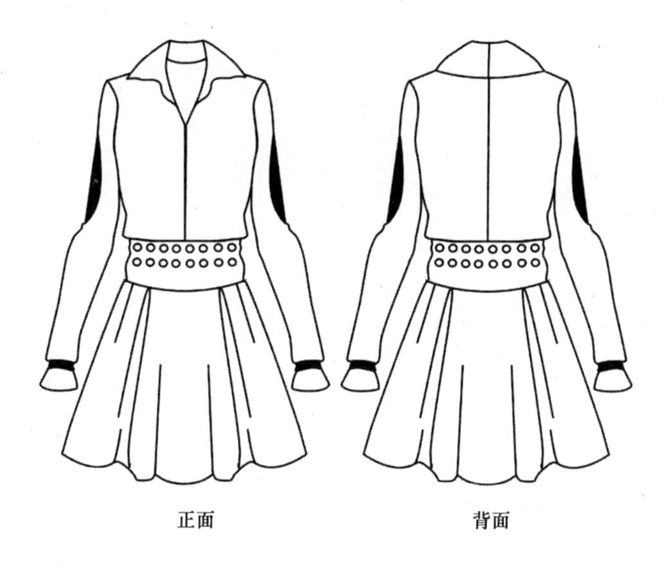

正面 背面

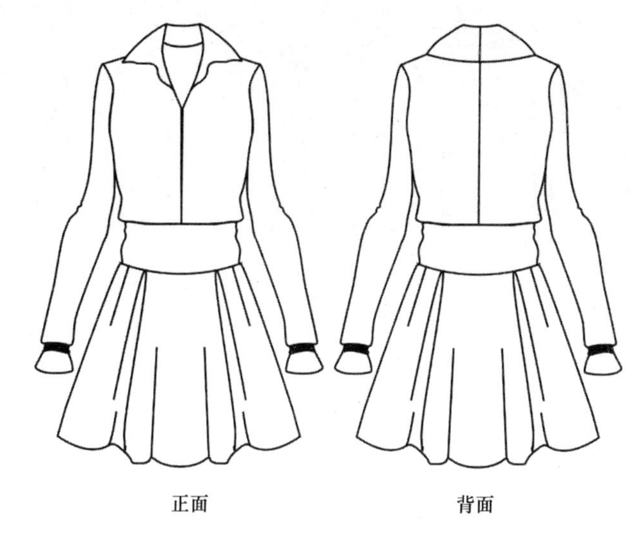

正面 背面

正面 背面

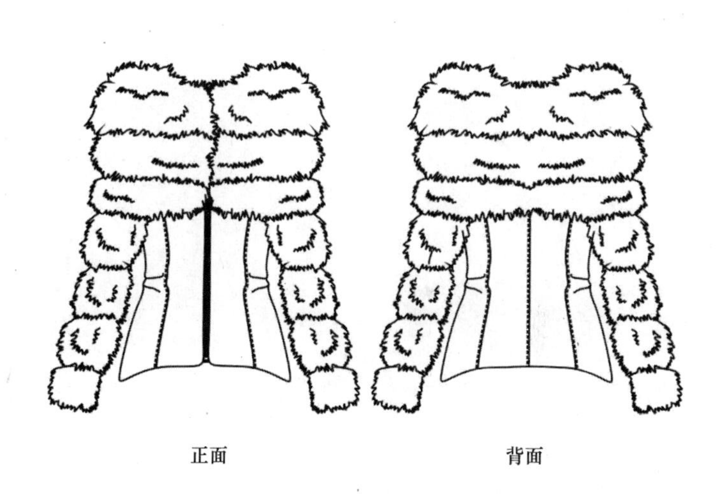

正面 背面

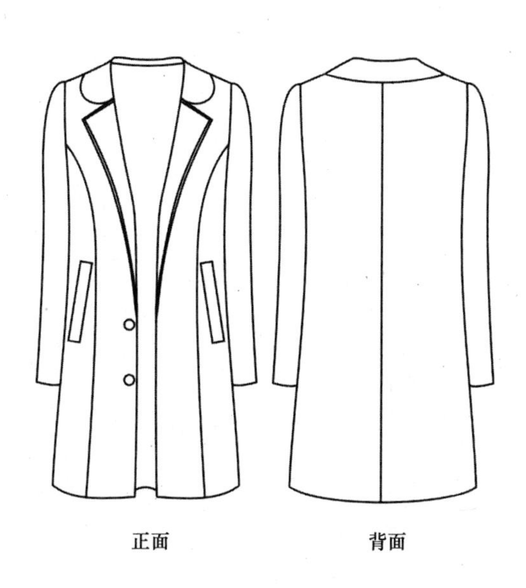

正面 背面

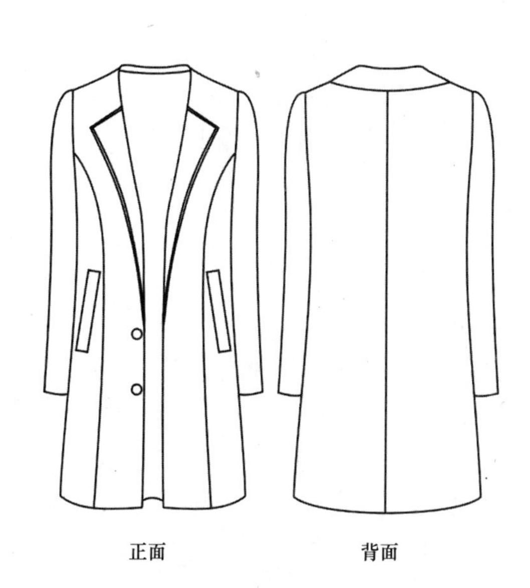

正面 背面

正面
背面
正面
背面
正面
背面
正面
背面
正面
背面
正面
背面

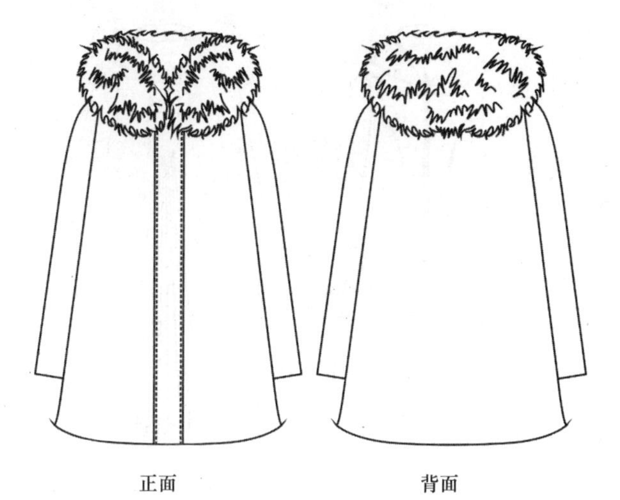

正面 背面

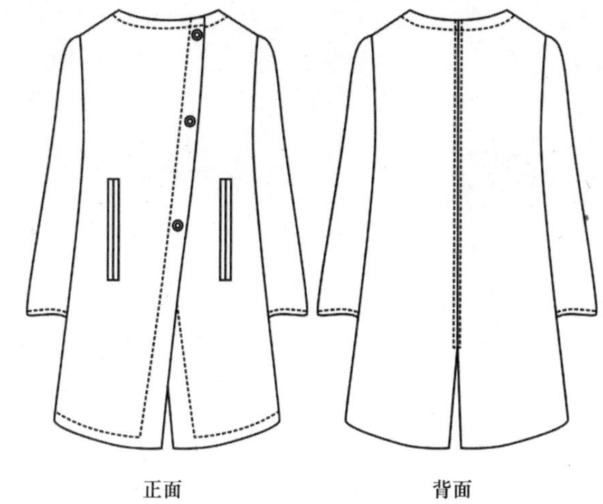

正面 背面

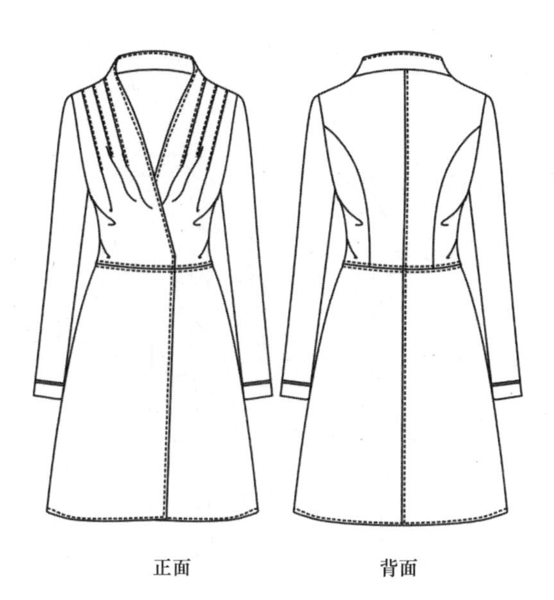

正面 背面

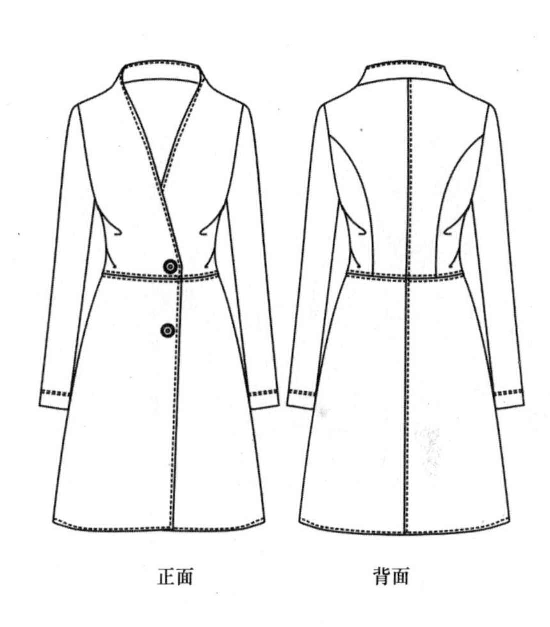

正面 背面

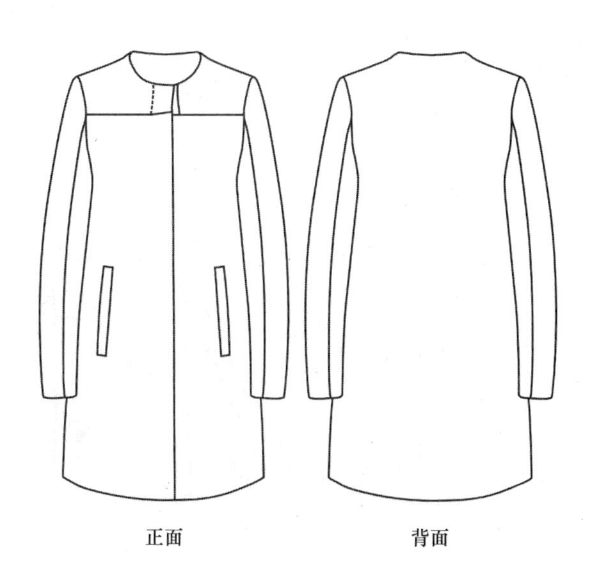

正面 背面

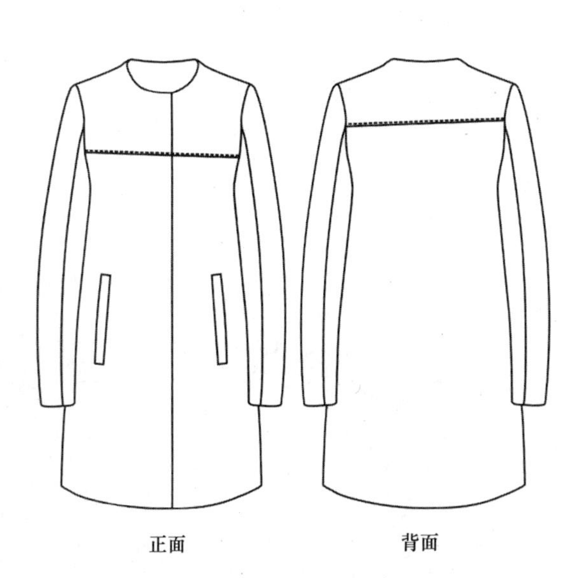

正面 背面

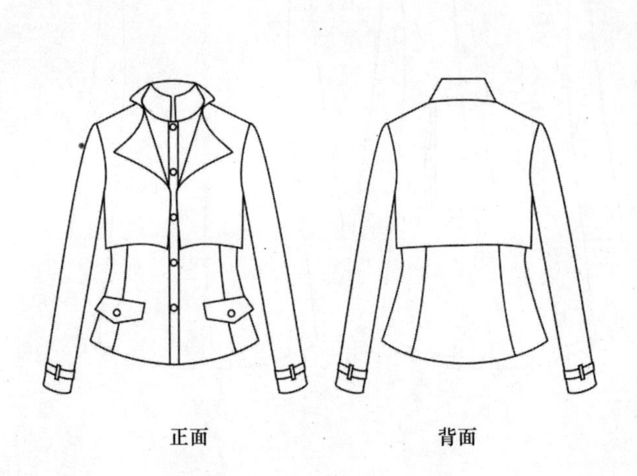

正面　背面

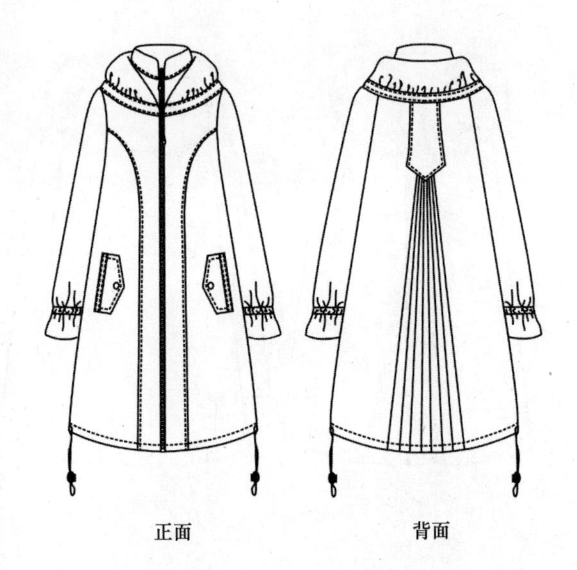

正面　背面

正面　背面

正面　背面

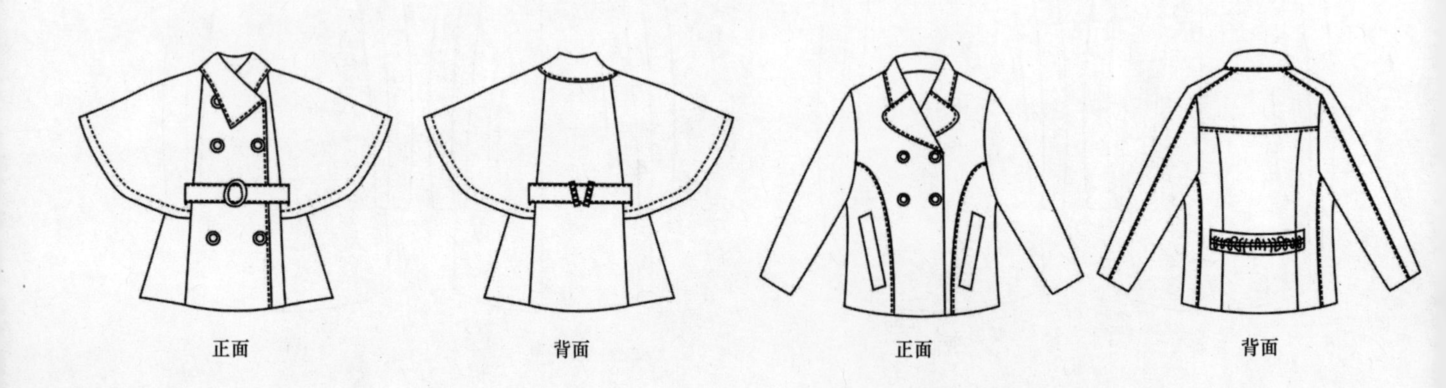

正面　背面　正面　背面

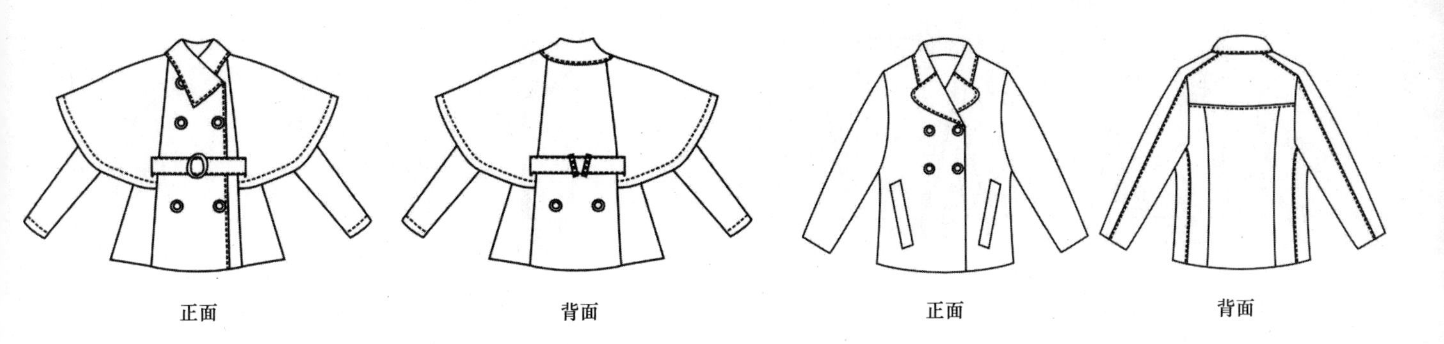
正面
背面
正面
背面

正面
背面
正面
背面

正面
背面
正面
背面

正面
背面
正面
背面
正面
背面
正面
背面
正面
背面
正面
背面

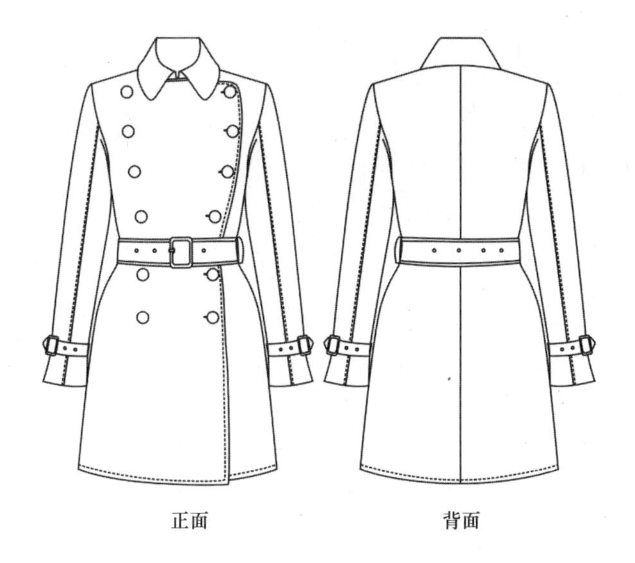
正面
背面

正面
背面

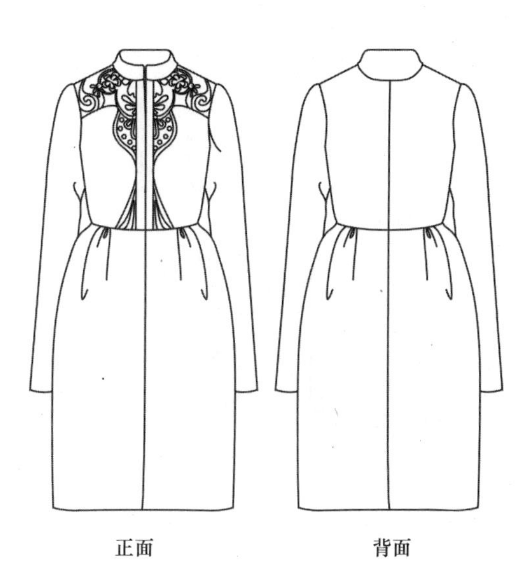
正面
背面

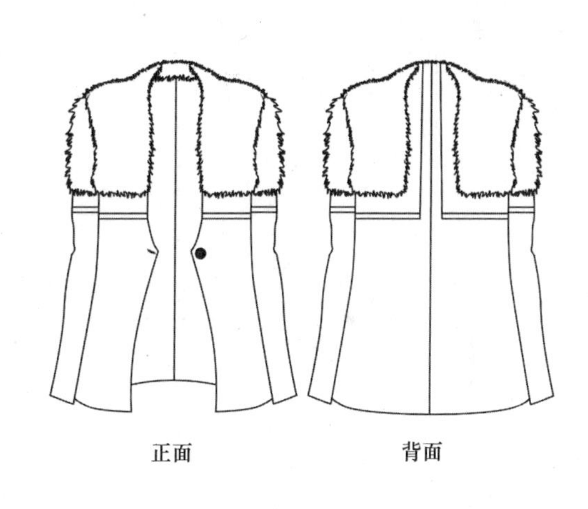
正面
背面

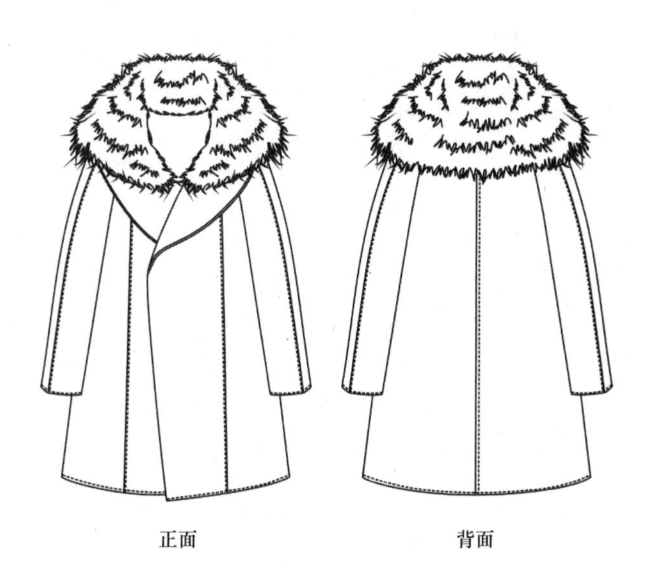
正面
背面

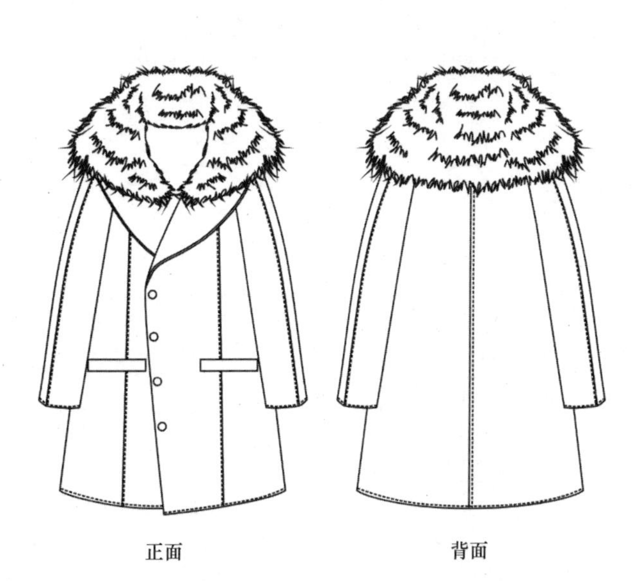
正面
背面

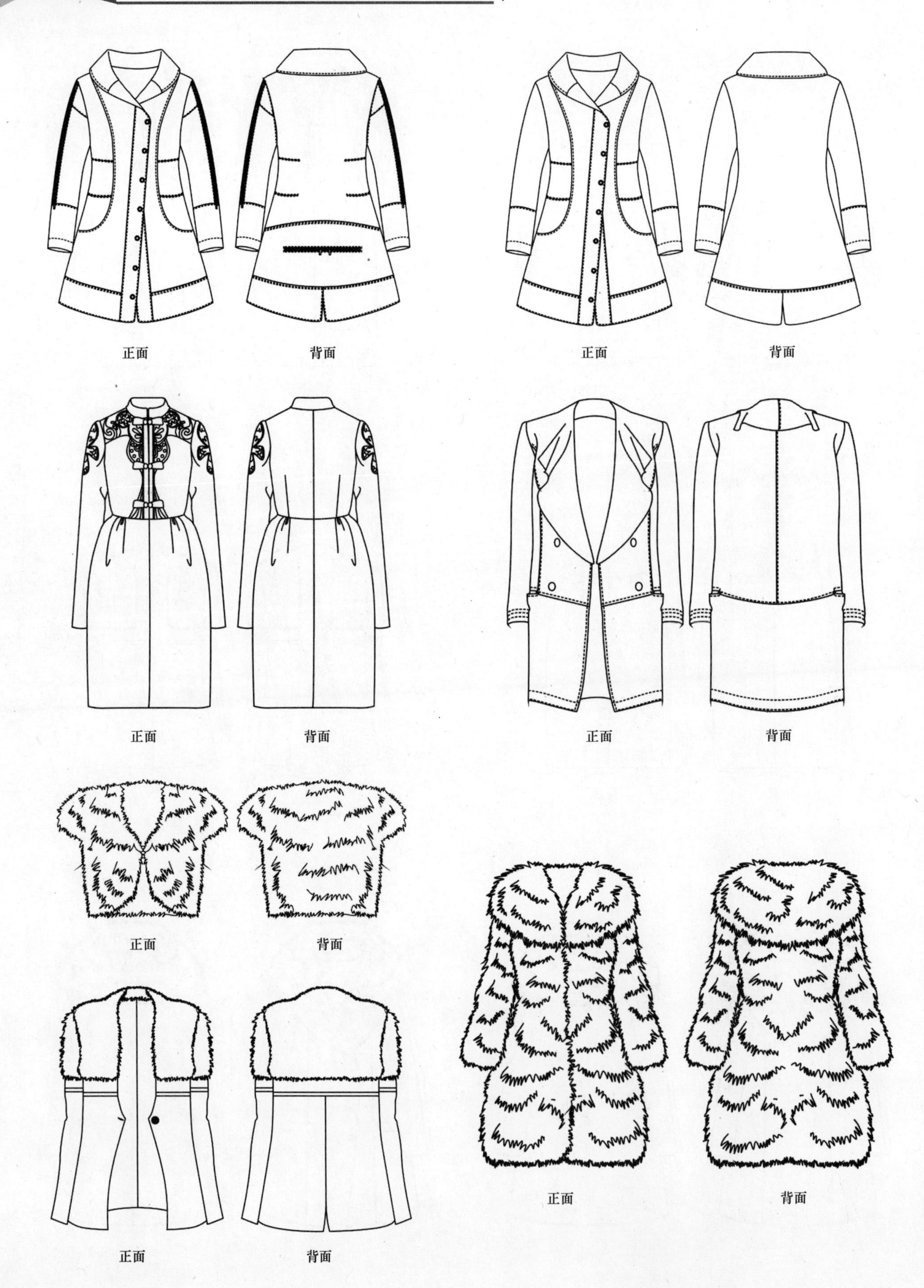
正面
背面
正面
背面
正面
背面
正面
背面
正面
背面
正面
背面
正面
背面

T恤

T恤又称T形衫。起初是内衣，实际上是翻领半开领衫，后来才发展到外衣，包括T恤汗衫和T恤衬衫两个系。T恤所用原料很广泛，一般有棉、麻、毛、丝、化纤及其混纺织物，尤以纯棉、麻或麻棉混纺为佳，具有透气、柔软、舒适、凉爽、吸汗、散热等优点。T恤常为针织品，但由于消费者的需求在不断地变化，如今以机织面料制作的T恤也纷纷面市，成为T恤家族中的新成员。

正面
背面
正面
背面
正面
背面
正面
背面
正面
背面
正面
背面

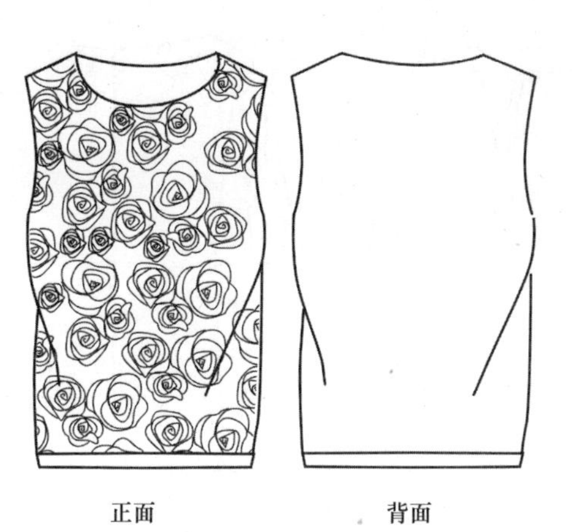
正面　背面

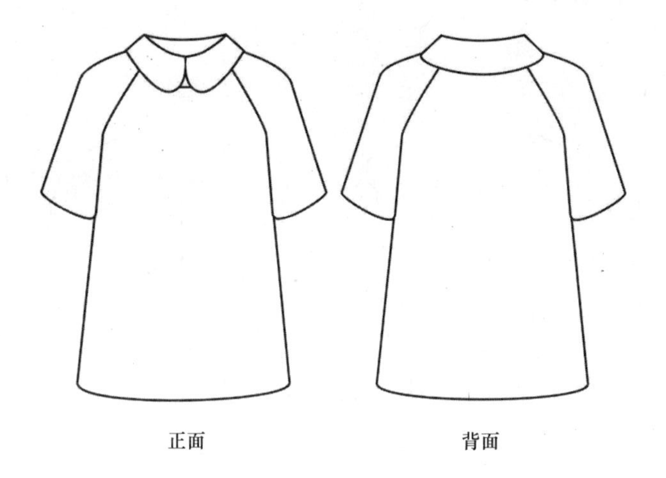
正面　背面

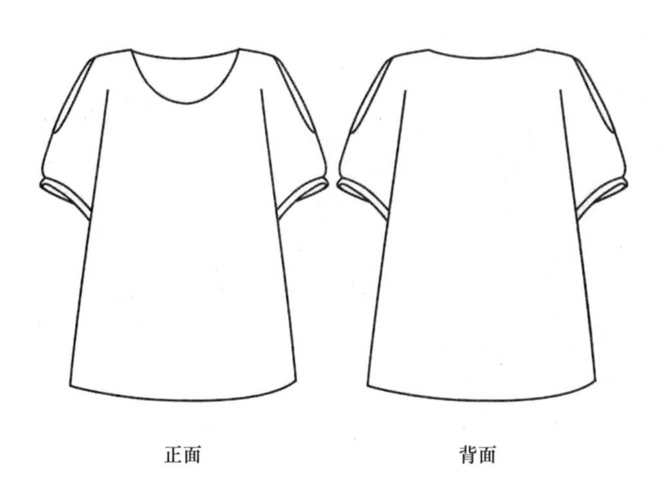
正面　背面

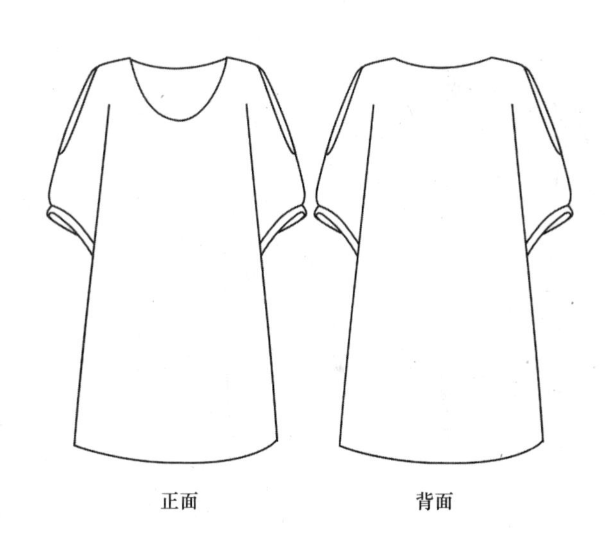
正面　背面

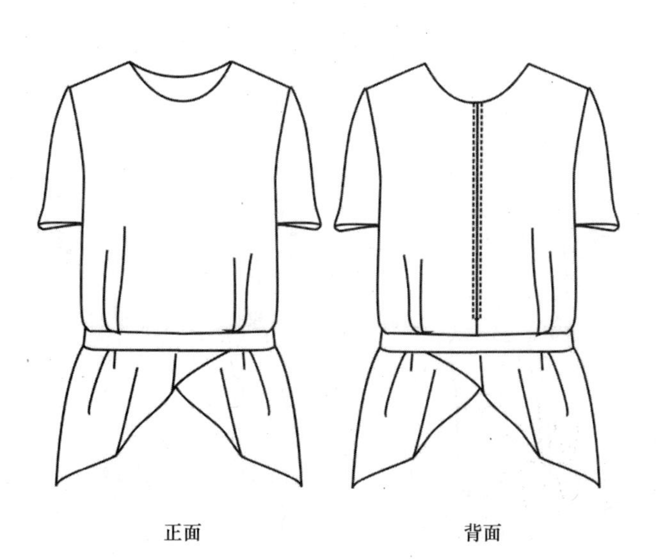
正面　背面

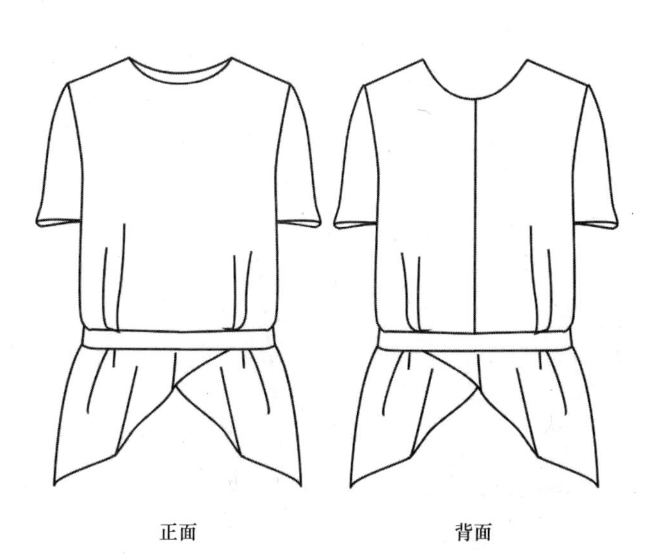
正面　背面

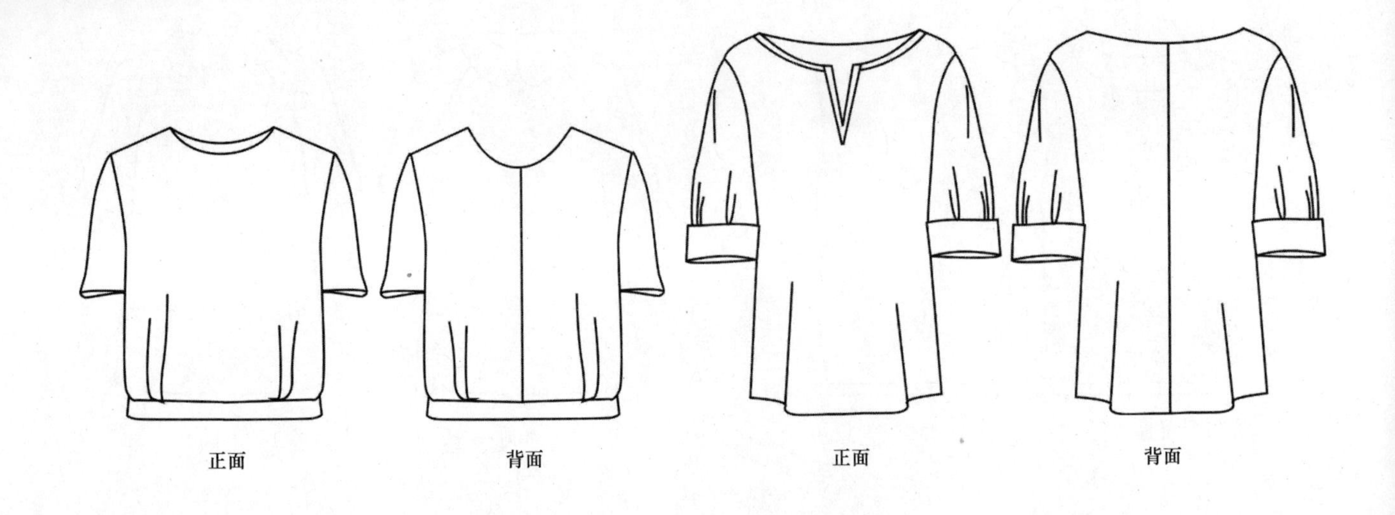
正面
背面
正面
背面

正面
背面
正面
背面

正面
背面
正面
背面

正面

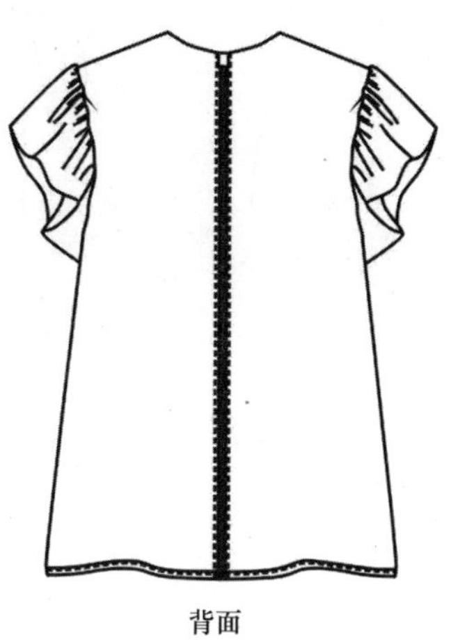
背面

正面

背面

正面

背面

正面

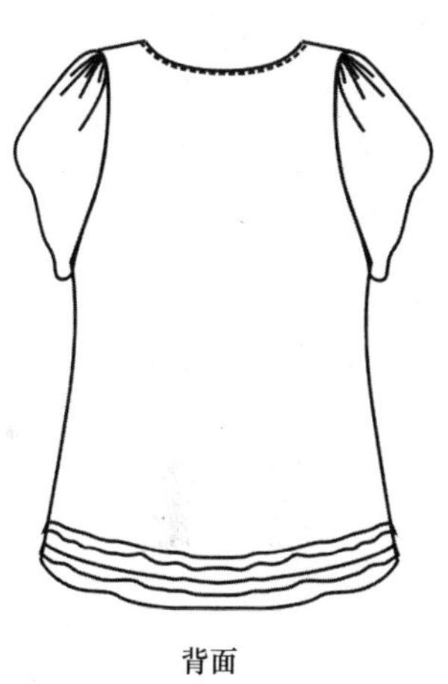
背面

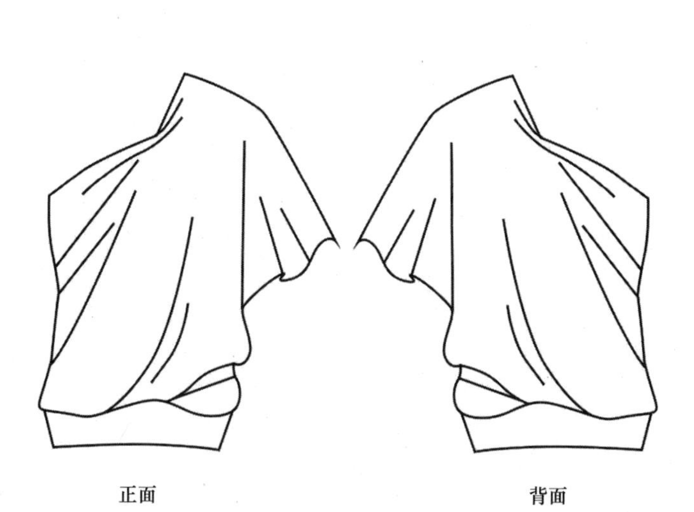
正面　　背面

正面

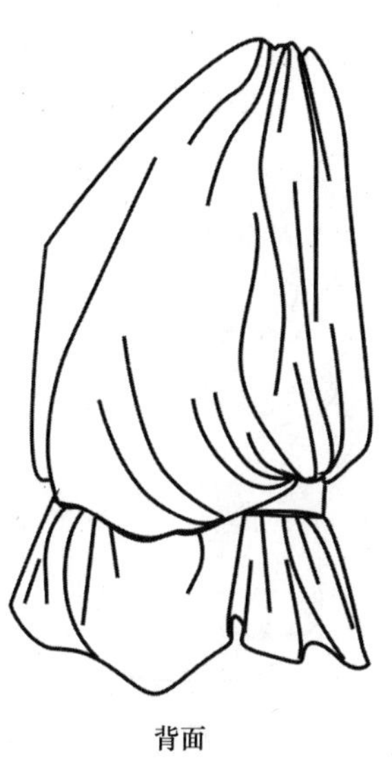
背面

正面
背面
正面
背面
正面
背面
正面
背面
正面
背面
正面
背面

正面　背面

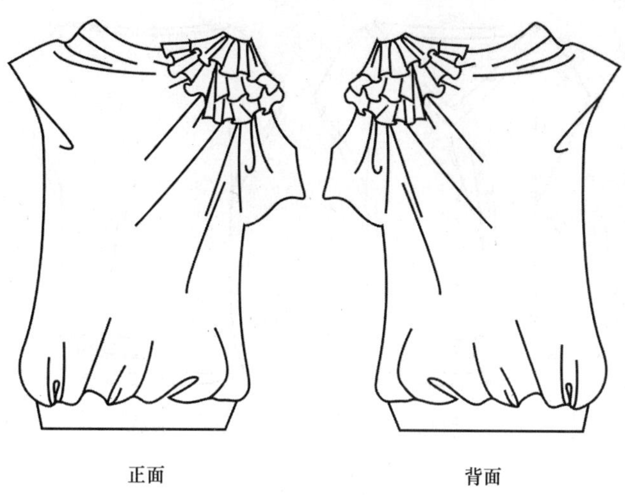

正面　背面

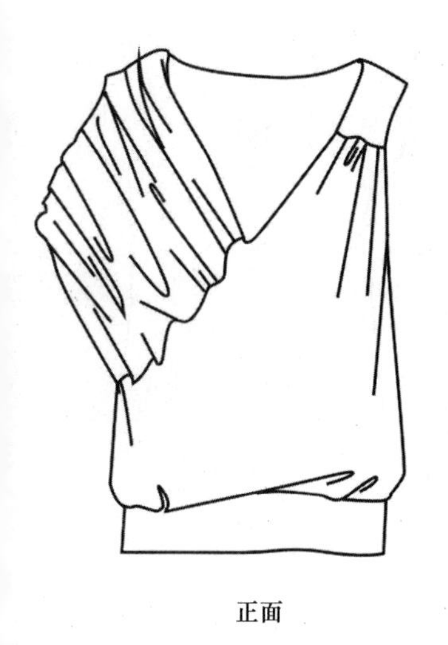

正面

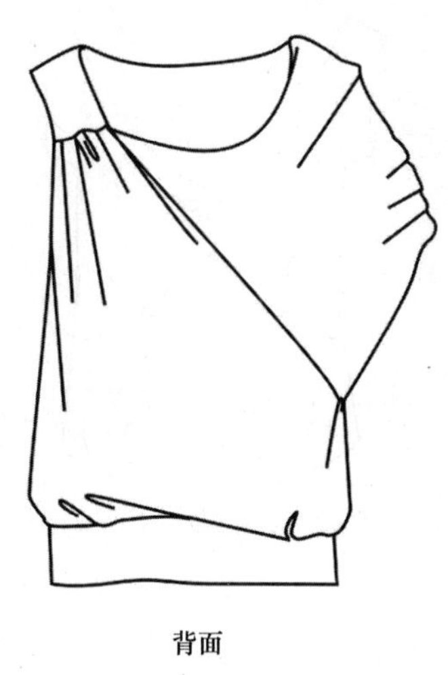

背面

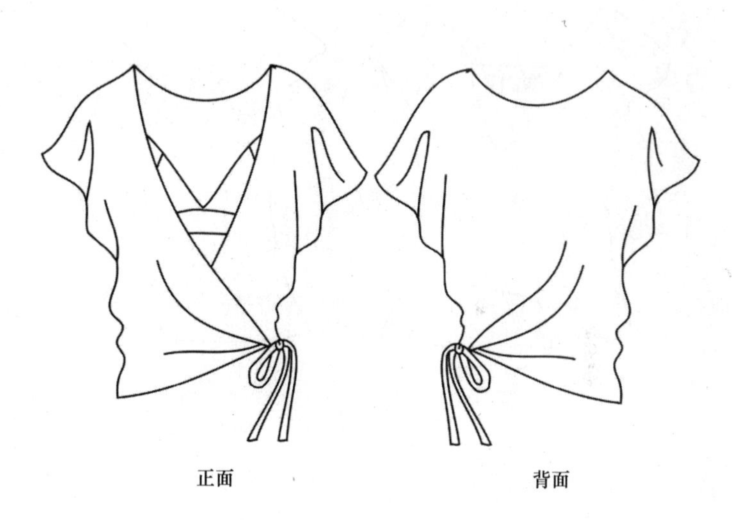

正面　背面

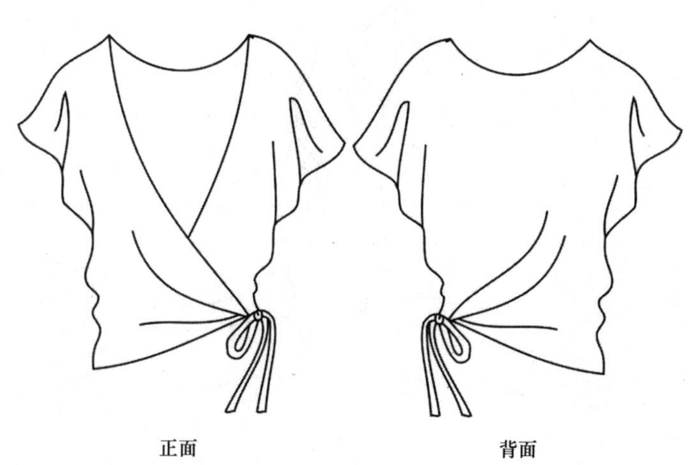

正面　背面

正面

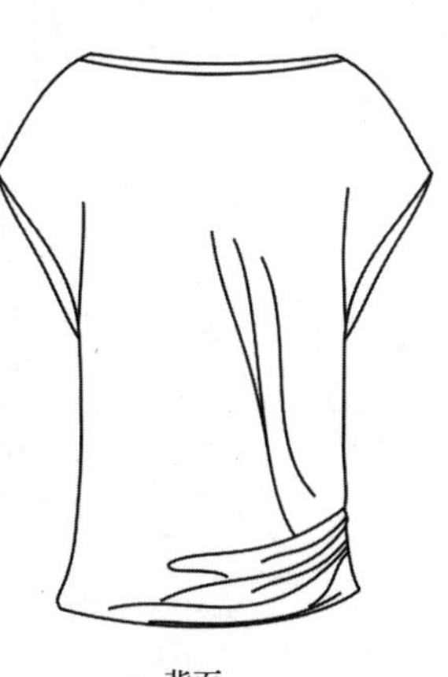

背面

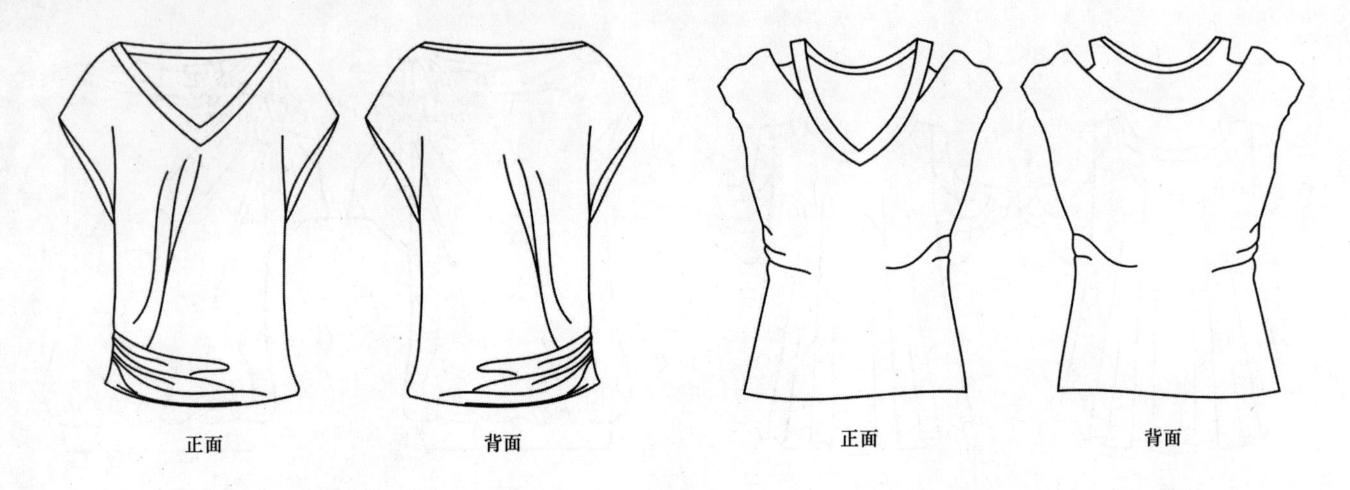
正面
背面
正面
背面

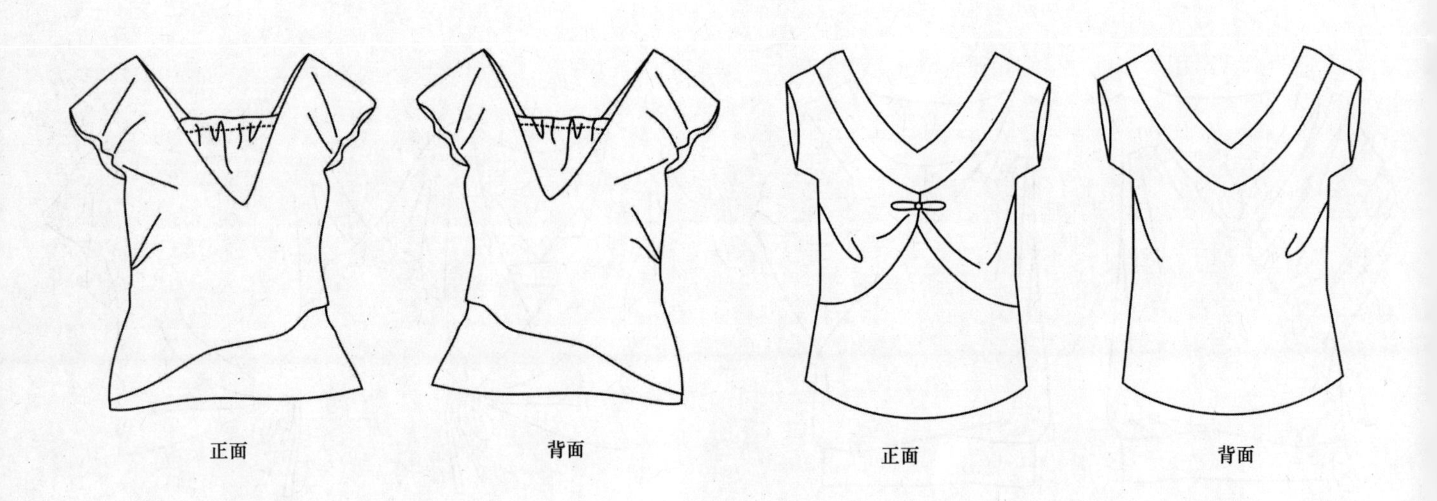
正面
背面
正面
背面

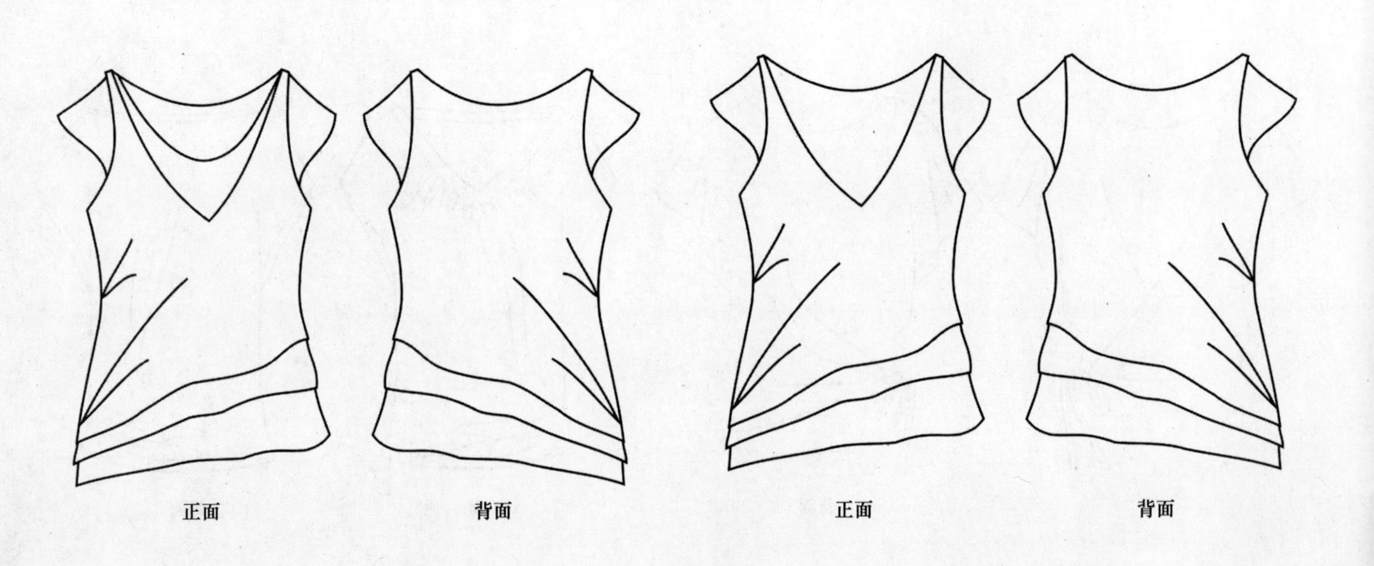
正面
背面
正面
背面

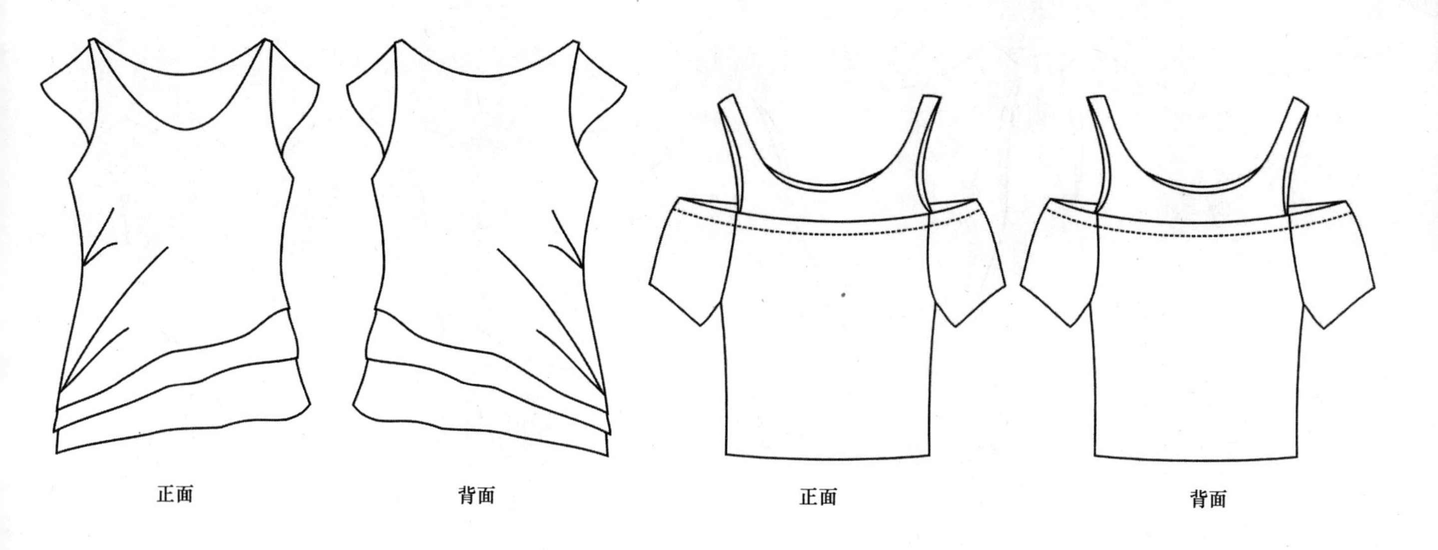
正面
背面
正面
背面

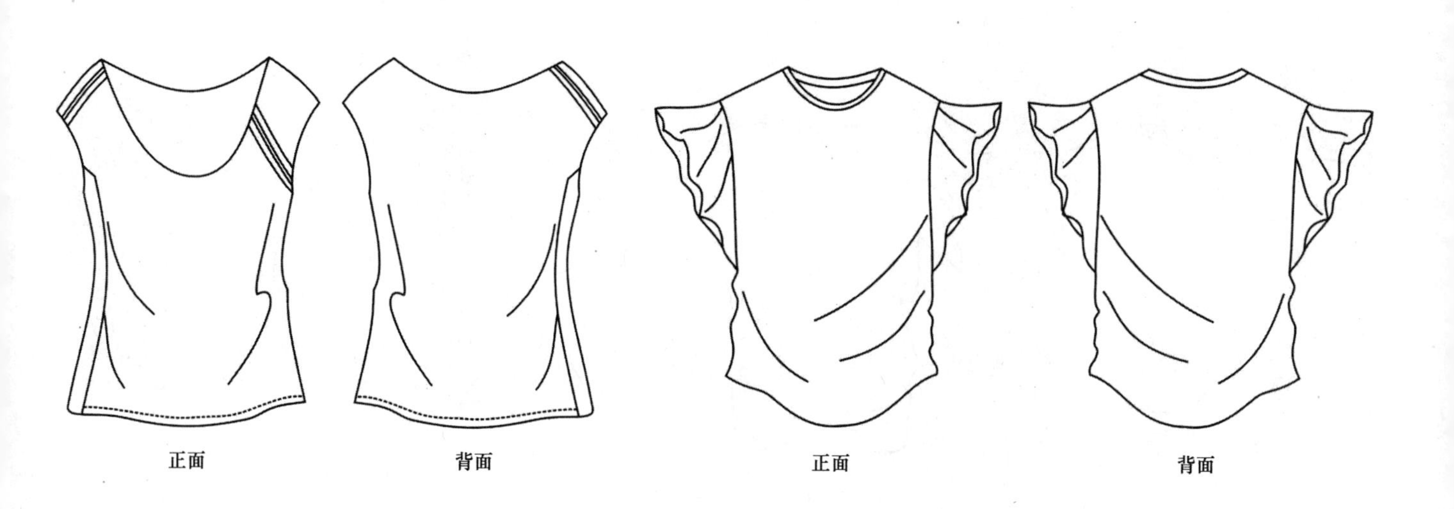
正面
背面
正面
背面

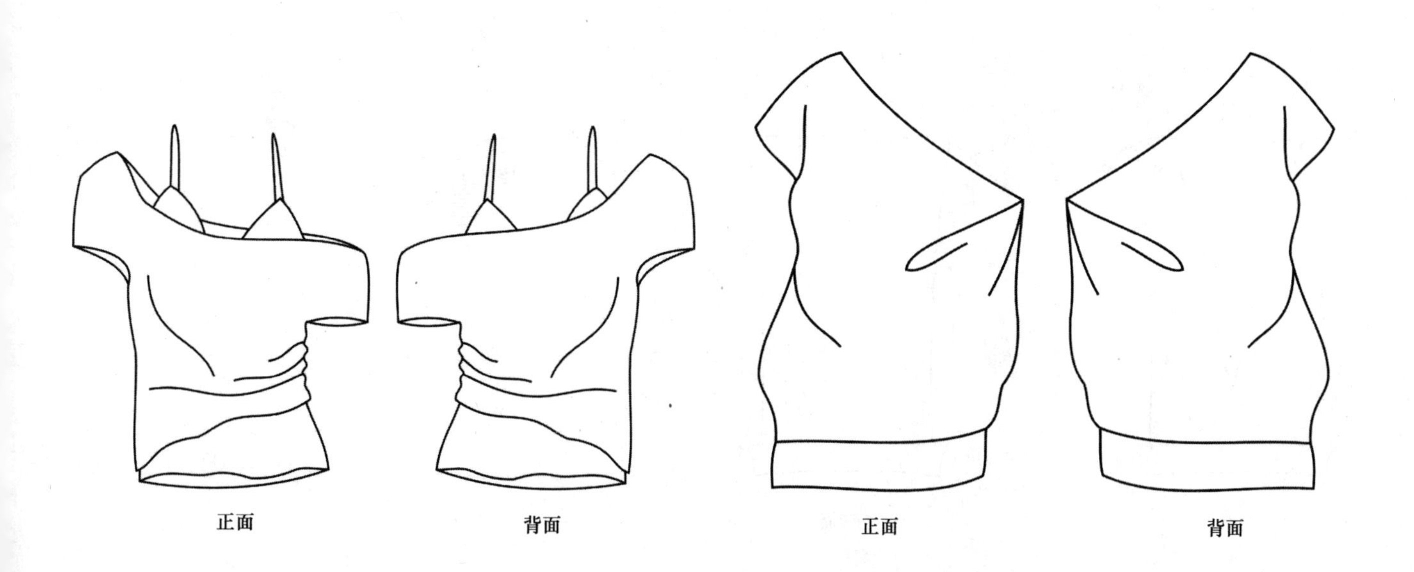
正面
背面
正面
背面

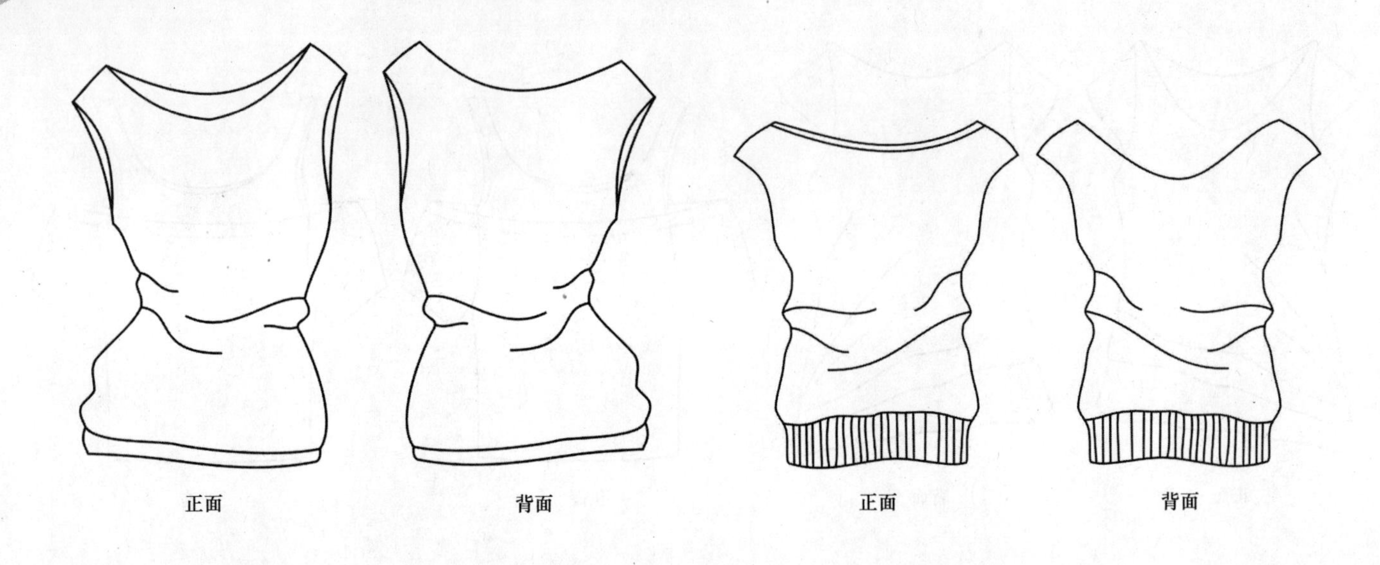
正面
背面
正面
背面

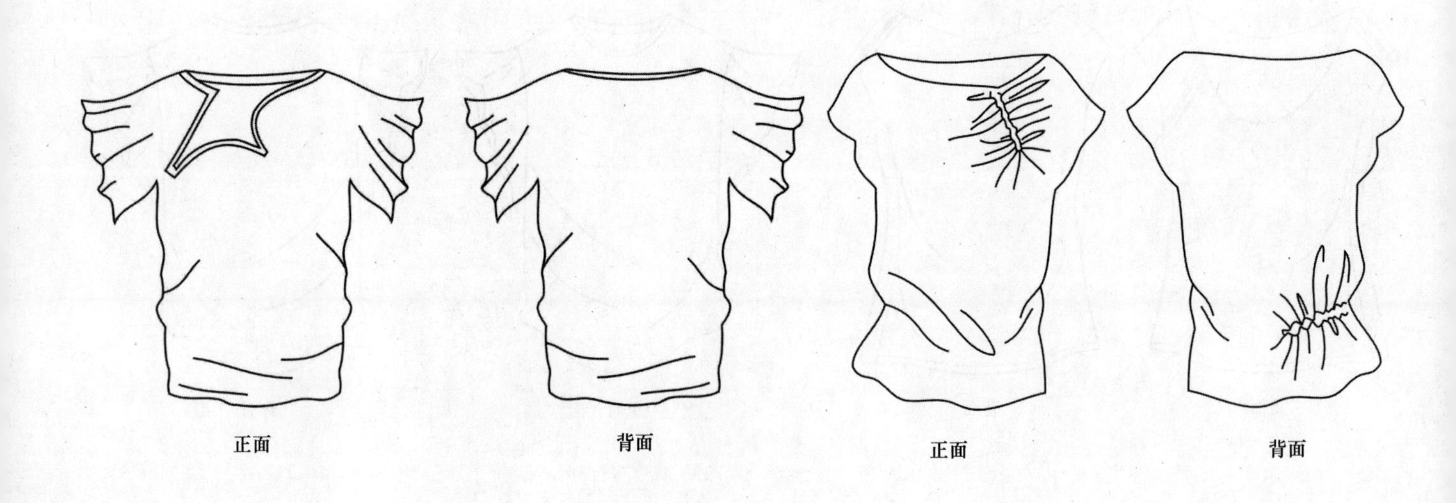
正面
背面
正面
背面

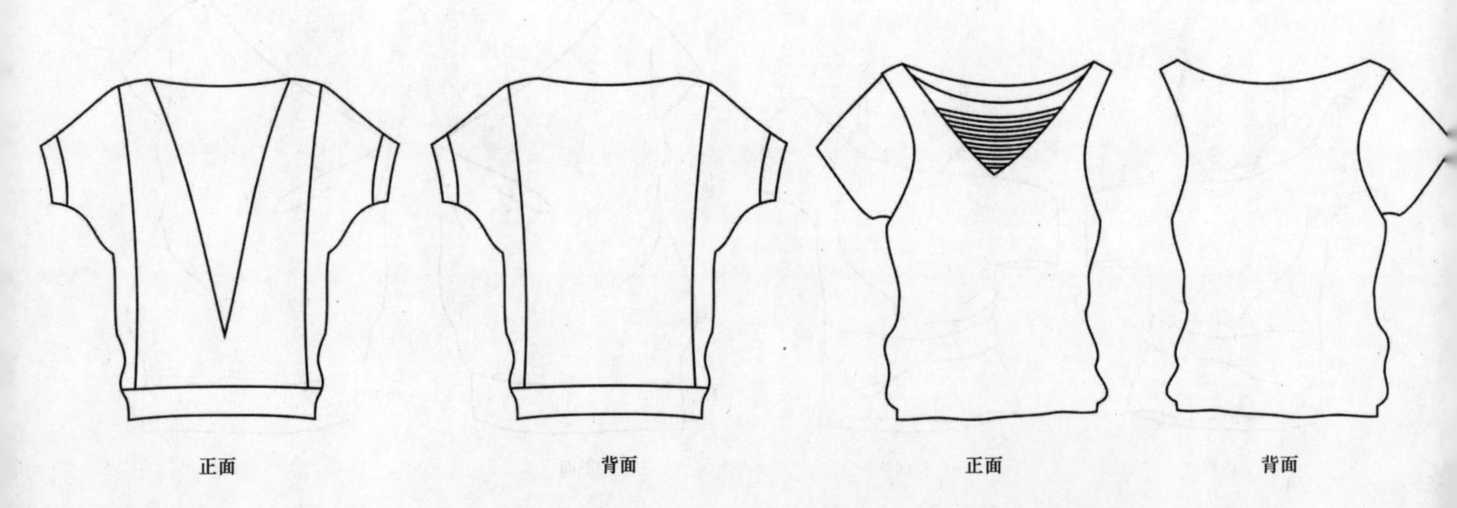
正面
背面
正面
背面

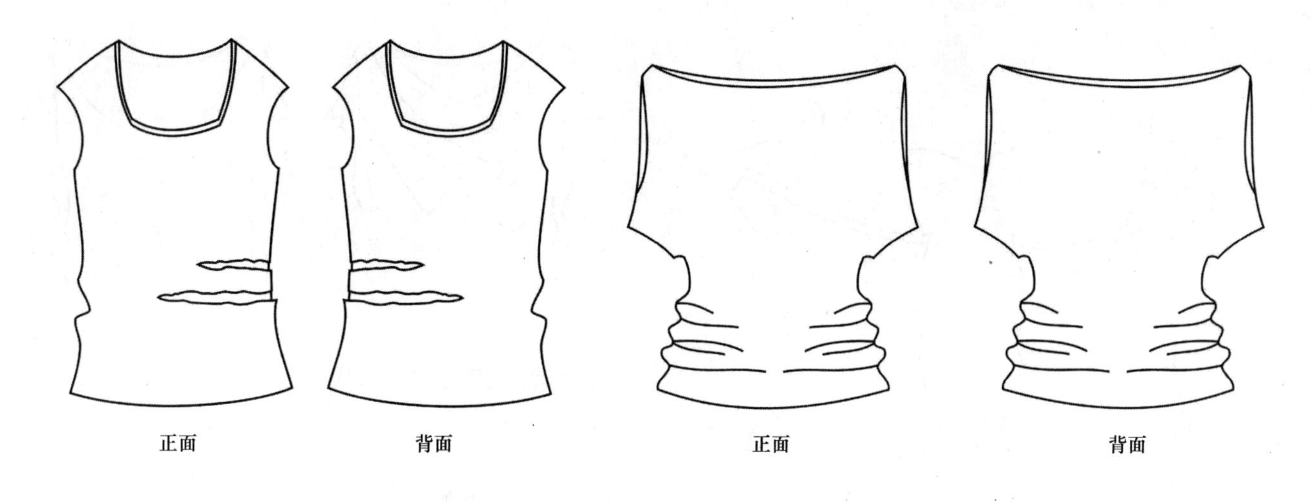
正面
背面
正面
背面

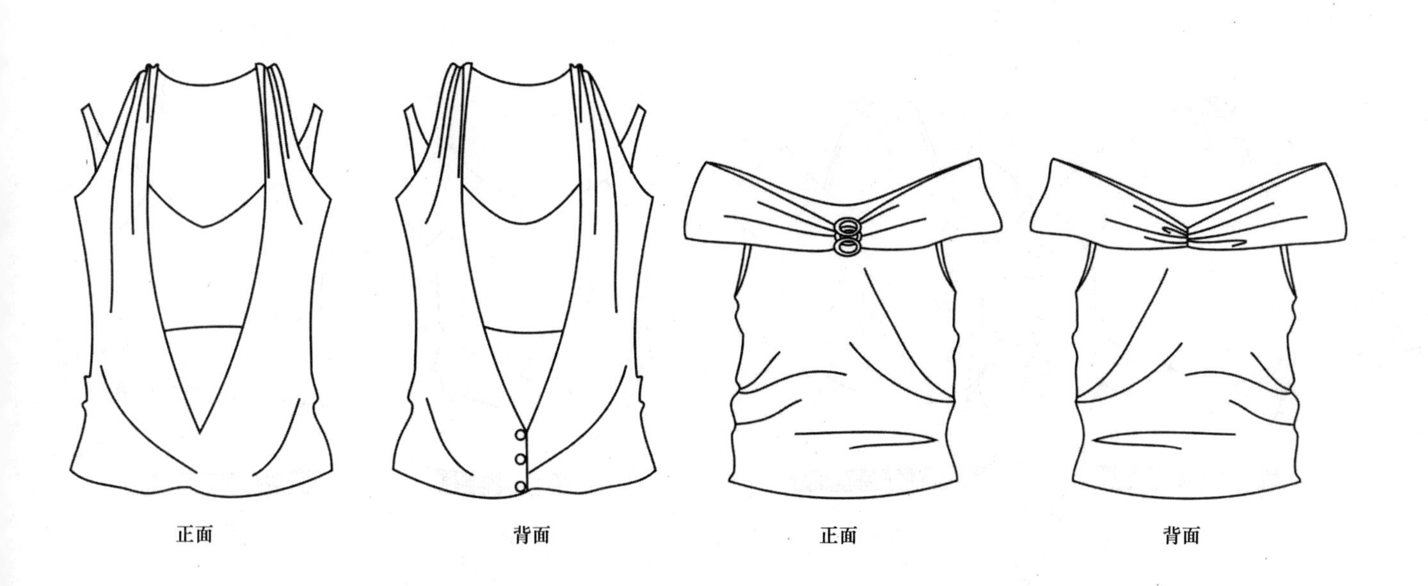
正面
背面
正面
背面

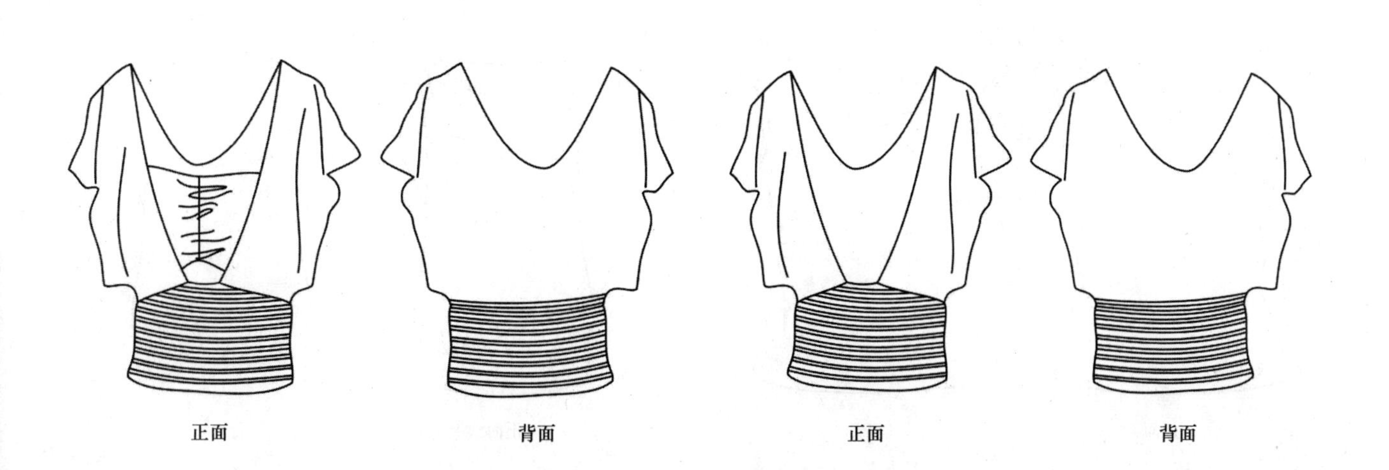
正面
背面
正面
背面

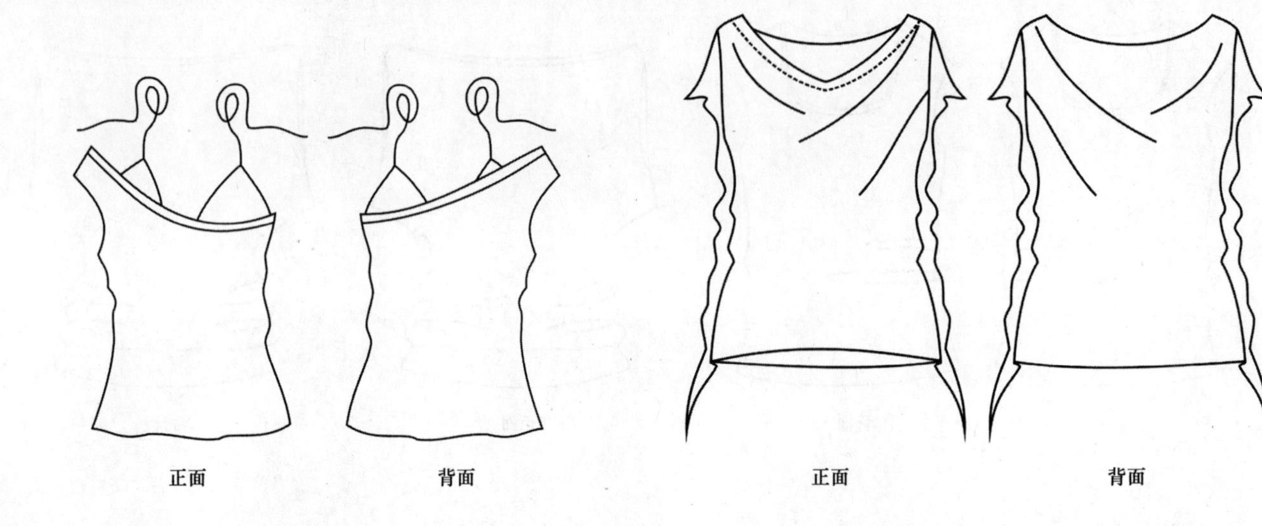
正面
背面
正面
背面

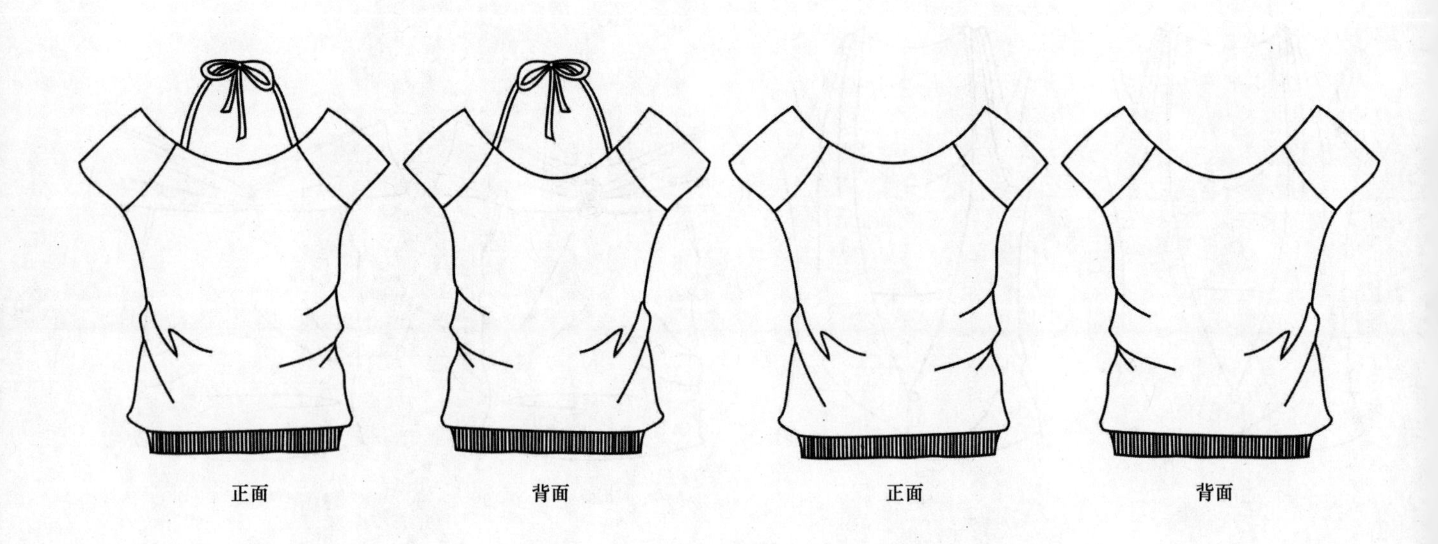
正面
背面
正面
背面

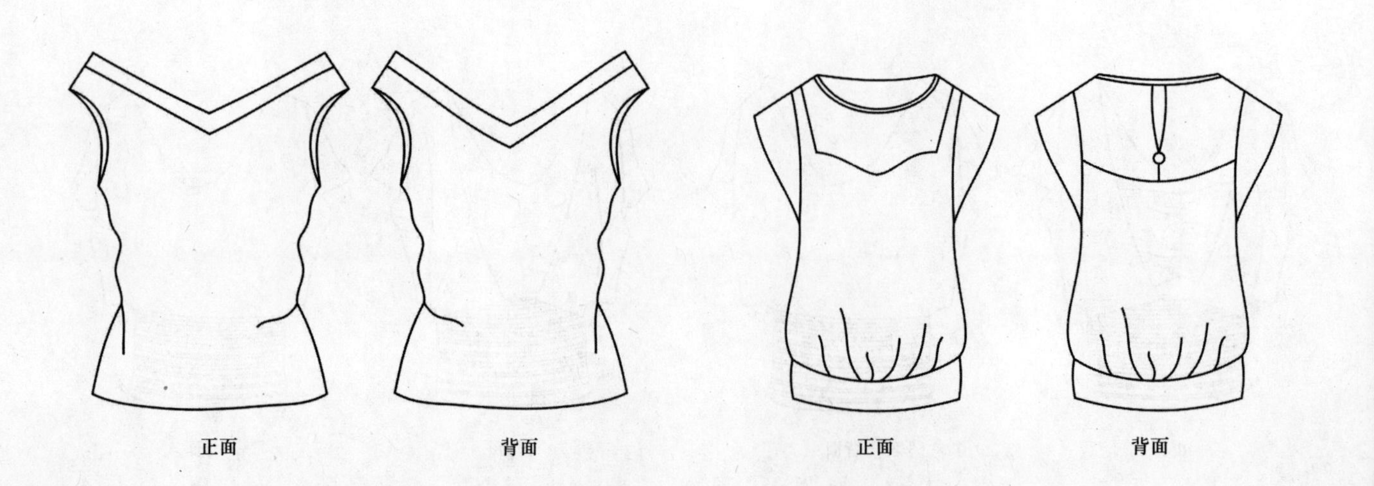
正面
背面
正面
背面

正面
背面
正面
背面

正面
背面
正面
背面

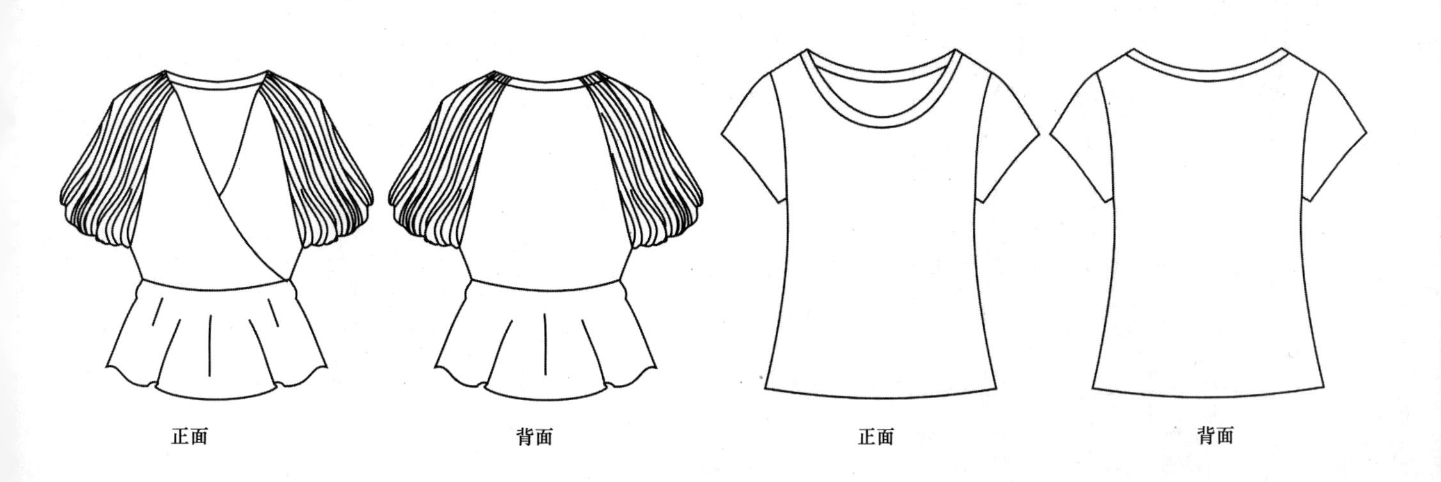
正面
背面
正面
背面

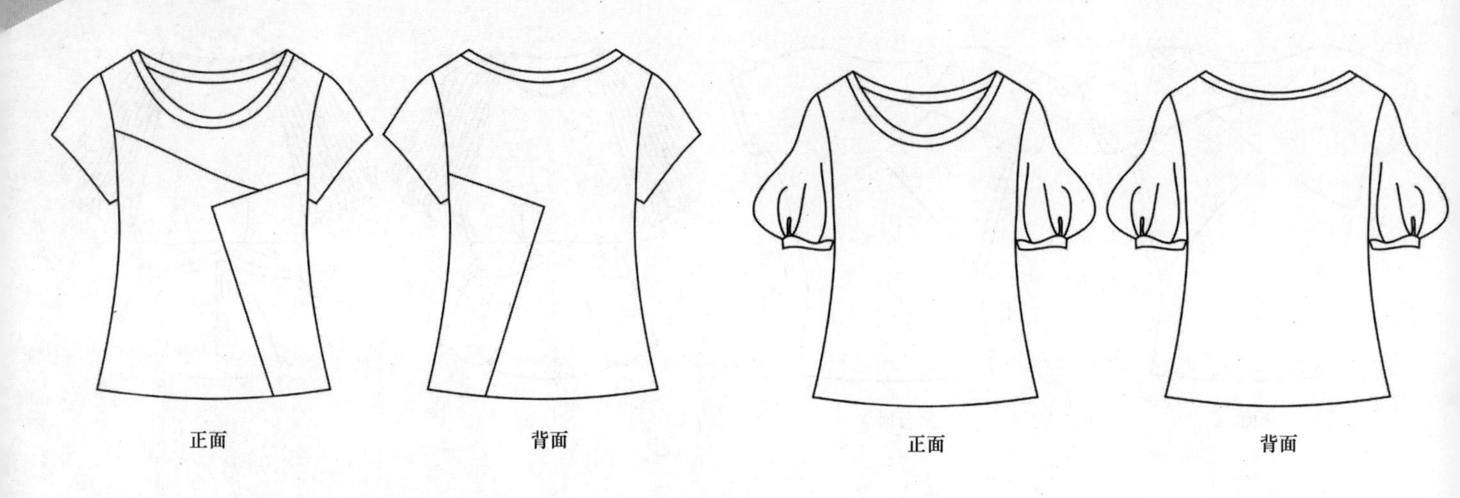
正面
背面
正面
背面

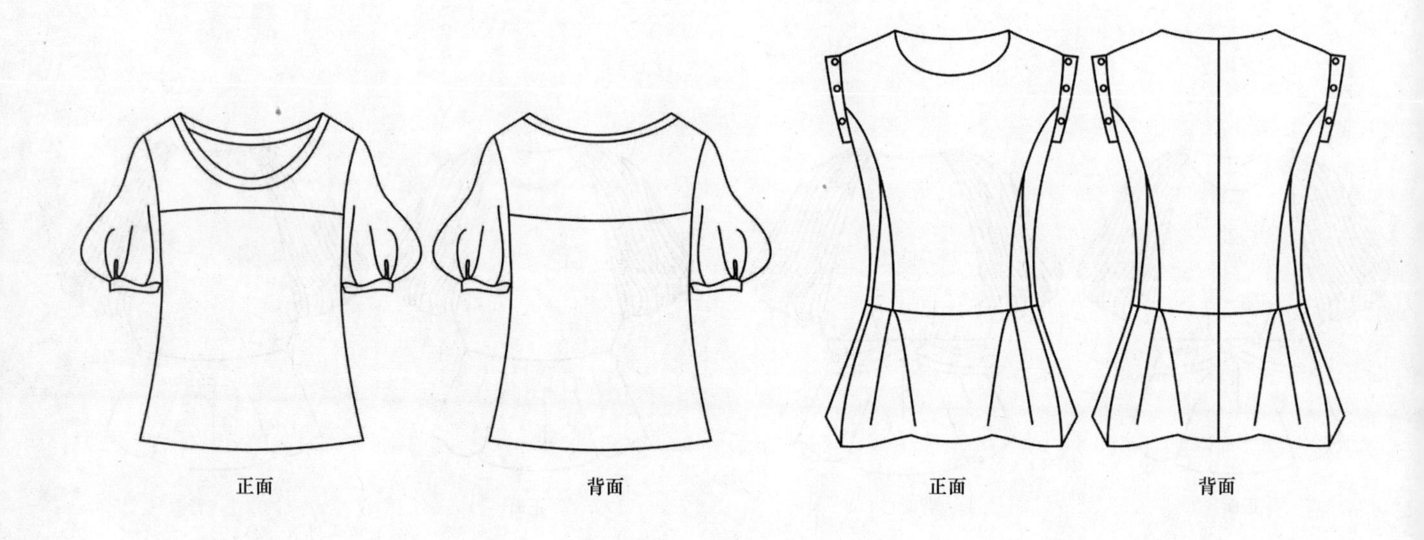
正面
背面
正面
背面

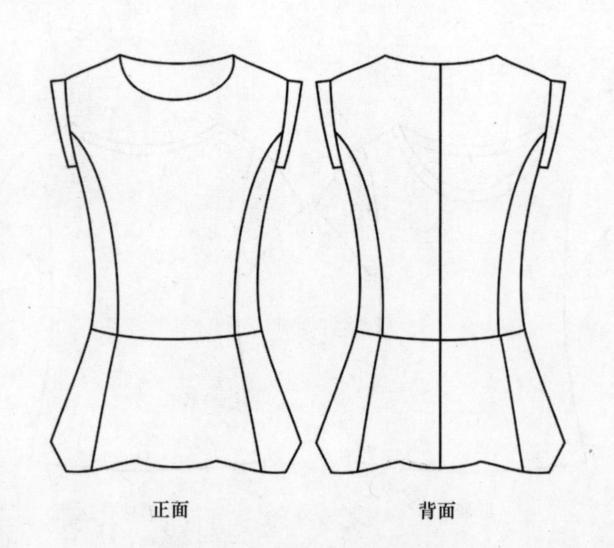
正面
背面

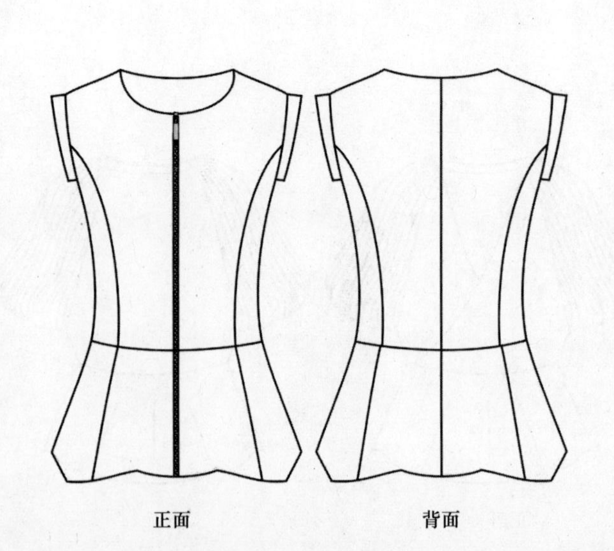
正面
背面

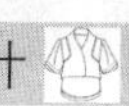

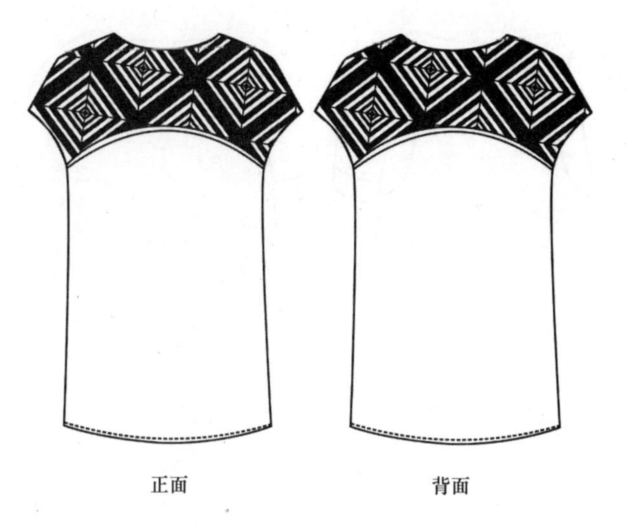

正面　背面

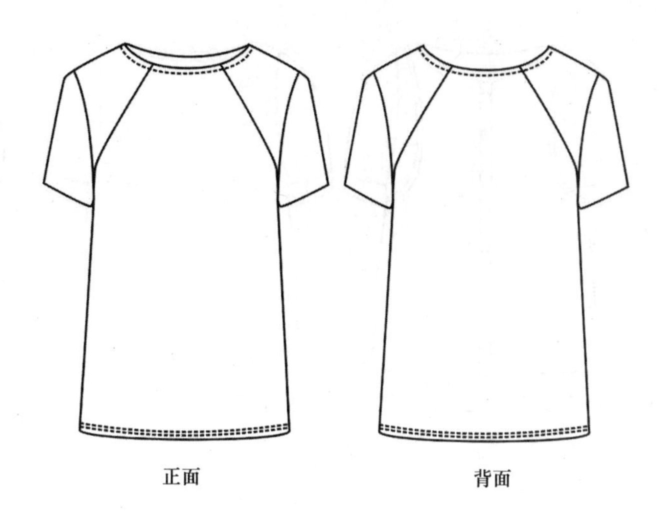

正面　背面

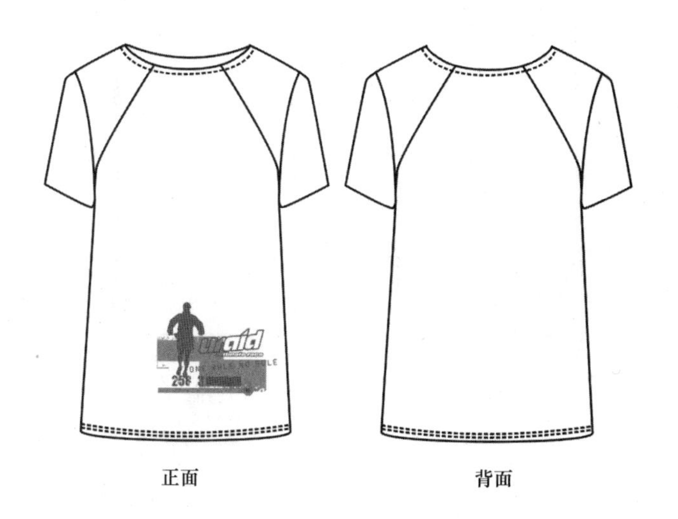

正面　背面

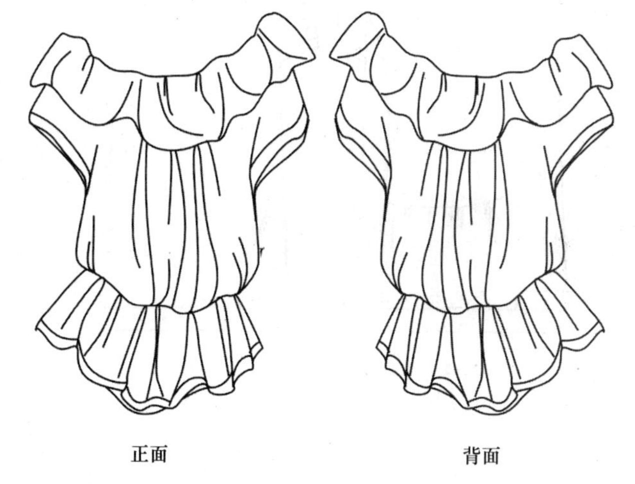

正面　背面

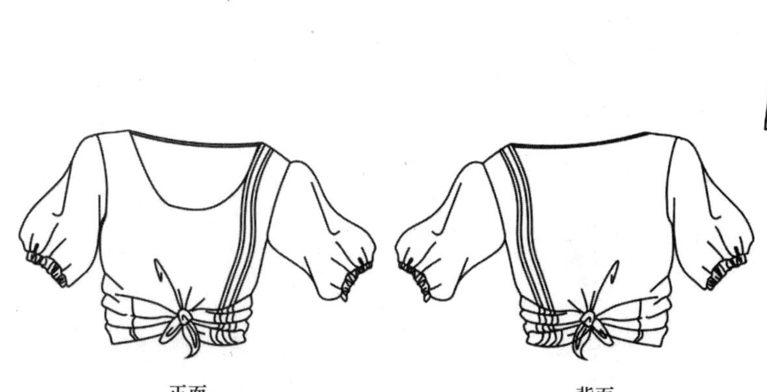

正面　背面

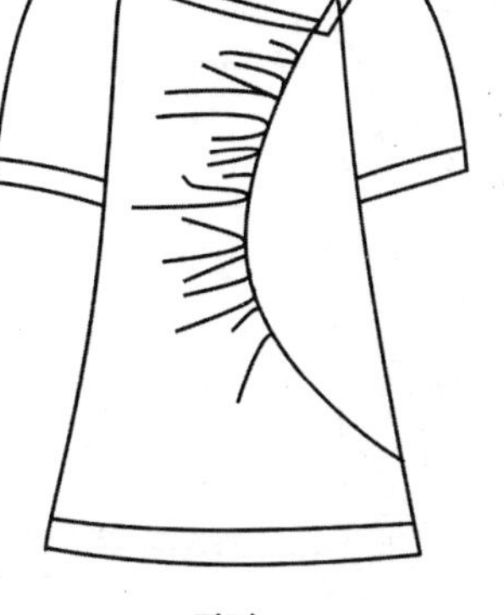

正面

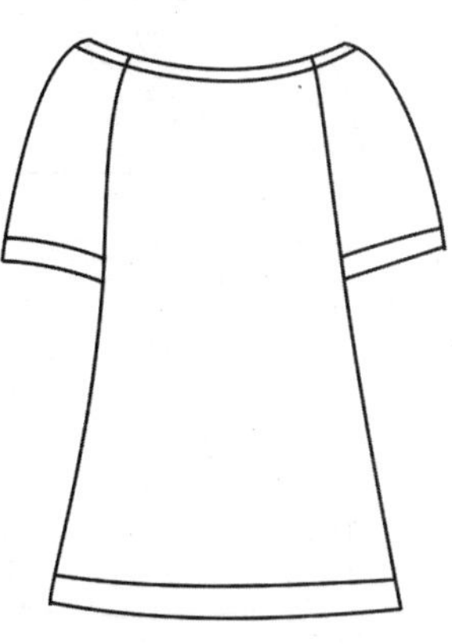

背面

正面
背面
正面
背面

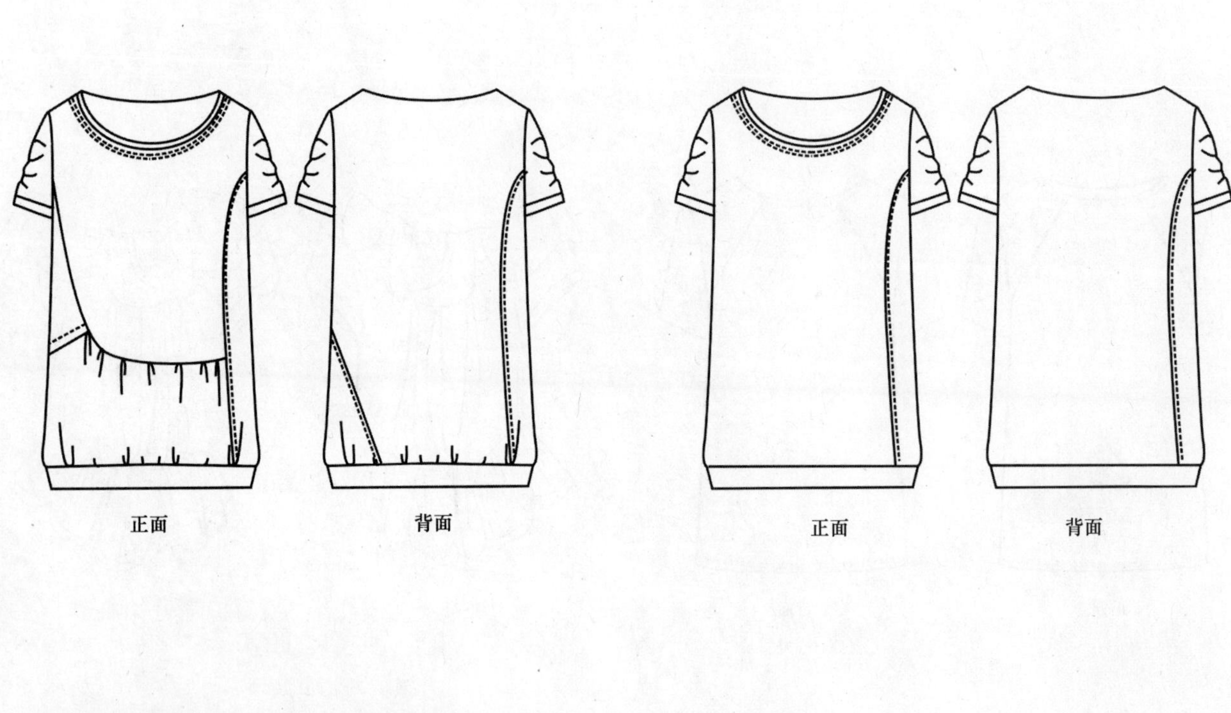

正面
背面
正面
背面

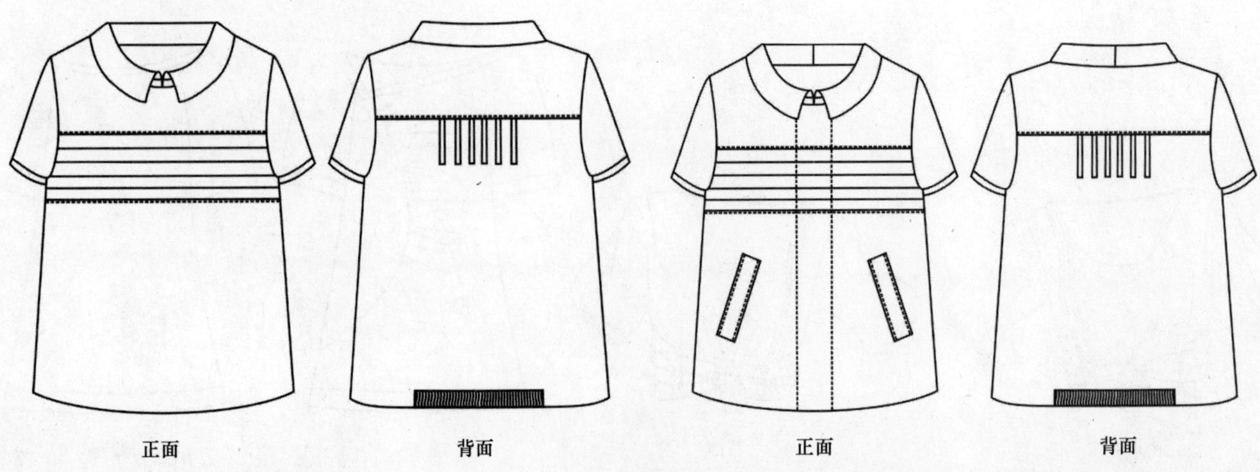

正面
背面
正面
背面

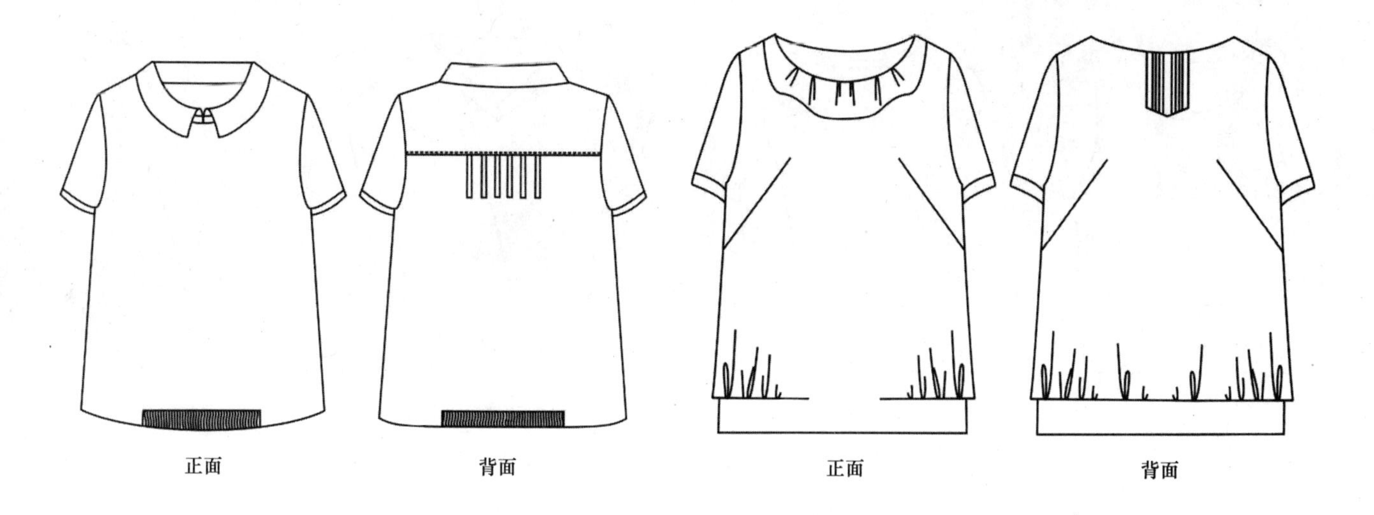

正面
背面
正面
背面

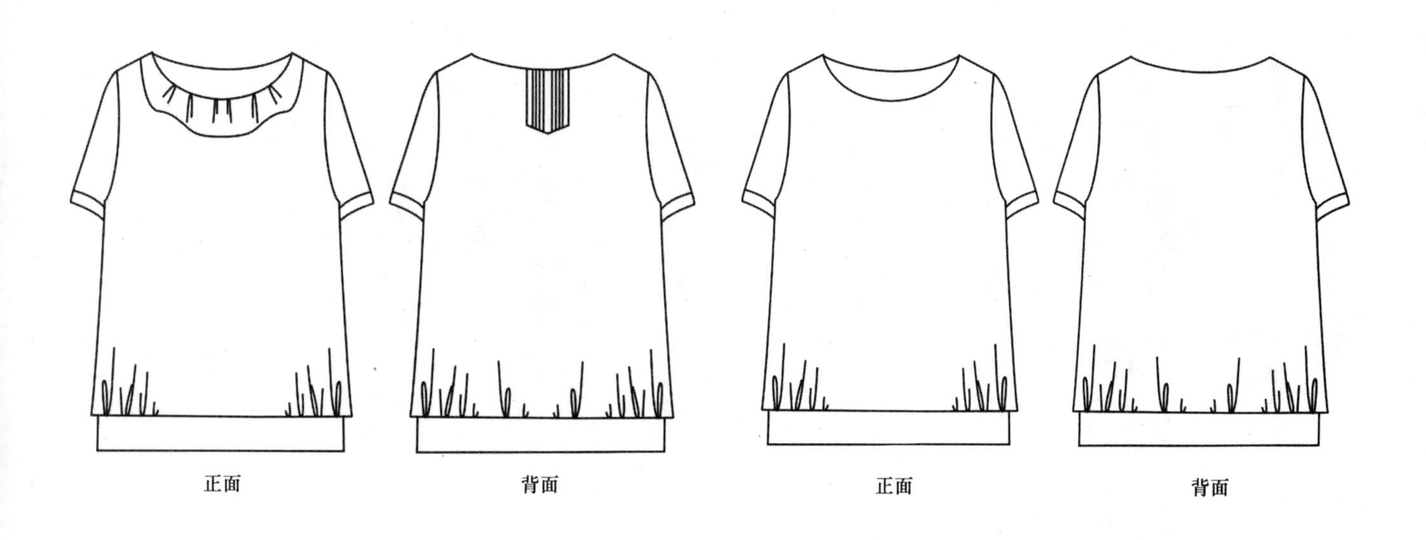

正面
背面
正面
背面

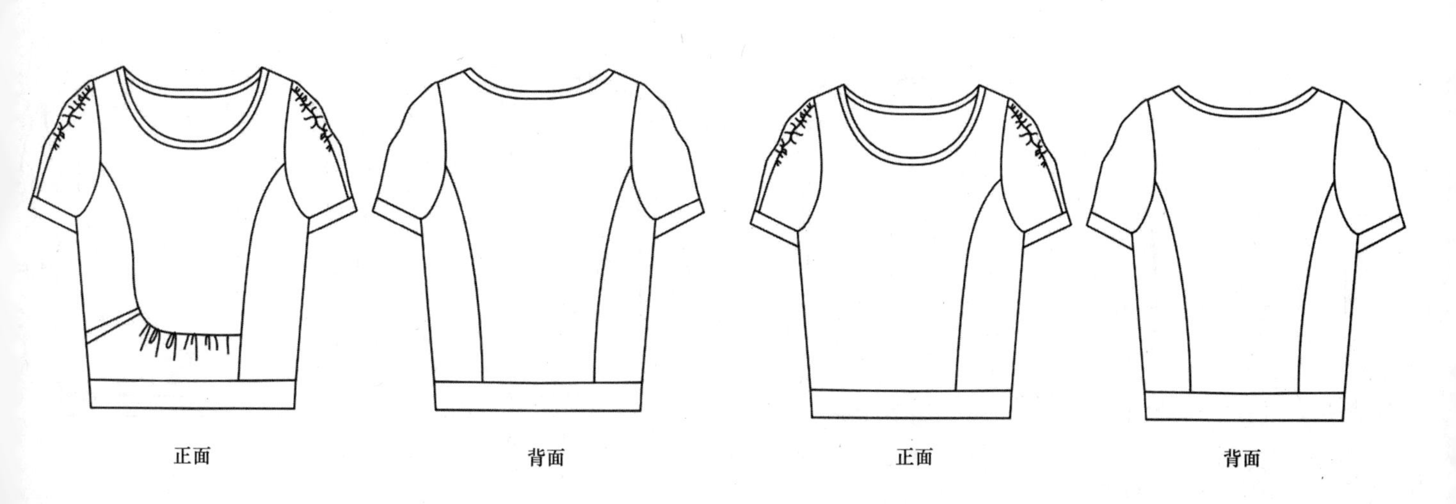

正面
背面
正面
背面

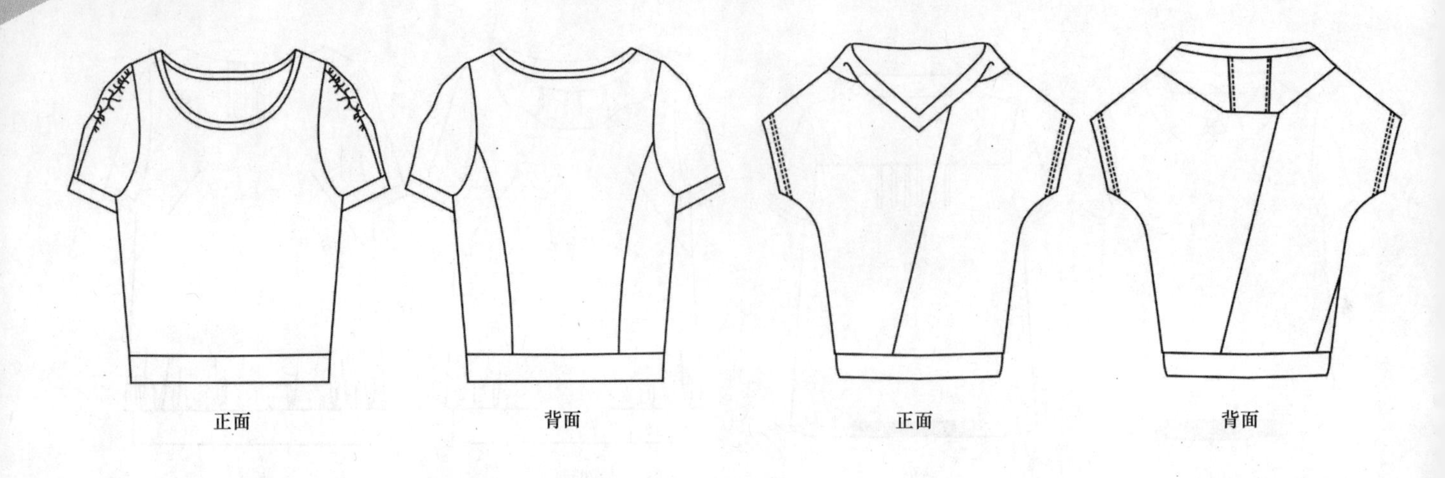

正面　　背面　　正面　　背面

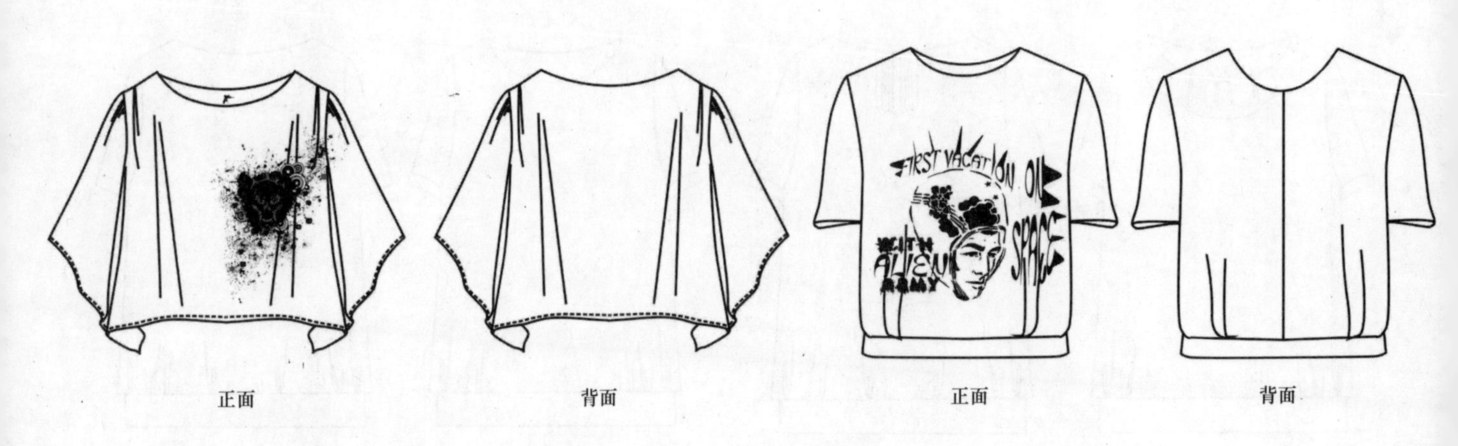

正面　　背面　　正面　　背面

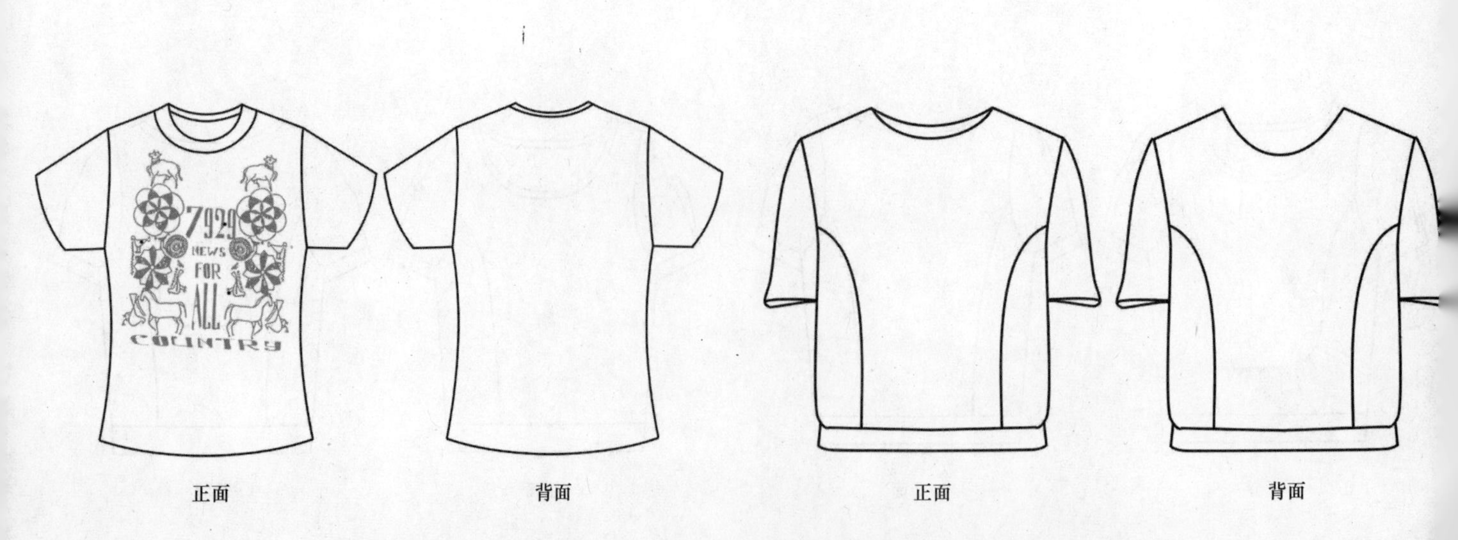

正面　　背面　　正面　　背面

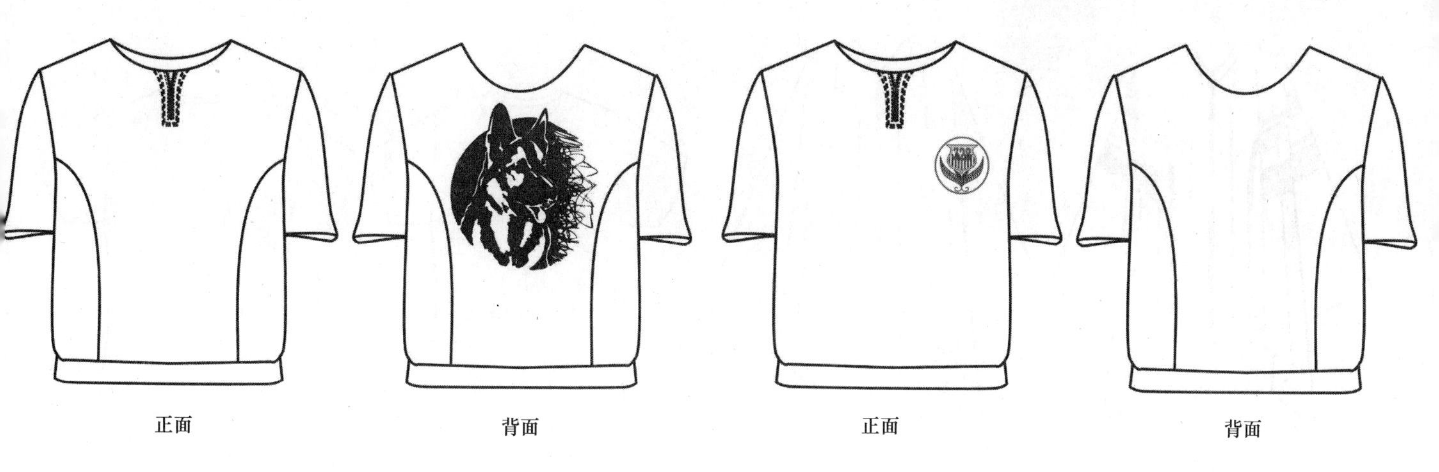
正面
背面
正面
背面

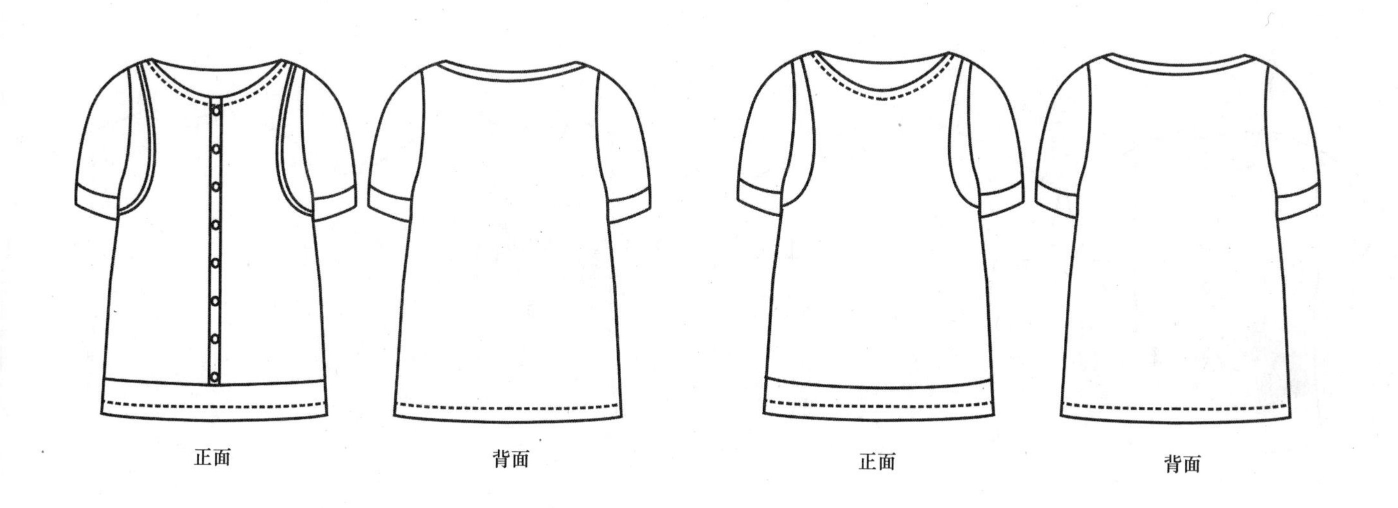
正面
背面
正面
背面

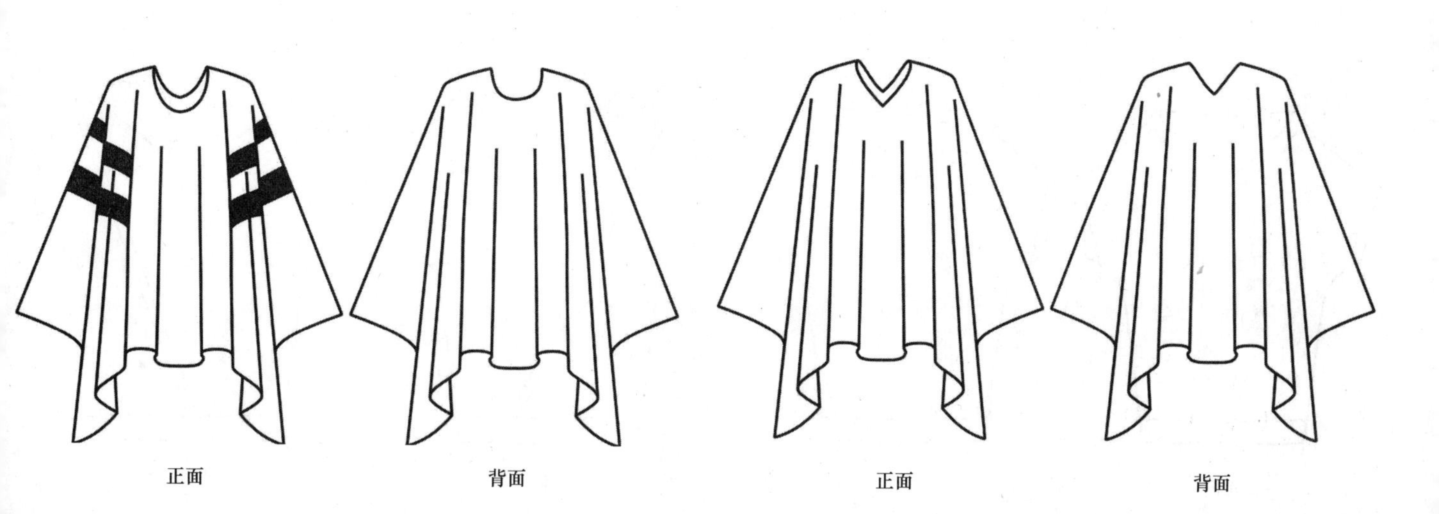
正面
背面
正面
背面

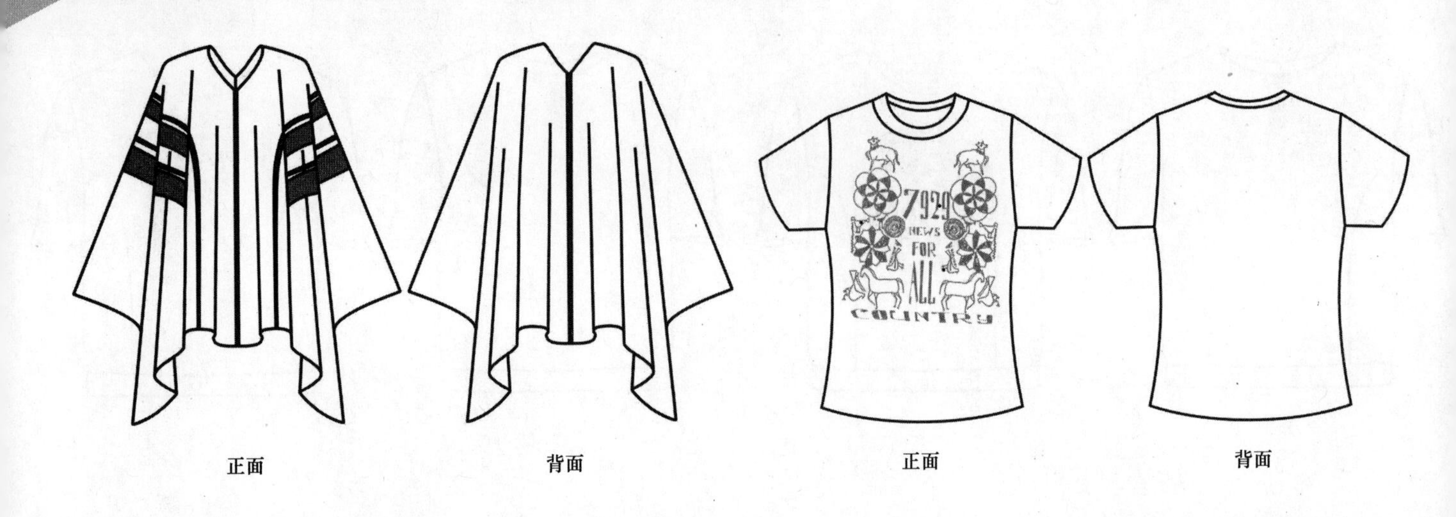

正面　背面　正面　背面

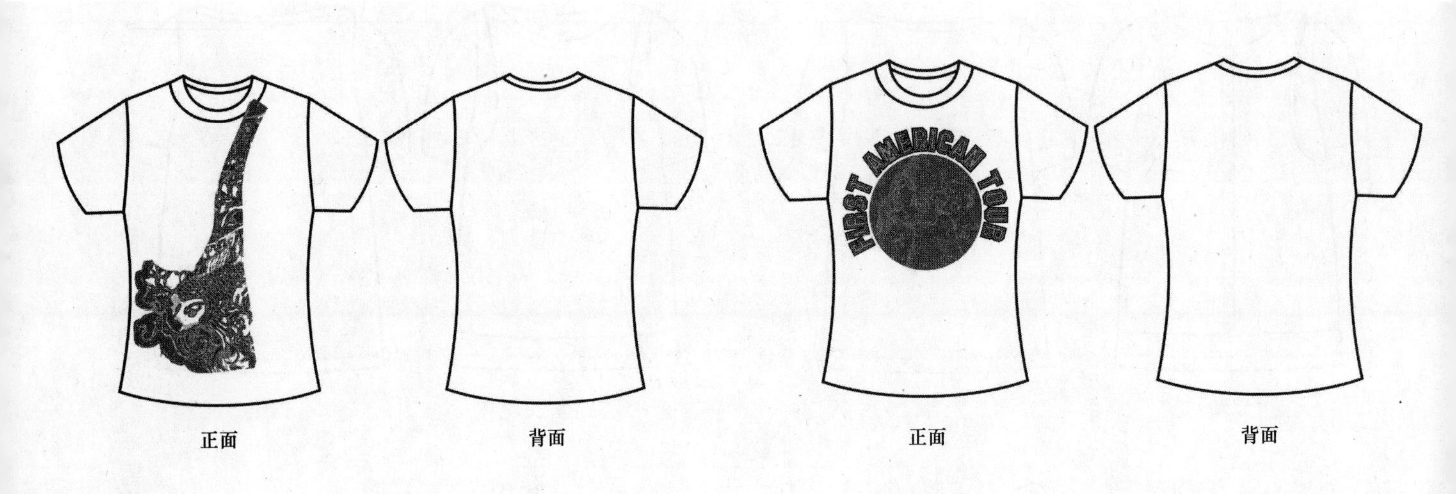

正面　背面　正面　背面

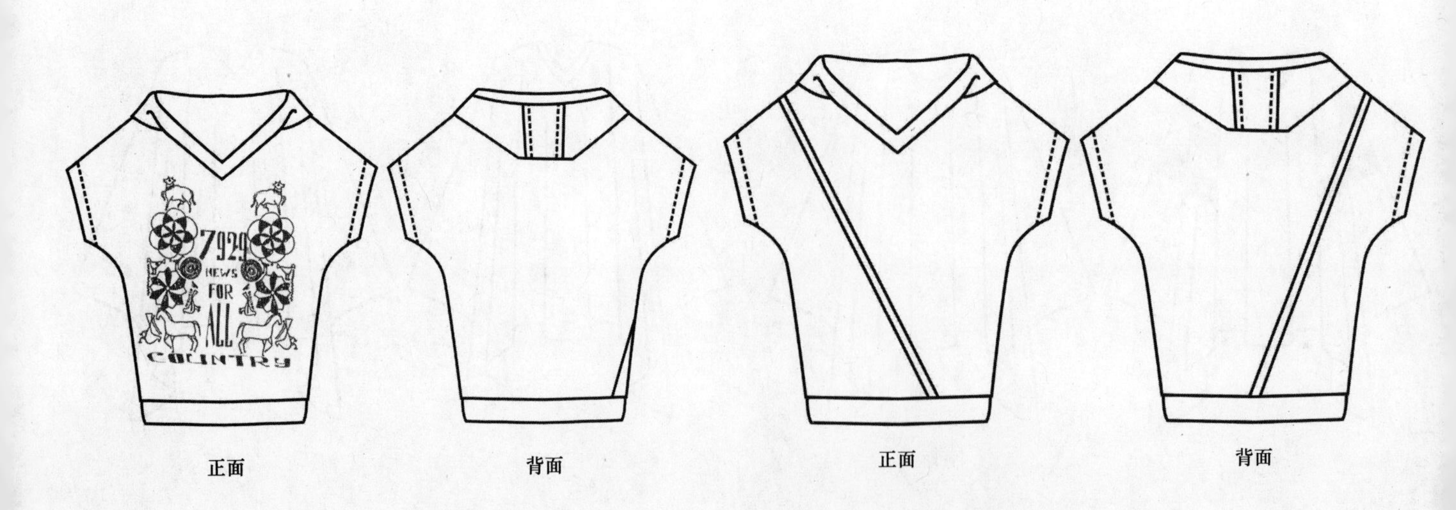

正面　背面　正面　背面

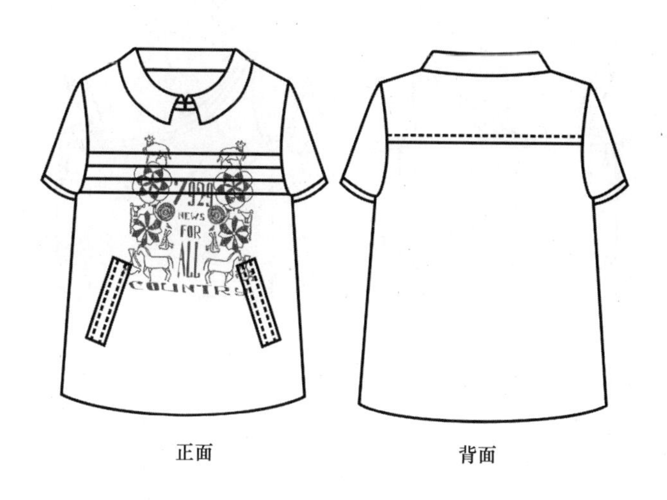

正面　　背面

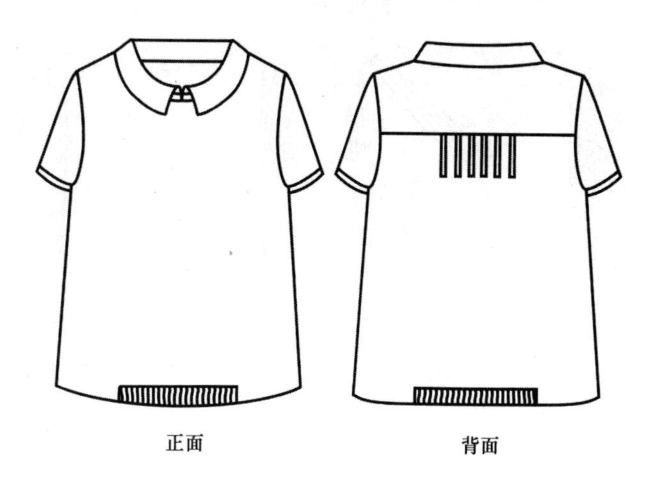

正面　　背面

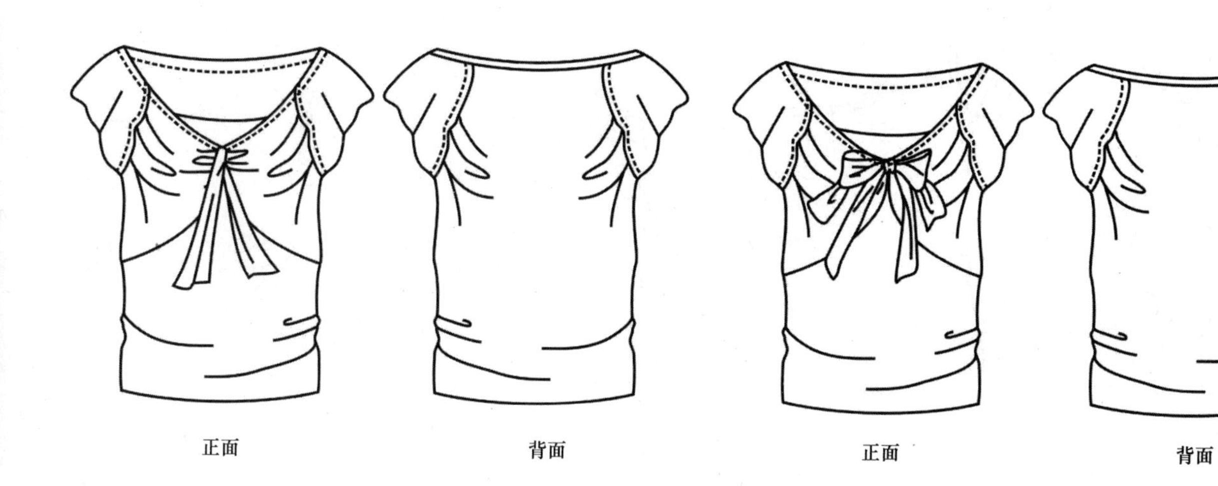

正面　　背面　　正面　　背面

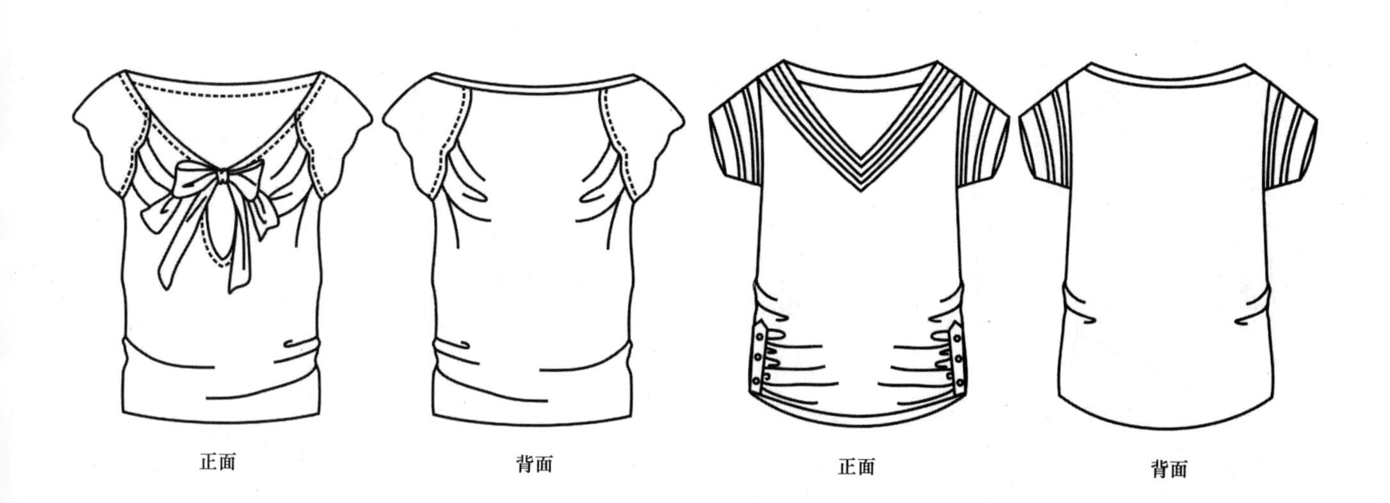

正面　　背面　　正面　　背面

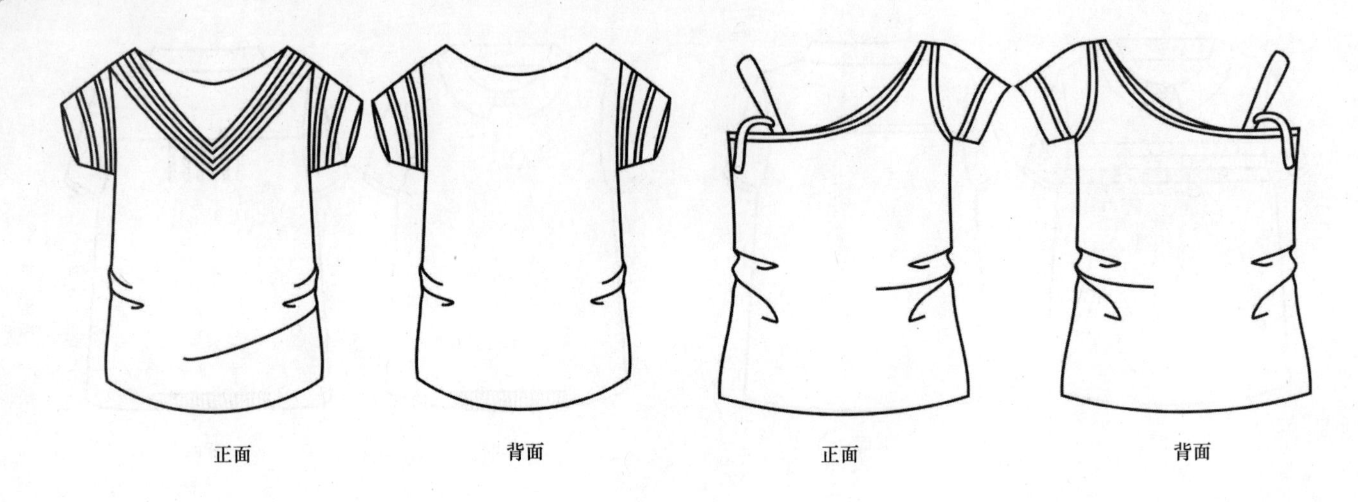

正面　背面　正面　背面

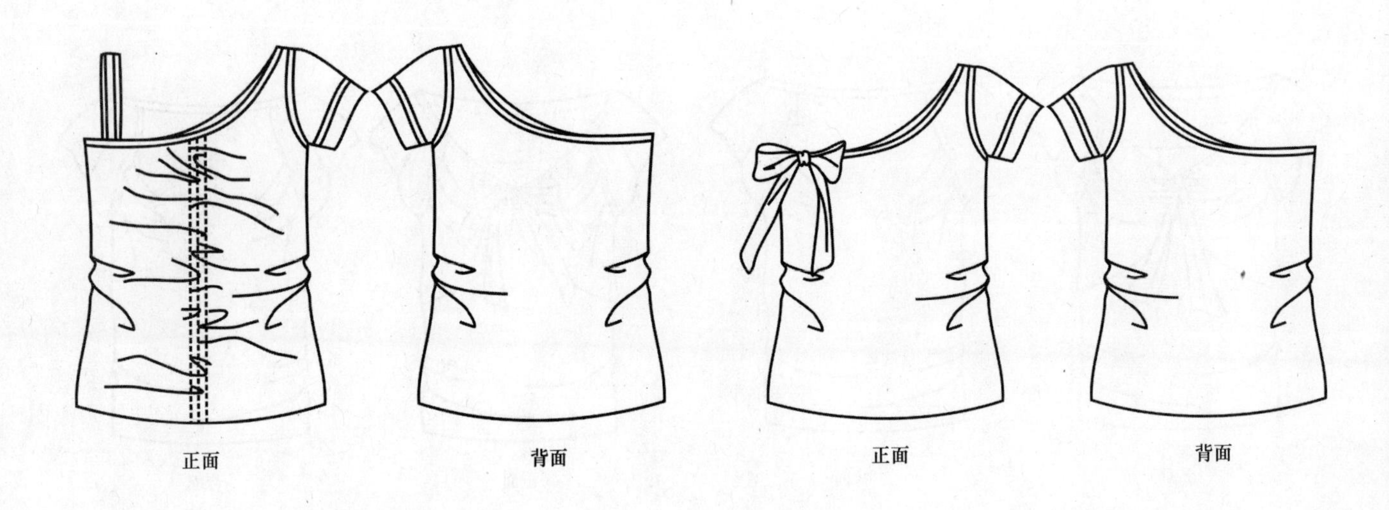

正面　背面　正面　背面

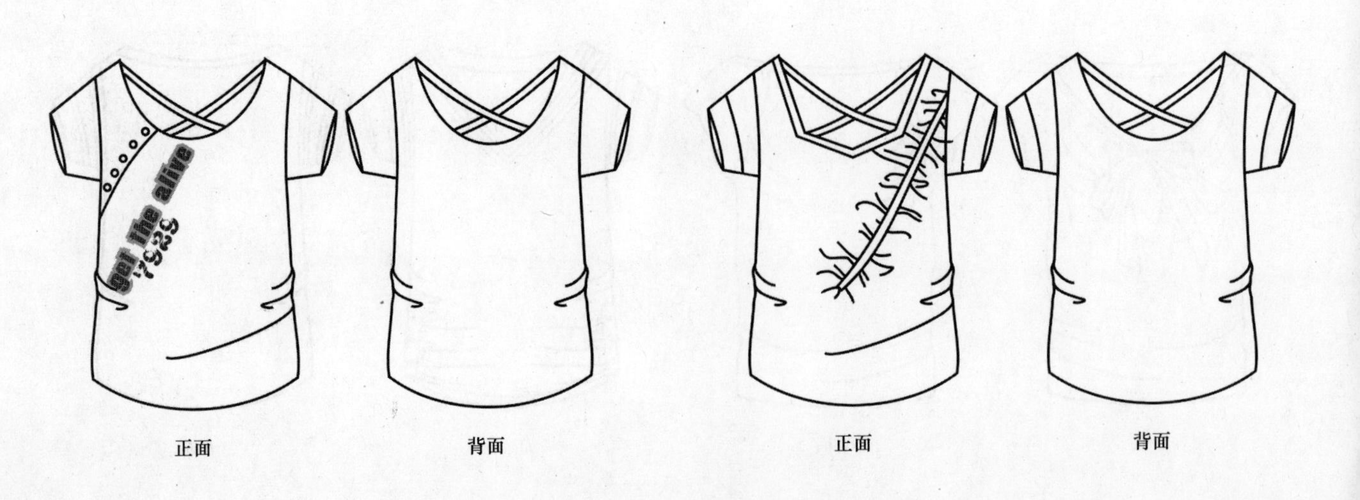

正面　背面　正面　背面

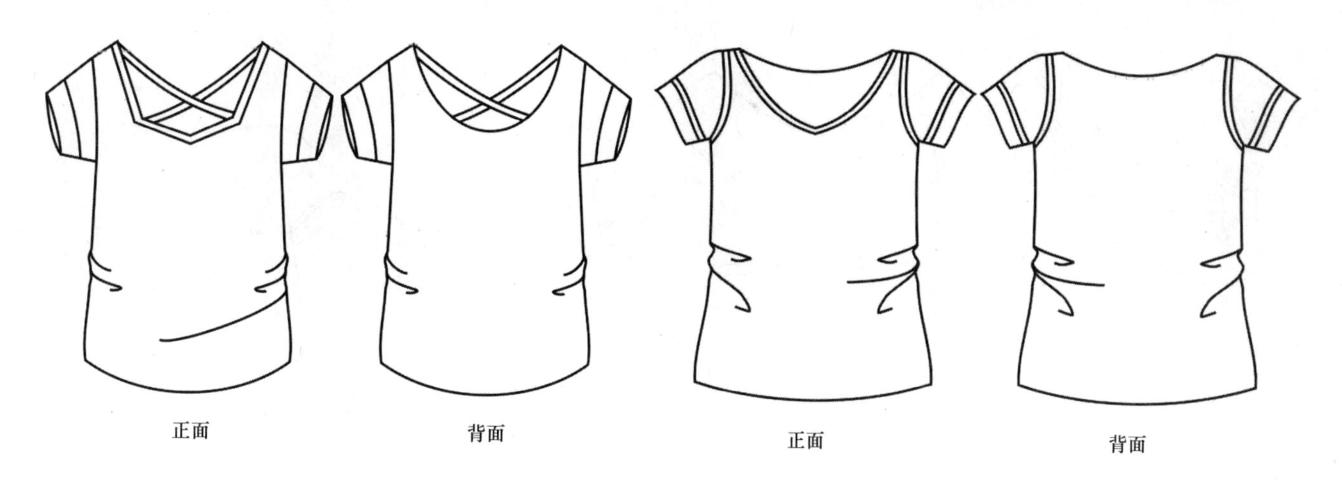
正面
背面
正面
背面

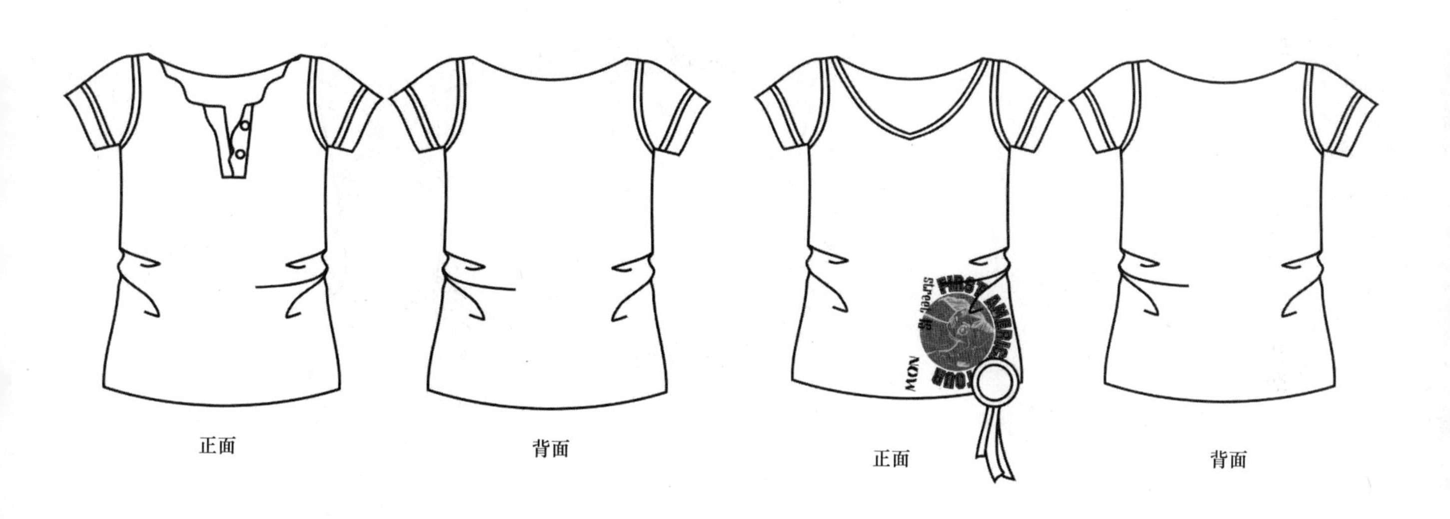
正面
背面
正面
背面

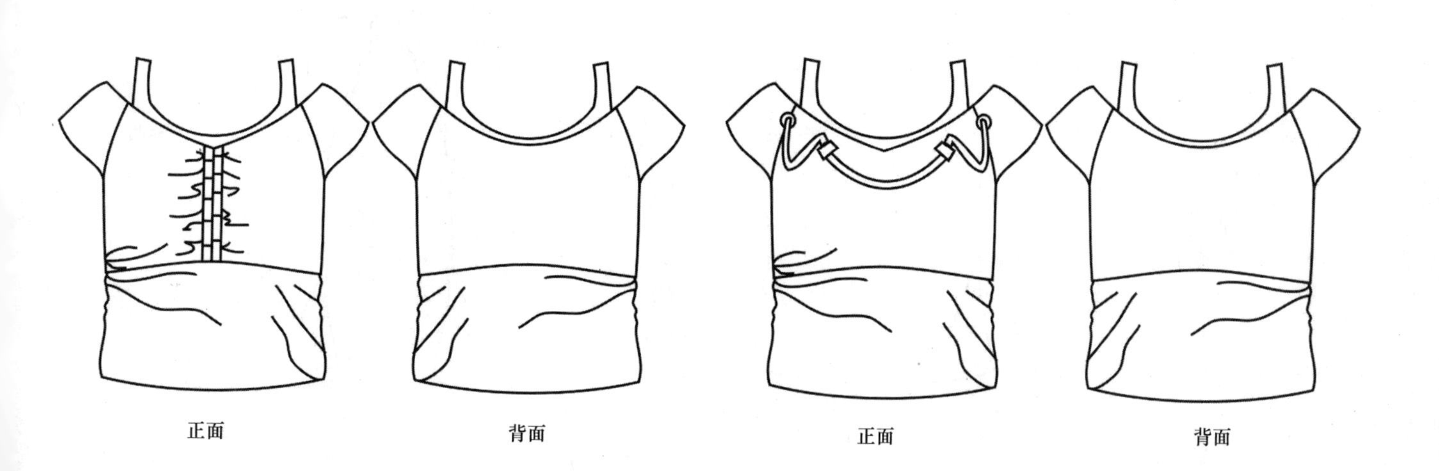
正面
背面
正面
背面

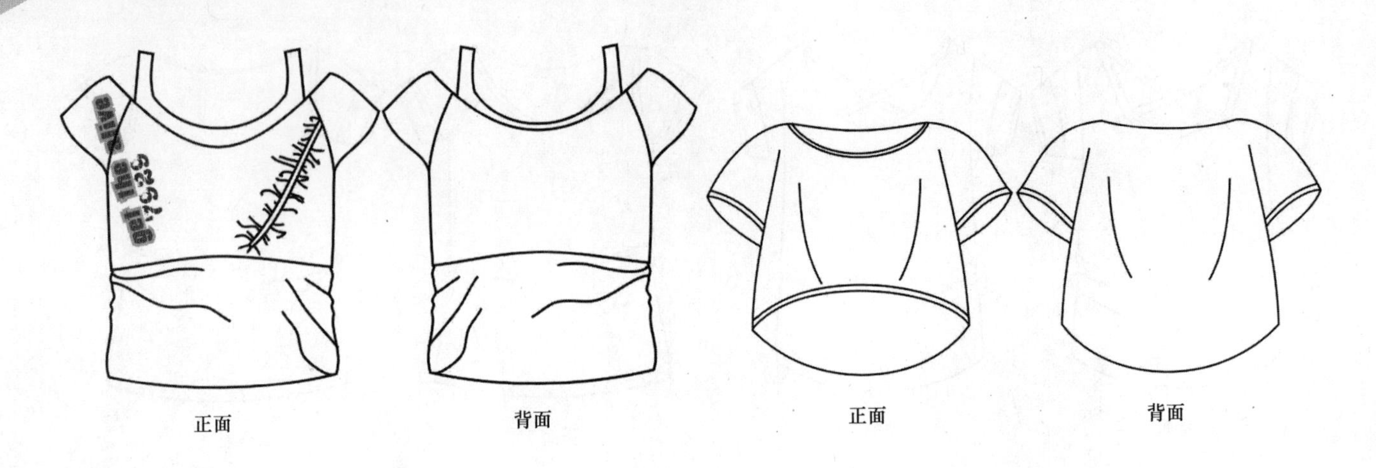

正面 背面 正面 背面

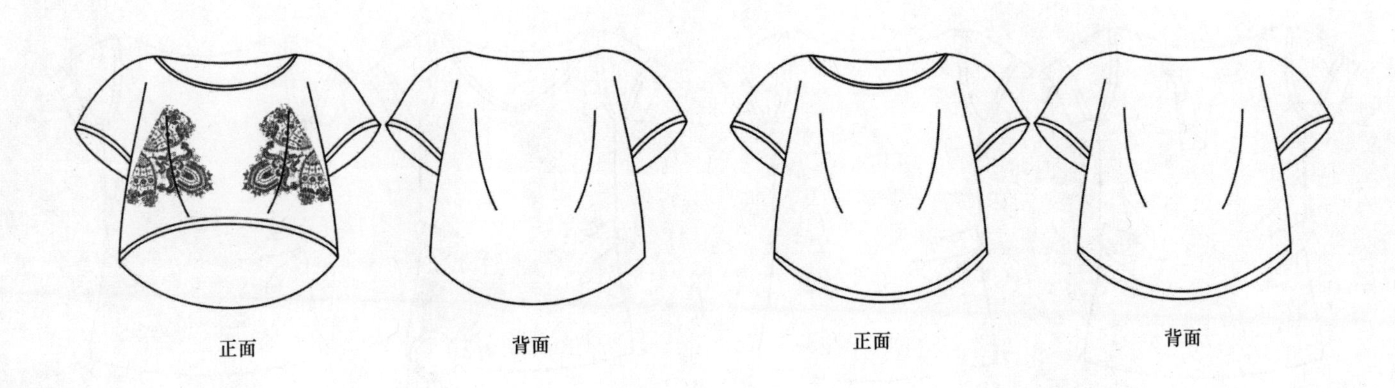

正面 背面 正面 背面

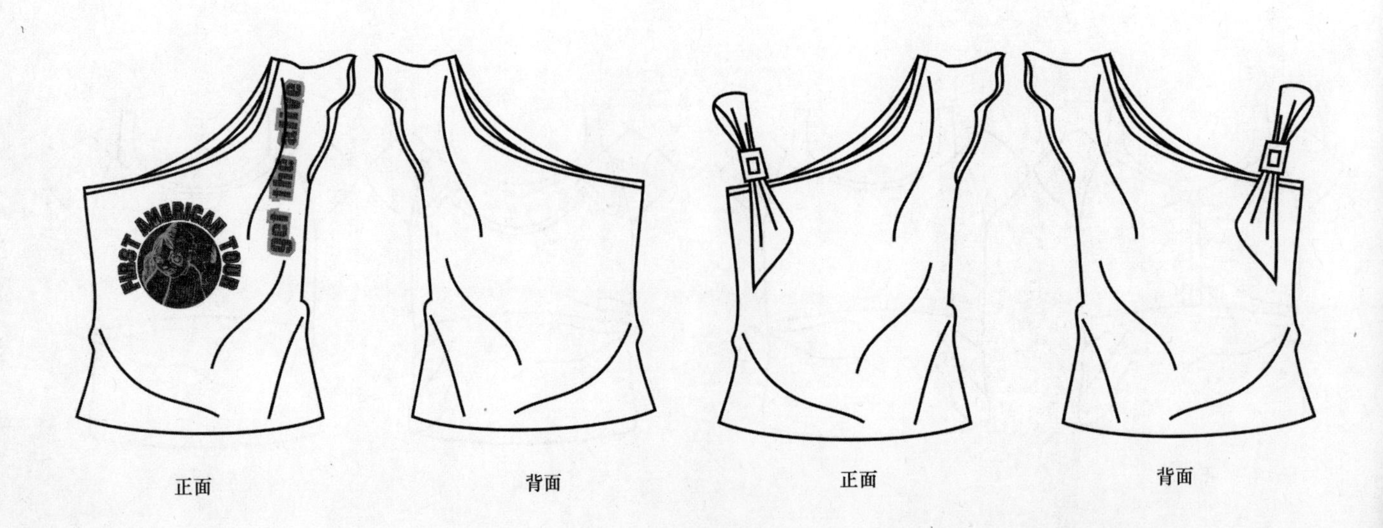

正面 背面 正面 背面

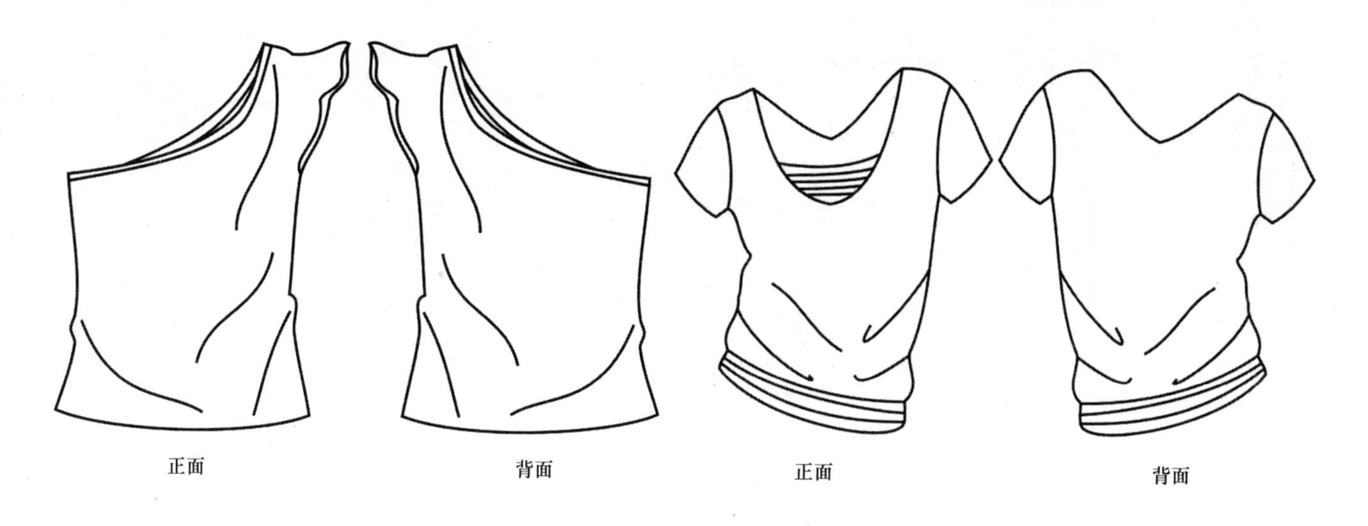
正面
背面
正面
背面

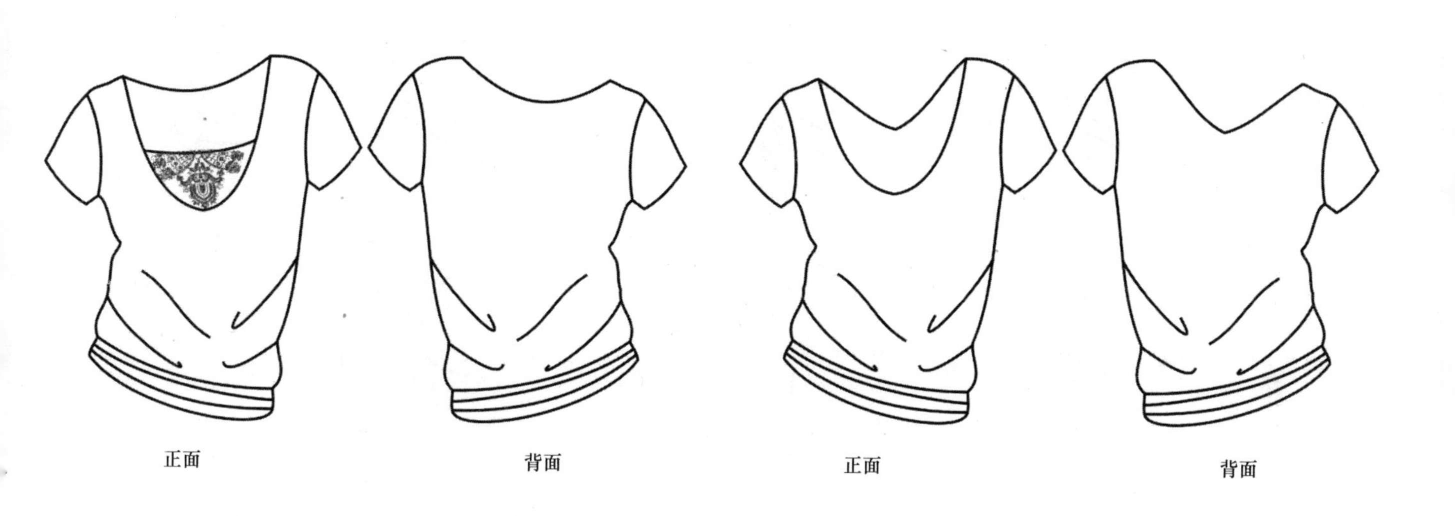
正面
背面
正面
背面

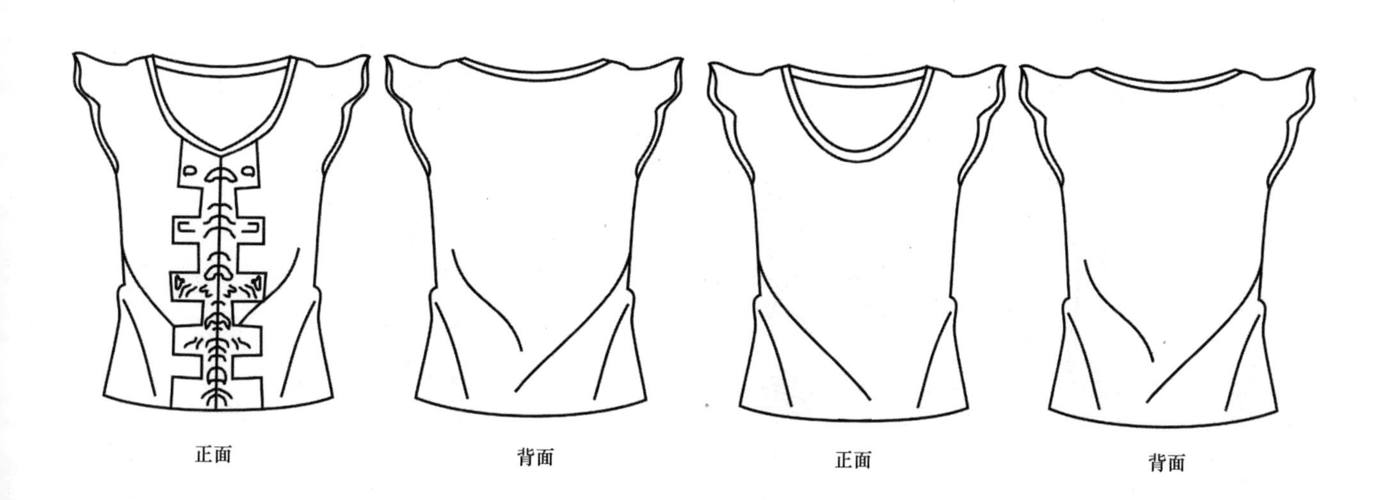
正面
背面
正面
背面

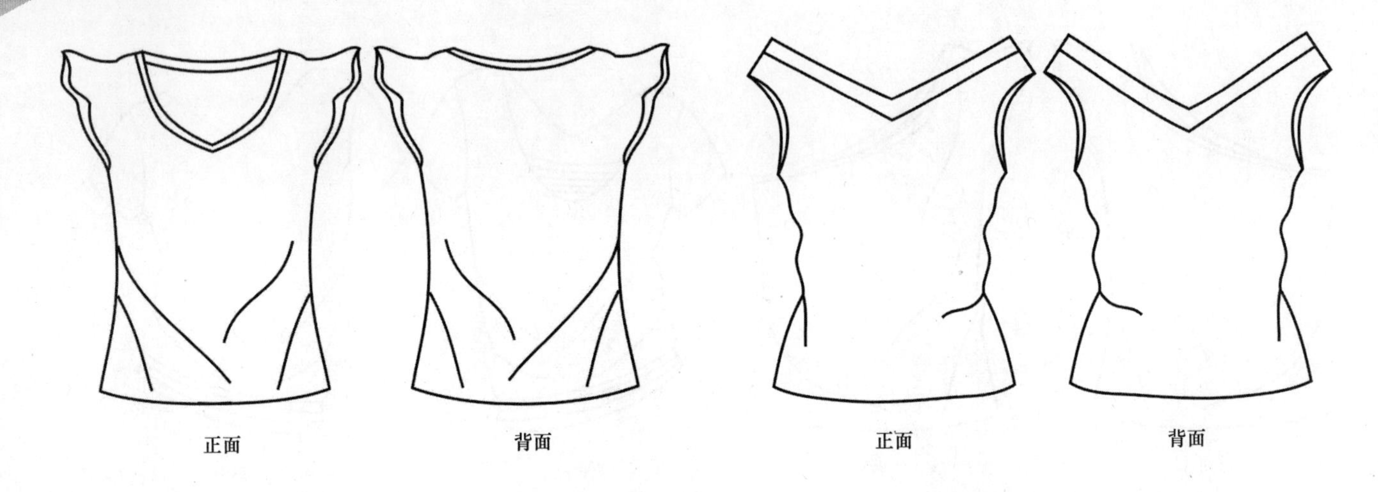

正面　背面　正面　背面

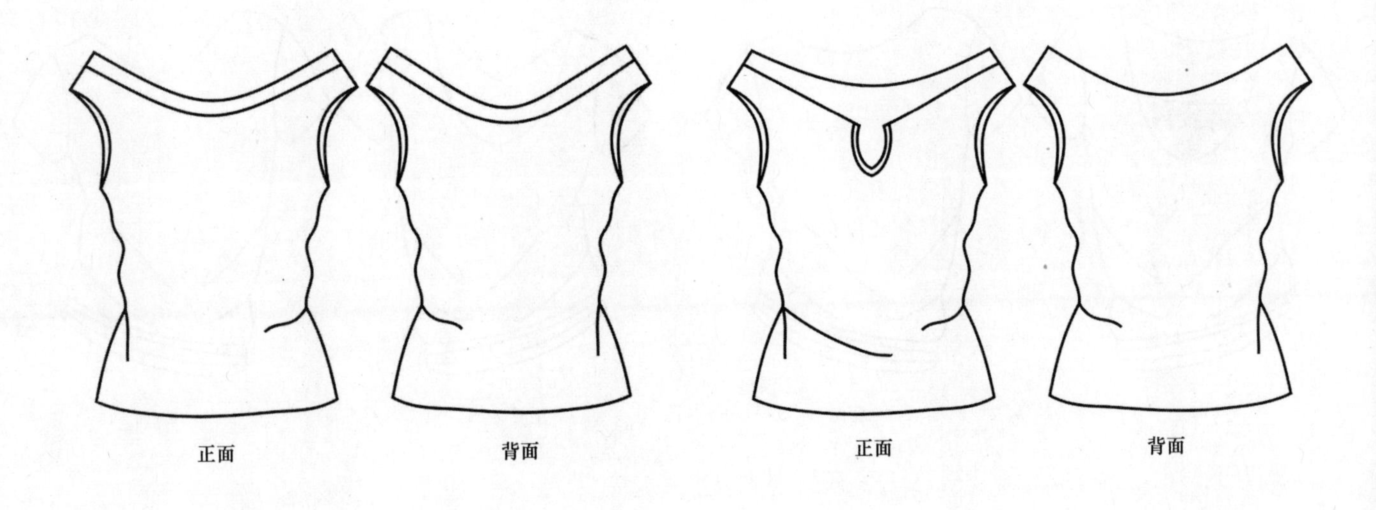

正面　背面　正面　背面

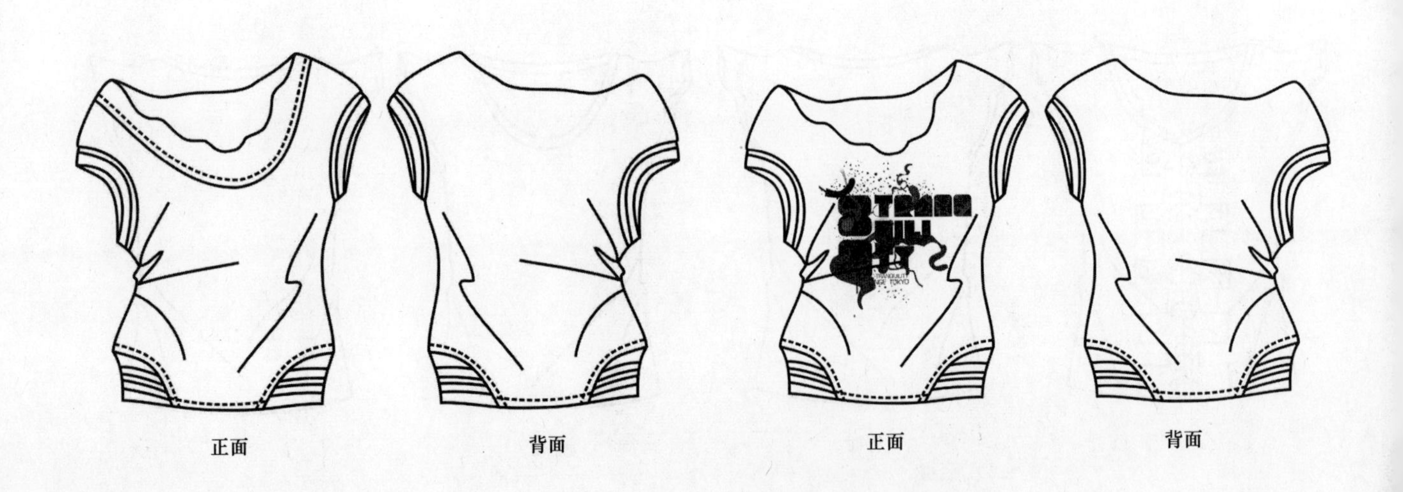

正面　背面　正面　背面

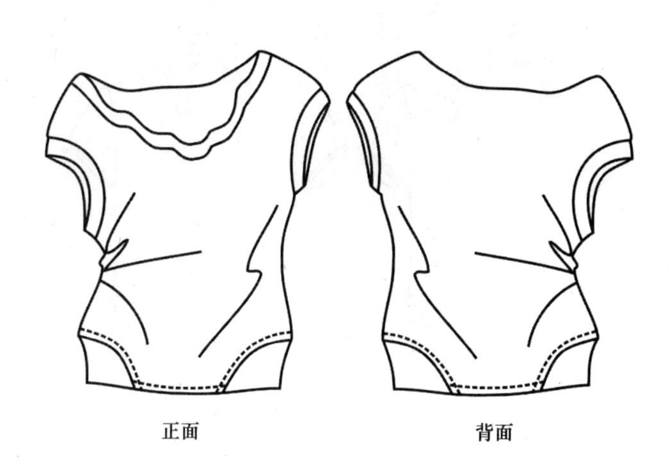

正面　　背面

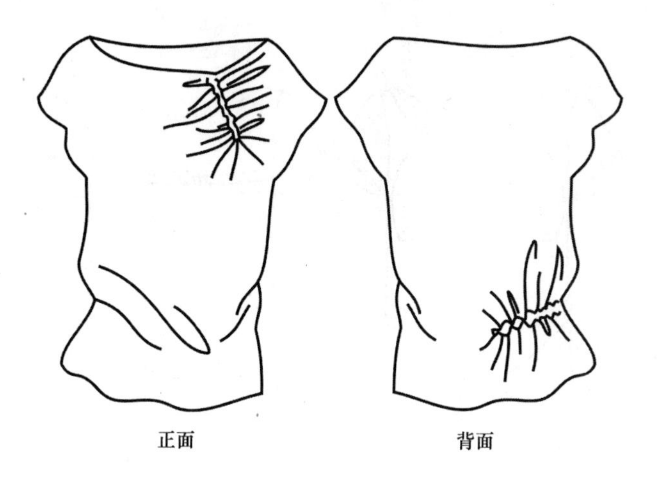

正面　　背面

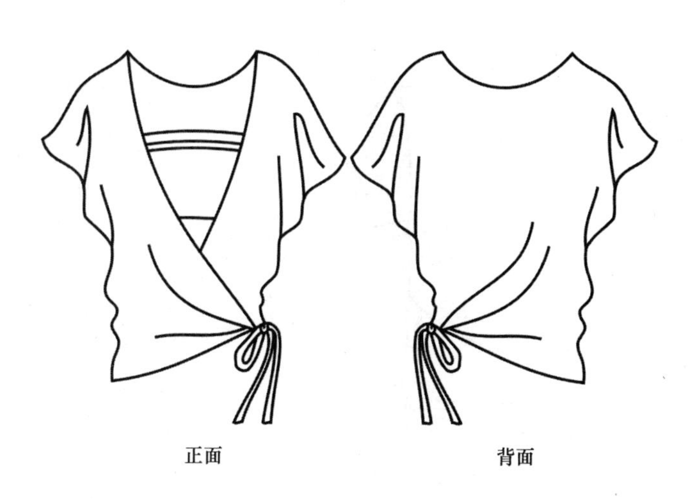

正面　　背面

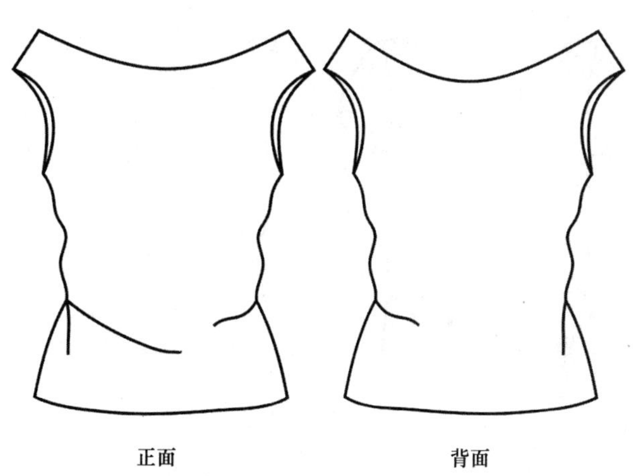

正面　　背面

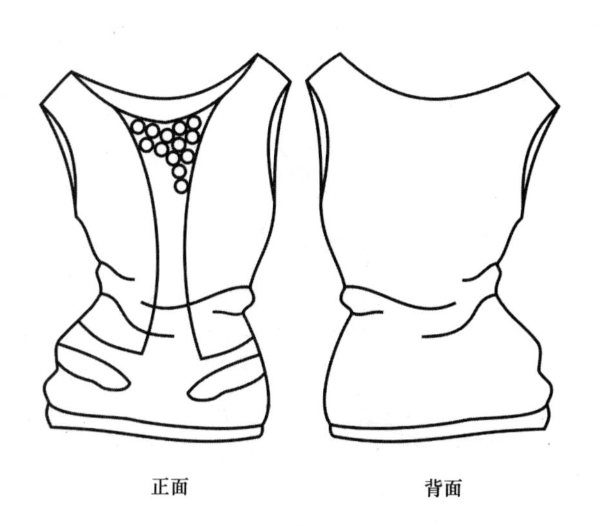

正面　　背面

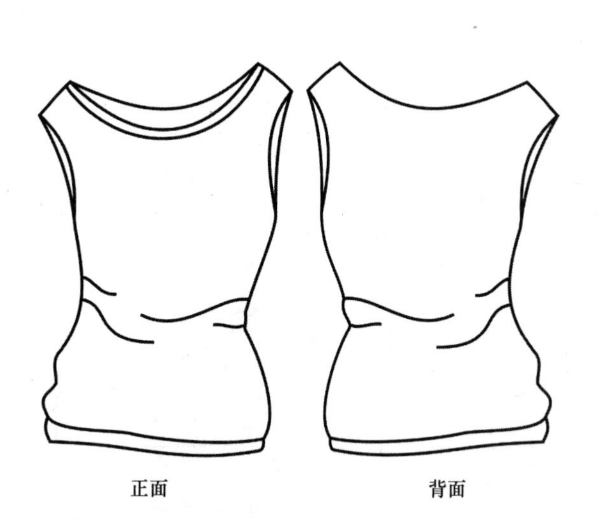

正面　　背面

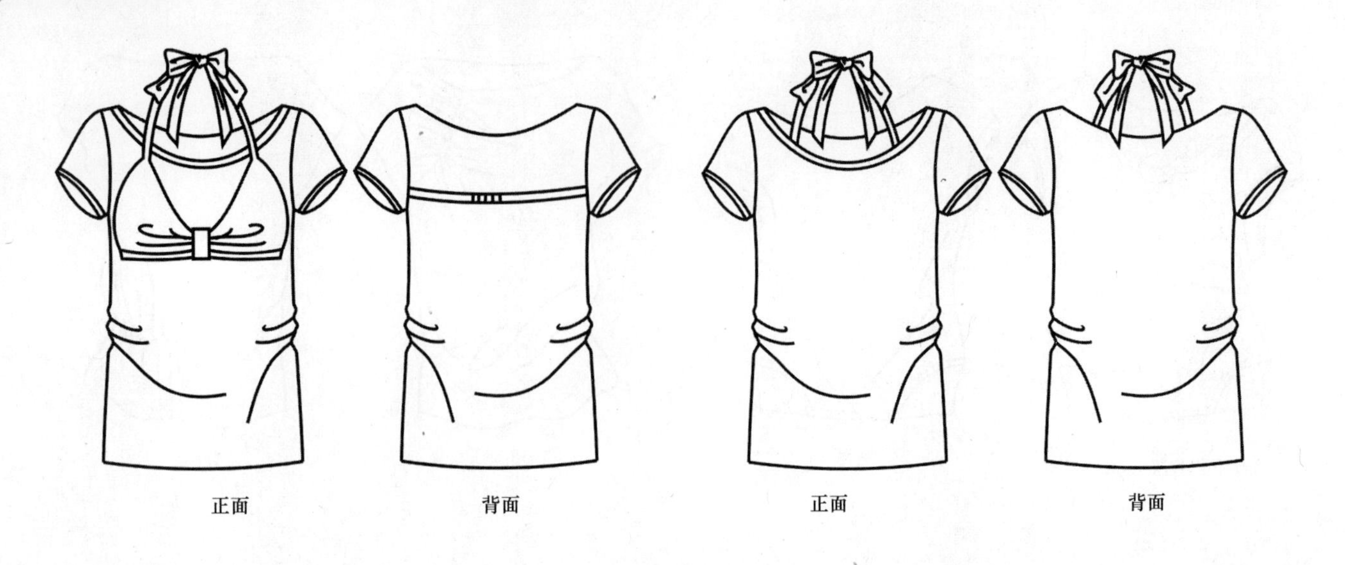

正面　背面　正面　背面

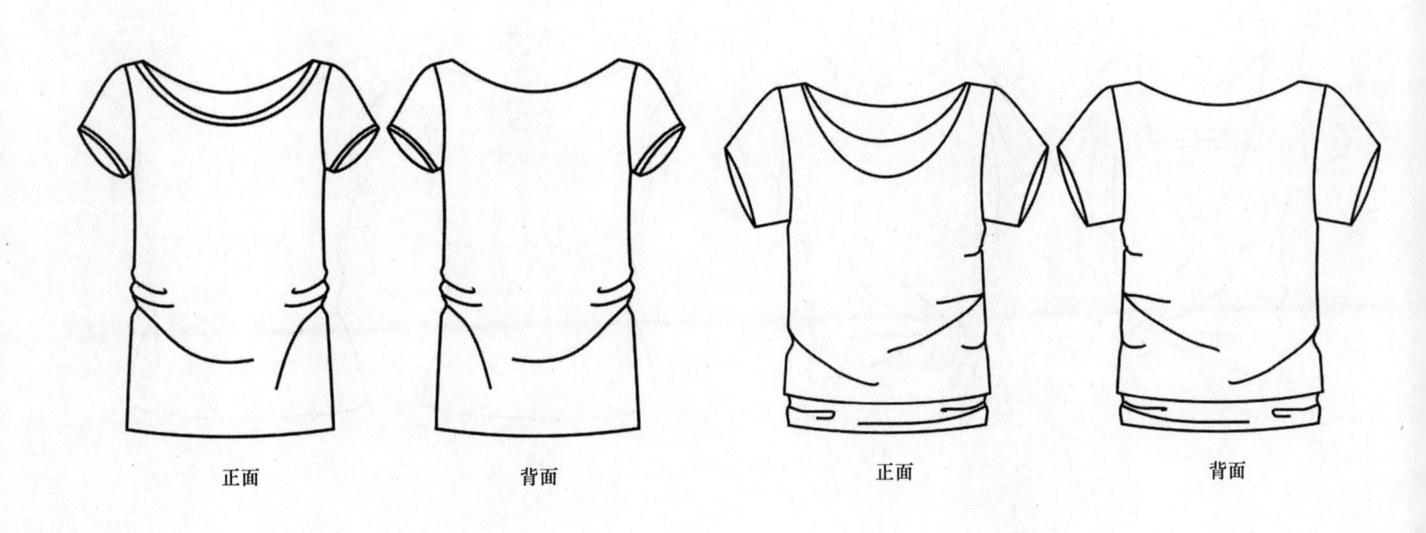

正面　背面　正面　背面

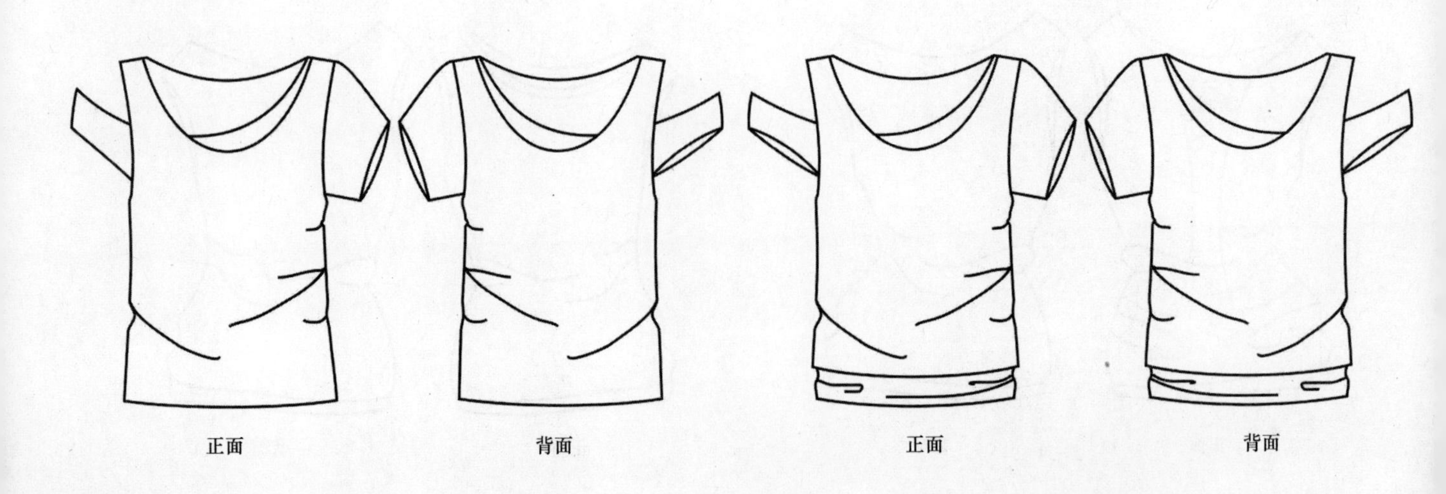

正面　背面　正面　背面

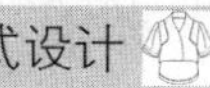

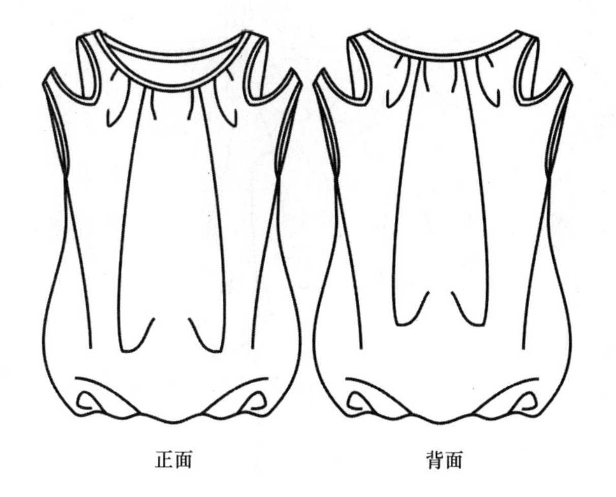

正面 背面

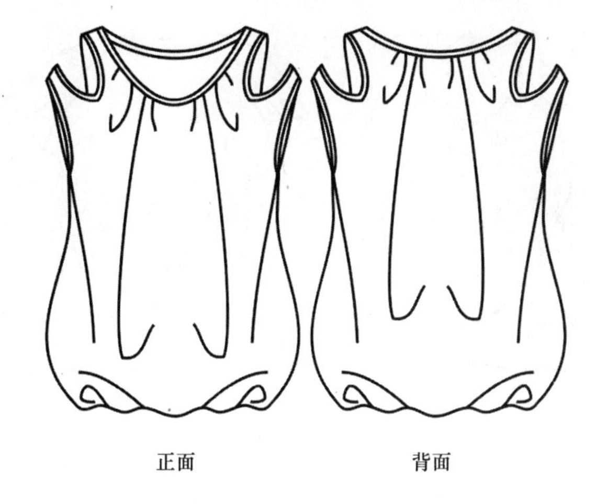

正面 背面

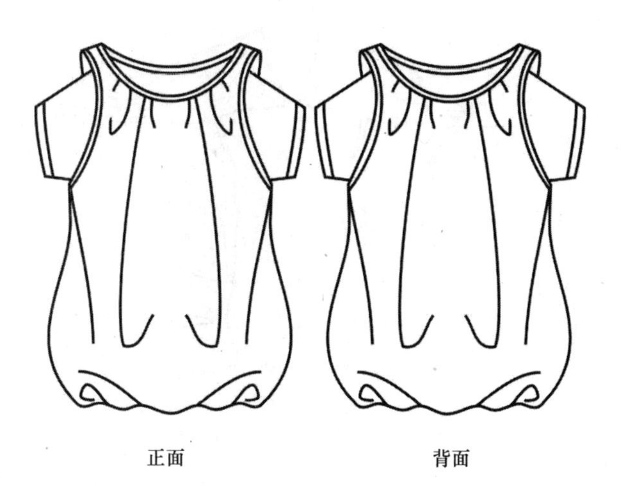

正面 背面

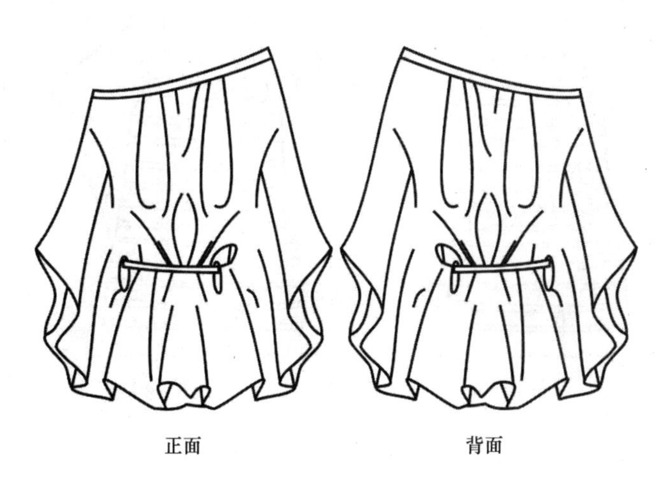

正面 背面

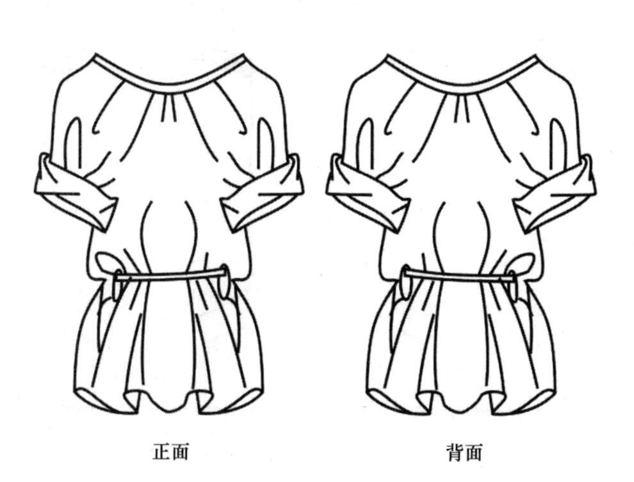

正面 背面

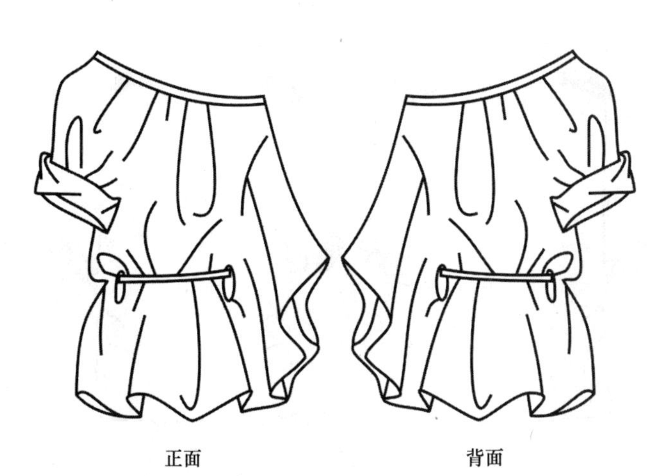

正面 背面

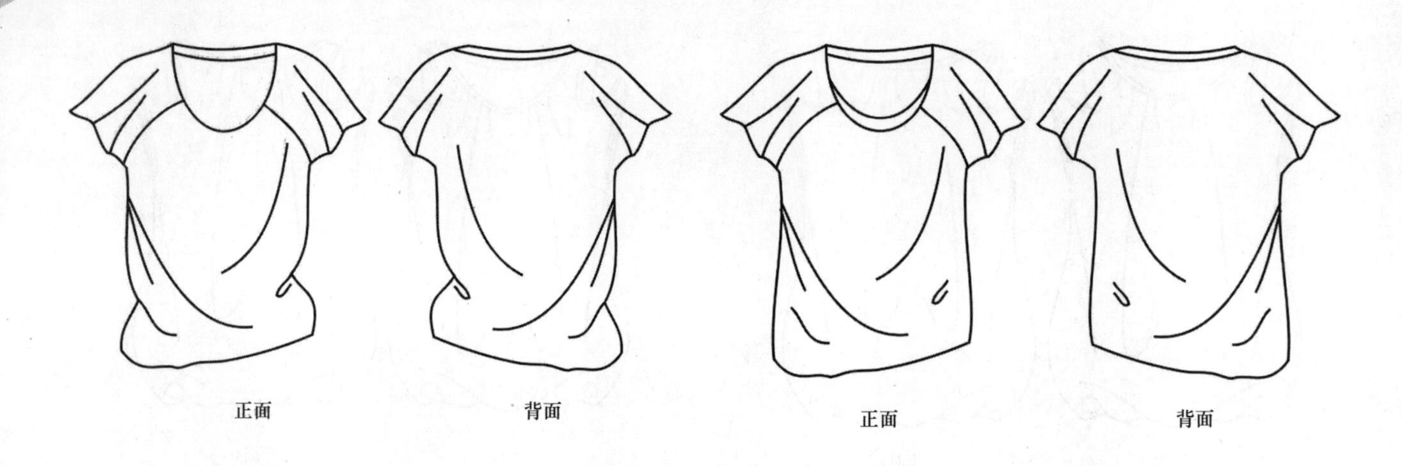

正面　背面　正面　背面

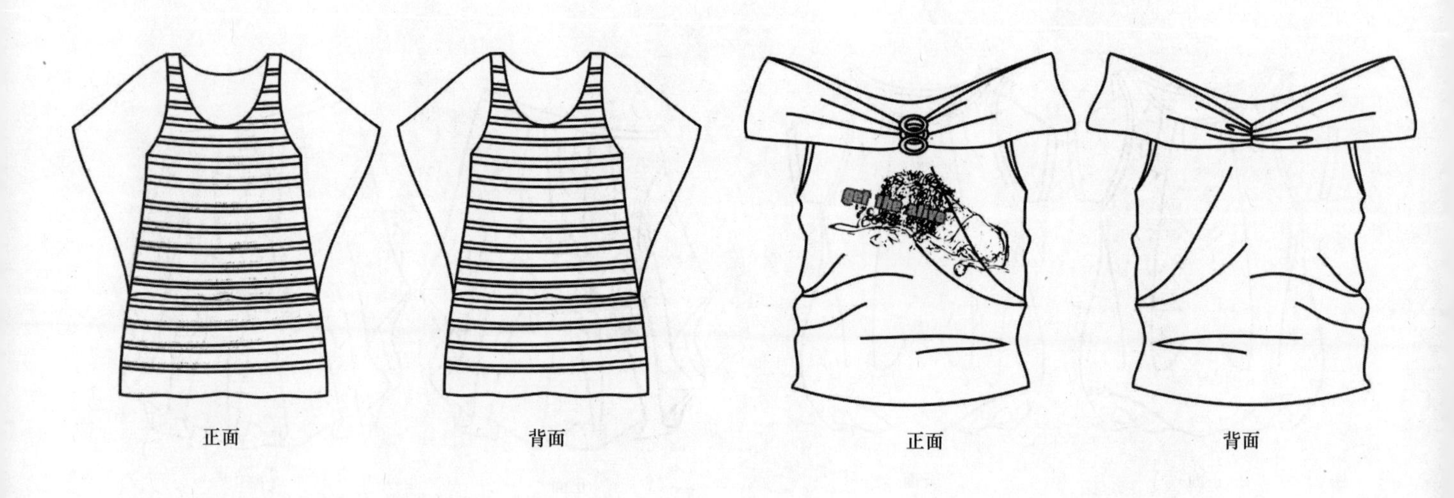

正面　背面　正面　背面

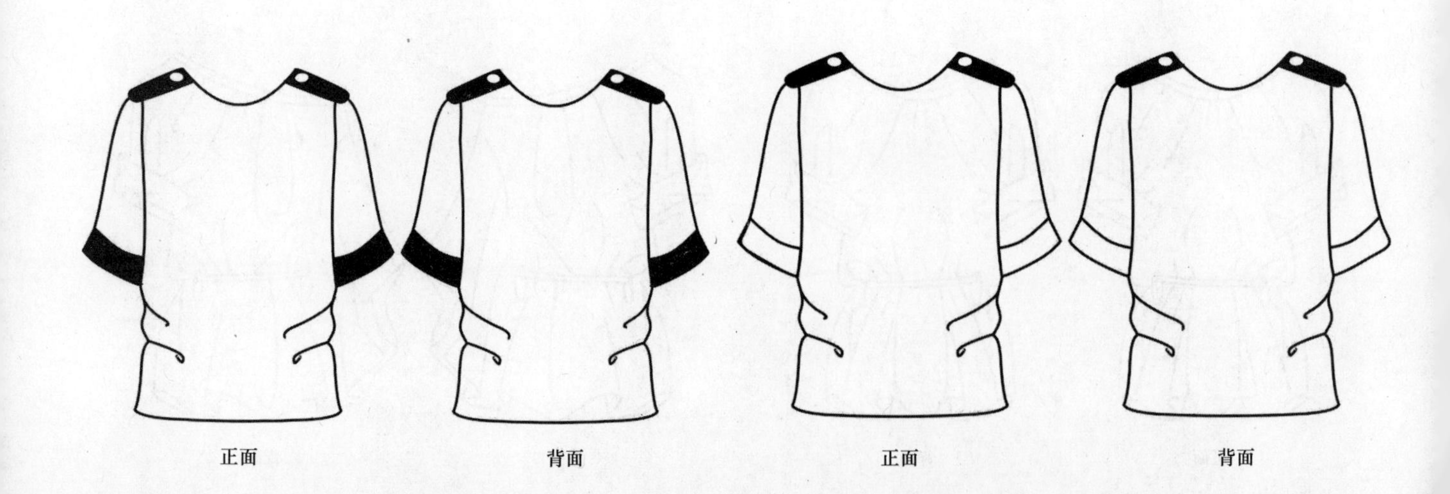

正面　背面　正面　背面

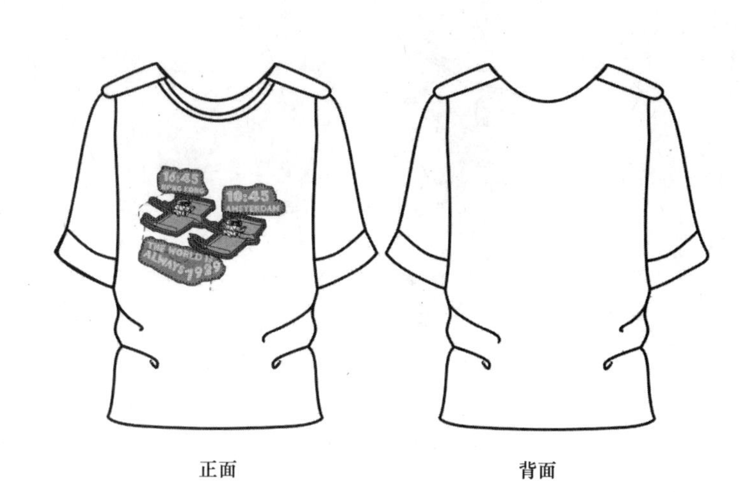

正面 背面

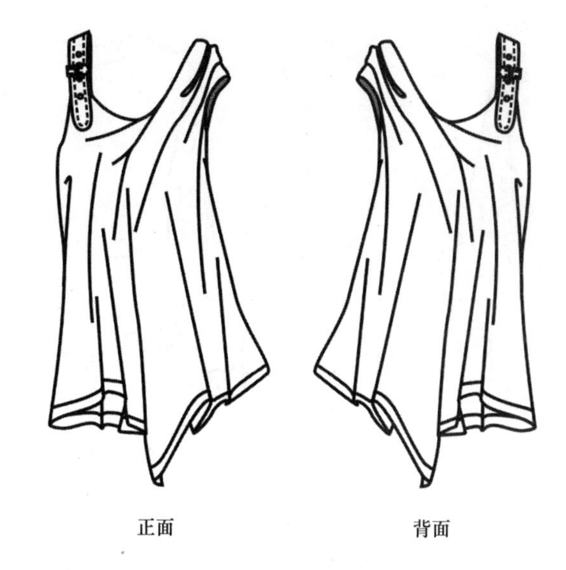

正面 背面

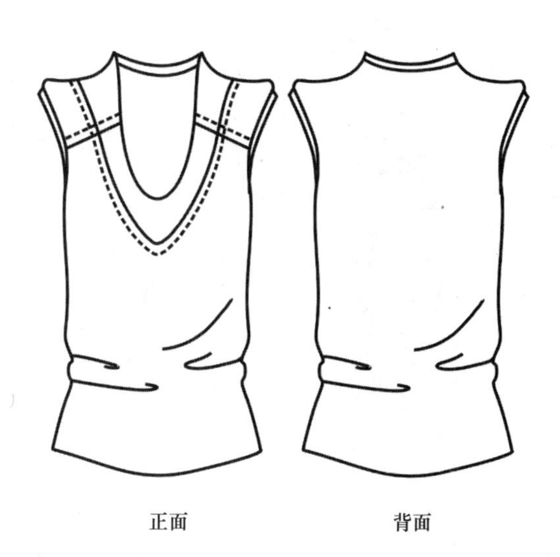

正面 背面

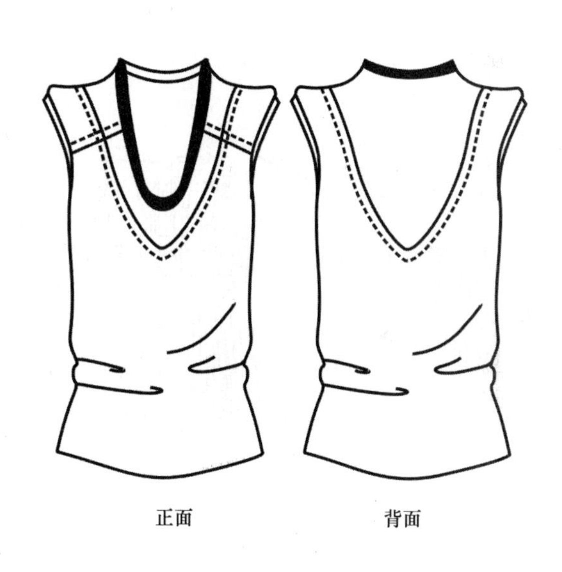

正面 背面

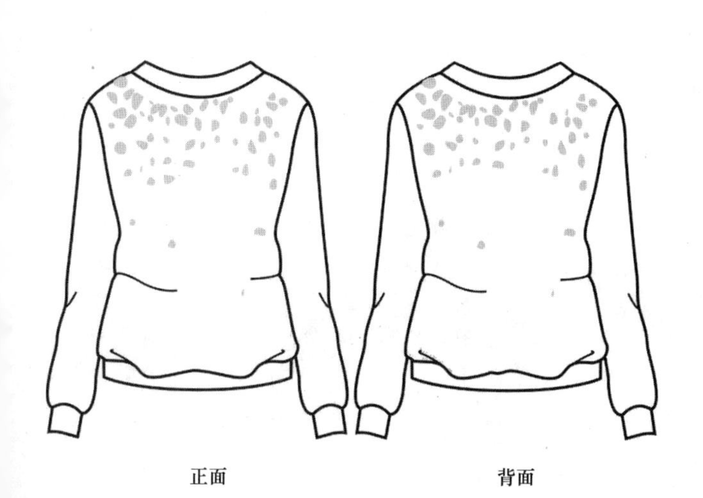

正面 背面

正面 背面

正面　背面　正面　背面

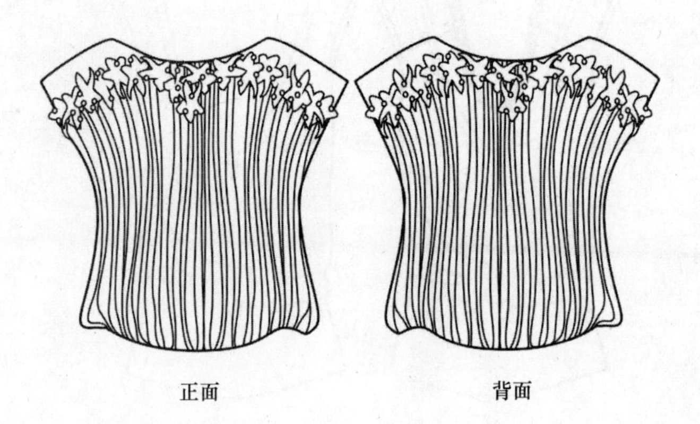
正面　背面

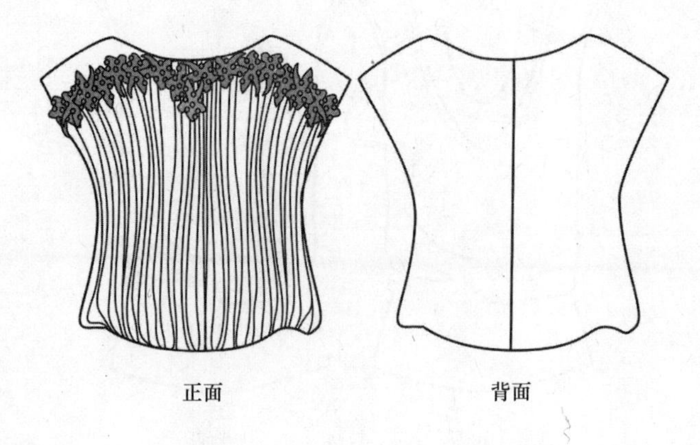
正面　背面

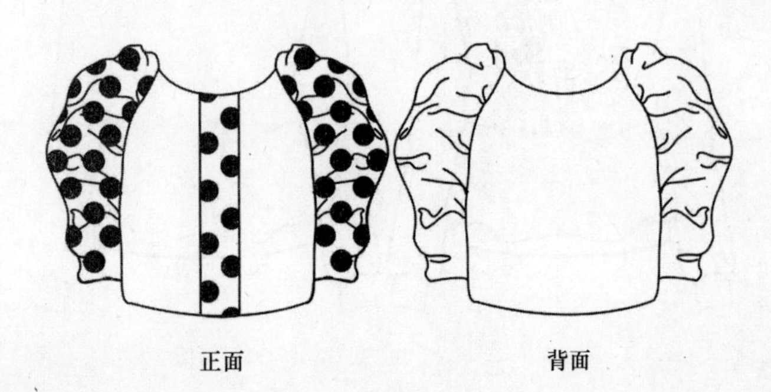
正面　背面

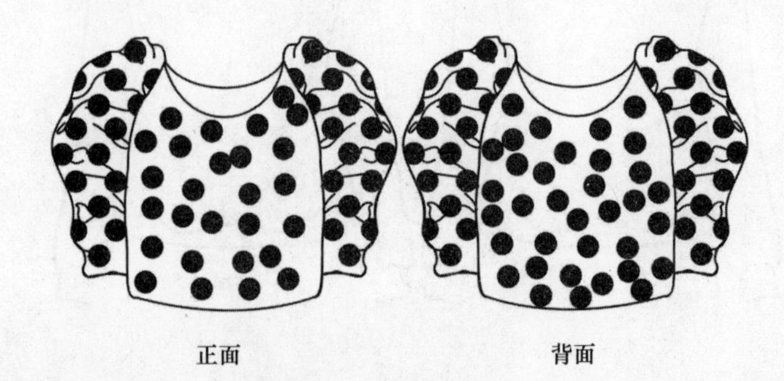
正面　背面

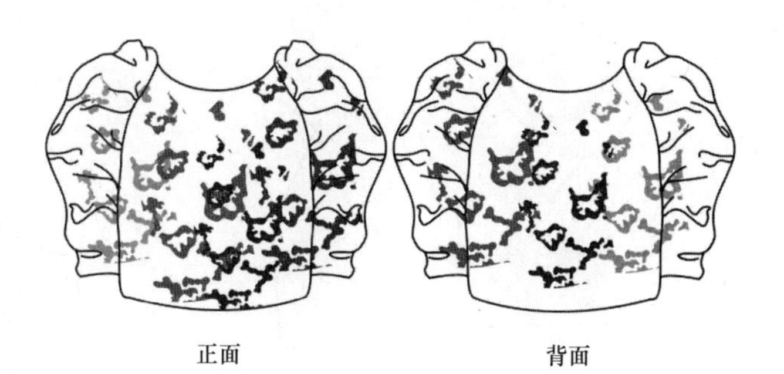

正面　　背面

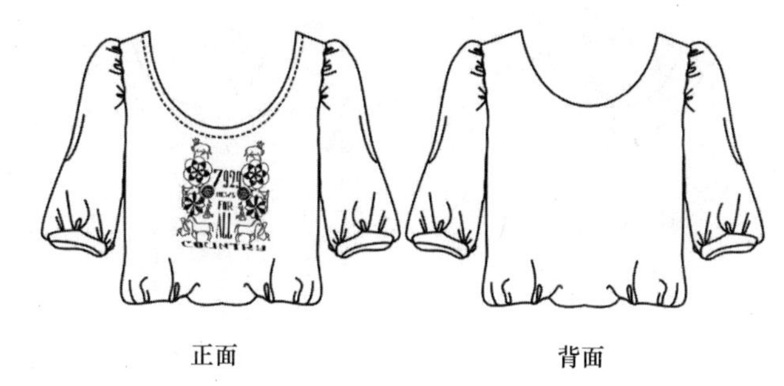

正面　　背面

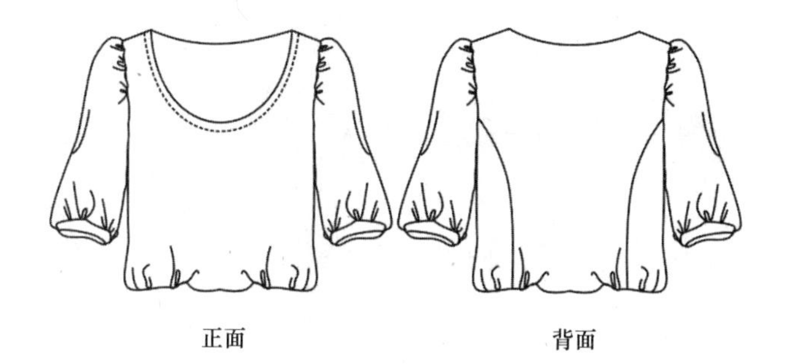

正面　　背面

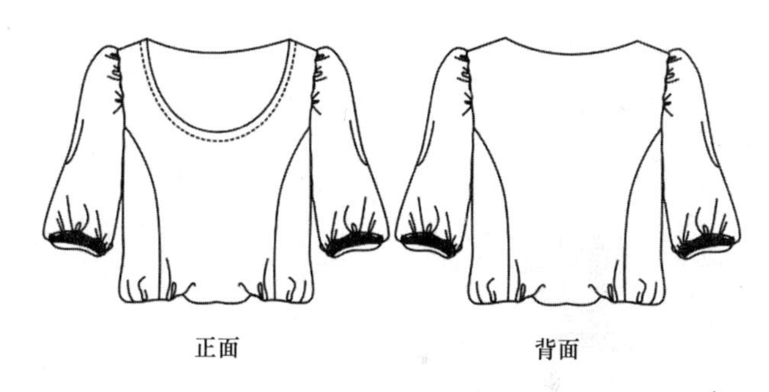

正面　　背面

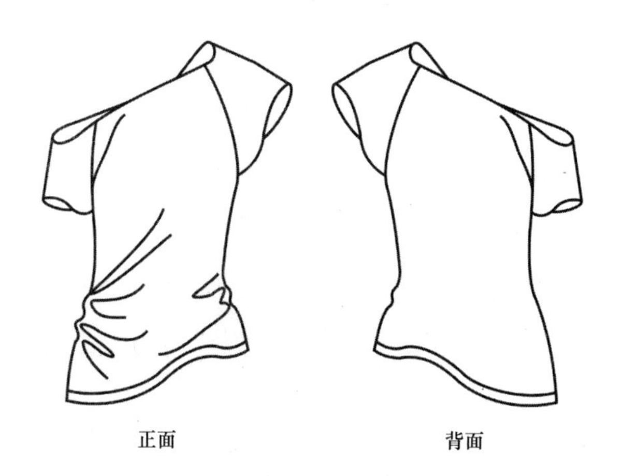

正面　　背面

正面　　背面

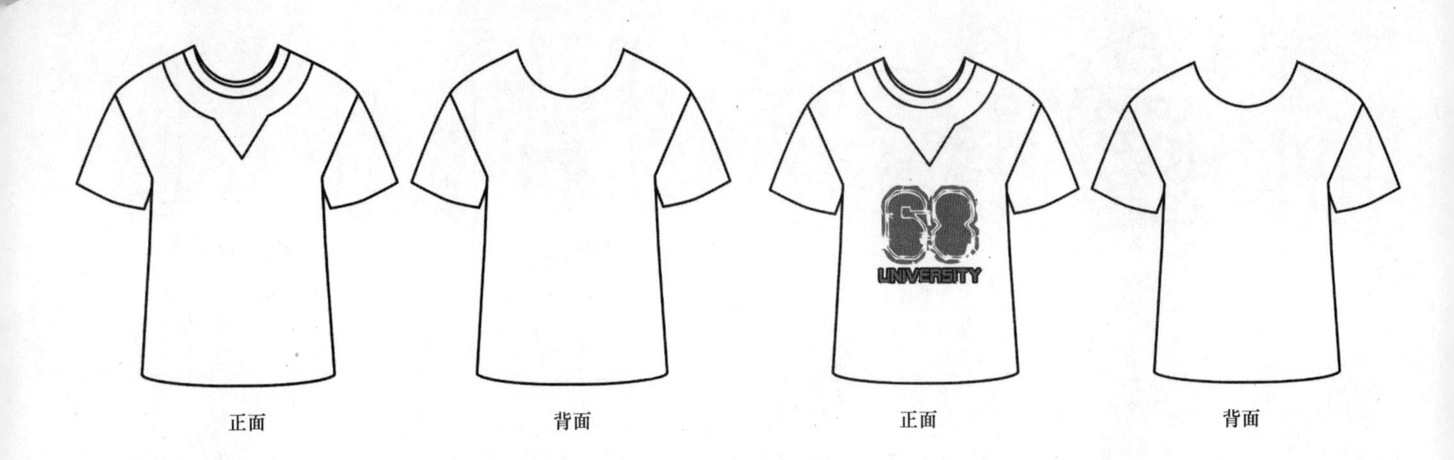

正面　背面　正面　背面

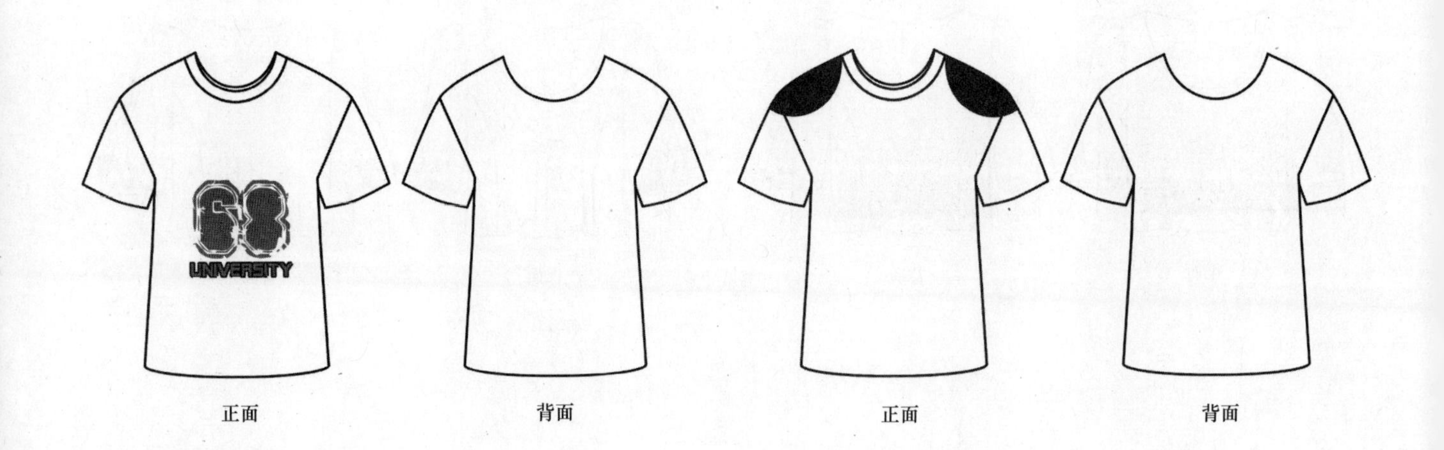

正面　背面　正面　背面

卫衣

卫衣也称卫装，是指厚的针织运动衣服或长袖运动休闲衫，料子一般比普通的长袖上装要厚。袖口紧缩有弹性，服装的下边和袖口的料子是一样的。卫衣诞生于20世纪30年代的美国纽约，当时是为冷库工作者生产的工装。但由于卫衣舒适、温暖的特质逐渐受到运动员的青睐，不久就风靡于橄榄球运动员和音乐明星中。卫衣兼顾时尚性与功能性，融合了舒适与时尚，成为年轻人街头运动的首选。

正面　背面　正面　背面

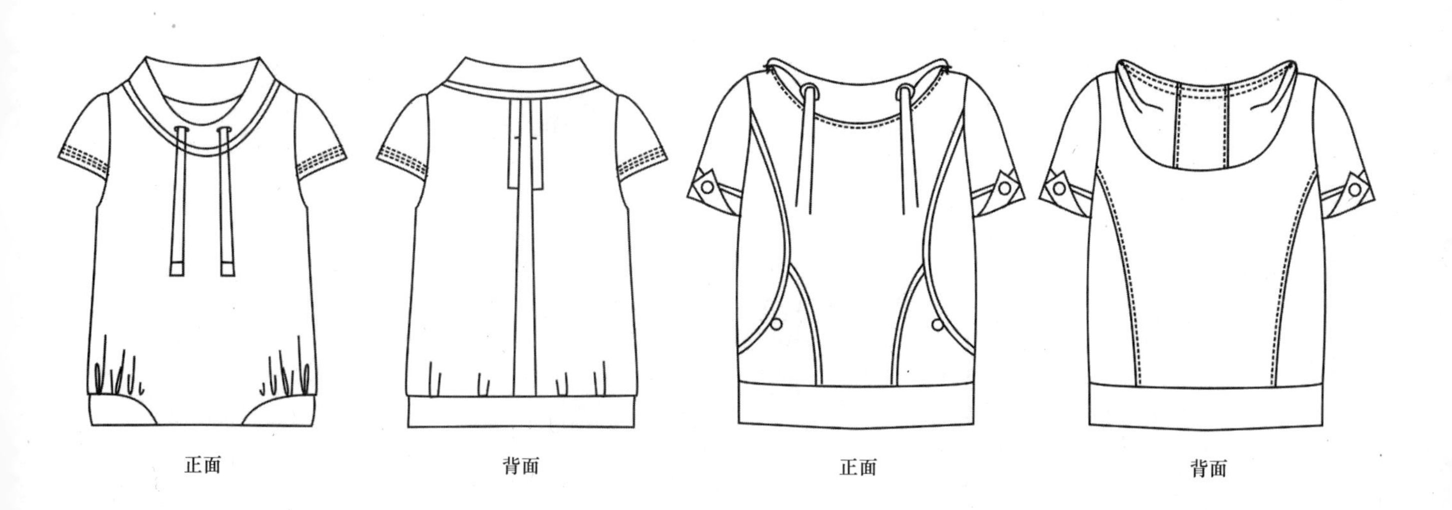

正面　背面　正面　背面

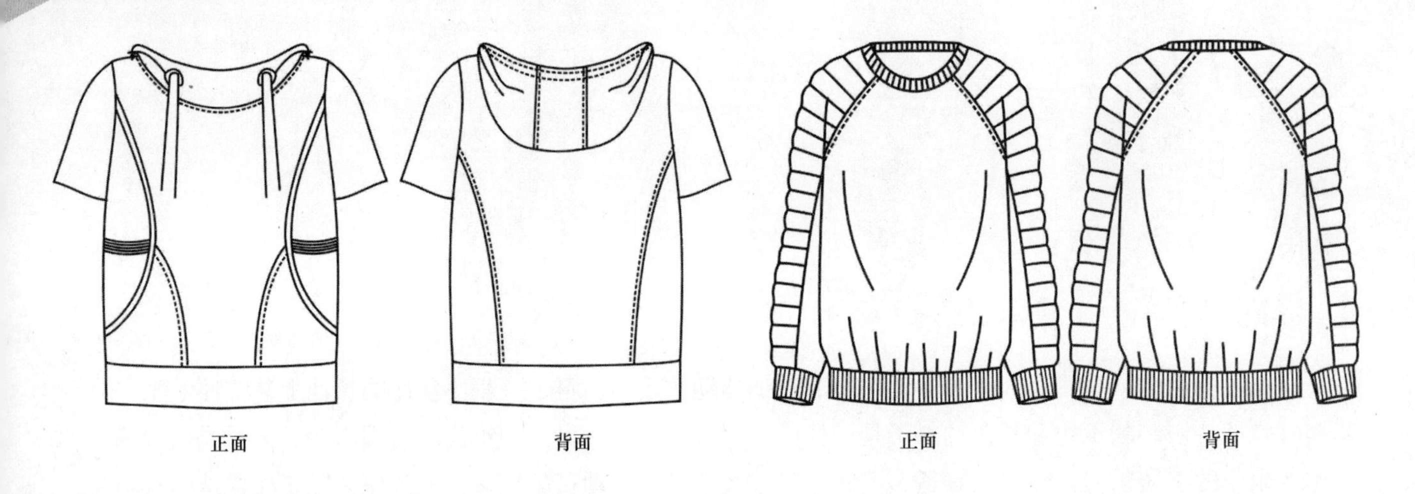

正面　　背面　　正面　　背面

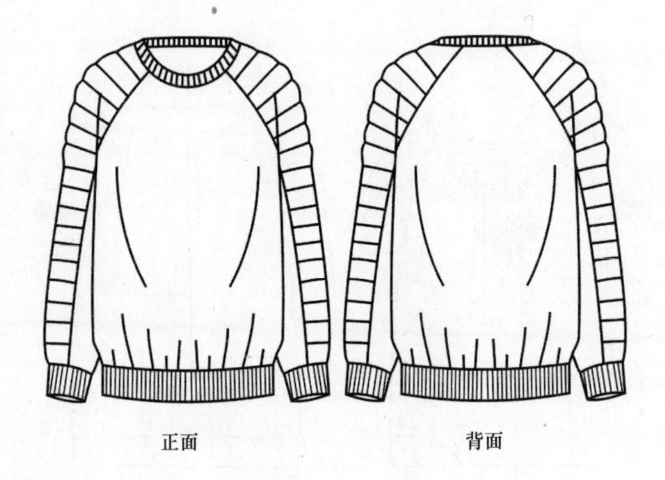

正面　　背面

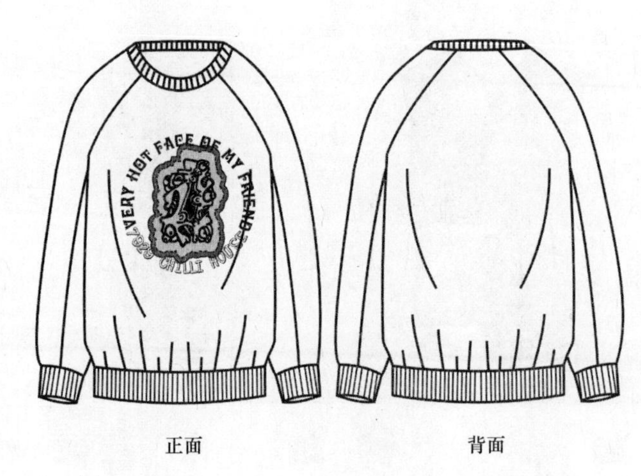

正面　　背面

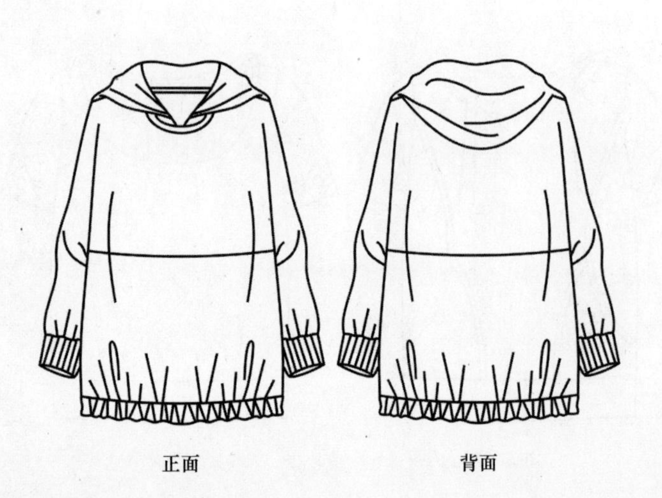

正面　　背面

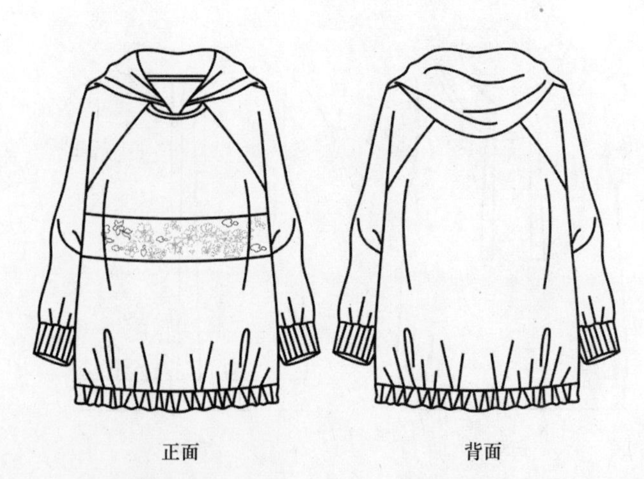

正面　　背面

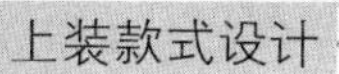

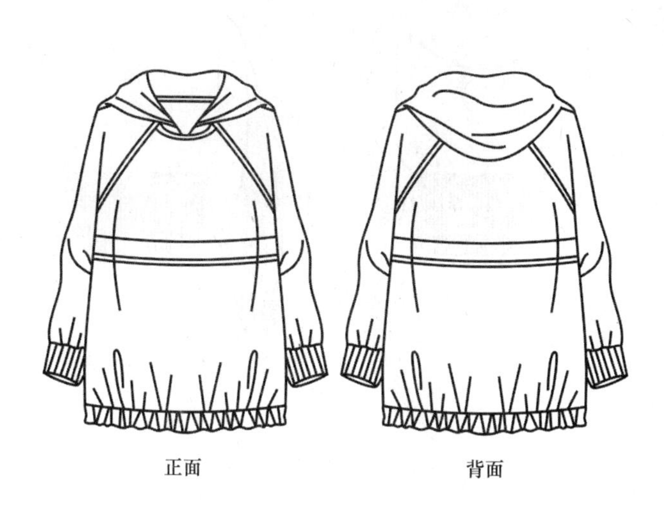

正面　　背面

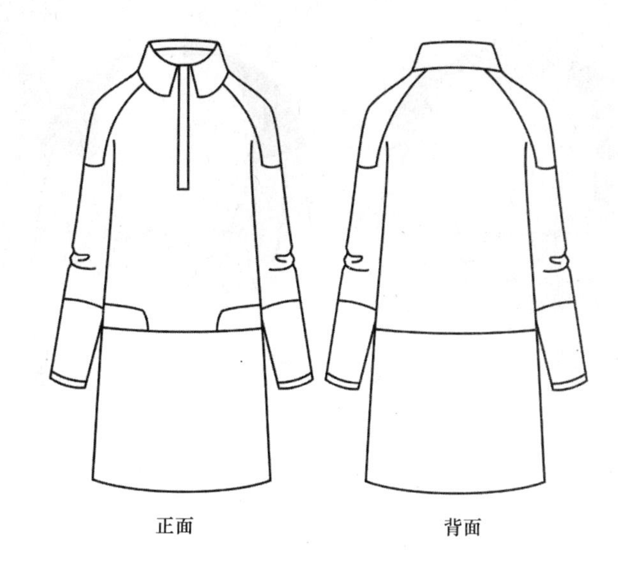

正面　　背面

正面　　背面

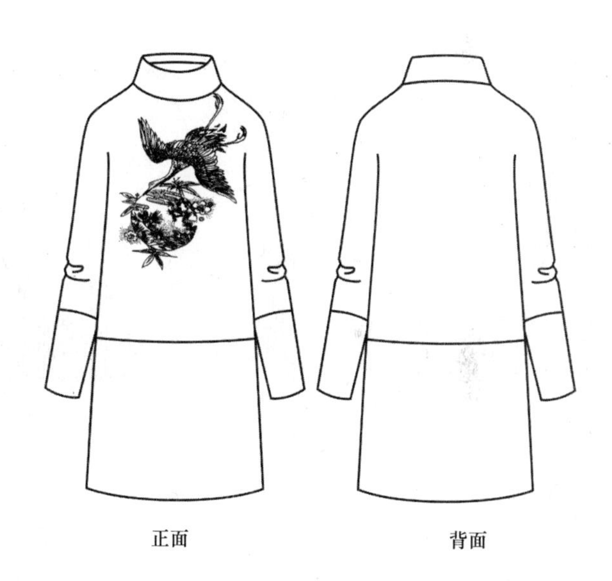

正面　　背面

正面

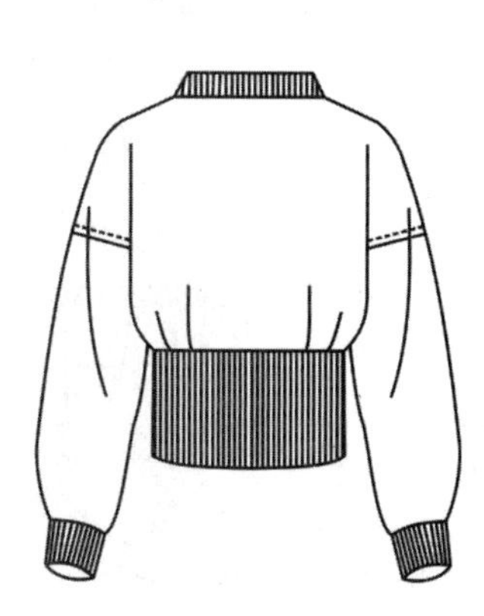

背面

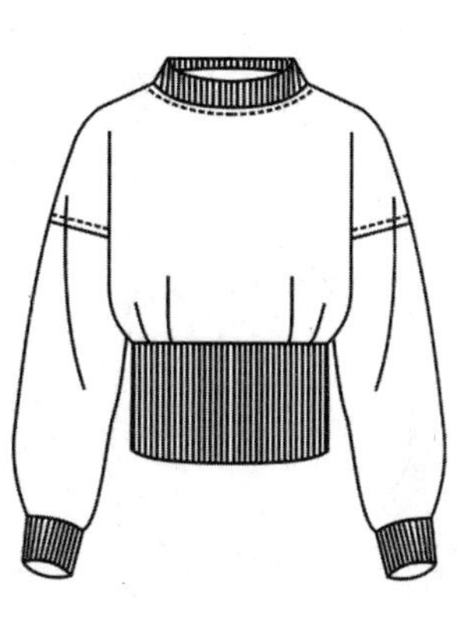

正面

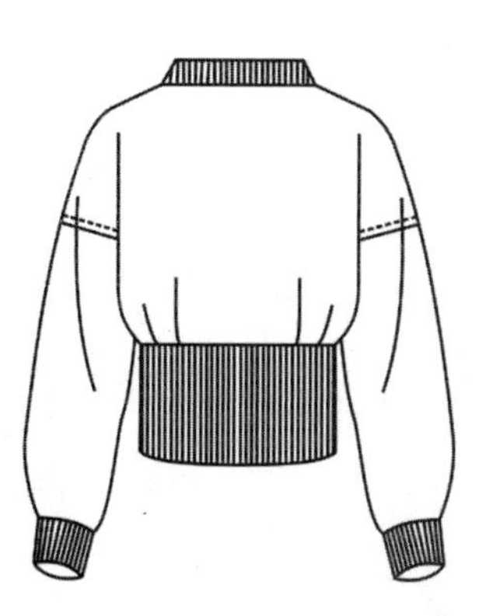

背面

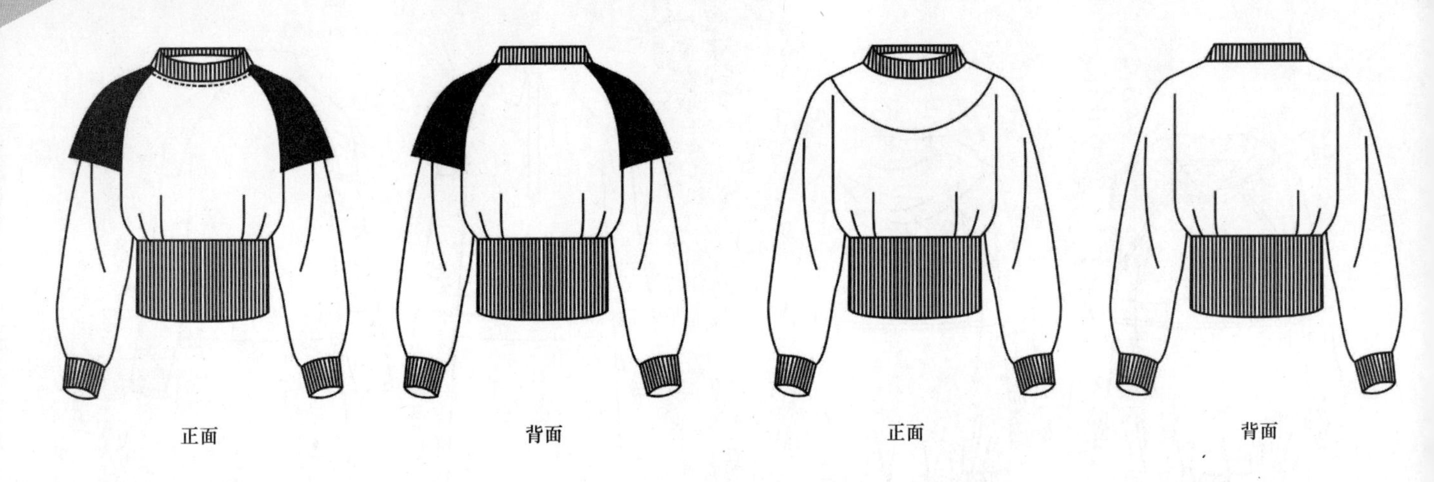
正面
背面
正面
背面

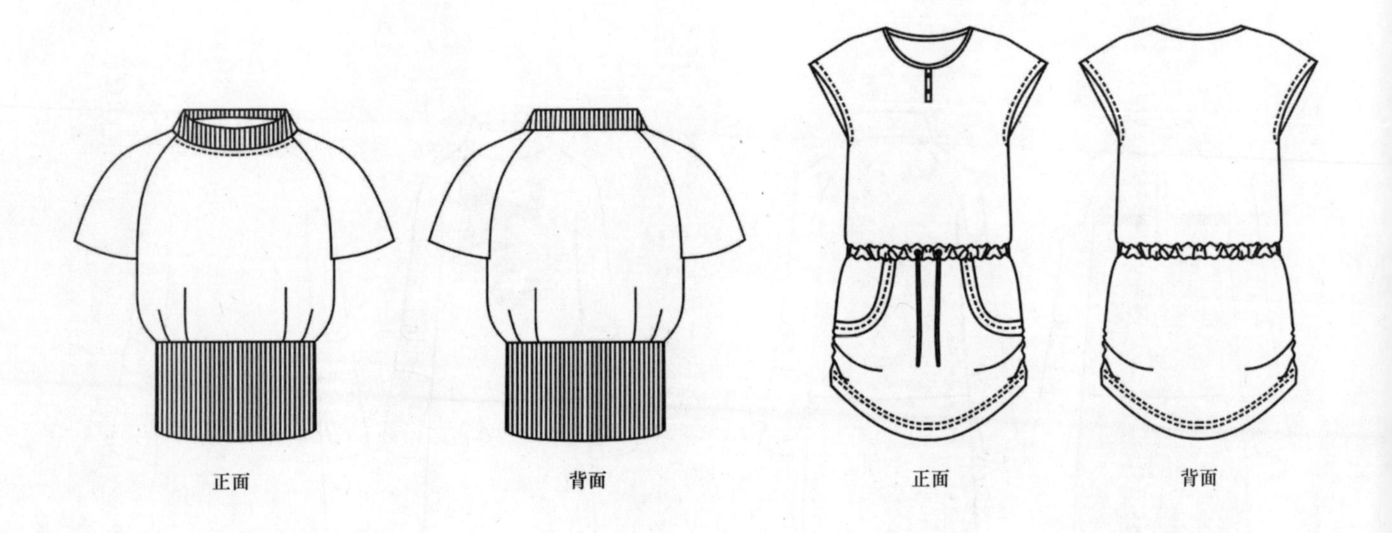
正面
背面
正面
背面

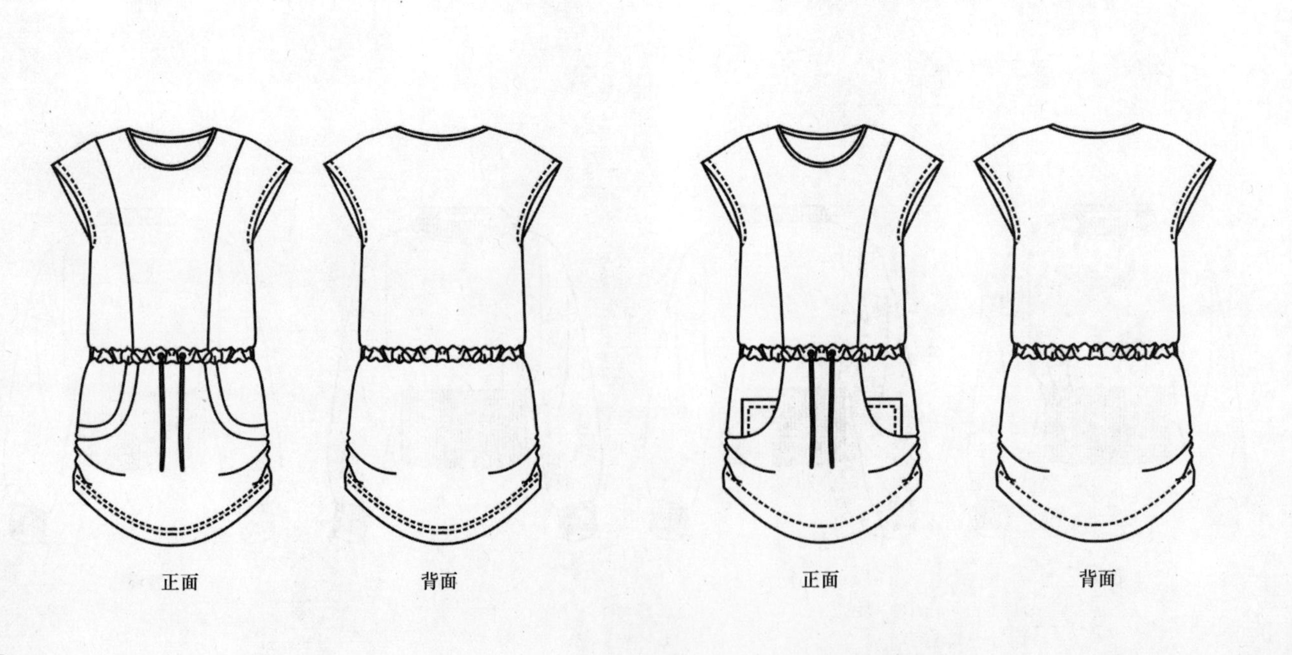
正面
背面
正面
背面

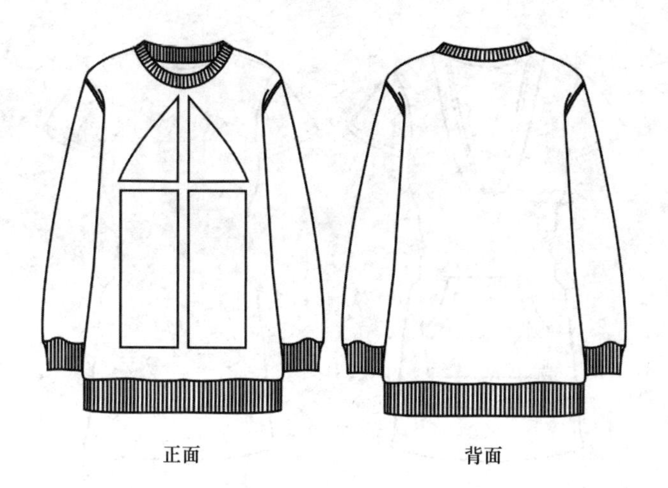
正面　背面

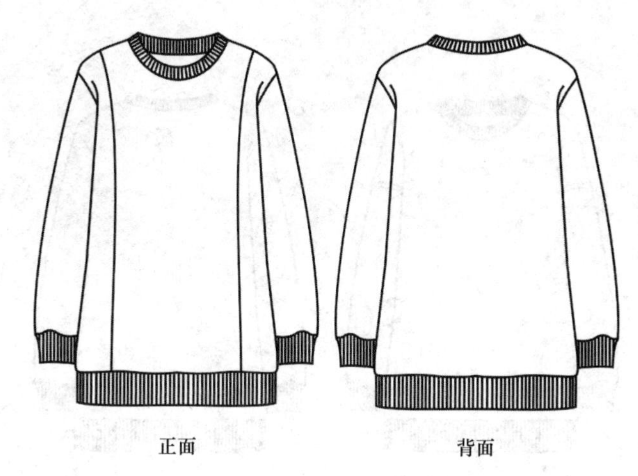
正面　背面

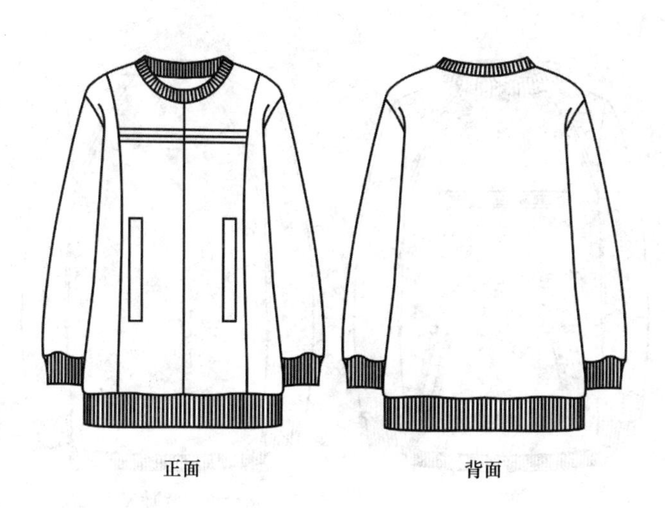
正面　背面

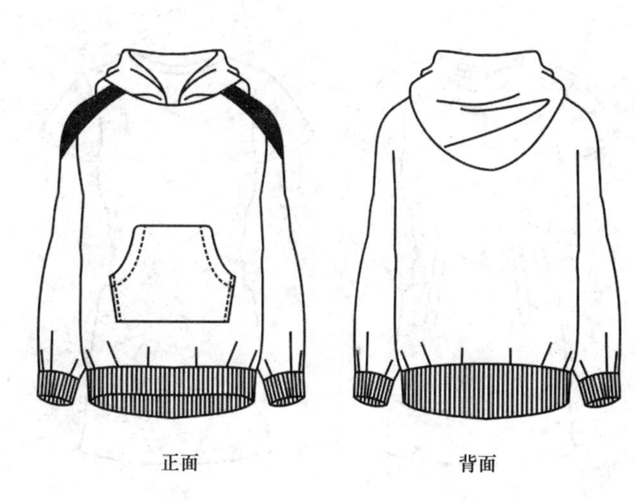
正面　背面

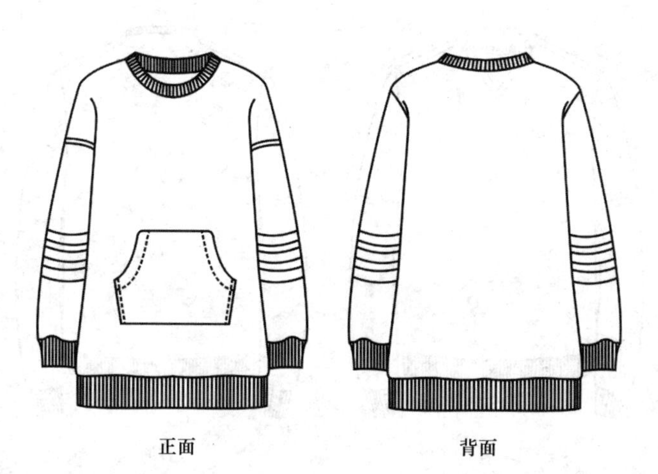
正面　背面

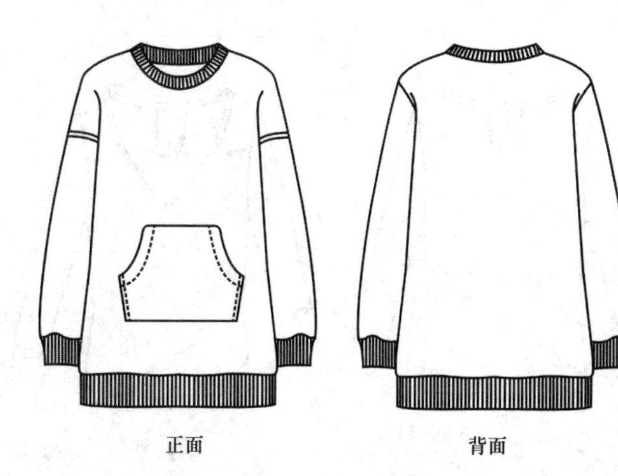
正面　背面

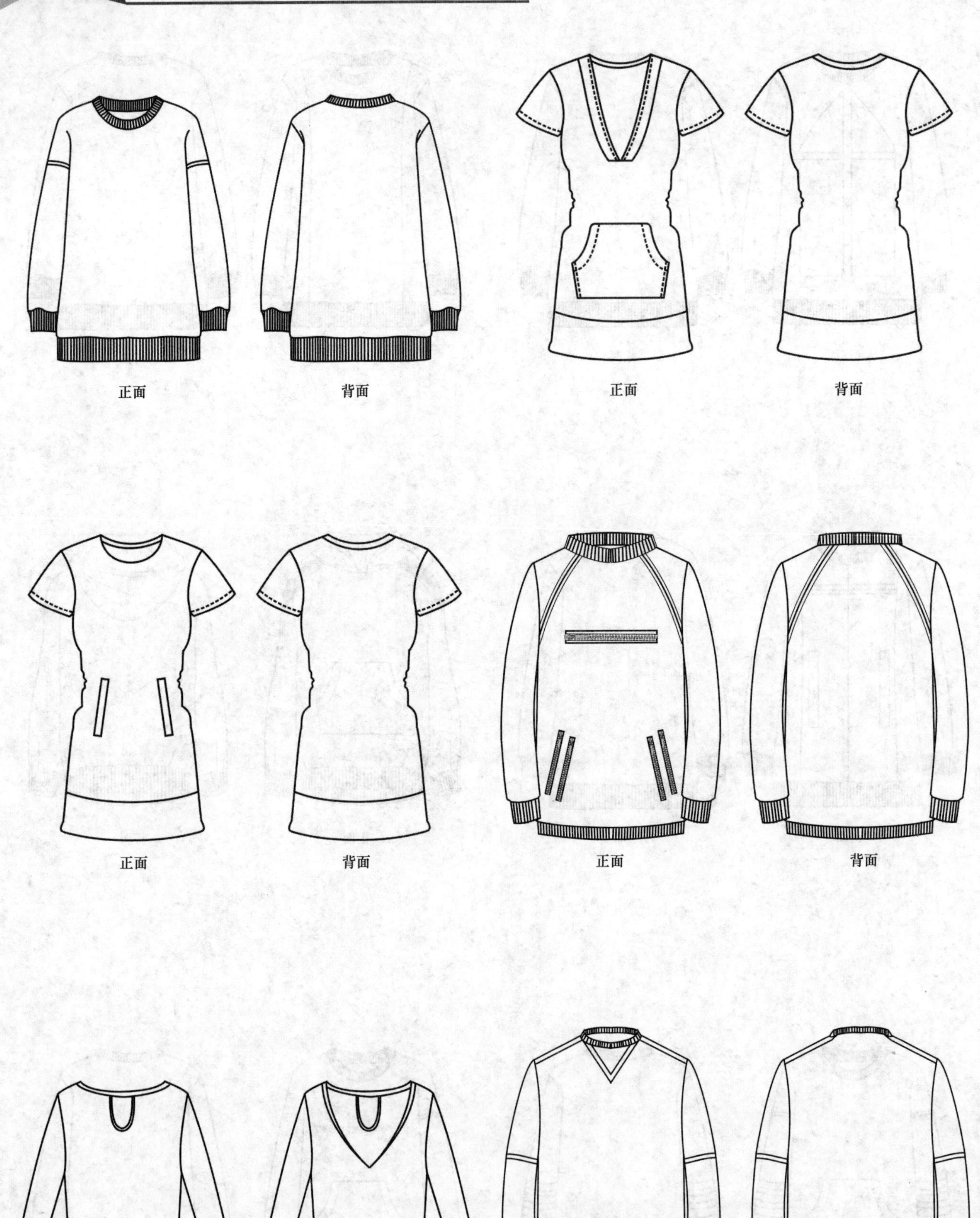
正面
背面
正面
背面
正面
背面
正面
背面
正面
背面
正面
背面

运动服

运动服是指专用于体育运动竞赛的服装，通常按运动项目的特定要求设计制作。广义上还包户外体育活动穿用的服装。

正面　　背面　　正面　　背面

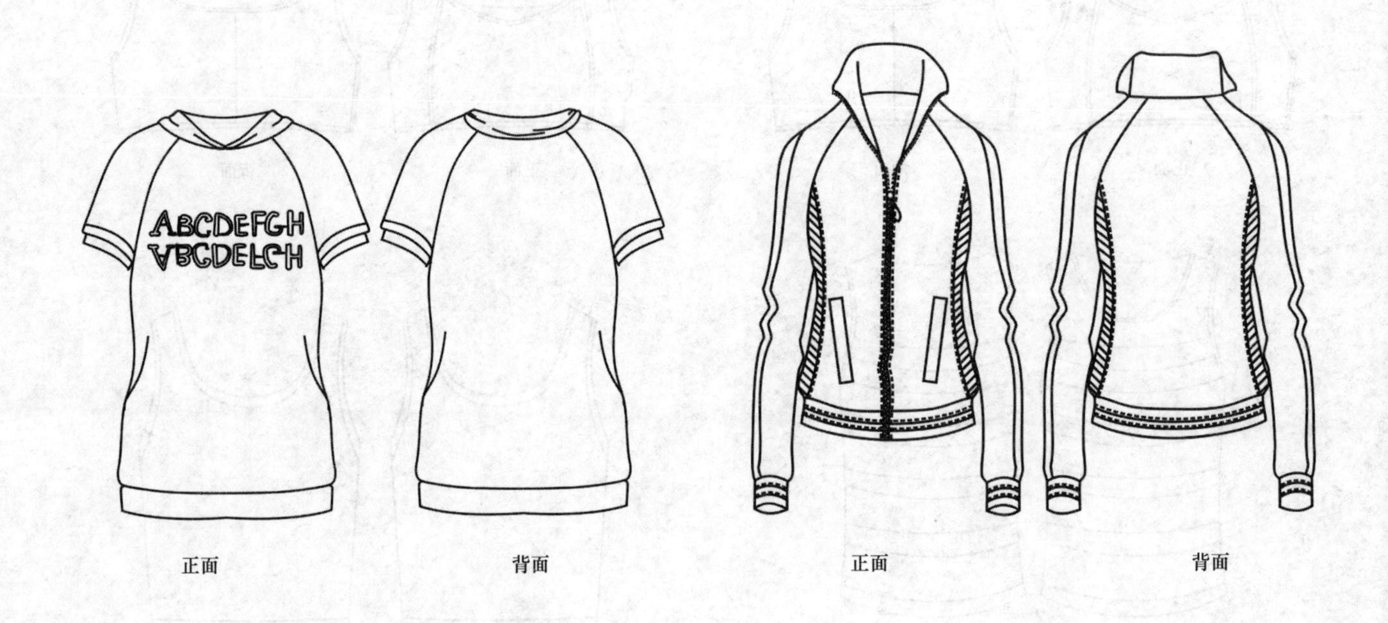

正面　　背面　　正面　　背面

正面　　背面　　正面　　背面

正面

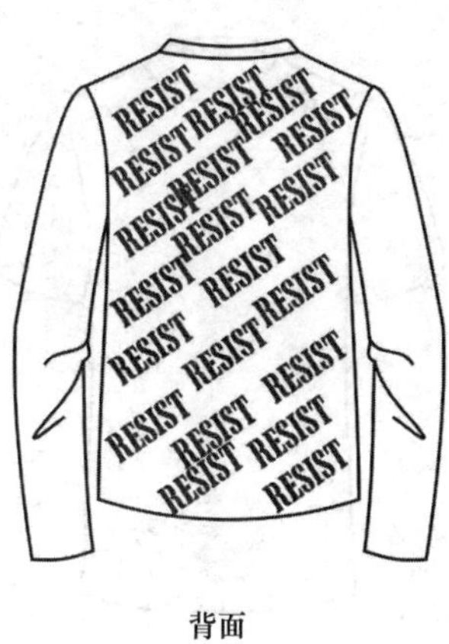

背面

正面

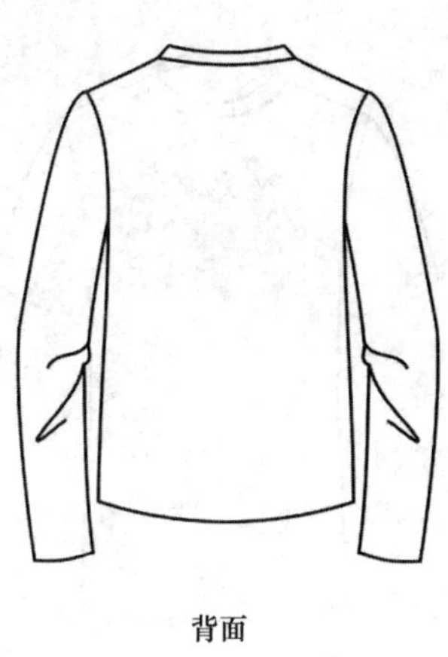
背面

正面

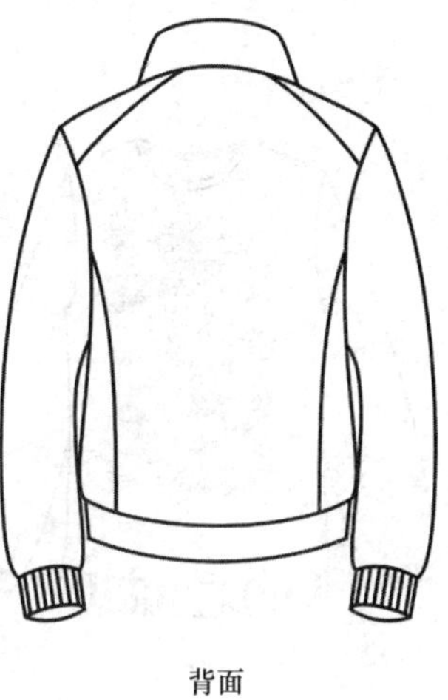
背面

正面

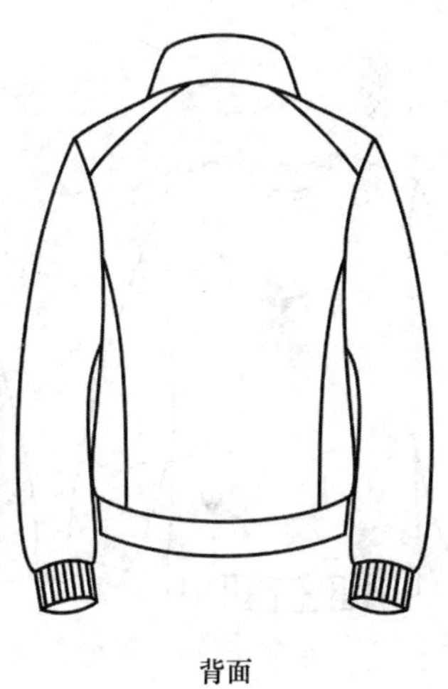
背面

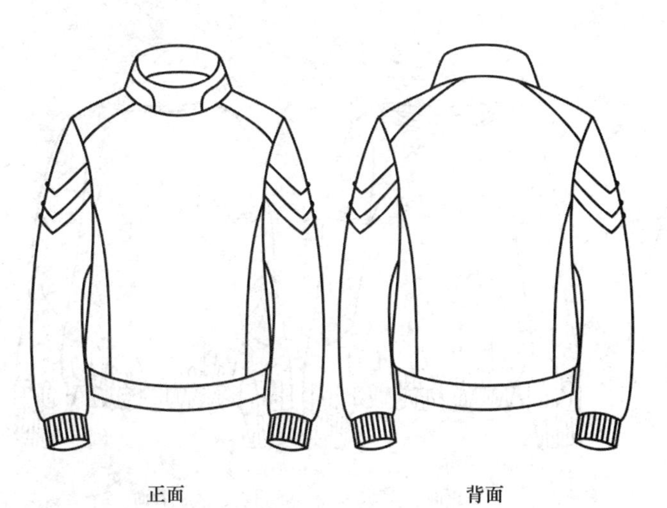
正面　背面

正面　背面

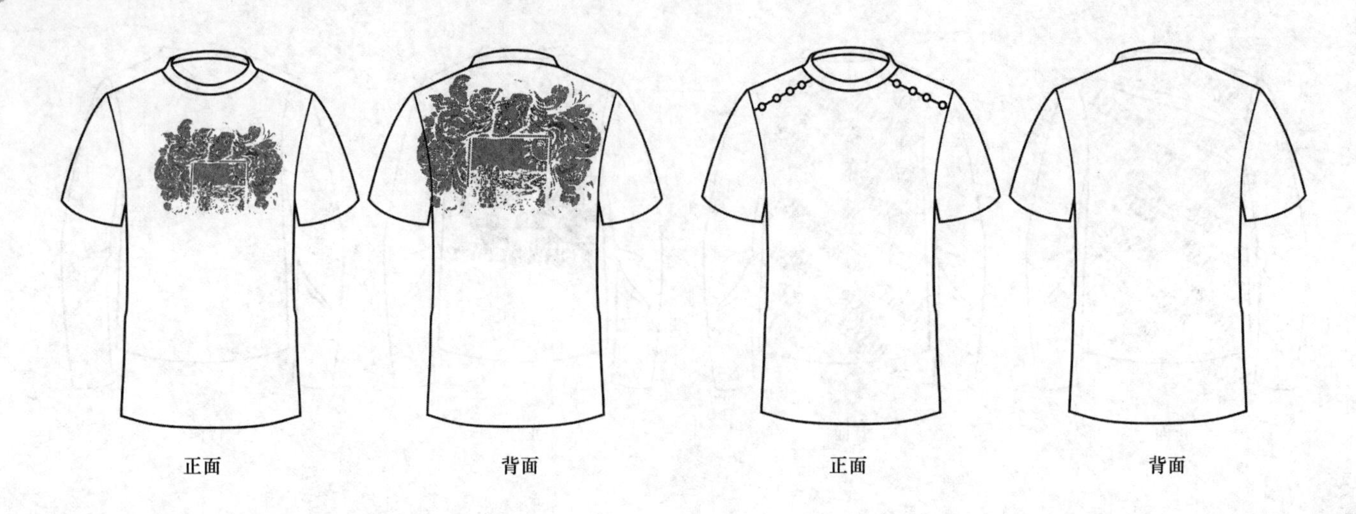
正面
背面
正面
背面

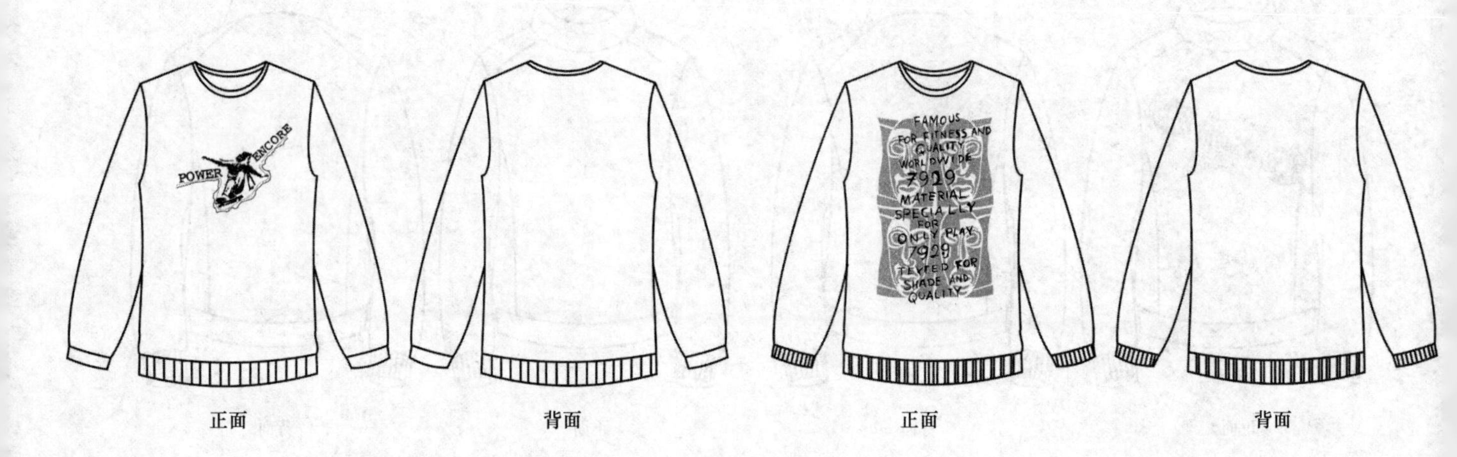
POWER
ENCORE
FAMOUS
FOR FITNESS AND
QUALITY
WORLDWIDE
7929
MATERIAL
SPECIALLY
FOR
ONLY PLAY
7929
TESTED FOR
SHADE AND
QUALITY
正面
背面
正面
背面

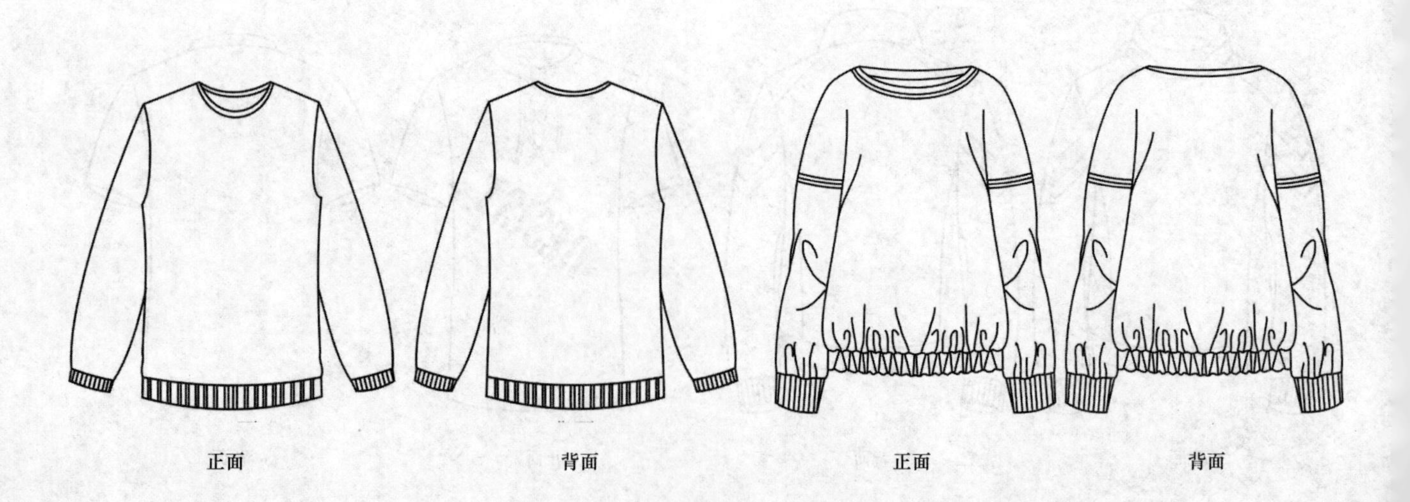
正面
背面
正面
背面

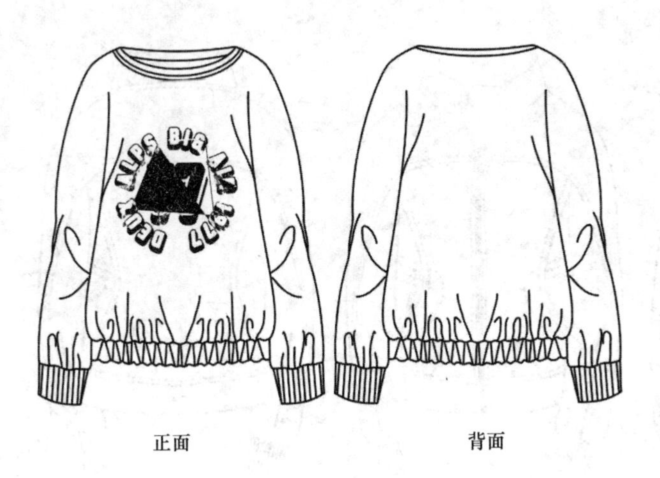

正面　　背面

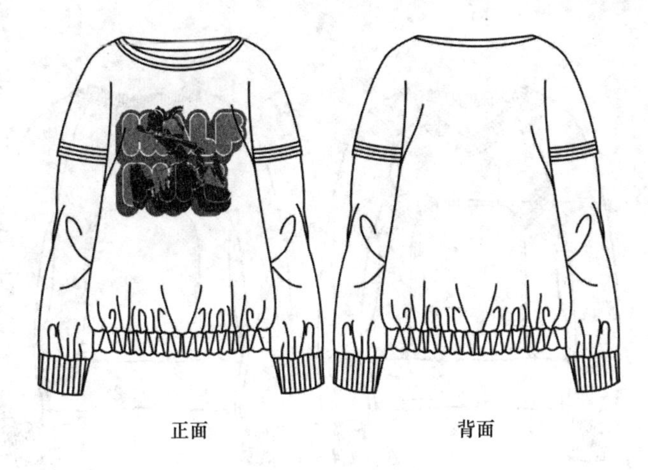

正面　　背面

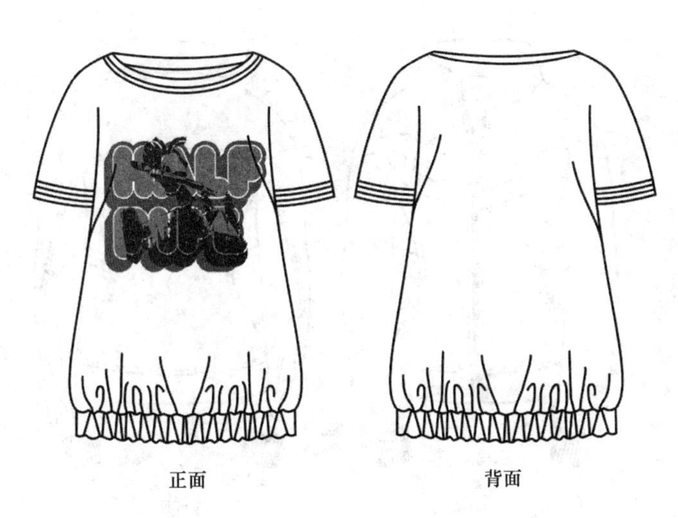

正面　　背面

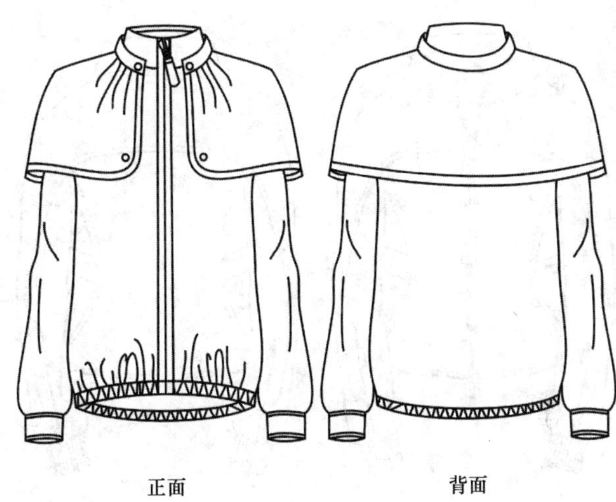

正面　　背面

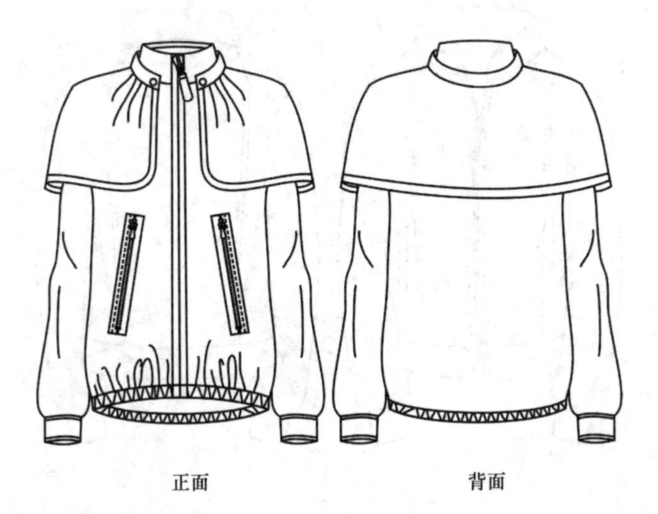

正面　　背面

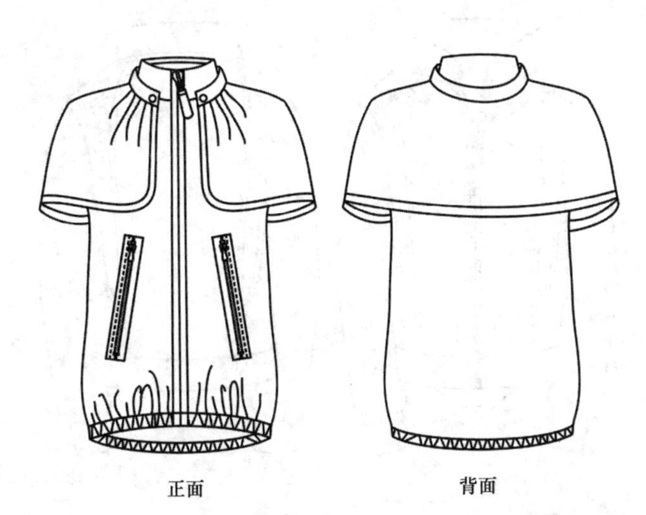

正面　　背面

正面
背面
正面
背面
正面
背面
正面
背面
正面
背面
正面
背面

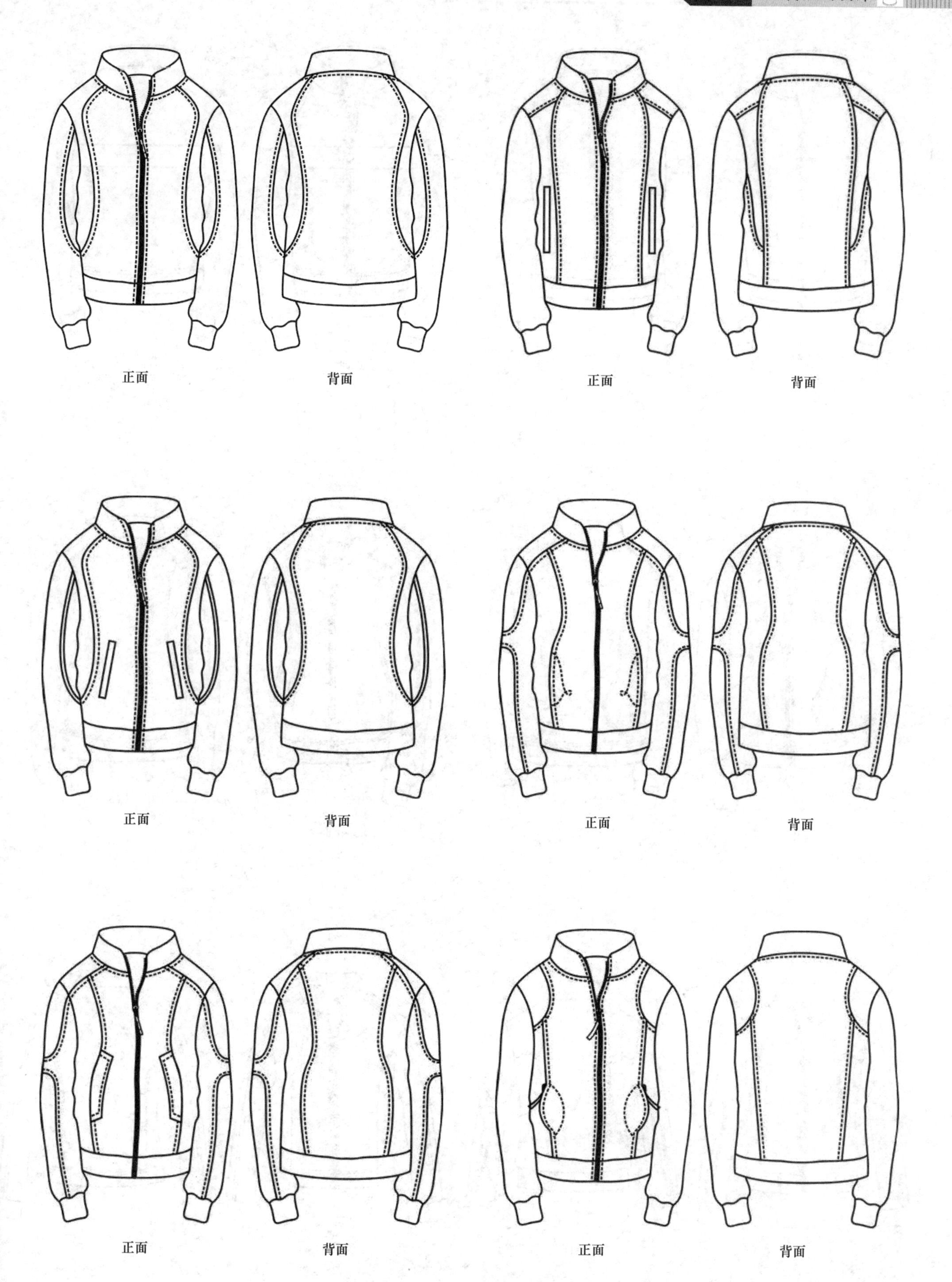
正面
背面
正面
背面
正面
背面
正面
背面
正面
背面
正面
背面

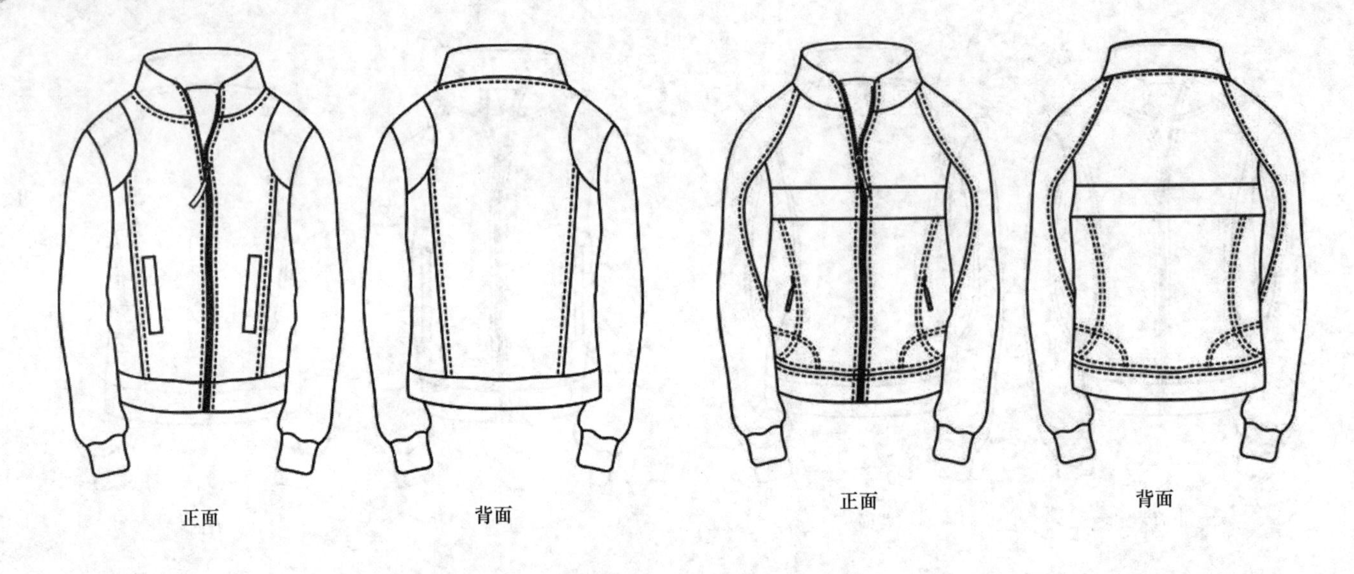
正面
背面
正面
背面

正面
背面
正面
背面

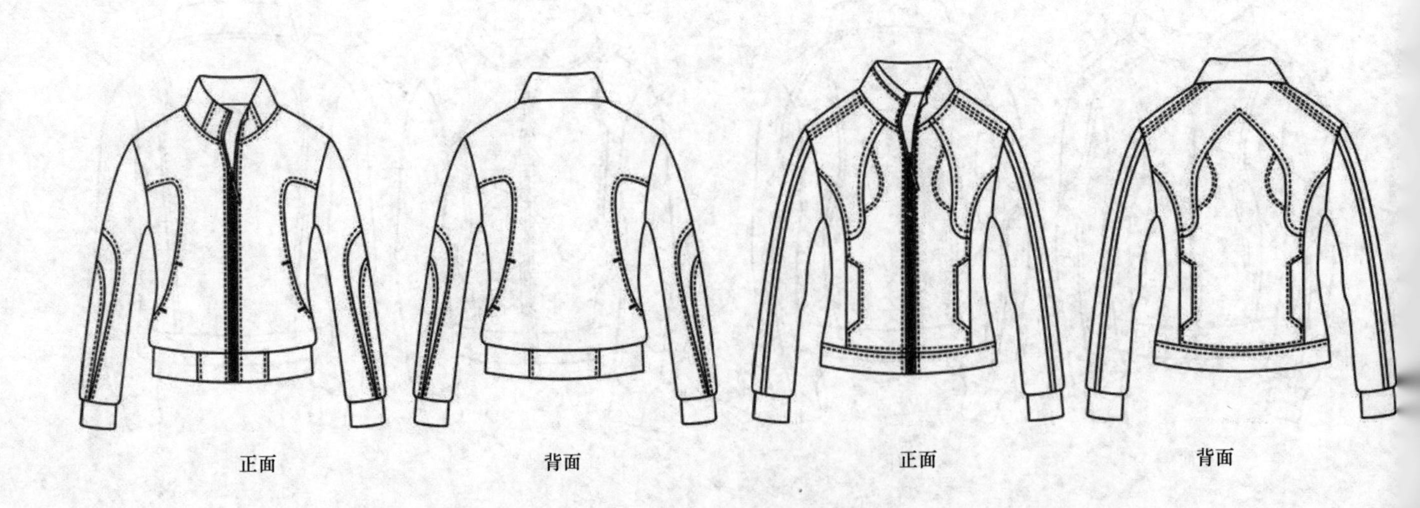
正面
背面
正面
背面

正面
背面
正面
背面

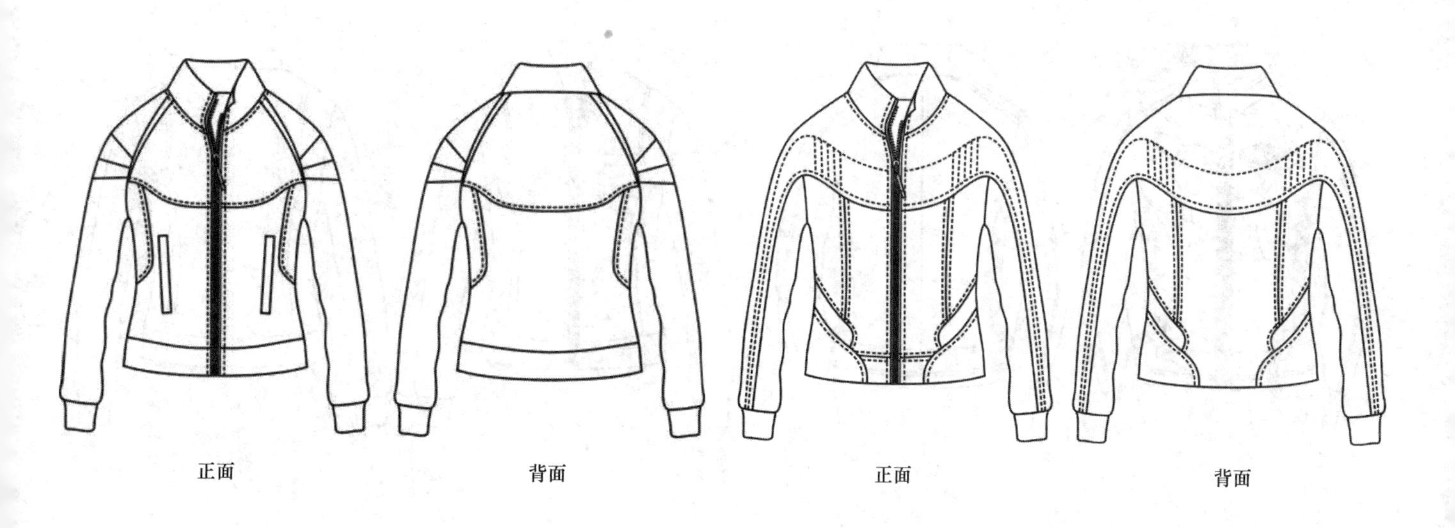
正面
背面
正面
背面

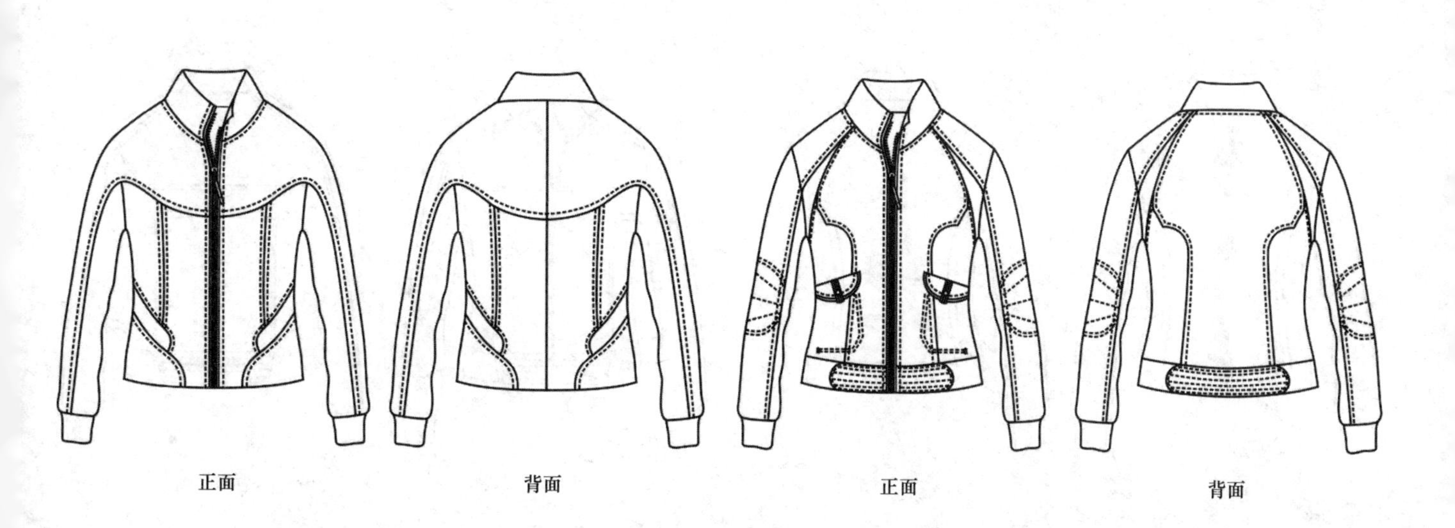
正面
背面
正面
背面

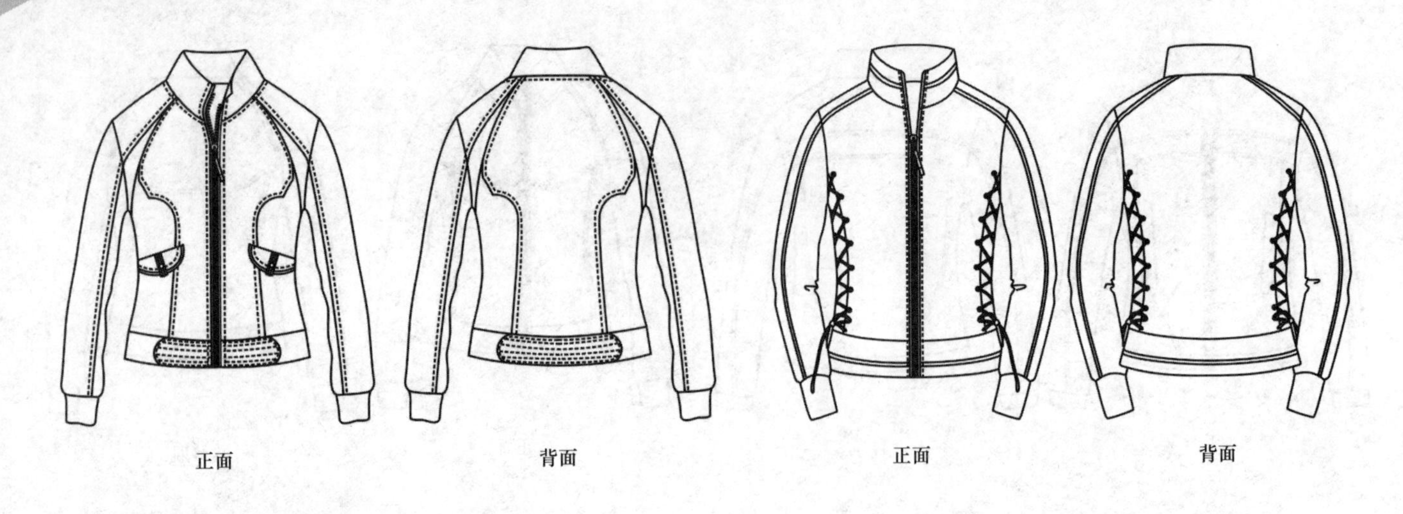
正面
背面
正面
背面

正面
背面
正面
背面

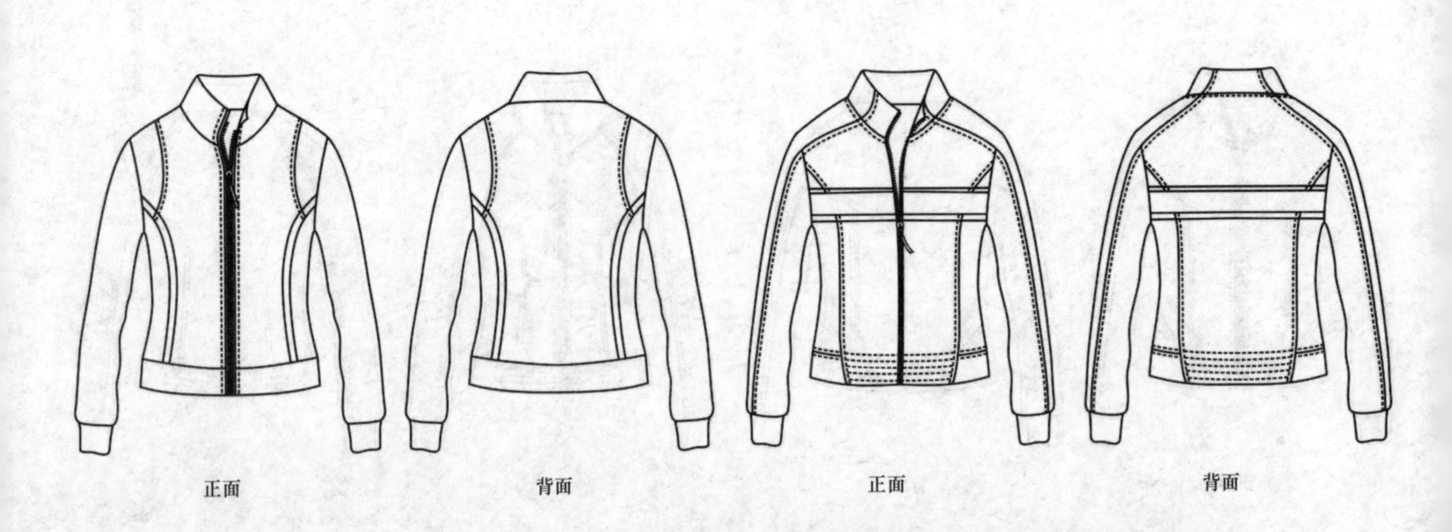
正面
背面
正面
背面

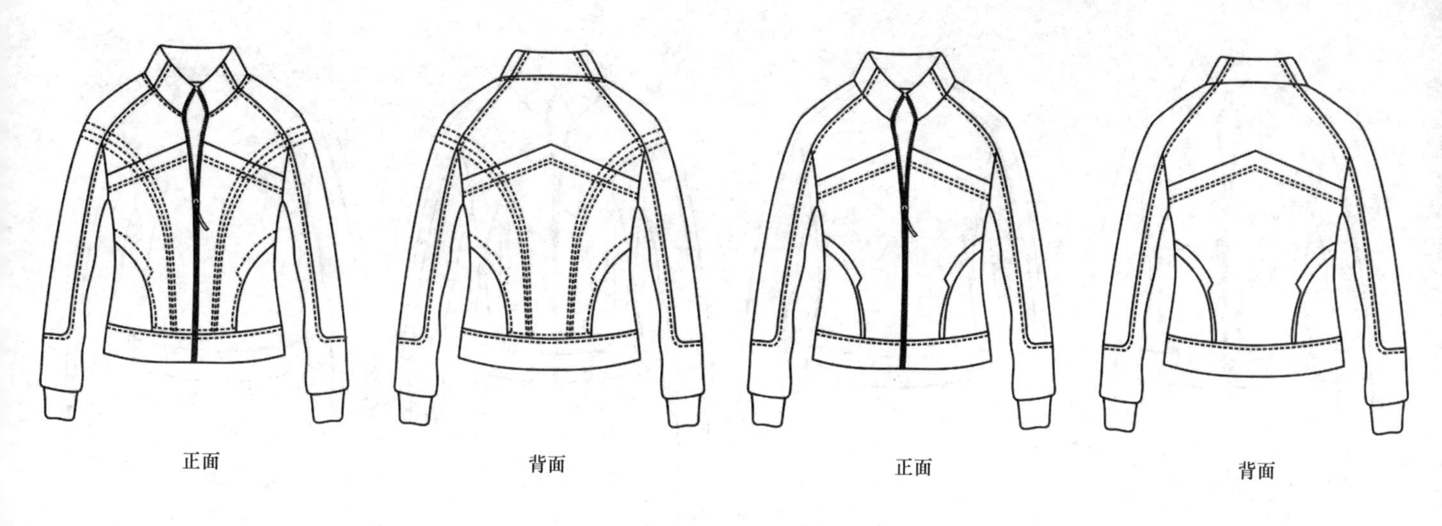

正面 背面 正面 背面

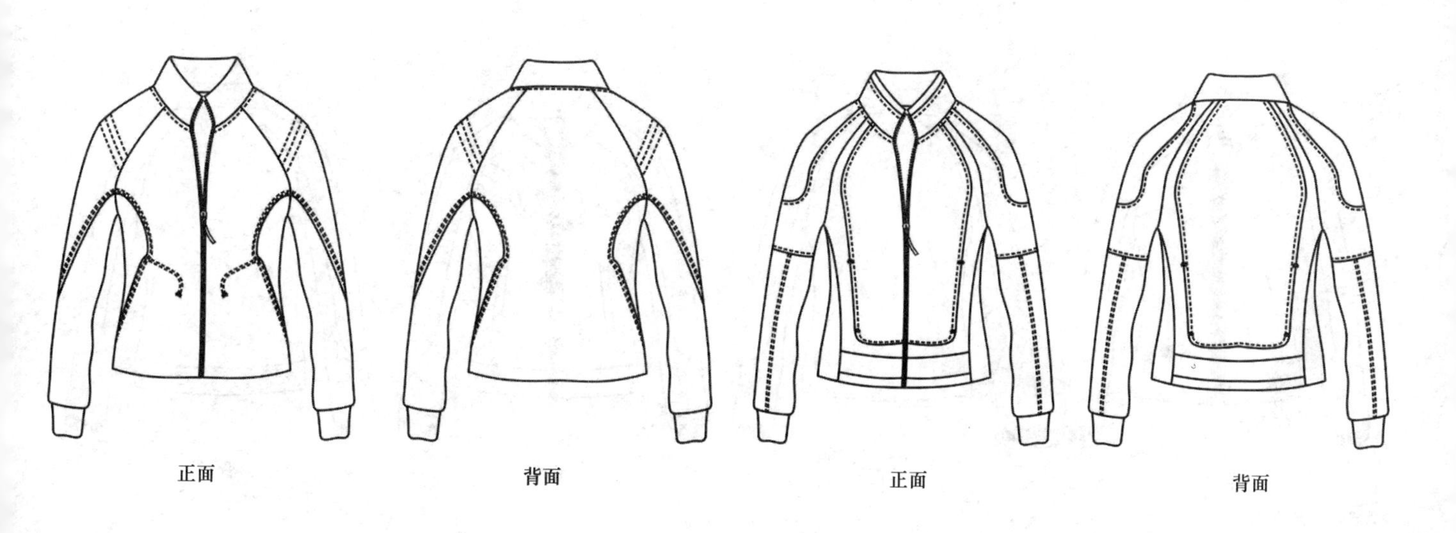

正面 背面 正面 背面

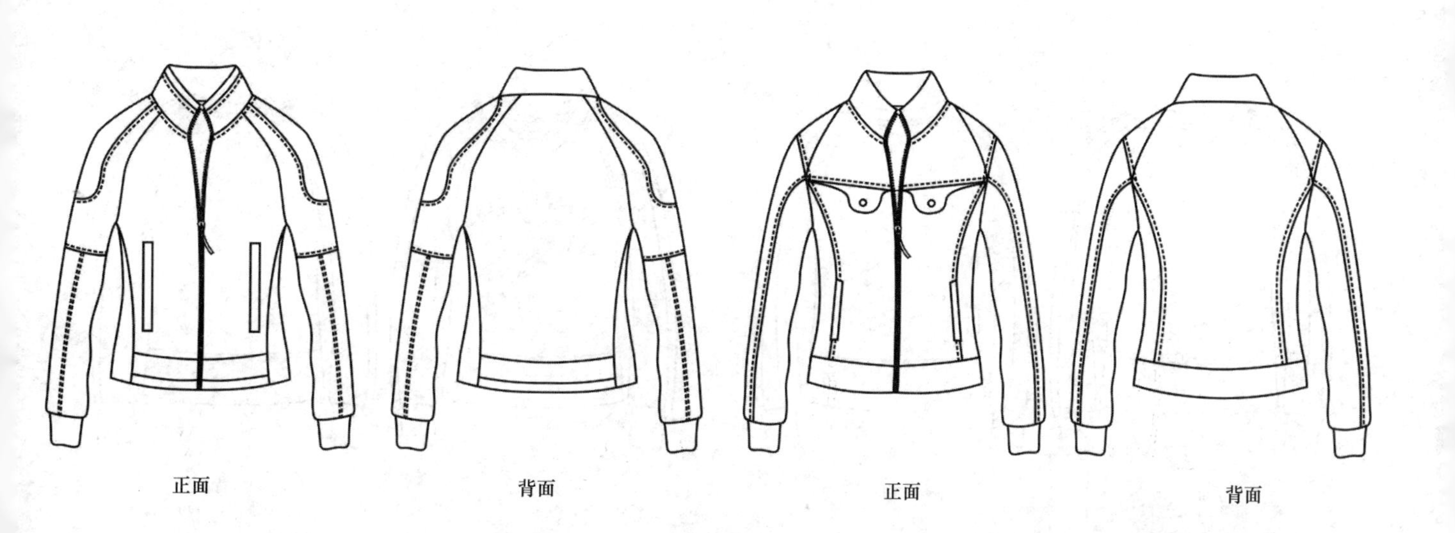

正面 背面 正面 背面

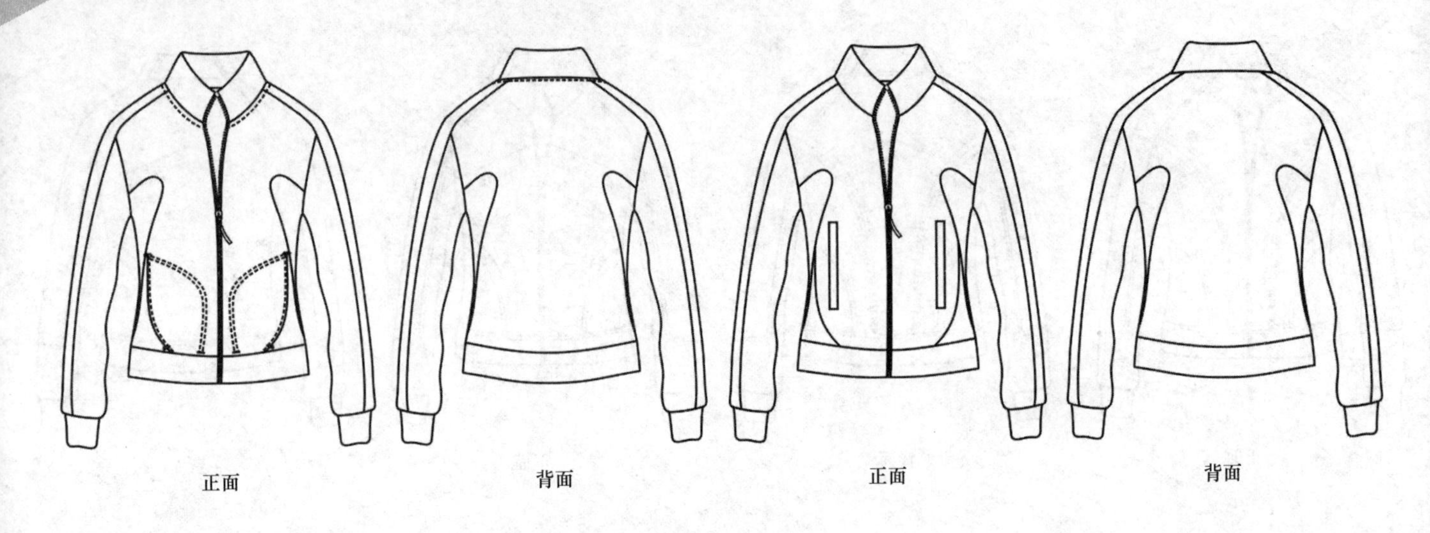
正面
背面
正面
背面

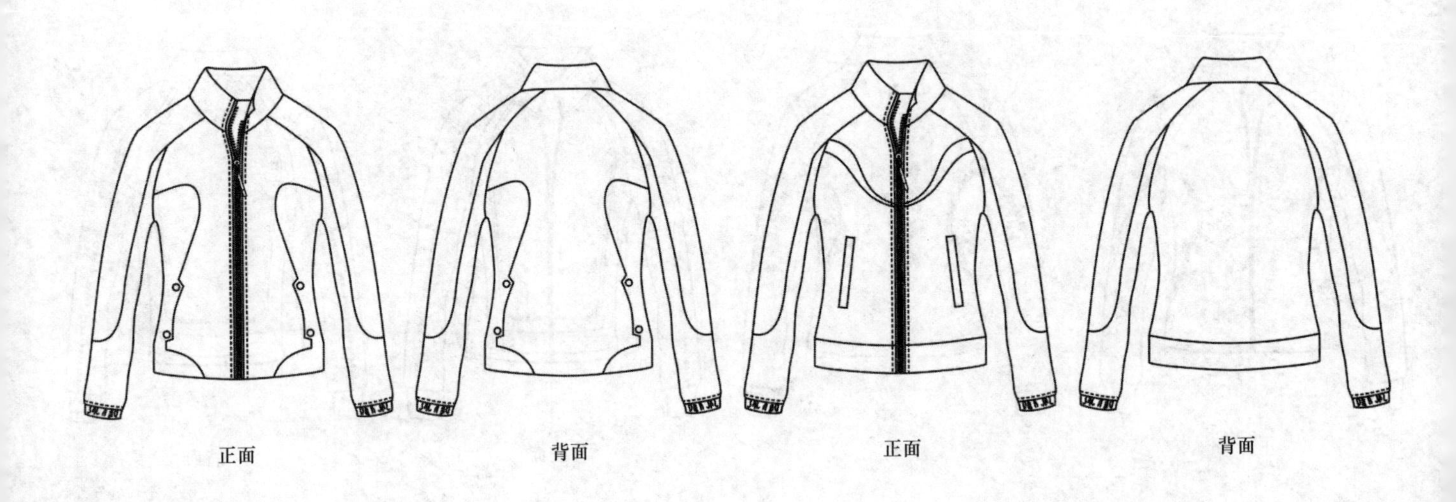
正面
背面
正面
背面

BIG BLACK BEAR
EXPEDITION
Katahdin Maine Georgia
正面
背面
正面
背面

BIG BLACK BEAR
BIG BLACK BEAR
正面
背面
正面
背面

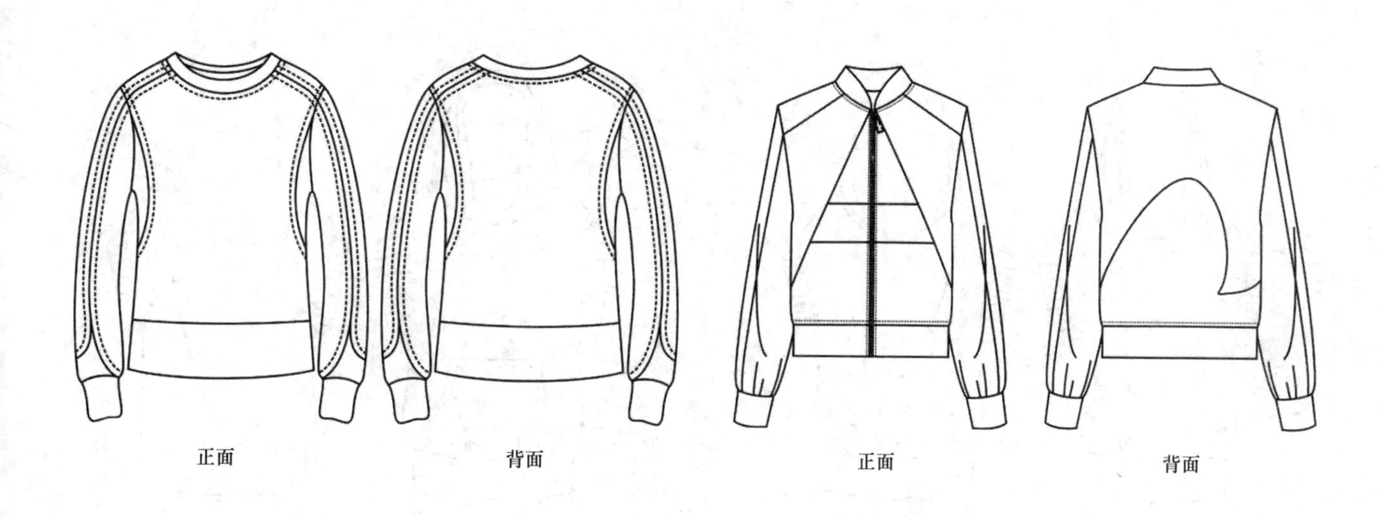
正面
背面
正面
背面

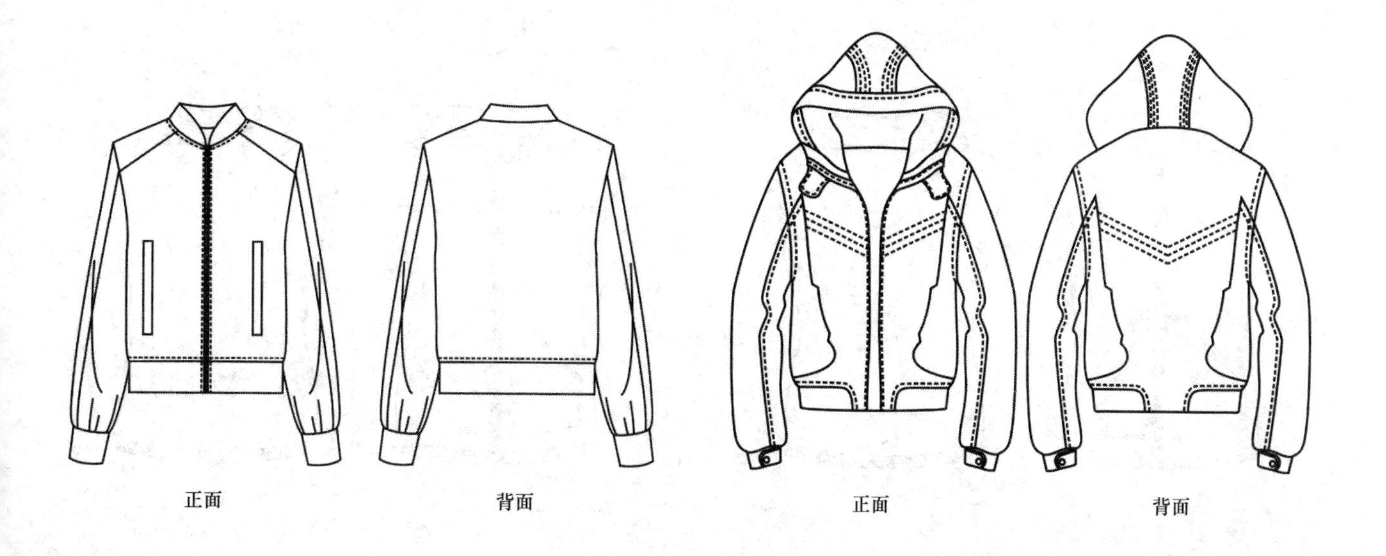
正面
背面
正面
背面

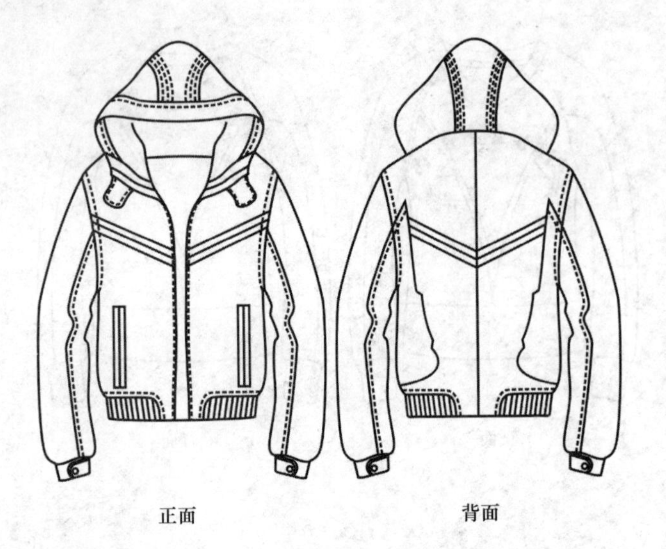
正面
背面

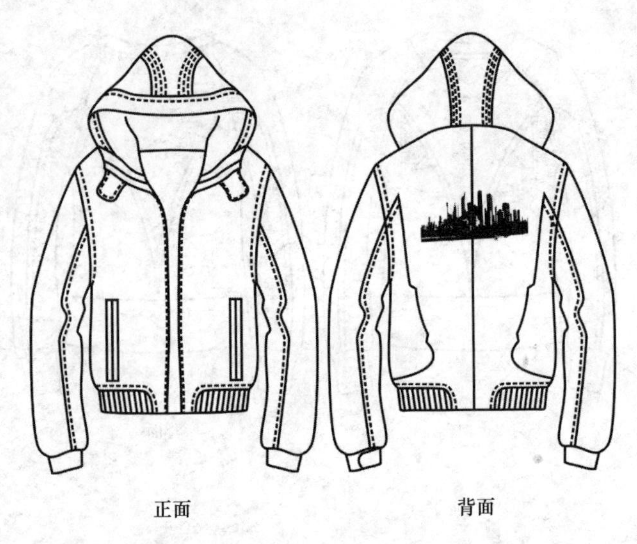
正面
背面

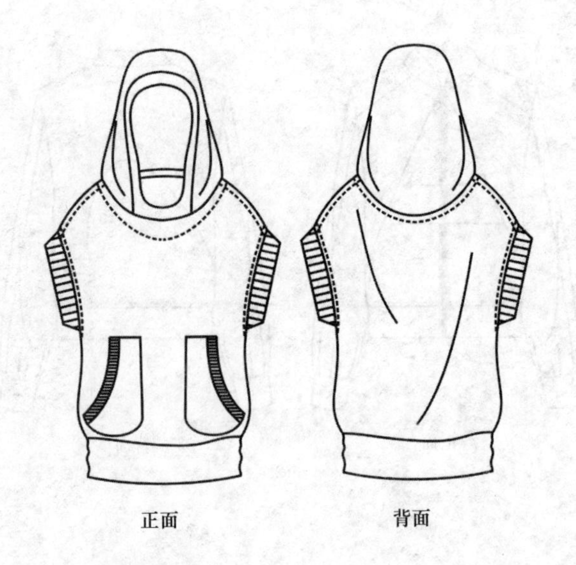
正面
背面

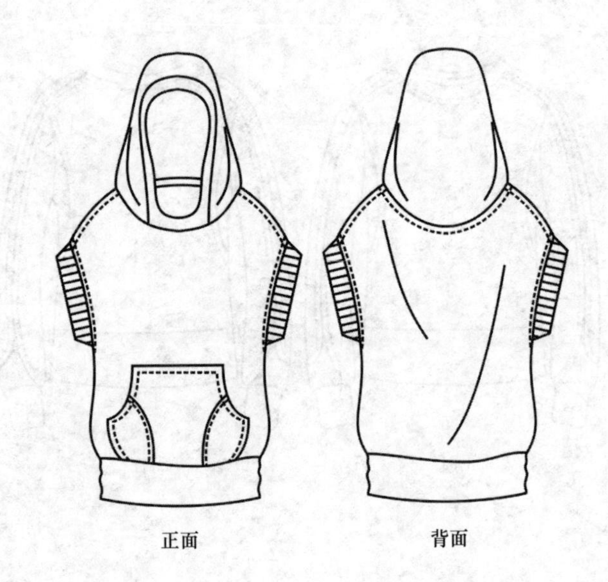
正面
背面

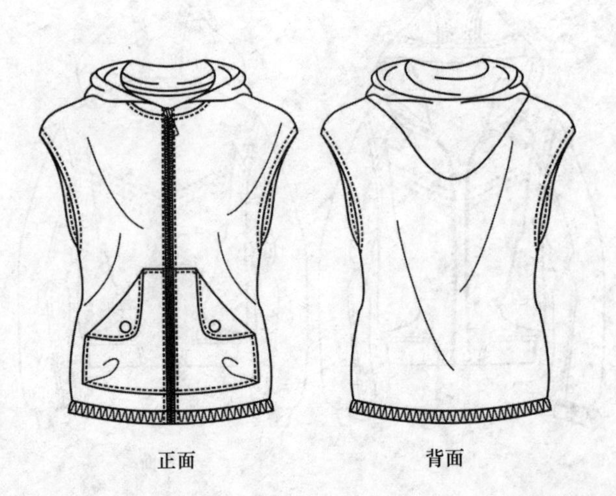
正面
背面

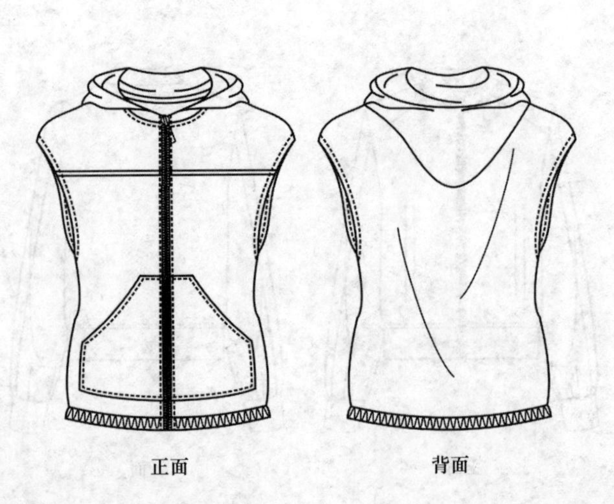
正面
背面

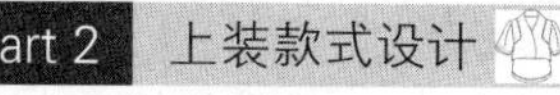

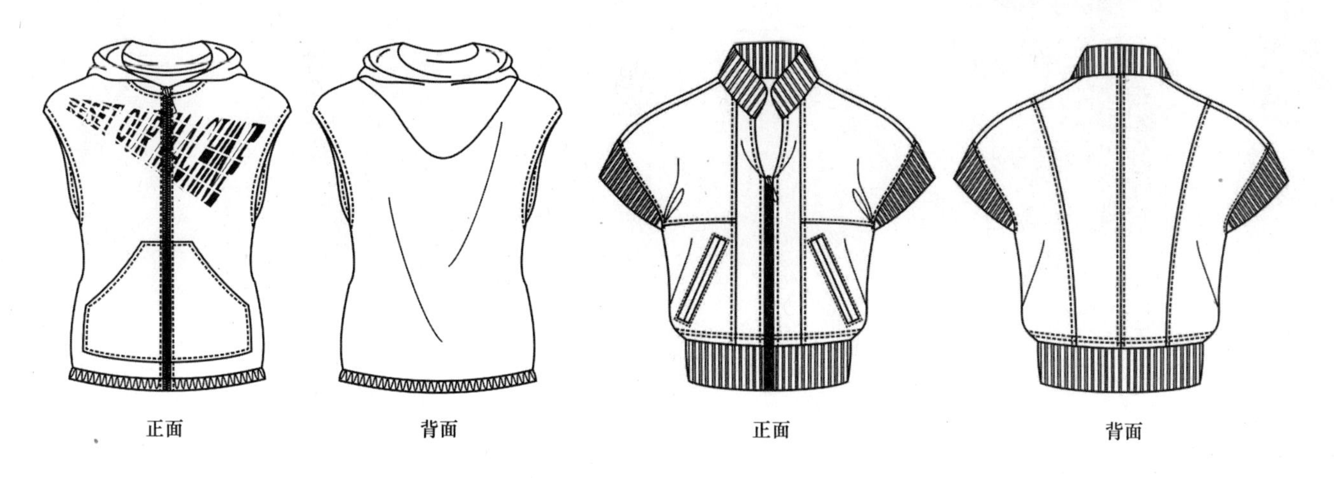

正面　背面　正面　背面

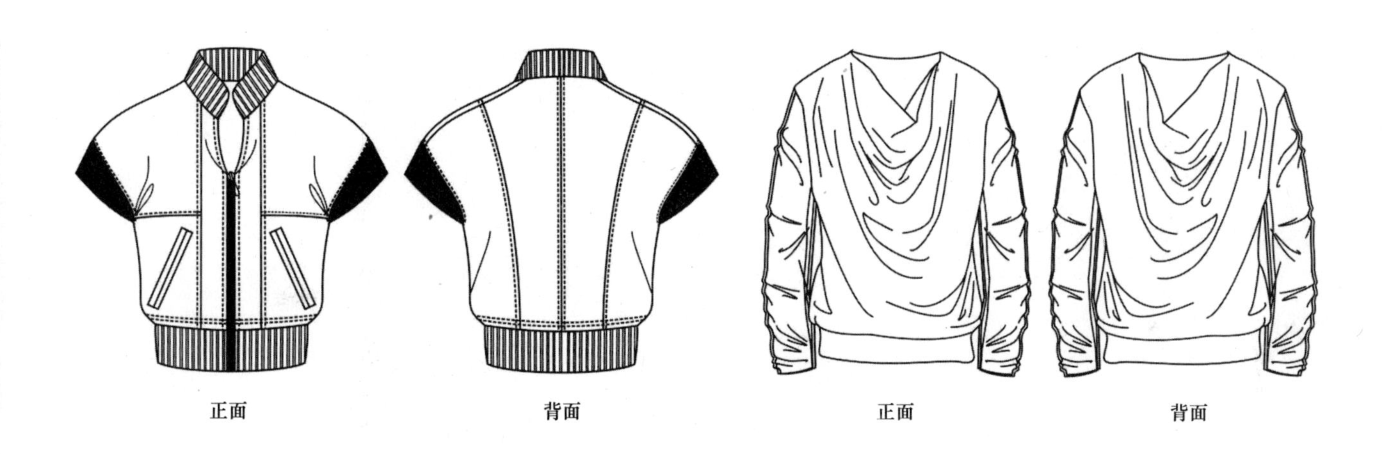

正面　背面　正面　背面

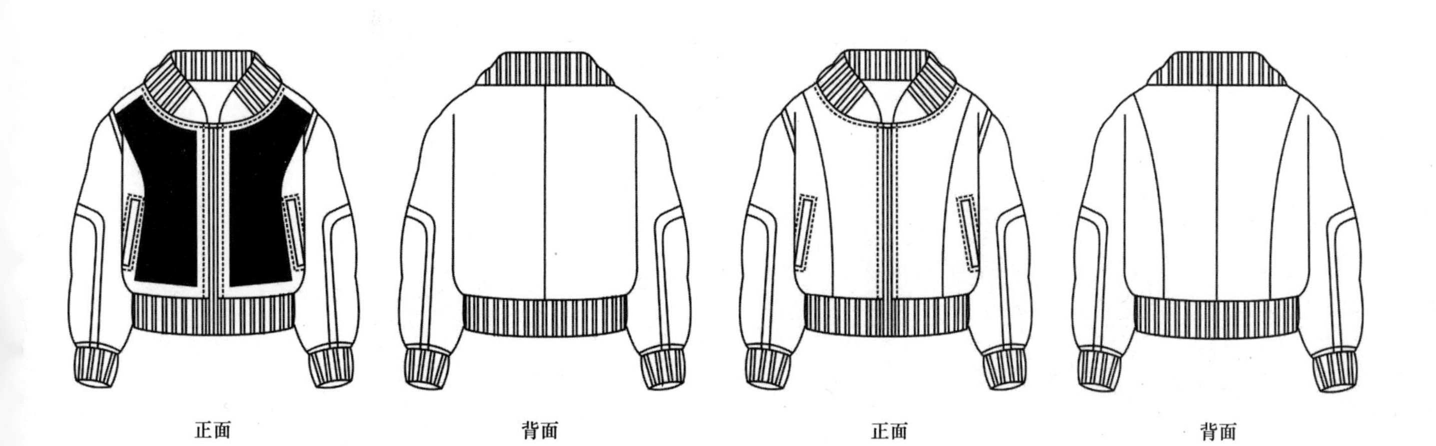

正面　背面　正面　背面

Part 3 专题款式设计

服装专题设计要注重色彩、构图、风格、创意、细节五大要素，本章针对牛仔服、针织衫、羽绒服、时尚创意衫进行专题设计。

牛仔服

牛仔服的面料多用坚固呢制作，款式已发展到牛仔夹克、牛仔裤、牛仔衬衫、牛仔背心、牛仔马甲、裙子、牛仔童装等各种款式。

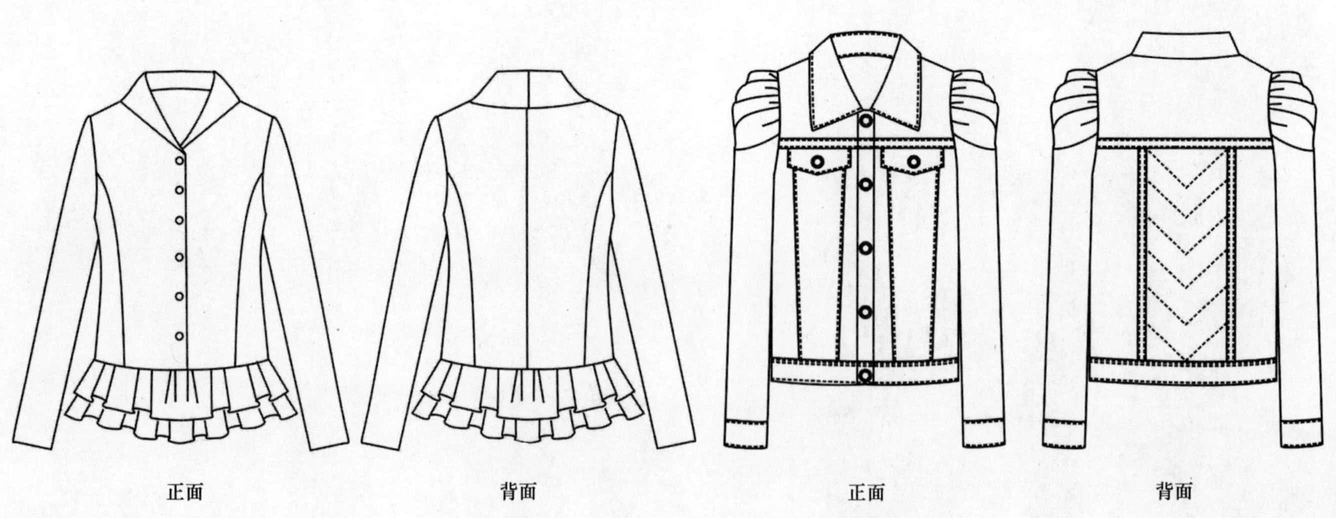

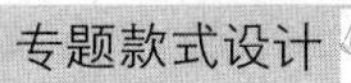

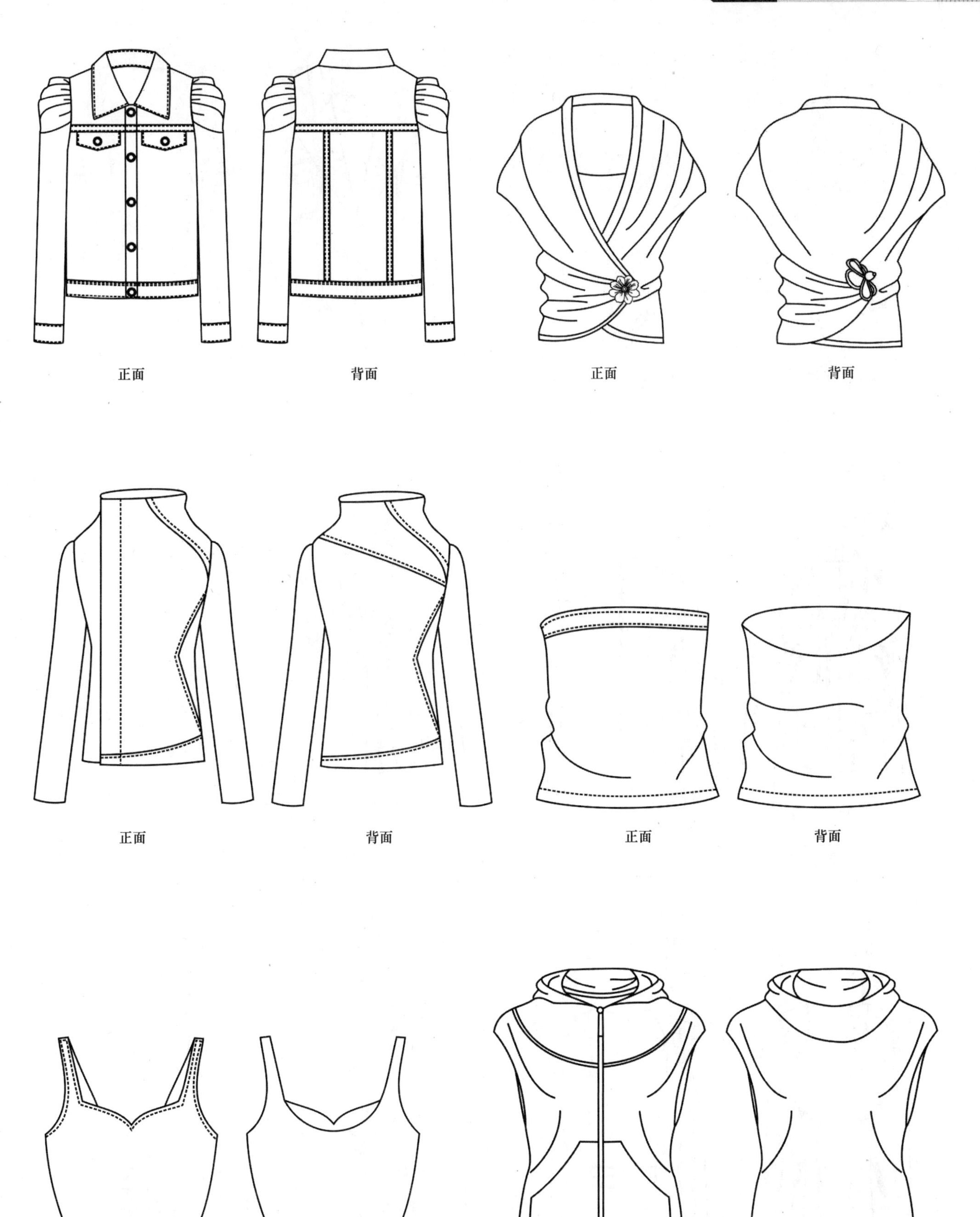
正面
背面
正面
背面
正面
背面
正面
背面
正面
背面
正面
背面

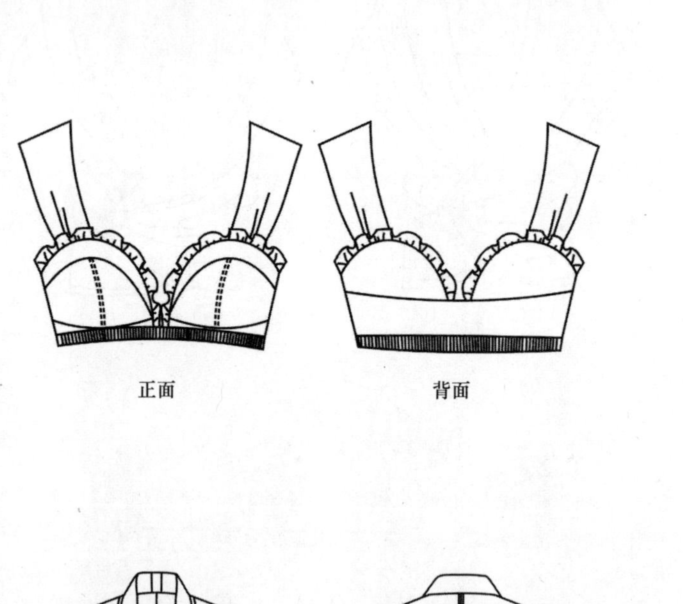
正面 背面

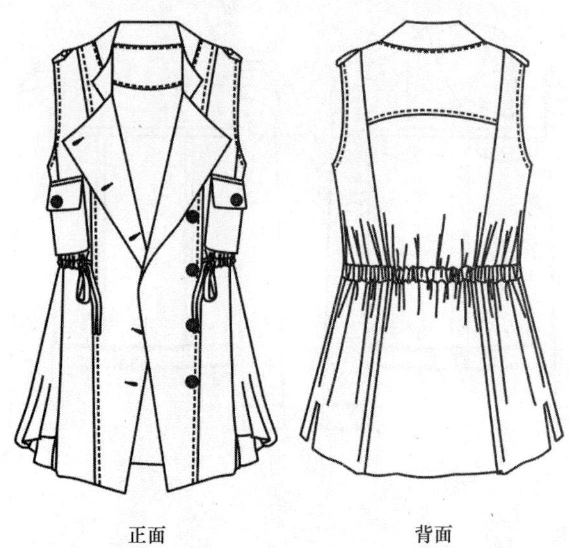
正面 背面

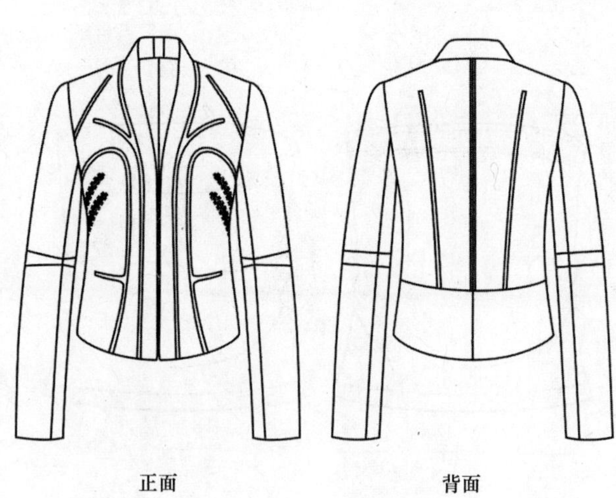
正面 背面

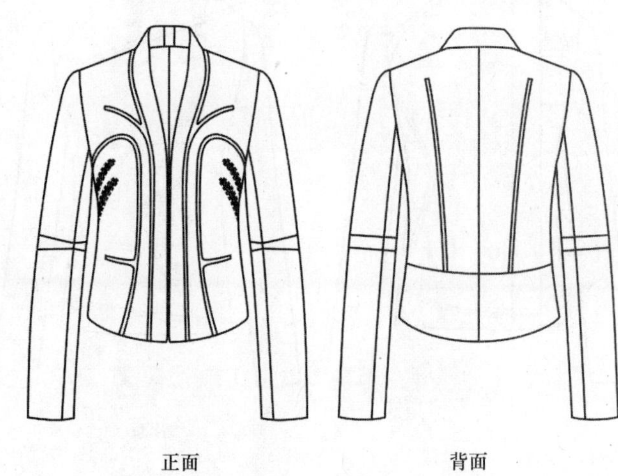
正面 背面

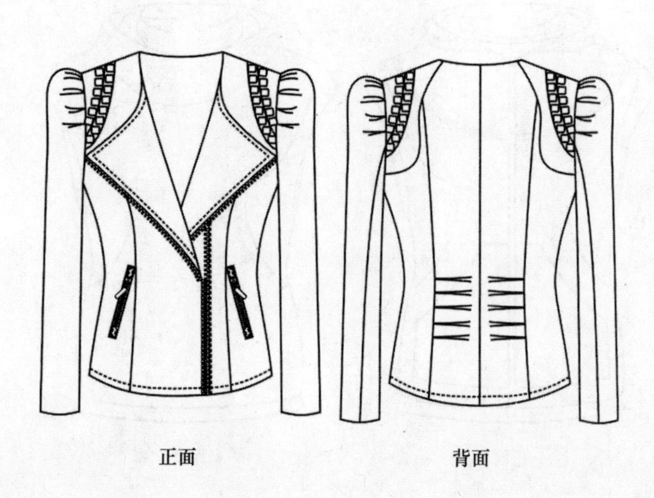
正面 背面

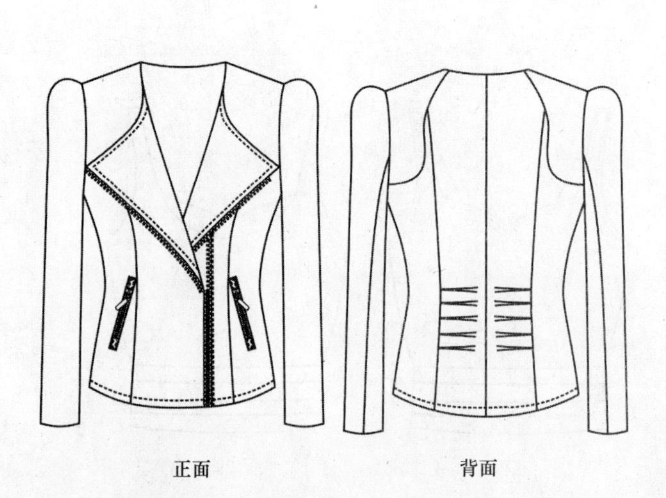
正面 背面

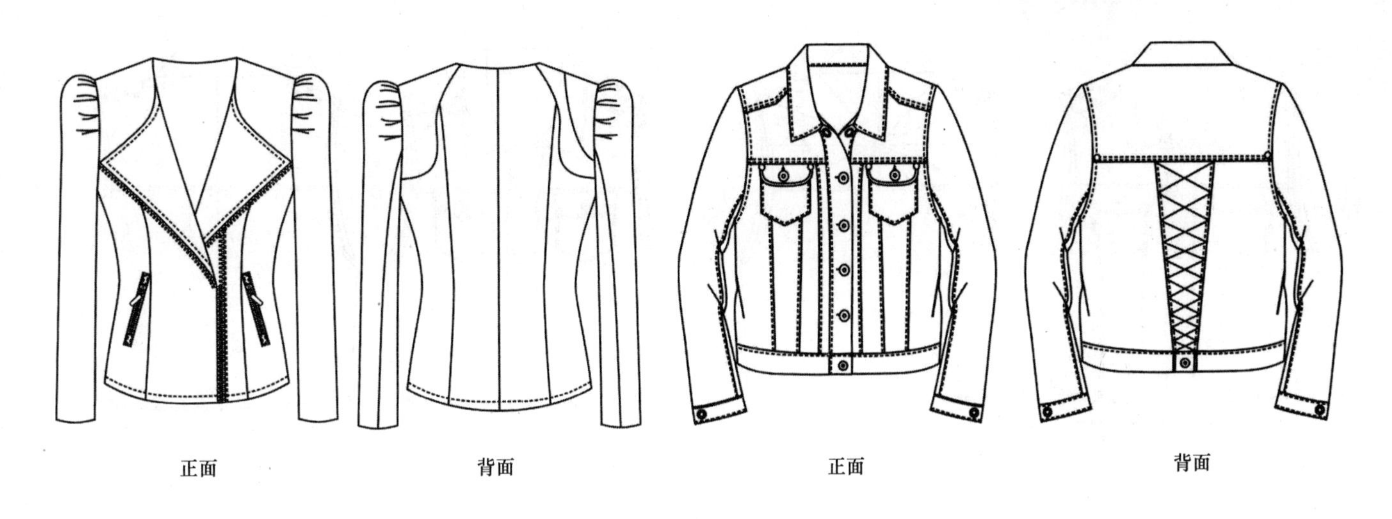
正面
背面
正面
背面

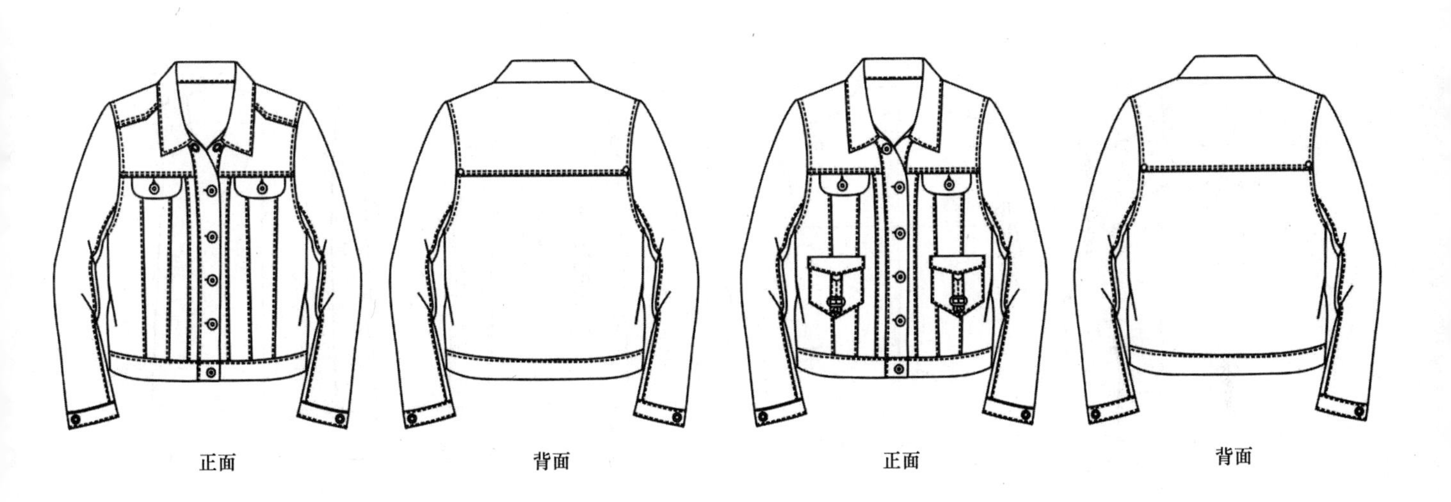
正面
背面
正面
背面

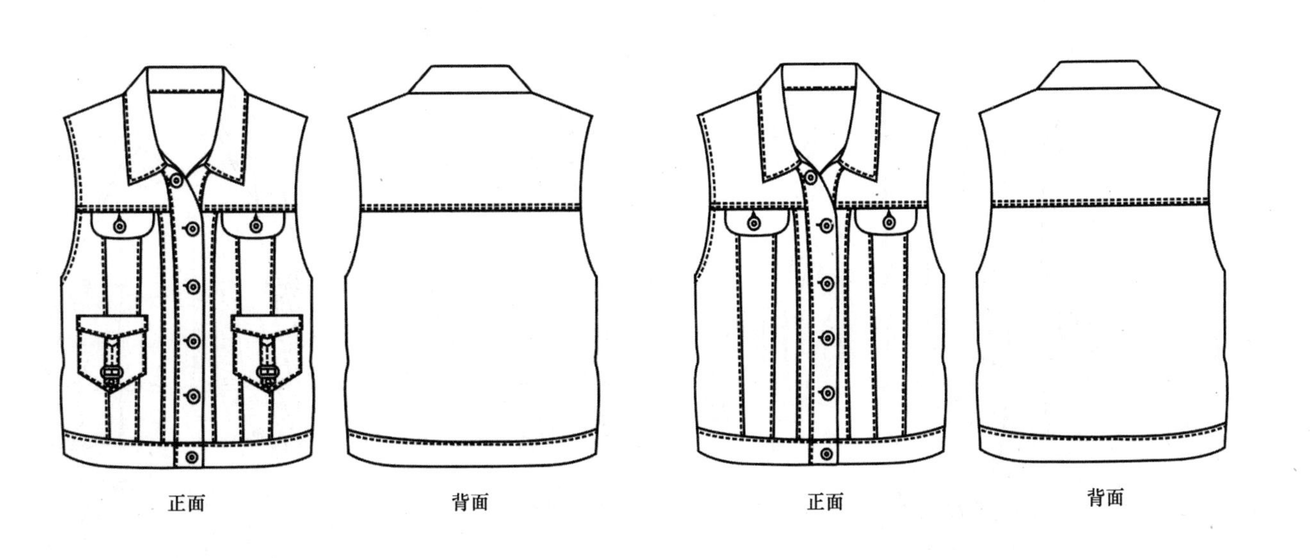
正面
背面
正面
背面

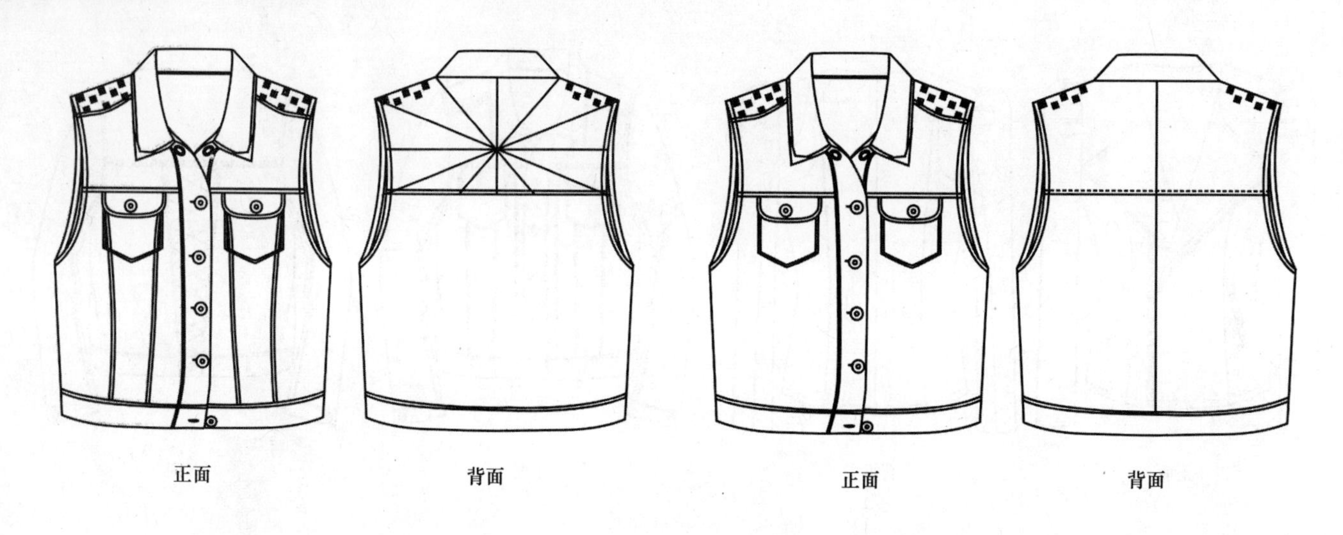
正面
背面
正面
背面

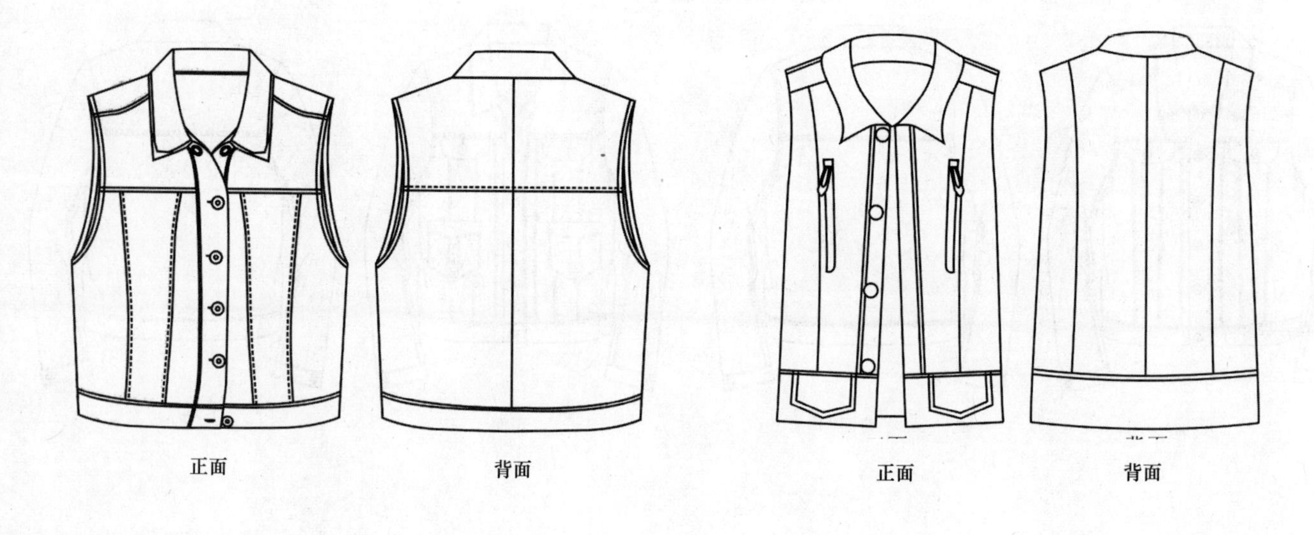
正面
背面
正面
背面

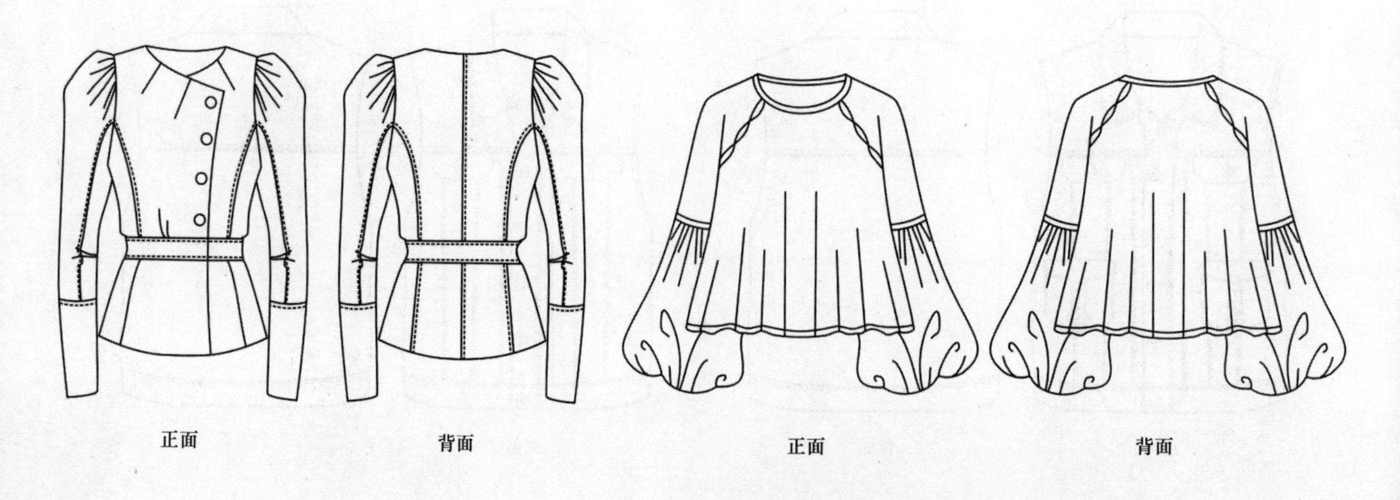
正面
背面
正面
背面

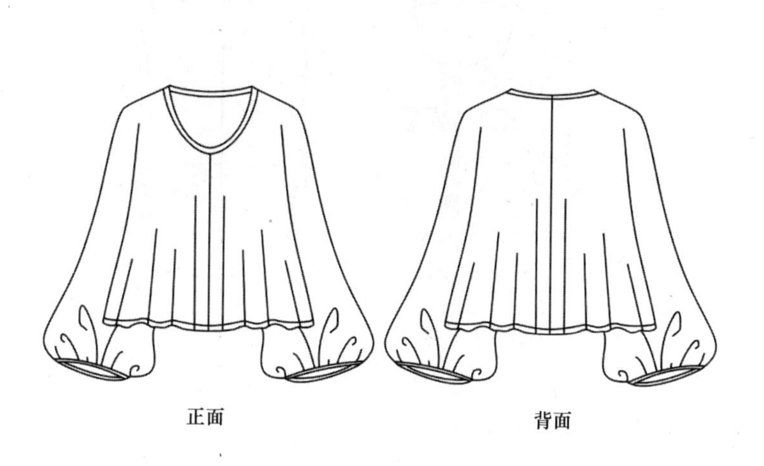

正面　　背面

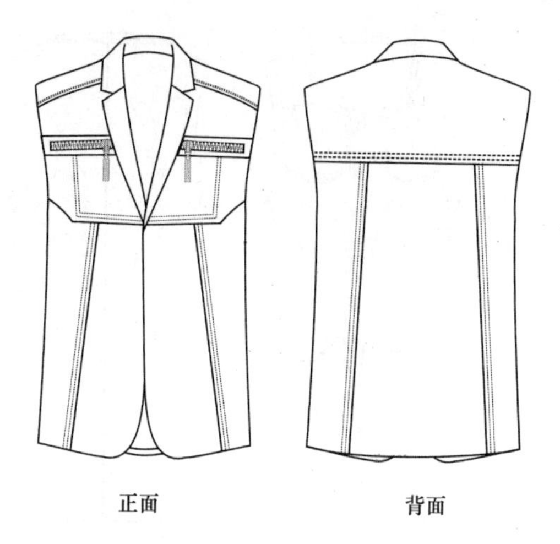

正面　　背面

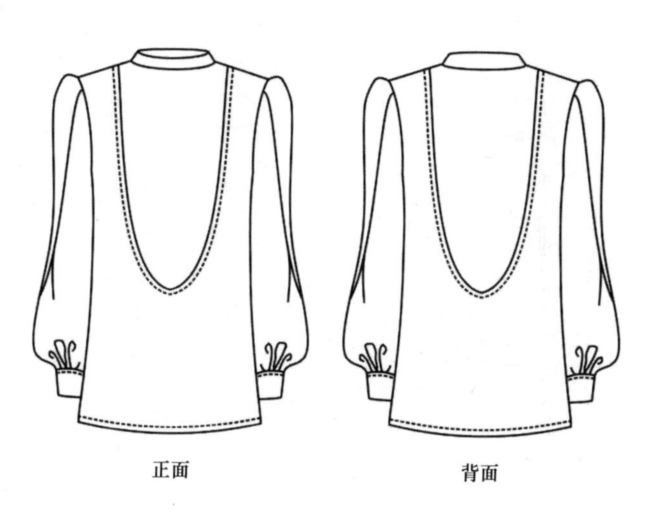

正面　　背面

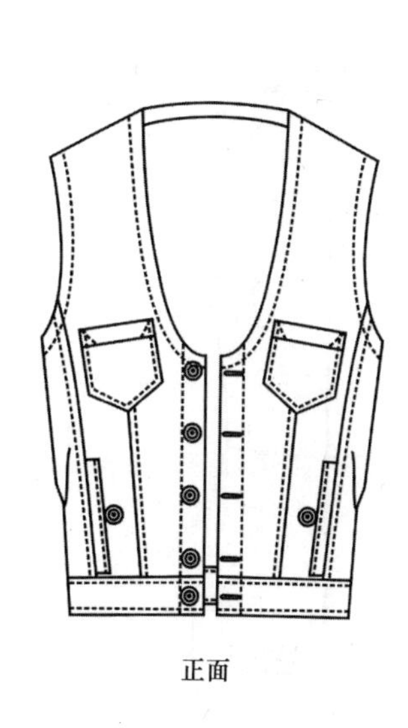

正面

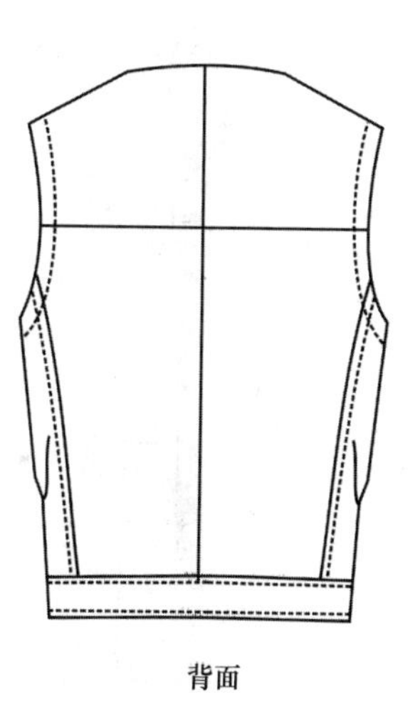

背面

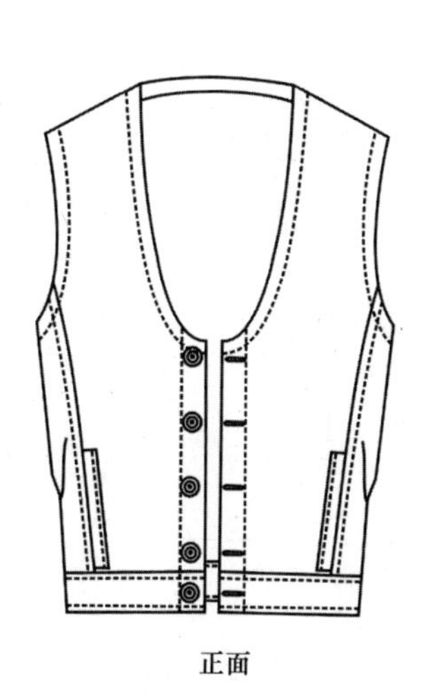

正面

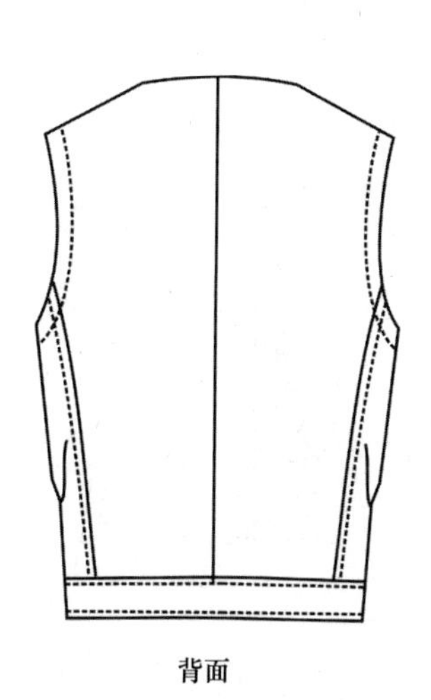

背面

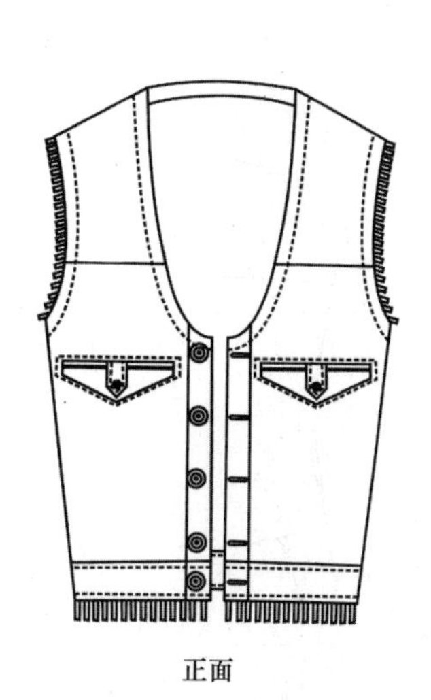

正面

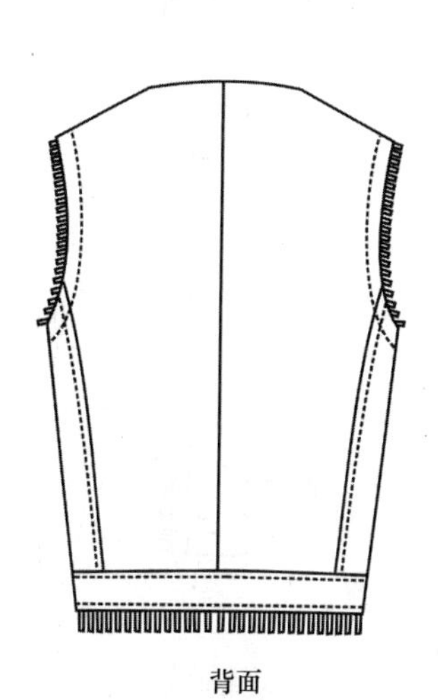

背面

正面
背面

正面
背面

正面
背面

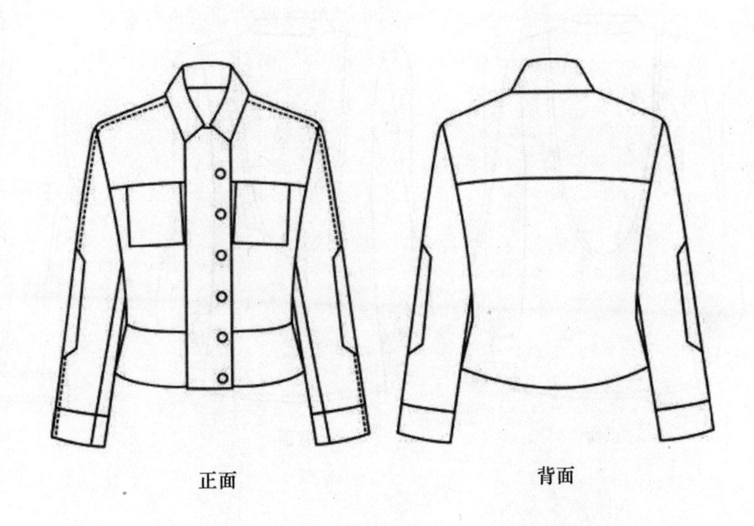
正面
背面

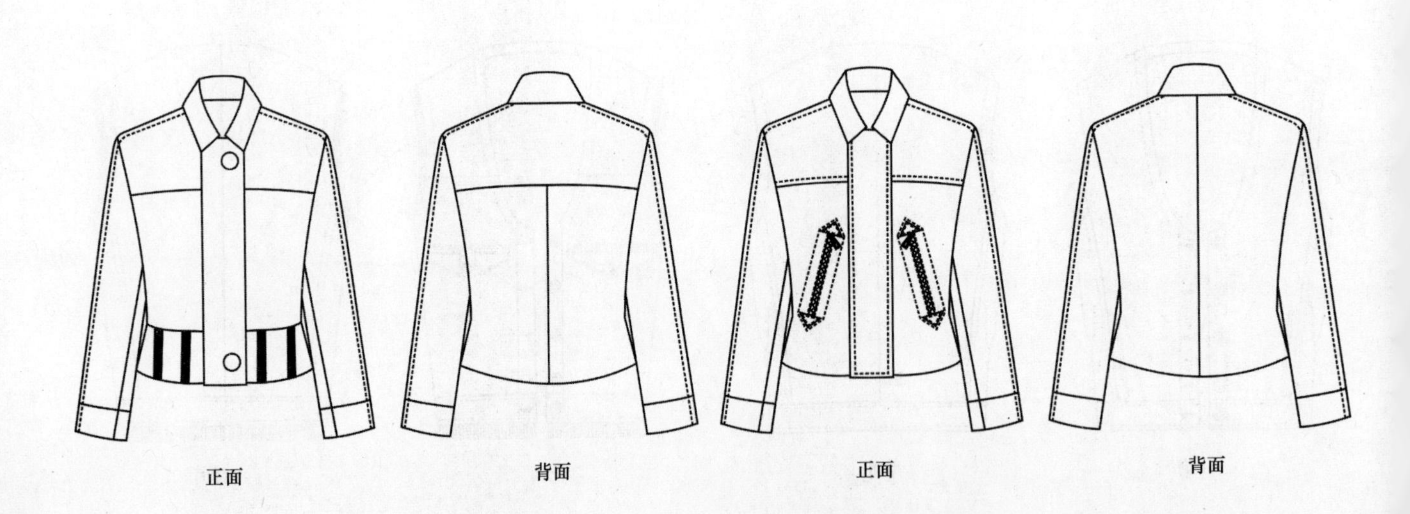
正面
背面
正面
背面

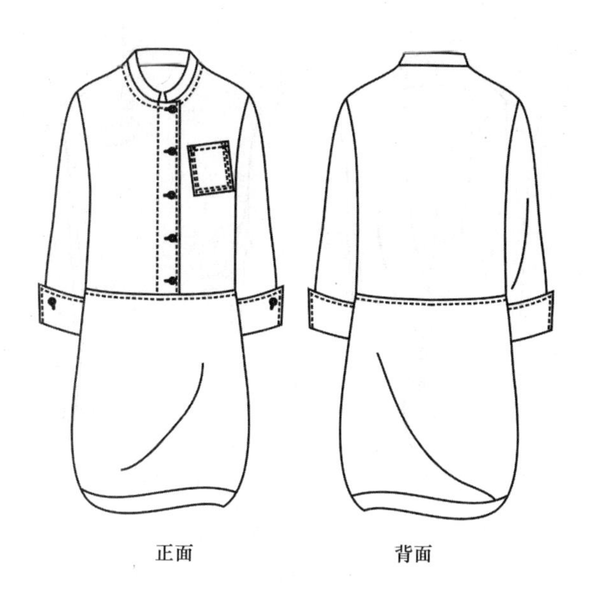
正面
背面

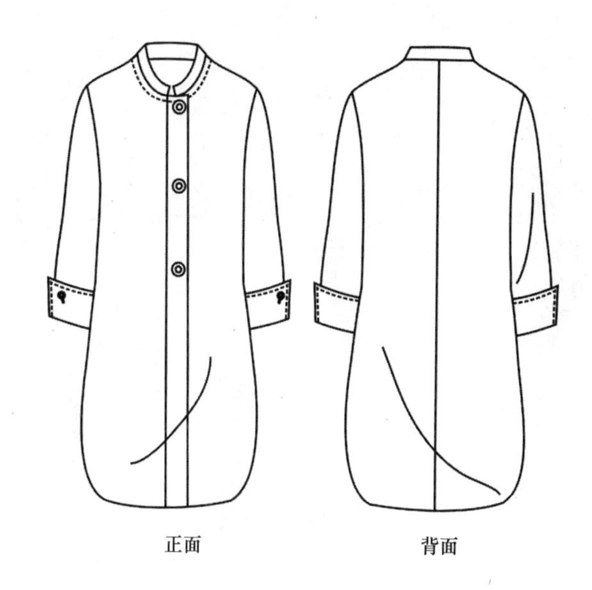
正面
背面

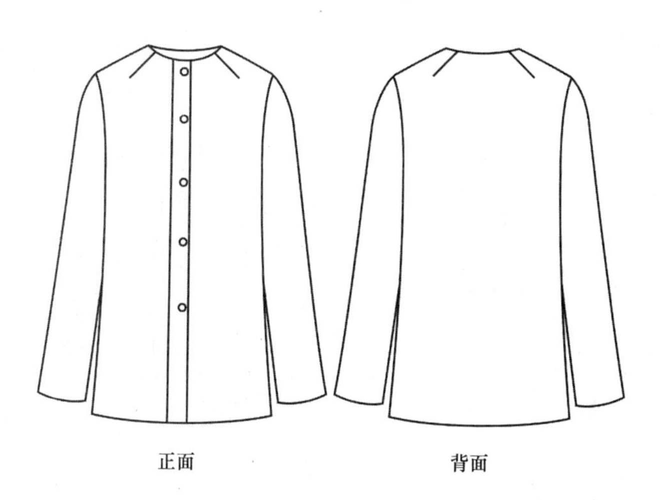
正面
背面

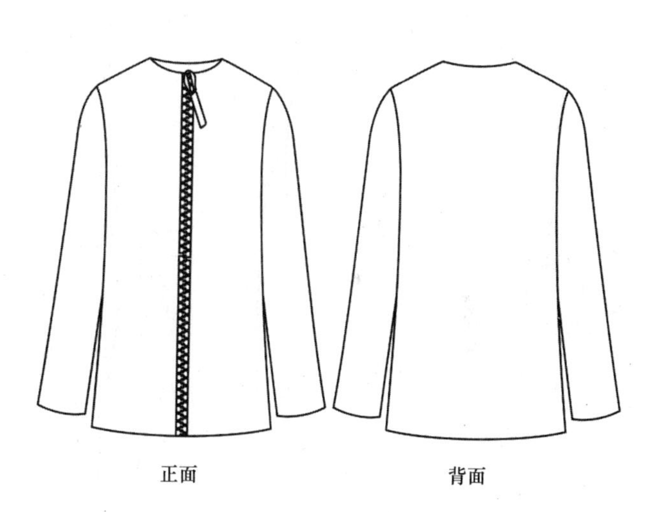
正面
背面

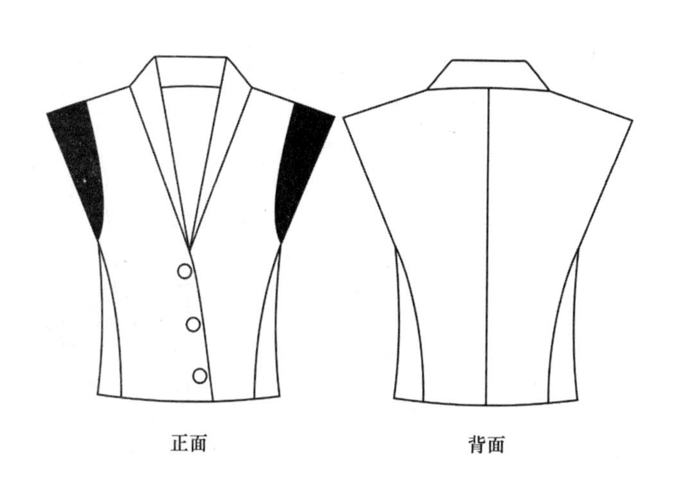
正面
背面

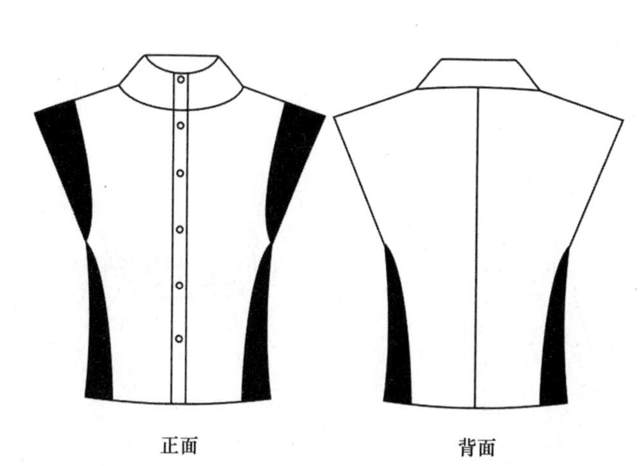
正面
背面

正面
背面
正面
背面
正面
背面
CROWS
正面
背面
CROWS
正面
背面
正面
背面

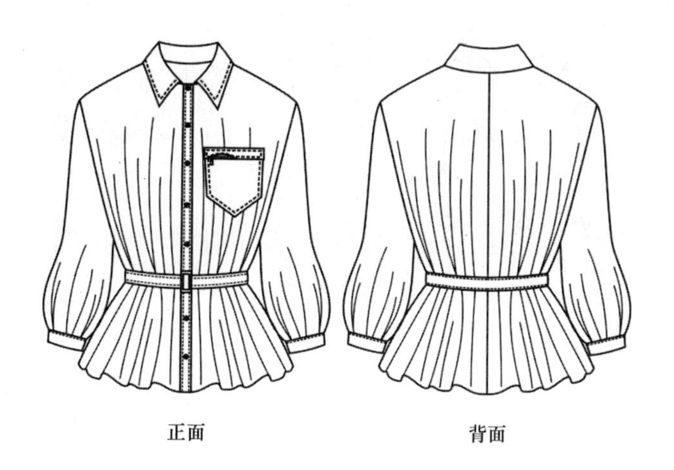
正面
背面

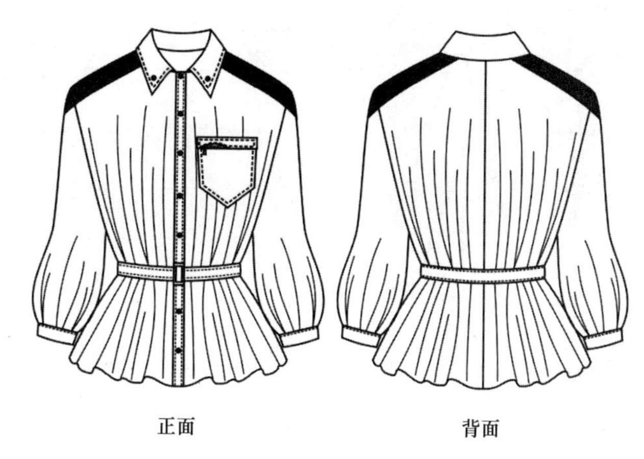
正面
背面

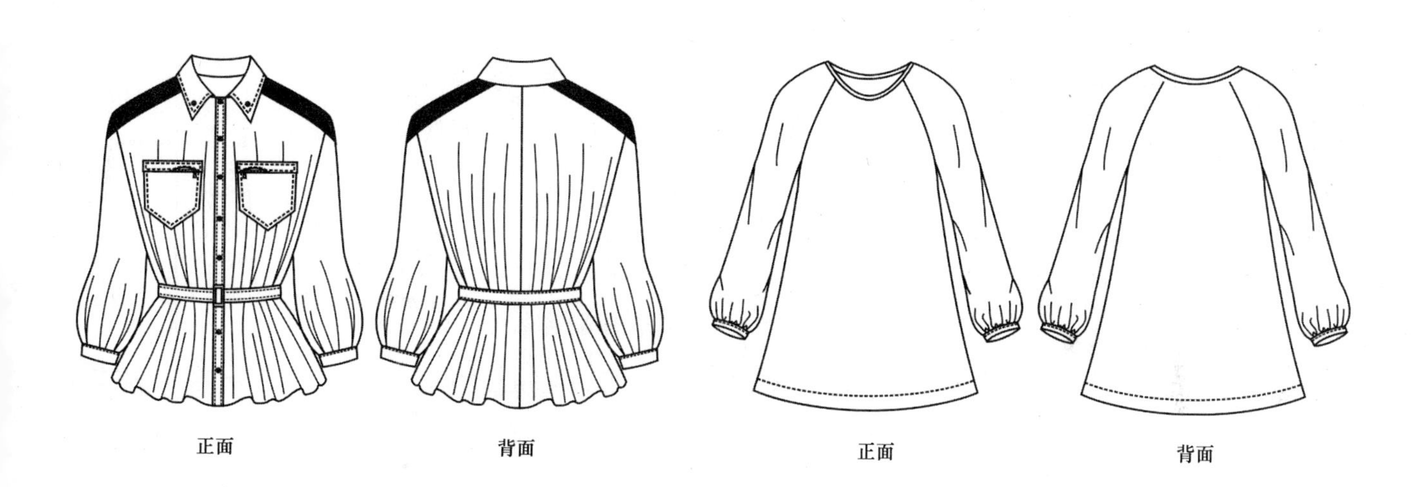
正面
背面
正面
背面

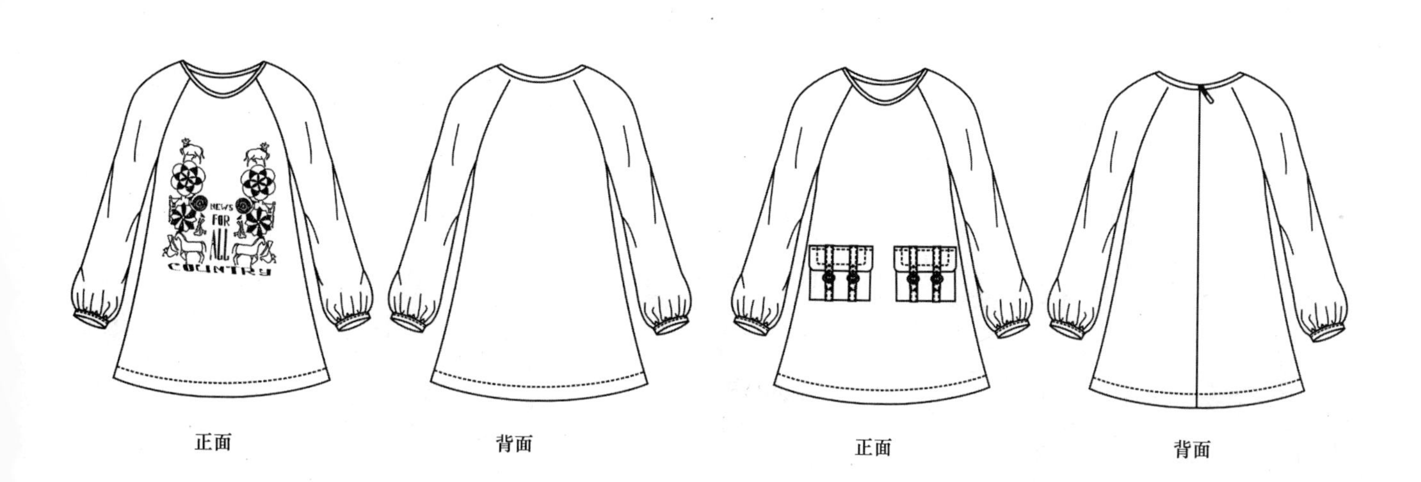
正面
背面
正面
背面

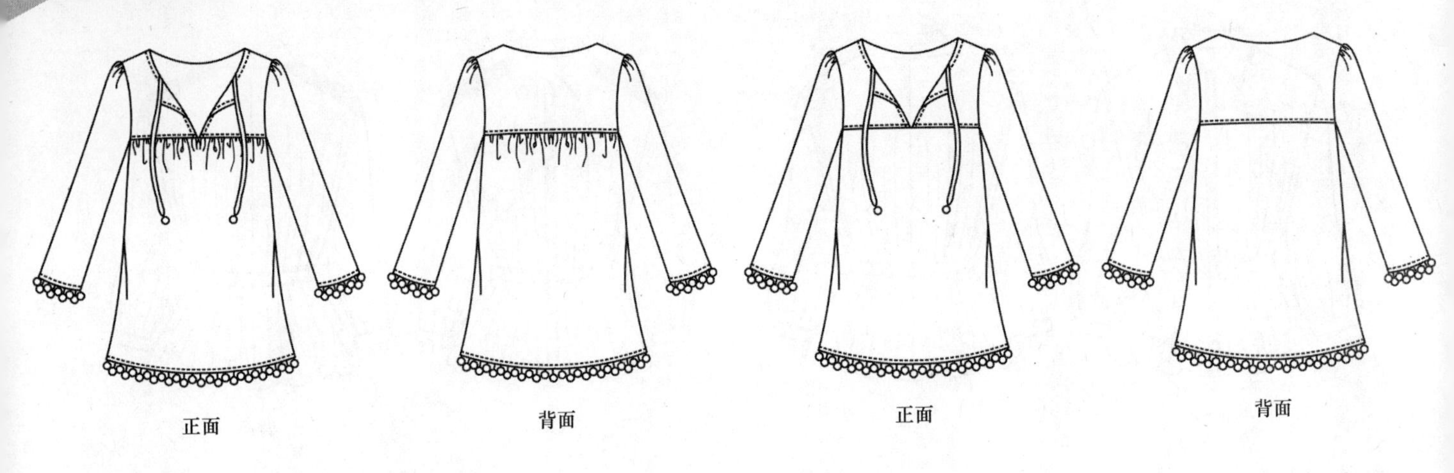
正面
背面
正面
背面

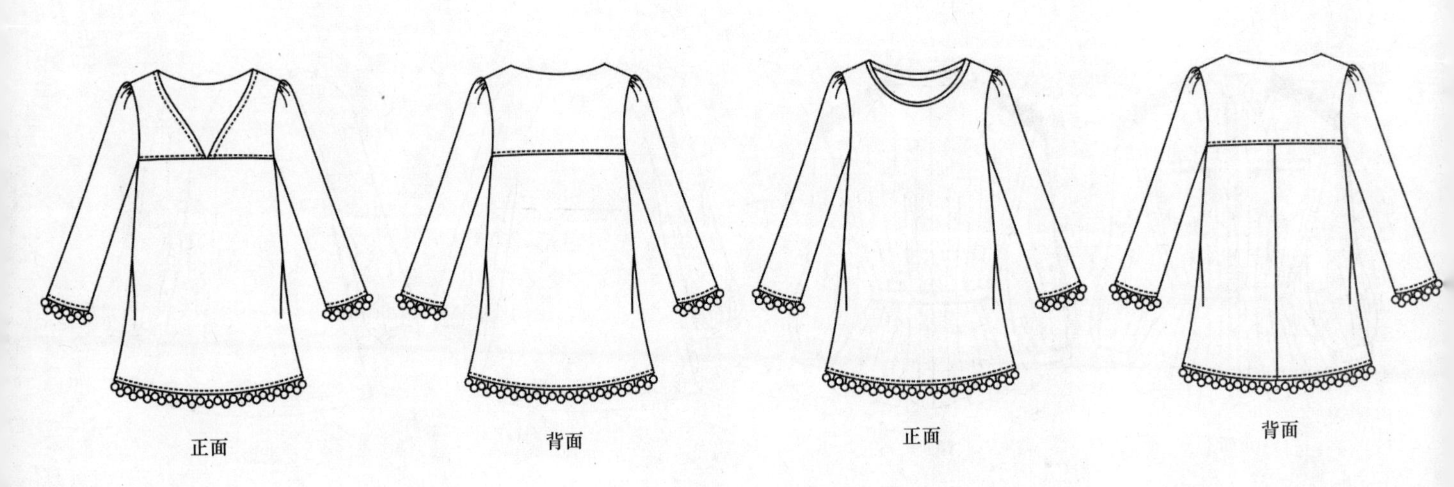
正面
背面
正面
背面

正面
背面
正面
背面

正面　背面

正面

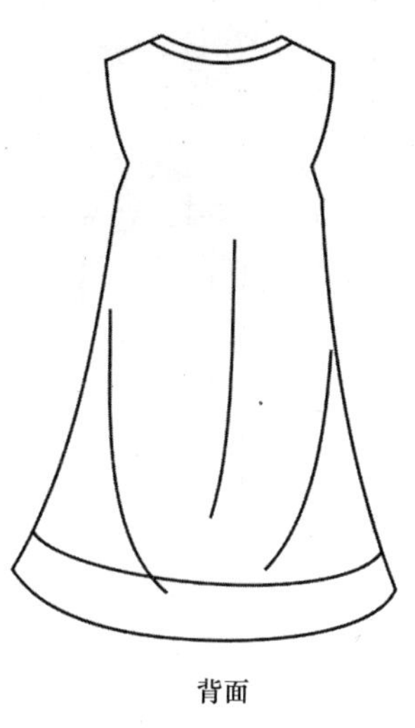

背面

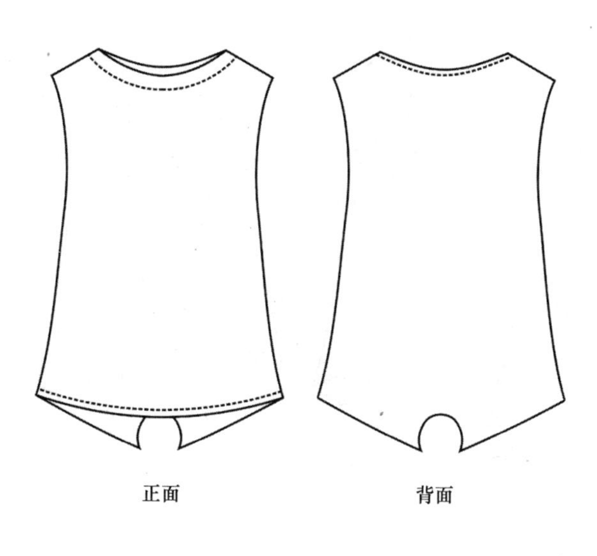

正面　背面

正面

背面

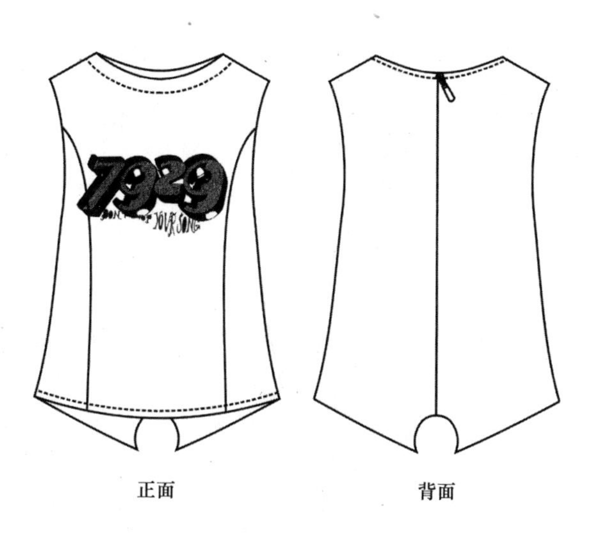

正面　背面

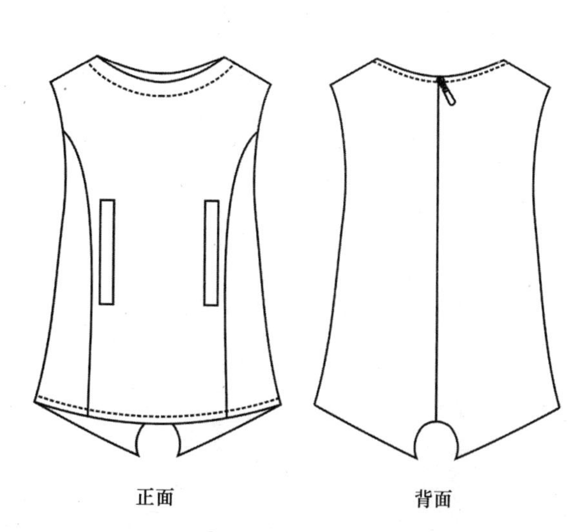

正面　背面

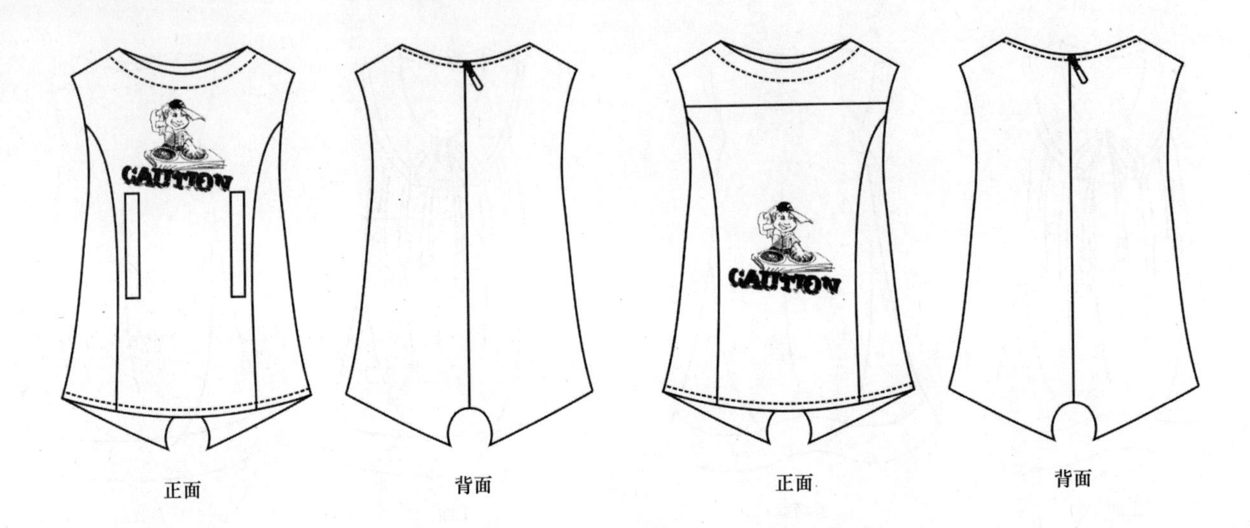

正面 背面 正面 背面

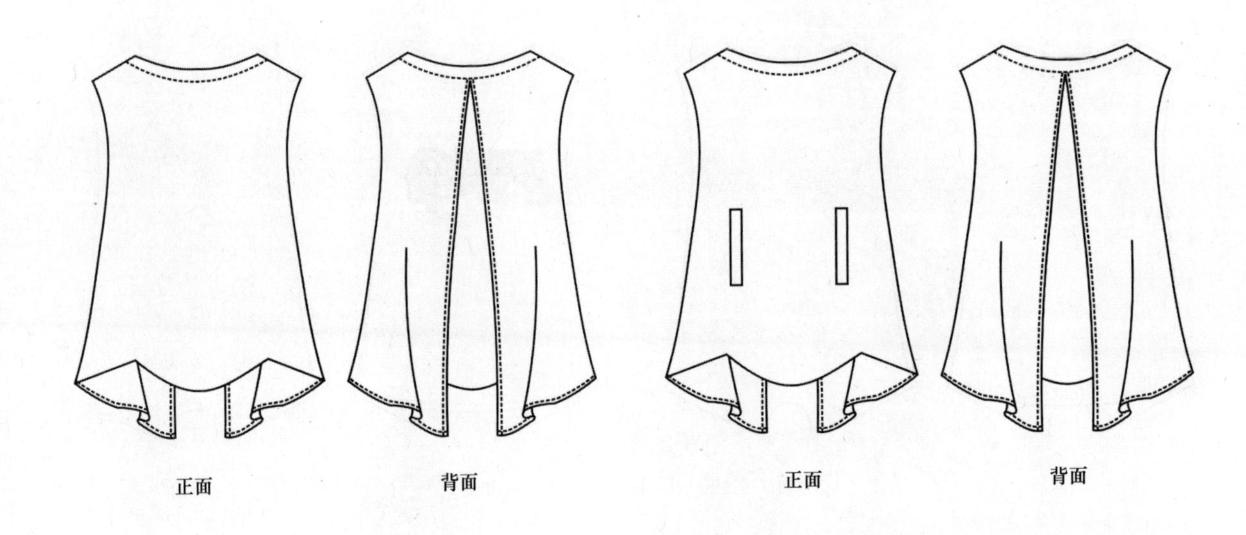
正面 背面 正面 背面

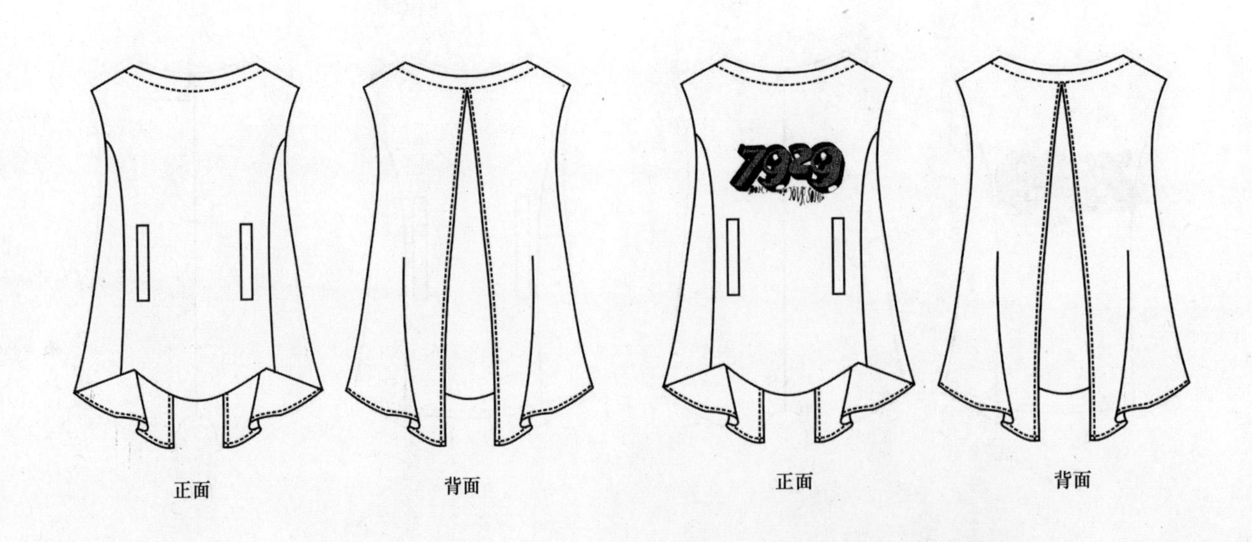

正面 背面 正面 背面

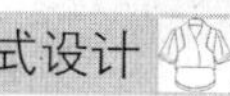

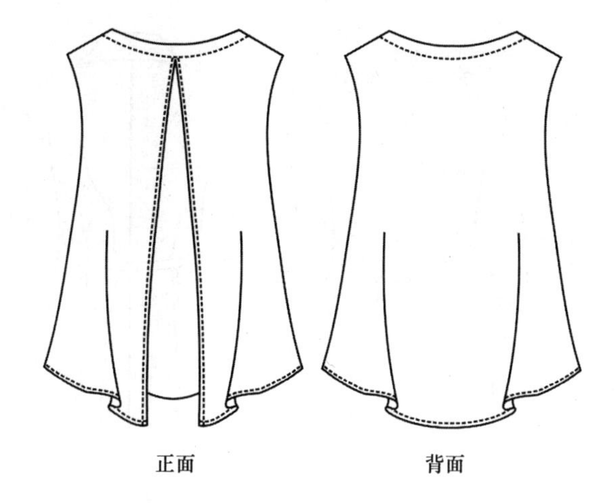

正面　　背面

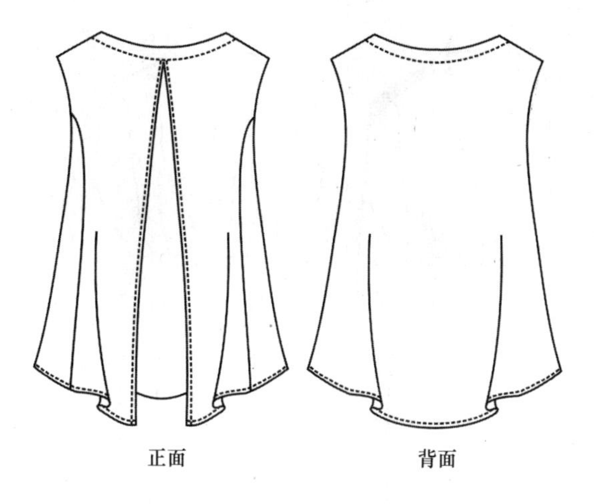

正面　　背面

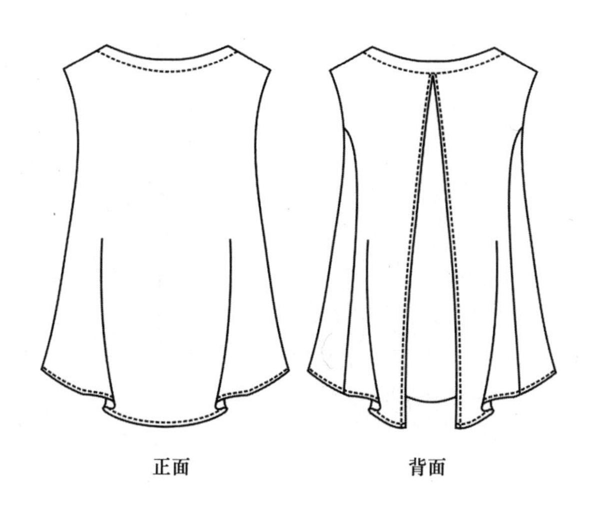

正面　　背面

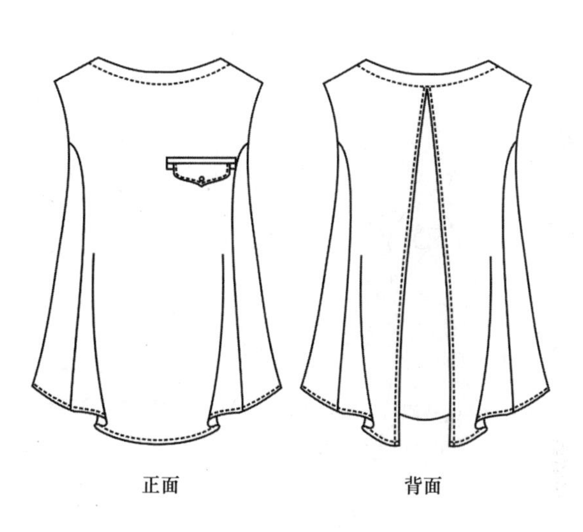

正面　　背面

正面　　背面

正面　　背面

正面
背面
正面
背面
正面
背面
正面
背面
正面
背面
正面
背面

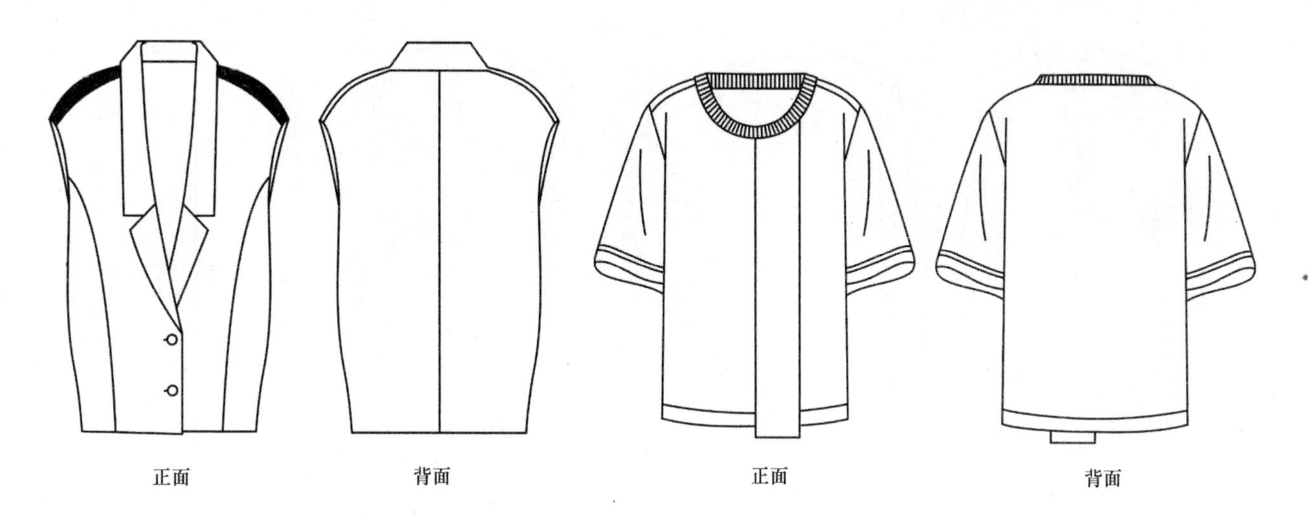
正面
背面
正面
背面

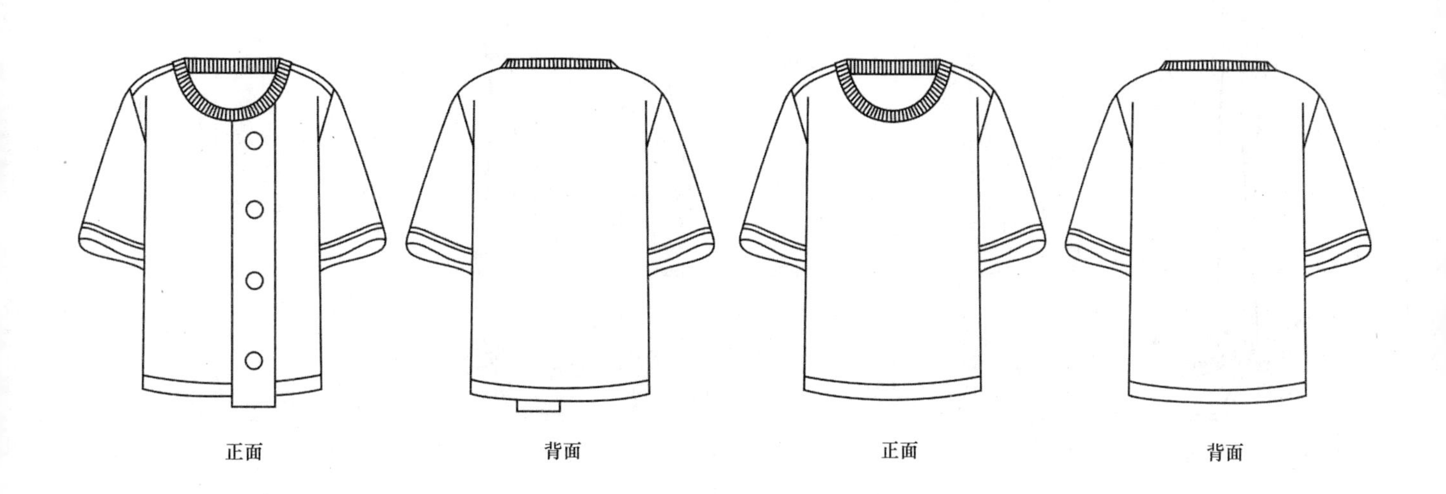
正面
背面
正面
背面

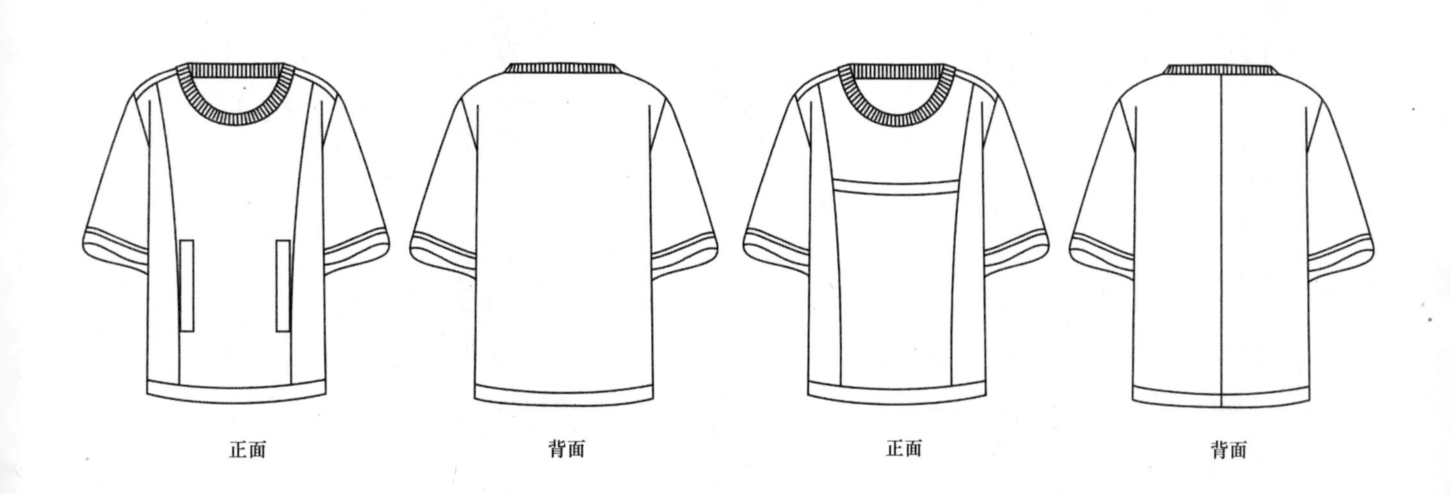
正面
背面
正面
背面

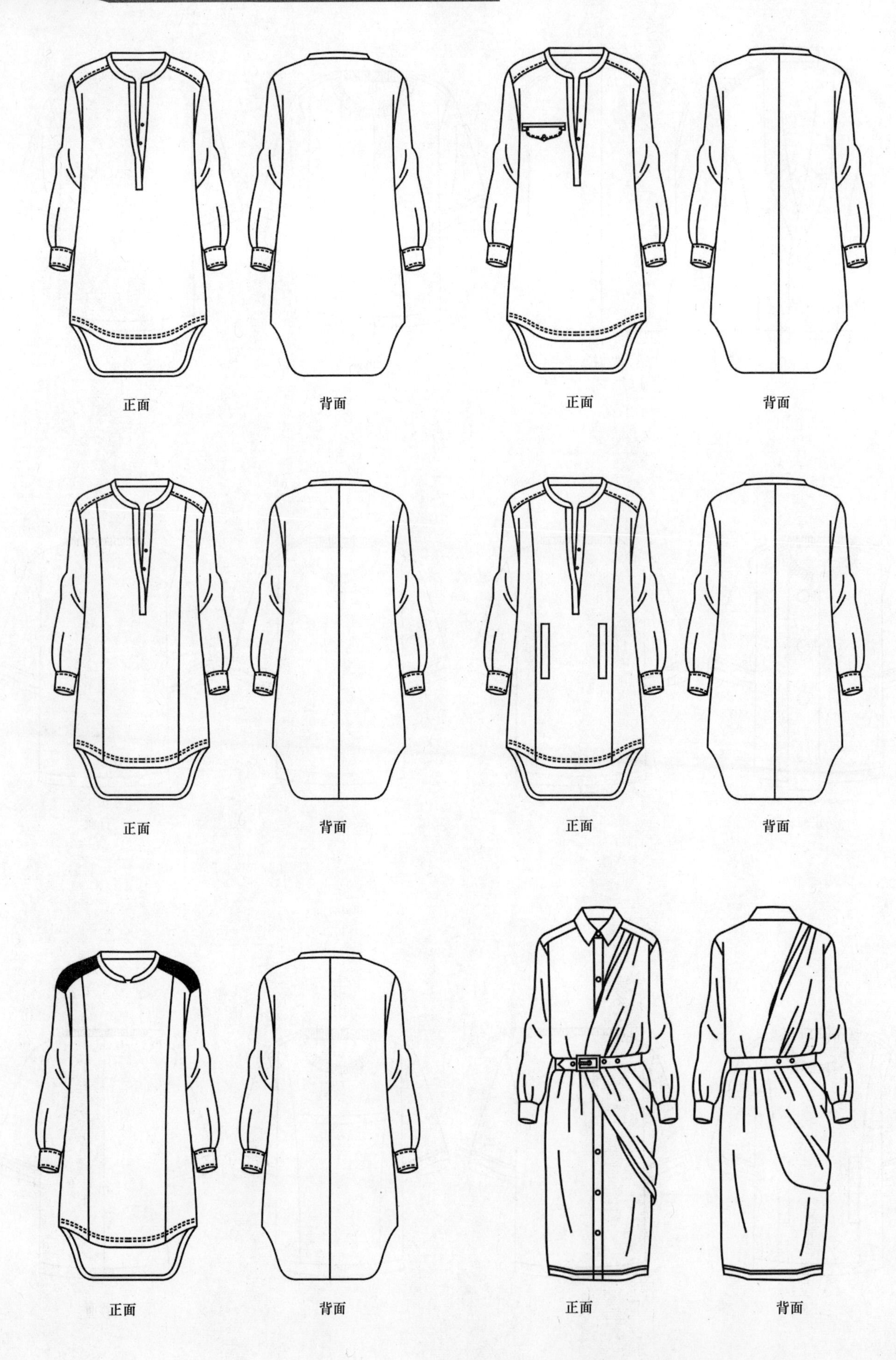
正面
背面
正面
背面
正面
背面
正面
背面
正面
背面
正面
背面

正面
背面
正面
背面

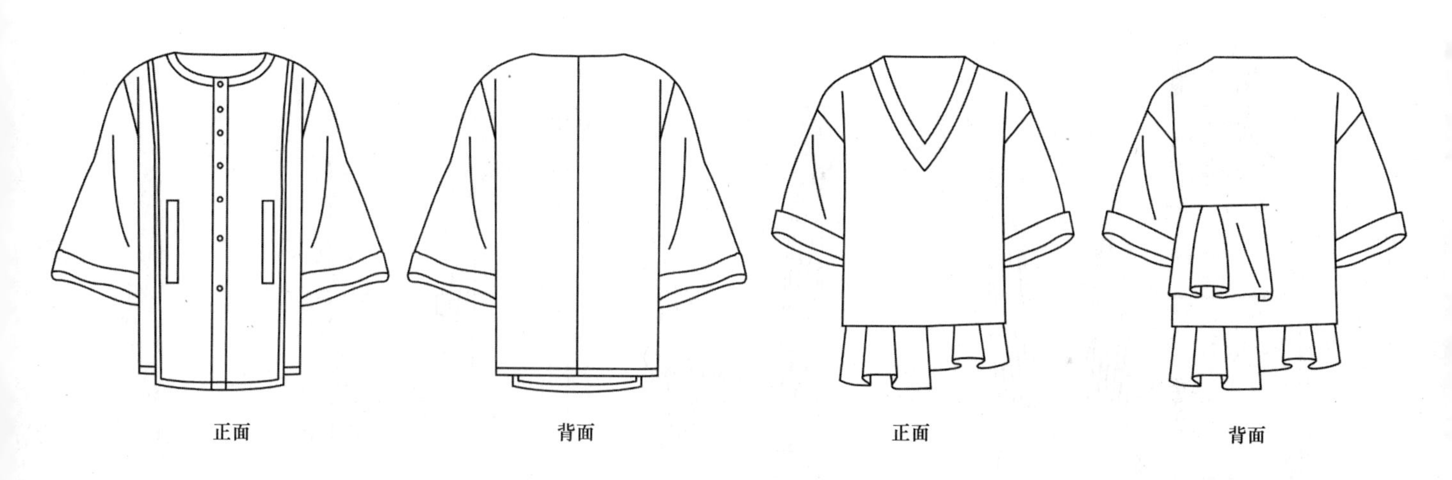

正面
背面
正面
背面

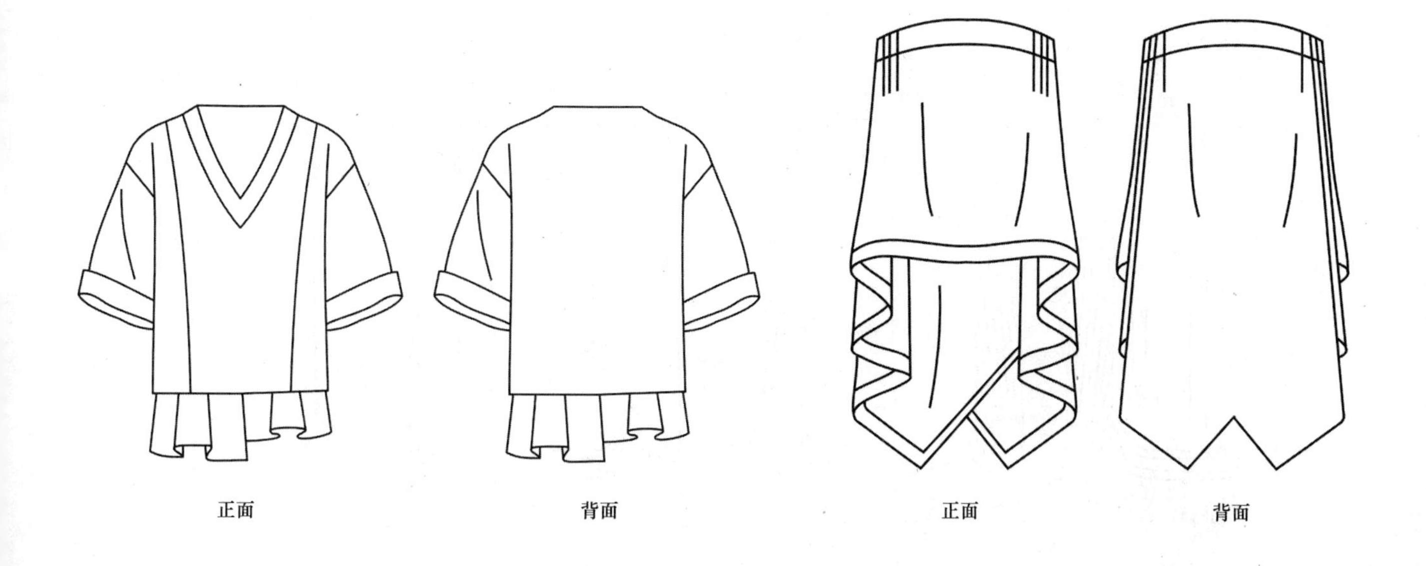

正面
背面
正面
背面

正面
背面
正面
背面
正面
背面
正面
背面
正面
背面
正面
背面

正面
背面
正面
背面

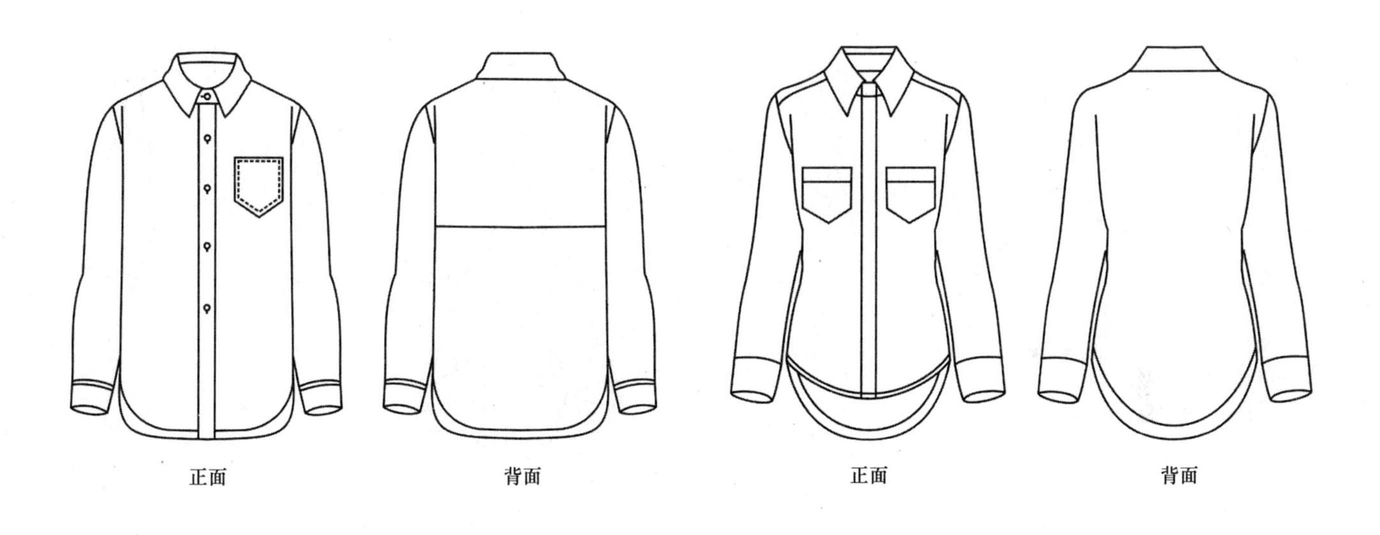
正面
背面
正面
背面

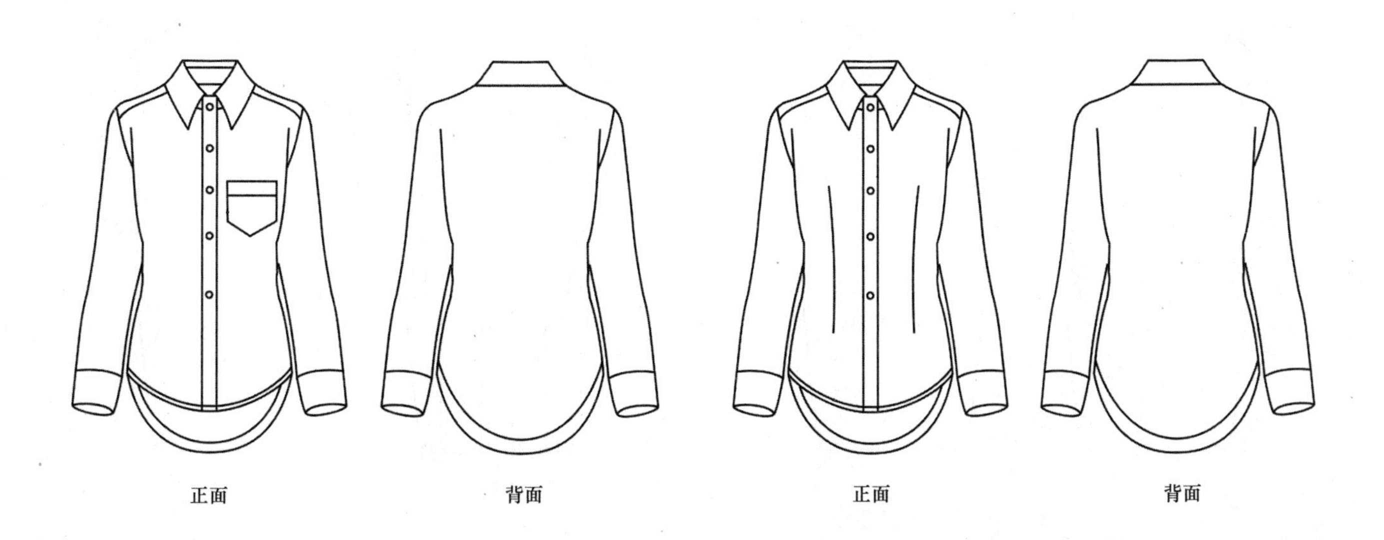
正面
背面
正面
背面

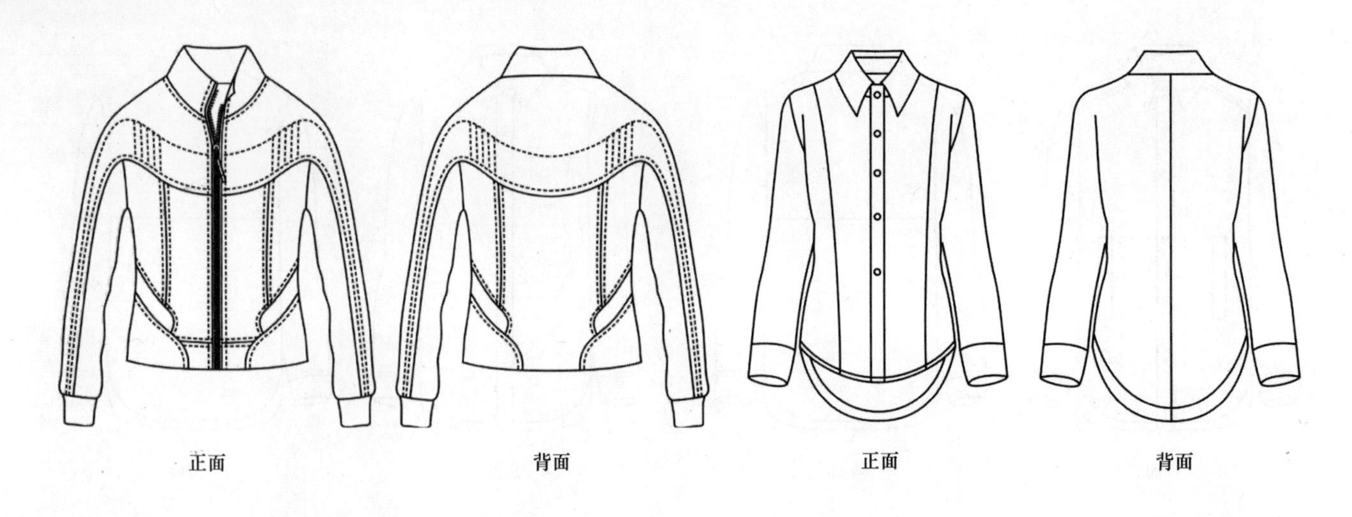
正面
背面
正面
背面

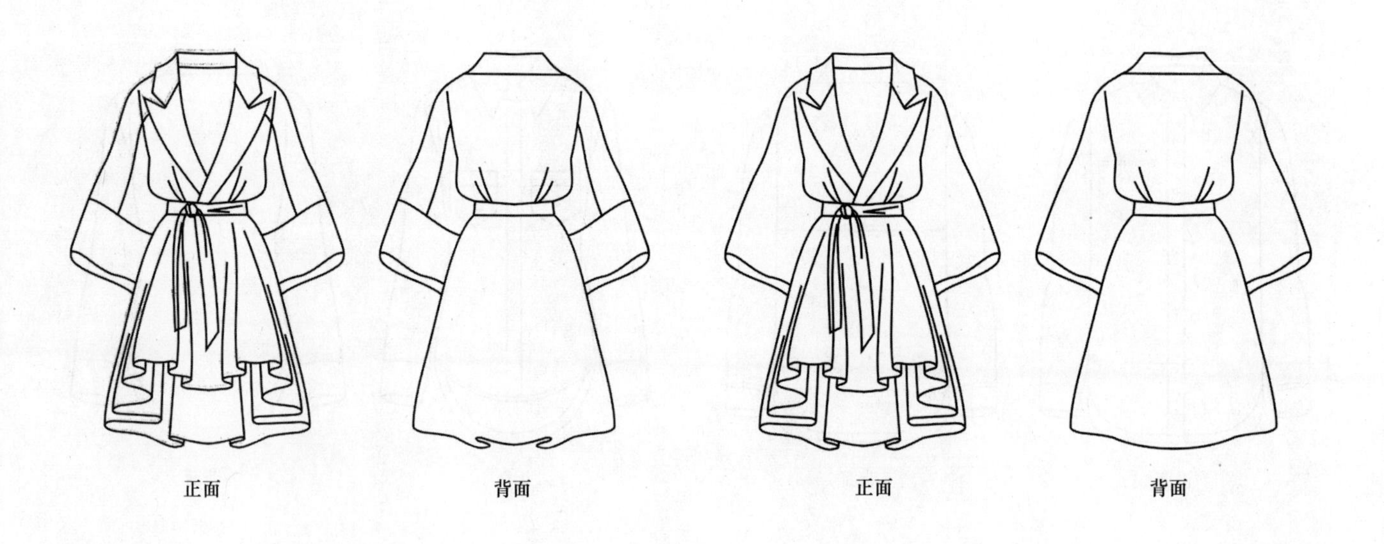
正面
背面
正面
背面

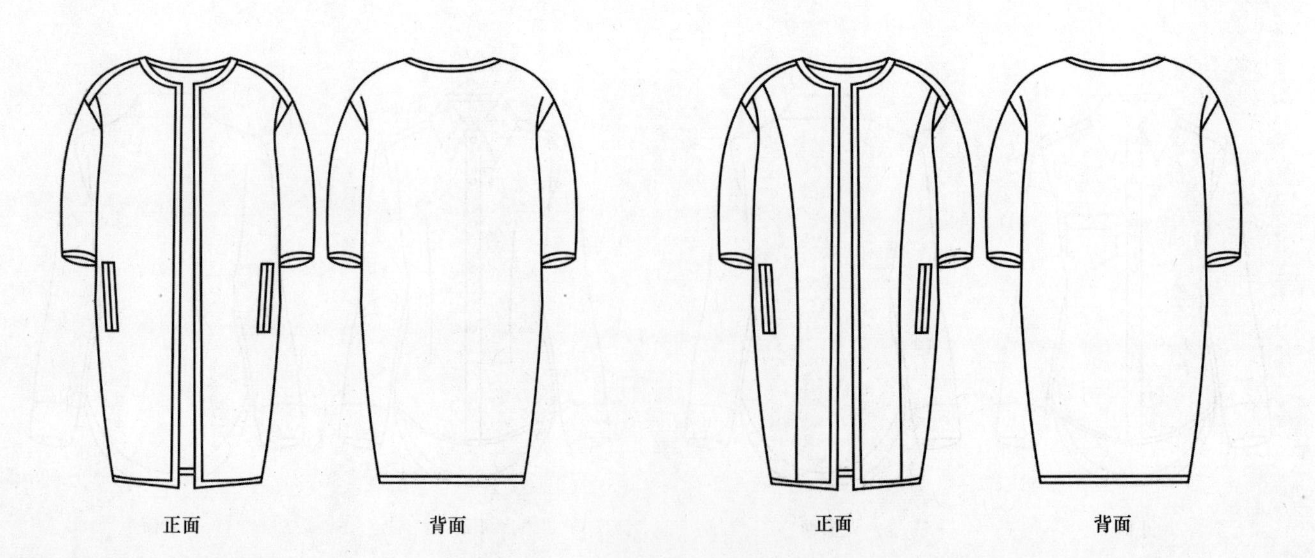
正面
背面
正面
背面

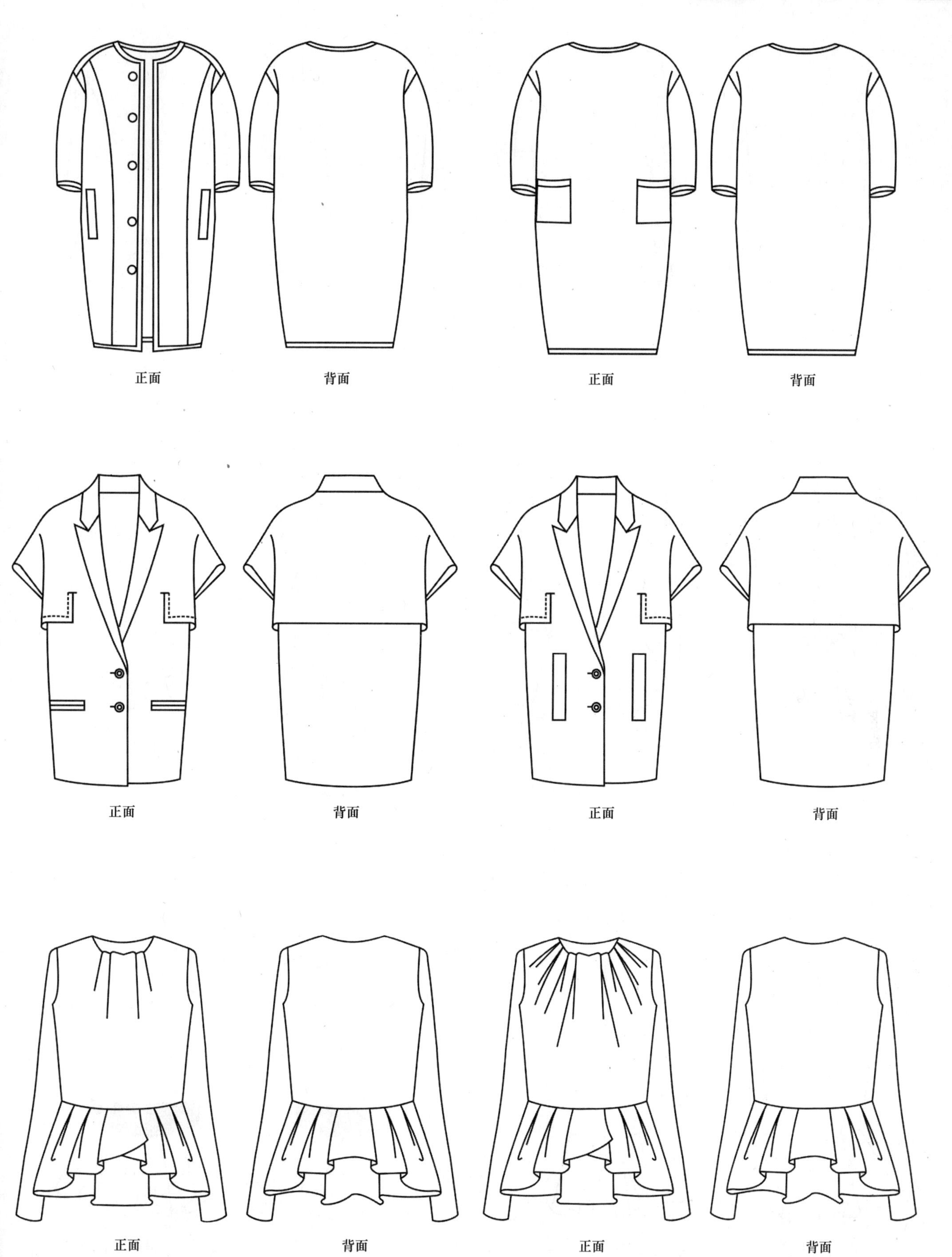
正面
背面
正面
背面
正面
背面
正面
背面
正面
背面
正面
背面

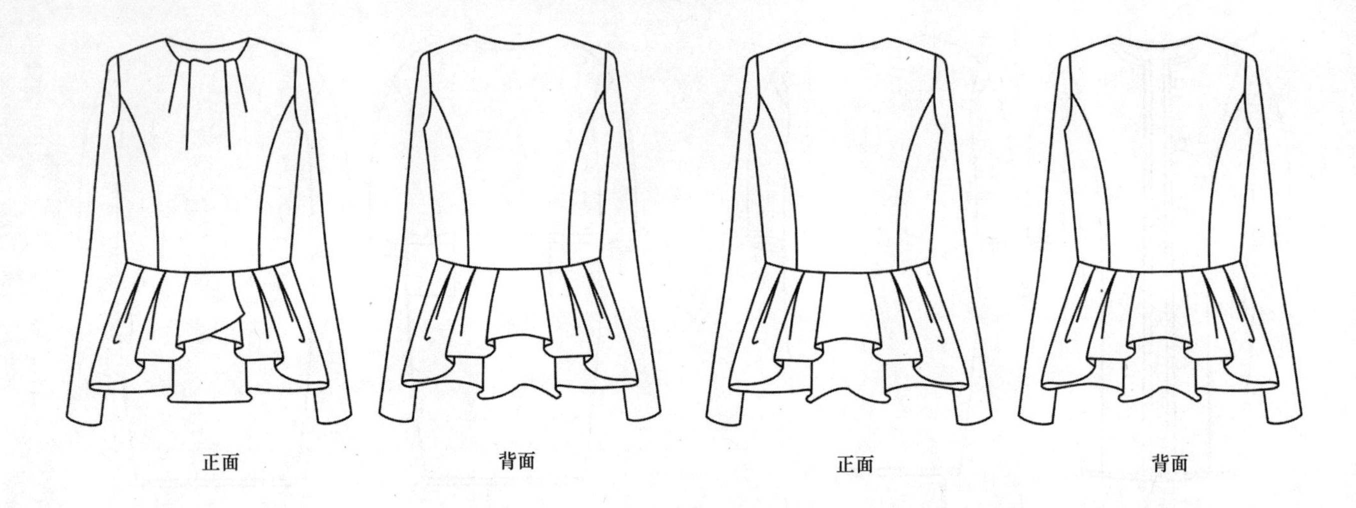
正面
背面
正面
背面

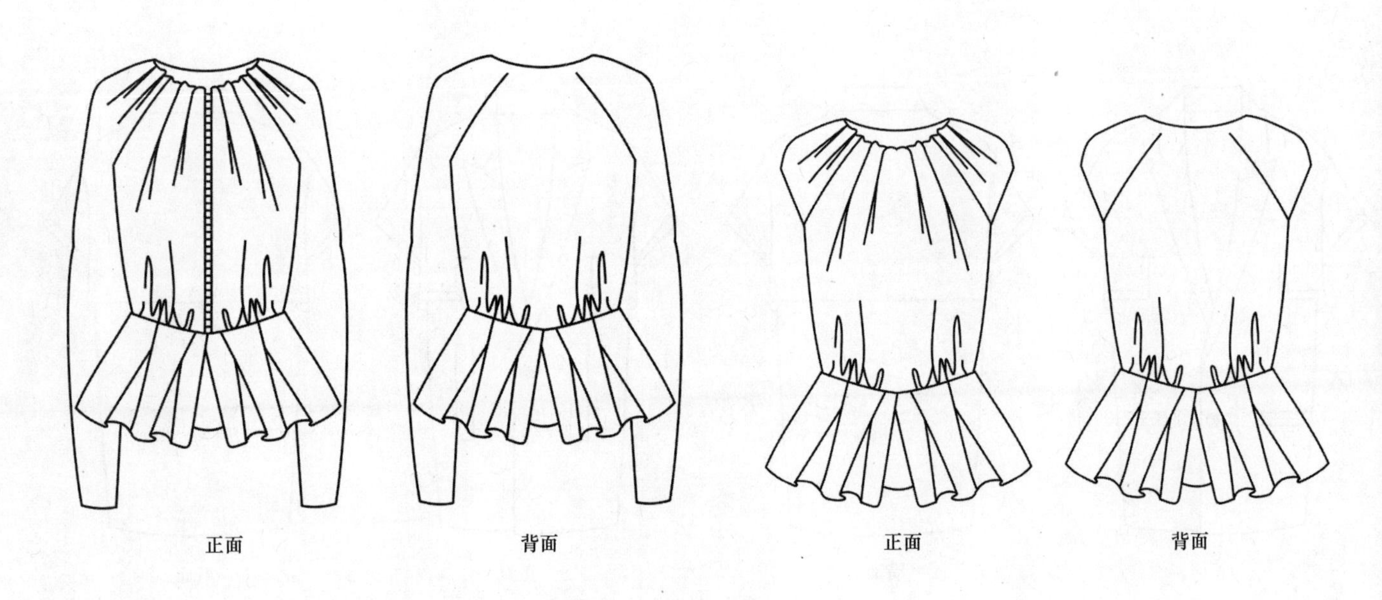
正面
背面
正面
背面

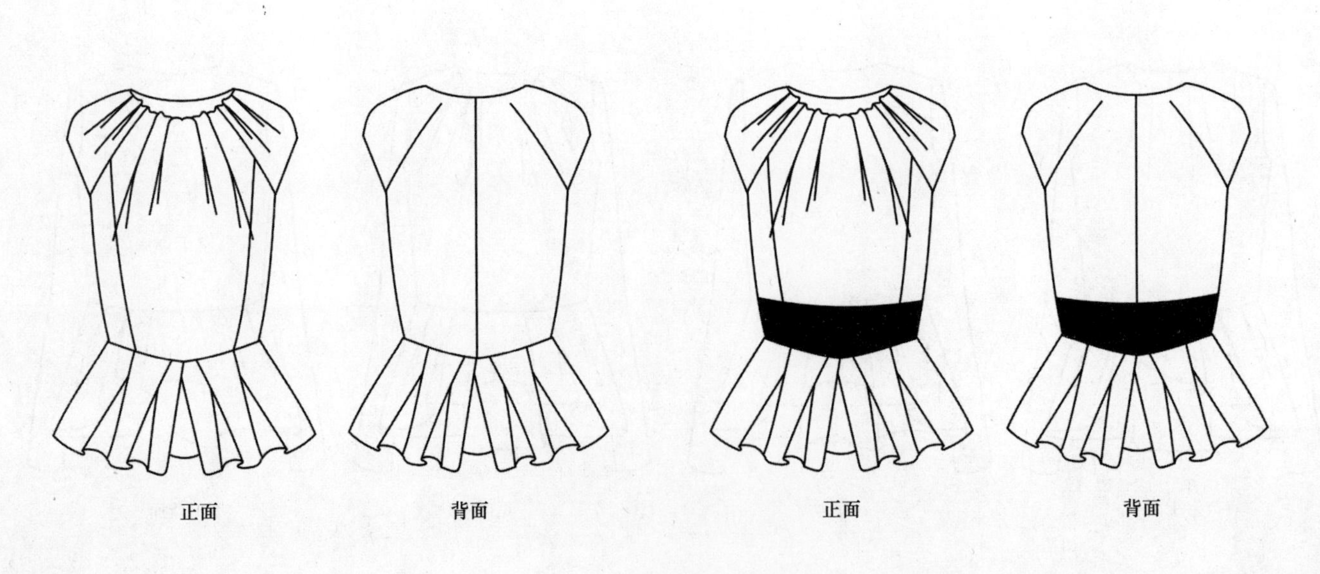
正面
背面
正面
背面

针织衫

针织衫是利用织针把各种原料和品种的纱线勾成线圈，再经串套连接成针织物的工艺产物。针织衫质地松软，有良好的抗皱性与透气性，并有较大的延伸性与弹性，穿着舒适。针织衫通常使用毛线、棉线以及各种化纤物料编织。现代科技运用合成的化学纤维以及后整理工艺，提高了针织物挺阔、免烫和耐磨等特性。拉绒、磨绒、剪毛、轧花和褶裥等整理技术的应用，更丰富了针织品的品种。

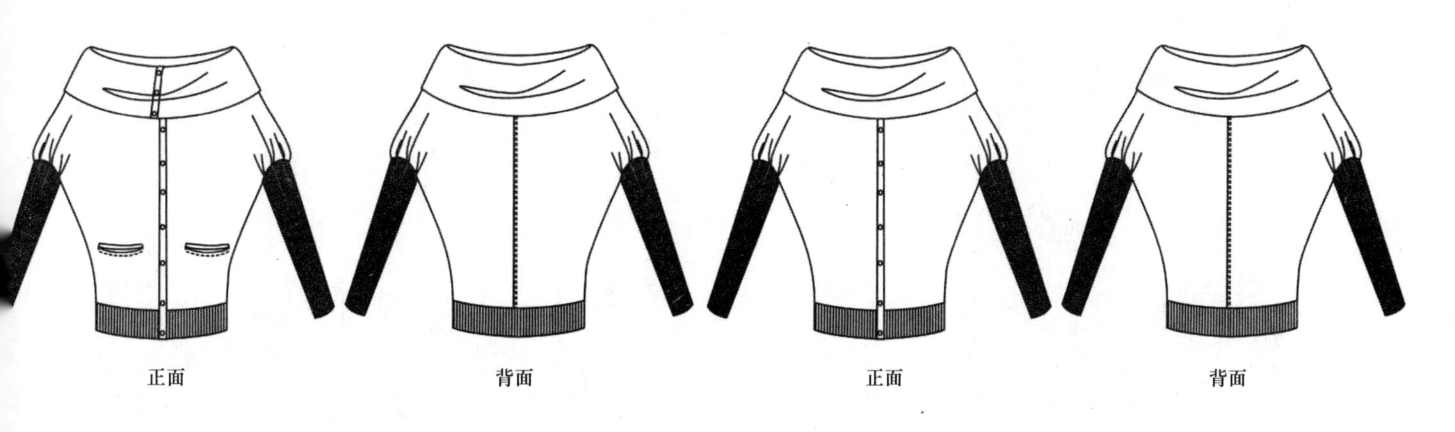

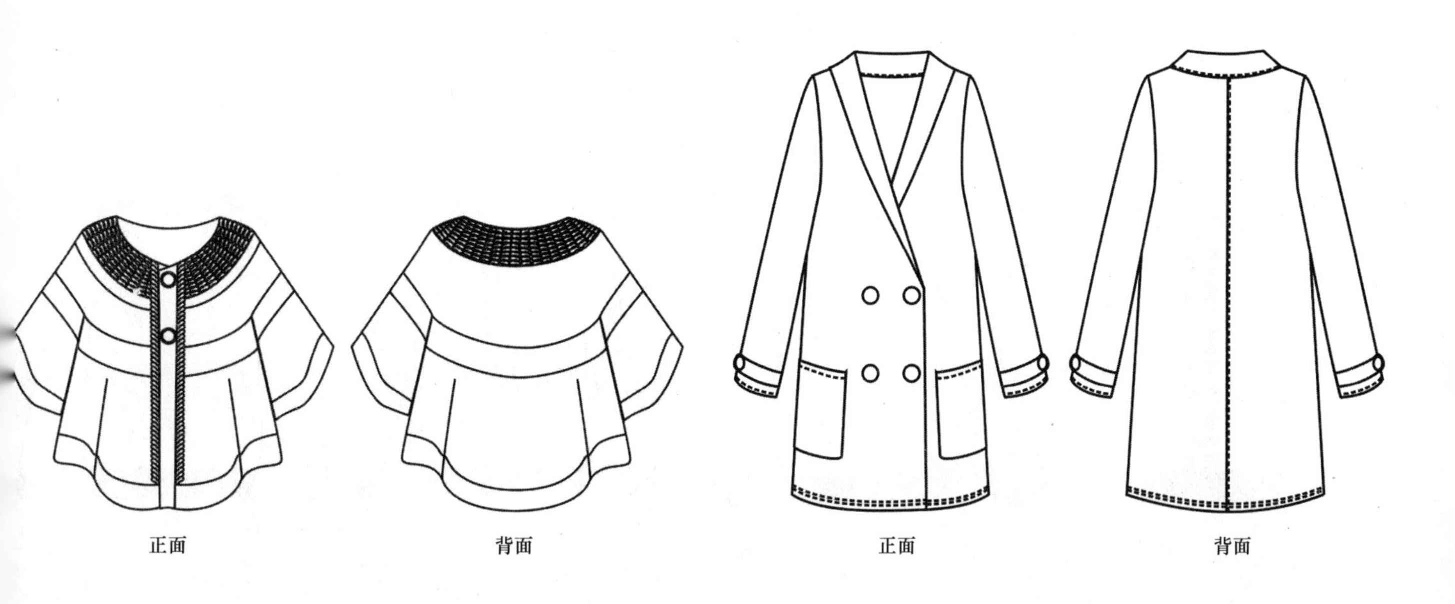

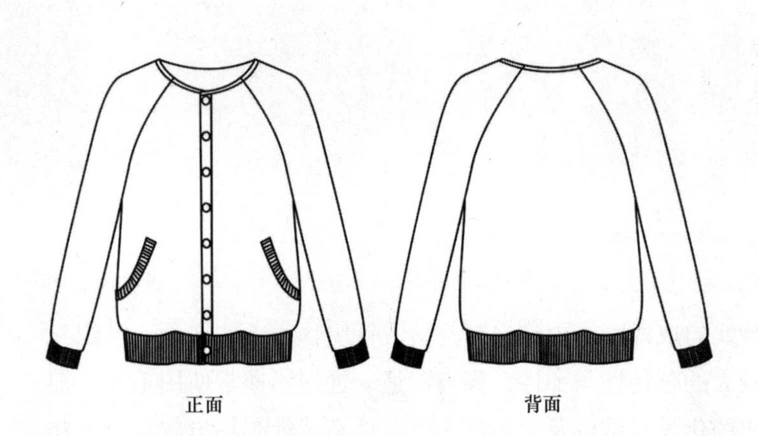

正面　　背面

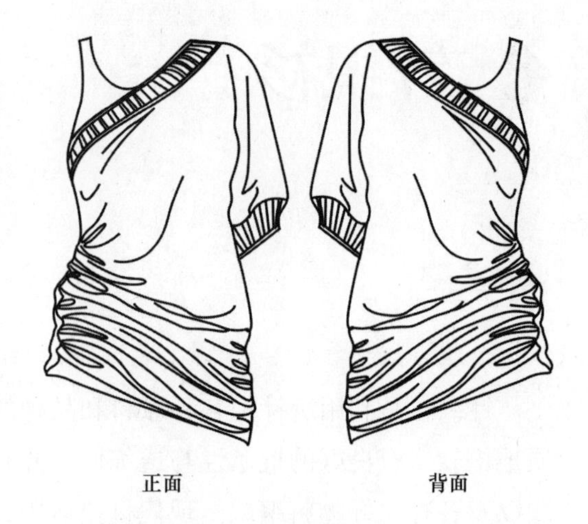

正面　　背面

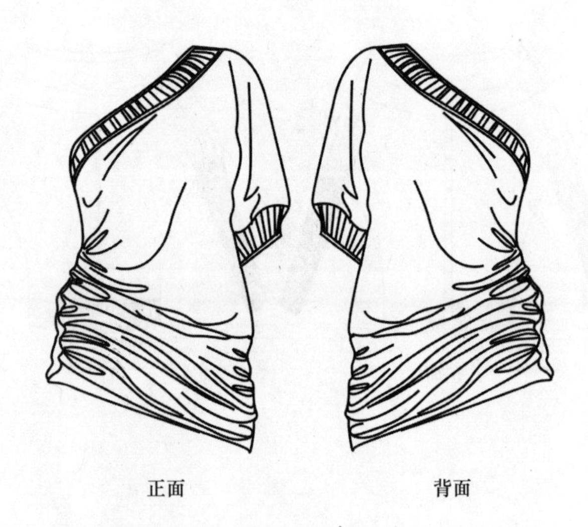

正面　　背面

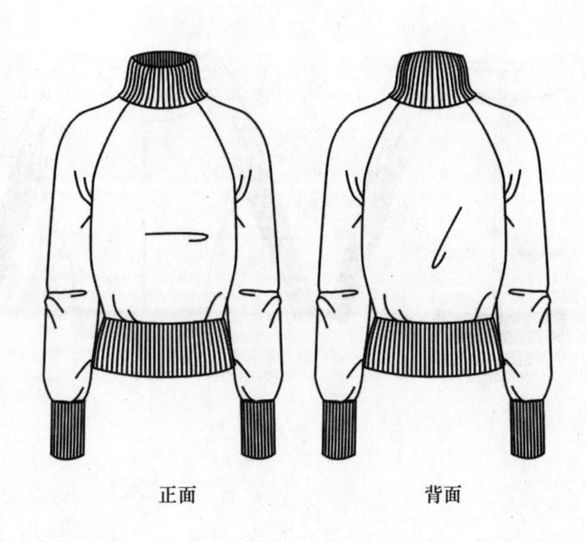

正面　　背面

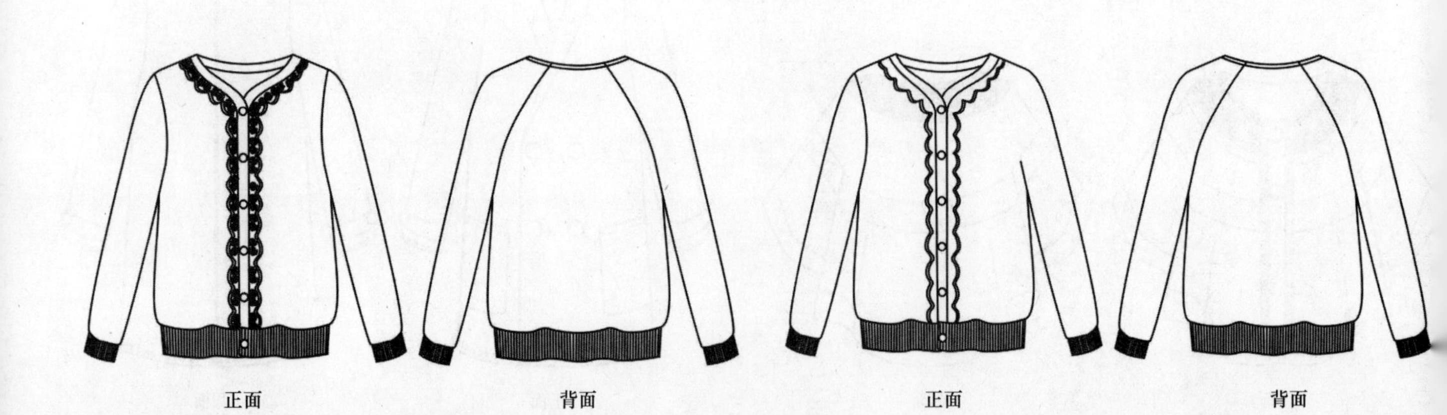

正面　　背面　　正面　　背面

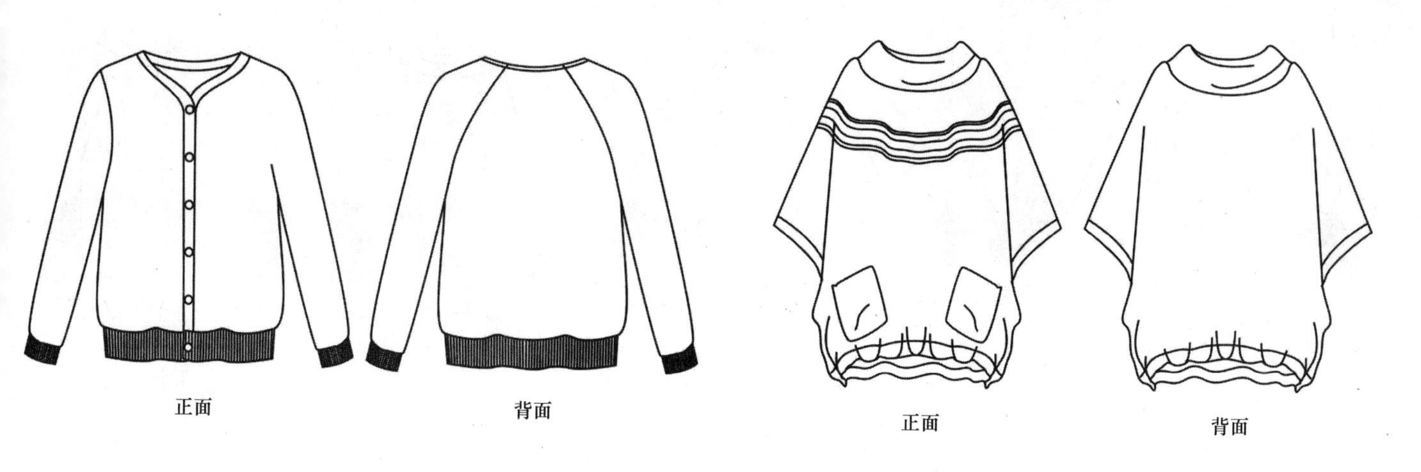
正面
背面
正面
背面

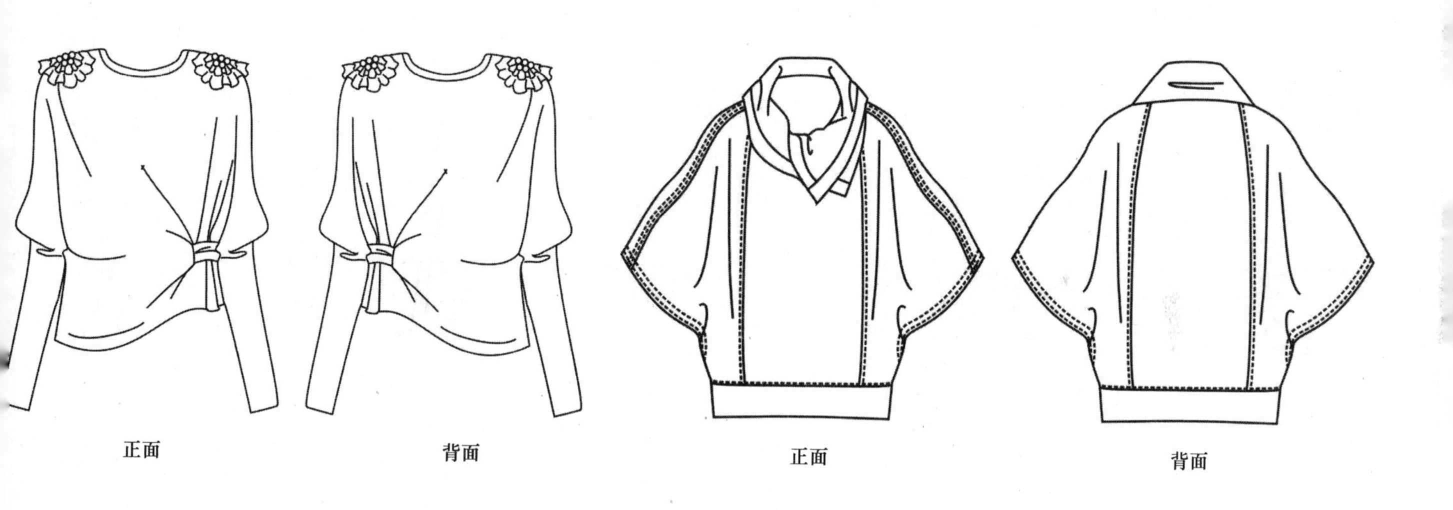
正面
背面
正面
背面

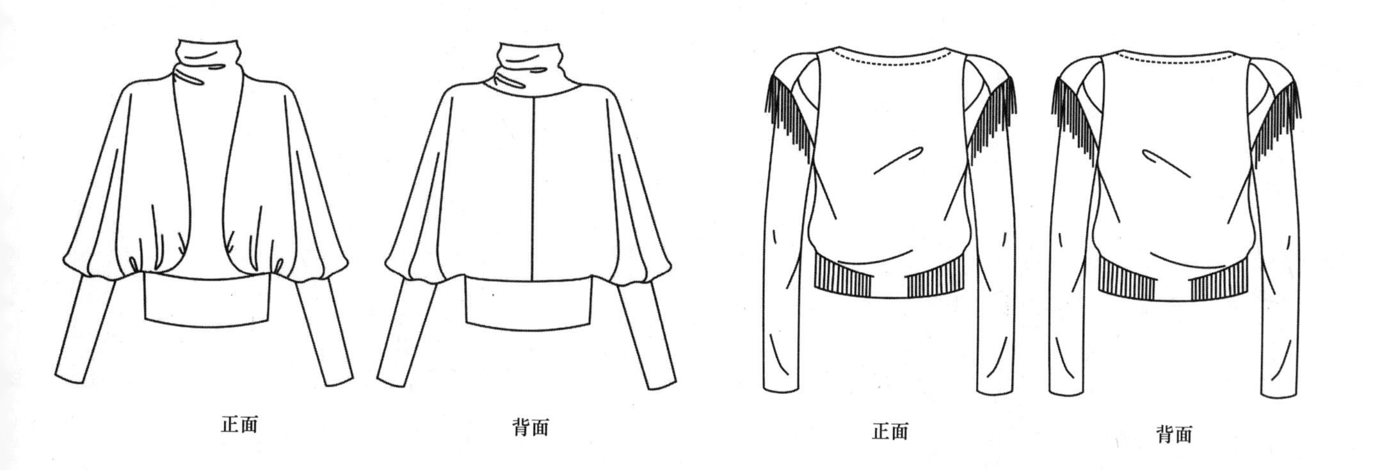
正面
背面
正面
背面

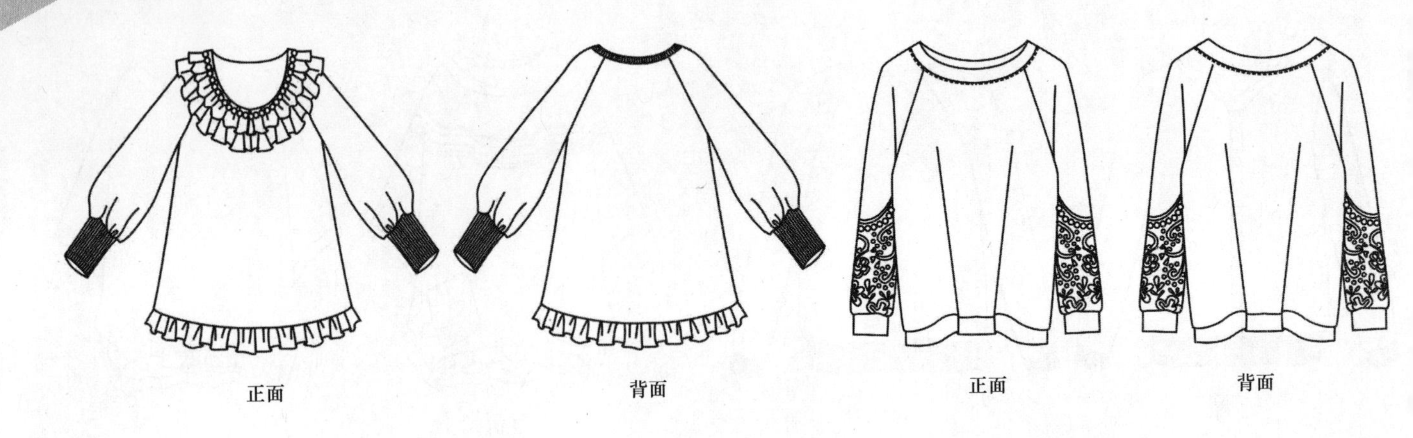
正面
背面
正面
背面

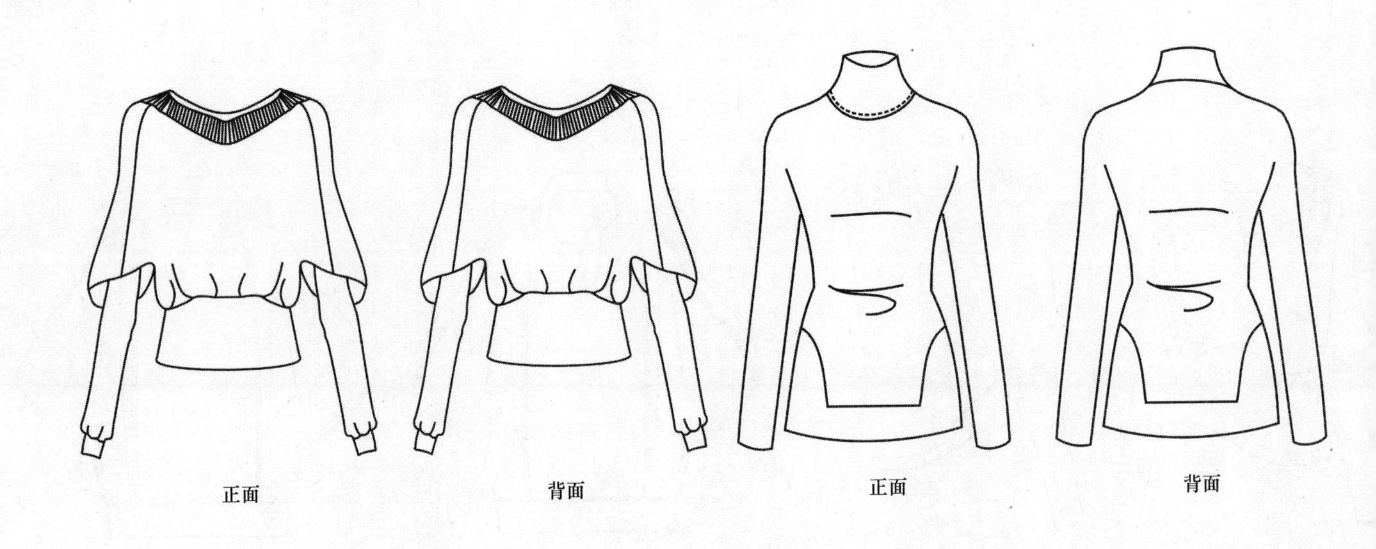
正面
背面
正面
背面

正面
背面
正面
背面

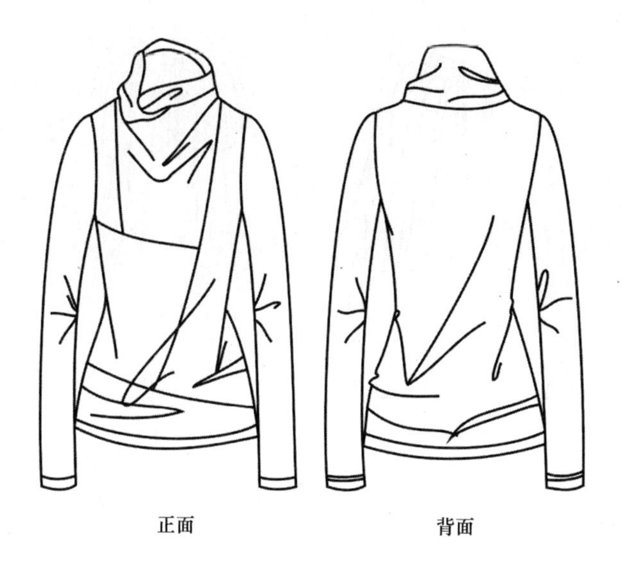

正面 背面

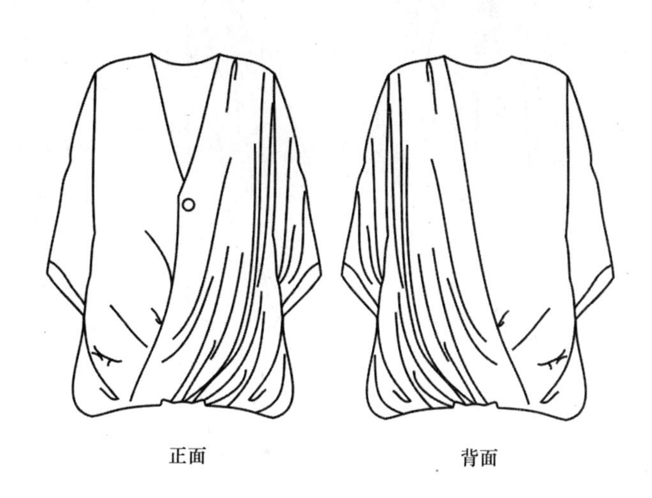

正面 背面

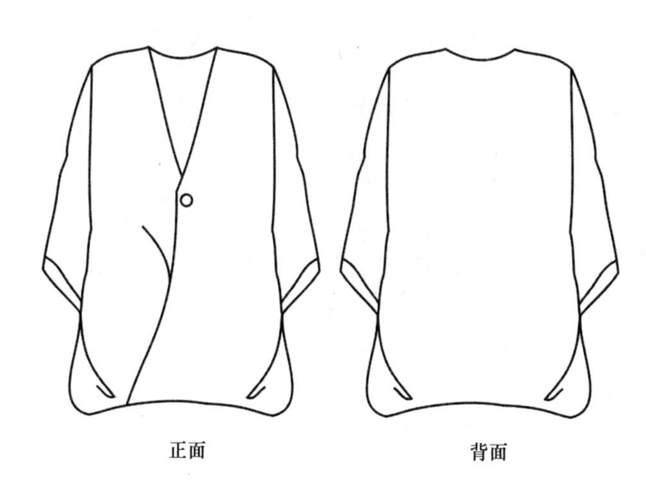

正面 背面

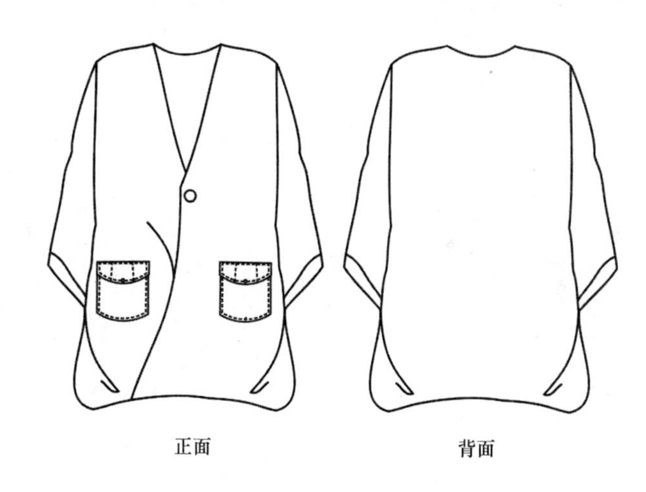

正面 背面

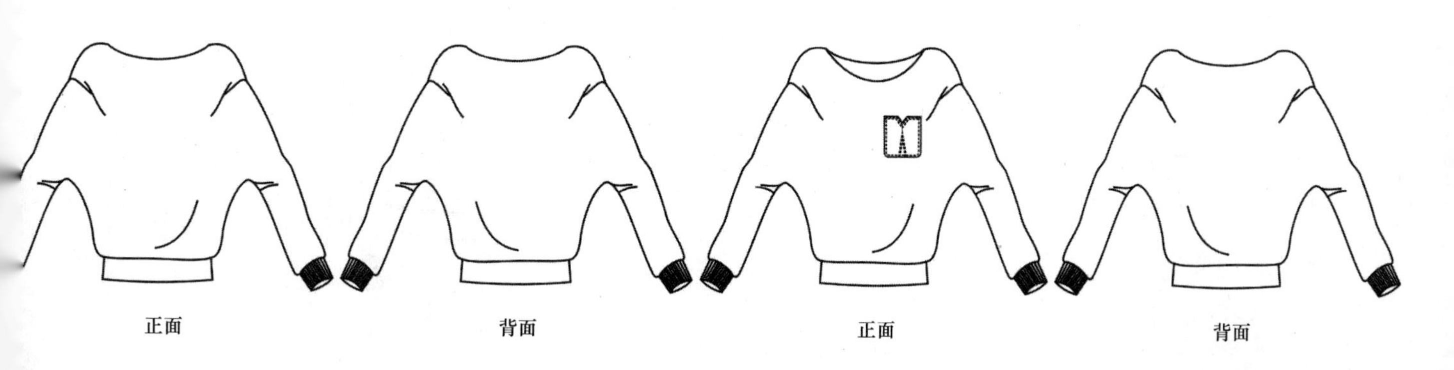

正面 背面 正面 背面

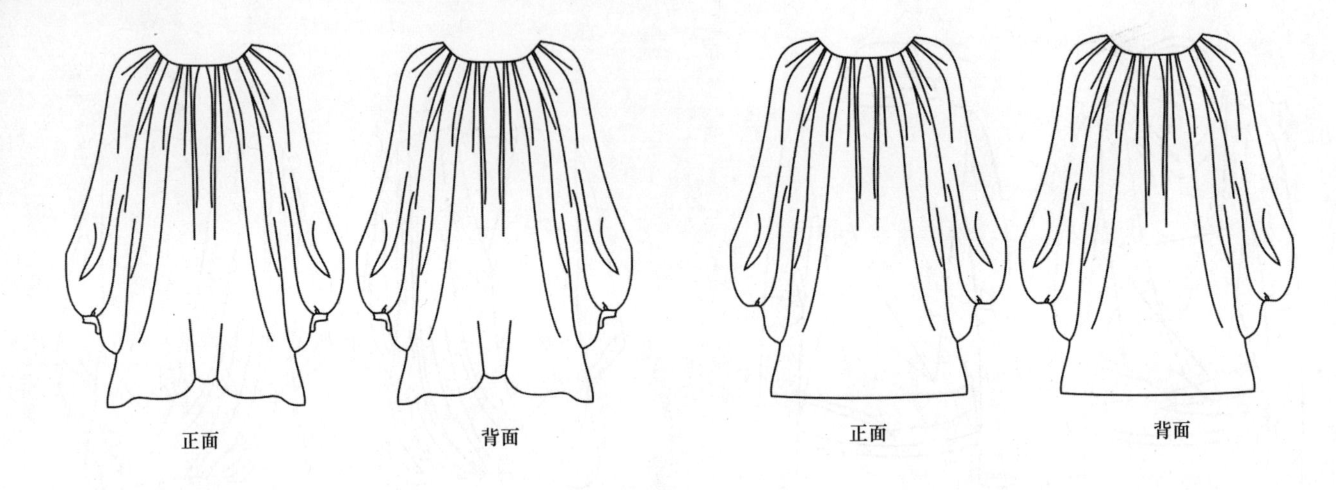
正面
背面
正面
背面

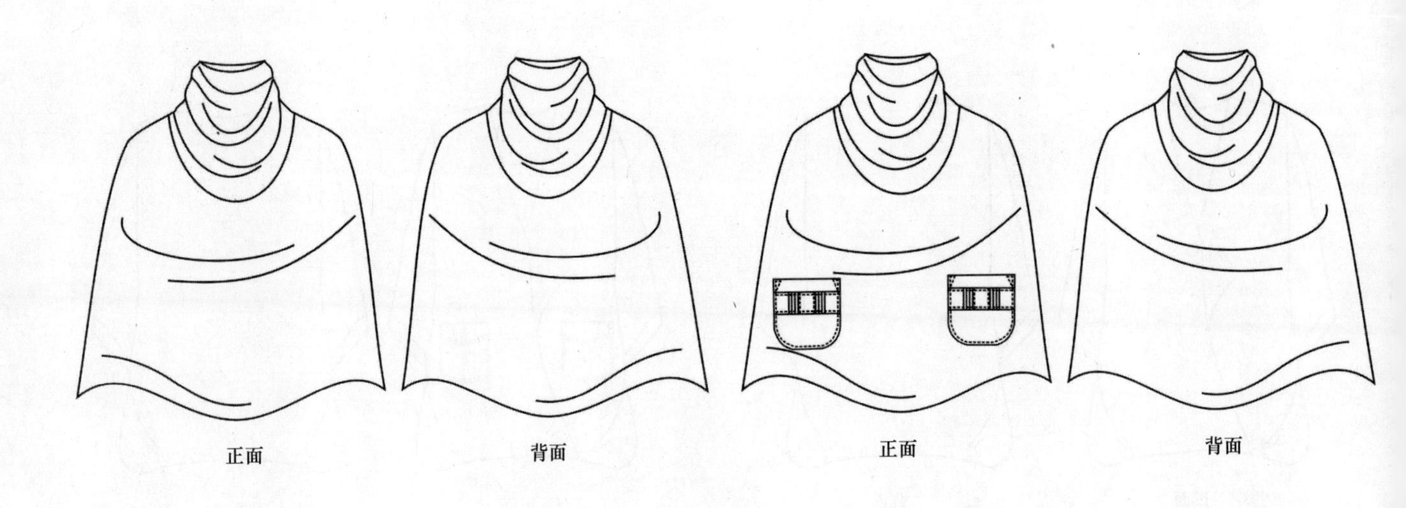
正面
背面
正面
背面

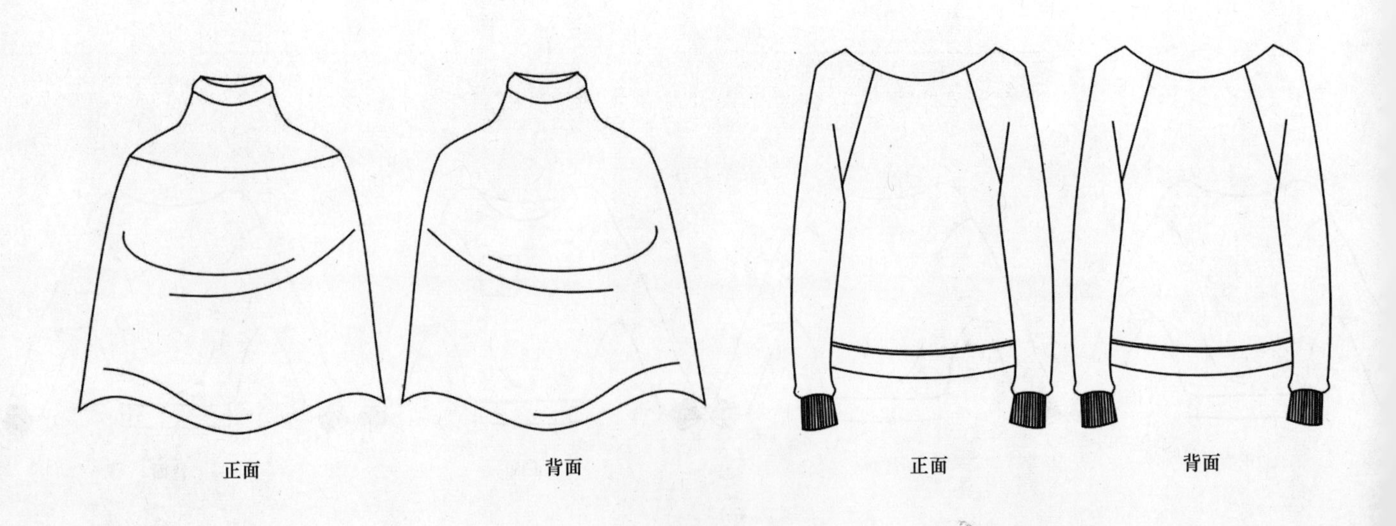
正面
背面
正面
背面

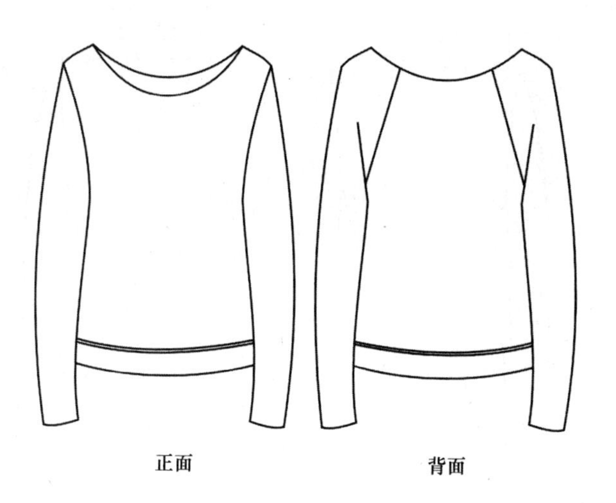

正面 背面

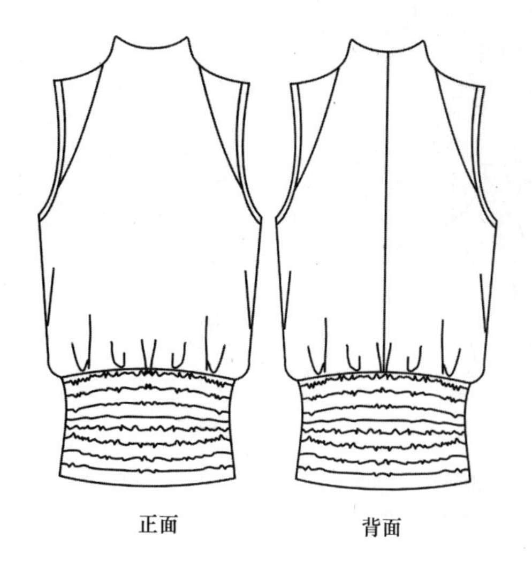

正面 背面

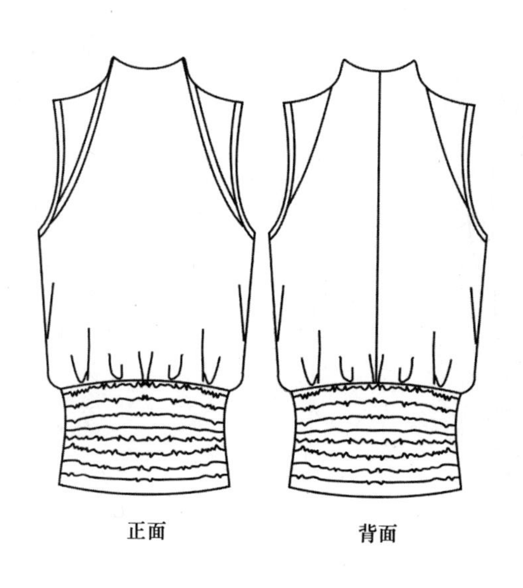

正面 背面

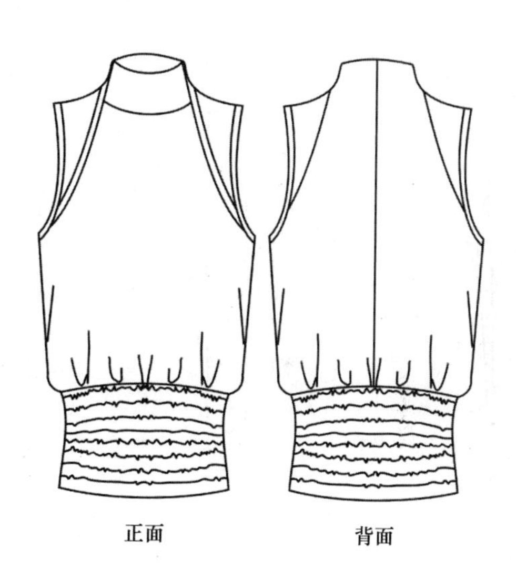

正面 背面

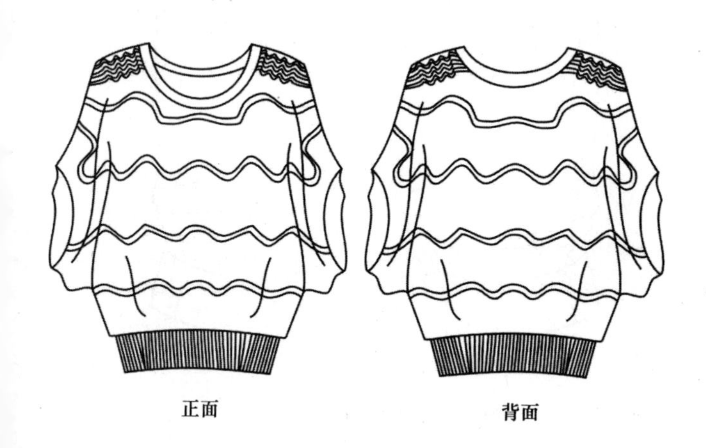

正面 背面

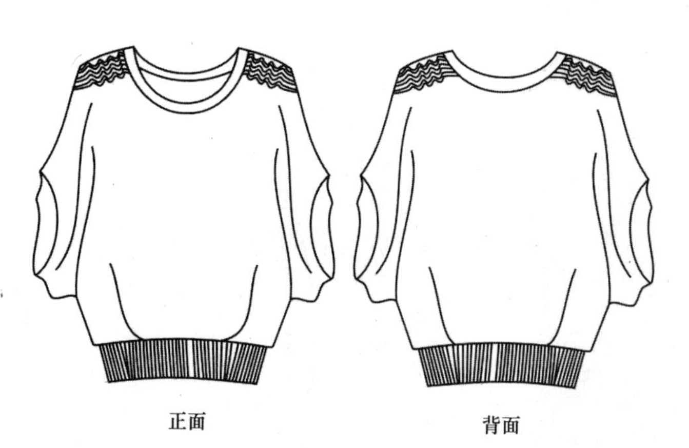

正面 背面

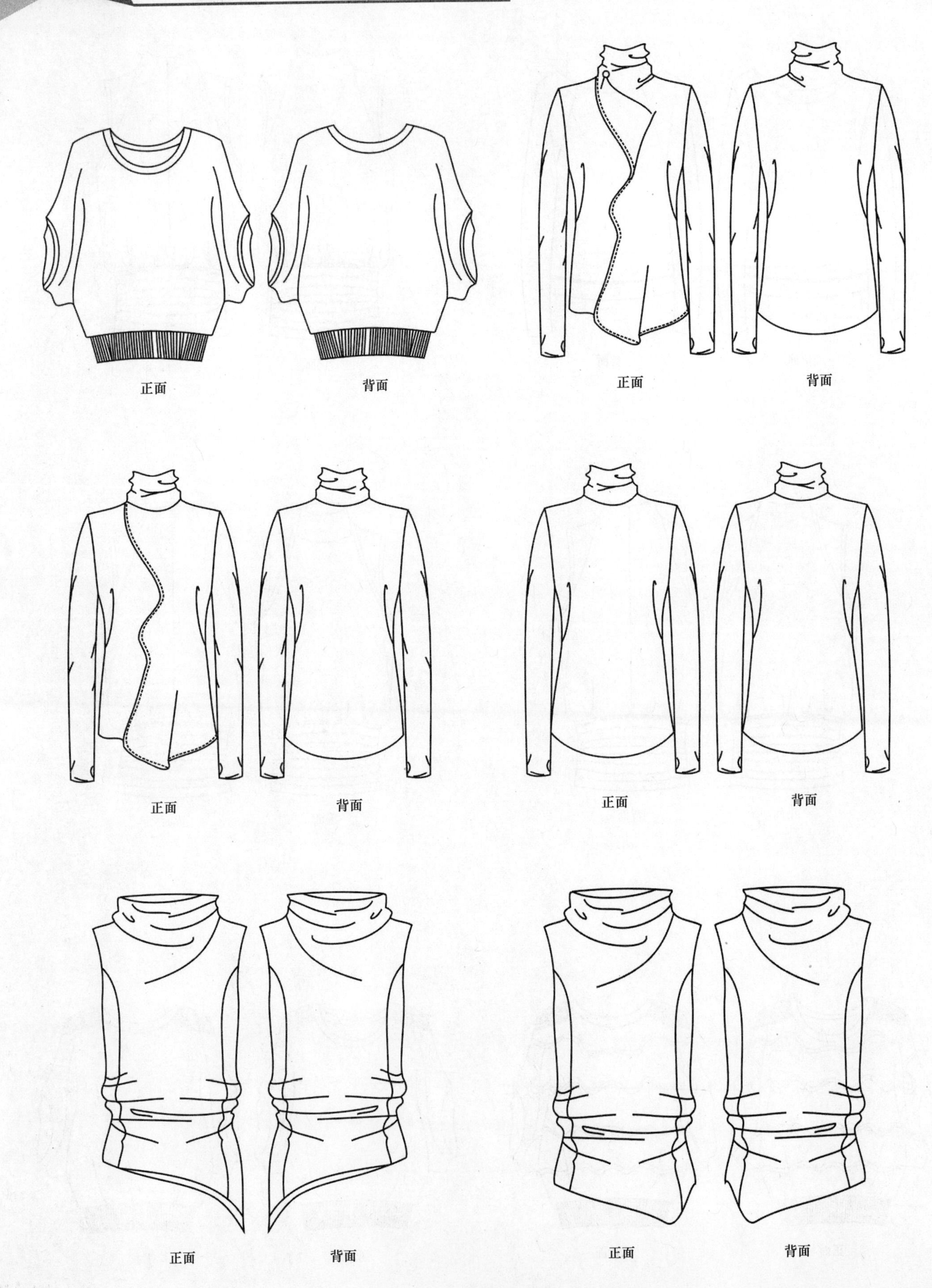
正面
背面
正面
背面
正面
背面
正面
背面
正面
背面
正面
背面

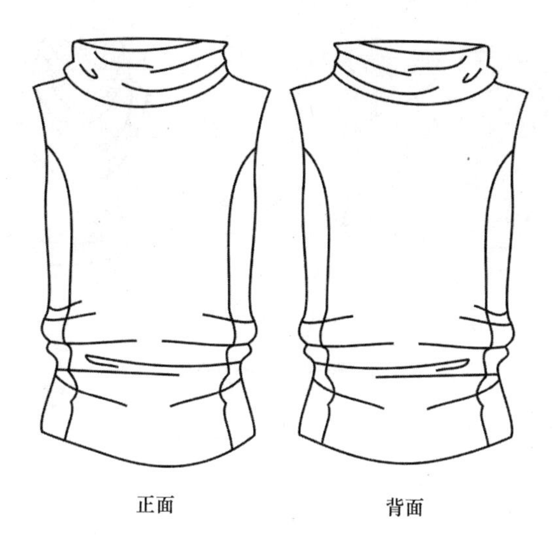

正面　　背面

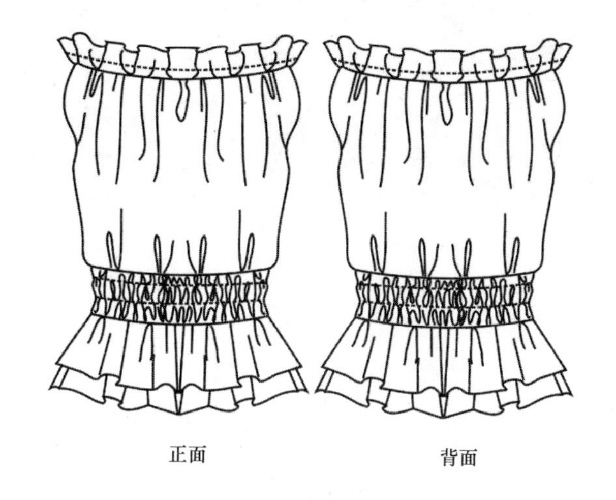

正面　　背面

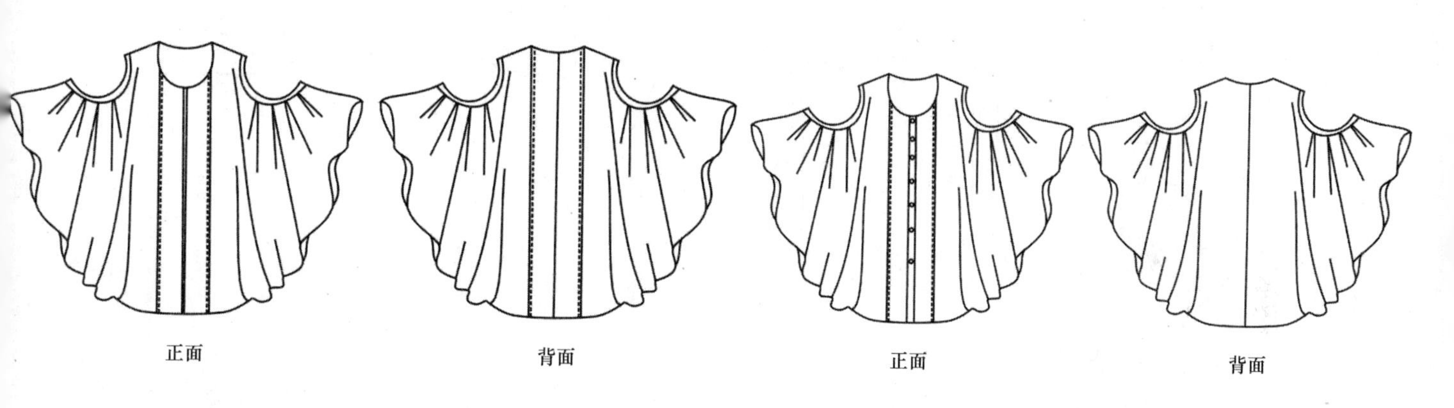

正面　　背面　　正面　　背面

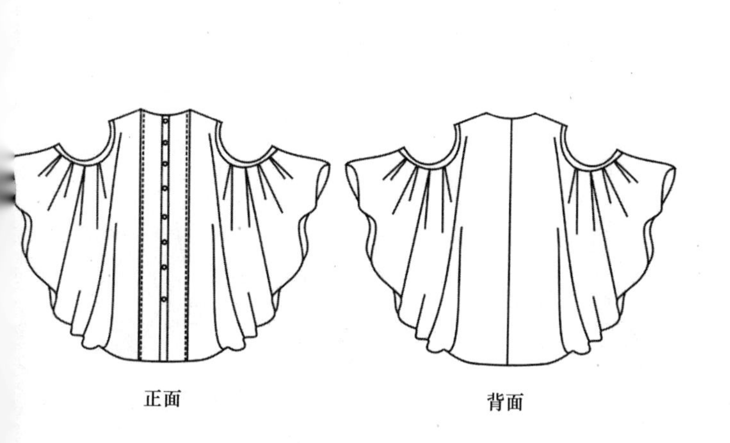

正面　　背面

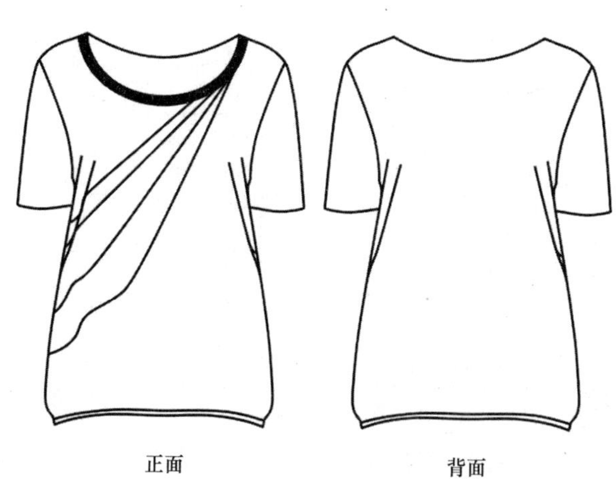

正面　　背面

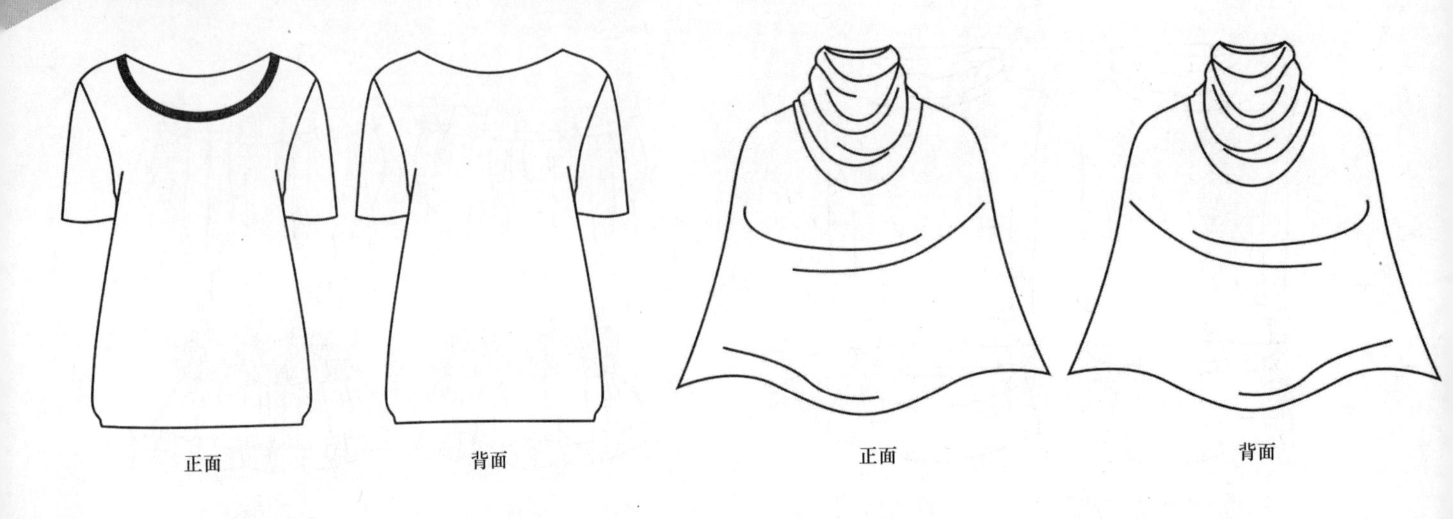
正面
背面
正面
背面

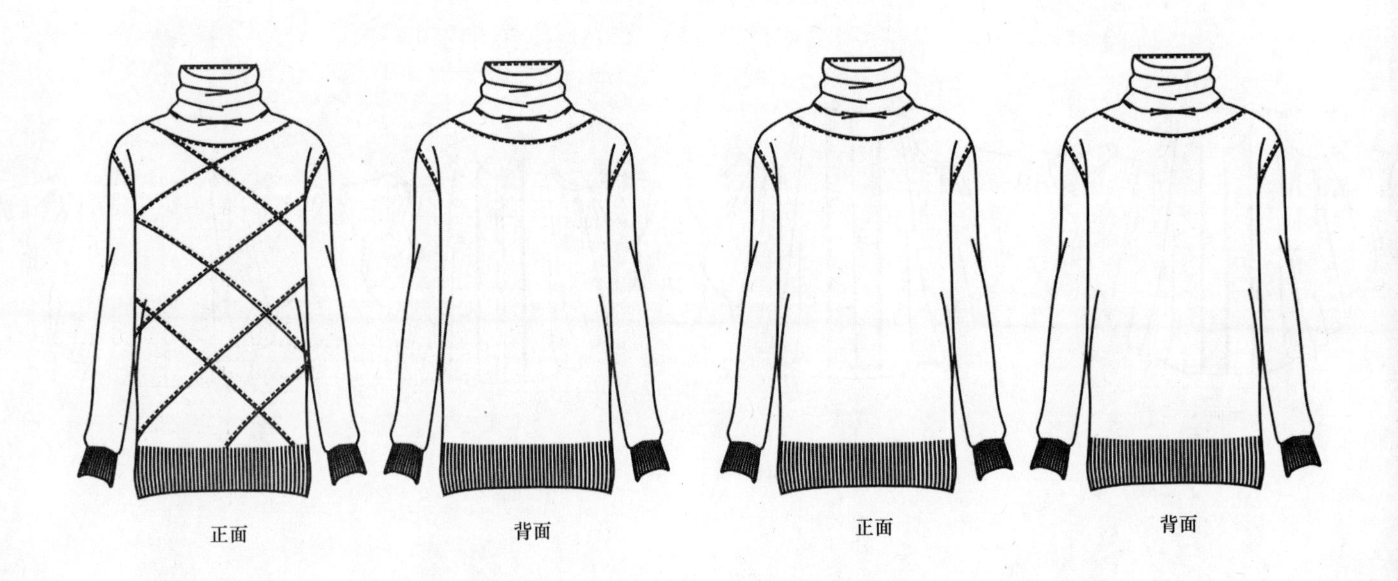
正面
背面
正面
背面

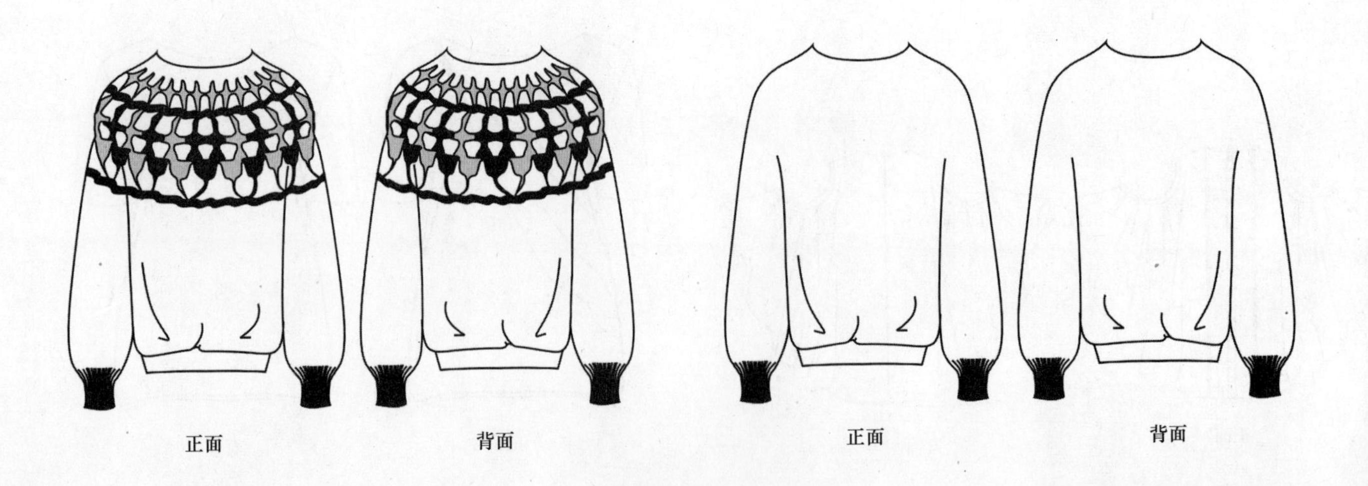
正面
背面
正面
背面

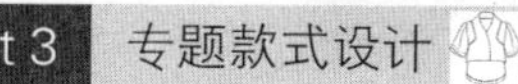

正面
背面
正面
背面
正面
背面
正面
背面
正面
背面
正面
背面

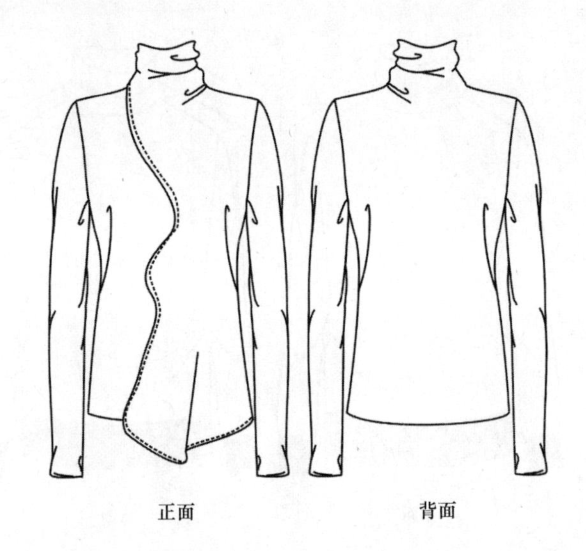
正面
背面

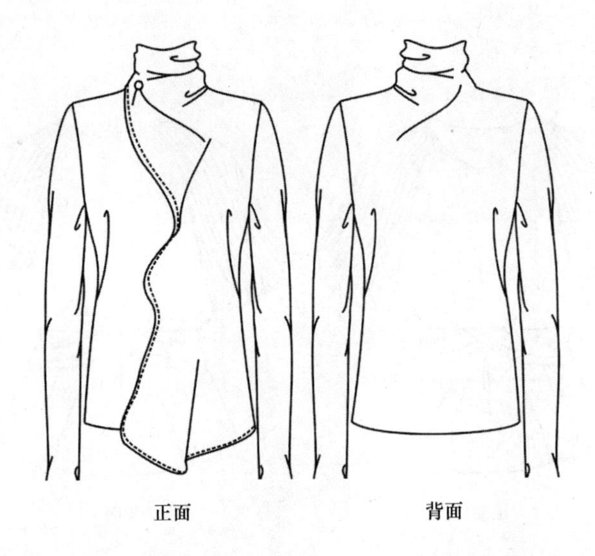
正面
背面

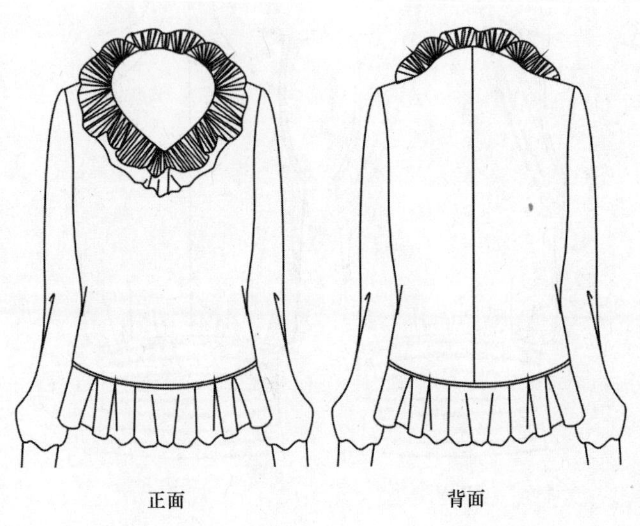
正面
背面

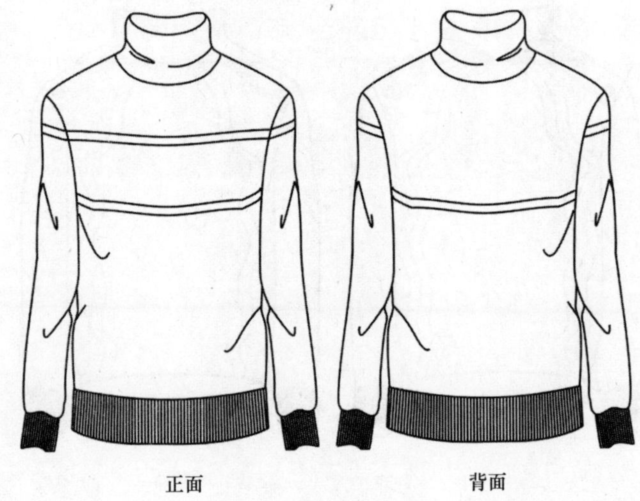
正面
背面

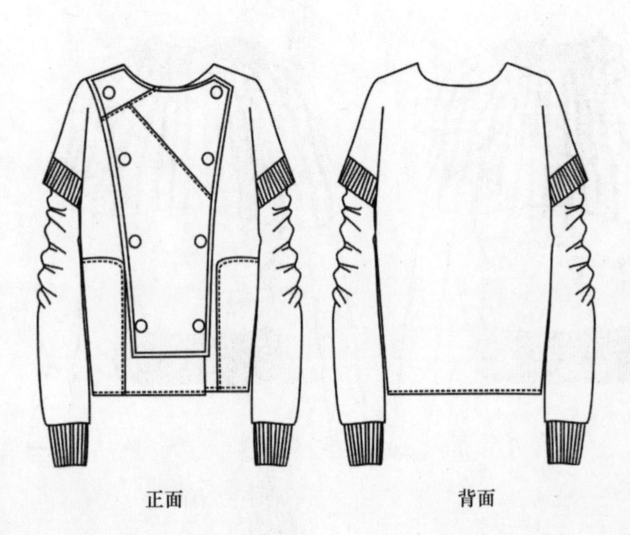
正面
背面

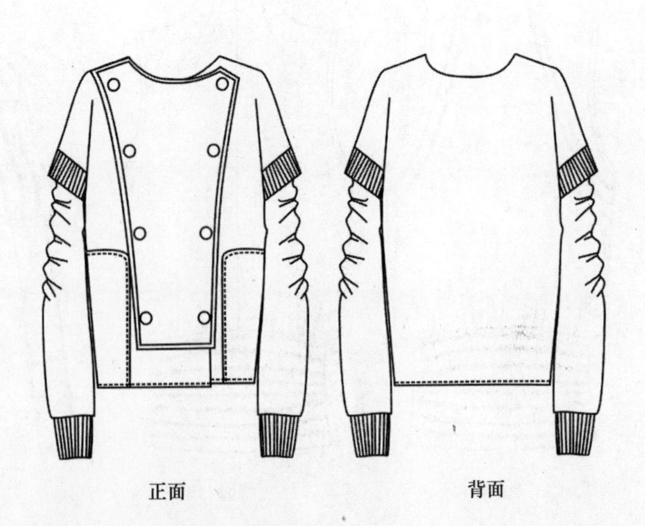
正面
背面

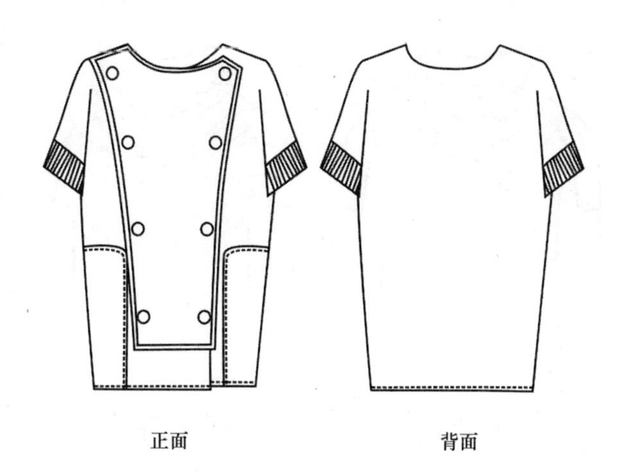
正面
背面

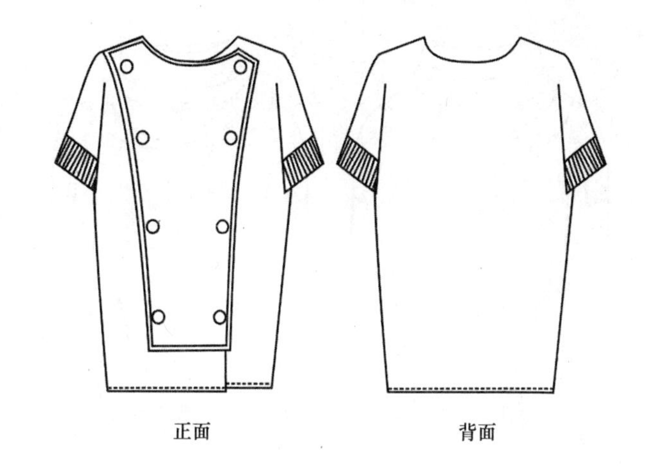
正面
背面

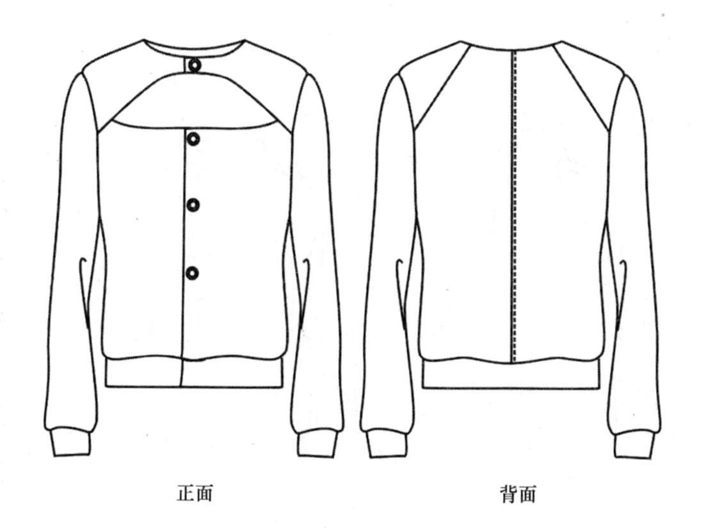
正面
背面

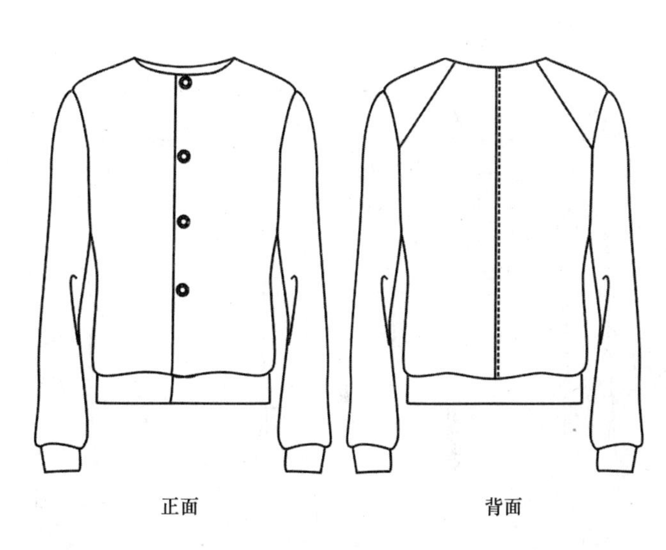
正面
背面

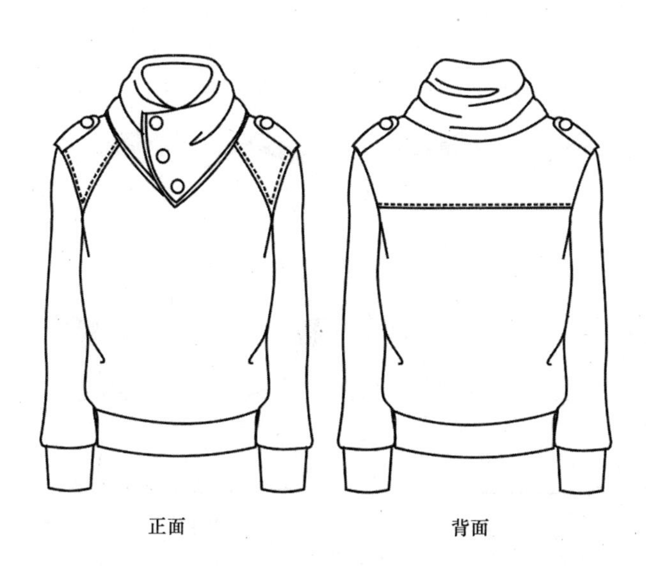
正面
背面

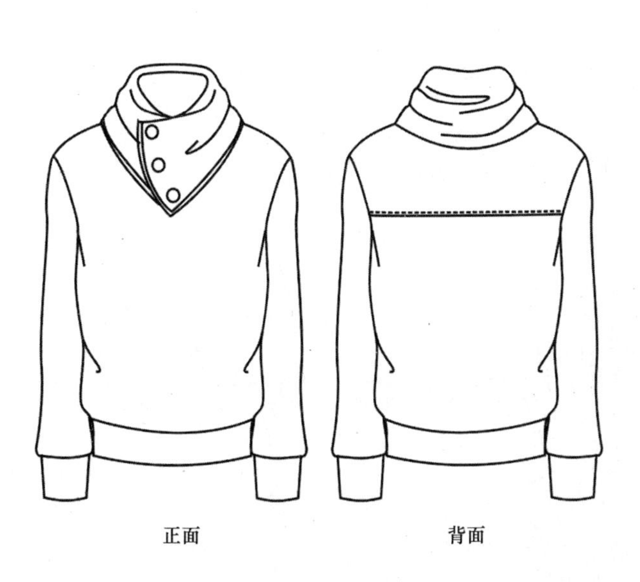
正面
背面

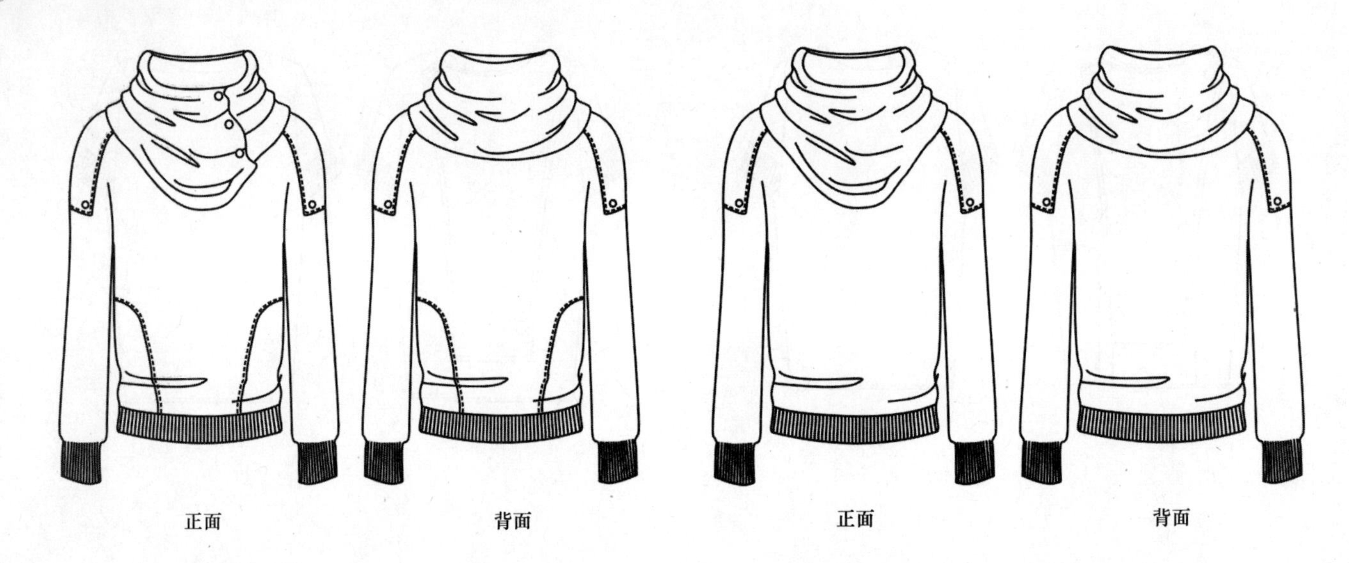
正面
背面
正面
背面

正面
背面
正面
背面
正面
背面
正面
背面

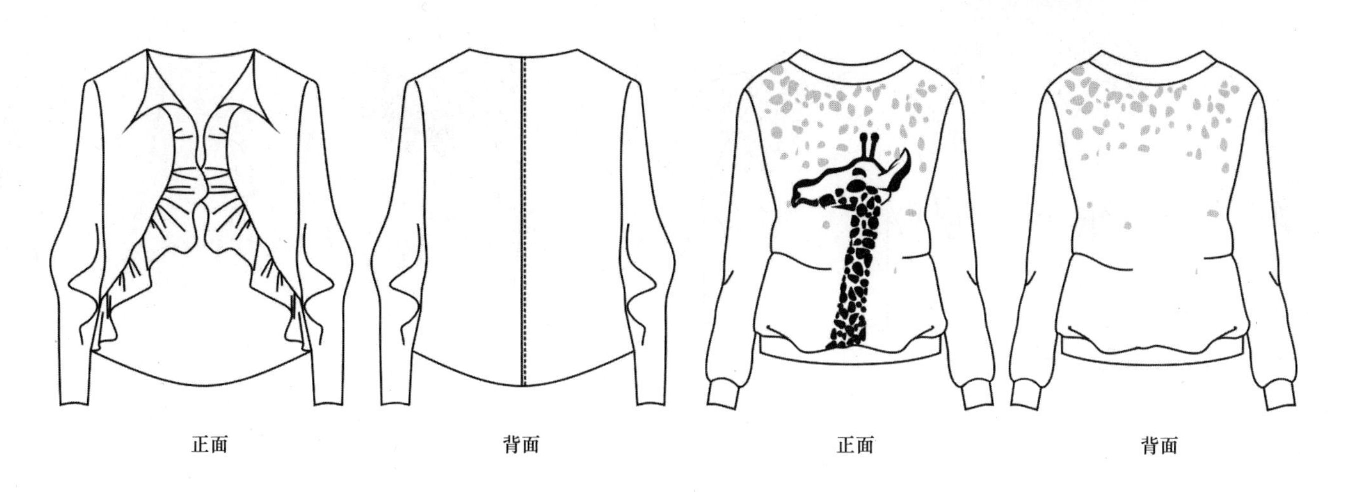
正面
背面
正面
背面

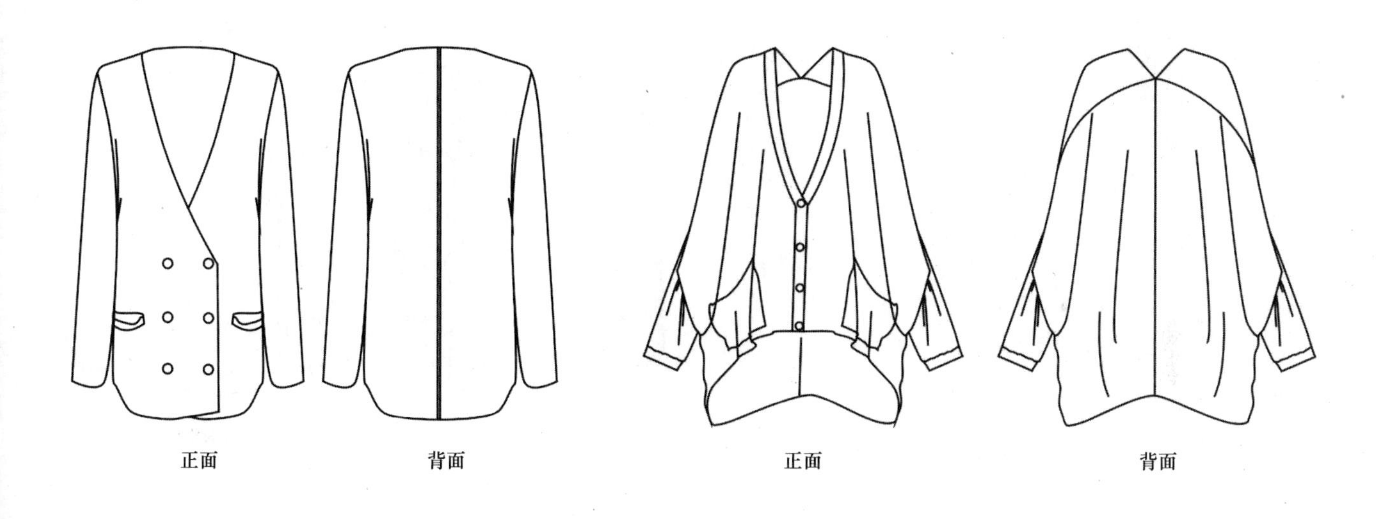
正面
背面
正面
背面

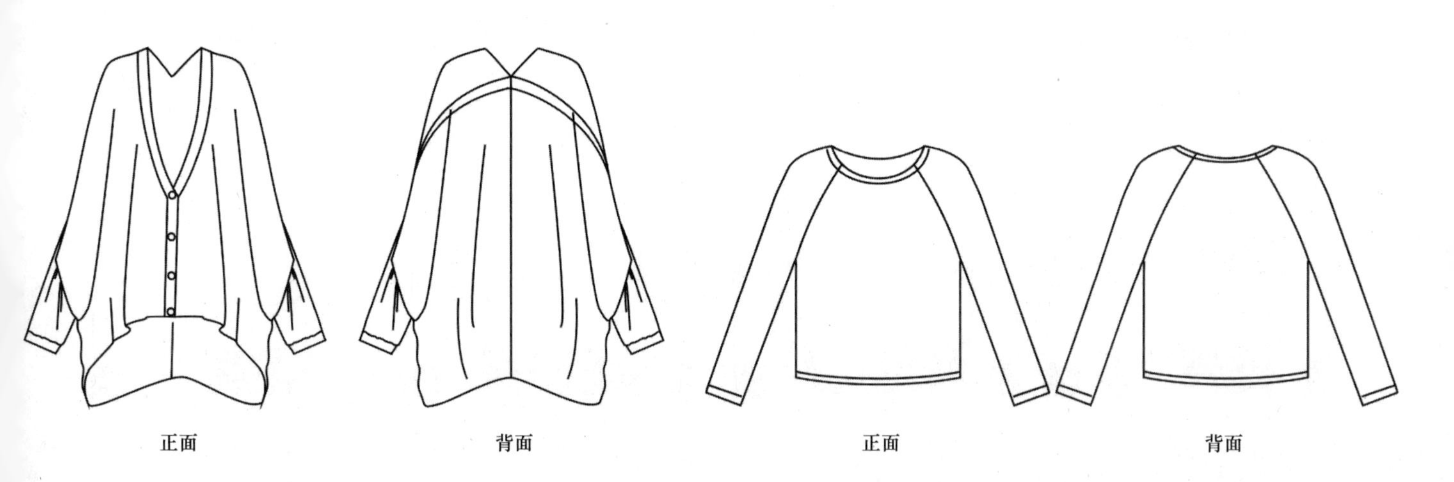
正面
背面
正面
背面

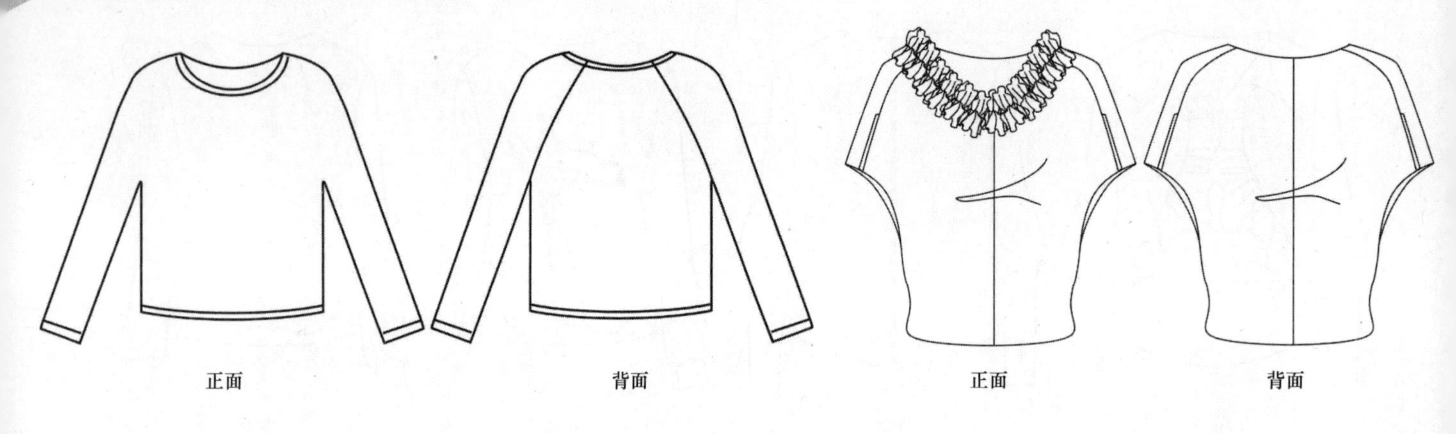
正面
背面
正面
背面

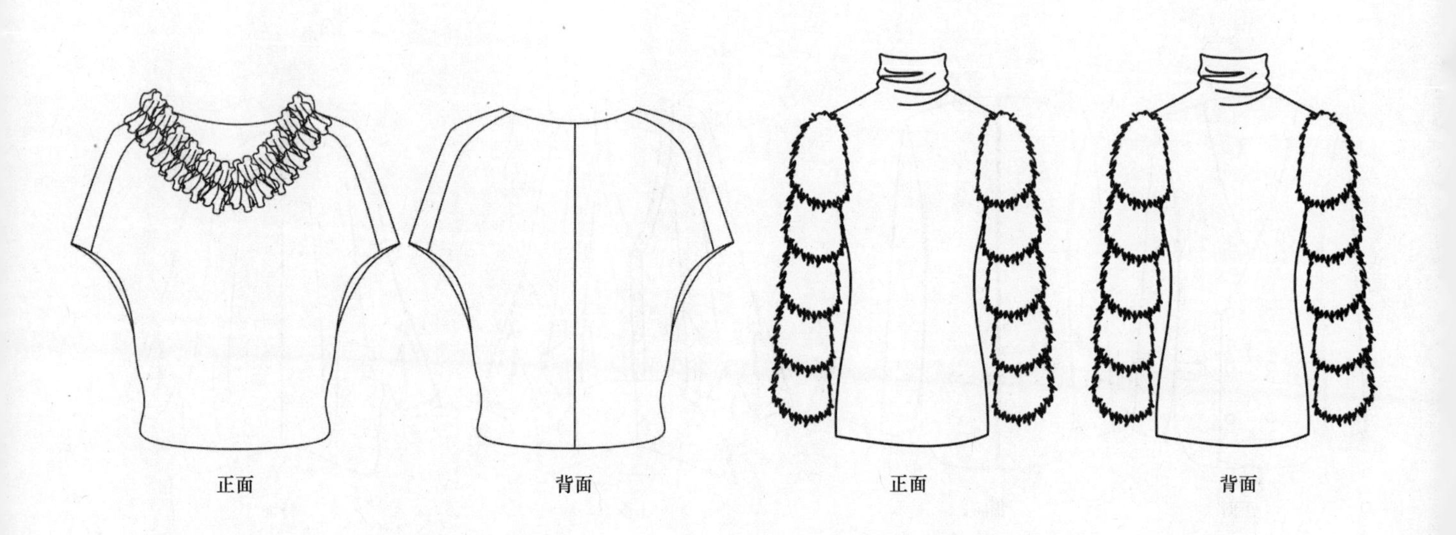
正面
背面
正面
背面

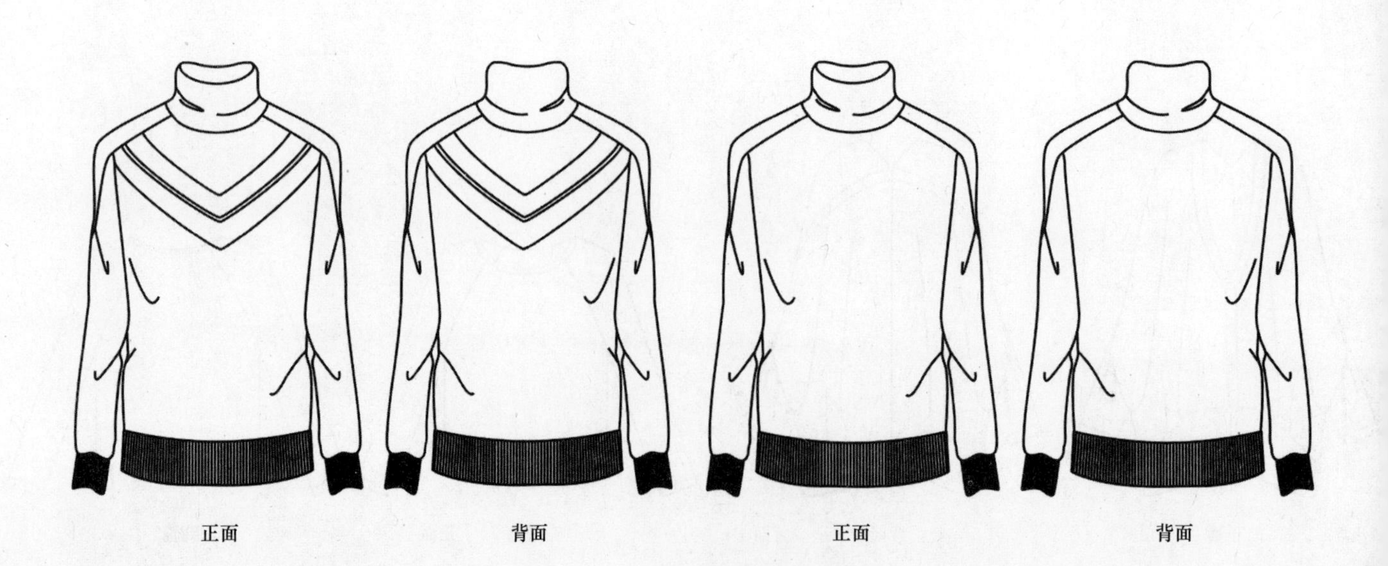
正面
背面
正面
背面

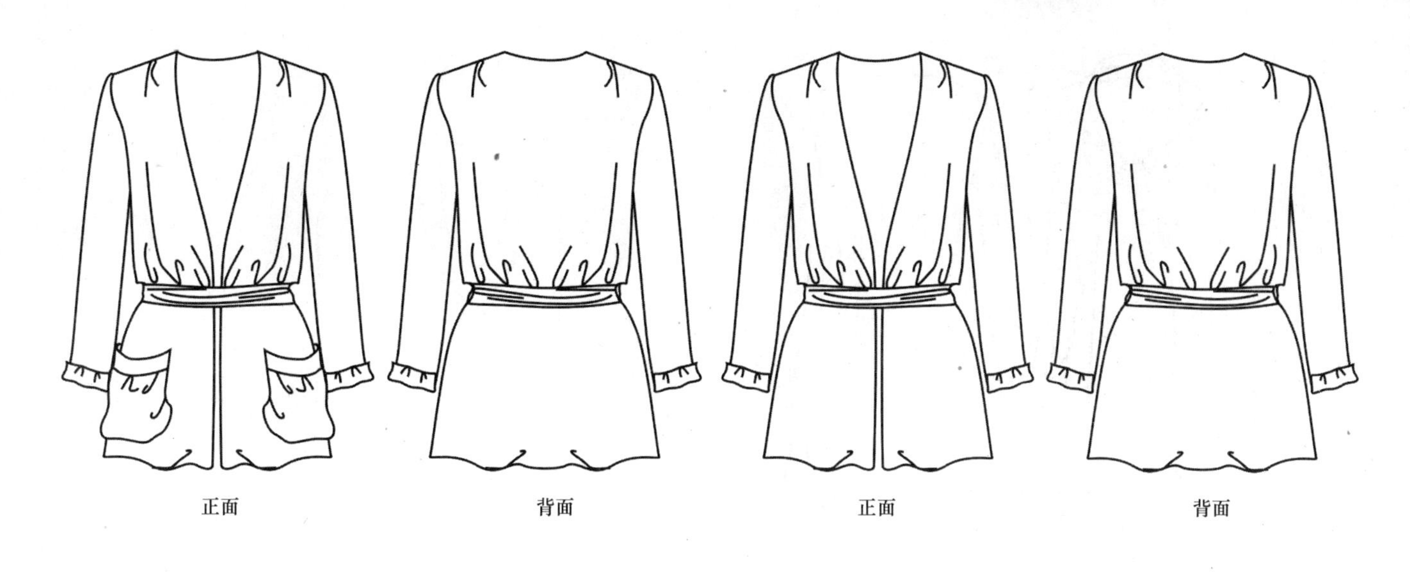

正面
背面
正面
背面

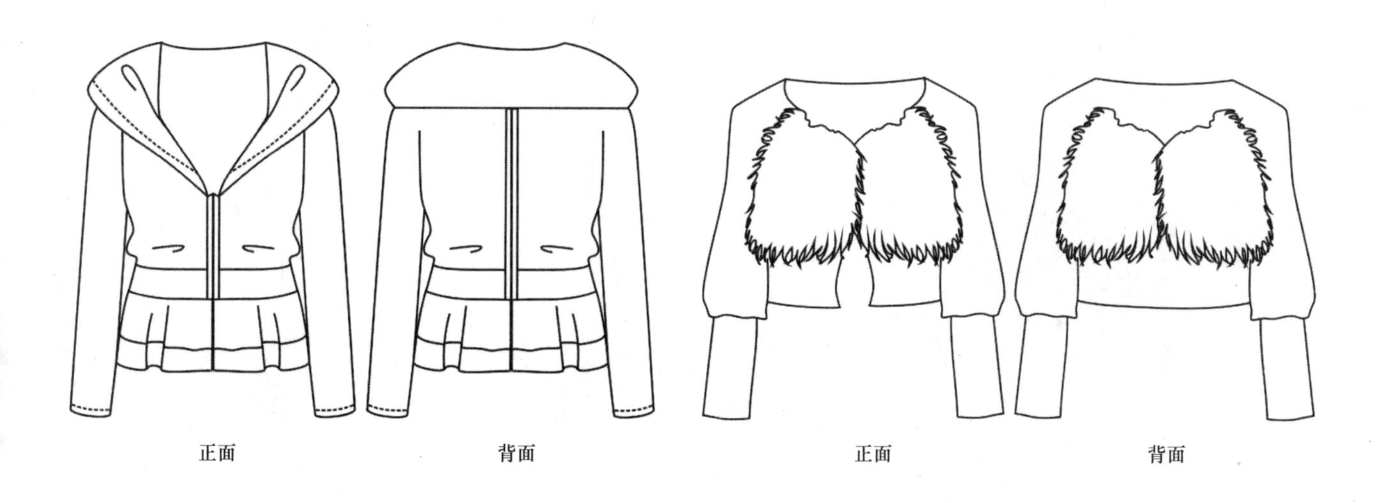

正面
背面
正面
背面

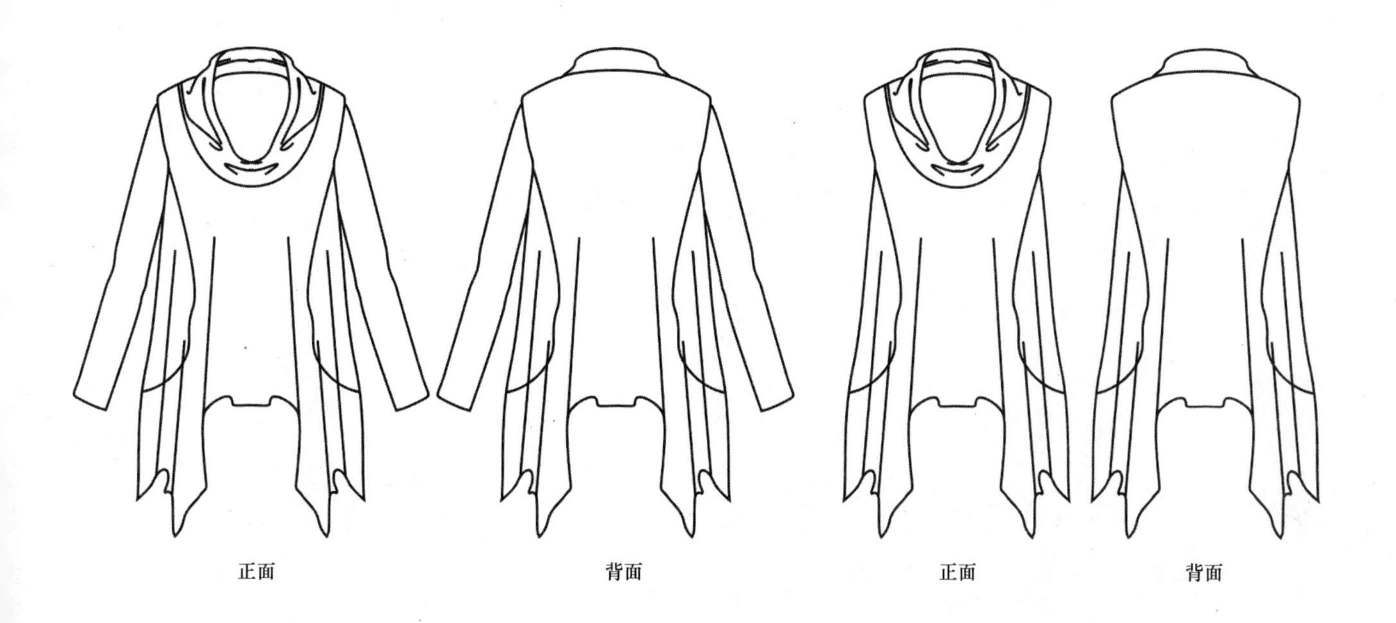

正面
背面
正面
背面

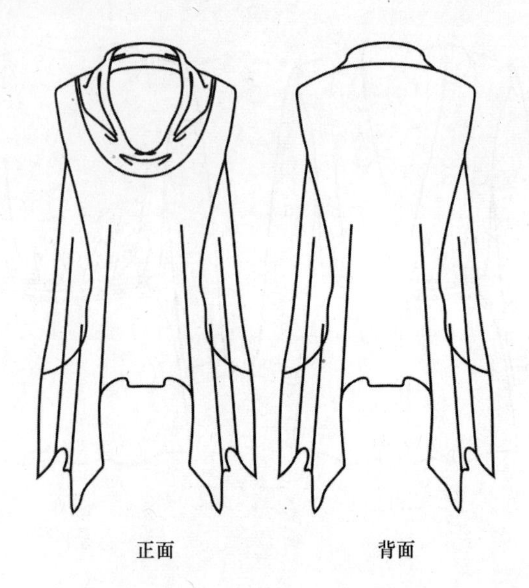
正面
背面

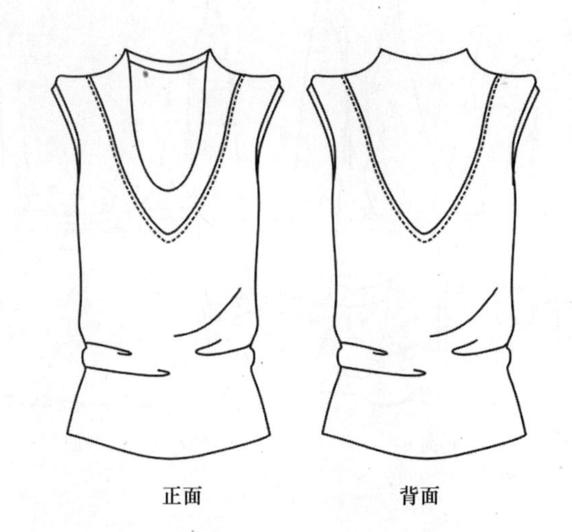
正面
背面

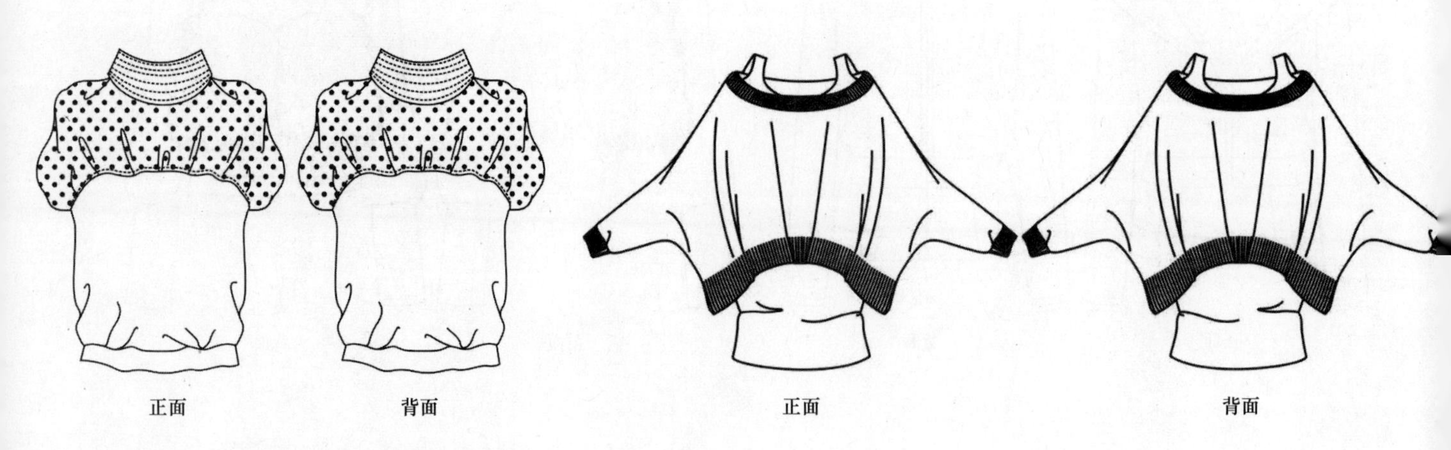
正面
背面
正面
背面

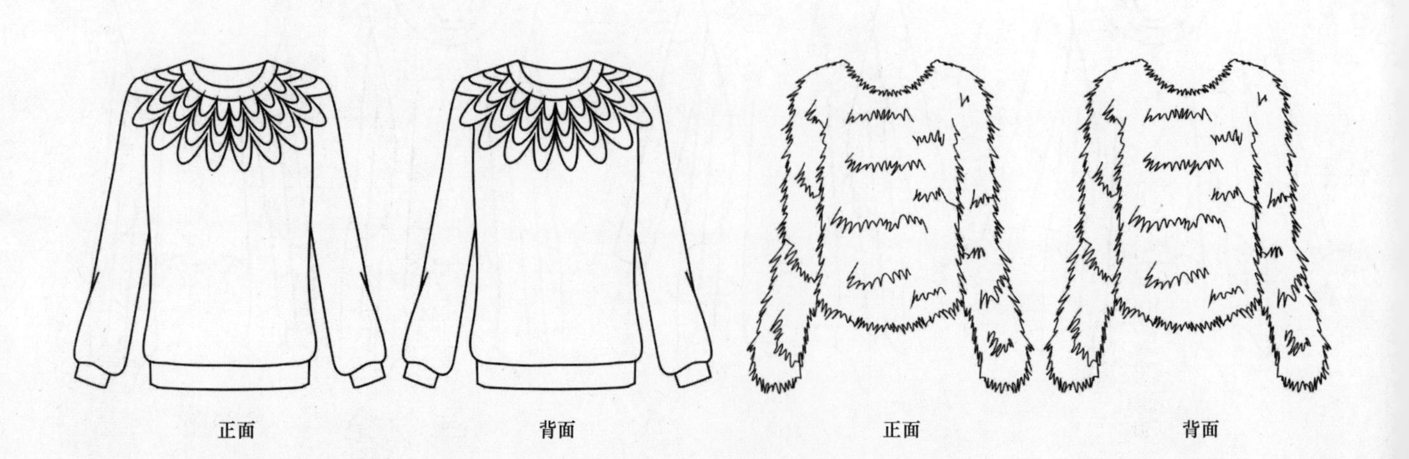
正面
背面
正面
背面

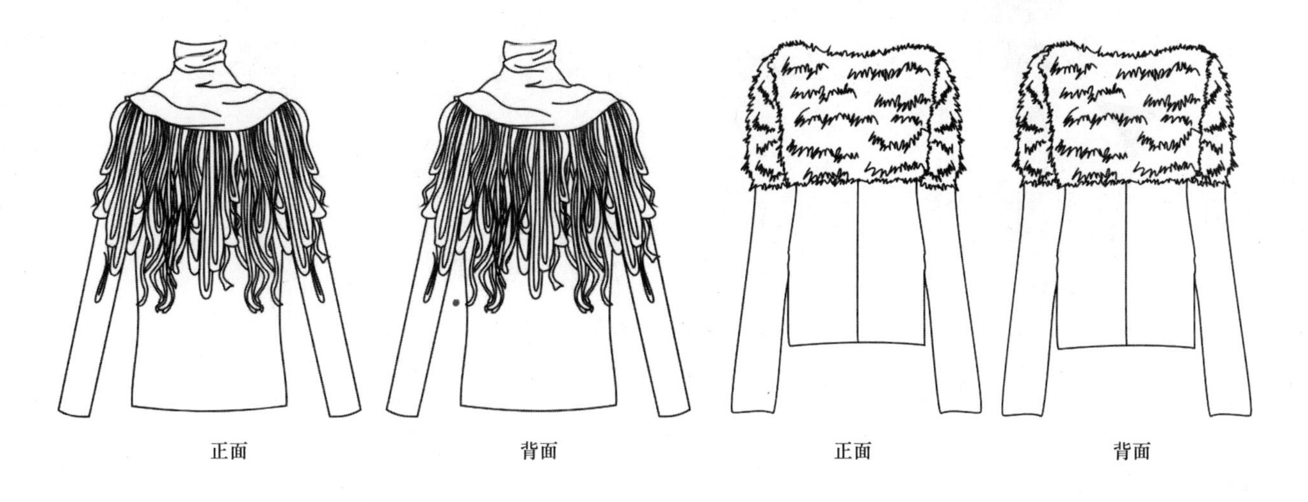

正面　背面　正面　背面

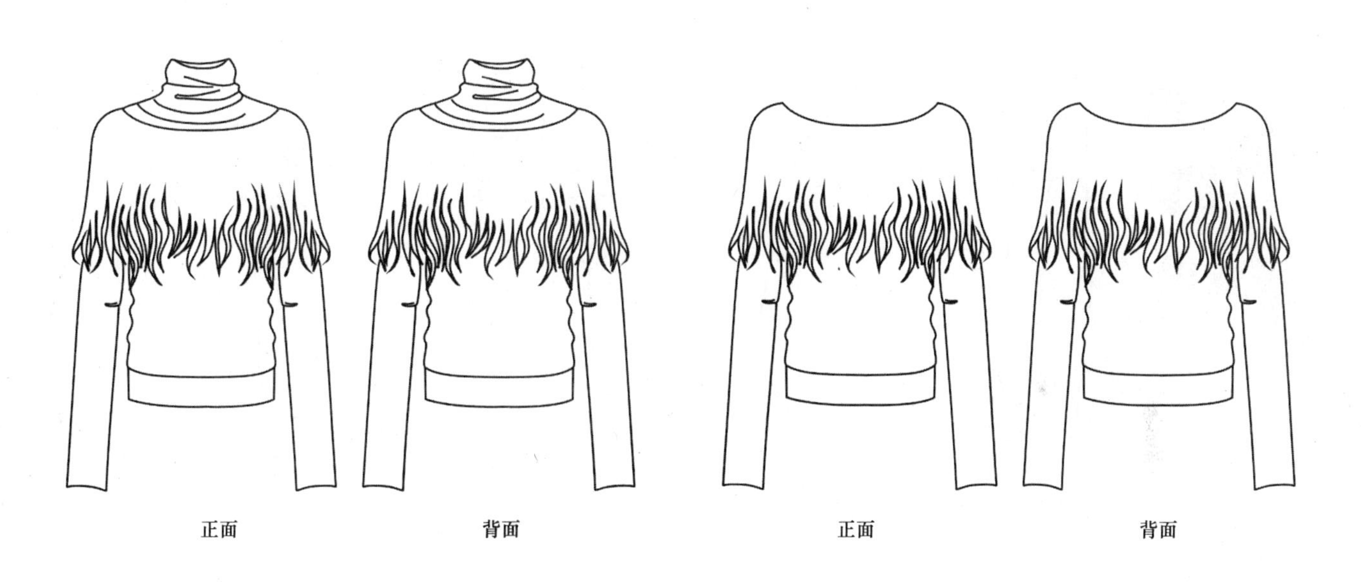

正面　背面　正面　背面

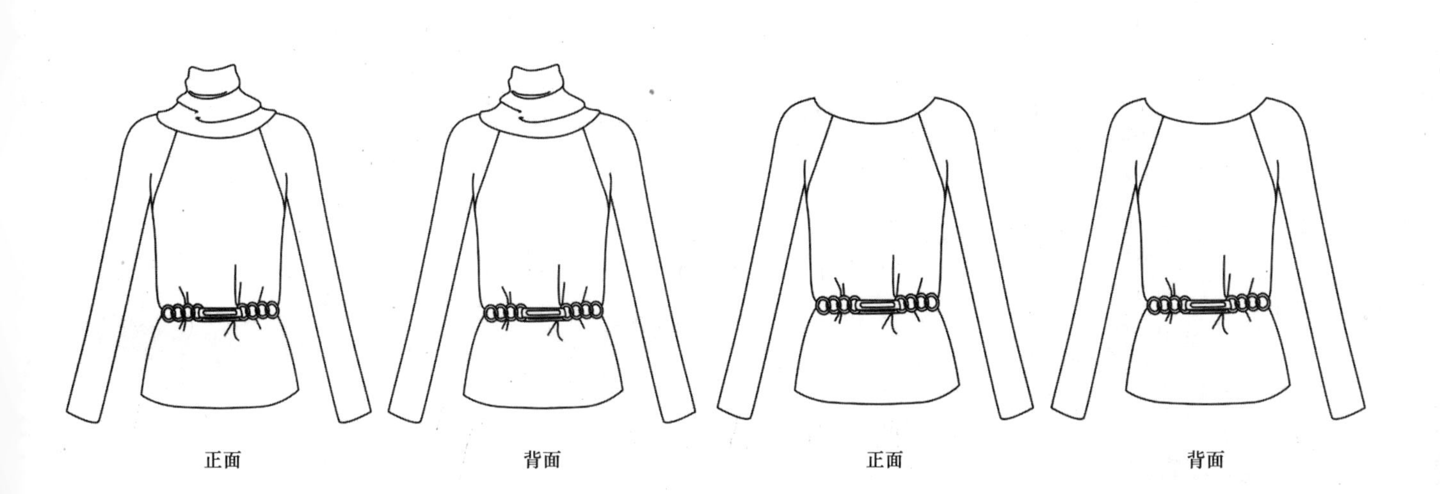

正面　背面　正面　背面

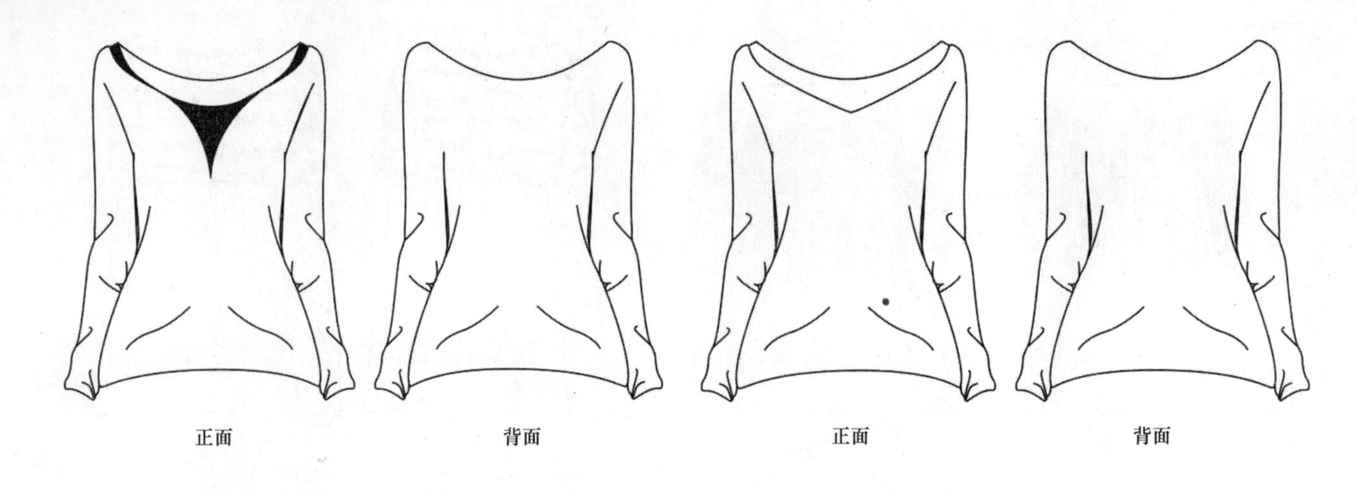

正面　　背面　　正面　　背面

正面　　背面　　正面　　背面

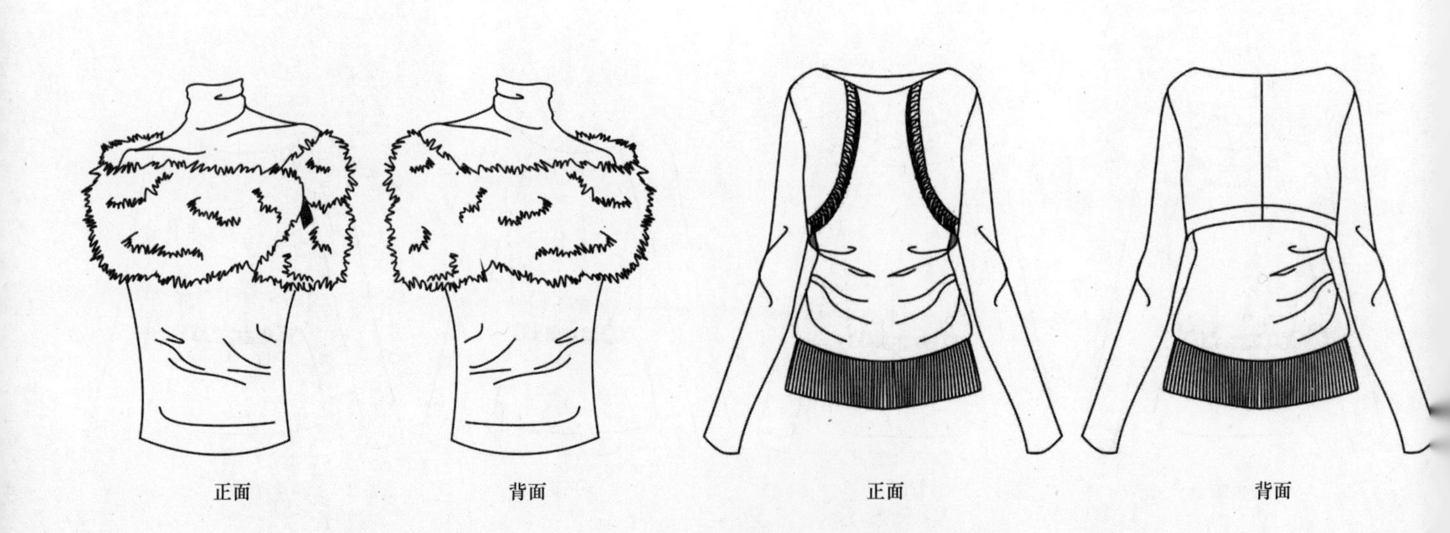

正面　　背面　　正面　　背面

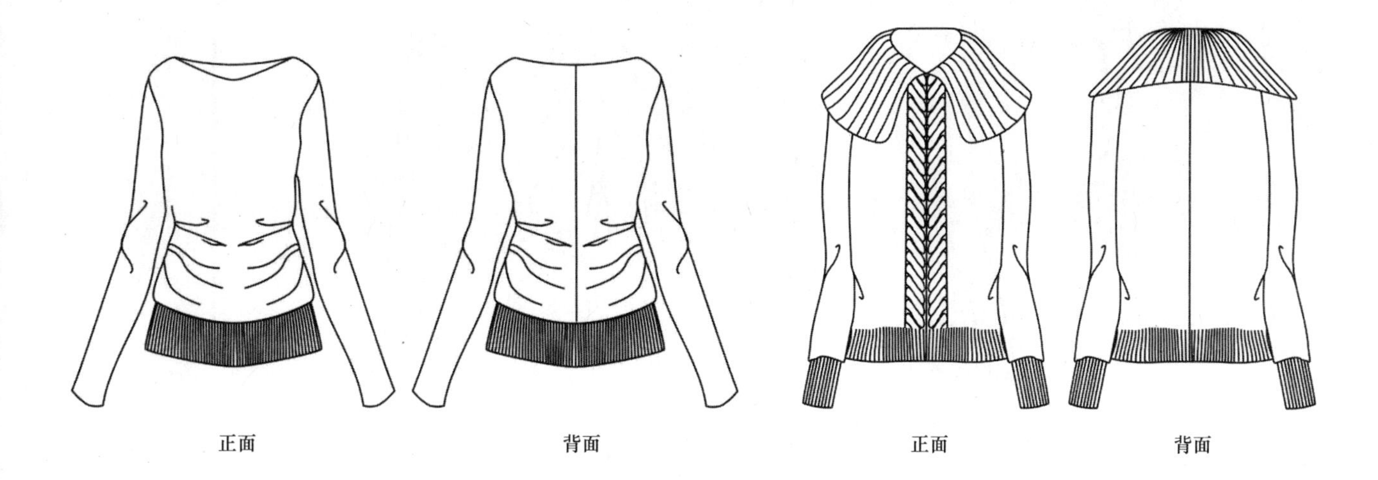

正面 背面 正面 背面

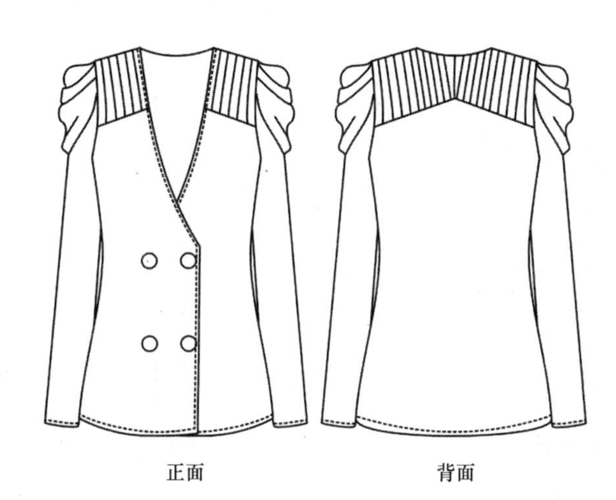

正面 背面

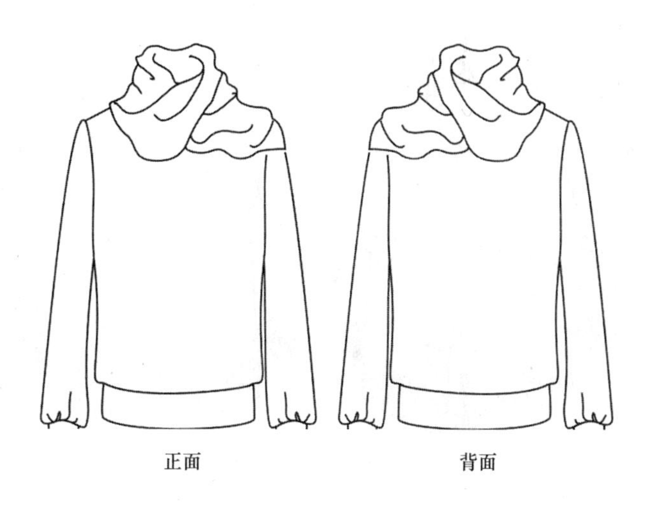

正面 背面

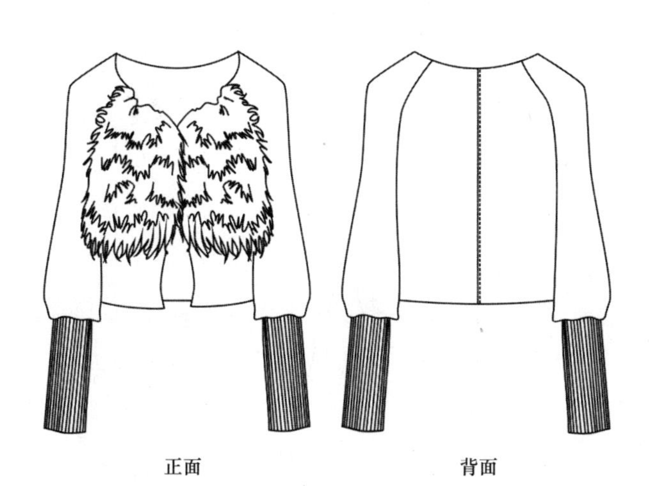

正面 背面

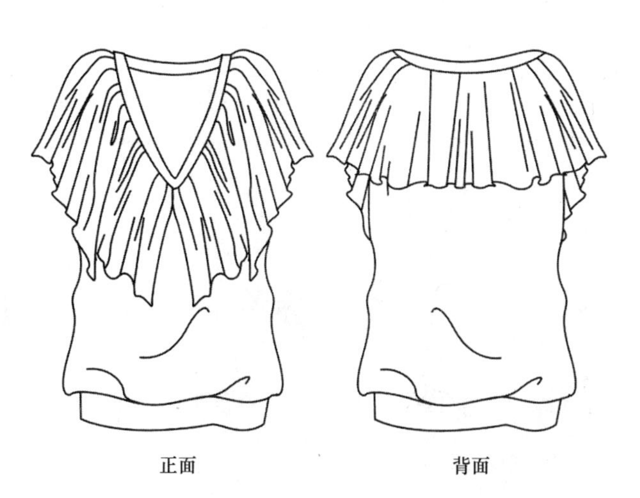

正面 背面

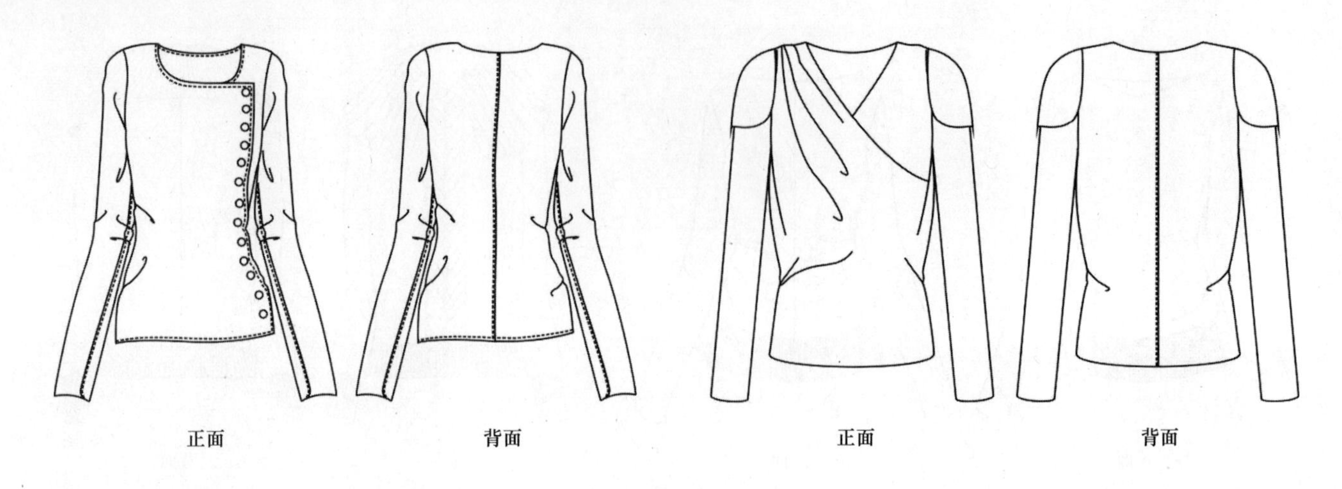

正面
背面
正面
背面

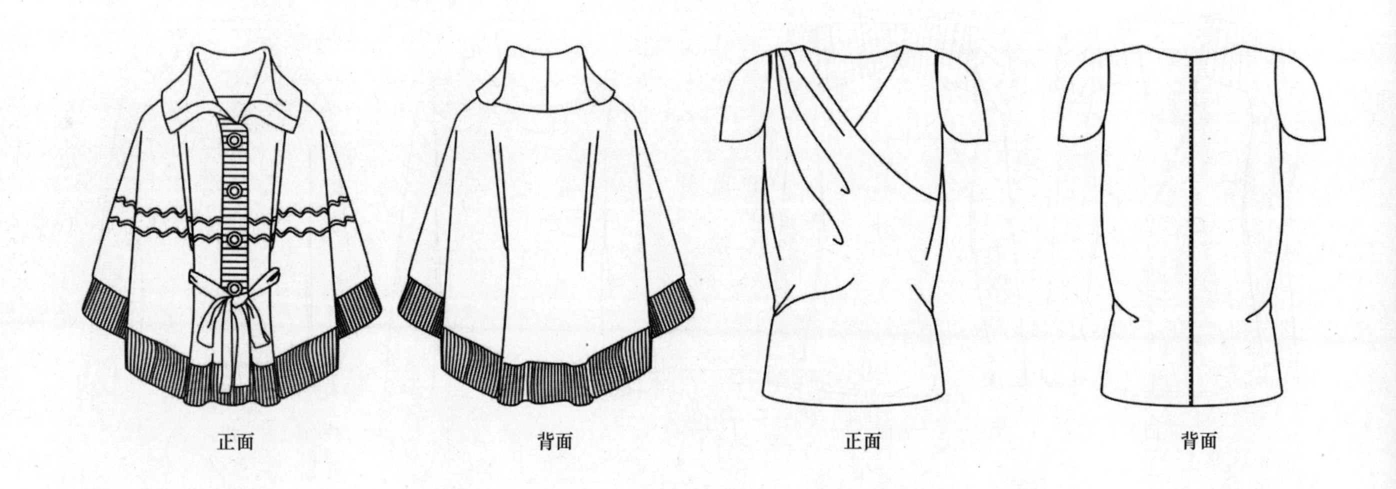

正面
背面
正面
背面

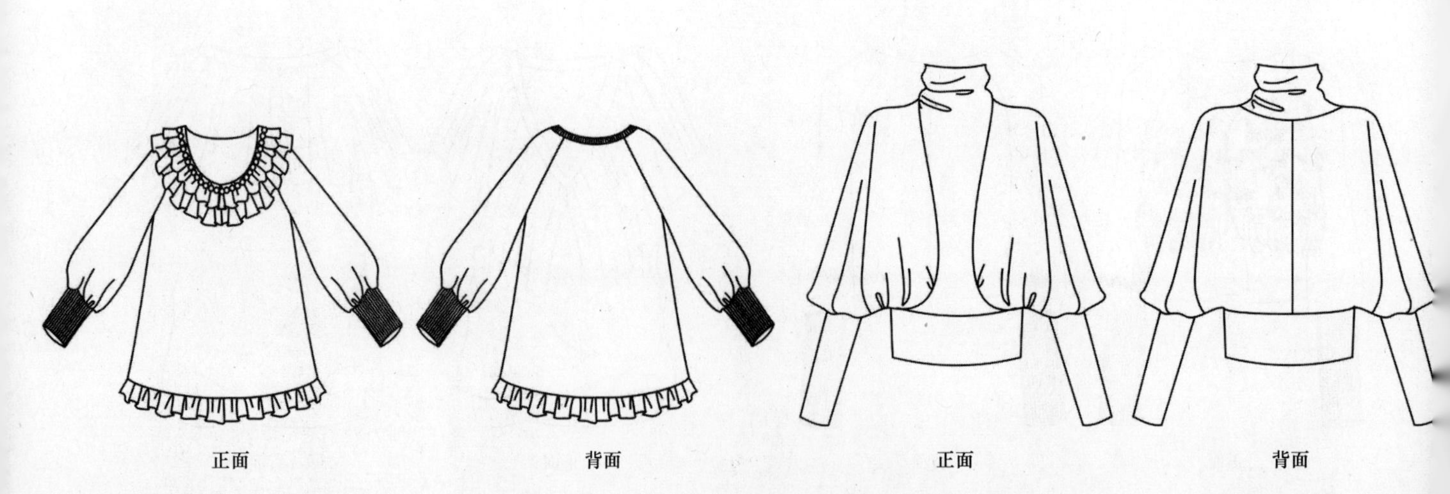

正面
背面
正面
背面

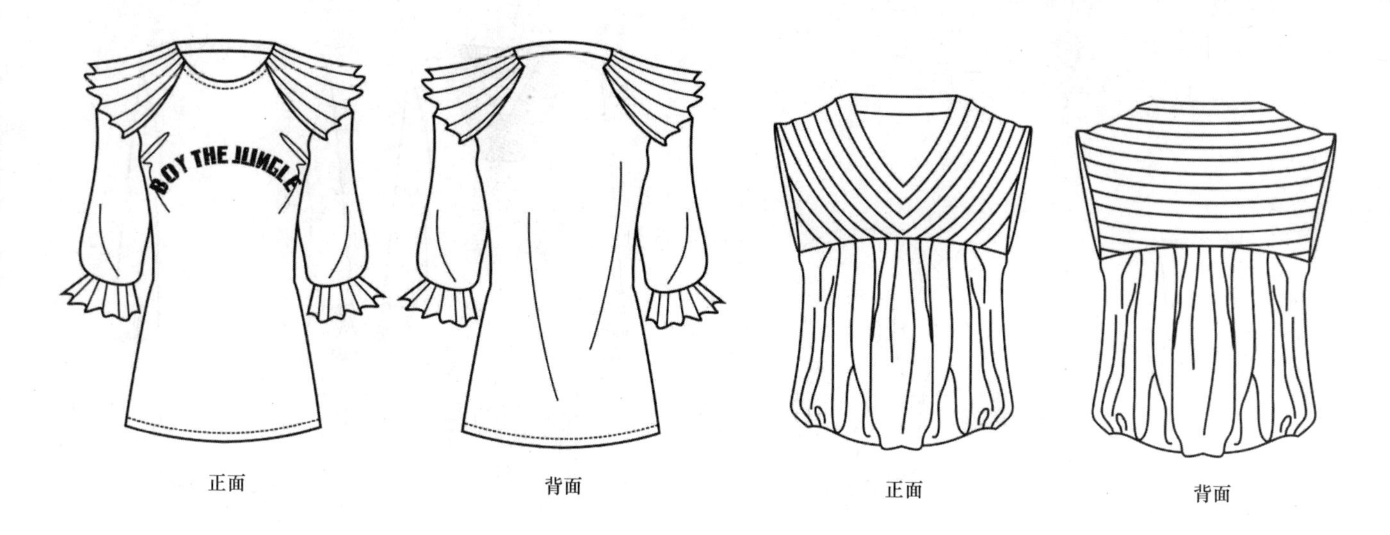

正面 背面 正面 背面

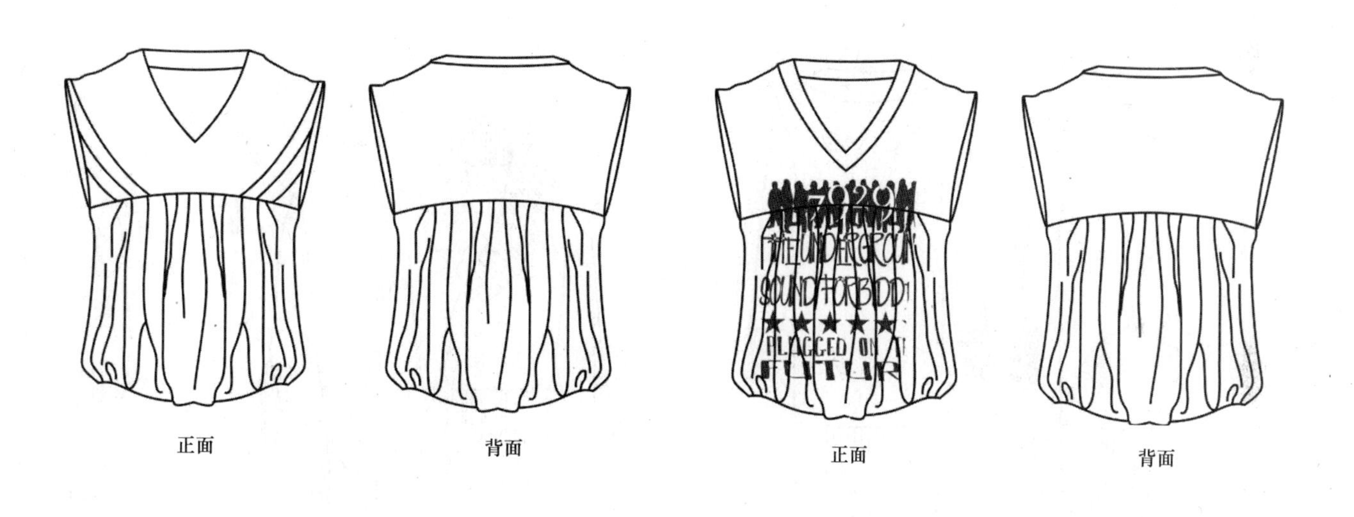

正面 背面 正面 背面

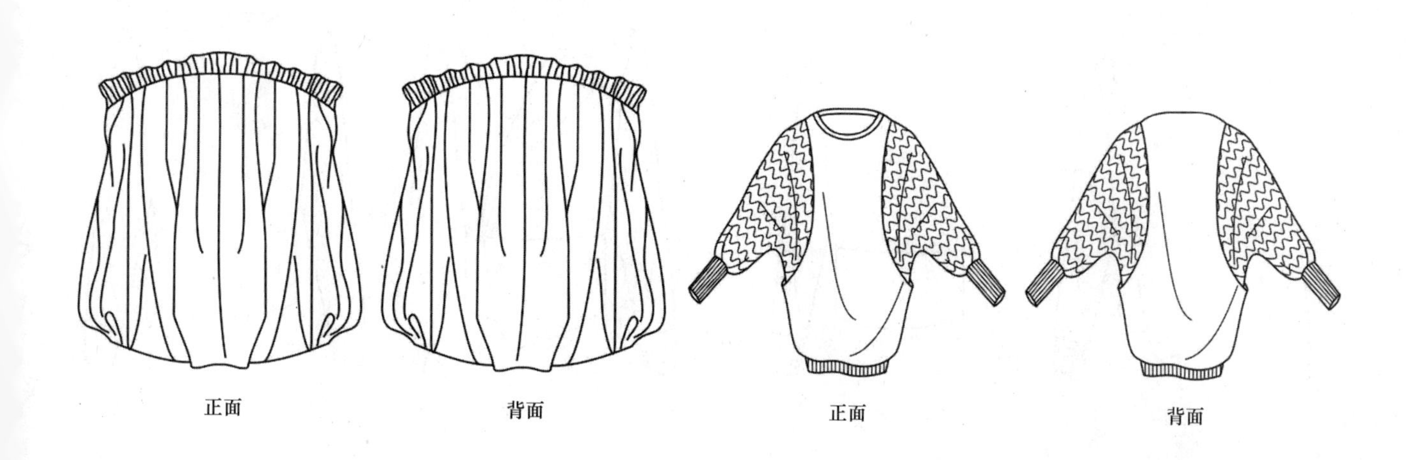

正面 背面 正面 背面

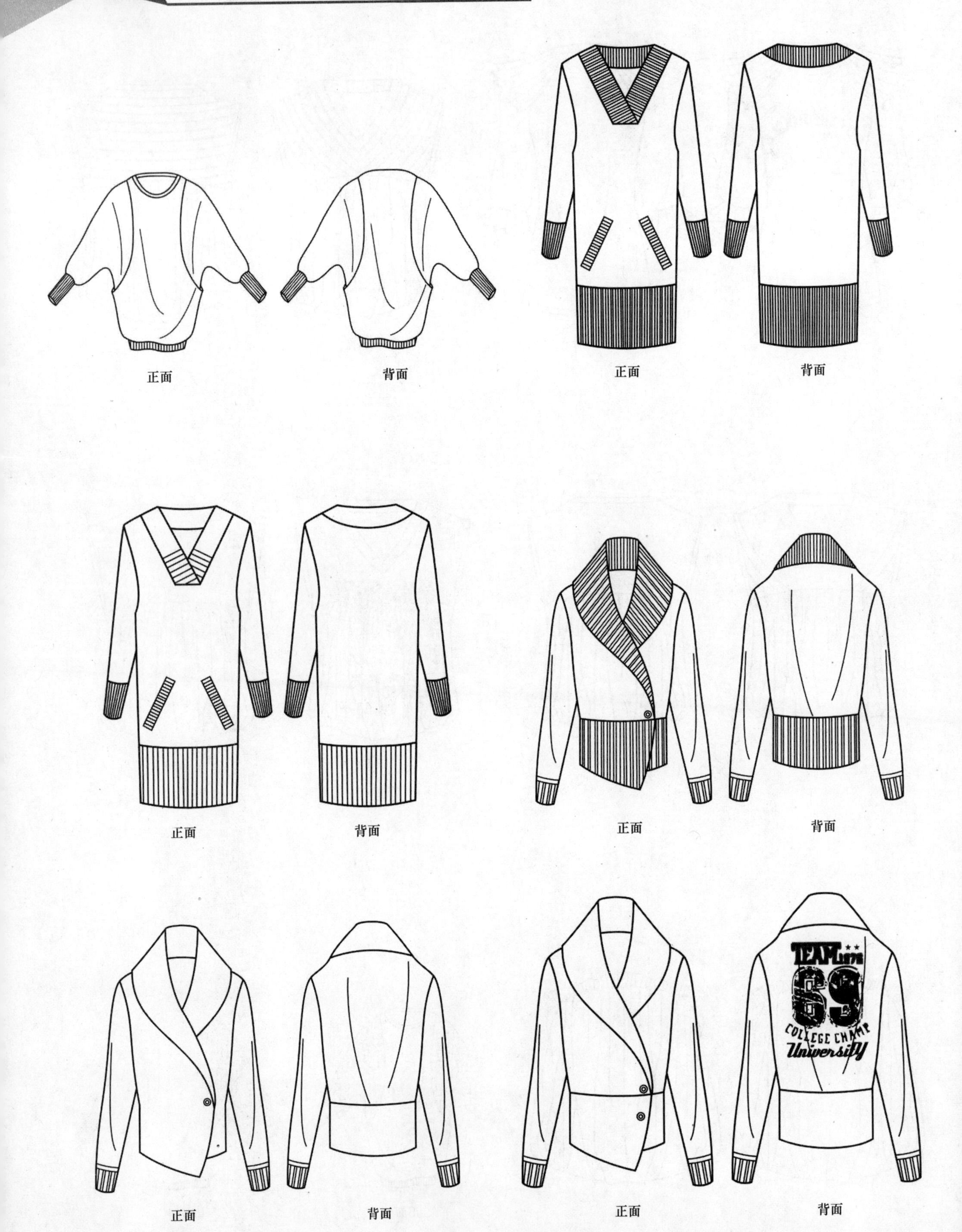

正面
背面
正面
背面
正面
背面
正面
背面
TEAM 1978
69
COLLEGE CHAMP
University
正面
背面
正面
背面

TEAM
COLLEGE CHAMP
University
正面
背面
正面
背面

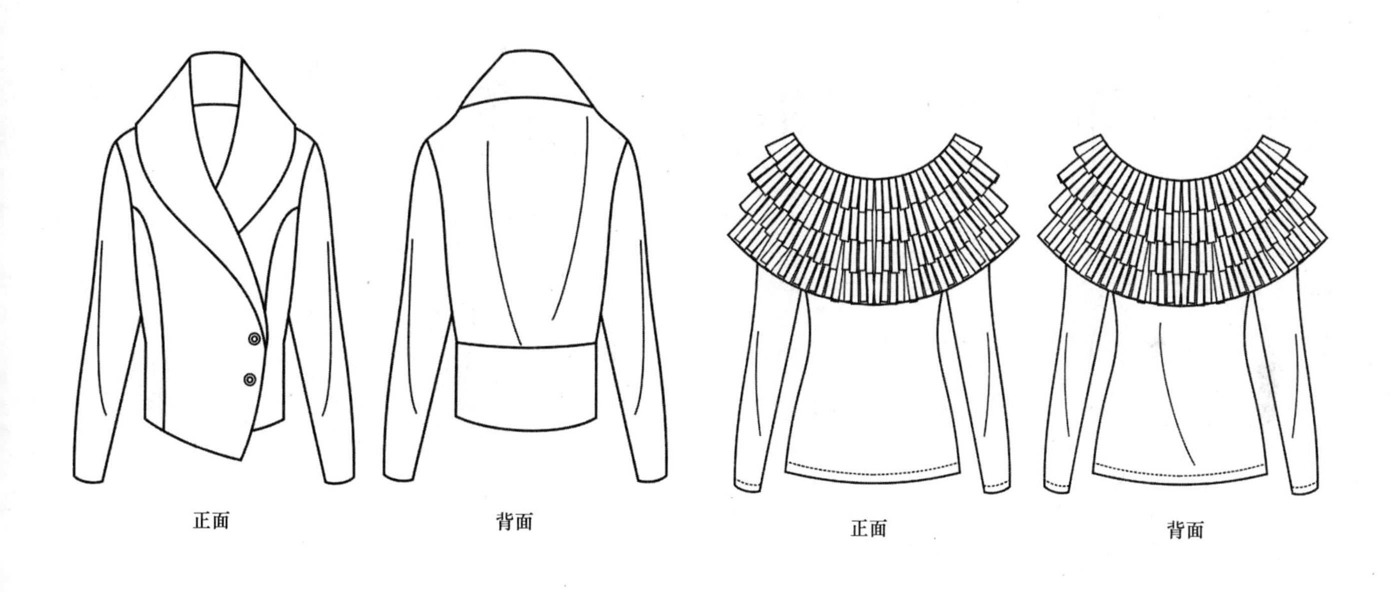
正面
背面
正面
背面

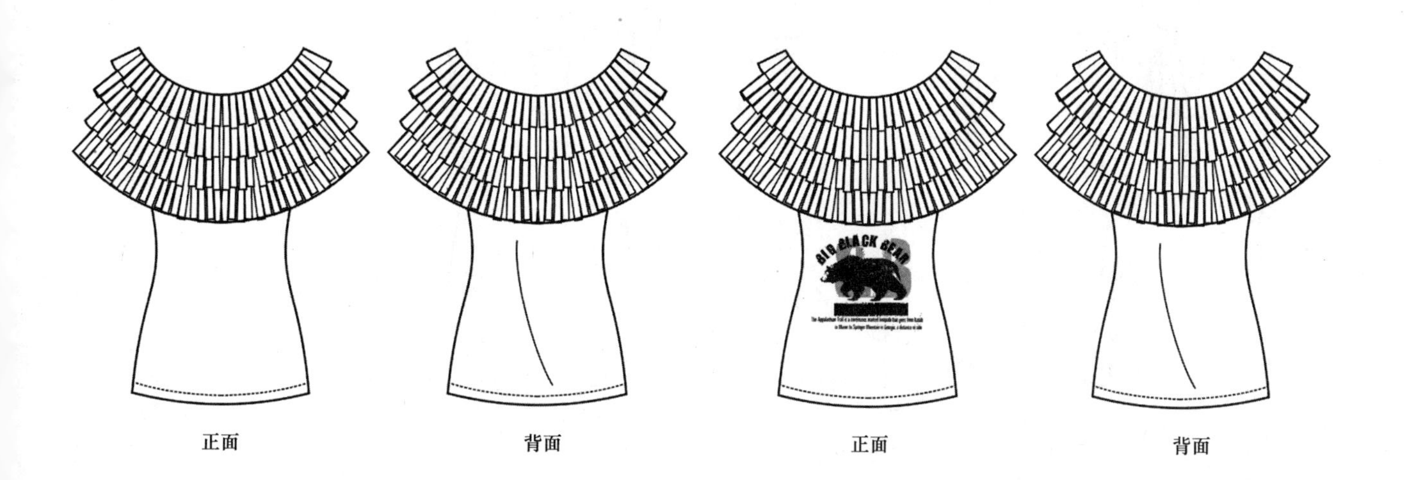
正面
背面
正面
背面

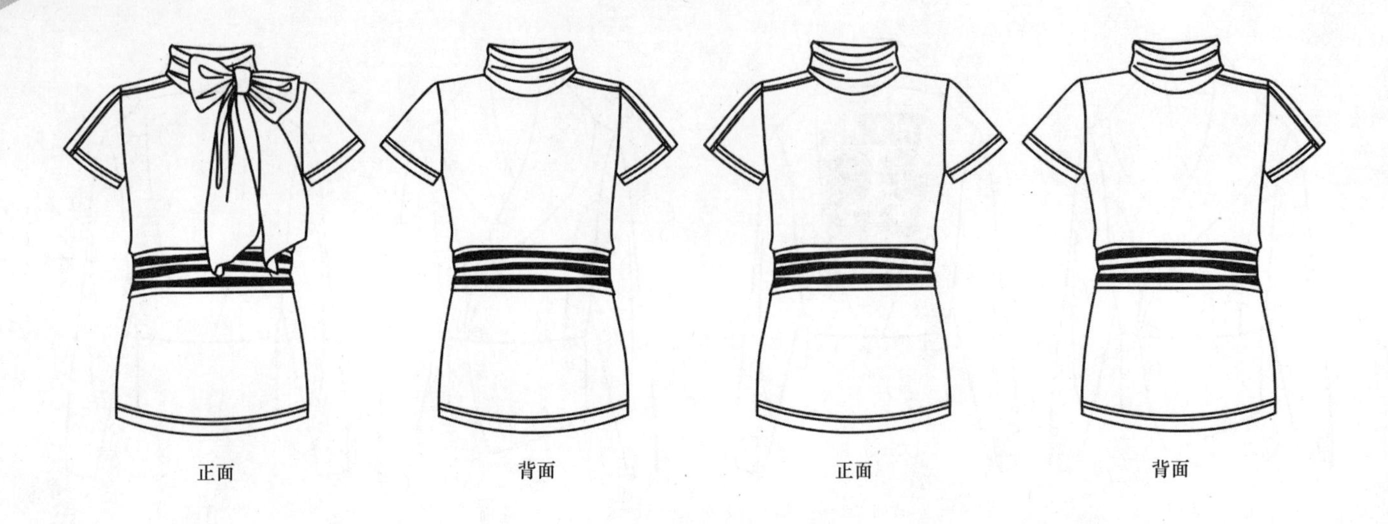

正面　　背面　　正面　　背面

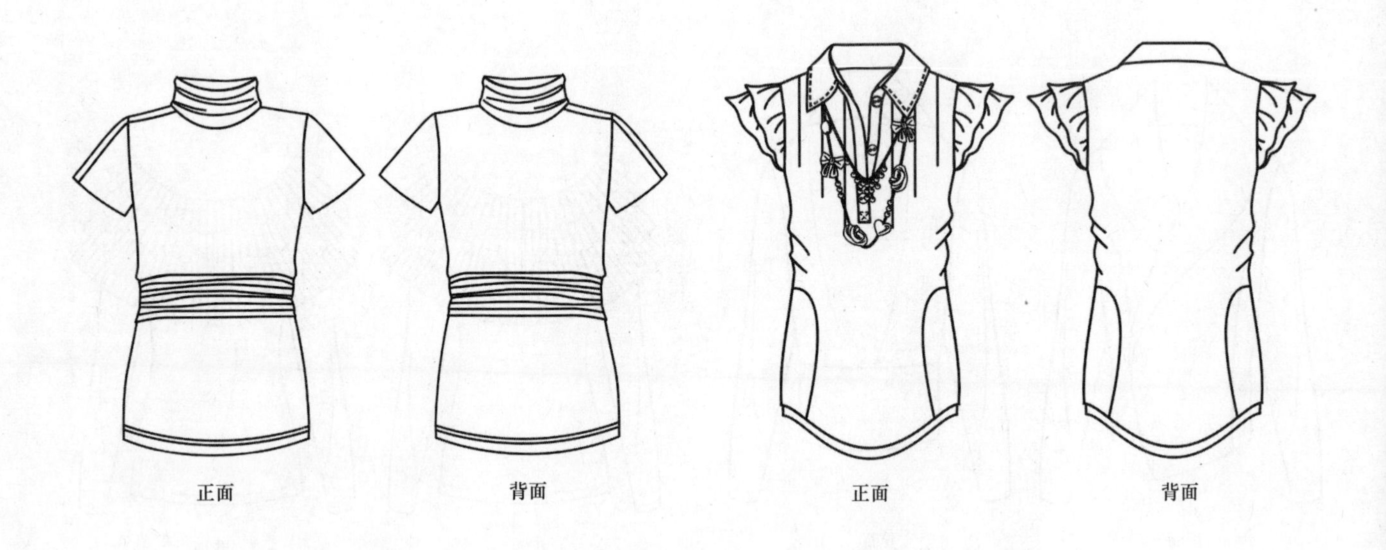

正面　　背面　　正面　　背面

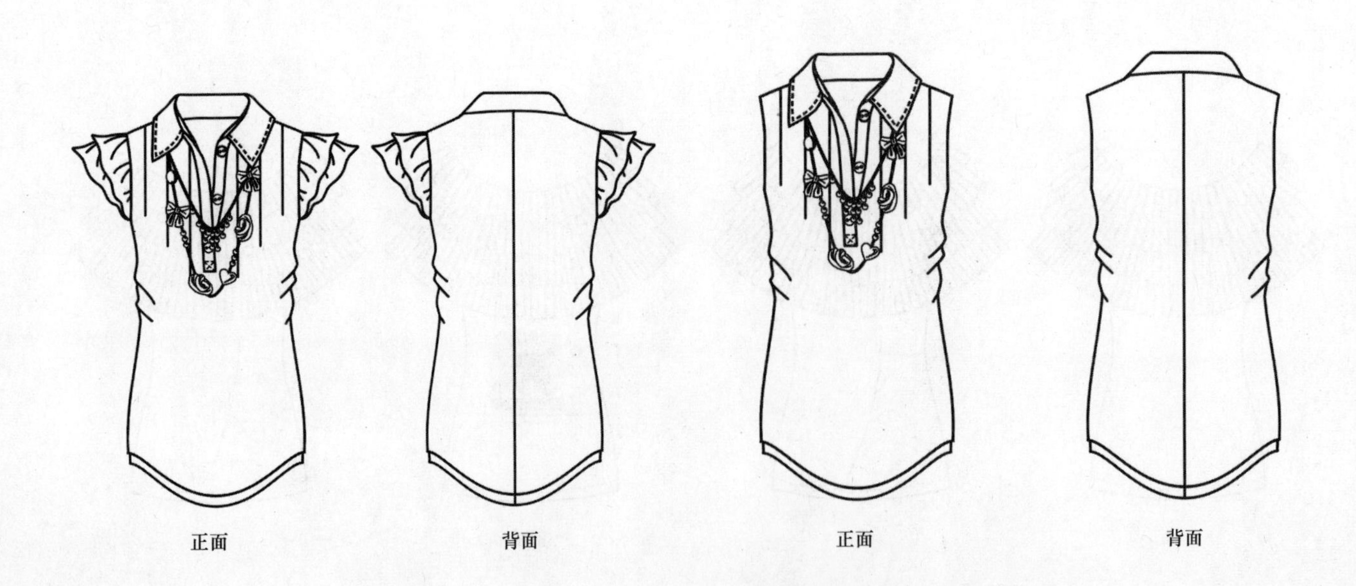

正面　　背面　　正面　　背面

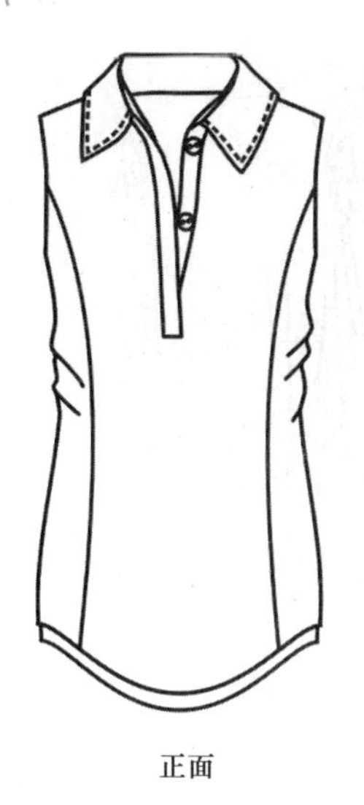

正面

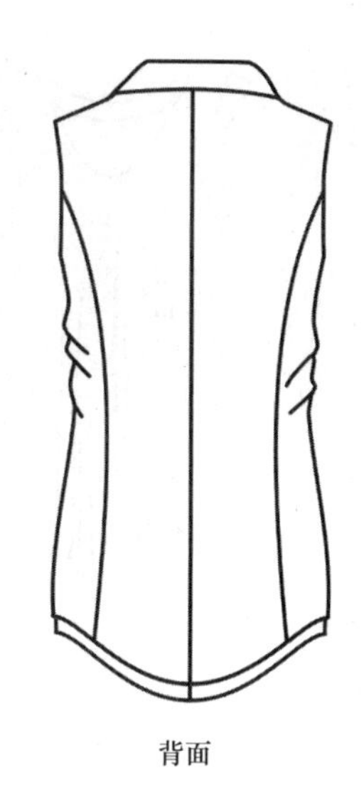

背面

正面　背面

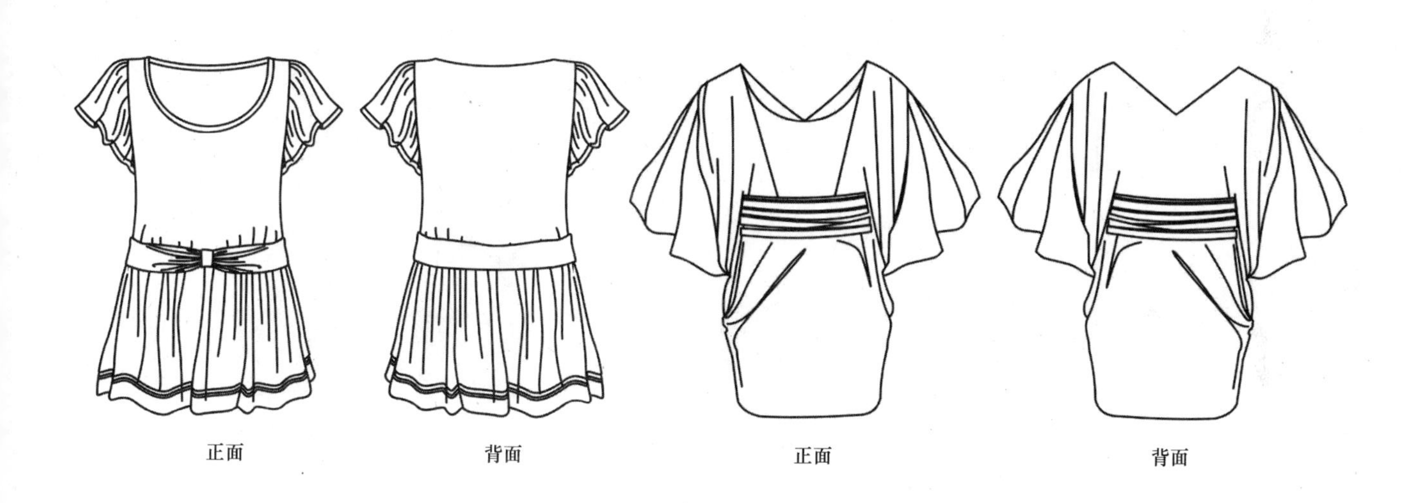

正面　背面　正面　背面

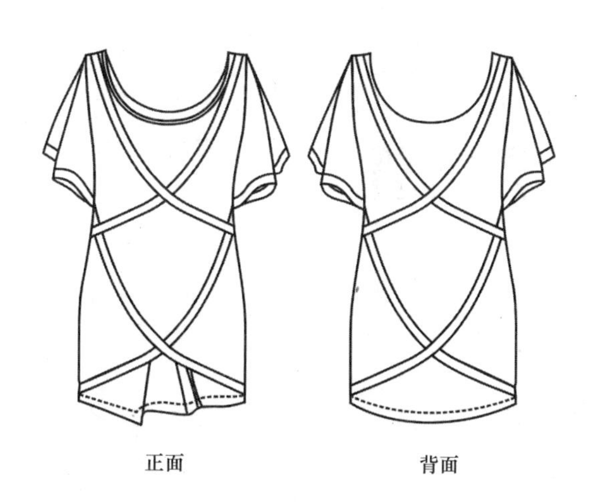

正面　背面

正面　背面

正面　背面

正面　背面

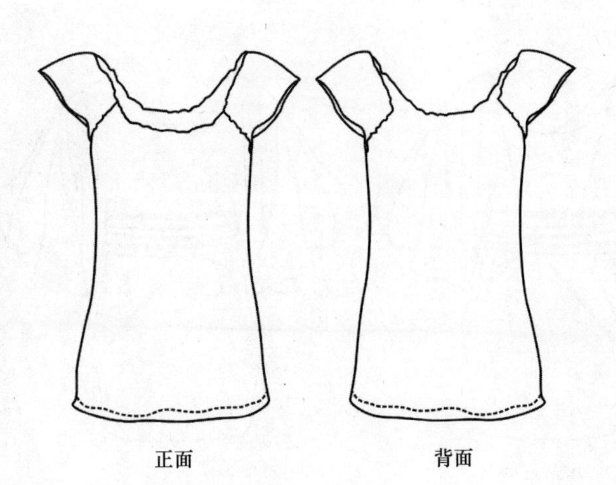

正面　背面

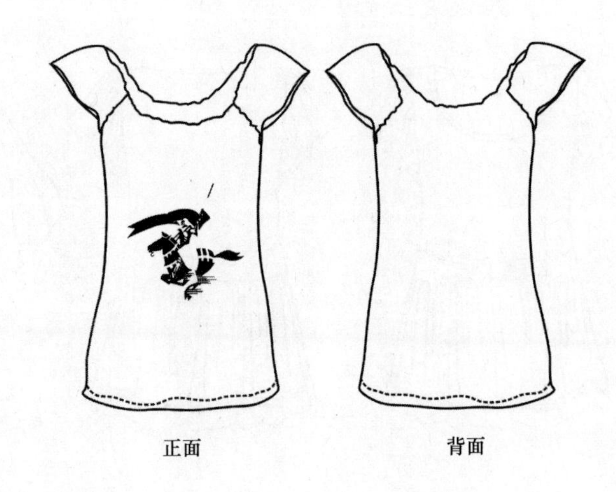

正面　背面

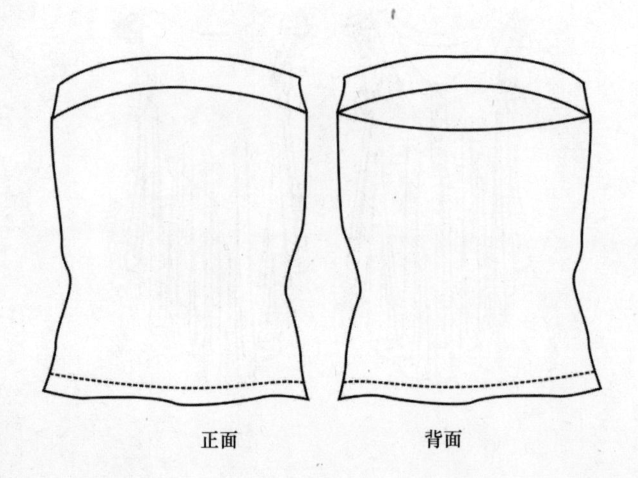

正面　背面

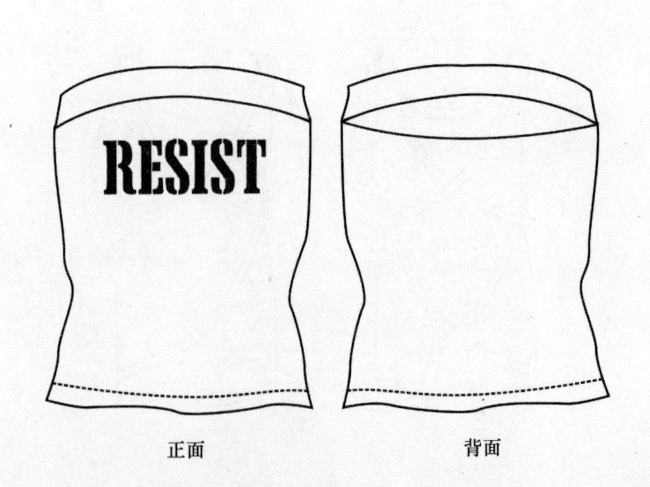

正面　背面

正面

背面

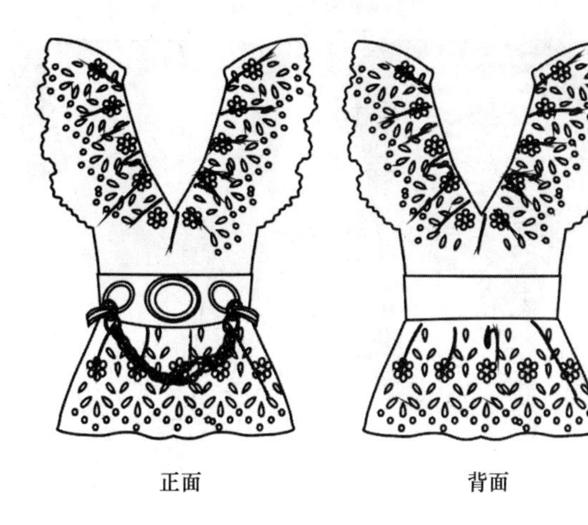

正面　背面

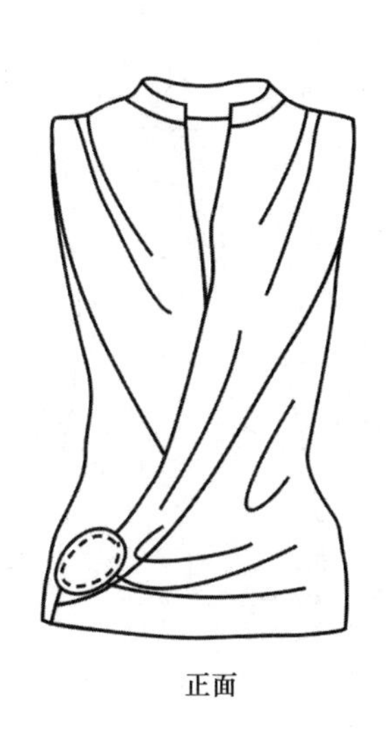

正面

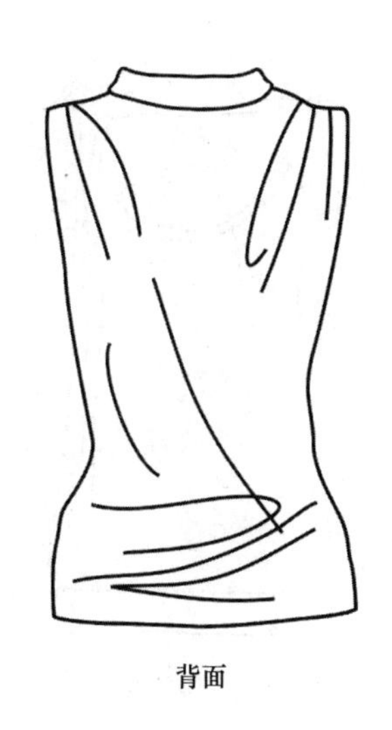

背面

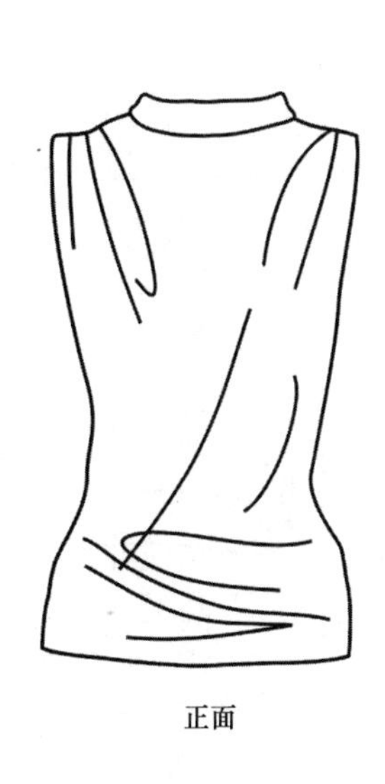

正面

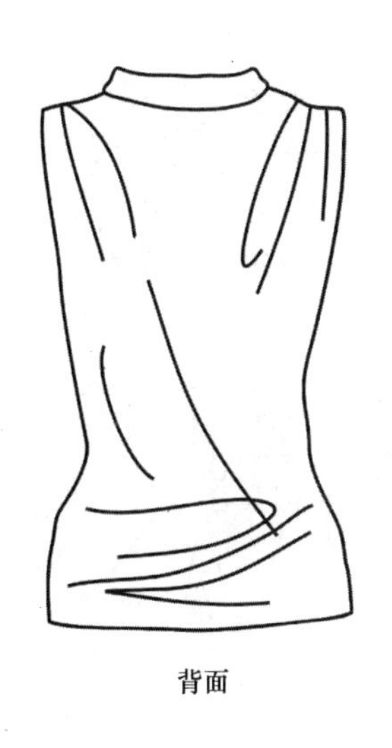

背面

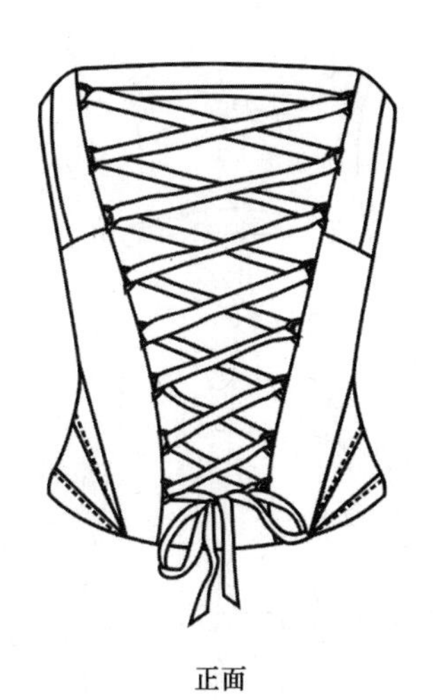

正面

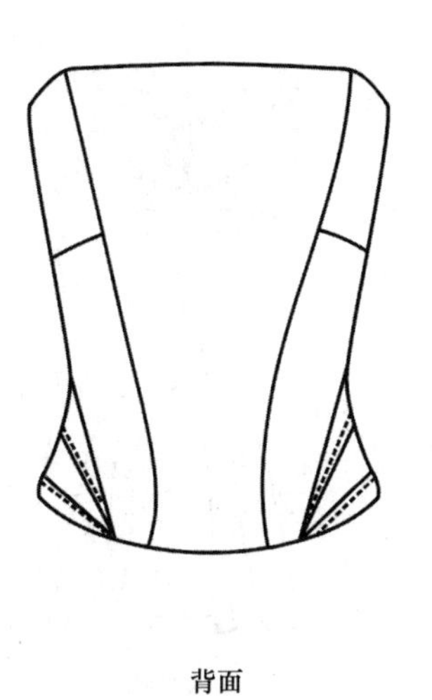

背面

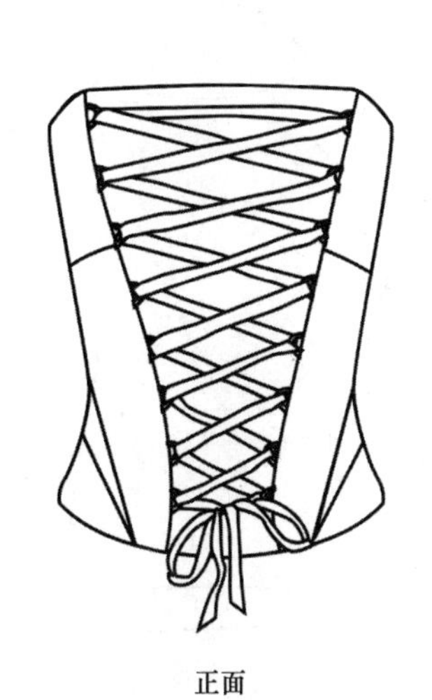

正面

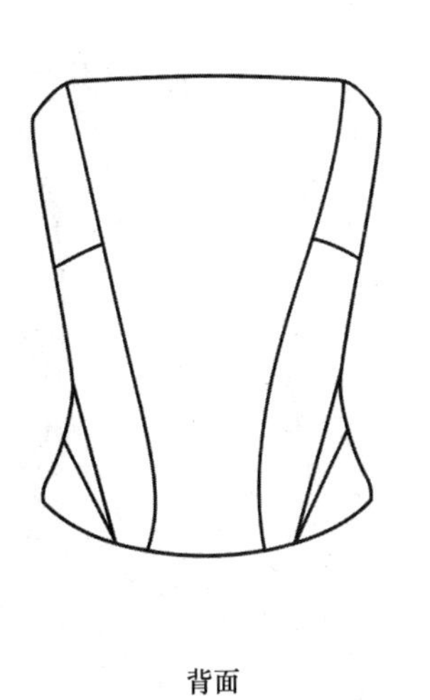

背面

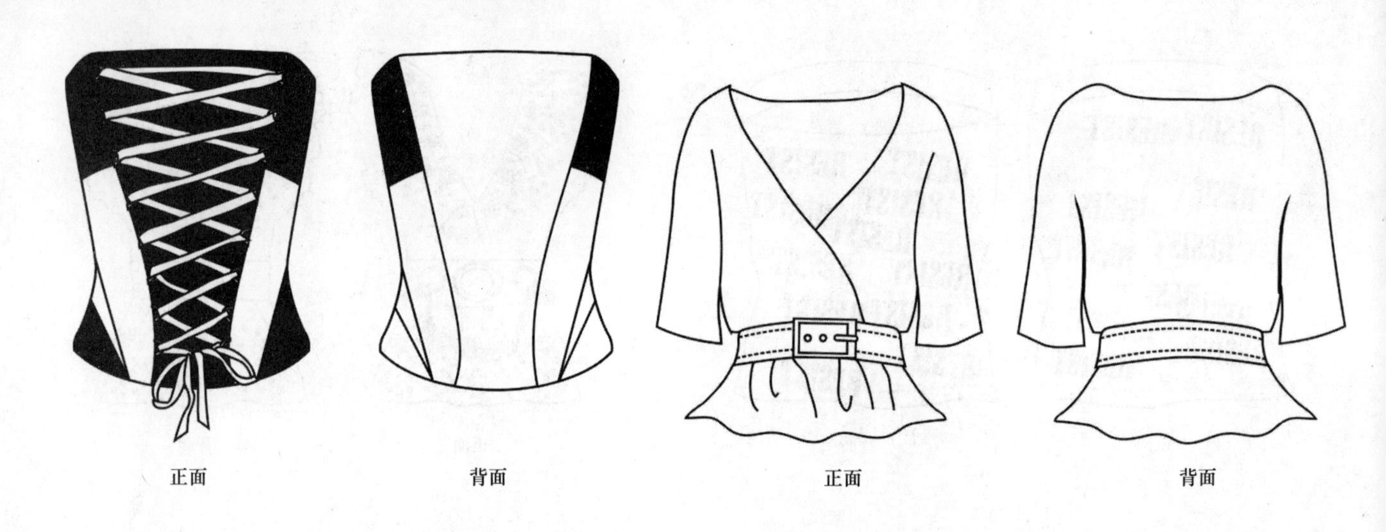

正面　　背面　　正面　　背面

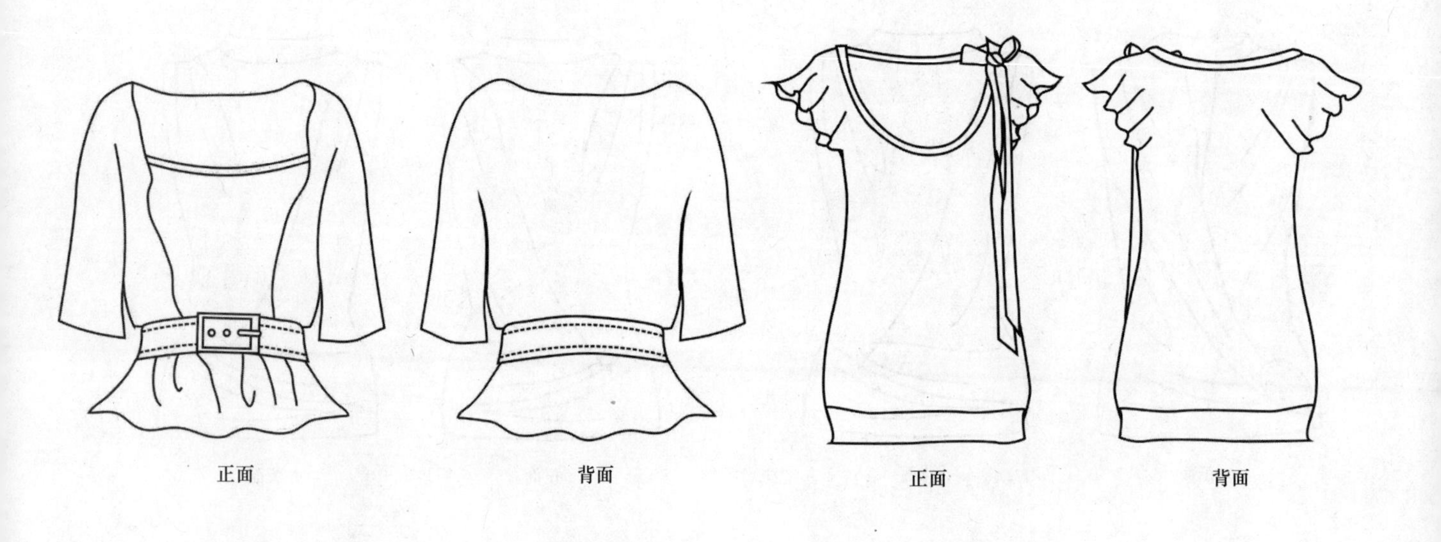

正面　　背面　　正面　　背面

正面　　背面　　正面　　背面

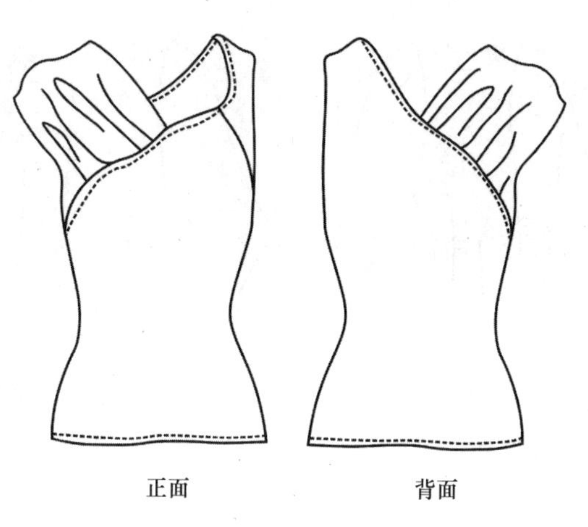
正面
背面

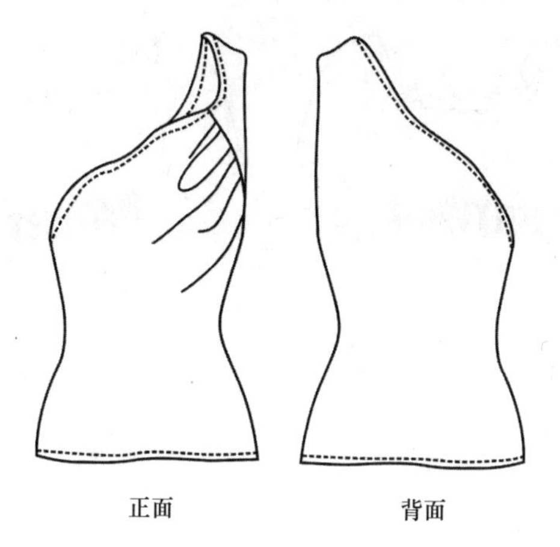
正面
背面

正面
背面
正面
背面

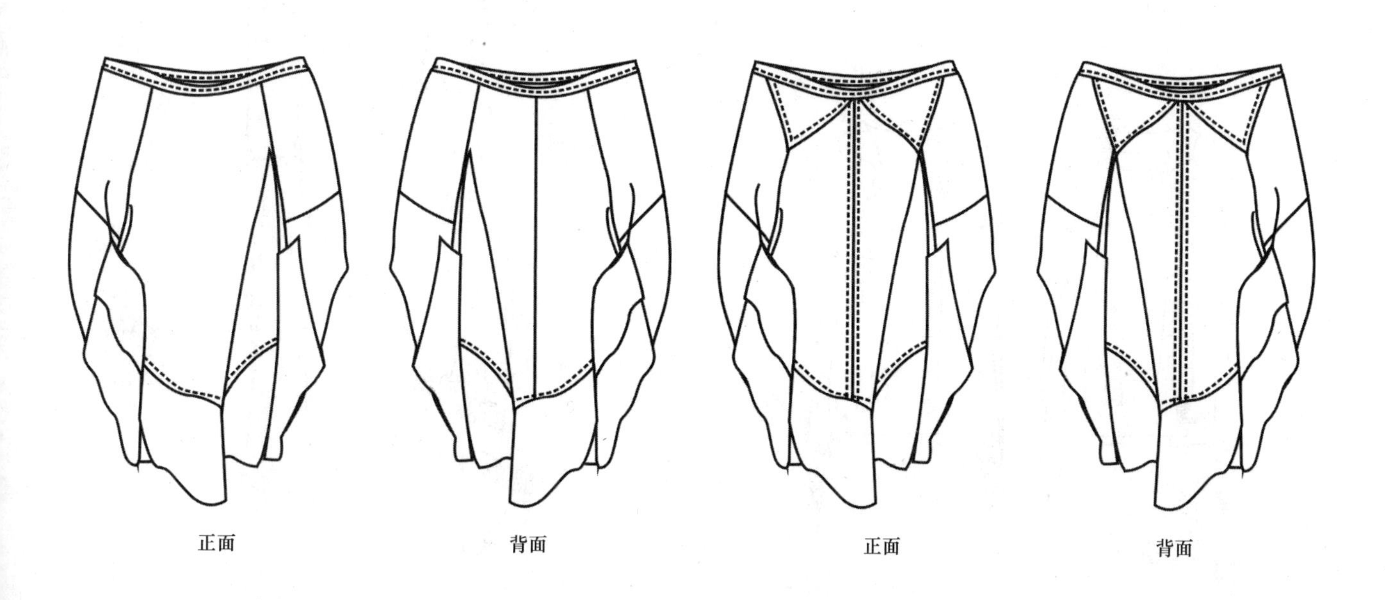
正面
背面
正面
背面

正面　背面　正面　背面

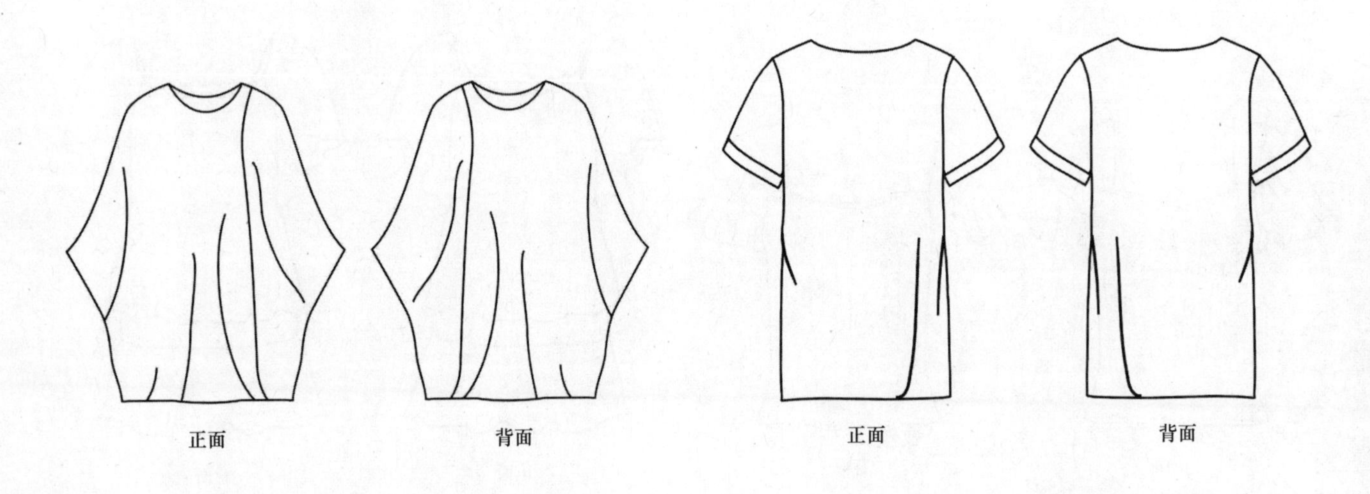

正面　背面　正面　背面

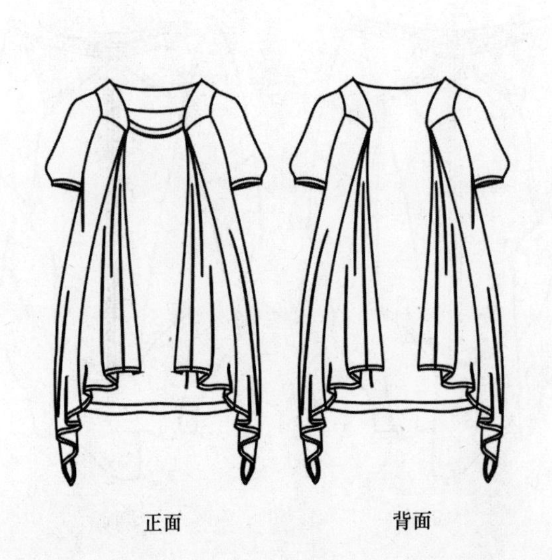

正面　背面

正面　背面

正面　背面

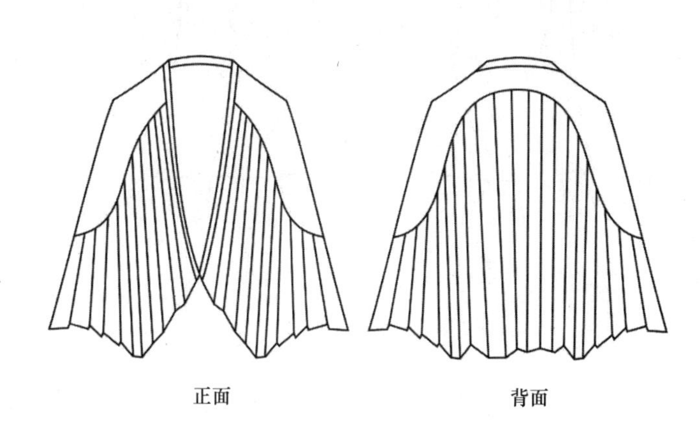

正面　背面

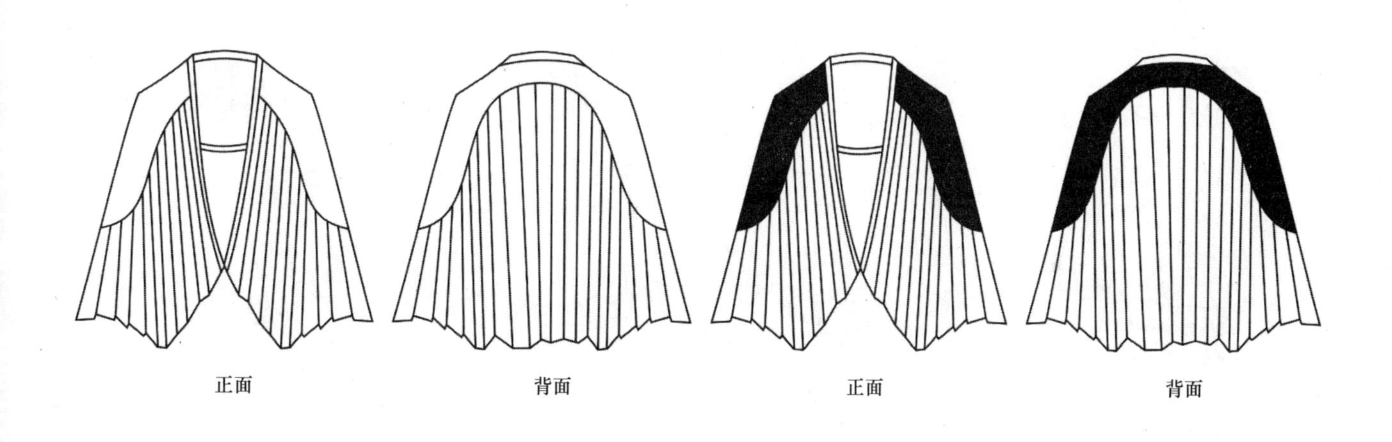

正面　背面　正面　背面

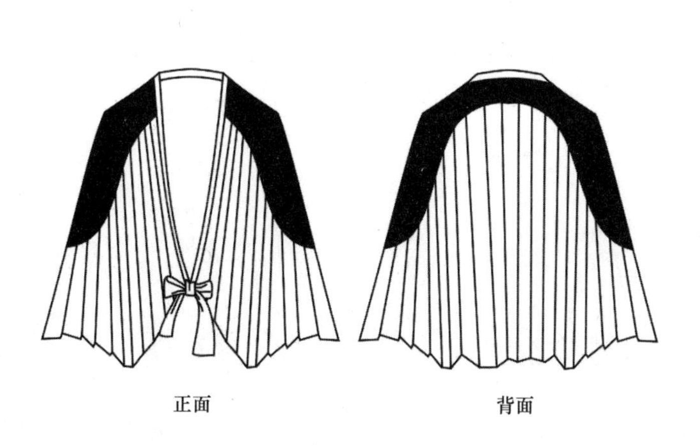

正面　背面

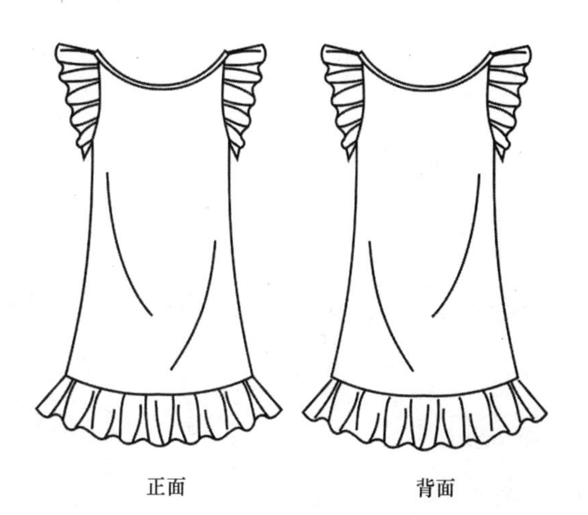

正面　背面

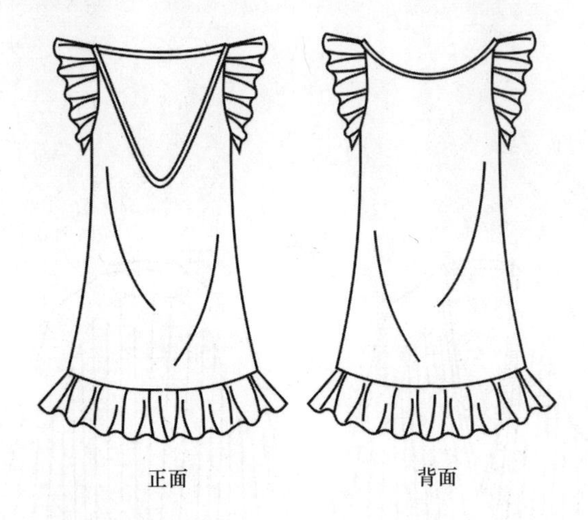

正面
背面

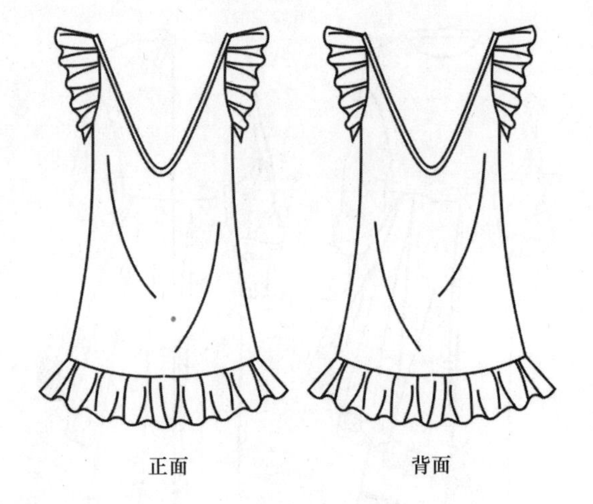

正面
背面

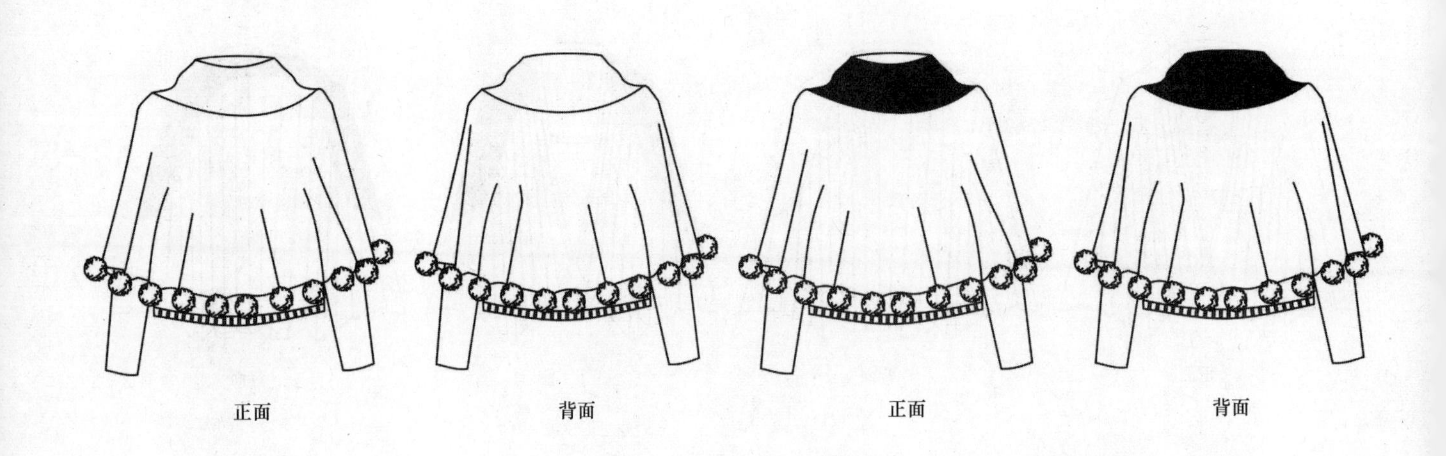

正面
背面
正面
背面

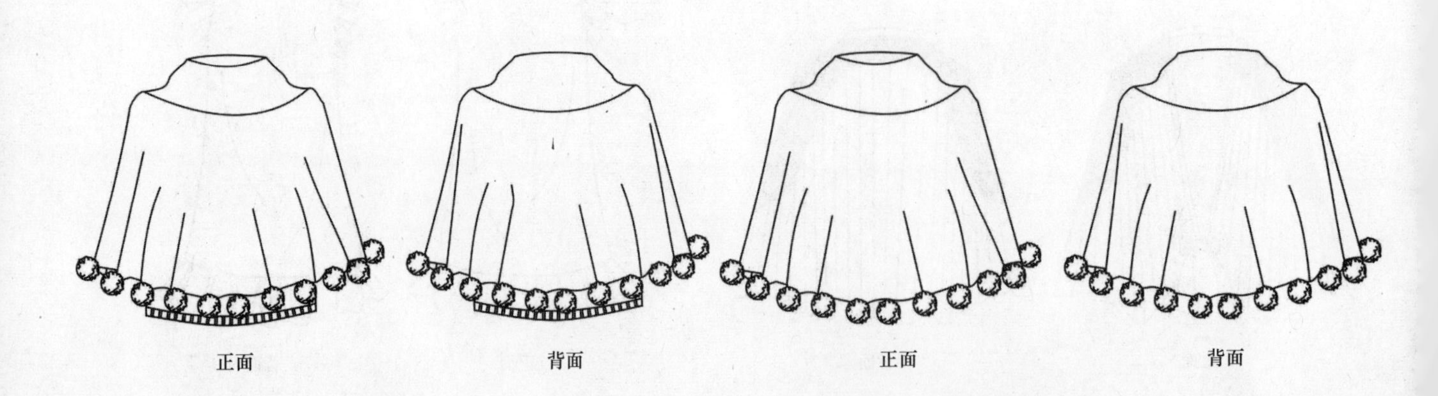

正面
背面
正面
背面

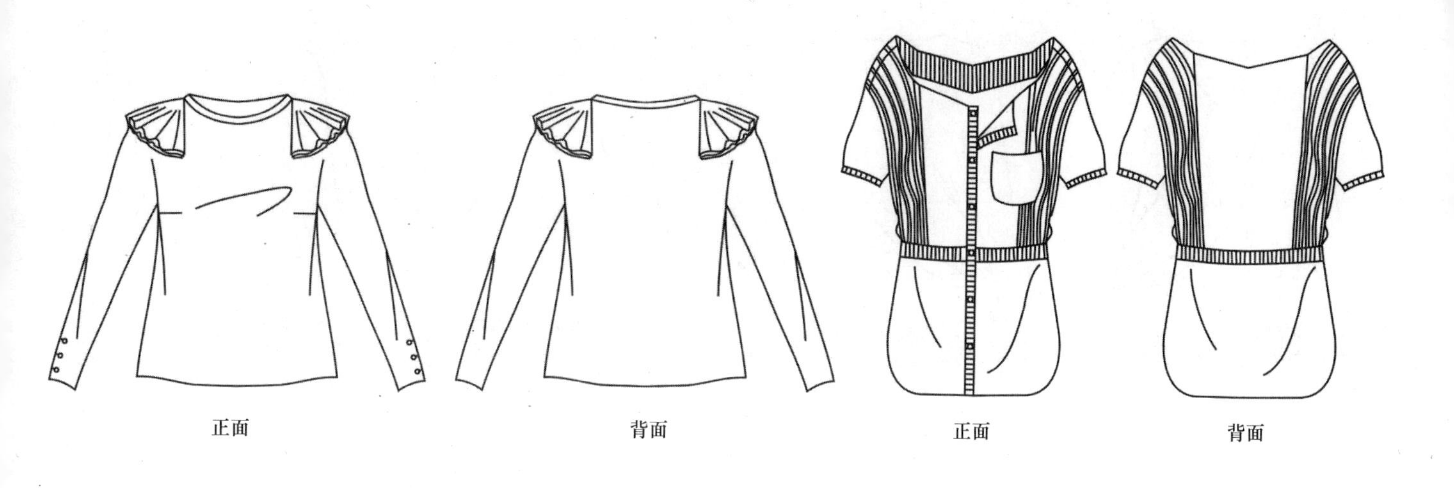
正面
背面
正面
背面

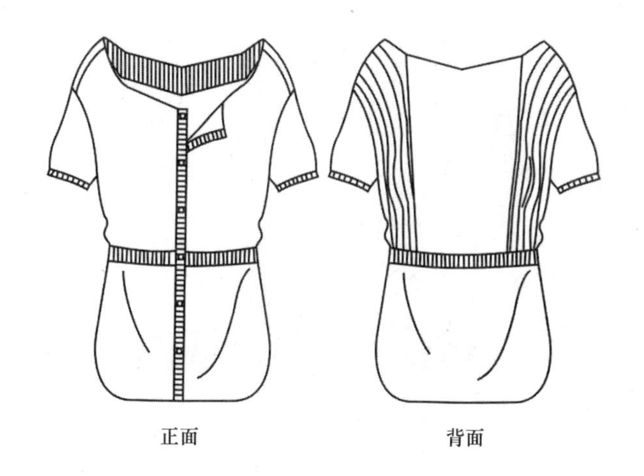
正面
背面

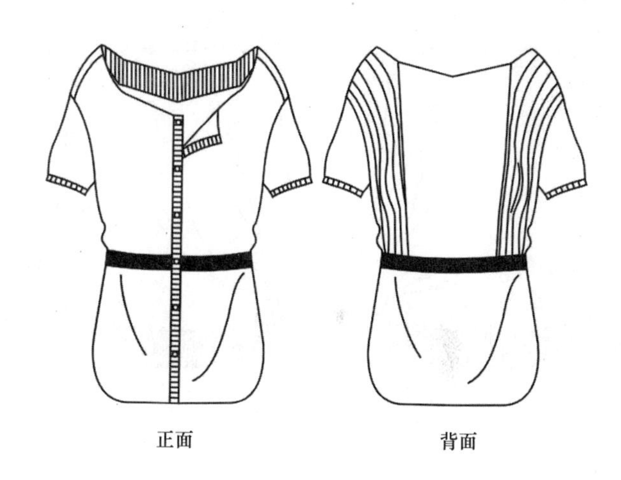
正面
背面

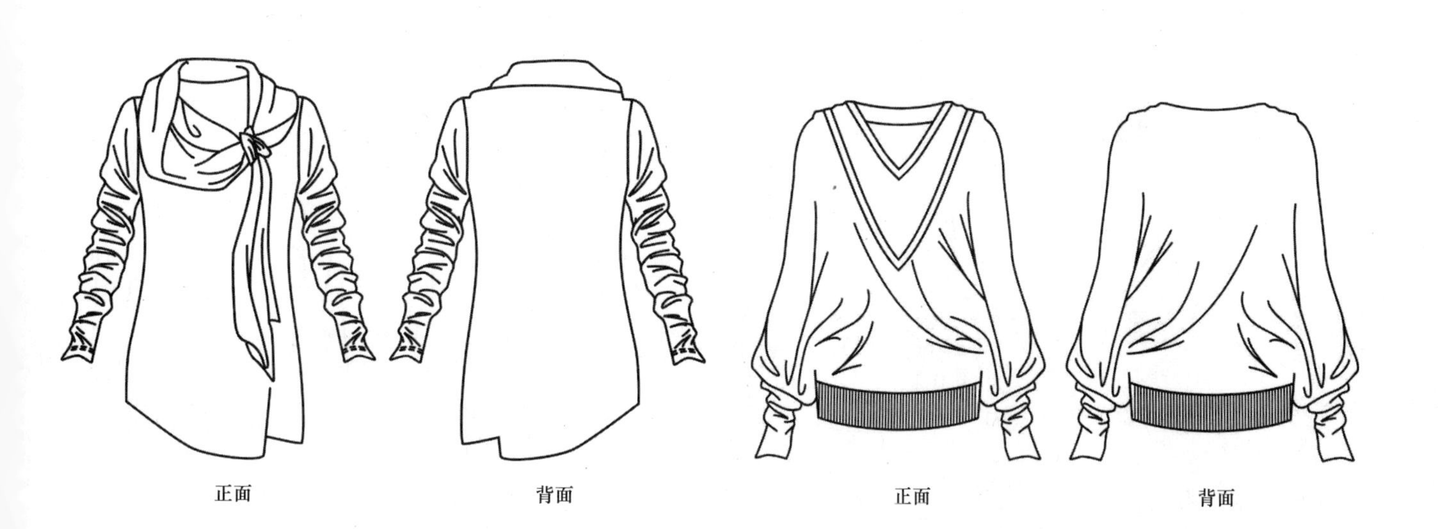
正面
背面
正面
背面

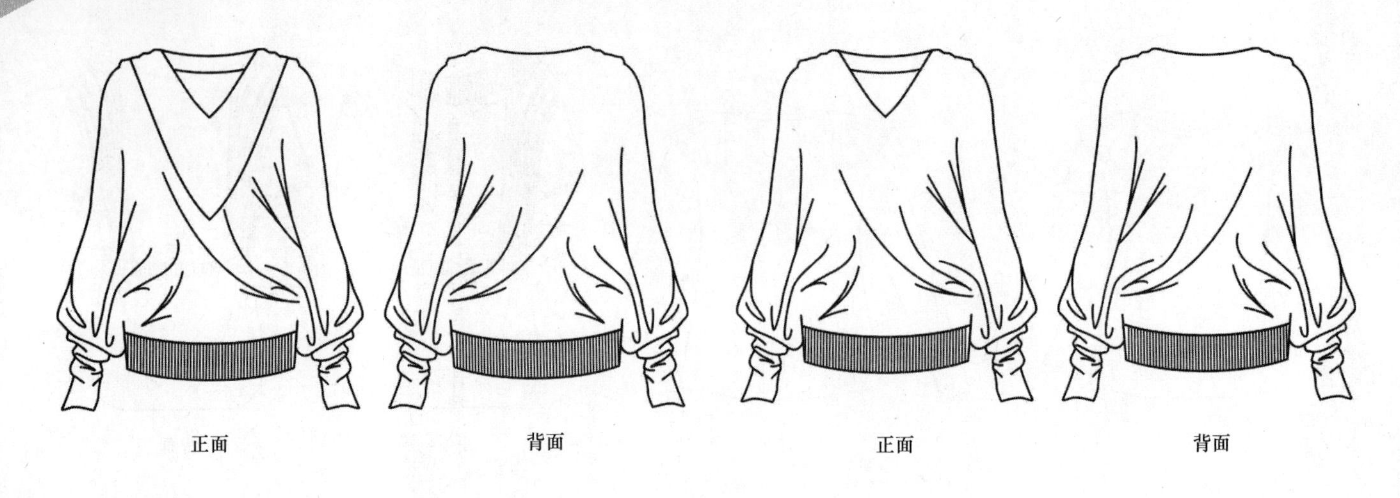

正面　　背面　　正面　　背面

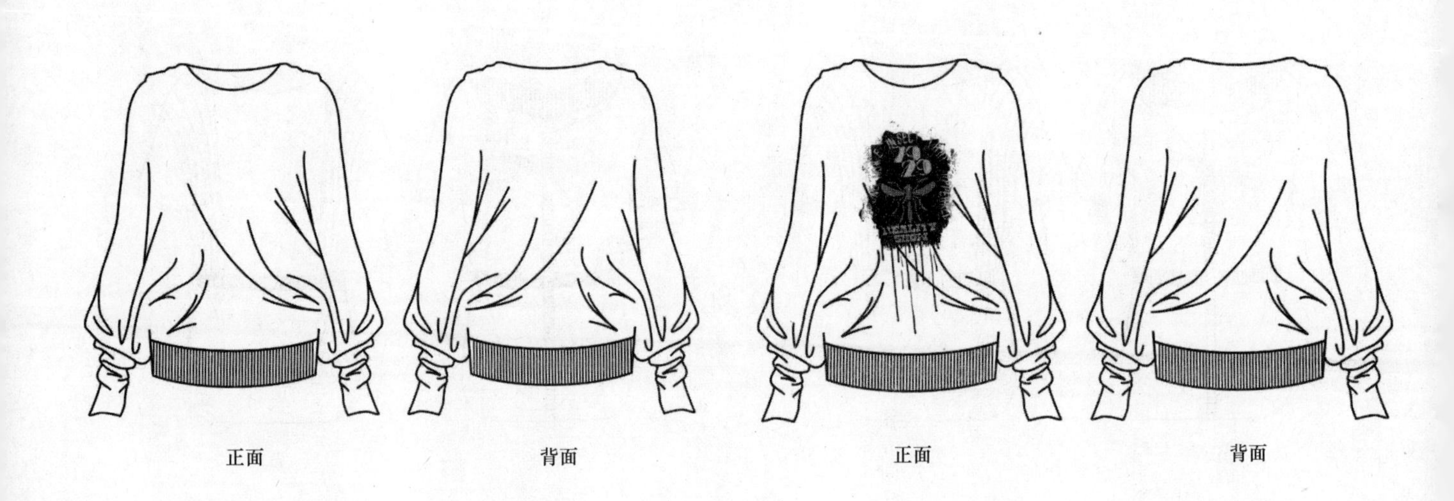

正面　　背面　　正面　　背面

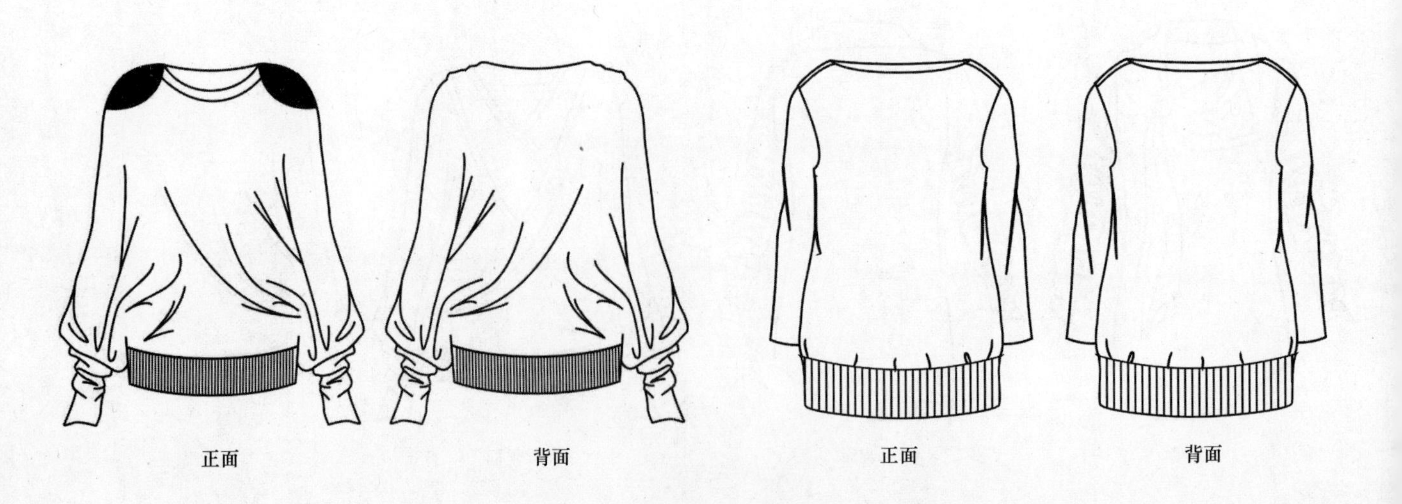

正面　　背面　　正面　　背面

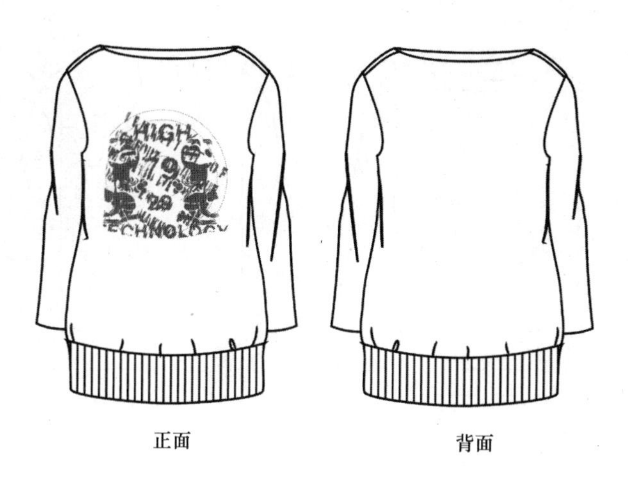

正面　背面

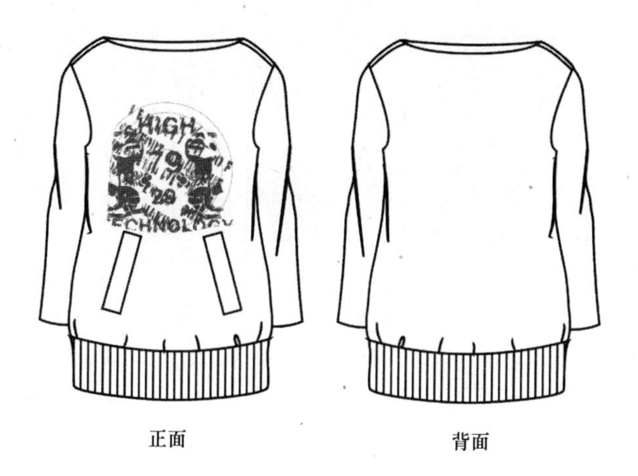

正面　背面

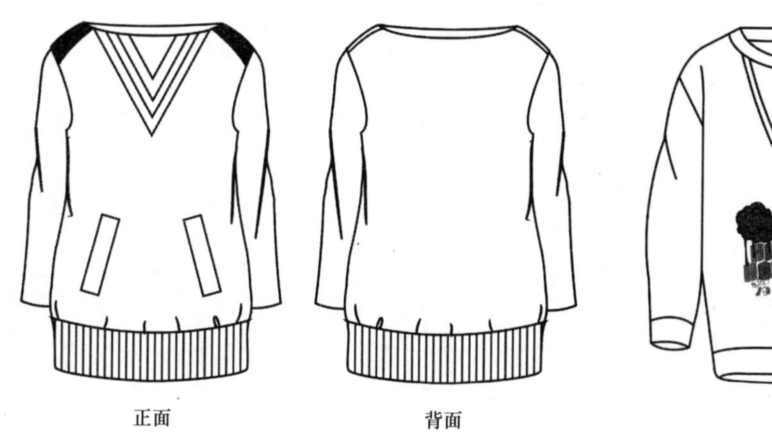

正面　背面

正面　背面

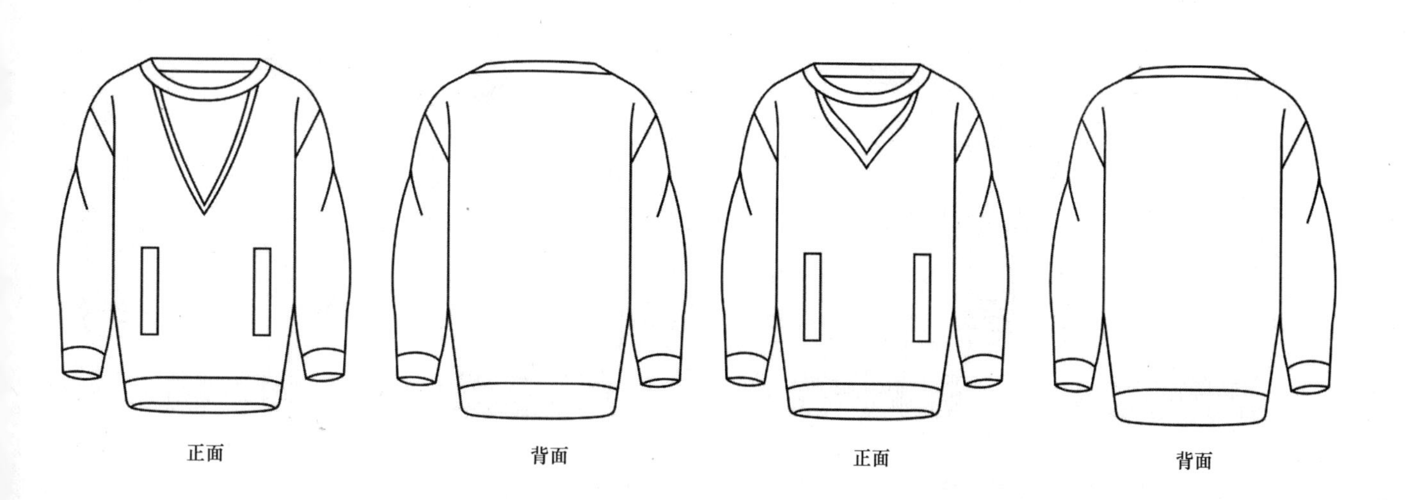

正面　背面　正面　背面

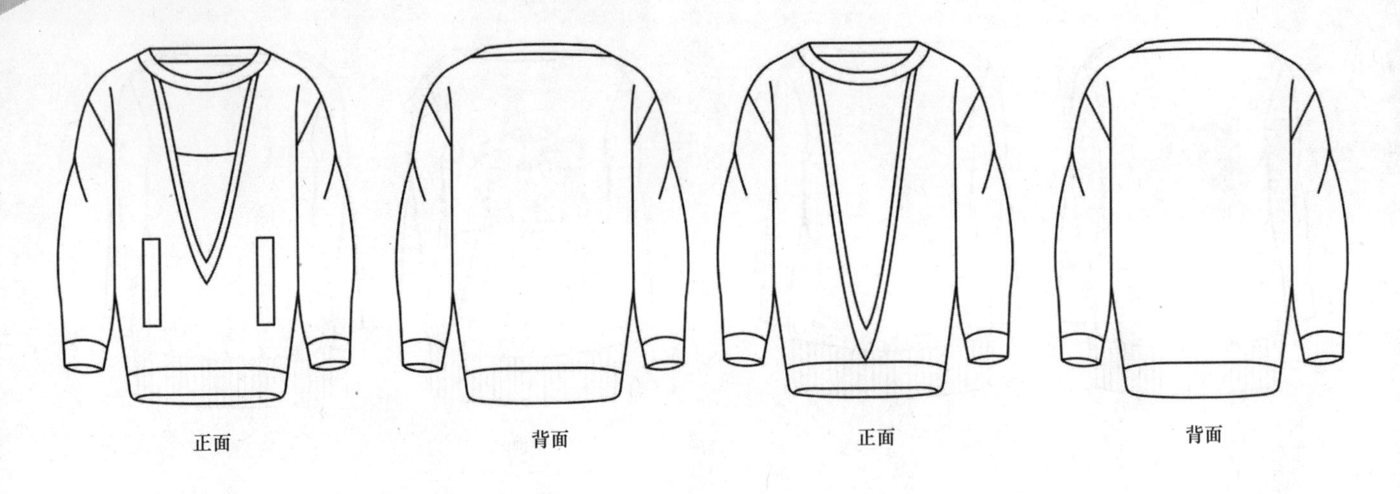
正面
背面
正面
背面

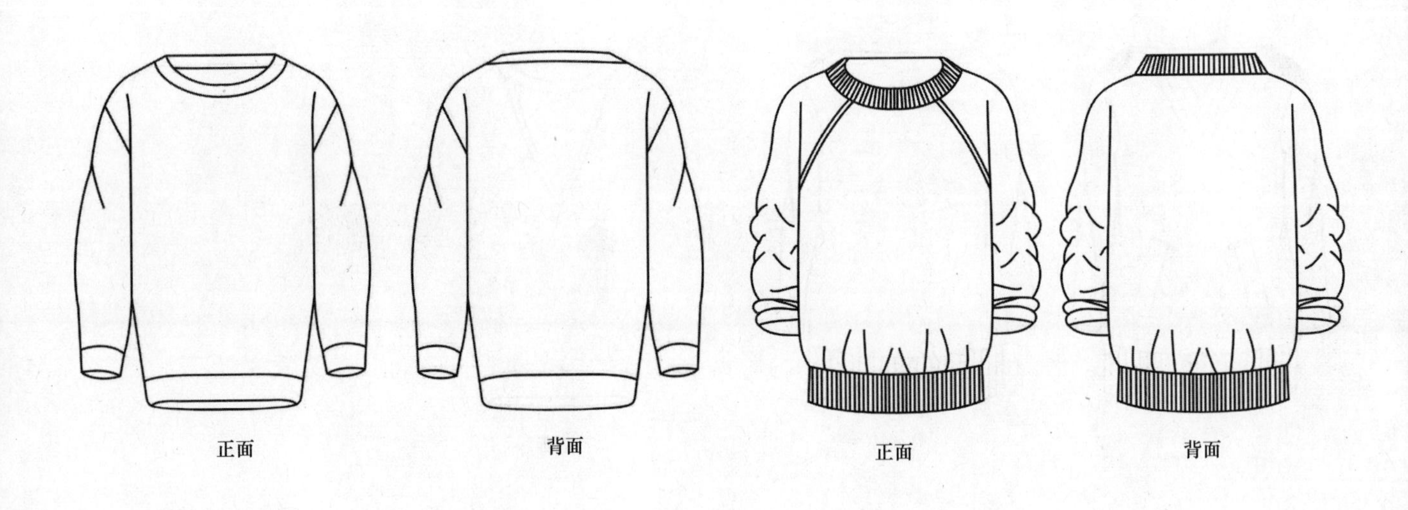
正面
背面
正面
背面

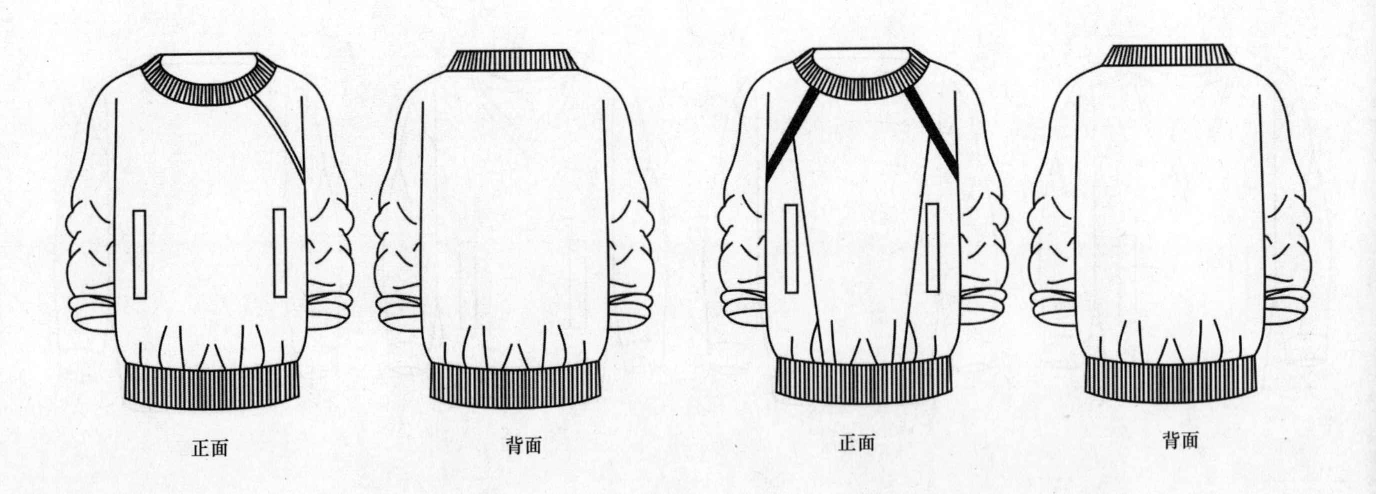
正面
背面
正面
背面

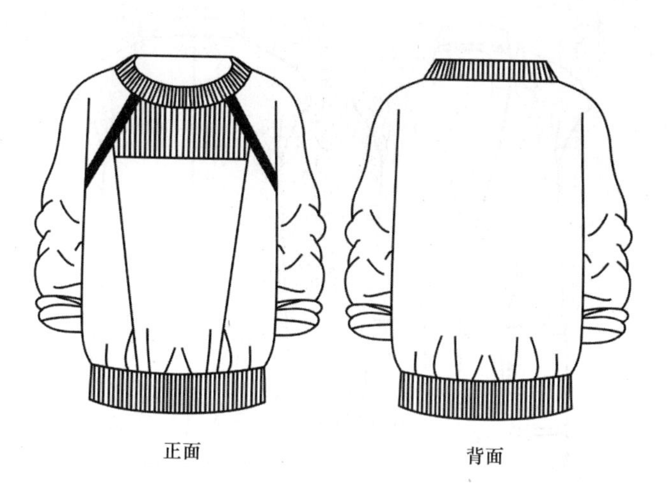

正面　　背面

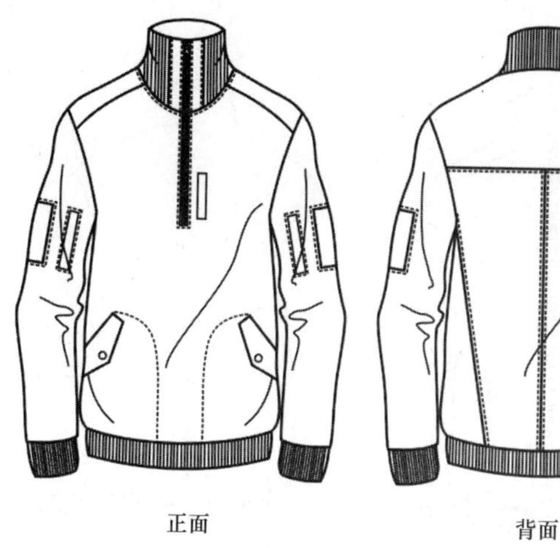

正面　　背面

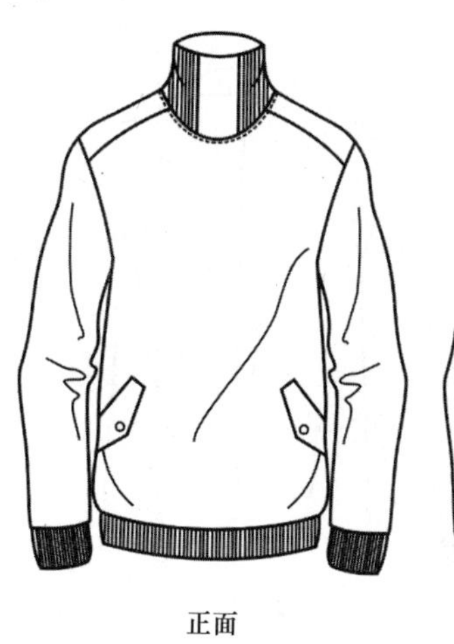

正面

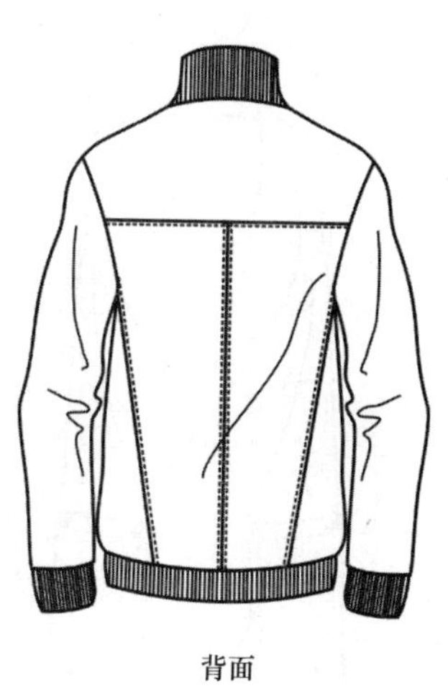

背面

正面

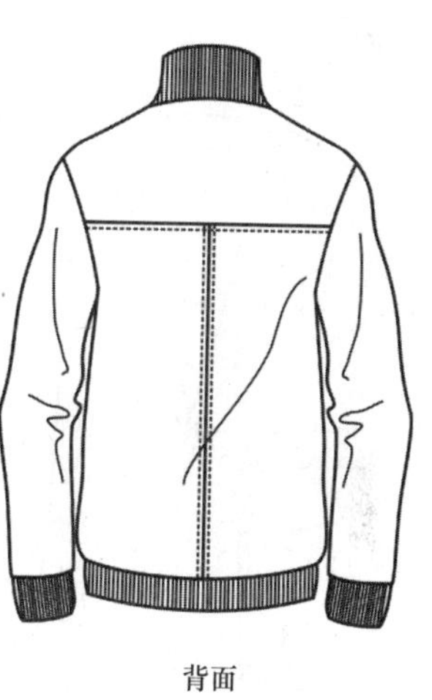

背面

正面

背面

正面

背面

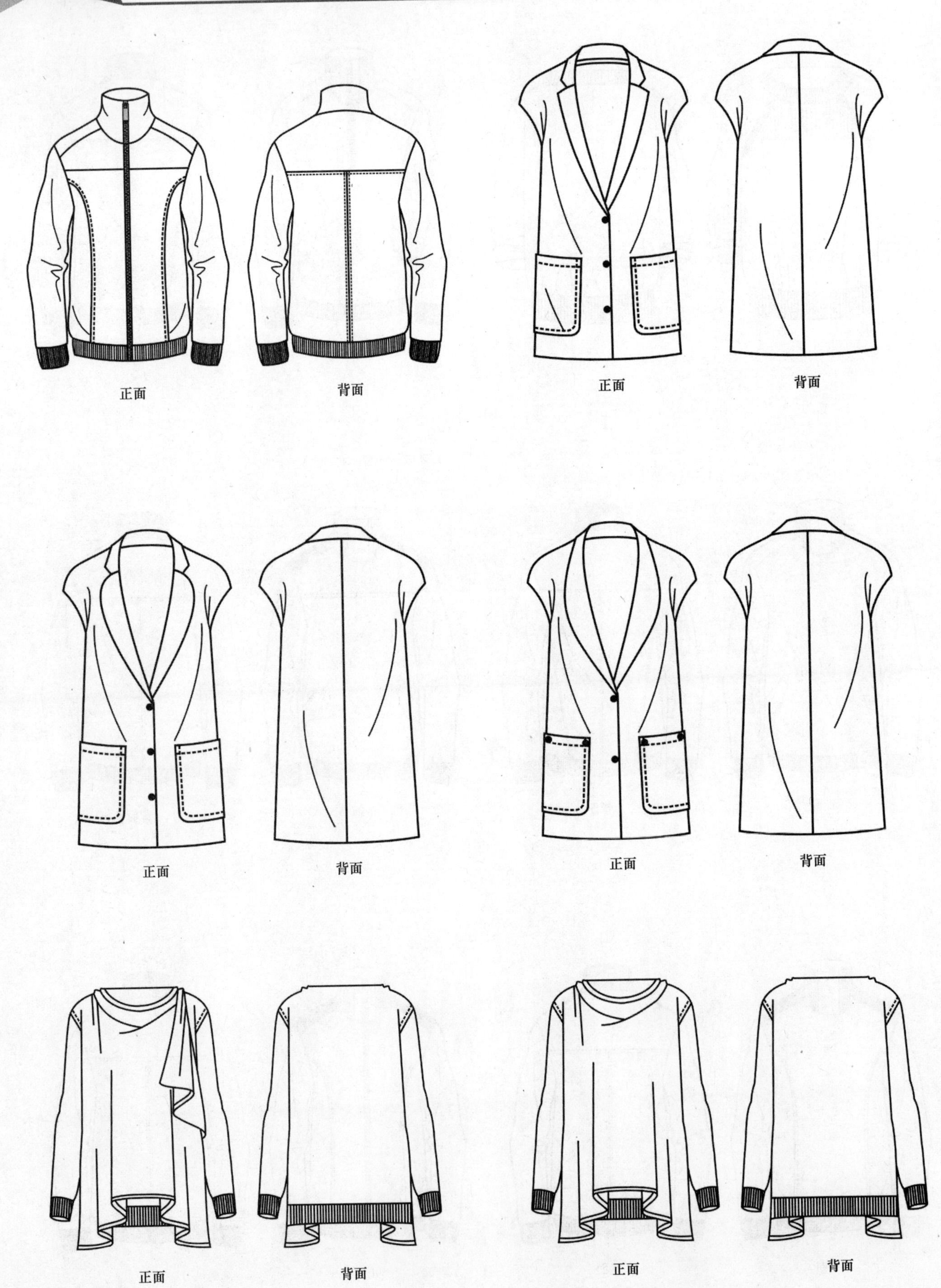
正面
背面
正面
背面
正面
背面
正面
背面
正面
背面
正面
背面

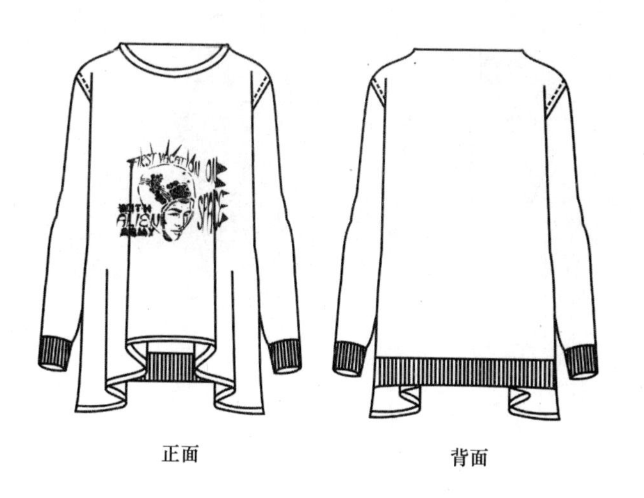

正面　　背面

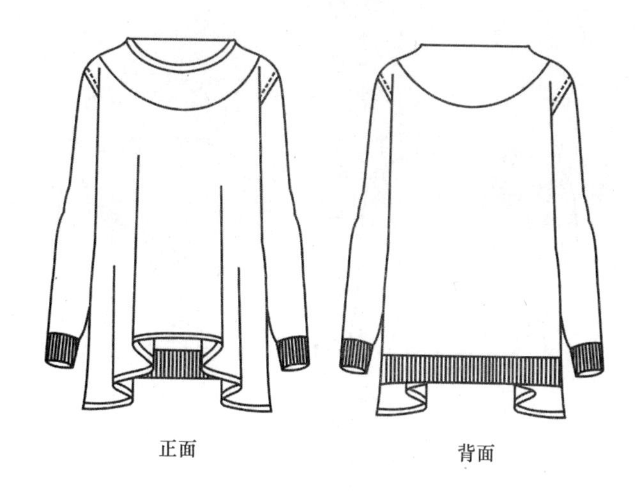

正面　　背面

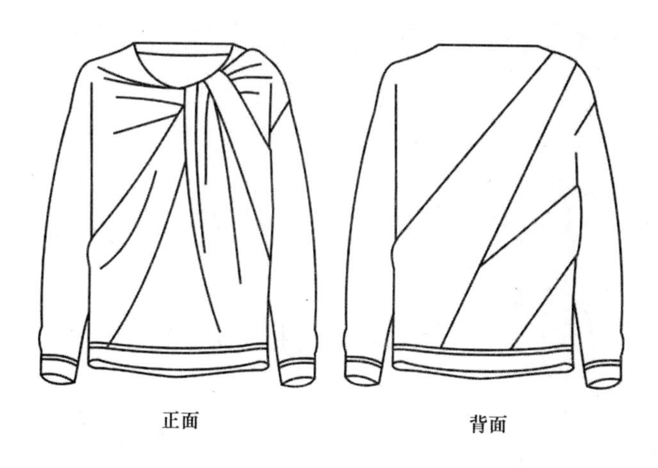

正面　　背面

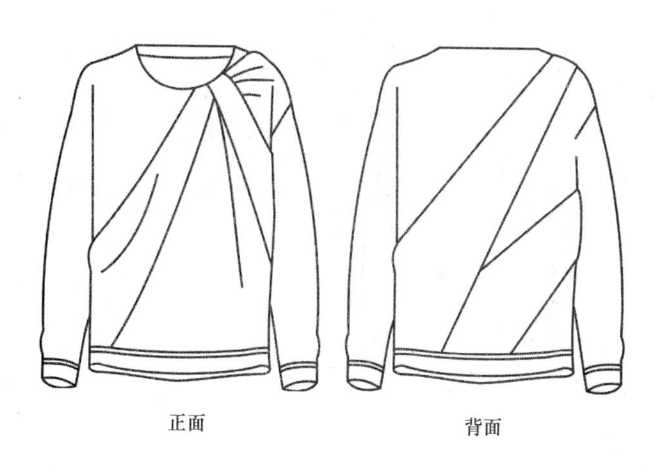

正面　　背面

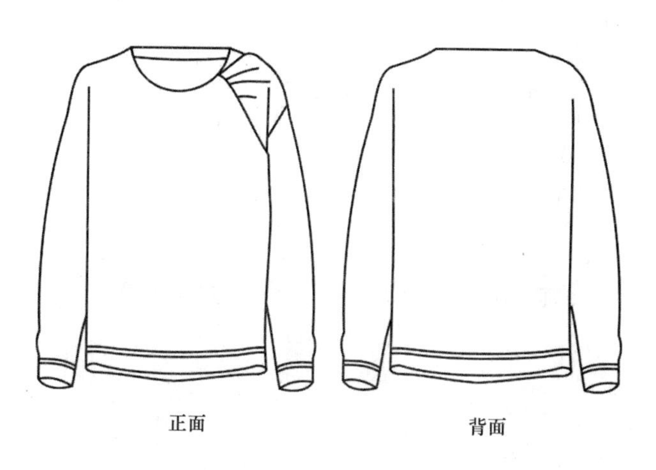

正面　　背面

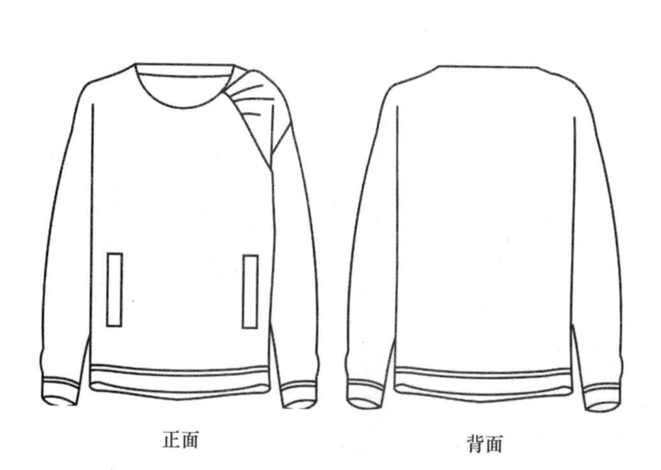

正面　　背面

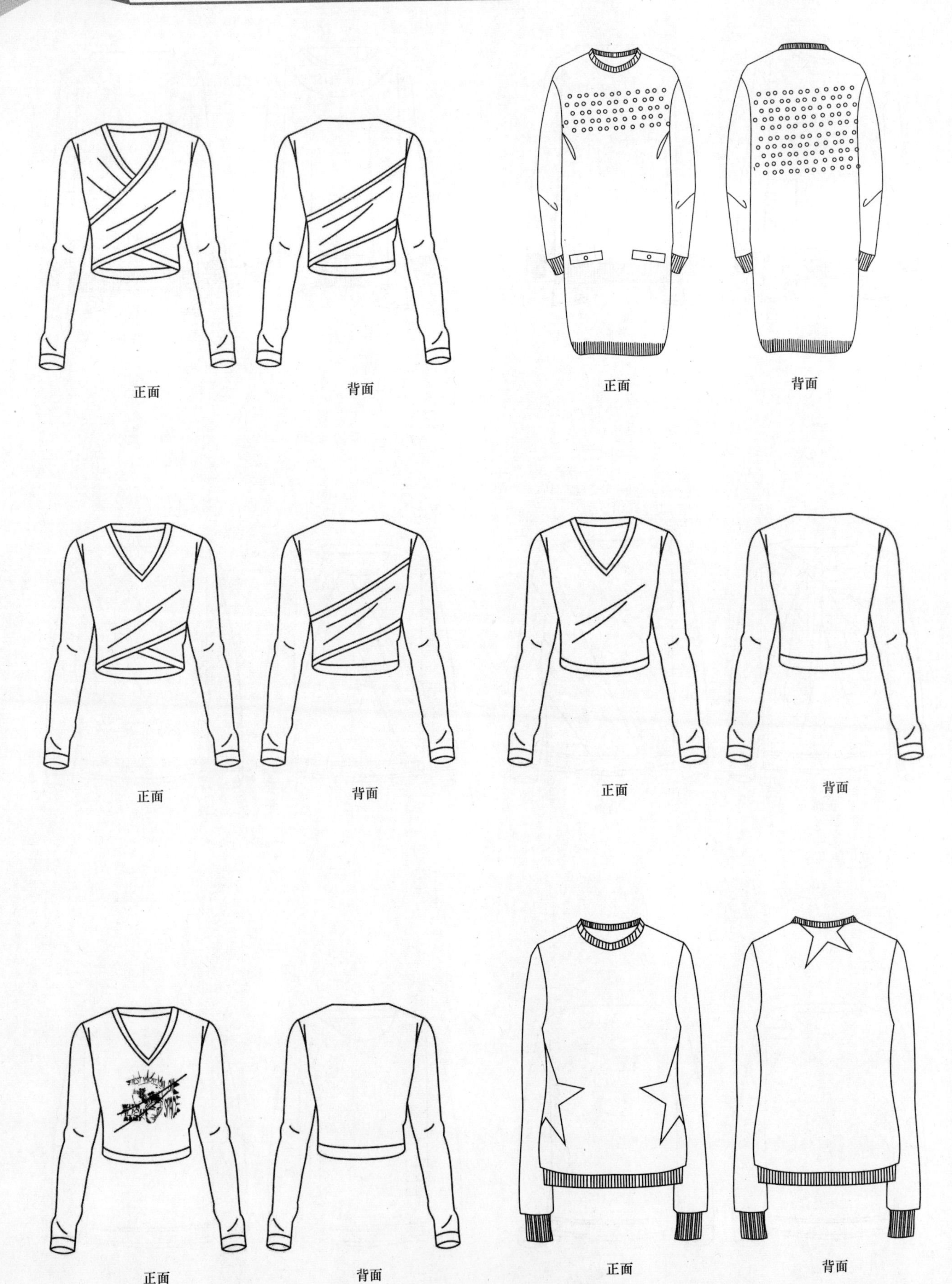
正面
背面
正面
背面
正面
背面
正面
背面
正面
背面
正面
背面

羽绒服

羽绒服指内充羽绒填料的上衣，外形庞大圆润。羽绒服一般鸭绒量占一半以上，同时可以混杂一些细小的羽毛。羽绒服是将鸭绒清洗干净，经高温消毒，之后填充制作而成。

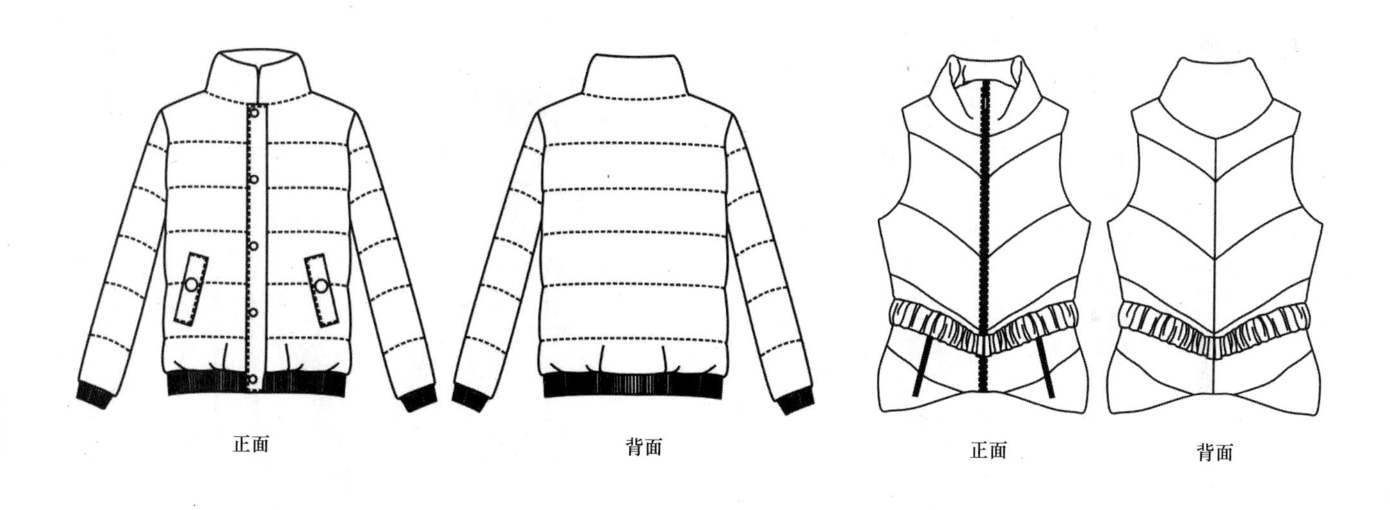

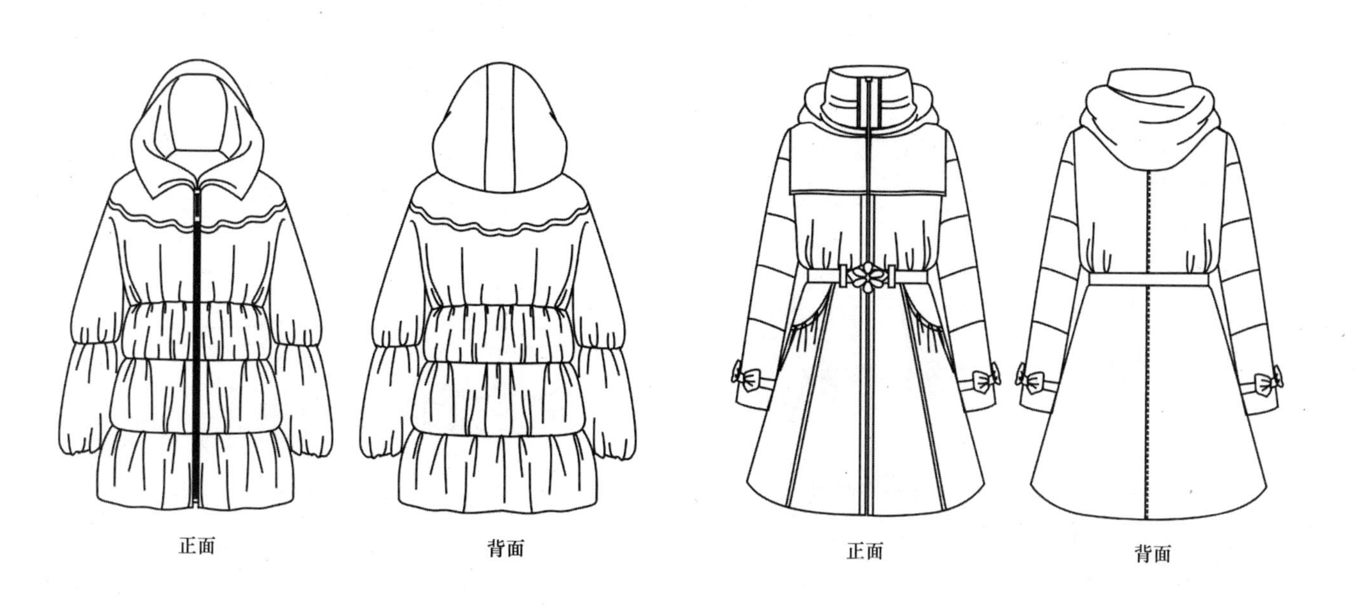

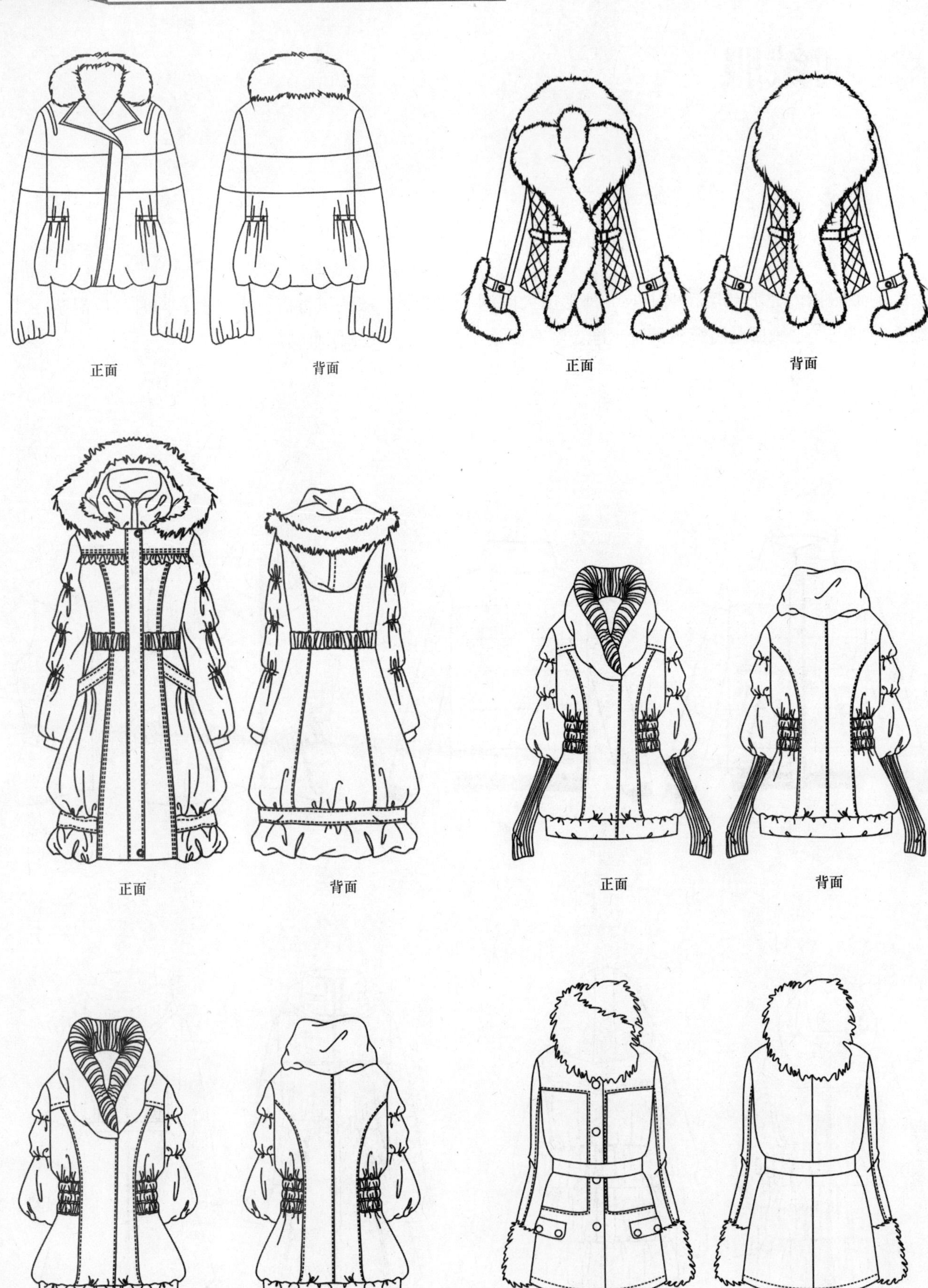
正面
背面
正面
背面
正面
背面
正面
背面
正面
背面
正面
背面

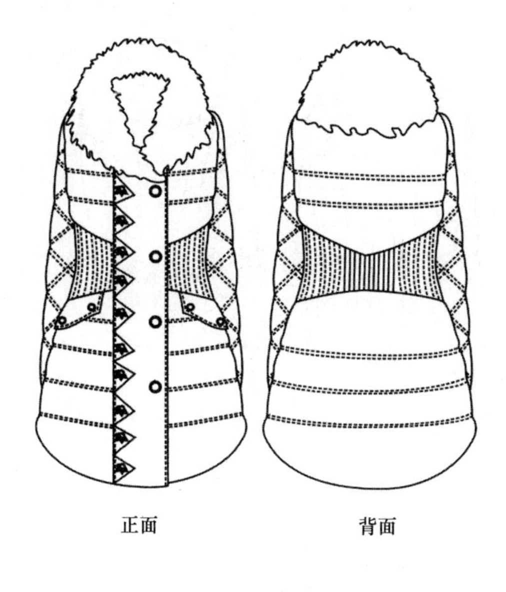

正面　背面

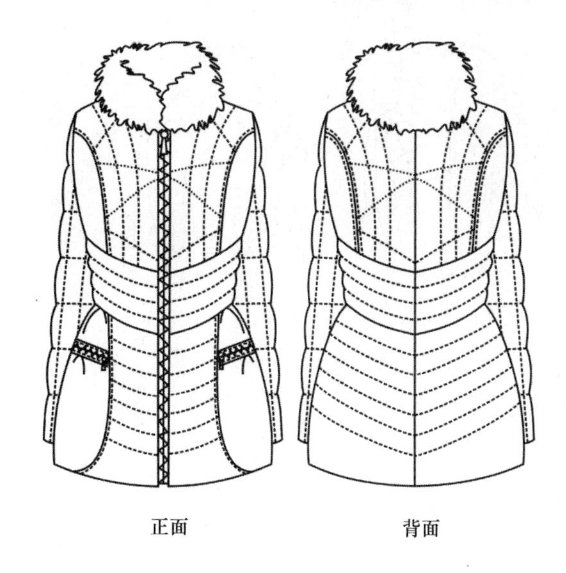

正面　背面

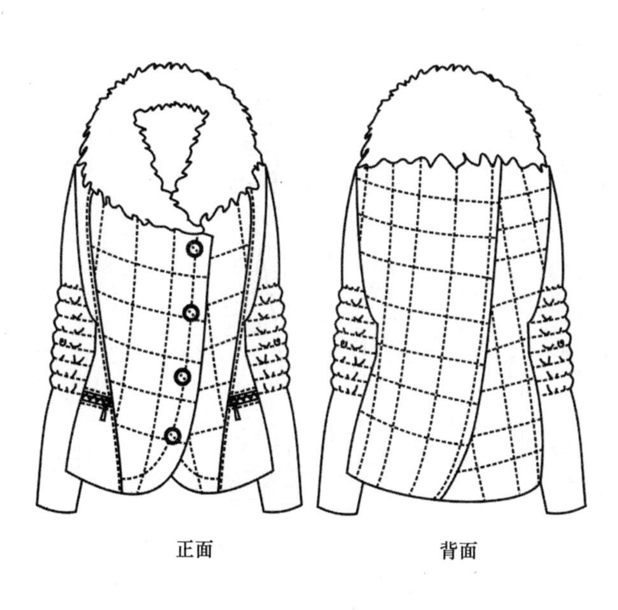

正面　背面

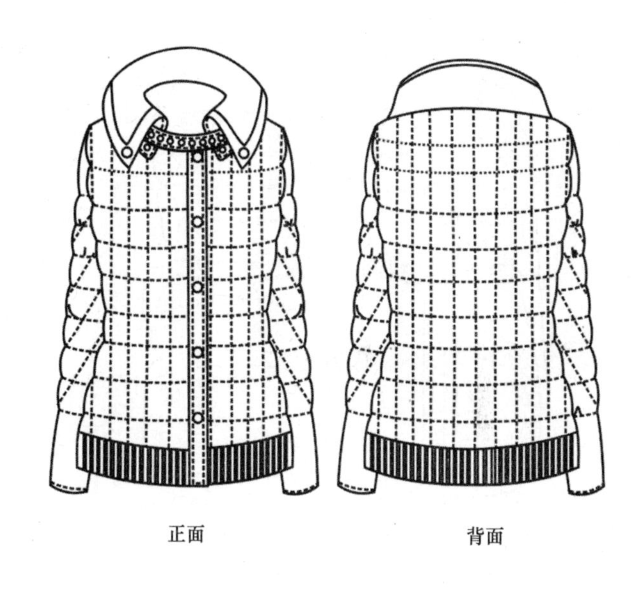

正面　背面

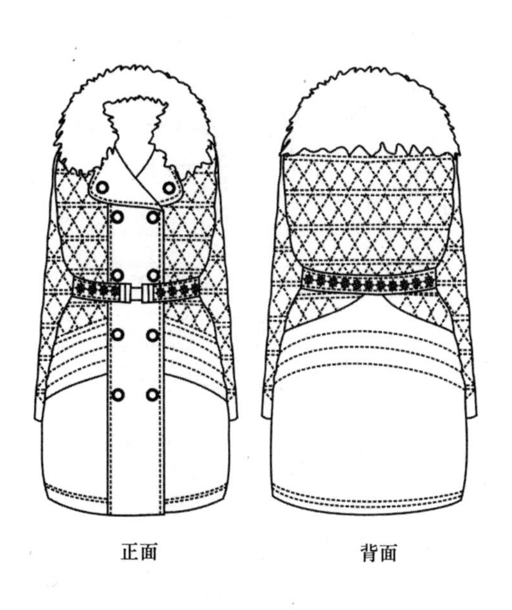

正面　背面

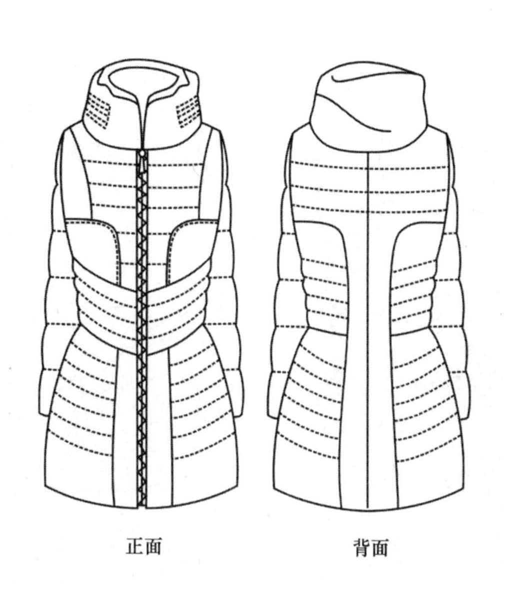

正面　背面

正面
背面
正面
背面
正面
背面
正面
背面
正面
背面
正面
背面

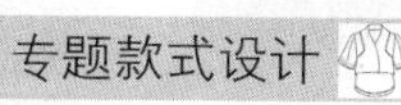

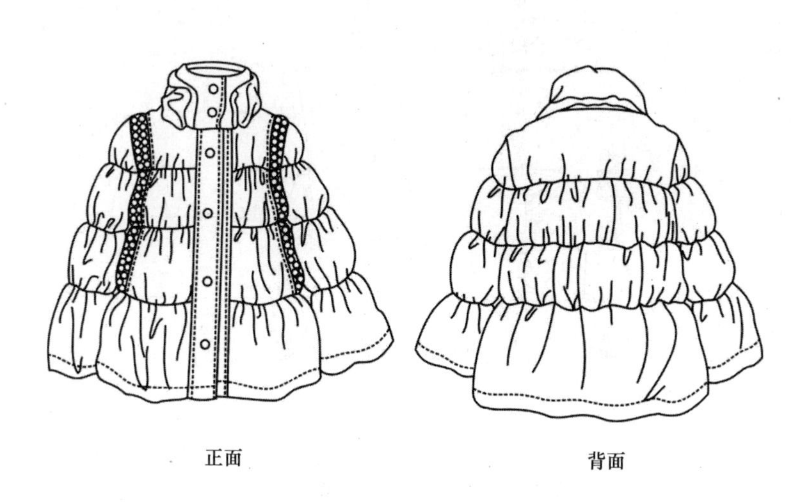
正面　　背面

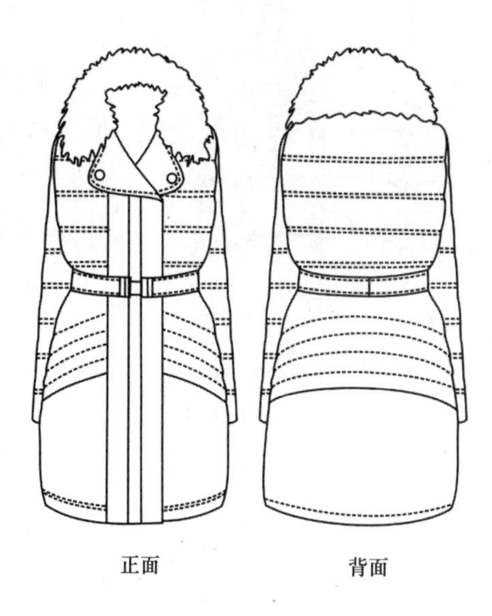
正面　　背面

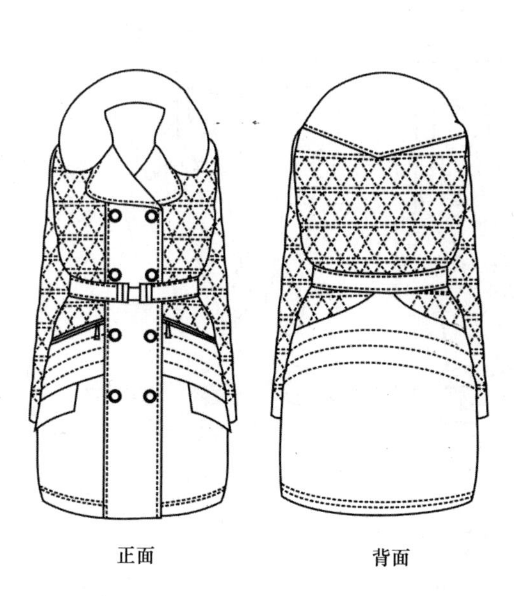
正面　　背面

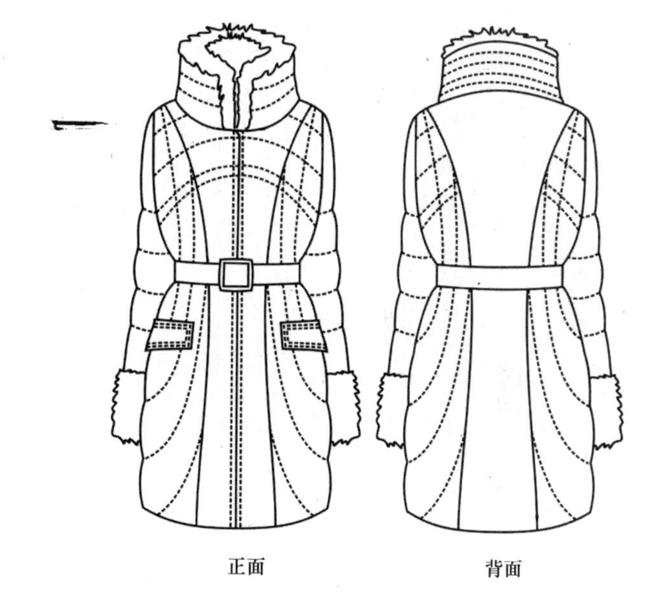
正面　　背面

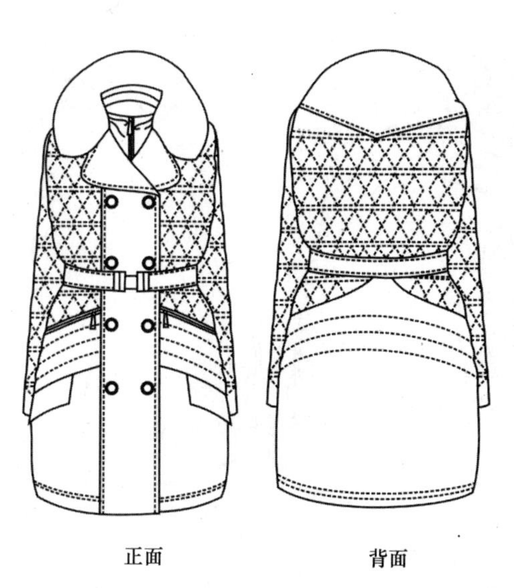
正面　　背面

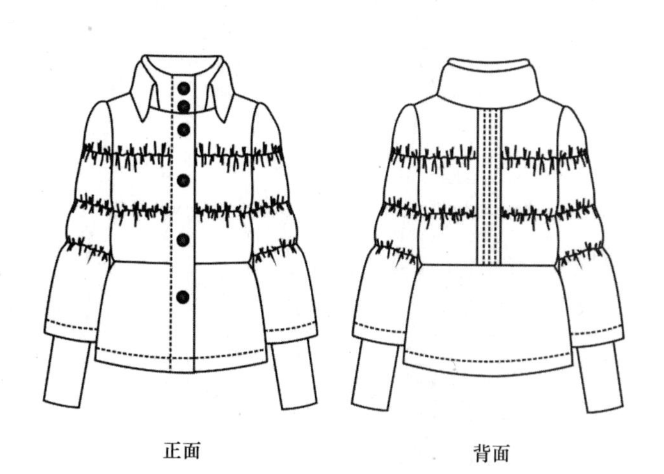
正面　　背面

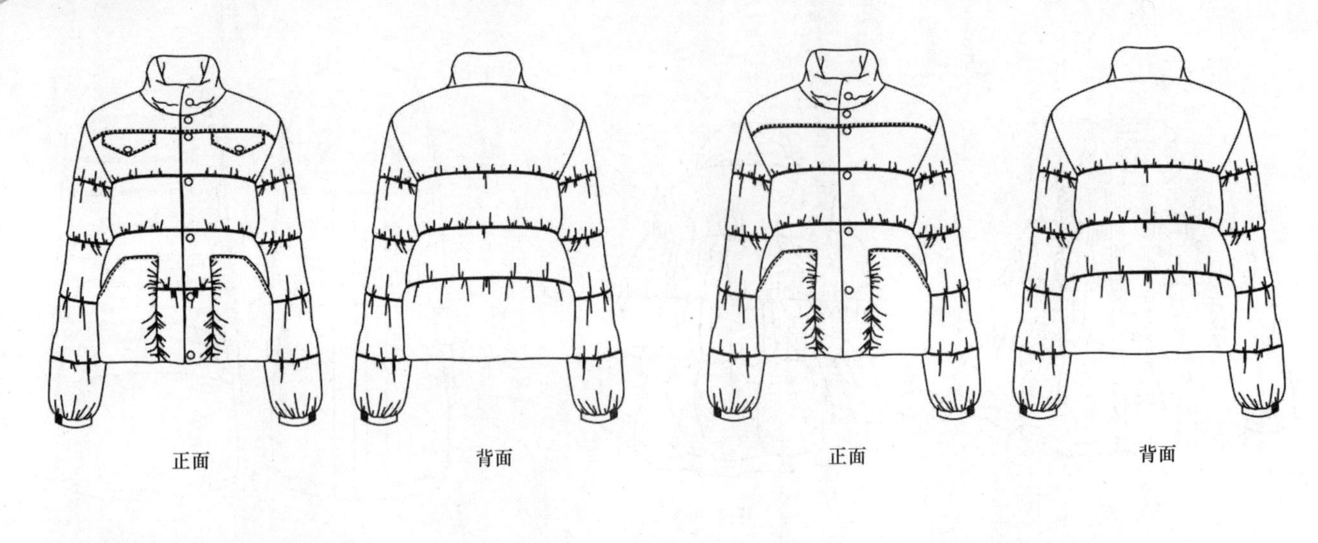
正面
背面
正面
背面

正面
背面

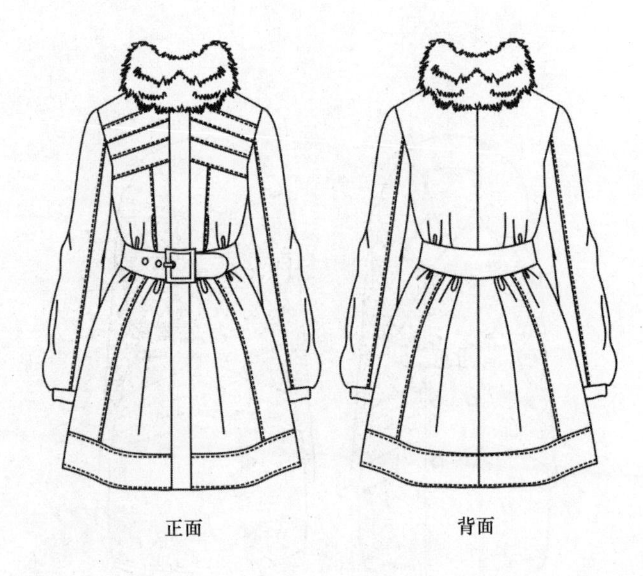
正面
背面

正面
背面

正面
背面

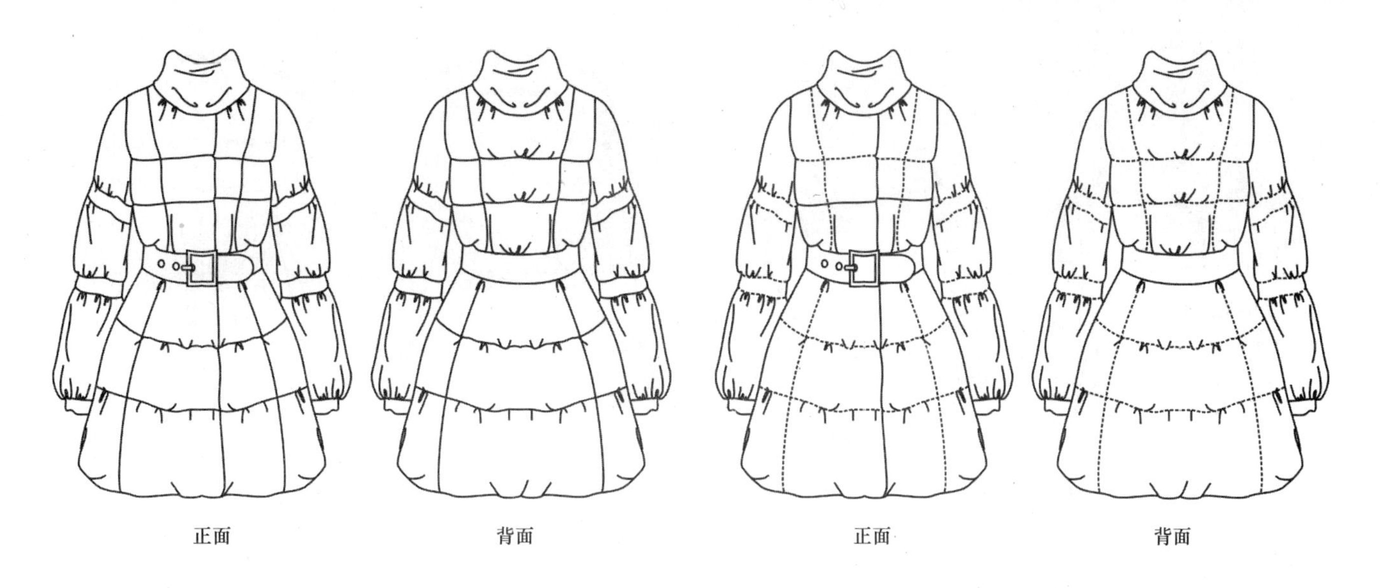

正面
背面
正面
背面

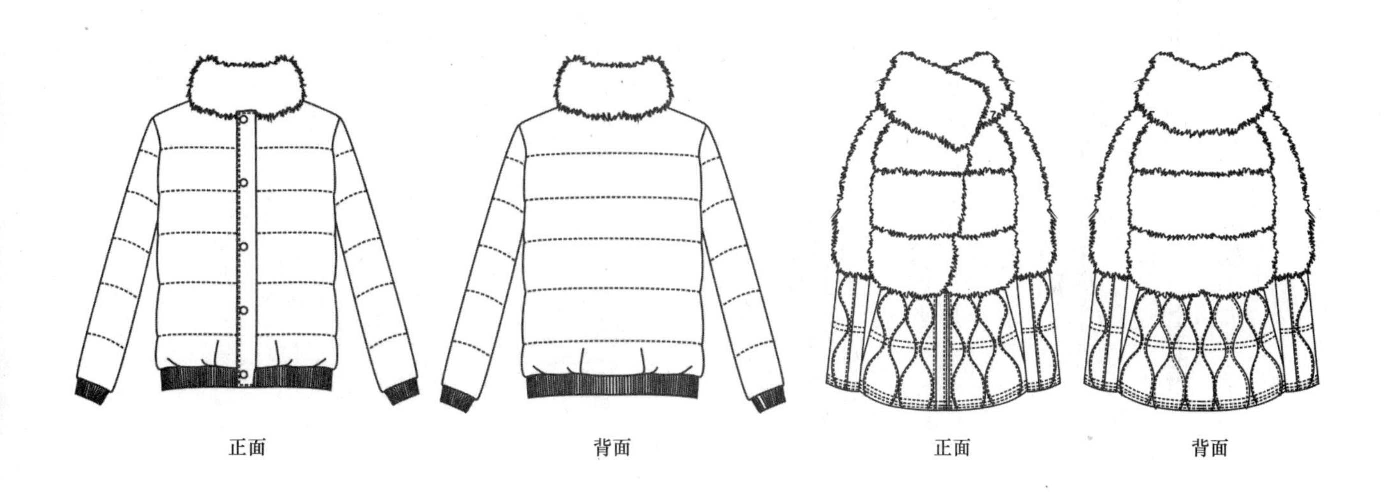

正面
背面
正面
背面

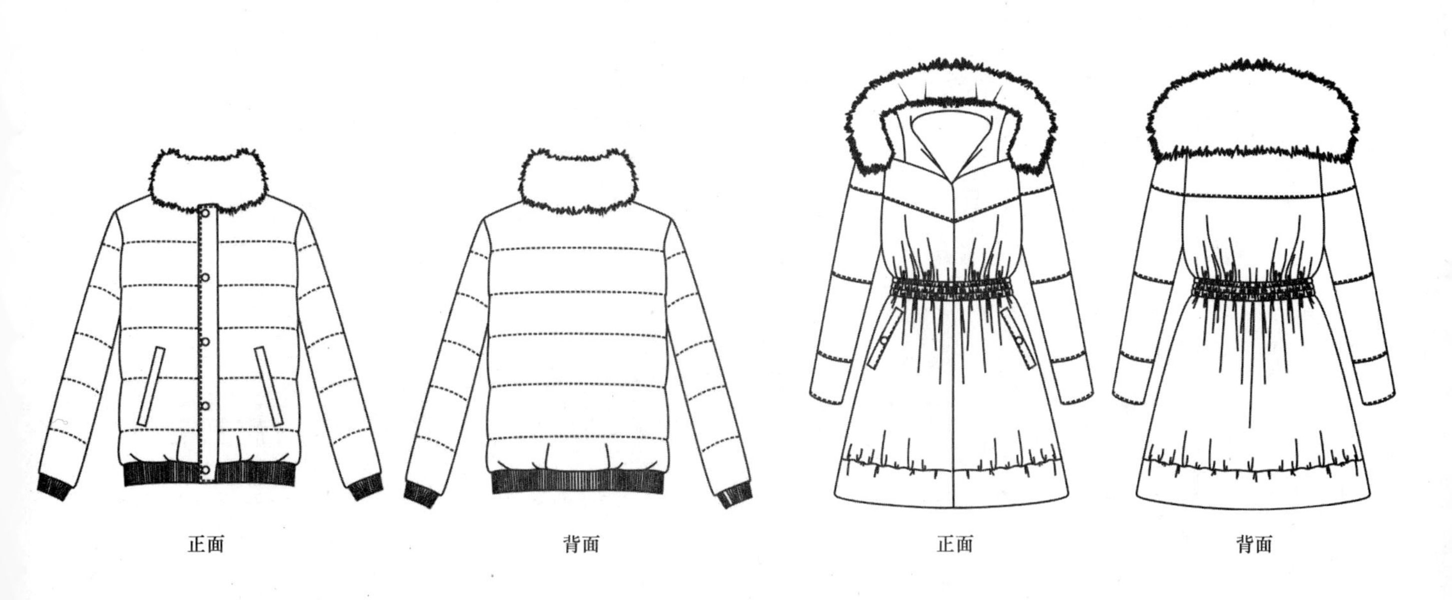

正面
背面
正面
背面

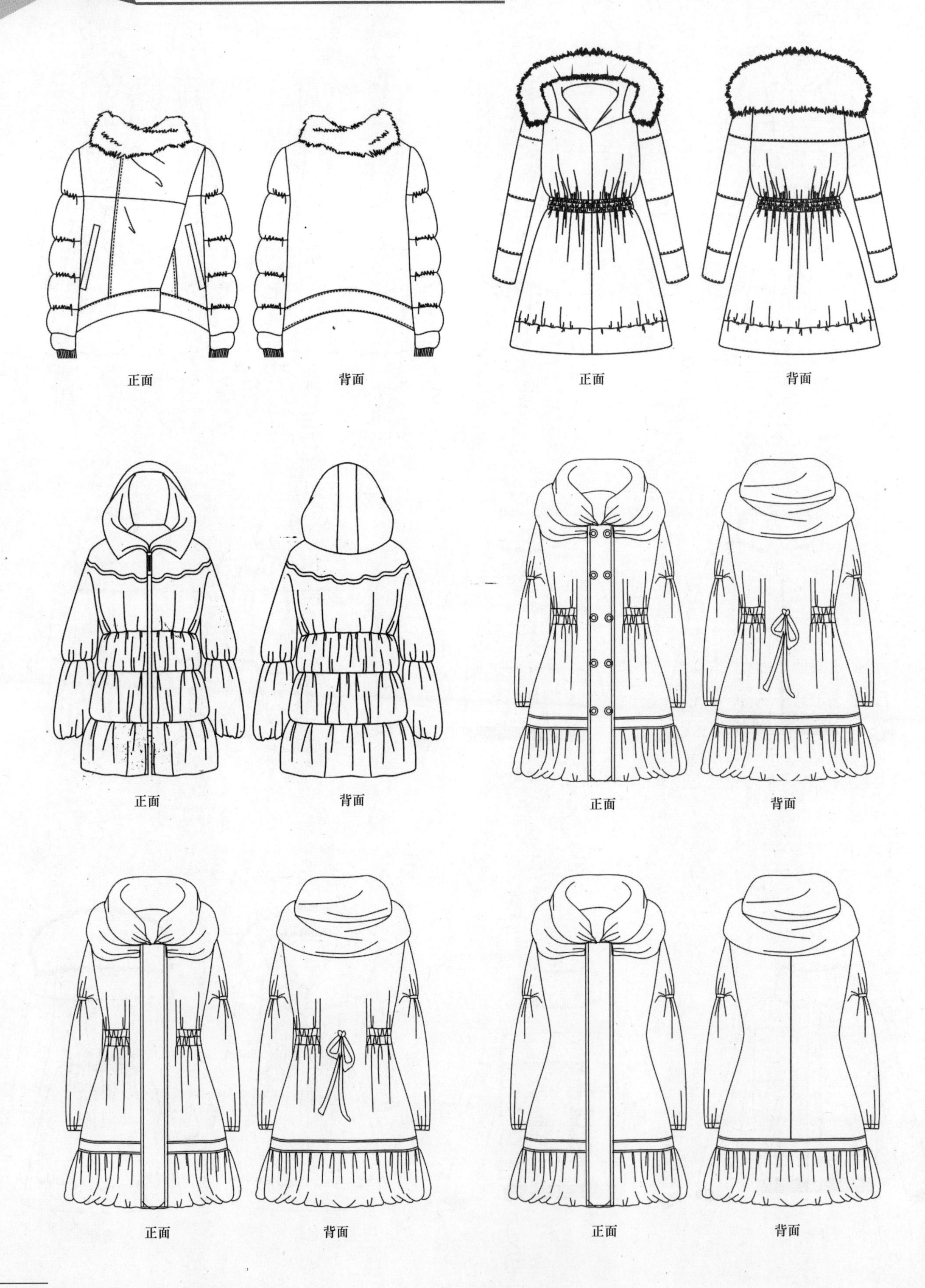
正面
背面
正面
背面
正面
背面
正面
背面
正面
背面
正面
背面

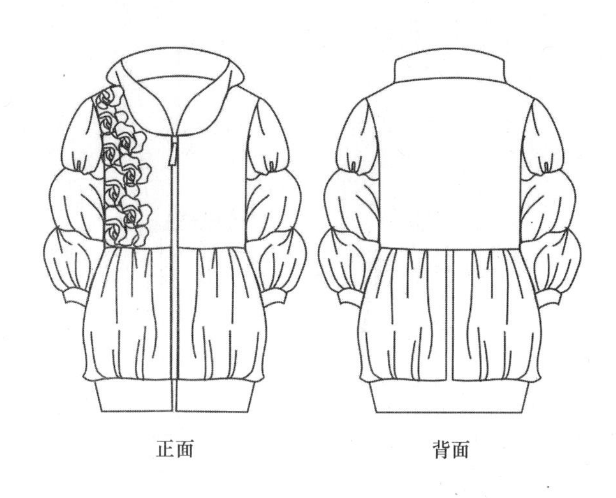

正面　背面

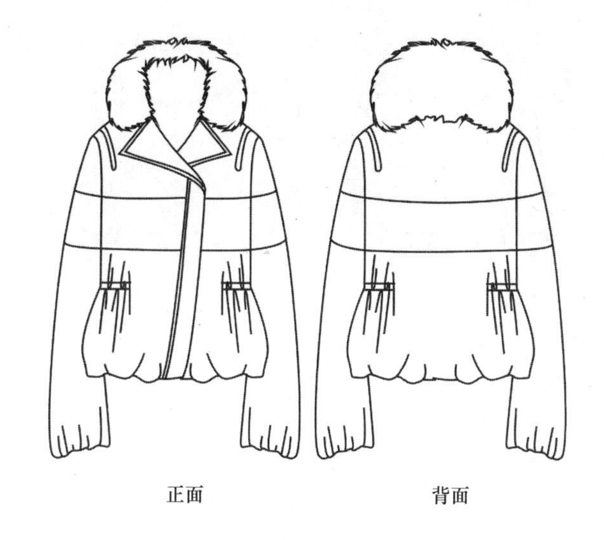

正面　背面

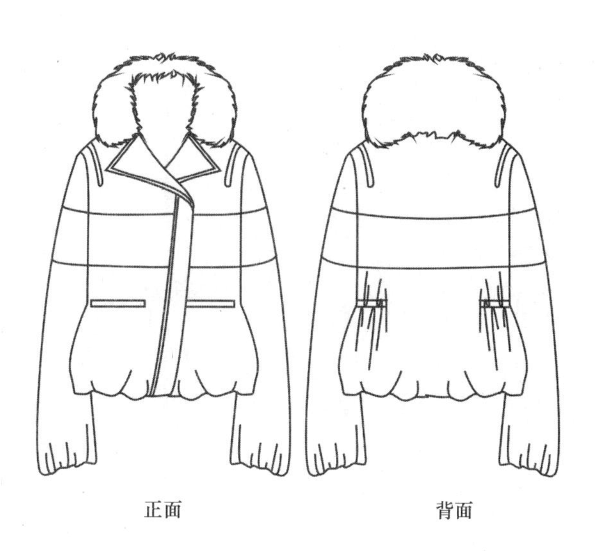

正面　背面

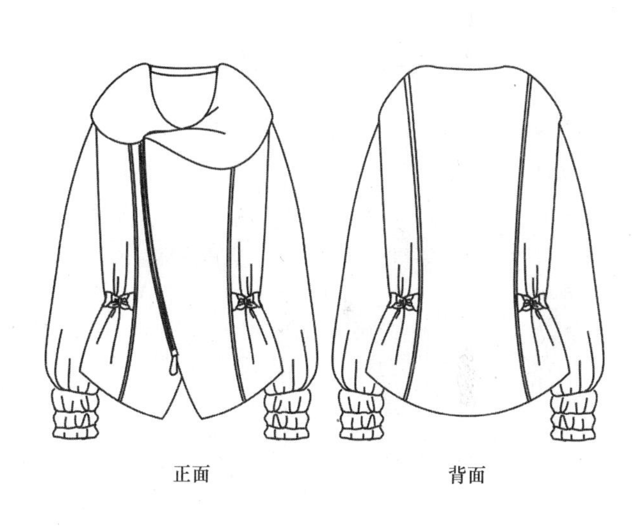

正面　背面

正面　背面

正面　背面

正面
背面
正面
背面
正面
背面
正面
背面
正面
背面
正面
背面

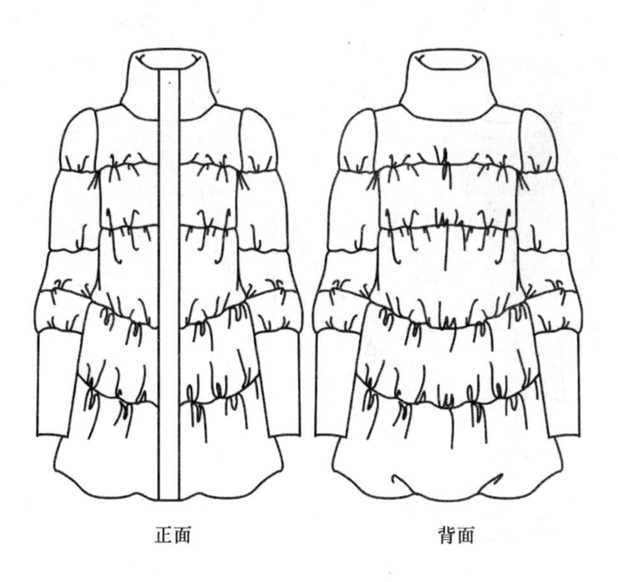

正面　　背面

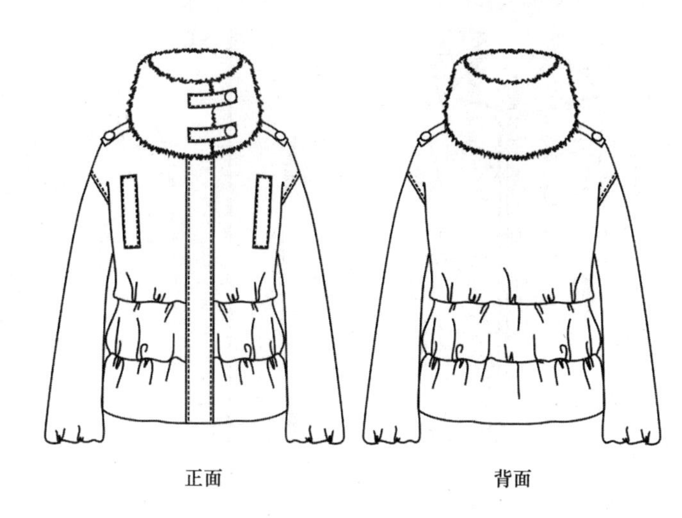

正面　　背面

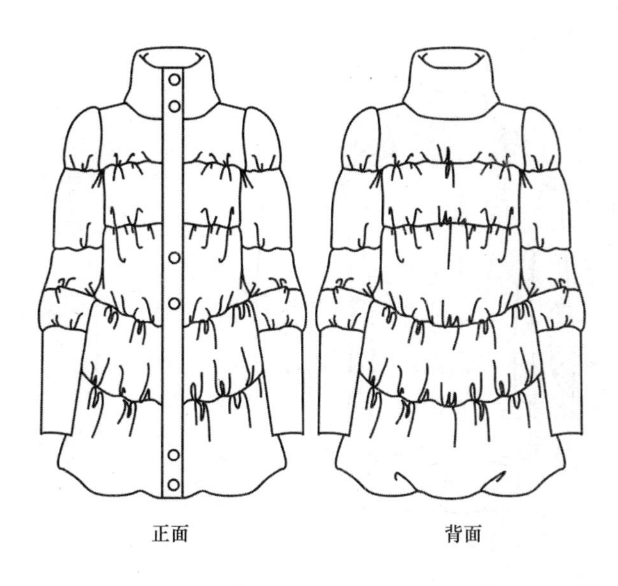

正面　　背面

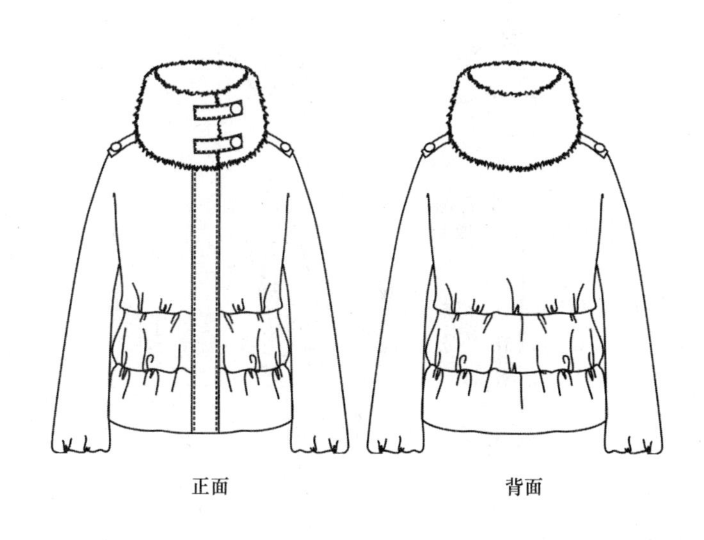

正面　　背面

正面　　背面

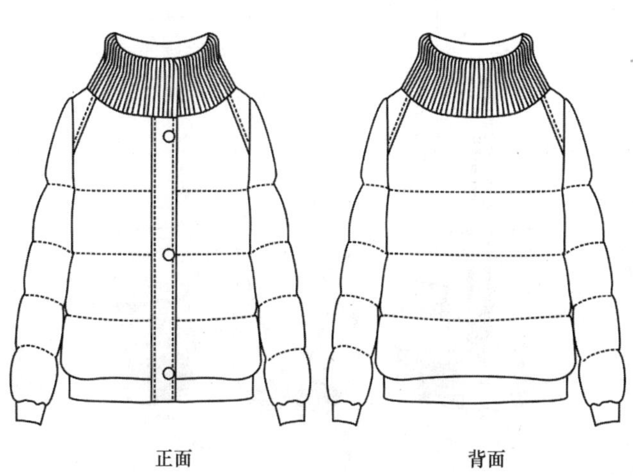

正面　　背面

正面
背面
正面
背面

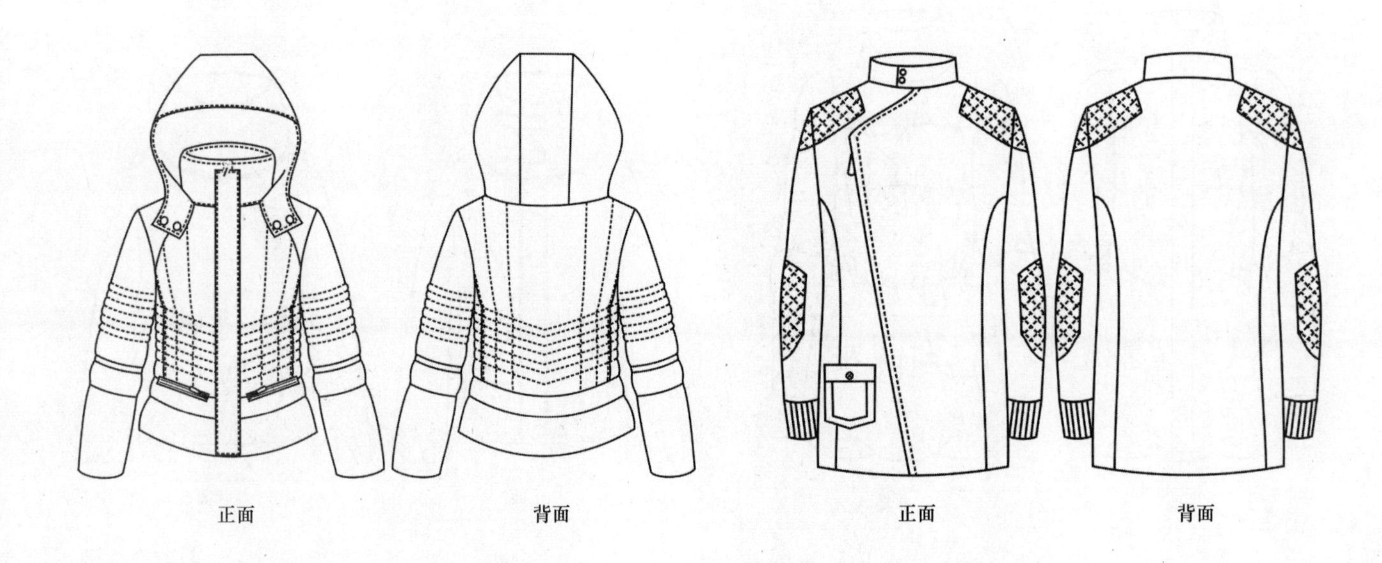
正面
背面
正面
背面

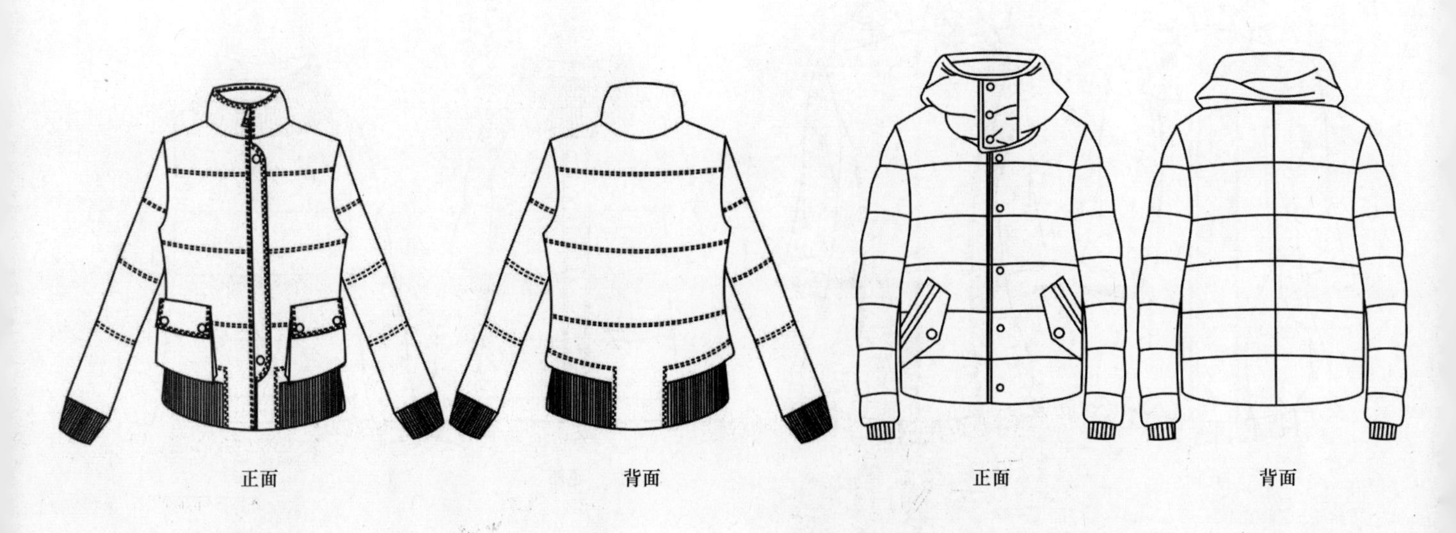
正面
背面
正面
背面

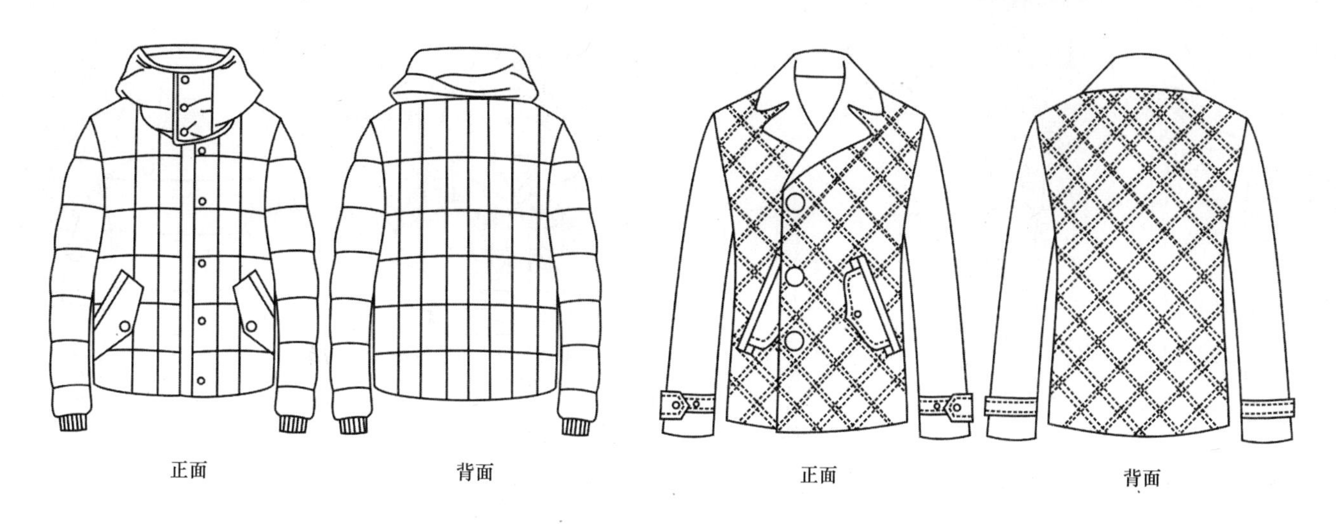

正面 背面 正面 背面

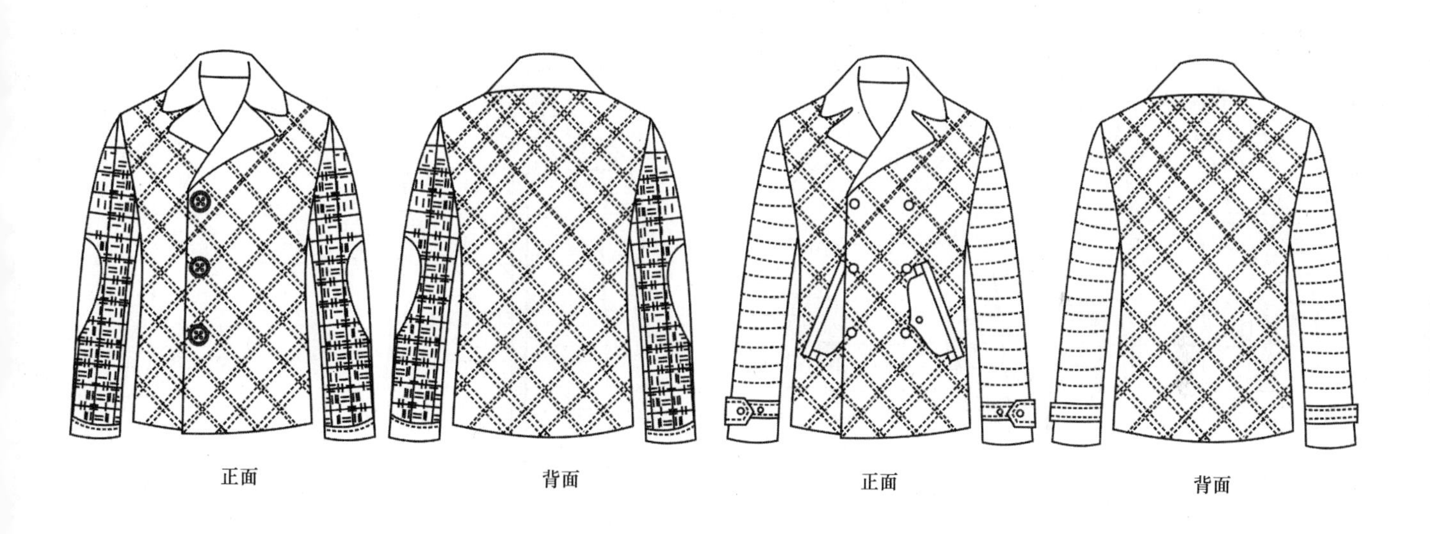

正面 背面 正面 背面

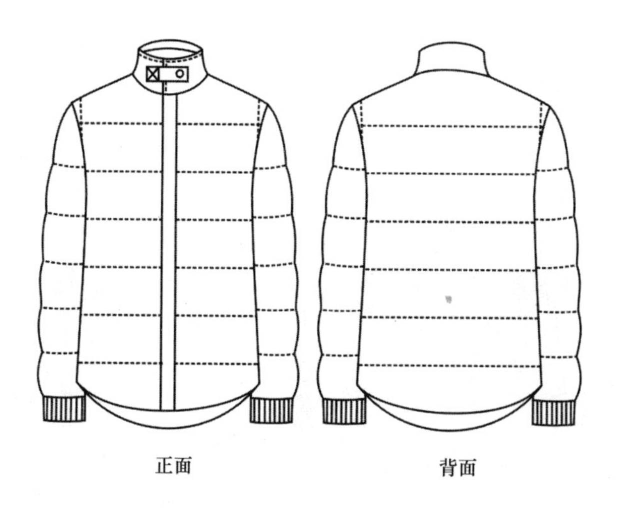

正面 背面

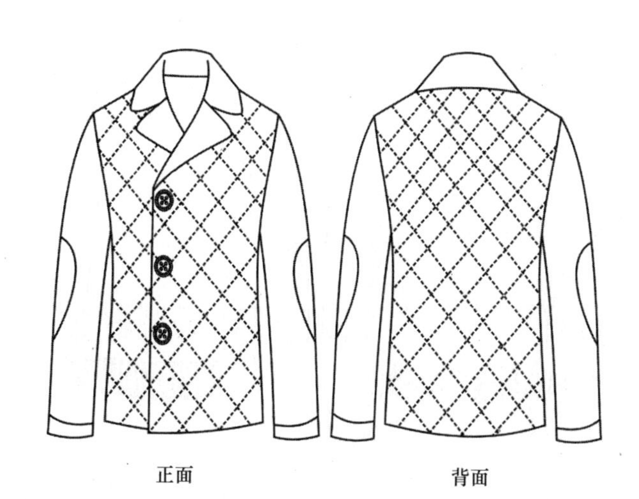

正面 背面

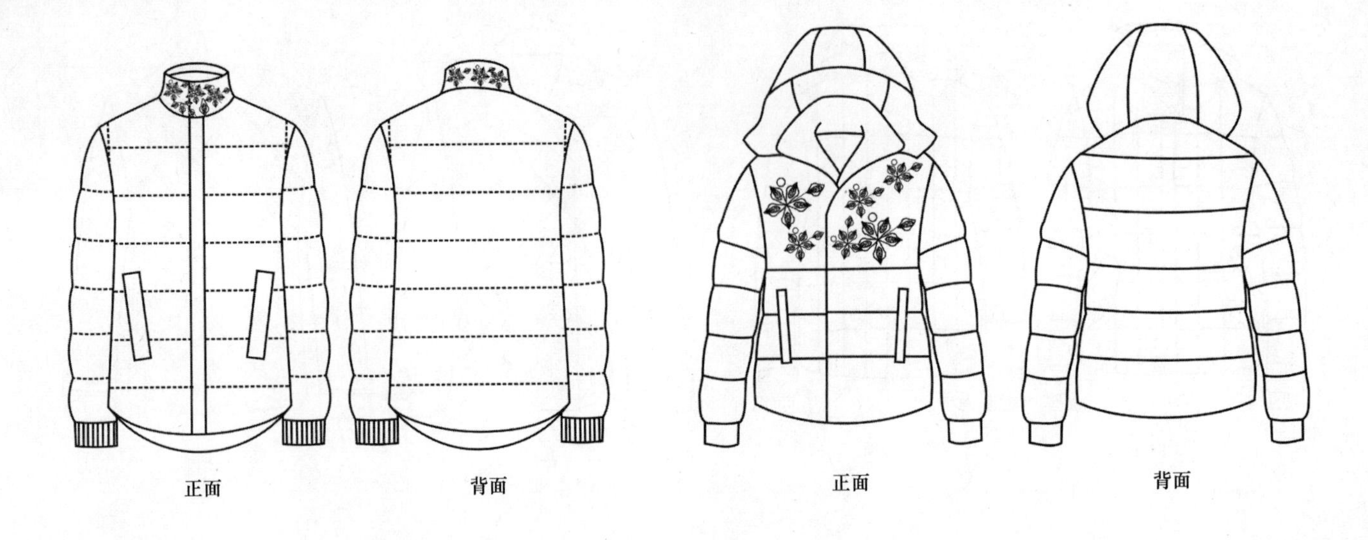

正面　　背面　　正面　　背面

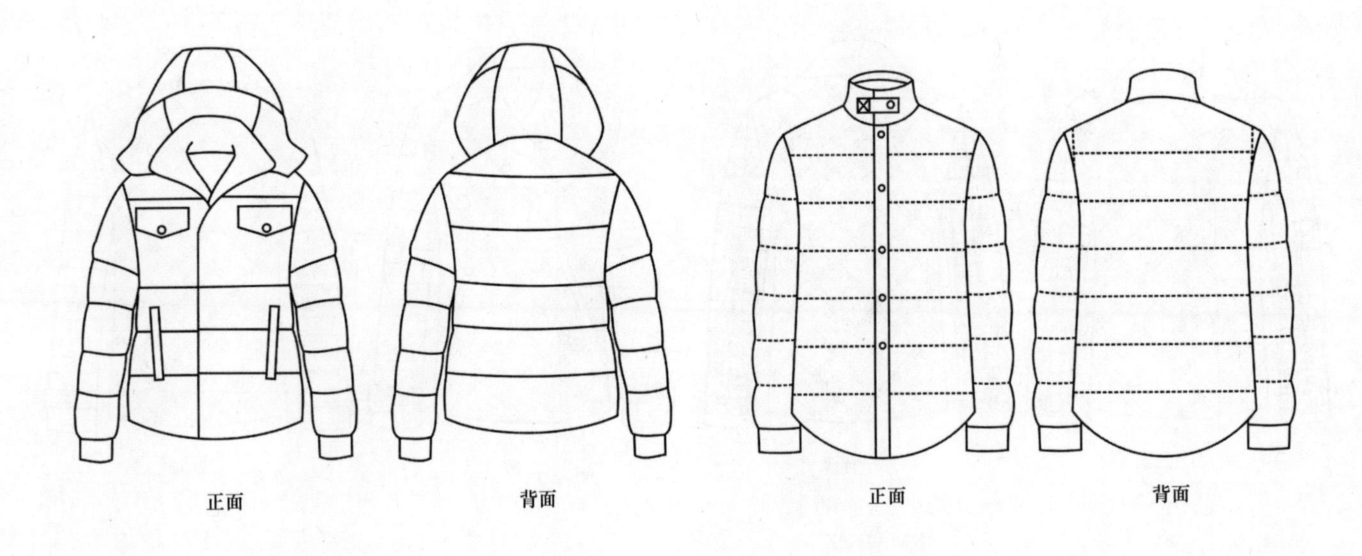

正面　　背面　　正面　　背面

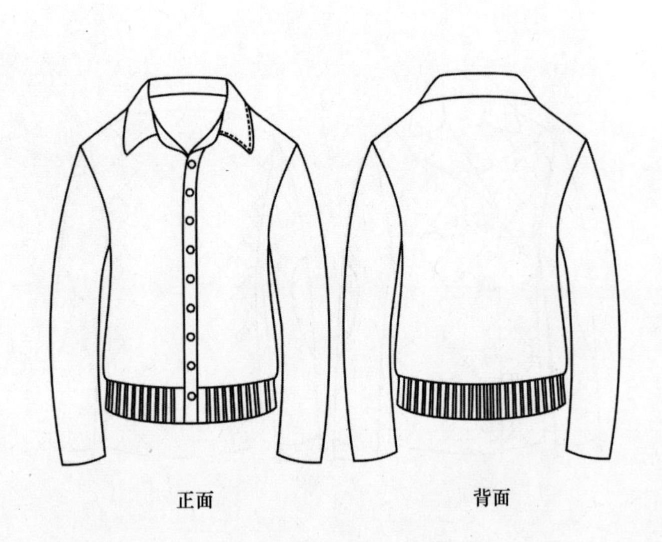

正面　　背面

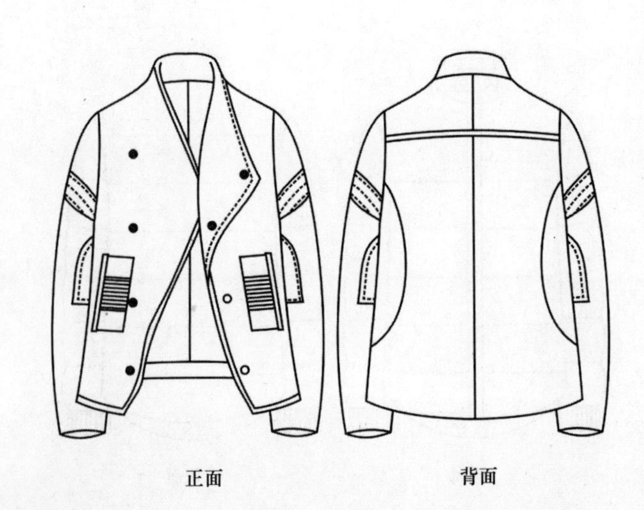

正面　　背面

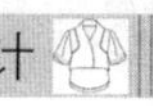

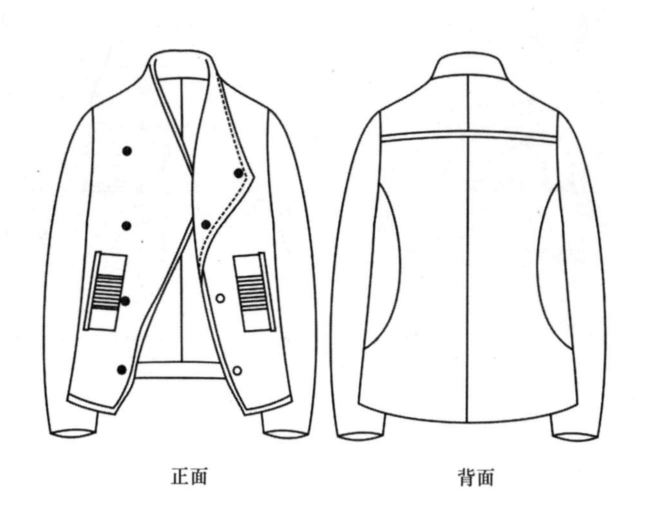

正面　背面

正面

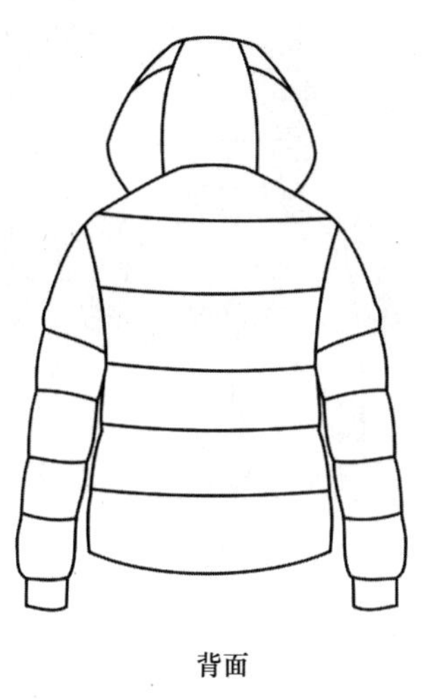

背面

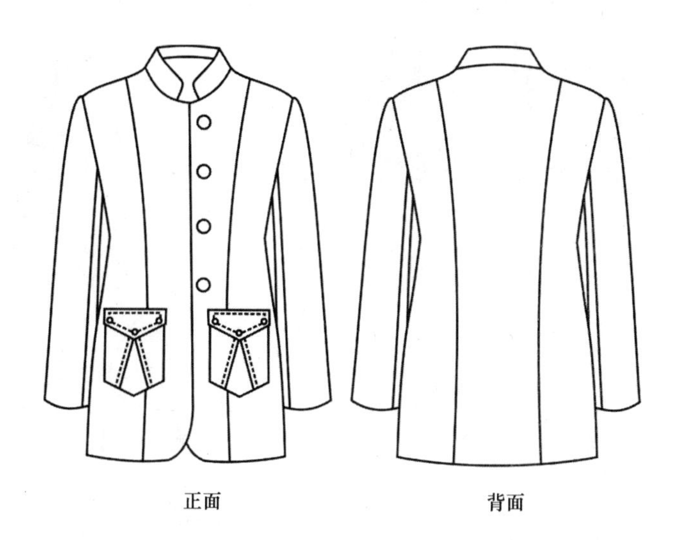

正面　背面

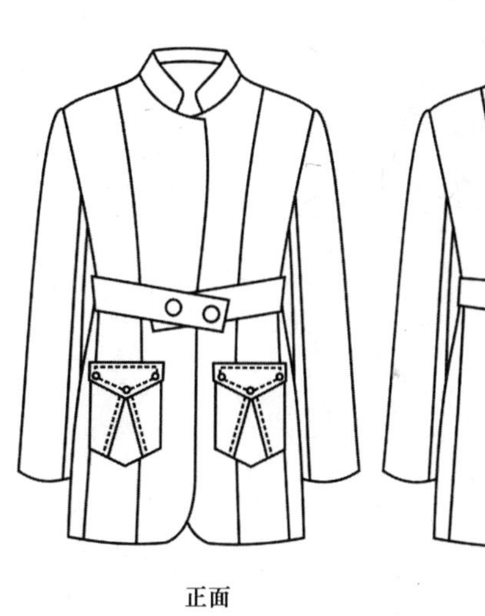

正面

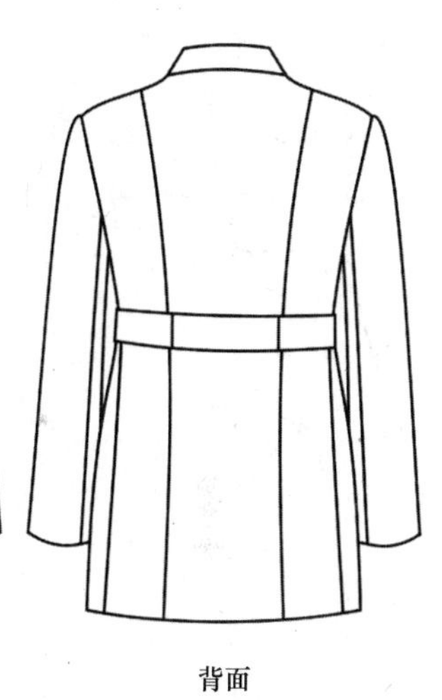

背面

正面

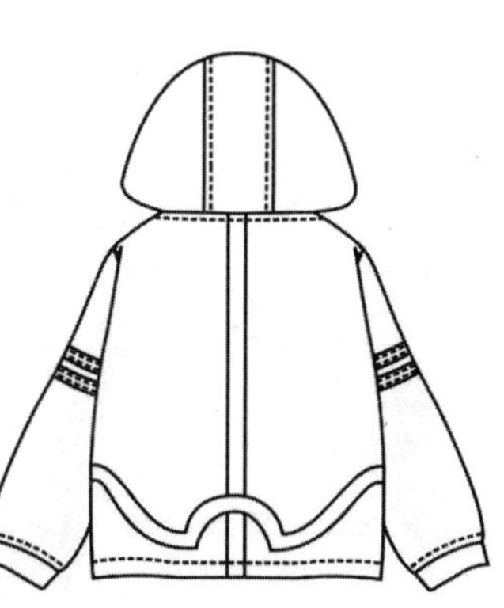

背面

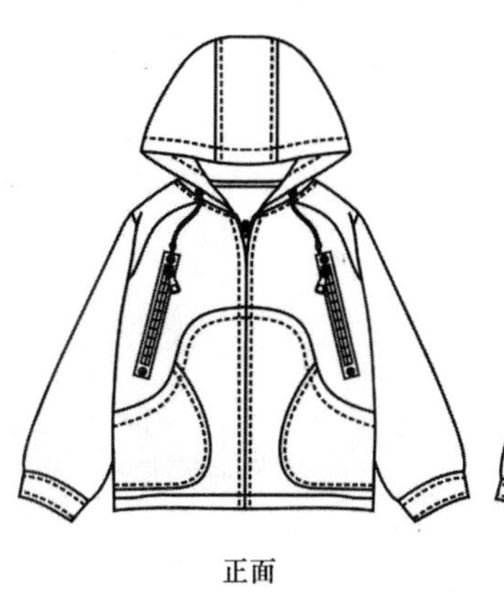

正面

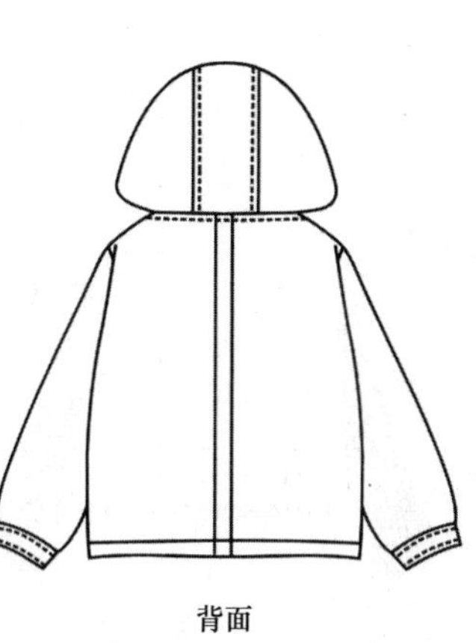

背面

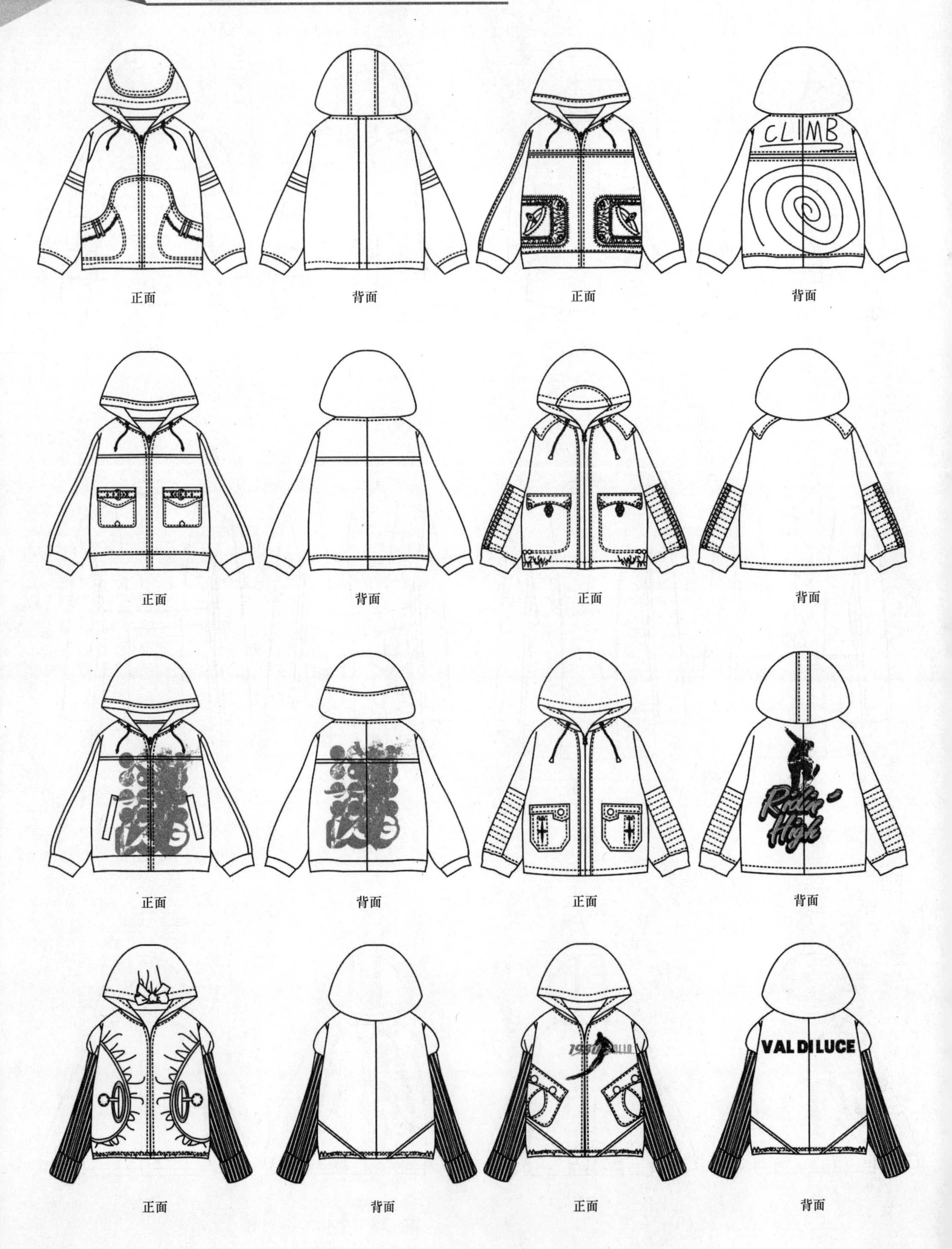

正面 背面 正面 背面

正面 背面 正面 背面

正面 背面 正面 背面

正面 背面 正面 背面

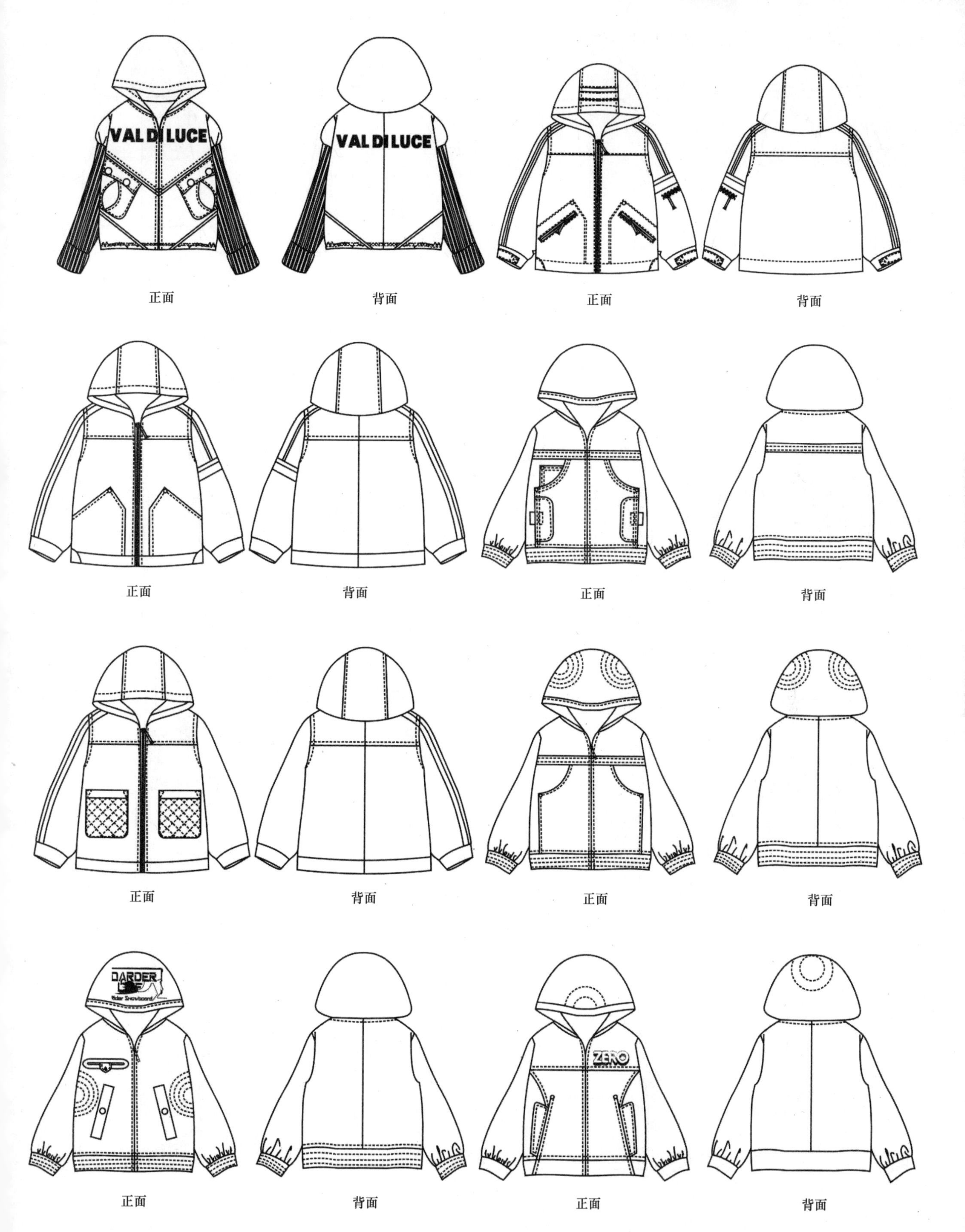
VAL DI LUCE
VAL DI LUCE
正面
背面
正面
背面
正面
背面
正面
背面
正面
背面
正面
背面
DARDER
ZERO
正面
背面
正面
背面

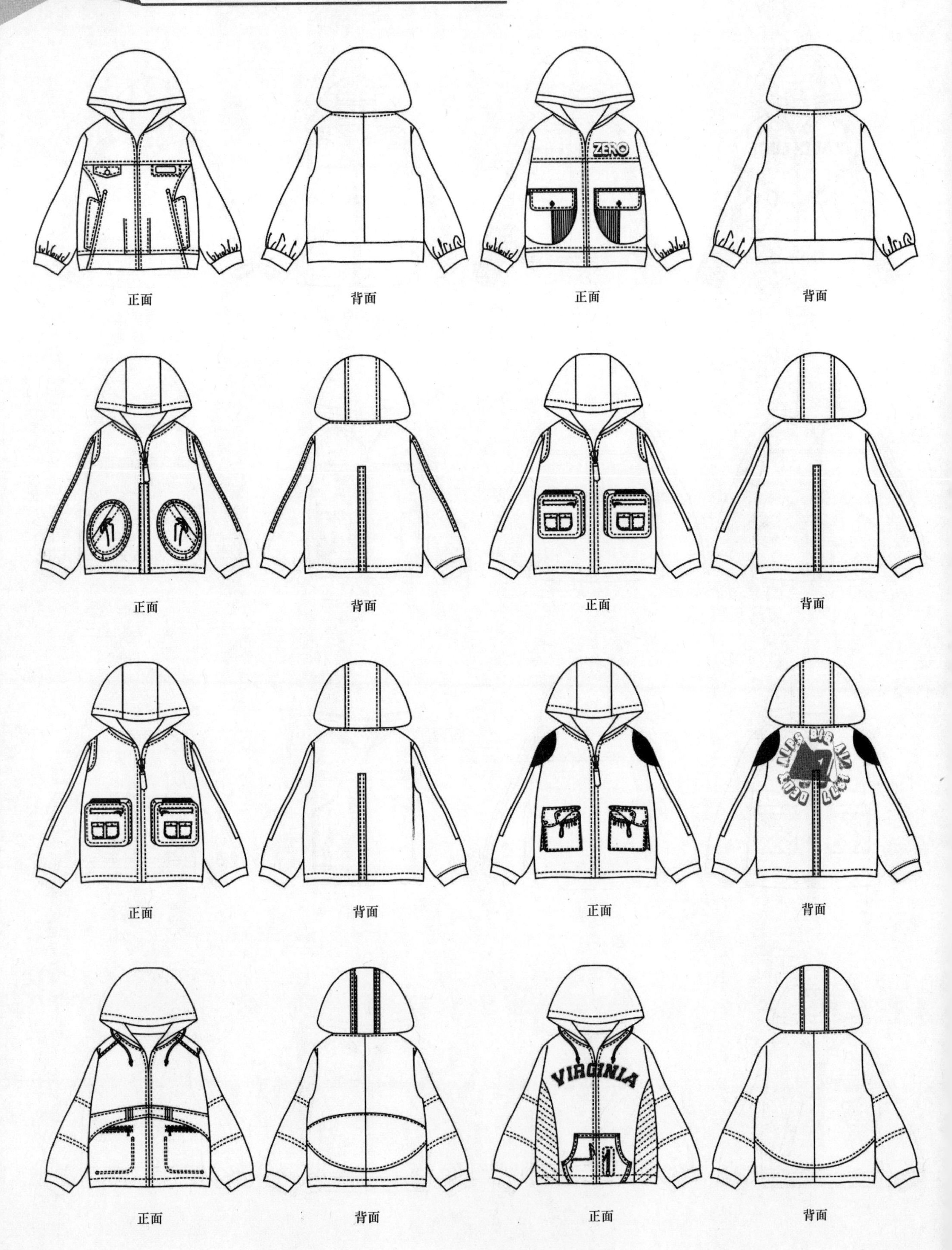
正面
背面
ZERO
正面
背面
正面
背面
正面
背面
正面
背面
正面
背面
VIRGINIA
正面
背面

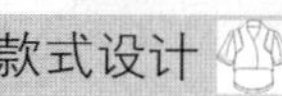

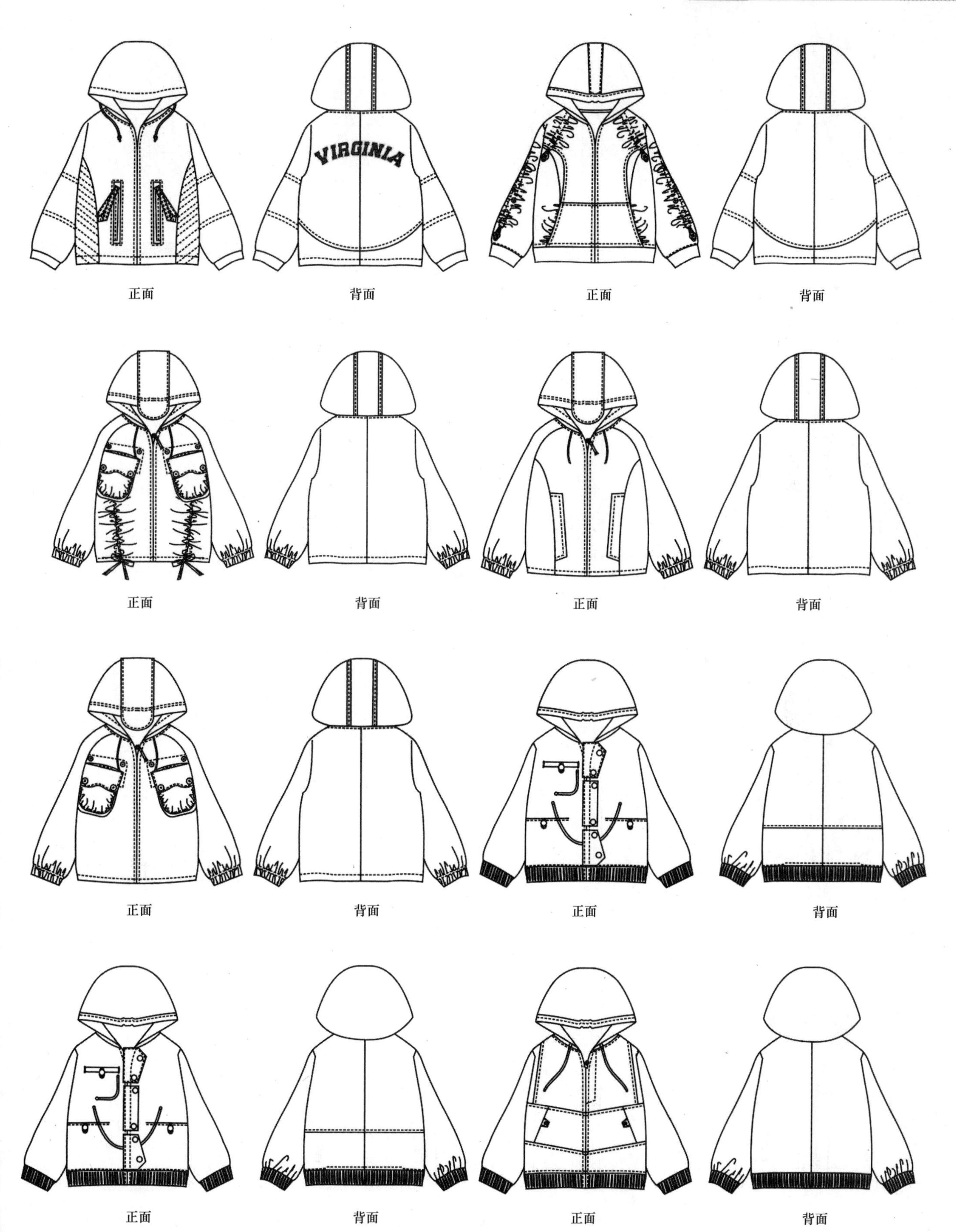
VIRGINIA
正面
背面
正面
背面
正面
背面
正面
背面
正面
背面
正面
背面
正面
背面
正面
背面

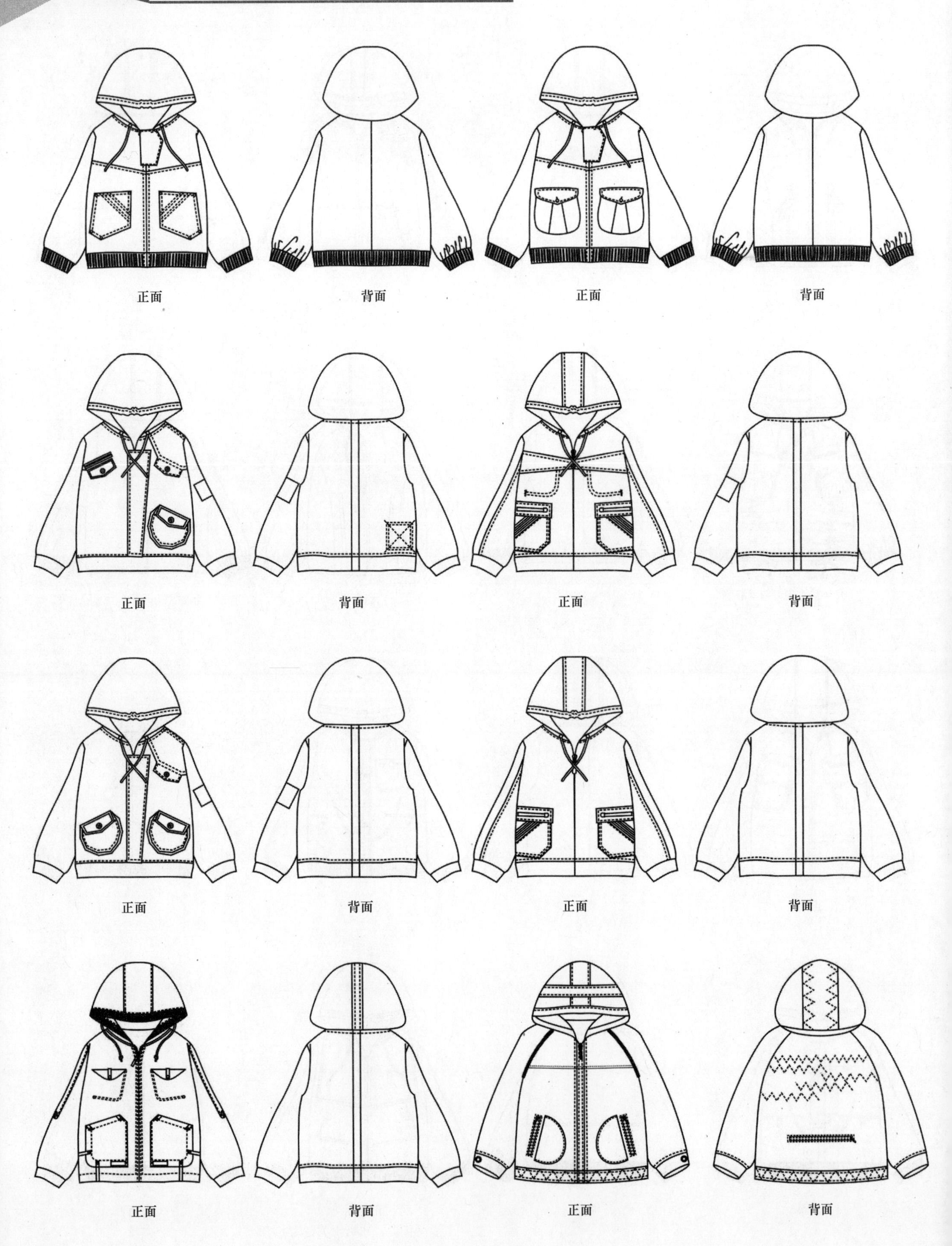

正面
背面
正面
背面
正面
背面
正面
背面
正面
背面
正面
背面
正面
背面
正面
背面

正面 背面 正面 背面

正面 背面 正面 背面

正面 背面 正面 背面

正面 背面 正面 背面

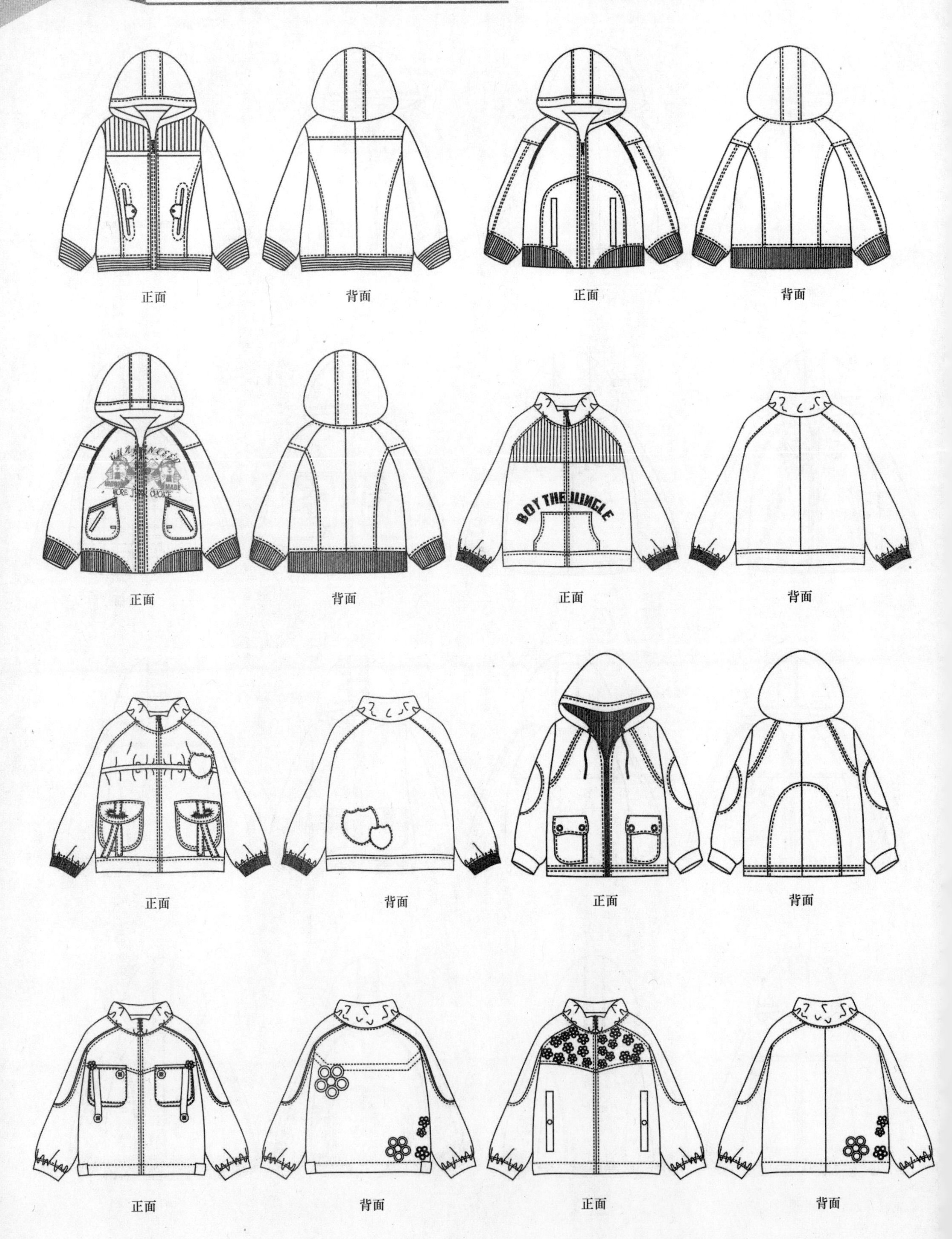
正面
背面
正面
背面
正面
背面
BOY THE JUNGLE
正面
背面
正面
背面
正面
背面
正面
背面
正面
背面

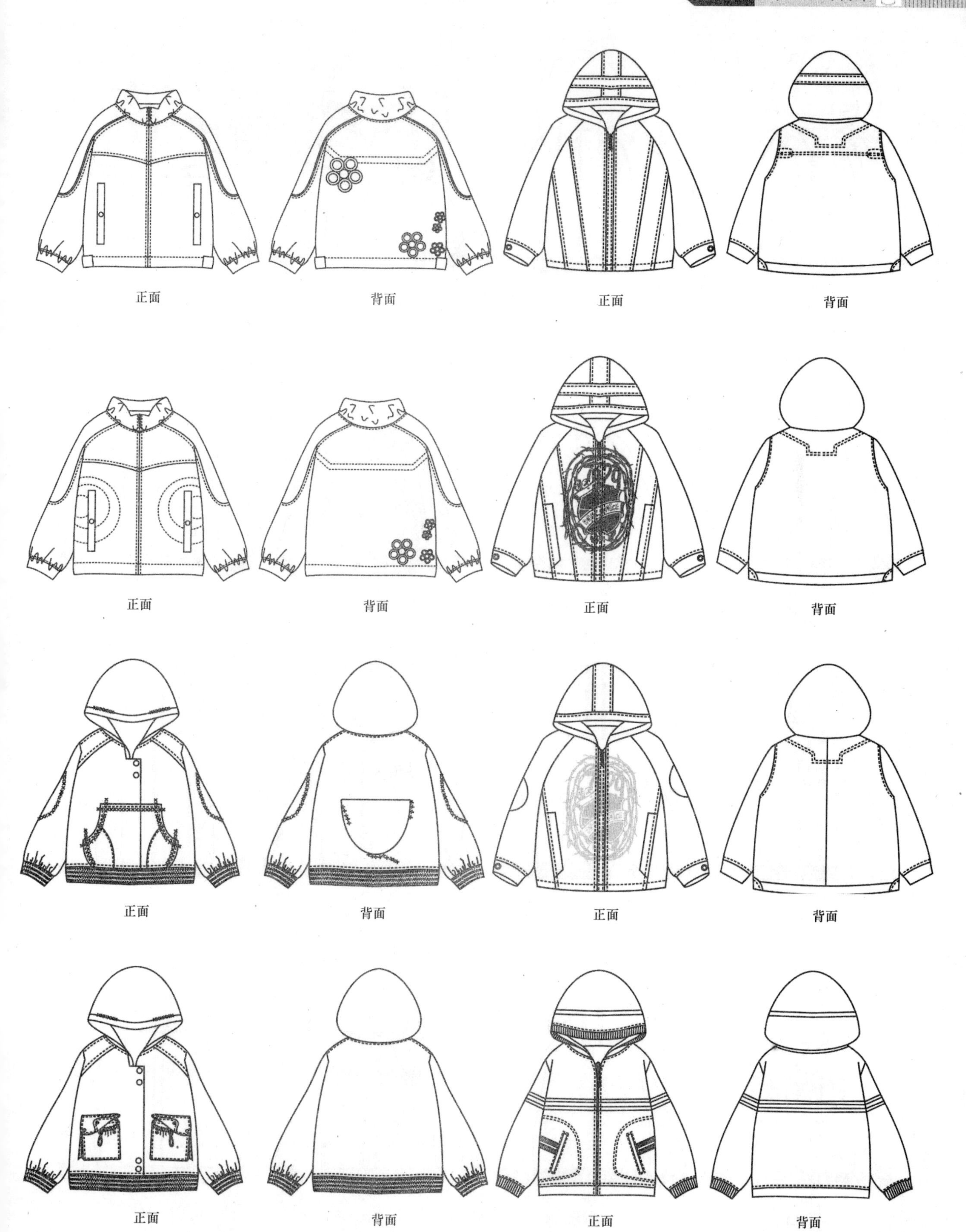
正面
背面
正面
背面
正面
背面
正面
背面
正面
背面
正面
背面
正面
背面
正面
背面

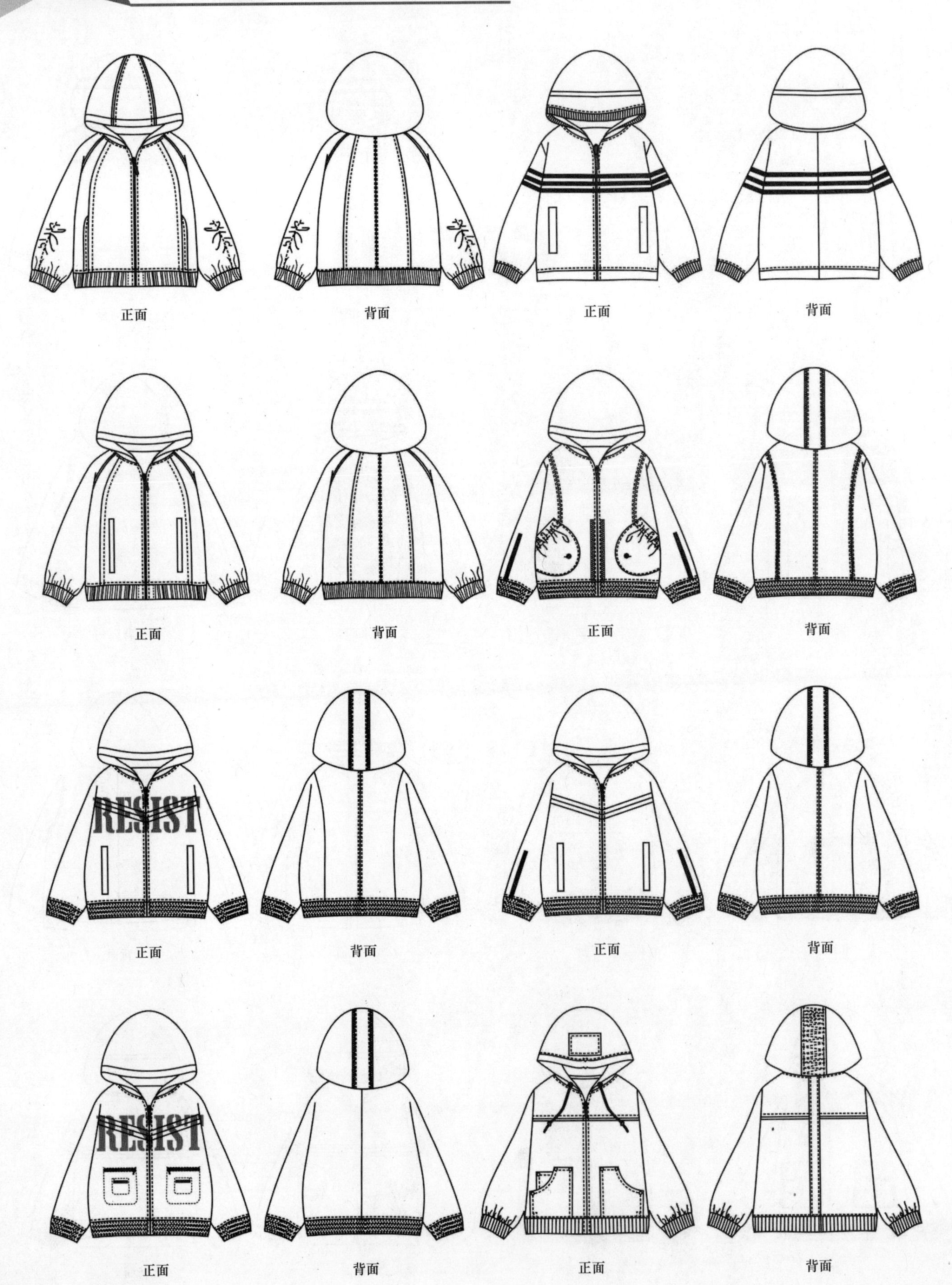
正面
背面
正面
背面
正面
背面
正面
背面
RESIST
正面
背面
正面
背面
RESIST
正面
背面
正面
背面

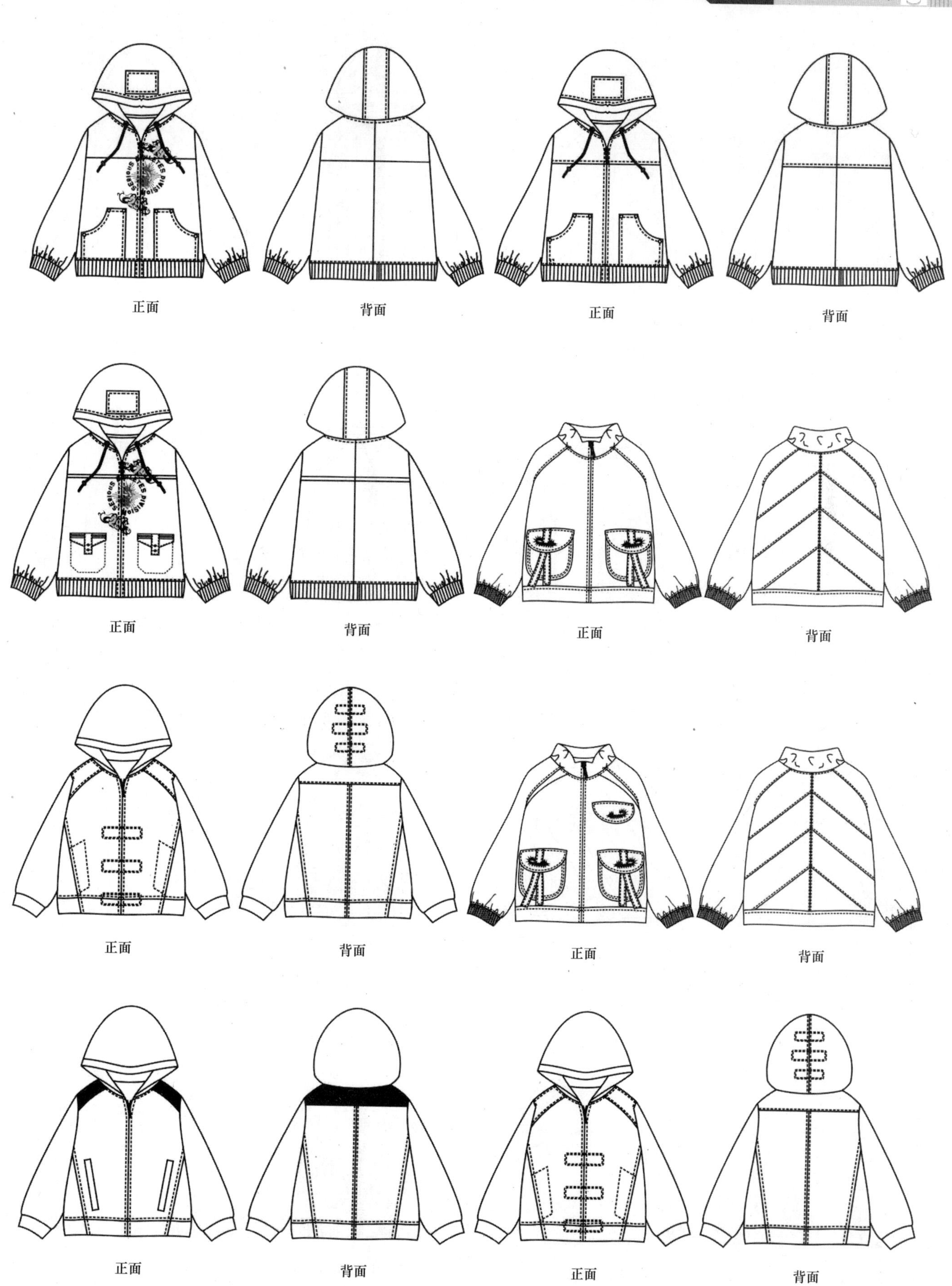
正面
背面
正面
背面
正面
背面
正面
背面
正面
背面
正面
背面
正面
背面
正面
背面

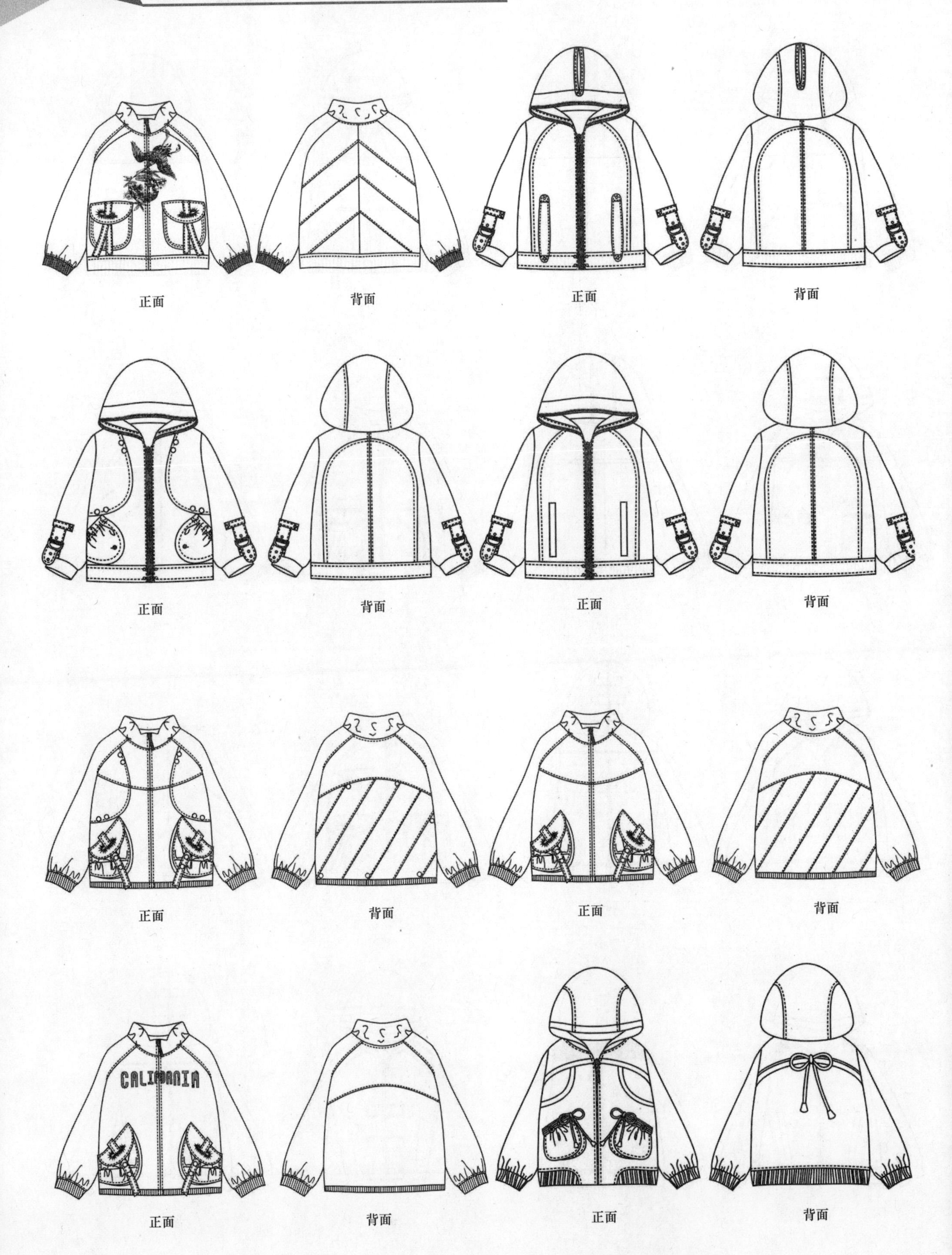
正面
背面
正面
背面
正面
背面
正面
背面
正面
背面
正面
背面
CALIFORNIA
正面
背面
正面
背面

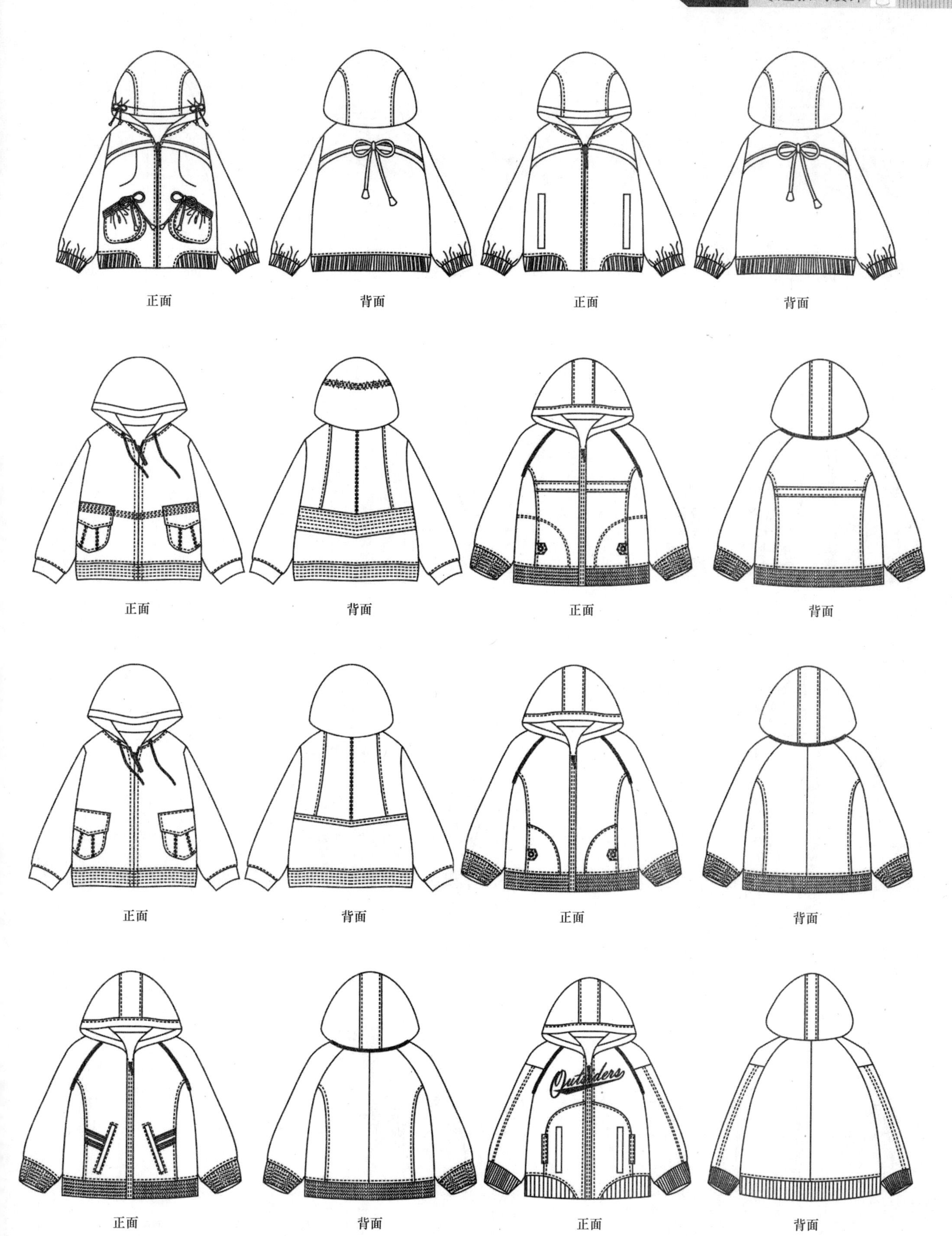
正面
背面
正面
背面
正面
背面
正面
背面
正面
背面
正面
背面
正面
背面
Outsiders
正面
背面

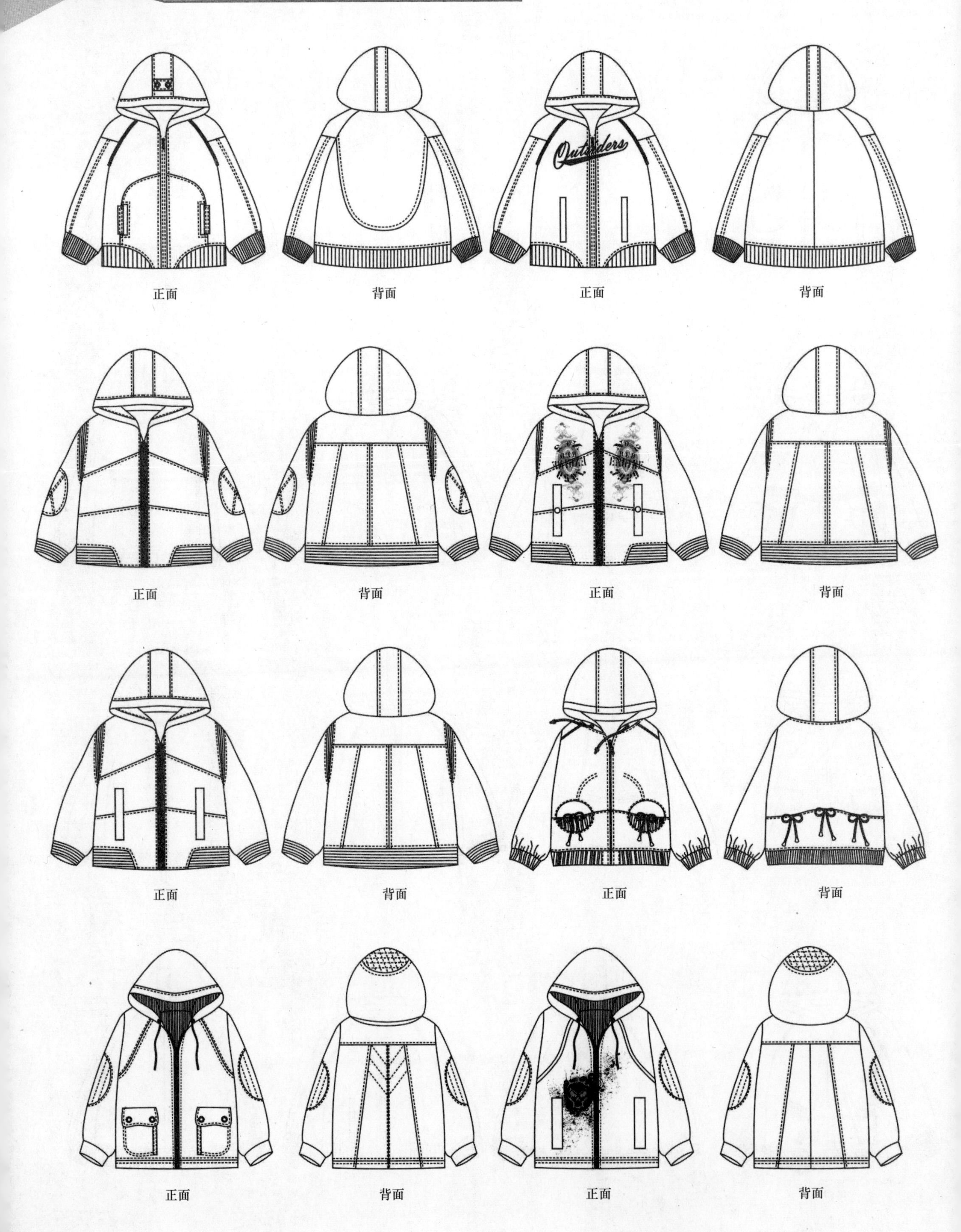

正面 背面 正面 背面

正面 背面 正面 背面

正面 背面 正面 背面

正面 背面 正面 背面

正面
背面
正面
背面
正面
背面
正面
背面
正面
背面
正面
背面
正面
背面
正面
背面

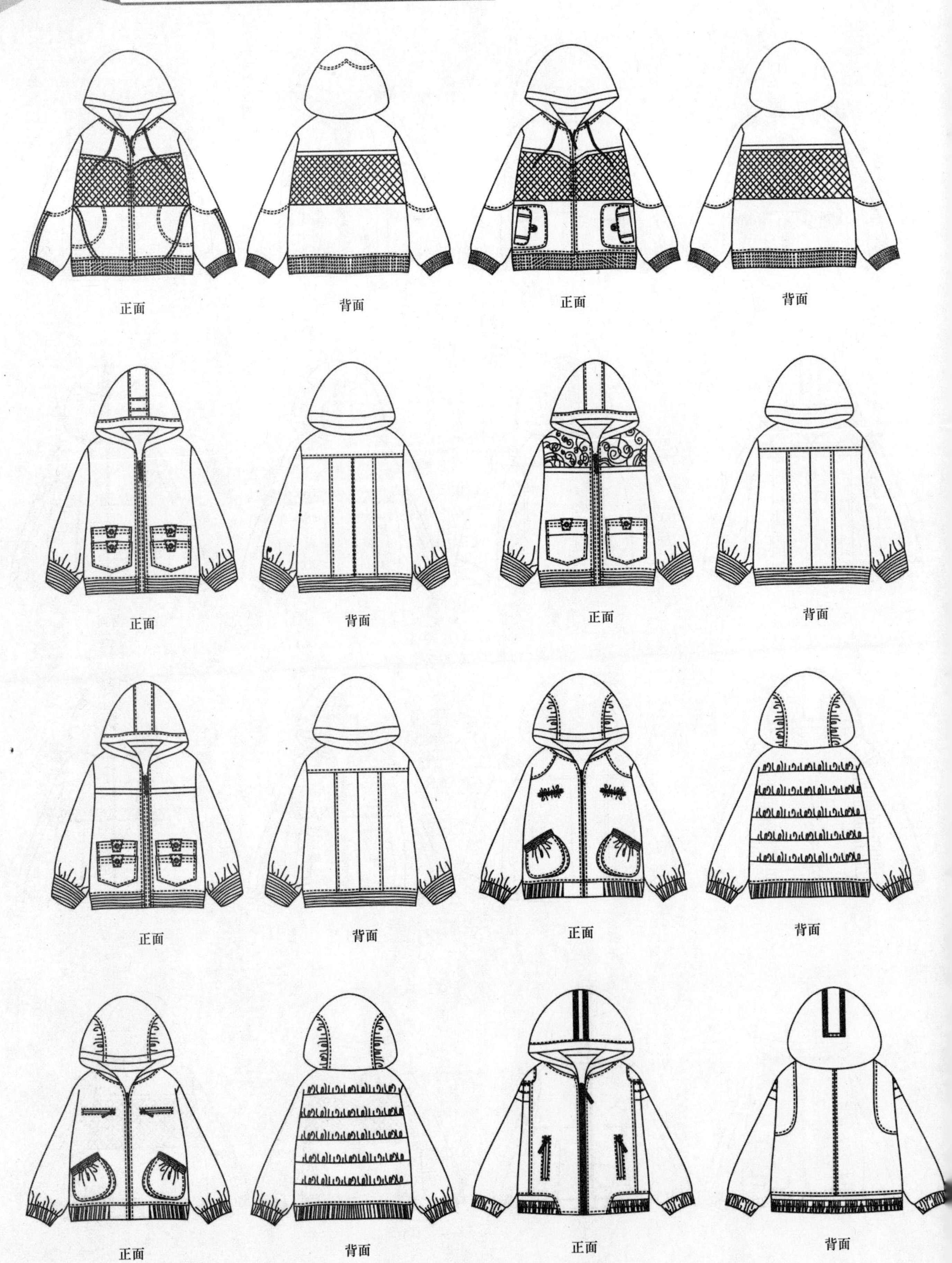

正面
背面
正面
背面
正面
背面
正面
背面
正面
背面
正面
背面
正面
背面
正面
背面

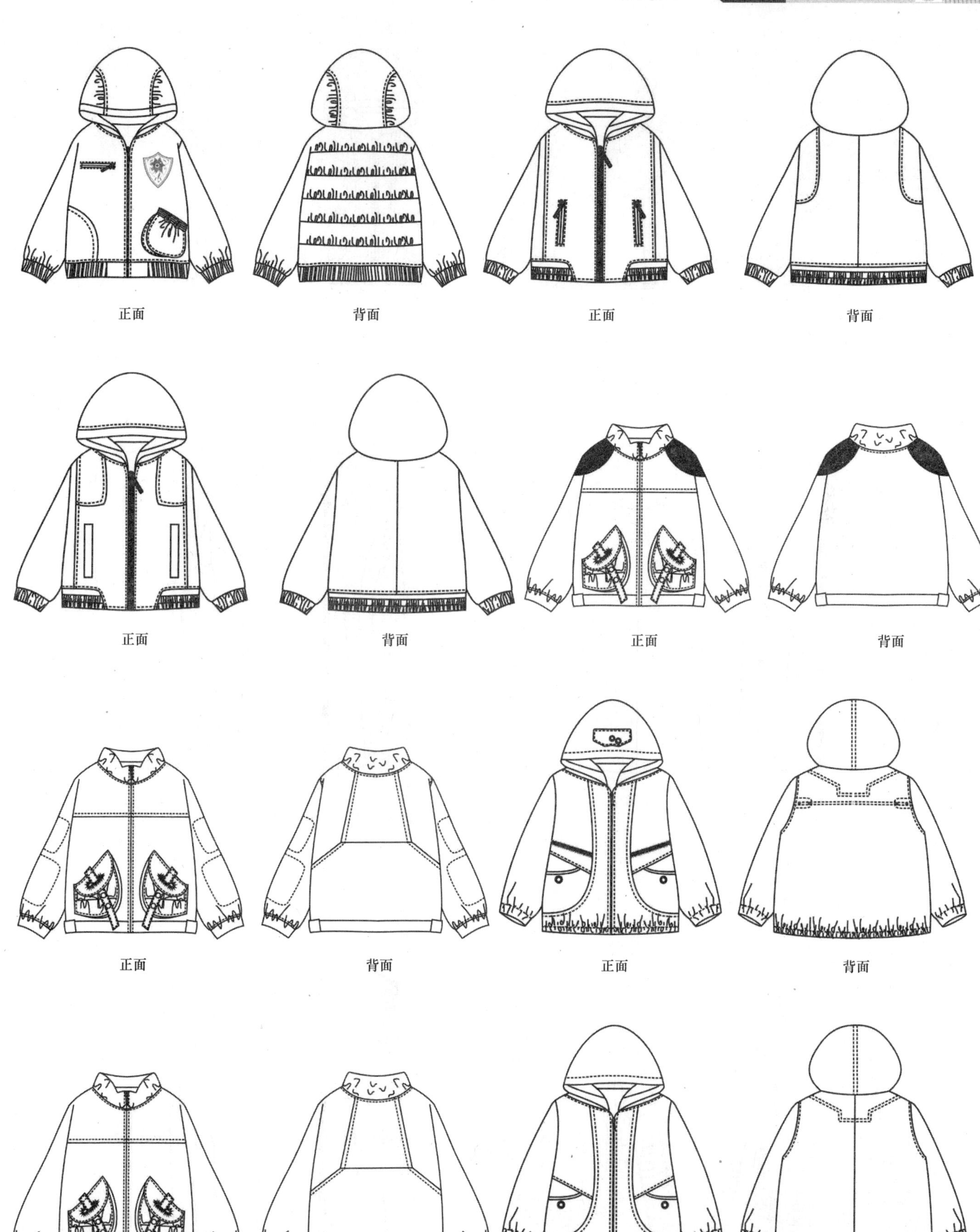
正面
背面
正面
背面
正面
背面
正面
背面
正面
背面
正面
背面
正面
背面
正面
背面

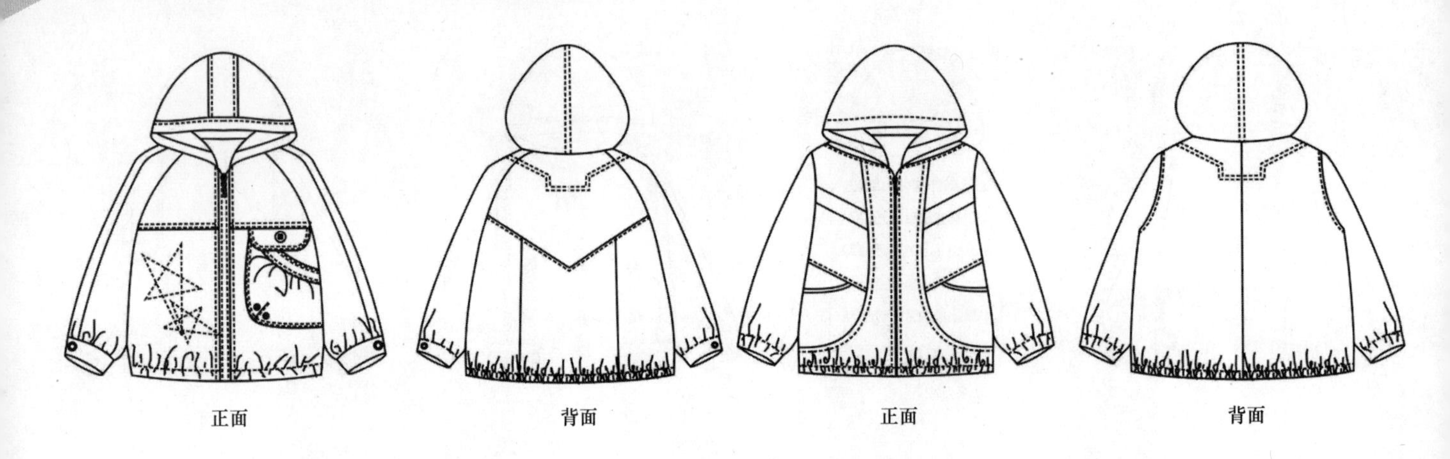
正面
背面
正面
背面

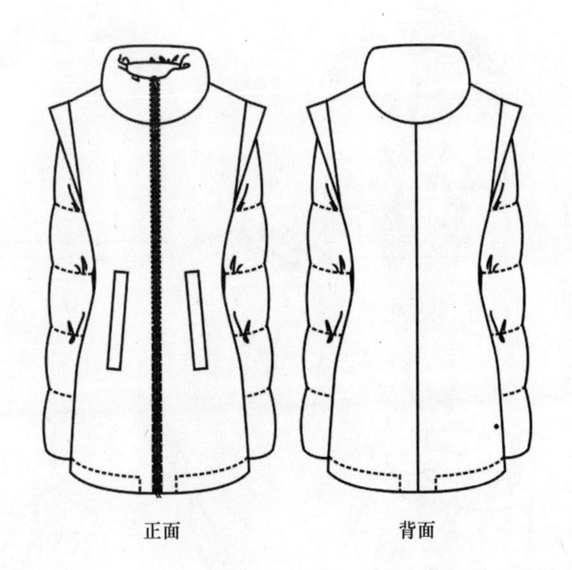
正面
背面

正面
背面

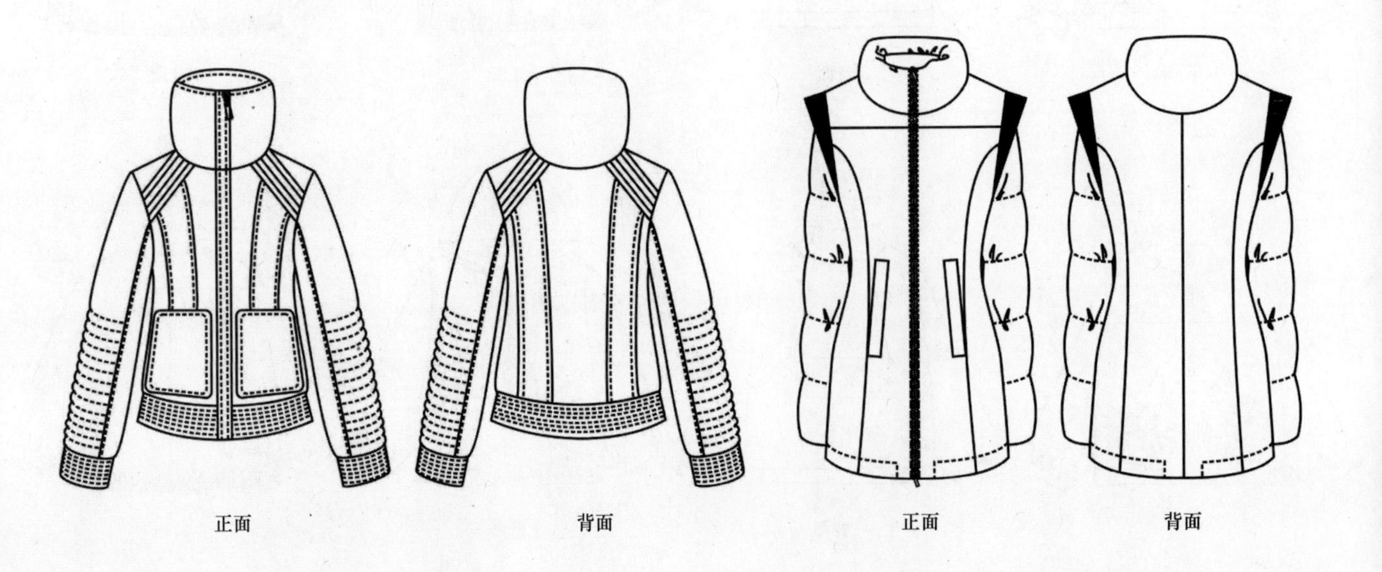
正面
背面
正面
背面

时尚创意衫

时尚创意衫是指款式、色彩时尚且富有创意的上装。

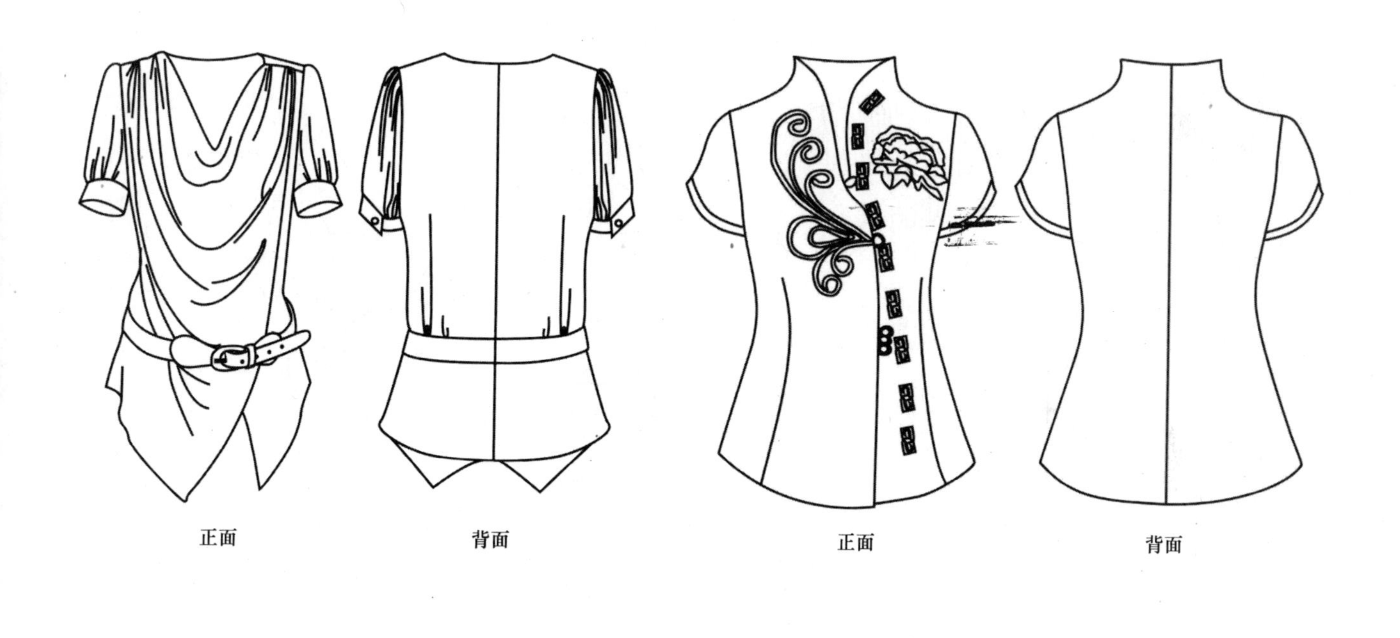

正面　背面　正面　背面

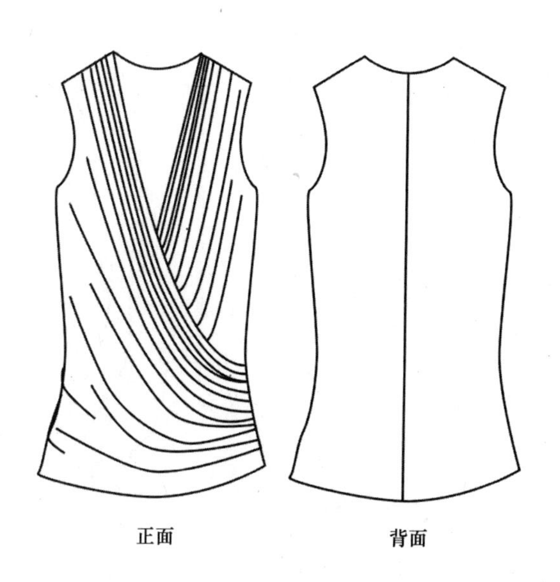

正面　背面

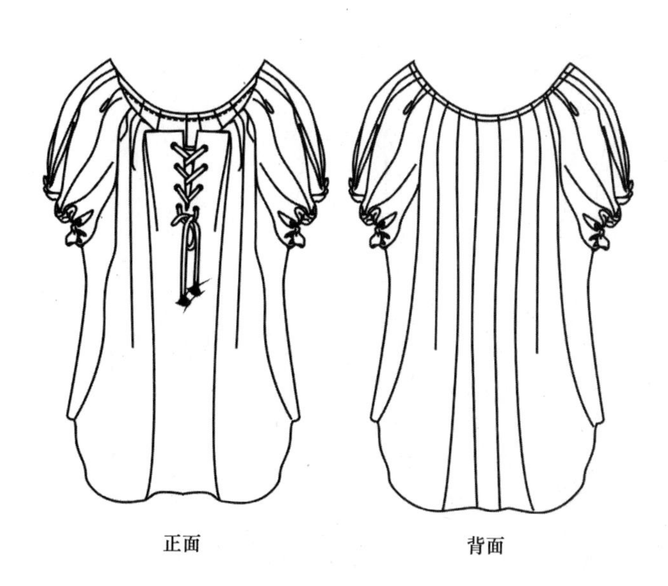

正面　背面

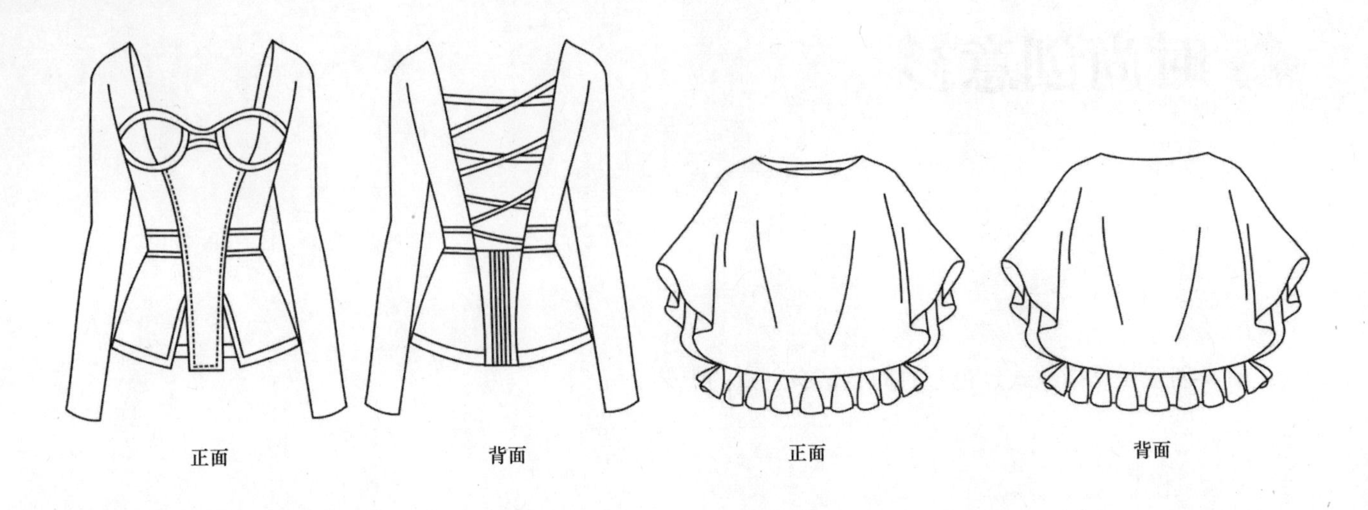
正面
背面
正面
背面

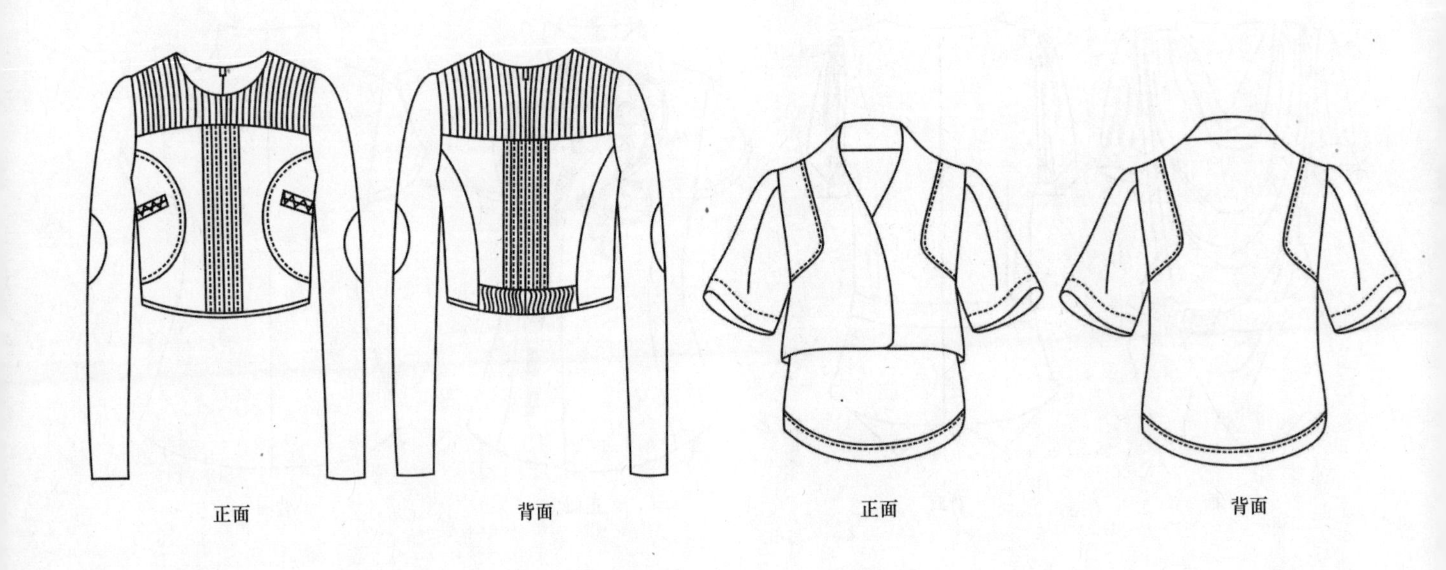
正面
背面
正面
背面

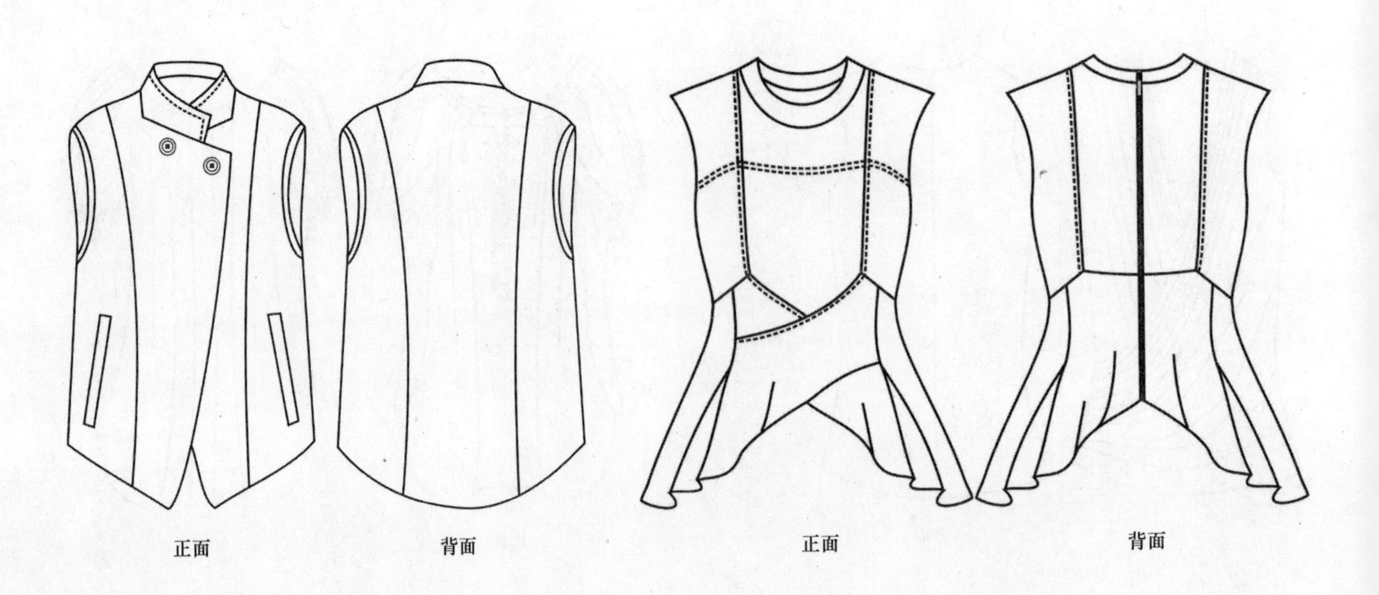
正面
背面
正面
背面

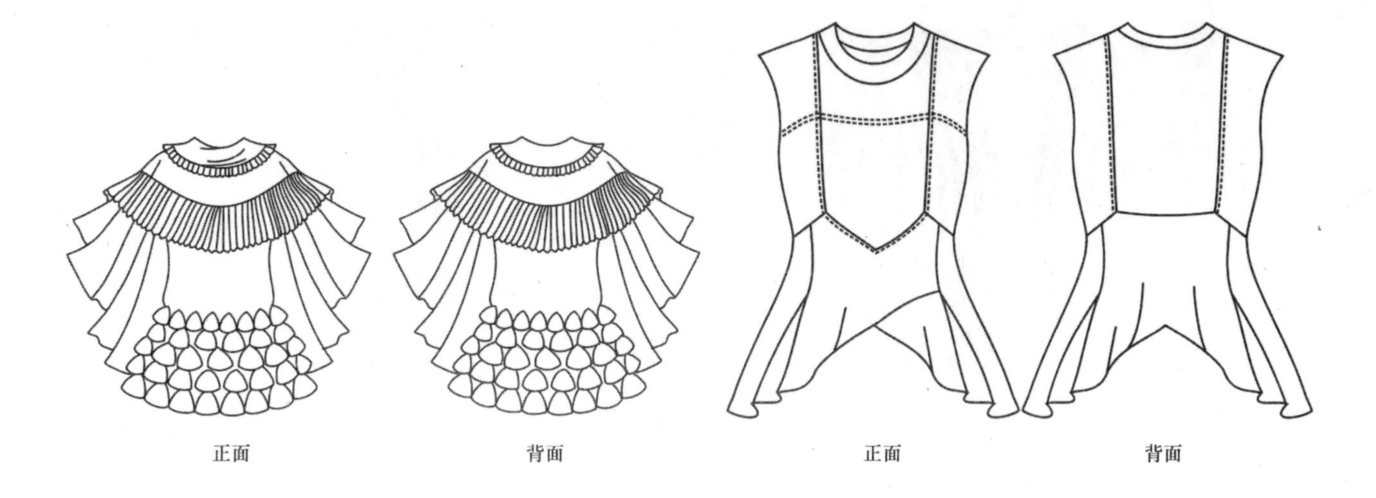

正面 背面 正面 背面

正面 背面

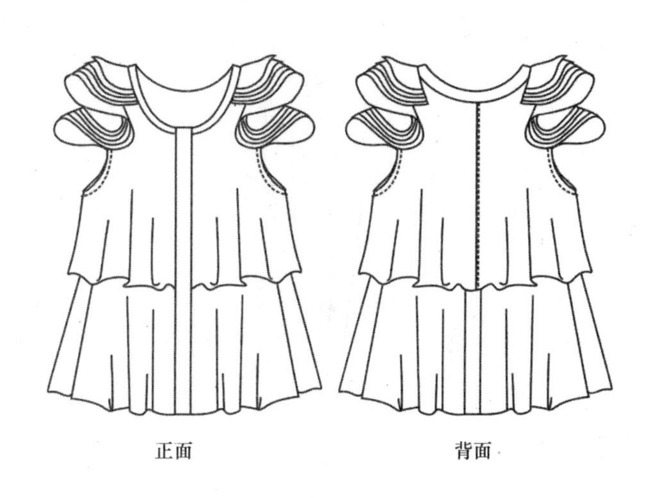

正面 背面

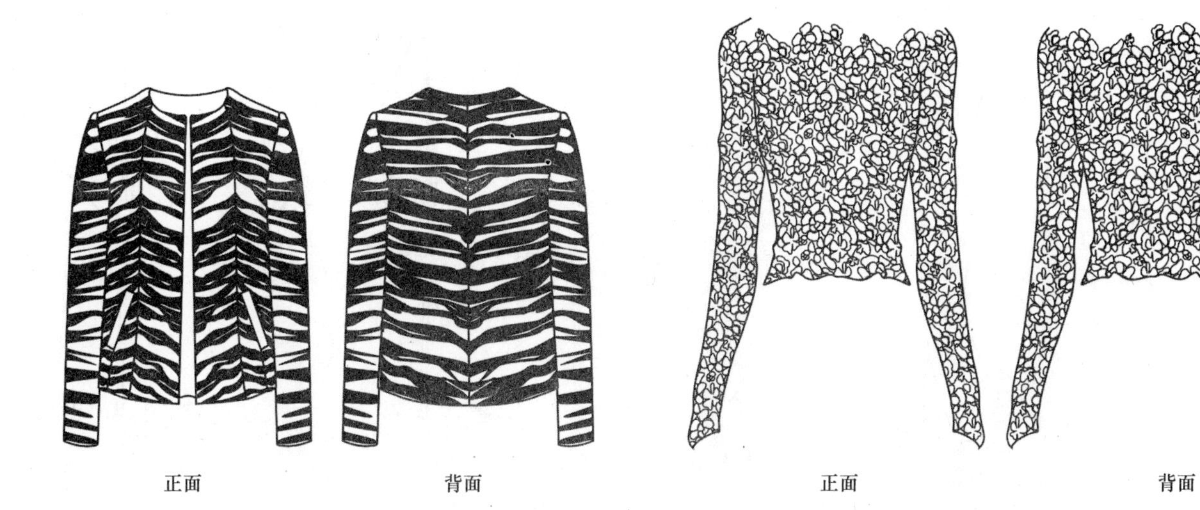

正面 背面 正面 背面

正面
背面

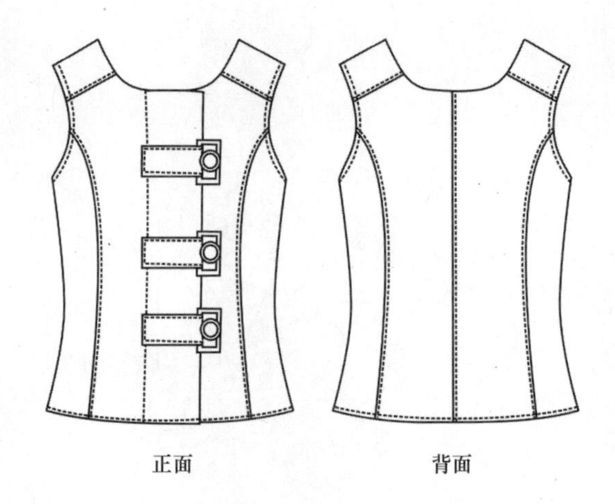
正面
背面

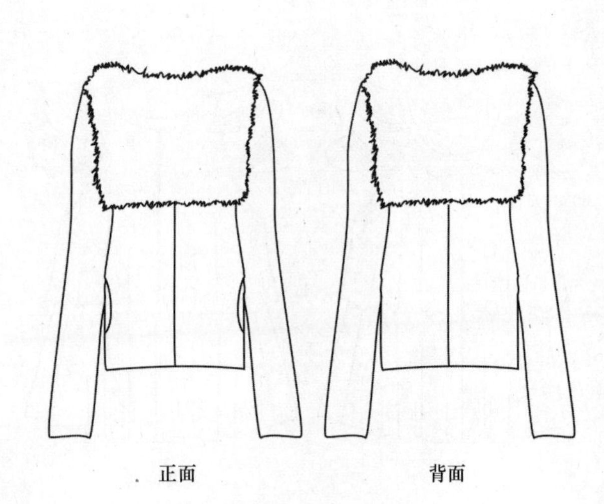
正面
背面

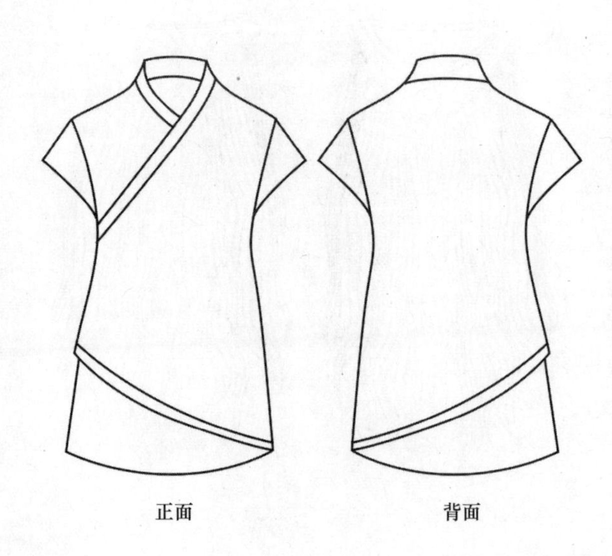
正面
背面

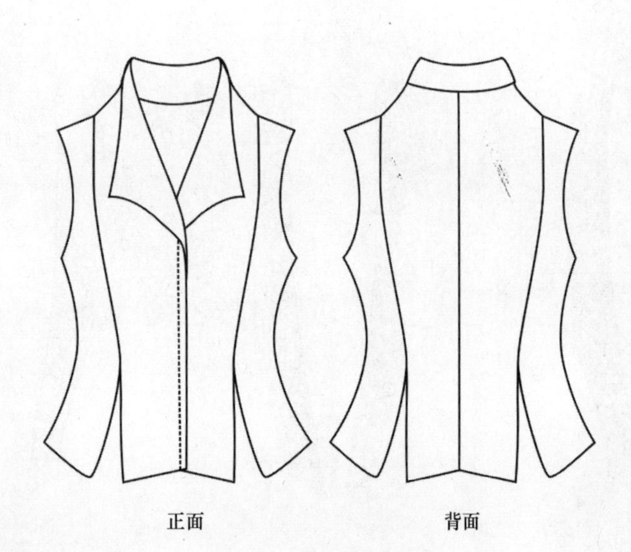
正面
背面

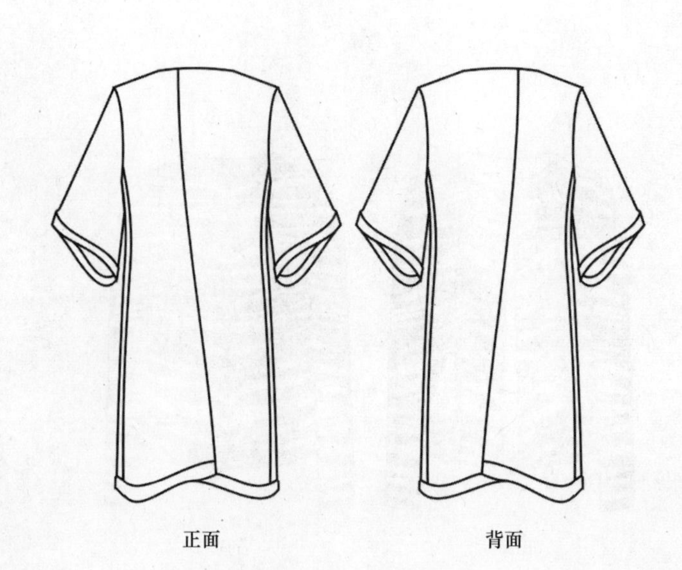
正面
背面

正面
背面
正面
背面
正面
背面
正面
背面

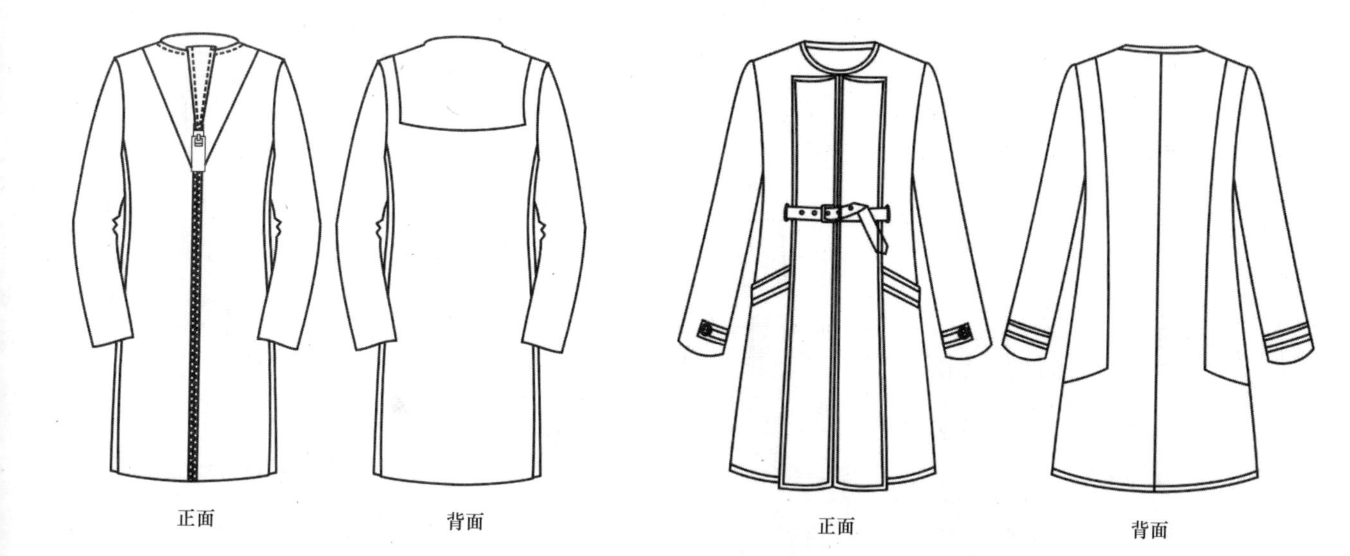

正面
背面
正面
背面

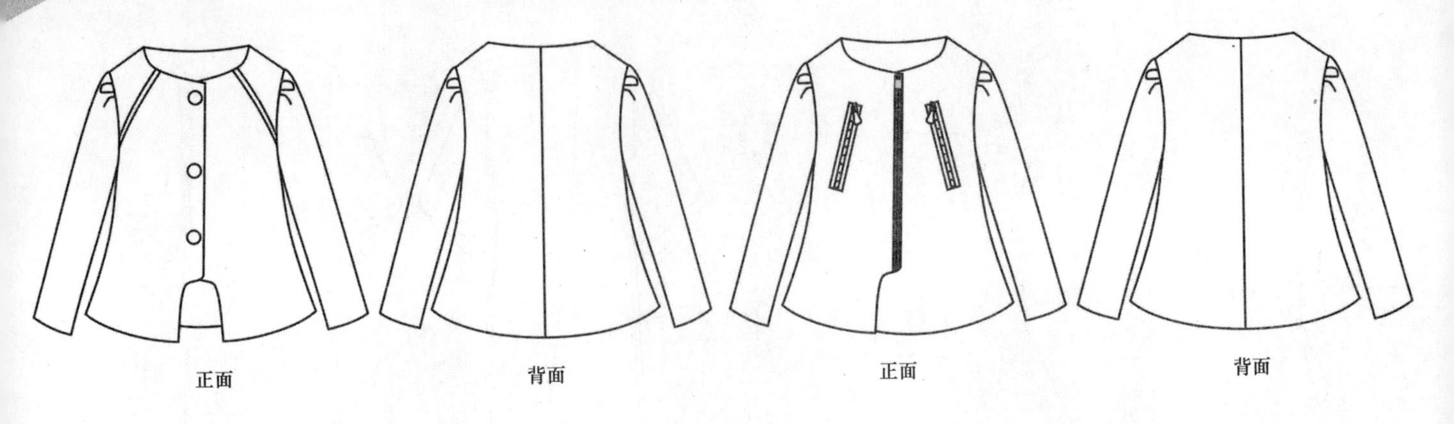
正面
背面
正面
背面

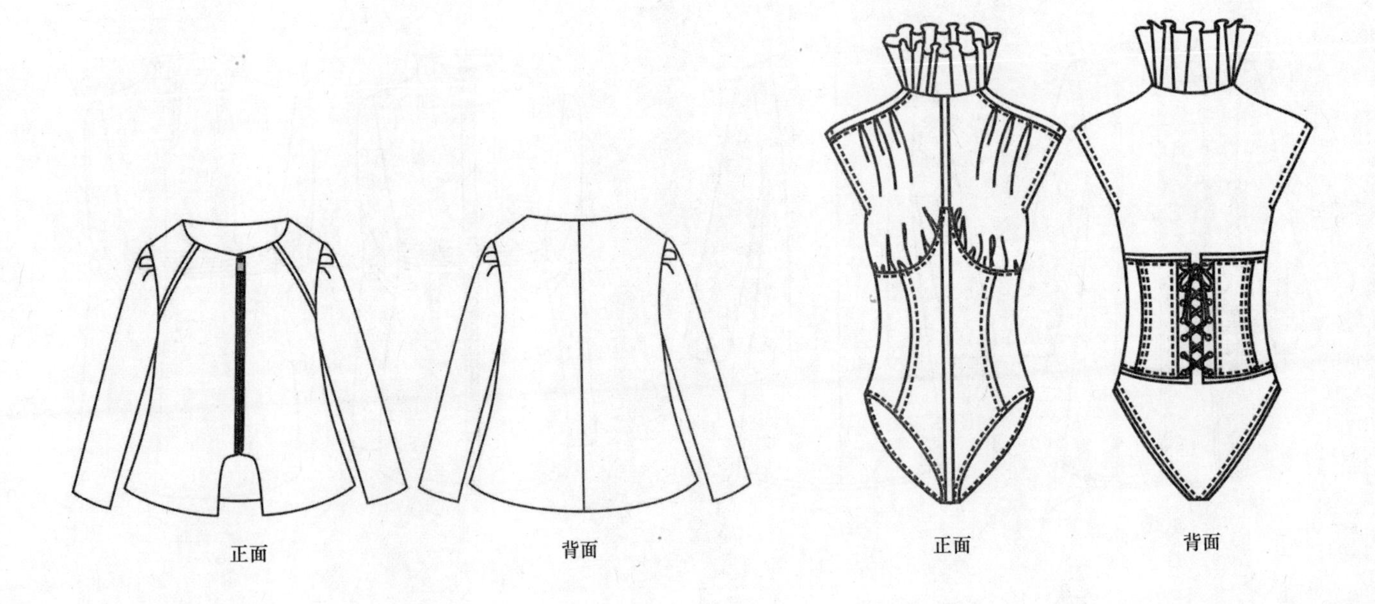
正面
背面
正面
背面

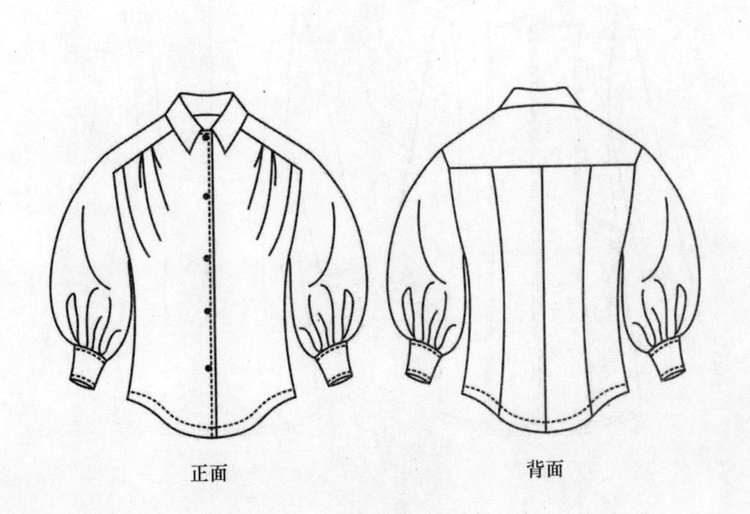
正面
背面

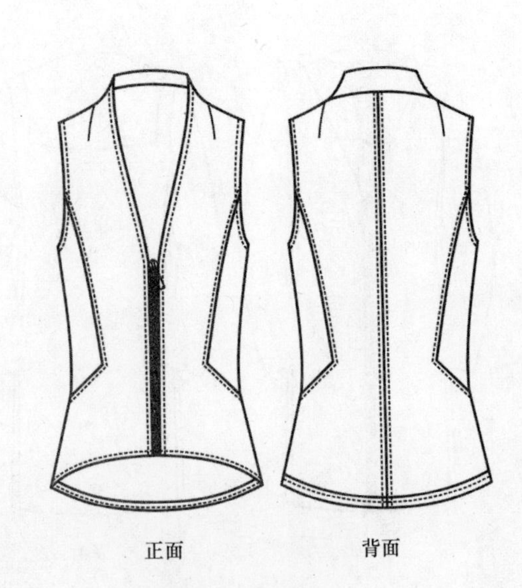
正面
背面

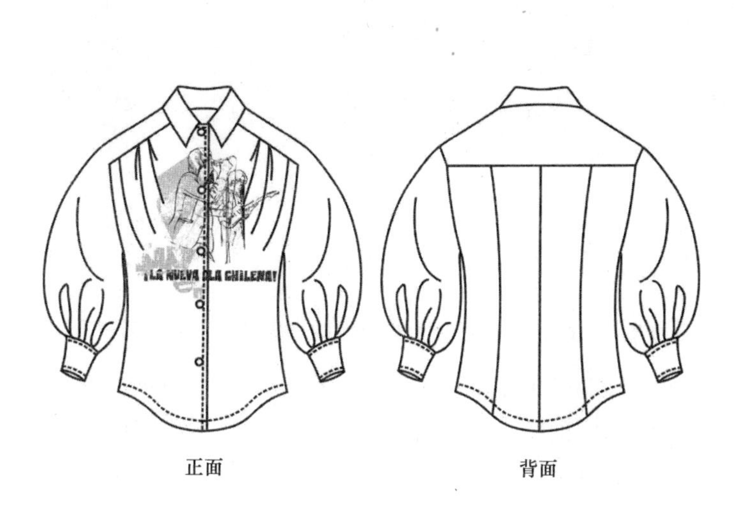

正面　　背面

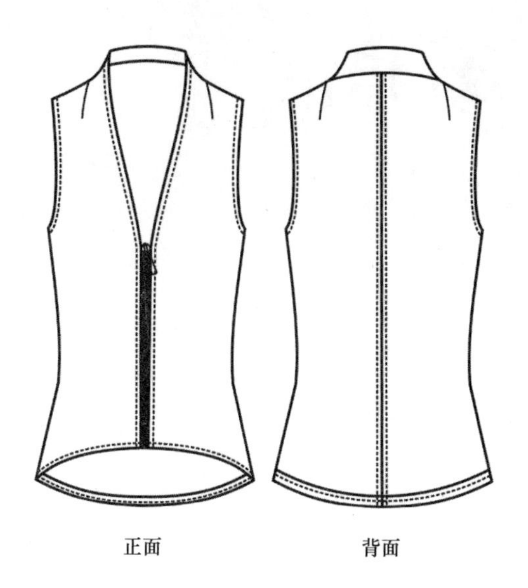

正面　　背面

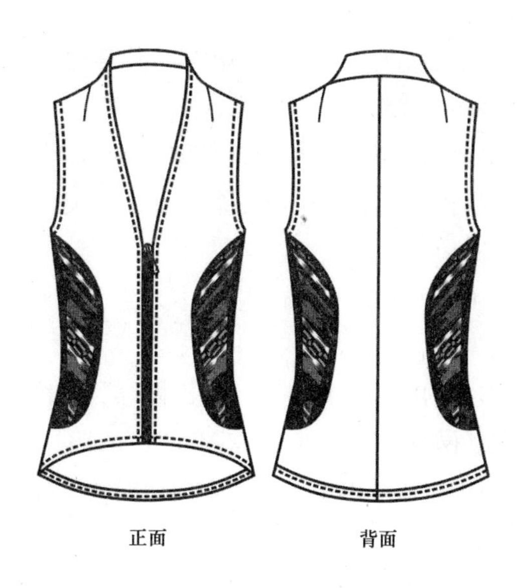

正面　　背面

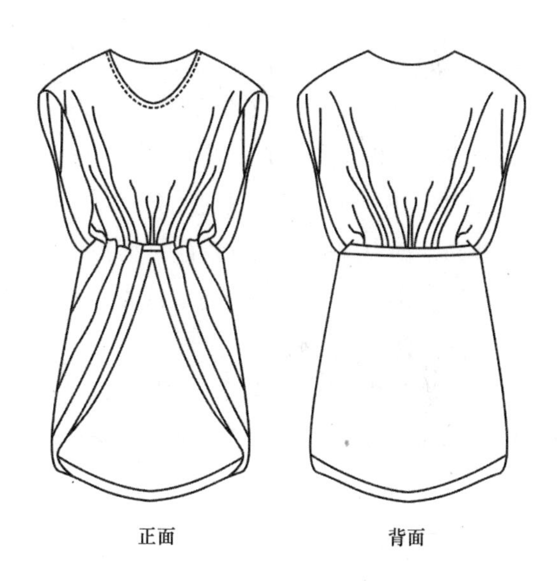

正面　　背面

正面　　背面

后记

服装设计是一个充满激情的行业。当模特们穿着最流行的时装在T台上展示时，很少有人能够按捺住此刻激动的心情，因为这是一个放飞梦想的时刻。当今社会浮华的事情太多，急功近利的事情也太多。很多人已经不能够静下心来，脚踏实地地把一件事情做得尽善尽美，尤其是在服装设计界光鲜靓丽的背后，更是需要无尽的付出。写一本实用的服装设计类的书更是需要大量的精力和时间的付出，在一张张美妙的服装款式图背后，都是一个个不眠之夜。幸好我的爱好和工作是重叠的，才使得我在乏味的写作过程中，能有快乐的创作激情完成本书的编写。

在本书的编写过程中，作者力求做到在编写内容上体现“工学结合”。本书的内容力求取之于工，用之于学。吸纳本专业领域的最新技术，坚持理论联系实际、深入浅出的编写风格，并以大量的实例介绍了工业款式图的应用原理、方法与技巧。如果本书对服装职业的教学有所帮助，那我将倍感欣慰。同时更希望这本书能成为服装职业的教学体制改革道路上的一块探路石，以引出更多更好的服装教学方法，来共同推动中国服装职业教育的发展。

在阅读本书过程中，若有建议或意见，欢迎您发至邮箱（fzsj168@163.com）中，本人会及时予以回复，在此深表谢意！

本人长期从事高级服装设计和板型的研究工作，积累了丰富的实践操作经验。为了做好服装教材研究与辅导工作，本人特创立了广东省时尚服装研究院、中国服装网络学院（http://www.3d-jz.com/），读者在学习中若有疑问可以通过中国服装网络学院向陈老师求助。中国服装网络学院不定期增加教学视频。欢迎广大服装爱好者与我们一起探讨服装设计和服装技术永恒话题。

作者

2015年5月